中国矿业大学研究生教材
中国矿业大学研究生教育专项资金资助出版教材
国家重点基础研究发展计划项目(2013CB227900)资助
国家重点研发计划项目(2016YFC0501105)资助

# 矿业生态学

董霁红　刘　峰　黄艳利
黄　赳　李俊孟　李永峰　　著

中国矿业大学出版社
·徐州·

# 内容简介

　　本书是一本全面介绍矿业生态的研究历程、进展、前沿论题的教材,由中国矿业大学研究生教育专项资金、国家重点基础研究发展计划项目和国家重点研发计划项目资助出版。全书共分9章,涵盖基础理论、案例研究、相关标准三部分内容,包括绪论,矿业生态学的基础理论,矿业开发形成的生态问题,矿业生态系统的特征、演变与调控,矿区场地综合整治,矿业生产与后工业时代煤炭开发案例研究,矿业生态测评与累积效应案例研究,矿业生态恢复与关闭矿山案例研究,矿业生态法律、法规、规章制度及标准。

　　本书是一本探索性教材,可作为土地资源管理、矿产资源管理、采矿工程、测绘工程、矿区规划和生态保护以及其他相关专业研究生、本科生教材和参考书,也可供有关学科理论和现场实际工作者参阅。

**图书在版编目(CIP)数据**

矿业生态学 / 董霁红等著. —徐州:中国矿业大学出版社,2019.10

ISBN 978 - 7 - 5646 - 4202 - 0

Ⅰ.①矿… Ⅱ.①董… Ⅲ.①矿业工程－生态工程－研究 Ⅳ.①TD②X171.4

中国版本图书馆 CIP 数据核字(2018)第 239149 号

| | |
|---|---|
| **书　　名** | 矿业生态学 Kuangye Shengtaixue |
| **著　　者** | 董霁红　刘　峰　黄艳利　黄　赳　李俊孟　李永峰 |
| **责任编辑** | 褚建萍 |
| **出版发行** | 中国矿业大学出版社有限责任公司 |
| | (江苏省徐州市解放南路　邮编 221008) |
| **营销热线** | (0516)83884103　83885105 |
| **出版服务** | (0516)83995789　83884920 |
| **网　　址** | http://www.cumtp.com　**E-mail**:cumtpvip@cumtp.com |
| **印　　刷** | 江苏淮阴新华印务有限公司 |
| **开　　本** | 787 mm×1092 mm　1/16　**印张** 23.25　**字数** 581 千字 |
| **版次印次** | 2019 年 10 月第 1 版　2019 年 10 月第 1 次印刷 |
| **定　　价** | 49.00 元 |

(图书出现印装质量问题,本社负责调换)

# 前　言

　　矿业生态学是土地资源管理专业、采矿工程专业本科教学的专业基础课程,也是测绘科学与技术学科本科教学的专业选修特色课程,同时也是这三个专业博、硕士研究生必修或选修课程。按照学科划分,土地资源管理是公共管理一级学科下的五个二级学科之一,采矿工程是矿业工程一级学科下的三个二级学科之一,目前还没有一本将矿业、矿山、矿区与生态的内容相融合,进而形成一个相对完整的矿山开采与生态保护基础知识体系,以满足土地资源管理、矿产资源管理、采矿工程和矿区生态建设人才培养要求的教材。因此,笔者根据十余年的教学实践和科研工作经验,参考本领域的研究成果,制订了撰写出版《矿业生态学》的计划,获得了中国矿业大学研究生教育专项资金资助。

　　本书吸收和借鉴国内外较为成熟的工业生态学和应用生态学的理论与方法,以中国煤炭工业发展所产生的生态问题为研究对象,提出并阐释了矿业生态学的基础概念与相关理论,明晰了矿区生态系统演变特征与典型矿业场地修复路径,探究了矿业可持续发展、矿区生态累积效应与关闭矿山历程等学术研究热点议题,总结和分析了全球主要矿业国家的矿业生态相关标准和法规。

　　本书可作为土地资源管理、矿产资源管理、采矿工程、测绘工程、矿区规划和生态保护以及其他相关专业研究生、本科生教材和参考书,也可供有关学科理论和现场实际工作者参阅。

　　参加编写的人员及分工如下:第1、2、4章由董霁红、黄艳利执笔,第3章由黄艳利、李俊孟执笔,第5章由李永峰、李俊孟执笔,第6章由黄赳、李永峰执笔,第7、8章由李俊孟、刘峰执笔,第9章由刘峰、黄赳、董霁红执笔。全书由董霁红、刘峰、黄艳利统一修改定稿。

　　加拿大瑞尔森(Ryerson)大学的 Songnian Li 教授对教材的英文内容进行了审定,在此表示敬意与感谢。日本庆应(KEIO)大学的 Wanglin Yan 教授对教材总体思路、构架给出了意见,审阅了各章内容并提出了修改建议,在此表示诚挚的感谢。中国矿业大学张国良教授审阅了本教材的部分章节内容,卞正富教授指导了本教材的组织编写工作,中国煤炭学会刘峰理事长撰写审定了本教材的热点问题章节,在此谨致谢忱。

　　在撰写过程中,著者引用或参考了国内外许多专家学者的文献、研究成果,在此对文献的作者表示崇高的敬意与衷心的感谢。中国矿业大学的博、硕士研究生戴文婷、张茹、刘英、房阿曼、孟令冉、郭珊珊、巫长悦承担了部分书稿的录入和资料的收集整理等工作,著者谨致谢忱。

　　由于著者水平有限,加之矿业生态学本身还属于一门新兴学科,许多理论和方法尚处在研究和探索阶段,且本书是首次将矿业生态的相关知识点进行综合考虑编写而成的,一些观点、问题还需要进一步的研究探讨,书中肯定会存在缺失和疏漏之处,恳请读者批评指正。本书第一作者电子邮箱:dongjihong@cumt.edu.cn。

董霁红

2019年4月

# 目　　录

# 1　绪　　论

*内容提要*

　　矿业生态学作为一门新兴学科,其概念、内涵和外延在国内外尚未明确界定与统一,矿业生态相关术语有待释义,国内外研究历程需要明晰。本章阐明了矿业生态学的提出背景,阐释了矿业生态相关概念,分析了矿业生态的问题产生、萌芽、发展、现状、研究趋势,说明了矿业生态学的含义、研究内容以及特点。

　　矿产资源是人类生存发展的重要物质基础,矿业是推动社会经济进步的支柱产业。2018 年,全球矿产资源消耗量约占能源消耗总量的 85%。中国仍是世界上最大的能源消费国,能源消耗量占世界能源消耗总量的 23%[1]。在中国能源消费结构中,矿产资源消耗量约占能源消耗总量的 90%,其中用于工业生产的矿产资源占矿产资源消费总量的 86%[2]。矿产资源消耗不仅与经济发展方式有关,还与经济发展阶段有关,它们之间呈现一种倒 U 形关系。中国在计划实现全面小康的 2020 年将处于城市化和工业化的高峰期,这也正是矿产资源消耗量达到峰值的阶段。可见,矿产资源不仅是社会经济发展的重要引擎,更是国家发展的战略保障。

　　然而,"能源危机"和传统的矿业开发模式导致矿产资源供给紧张、资源利用率低下、生态环境超负荷、经济发展陷入"瓶颈"等问题,使人们深刻认识到矿业可持续发展的重要性。矿产资源的开发利用不能再沿着传统方式无限制地发展下去,而需要进行长期的、不懈的科学研究和技术开发,以满足可持续发展的需求[3]。并且矿产资源既是不可再生资源,需要节约利用,又是基础性能源,需要进一步提高其转化效率。在矿产资源开发利用的过程中,会造成生态破坏、环境污染等一系列问题,矿产资源开发与生态环境的关系要求在进行矿产资源开发利用时必须考虑生态环境及社会问题。也就是说,今后矿业活动不能再作为一个独立的对象来研究,必须考虑矿业活动与人类社会及生态环境的交互作用。因此,针对矿业活动这种大型复杂过程必须提出新的研究方向及方法[4],以实现矿业生态、经济、社会的协调可持续。

## 1.1　矿业生态学提出背景

　　随着矿业不断发展,矿业生态问题层出不穷。例如,19 世纪下半叶,德国鲁尔工业区煤炭资源被大量开采,导致地面下沉,埃姆舍尔河河床遭到严重破坏,出现河流改道、堵塞甚至河水倒流的现象。而且,大量矿业废水、生活污水直接排放入河,河水遭受严重污染。又如,美国阿纳康达铜矿于 1918 年开始投入生产,长期的矿产资源开采活动导致矿区土壤重金属污染十分严重,对周边环境、居民健康及当地发展都造成了很大的负面影响。

　　为达到矿区生态保护目的及实现矿业可持续发展,各国政府相继出台了相关法律法规,制定了绿色矿业发展目标,从而促进了矿产资源开发利用的立法化、科学化。美国 1939 年制定了《复垦法》,1977 年出台了《露天采矿管理与复垦法》。20 世纪 90 年代以后,德国制定了一系列涉及矿区生态保护的单行法,分为环境规划类和环境保护类,前者侧重对矿山企业、矿山活动可能造成的环境影响提前评估,预先设定好矿业活动标准,重在预防;后者适用于矿山土地、水资源、大气资源的保护和治理[5]。日本国土狭小、资源匮乏,十分珍惜资源,很早就提出了循环型社会的发展模式,并出台了《矿山保护法》《矿害的特别措施法》等相关法律[6]。

另外,加拿大于 2009 年正式启动了"绿色矿业"倡议,该倡议的目标是开发绿色采矿技术并形成作业规范,在采矿后只留下洁净的水、复垦后的地形景观和健康的生态系统,同时降低能源消耗。该倡议主要包括四个研究领域:减少有害物质排放、废料再利用、生态系统风险管理以及关闭矿井和复垦。芬兰绿色开采计划的目标是在 2020 年成为可持续采矿技术的全球领跑者,其任务是开发有助于减少采矿对生态环境影响的新技术。通过开发新的采矿方法和模式,在保护生态环境的前提下,提高地下、城市地区和自然保护区内的采矿效率。波兰在未来煤炭资源的开采利用中主要关注洁净煤的生产利用,开发的洁净煤技术主要包括:将煤炭开采对生态环境的冲击最小化,系统提升煤炭质量,综合利用煤矸石等固体废弃物,提高对瓦斯、矿井水等的利用。

近年来,在召开的国际矿业大会上,"绿色环保、实现矿业可持续发展"成为讨论的主要议题。目前,全球有四大国际矿业盛会,分别是每年 3 月启幕的加拿大勘探者与开发者协会(Prospectors & Developers Association of Canada,PDAC)年会、每年 8 月举办的澳大利亚勘探商与交易商大会(Diggers and Dealers Conference)、每年 2 月在南非召开的南非国际矿业大会(Investing in African Mining Indaba),以及每年 11 月在中国举办的中国国际矿业大会(China International Mining Conference)。2007 年,在中国北京召开了由国土资源部主办的第 9 届中国国际矿业大会,大会主题为"落实科学发展,推进绿色矿业";2009 年,第 77 届加拿大勘探者与开发者协会年会明确提出"绿色矿山"的建设目标,其中参会代表所用的背包完全是由废品回收再利用制成的,充分展现了大会"绿色"的主旨;2010 年,第 19 届澳大利亚勘探商与交易商大会召开,"资源行业可持续发展的重要性"是大会的主要议题;2015 年,由南非矿产资源部和南非矿业商会主办的第 21 届南非国际矿业大会,将"非洲矿业和可持续发展"列为大会的重要议题之一。

而且,全球各矿业协会、组织等也致力于矿业生态的保护和研究工作。2009 年,加拿大勘探者与开发者协会(PDAC)制定了全球第一份"e3Plus"计划(e3Plus plan is an online information resource to help companies exploring for minerals improve their social, environmental health and safety performance),该计划旨在为矿业企业提供矿产资源勘探相关的、及时的在线信息服务,以提高企业在实际工作中"维护生命安全与健康、保护生态环境、履行社会责任"的能力;同年,中国矿业联合会(China Mining Association)发表了《中国矿业联合会绿色矿业公约》,着重强调了矿业企业的发展必须加强环境治理、保护生态环境,其宗旨为"坚持科学发展观,规范企业行为与加强行业自律,履行企业社会责任,推进绿色矿业,构建资源节约型、环境友好型社会";2012 年,美国国家矿业协会(National Mining Association)出台了《硬岩采矿与选矿环境体系指南》(*Guidance for Hard Rock Mining and Mineral Processing Environment*),主要为中小型硬岩采矿企业提供制定采矿环境保护标准及计划的基本框架;2015 年,中国矿业联合会召开了以"绿色发展——中国矿业人在行动"为主题的中国矿业循环经济暨绿色矿山建设经验交流会,会议主要对我国"十三五"规划期间绿色矿山建设的一系列工作进行了介绍,加强矿业企业循环经济理念和矿山绿色环保意识。

学术界对于矿业生态的研究主要集中在矿区生态恢复与重建方面。20 世纪 70 年代至今,迫于矿业开发对生态造成的巨大压力以及人文主义者环保呼声的高涨,西方发达国家逐渐开始重视对矿业开发负面生态效应的控制,相关专业的技术专家、社会学家、哲学家等共同商讨矿业开发的合理模式。美国、英国、加拿大、匈牙利等国政府相继成立了专门的学术研究机构,研究工作主要集中于矿业废弃地的生态恢复[7-8]。首先,1995 年,美国生态学会提出"恢复是一个概括性的术语,包含改建(rehabilitation)、重建(reconstruction)、改造(reclamation)、再植(revegetation)等基本含义"[9];1996 年,美国召开了国际恢复生态学术会议,专门探讨了矿山废弃地的生态恢复问题,推进了矿山生态恢复治理的研究。其次,2000 年,中国学者朱俊士提出"生态矿业"的思想,认为要从生态角度研究矿业发展的方向,使人类的矿业活动能达到生态平衡、维护生态安全、改善环境[10]。2003 年,中国工程院钱鸣高院士提出了矿业绿色开采技术体系[11-12]。2007 年,中国矿业大学卞正富首次提出了矿山生态建设的概念[13],并于 2012 年在 *Science* 期刊上发表了题为 *The Challenges of Reusing Mining and Mineral-Processing Wastes* 的文章,探讨了矿业开发过程中废弃物的回收利用问题[14]。

可见,矿业开发和矿区生态恢复、治理在理论与实践方面均取得了一定的进展,但是矿产资源开发利用活动造成的生态环境破坏、社会经济问题仍然存在,相关理论与技术方法体系尚不成熟,有待进一步完善。因此,本书以矿业生态为主题,研究分析矿业生态的相关基础理论、矿业开发过程中的生态问题、矿区生态系统演变特征、矿山测评技术、矿区生态恢复和重建以及实践案例等,为建设绿色矿山、改善矿区生态环境、实现矿业可持续发展提供理论指导与实践参考。

# 1.2 矿业生态释义

## 1.2.1 矿山、矿区、矿业

(1) 矿山(mine)

"矿山"一词在《中国冶金百科全书(采矿)》(冶金工业出版社 1998 年版)中的解释为"开采矿产资源的生产经营单位"。《中国大百科全书》(中国大百科全书出版社 2002 年版)中将"矿山"定义为"有一定开采境界的采掘矿石的独立生产经营单位。矿山是采矿的地方,主要包括一个或多个采矿车间(或称坑口、矿井、露天采场等)和一些辅助车间,大部分矿山还包括选矿场(洗煤厂)"。《现代汉语词典》(商务印书馆 2014 年版)中将"矿山"定义为"开采矿物的地方,包括矿井和露天采矿场"。《辞海》(上海辞书出版社 2010 年版)中定义"矿山是指有一定开采境界和完整生产系统的采掘矿石的独立生产单位"。《中华大字典》(商务印书馆 2017 年版)中将"矿山"解释为"开采矿物的场所或企业单位"。

"矿山"的英文称谓通常为"mine"。《剑桥国际英语词典》(*Cambridge International Dictionary of English*,上海外语教育出版社 1997 年版)中将"mine"定义为"A hole or system of holes in the ground made for the removal of coal, metal, salt, etc. by digging(通过采掘方式从地下获取煤炭、金属、食盐等矿物的井巷或井巷系统)"。《牛津高阶英汉双解词典(第 8 版)》(*Oxford Advanced Learner's English-Chinese Dictionary*,商务印书馆

2014 年版)将"mine"解释为"A deep hole or holes under the ground where minerals such as coal，gold，etc. are dug（采掘煤炭、黄金等矿物的地下井巷）"。

（2）矿区（mining area）

《中国百科大辞典》（华夏出版社 1990 年版）中将"矿区"定义为"曾经开采、正在开采或者准备开采的含矿地段"。《资源环境法词典》（中国法制出版社 2005 年版）中将"矿区"解释为"蕴藏有一定储量、一定种类的矿产资源的区域，依一定的方法确定其地面、地下的界限，并予以公布后，该界限之内的地面、地下即成为矿区"。《现代汉语词典》（商务印书馆 2014 年版）中将"矿区"定义为"开采矿石的地区"。《辞海》（上海辞书出版社 2010 年版）中将"矿区"解释为"统一规划和开发的含矿（煤）地段"。《国土资源实用词典》（中国地质大学出版社 2011 年版）中将"矿区"定义为"曾经开采、正在开采或准备开采的矿床及其邻近地区"。

（3）矿业（mining industry）

《资源环境法词典》（中国法制出版社 2005 年版）中定义"矿业是指开发利用矿产资源的总称。一般包括矿产资源的勘探、矿产资源的采掘、矿产资源的洗选和冶炼等四部分"。《现代汉语词典》（商务印书馆 2014 年版）中将"矿业"定义为"开采矿物的事业"。

（4）矿山、矿区、矿业的研究尺度

国内外对"矿山""矿区""矿业"的释义大同小异，根据不同的解释和定义，总结归纳三者的定义、范围与研究尺度如表 1-1 所示。

表 1-1　"矿山""矿区""矿业"的定义、范围与研究尺度

Table 1-1　Definition，scope and research scales of "mine""mining area" and "mining industry"

|  | 定义 | 范围 | 研究尺度 |
| --- | --- | --- | --- |
| 矿山 | 具有一定境界的开采矿产资源的独立生产经营单位 | 矿井、露天采矿场所占领的地面及空间 | 开采理论、技术与实践，矿山生态系统稳定与环境保护 |
| 矿区 | 法律规定的界限内，以矿产资源采掘、加工、利用为主，并附有一定的生产生活服务设施的区域 | 矿区、生产管理区及生活服务区 | 矿区生态系统内部生产、生活、管理与维护，以及与外部生态系统的和谐共处 |
| 矿业 | 以矿产资源开发利用为主的事业 | 矿产资源勘探、采掘、分选及冶炼 | 矿产资源开发利用全过程及其所影响的内部与外部环境 |

## 1.2.2　生态系统与生态系统管理

（1）生态系统（ecosystem）

"生态系统"一词在《简明文化人类学词典》（浙江人民出版社 1990 年版）中的解释为"在一定空间内，生物与生物之间，生物有机物与无机环境之间，通过物质循环和能量的流动而互相作用、互相依存所形成的一个生态学功能单位"。《新语词大词典》（黑龙江人民出版社 1991 年版）中定义"生态系统"为"由生物（包括动植物、微生物）与其周围环境（包括气候、光、热、水、土等）所构成的整体，如农田、草原、森林、江河湖泊、海洋等"。《中国煤炭工业百科全书（加工利用·环保卷）》（煤炭工业出版社 1999 年版）中将"生态系统"定义为"占据一定空间的自然界客观存在的实体，是生命系统和环境系统在特定空间的组合"。《中国大百科全书（精华本）》（中国大百科全书出版社 2002 年版）中将"生态系统"定义为"由生物群落（一定种类互相依存的动物、植物、微生物）及其生存环境共同组成的动态平衡系统"。《现代

汉语词典》（商务印书馆 2014 年版）中将"生态系统"解释为"生物群落中的各种生物之间，以及生物和周围环境之间相互作用构成的整个体系"。《汉语同韵大词典》（崇文书局 2010 年版）中将"生态系统"定义为"一个群落中各种生物之间以及生物和周围环境之间有着极其复杂的相互关系"。《能源辞典》（中国石化出版社 1992 年版）中将"生态系统"定义为"由生物群落及其生存环境共同组成的动态平衡系统"。

《剑桥百科全书》（The Cambridge Encyclopedia，中国友谊出版公司 1996 年版）中将"ecosystem"描述为"一种或多种生物与其物理、化学和生物环境间的关系和相互作用"。《牛津高阶英汉双解词典（第 8 版）》（Oxford Advanced Learner's English-Chinese Dictionary，商务印书馆 2014 年版）中定义"Ecosystem refers to all the plants and living creatures in a particular area considered in relation to their physical environment（生态系统是指一定区域内与自然环境有关的所有生物体的集合）"。

国内外学者对"生态系统"概念的界定也做了很多工作。1935 年，英国生态学家 Tansley 结合系统论思想给出了"ecosystem"的经典定义，"Ecosystem is the whole system, including not only the organism-complex of physical factors forming what we called environment, this system is the basic unit nature on the surface of the earth, and they have various sizes and types（生态系统是包括有机复合体、形成环境的物理因子复合体等的整个系统，这种系统是地球表面自然界的基本单位，包含各种大小和种类的）"[15]。1942 年，美国生态学家 Lindeman 将"ecosystem"定义为"A system that composed of physical-chemical-biological process active within a space-time unit of any magnitude, that is the biotic community plus its abiotic environment（在任何量级的时空单位里，由物理-化学-生物过程组成的系统，该系统是生物群落与其非生物环境的统称）"[16]。1969 年，美国生物学家 Odum 将"ecosystem"定义为"The ecosystem, or ecological system, is considered to be a unit of biological organization made up of all of the organisms in a given area (that is community) interacting with the physical environment so that a flow of energy leads to characteristic trophic structure and material cycles within the system（一个包括生物与非生物环境的自然单元，两者相互作用产生一个稳定系统，在系统中的生物与非生物环境之间通过循环途径进行物质交换）"[17]。20 世纪 80 年代，中国学者开始对生态系统的概念进行界定。1981 年，孙儒泳提出：在一定的自然区域内，许多不同生物的总和叫作生物群落，或简称群落。群落及其环境组成了自然界的基本功能单位——生态系统[18]。1983 年，陈玉平将生态系统解释为生物圈的一个功能单元，强调系统中或系统间的物质与能量的运动过程[19]。2008 年，郝云龙等丰富和延伸了生态系统的概念，他认为"生态系统即生态学系统，任何生态学研究中的生物存在形式都可称为生态系统，个体、群落、景观、生物圈等均可视为生态系统"[20]。2011 年，文祯中将生态系统定义为在一定的空间，共同栖居着的所有生物（即生物群落）与其环境之间不断地进行物质循环和能量流动而形成的统一整体[21]。

根据中外词典与国内外学者对生态系统的解释与概念界定，目前生态学界普遍认为，生态系统是在一定时间和空间范围内，生物与生物之间、生物与物理环境之间相互作用，通过物质循环、能量流动和信息传递，形成的一个具有特定营养结构和生物多样性的功能单元[22-24]。

（2）生态系统管理（ecosystem management）

20 世纪中后期,全球生态环境加剧恶化,社会经济发展受到限制。传统的资源管理模式已经不足以应对"生态-社会-经济"的协同发展,因此,生态系统管理应运而生。生态系统管理起源于林业资源管理和利用过程[25],1988 年,美国学者 Agee 和 Johnson 在《公园与野生地的生态系统管理》中写道"Ecosystem management is regulating internal ecosystem structure and function,plus inputs and outputs,to achieve socially desirable conditions(生态系统管理是指调控生态系统内部结构和功能、输入和输出,使其达到社会所期望的状态)"[26]。1992 年,美国学者 Overbey 认为"Ecosystem refers to the careful and skillful use of ecological,economic,social and managerial principles in managing ecosystem to produce, restore or sustain ecosystem integrity and desired conditions,uses,products,values and services over the long time(生态系统管理是指利用生态学、经济学、社会学和管理学等原理,仔细、专业地管理生态系统的生产、恢复或长期维持生态系统的整体性和理想的条件、利用、产品、价值和服务)"[27]。1994 年,学者 Grumbine 认为"Ecosystem is integrating scientific knowledge of ecological relationships within a complex sociopolitical and values framework toward the general goal of protecting native ecosystem integrity over the long time(生态系统管理是以长期保护自然生态系统的完整性为目标,将复杂的社会、政治、价值观与生态科学相融合的一种生态管理方式)"[28]。1996 年,美国生态学会(Ecological Society of America,简称 ESA)提出"生态系统管理有明确目标驱动,通过政策、协议和措施执行,通过检测与研究工作,最大限度地了解维持生态系统的结构和功能所必需的生态作用和过程,从而对生态系统进行适应性管理"[29]。1998 年,美国国家环境保护局(U. S. Environmental Protection Agency,简称 USEPA)认为"生态系统管理是指恢复和维持生态系统的健康、可持续和生物多样性,同时支撑可持续的经济和社会",美国农业部(United States Department of Agriculture,简称 USDA)提出"生态系统管理作为一种自然资源管理的方法,致力于保护和恢复生态系统的可持续性,以一种与生态系统能力相协调的方式使当代人和后代人连续不断地受益"。

20 世纪 80 年代初,我国学者逐渐将"生态系统管理"的思想引入并应用到实际研究工作中。1981 年,黄威廉对贵州森林生态系统所存在的问题及管理措施进行讨论[30]。1983 年,何永晋等将海洋生态系统管理的思想引入国内[31]。1999 年,廖利平等在总结国外生态系统管理概念的基础上,提出"生态系统管理是指在充分认识生态系统整体性与复杂性的前提下,以持续地获得期望的物质产品、生态及社会效益为目标,并依据对关键生态过程和重要生态因子长期监测的结果而不断调整的管理活动"[32]。2000 年,任海等认为"生态系统管理是指基于对生态系统组成、结构和功能过程的最佳理解,在一定的时空尺度范围内将人类价值和社会经济条件整合到生态系统经营中,以恢复或维持生态系统整体性和可持续性"[33]。2001 年,于贵瑞提出"生态系统管理是以保护生态系统持续性为总体目标,把复杂的社会学、政治学、生态学、环境学和资源学的有关知识融合在一起,认识生态系统的时空动态特征,生态系统功能、结构与多样性的相互关系,综合管理自然资源和生态环境"[34]。2004 年,赵云龙等认为"生态系统管理的核心内涵是以一种社会、经济、环境价值平衡的方式来管理自然资源,包括生态学的相互关系、复杂的社会经济和政策结构、价值方面的知识,其本质是保持系统的健康和恢复力,使系统既能够调节短期压力,也能够适应长期变化"[35]。

综合国际组织协会、国内外学者对"生态系统管理"的具体解释可以看出,由于研究对象、内容及目的不同,生态系统管理尚未形成统一的或被公认的定义。但总体来讲,各种概念并无本质矛盾,其实质是研究生态系统内部及系统间的相对平衡,并且强调保护整个生态系统而不是单个物种或资源。因此,生态系统管理可认为是指以生态系统为研究对象,运用生态学、环境资源学、经济学、社会学、管理学等相关理论与方法,对系统进行有组织、有计划的管理,以实现整个生态系统的稳定与协调发展。

### 1.2.3　矿区生态管理

（1）矿区生态系统（mining area ecosystem）

不同的生态系统与学科类型,对矿区生态系统的解释不同。① 从生态系统（ecosystem）角度:矿区生态系统可定义为"矿区范围内的生物群落（包括动物、植物、微生物）与周围环境（包括自然环境、社会环境和经济环境）组成的系统"[36]。② 从复合生态系统（complex ecosystem）角度:矿区生态系统是由自然、经济、社会三个子系统组成的复合系统,它不是三个子系统简单的组合叠加,而是通过人类活动耦合而成的复杂系统,各子系统间物质、信息、能量等主要通过矿产资源的生产、流通和消费等进行有序的耦合,最终实现矿区生态系统的整体功能[37]。③ 从人类生态系统（human ecosystem）角度:人类生态系统是指人类为保障和实现自身经济利益,对自然生态系统进行改造和调控而形成的生态系统。矿区与人类生产、生活密切相关,属于人类生态系统的范畴[38-39]。因此,矿区生态系统可定义为矿区空间范围内的居民与自然环境系统、人工建造的社会环境系统相互作用而形成的统一体,是以矿产资源开发利用为主导的自然、经济、社会复合生态系统。④ 从生态经济学（ecological economics）角度:矿区生态系统是由经济系统和生态系统结合形成的统一复合系统,具有双重性和结合性,同时也是矛盾统一体[40]。矿区生态系统受经济规律和生态平衡自然规律的双重制约,在生态经济系统中,生态子系统要求对自身实现"最大保护",经济子系统力求对生态系统进行"最大程度利用"。因此,在经济发展中两者是一对矛盾体;而人类对于生态系统的利用最终应同时实现经济效益最优和生态环境保护,即实现经济和生态的统一。

我国煤矿开发区主要集中在华北、东北、华东和中原地区等重要的农业地区,矿区资源开采往往对原有农业生态系统造成一定程度的改变和破坏。因此,矿区生态系统是矿业与农业、自然环境与社会环境、以人为主体的自然经济社会相结合的复合系统,其范围包括矿区工业区及其直接影响的农业、水体等区域。矿区生态系统的特征主要包括[41]:① 以人为中心的生态系统,该系统的产生、存在、发展和消亡都是按照人的意愿进行的;② 一个开放型系统,它与整个自然-经济-社会复合系统息息相关,既受生态规律的支配,又受社会经济规律的支配;③ 系统中生物群落的改变主要表现在生产者数量减少、生物性下降,有相当数量的家养动物和一定数量的野生走兽、飞禽,但主要的消费者是人;④ 特殊的能量流动和物质循环,主要表现为能流、物流是开放的,同时需要大量的辅助能源、物质。

（2）矿区生态系统管理（mining ecosystem management）

2012 年,雷冬梅等人在《矿区生态恢复与生态管理的理论及实证研究》一书中,以矿区生态系统为研究对象,在结合国内外对生态系统管理内涵界定研究的基础上,提出矿区生态管理的定义与基本内涵,即矿区生态系统管理是指以区域生态系统为整体,以复合生态系统及可持续发展等理论为指导,以保持矿区生态系统结构和功能的完整性和可持续性、提高区域资源环境承载力、促进社会经济与生态环境的和谐及可持续发展为目标,以科学技术和可持续管理为手段,对矿区矿产资源开发及土地利用行为进行引导、调整和控制的综合性活动[42]。

矿区生态系统管理的基本内涵主要分为以下两点。

第一,矿区生态系统管理的目的是实现生态系统调节气候、涵养水源、降解污染、生命栖息、文化休闲等自然功能和社会服务功能,其实质是在矿产资源开发利用过程中寻求人口、资源、经济、社会的协调,实现"生态-经济-社会"可持续发展的管理目标,具体包括矿区生态系统的可持续性、矿区土地利用的可持续性、区域生态经济的可持续性、矿区综合管理的可持续性。

第二,矿区生态系统管理活动是一种综合性活动。通过建立"点-线-面"的生态网络体系对矿区生态系统进行管理。"点"是在矿区内根据企业自身经济条件及矿区内生态环境现状,开展林业建设、污染治理等工程;"线"是指在矿区范围内沿河流水系、山脉丘陵走向等开展护岸、护坡生态工程,构建绿色屏障,保持水土,涵养水源;"面"指在区域范围内根据生态功能规划、矿区主体功能等对矿区土地资源进行优化配置,保护生物多样性,提高矿区资源环境承载力。

矿区生态系统具有复杂性和综合性,对其进行管理会涉及众多复杂的现实问题。因此,需要对矿区生态系统进行综合分析与决策,实现矿区生态、文化、社会、经济等方面的和谐发展。矿区生态系统管理的基本步骤如图 1-1 所示。

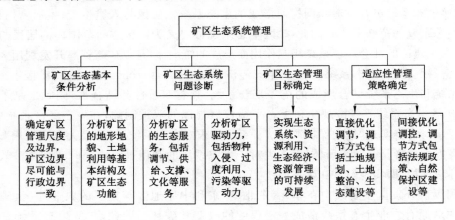

图 1-1　矿区生态系统管理基本步骤

Fig. 1-1　Basic steps of ecological management in mining area

### 1.2.4　矿业生态与矿业可持续

（1）生态矿业（ecological mining industry）

2000 年,中国学者朱俊士提出"生态矿业"的思想,他认为生态矿业主要从生态角度研究矿业发展的方向,使人类矿业活动能够保证生态平衡、维护生态安全和改善环境,达到与自然界和谐发展的目标。生态矿业是指依据生态学、生态工业学和生态经济学原理,延长生态矿业资源产业链,建立资源、环境、效益兼顾的综合开发矿业生产体系[10]。2001 年,方宝明等认为生态矿业就是在经济、社会和环境共同发展的原则下,总结并吸收传统矿业开发的成功经验,推广应用现代最先进的采、冶技术与方法,以实现矿产资源优化配置与可持续利用,并建立生态环境有效保护与良性循环的新型矿业开发体系[43]。2002 年,王贵成将生态矿业定义为在矿产企业内建立环境生态管理体系,以实现环境生态管理为目标,具备"林、草、矿、水"四位一体协调发展的环境生态发展模式的新兴矿业。该矿业能够较好地促进经济与社会效益、资源与环境生态效应相统一[44]。2004年,潘长良等认为生态矿业是以生态经济学为依据所建立的以节约资源、清洁生产和废弃物多层次循环利用为特征,以满足社会发展需要、提高人类生活水平为最终目标的现代矿业发展模式[45],如图1-2所示。2005年,聂志强等认为生态矿业具有广义和狭义之分。广义的生态矿业是指包括采矿业、矿产品加工业及其相关能源加工制品业在内的大矿业发展模式;狭义的生态矿业是指在采矿业和矿产品加工业的发展中,实现采矿和矿山环境保护与恢复治理相协调、矿业生产环保型、矿产品"绿色"无害化[46]。2012年,中国矿业企业——山东黄金集团有限公司在尝试生态矿业发展模式后,指出生态矿业是以生态文明理念为指导,以高新技术产业为支撑,以节约能源、清洁生产和废弃物多层次循环利用为特征,按照生态规律设计延长矿业资源产业链,以最小的生态扰动量获取最大资源量,带动社区和谐发展的循环型矿业发展模式[47]。2013年,薛巧慧等在总结已有研究对"生态矿业"内涵界定的基础上,提出生态矿业是指以生态文明理念为指导,以高新技术为支撑,按照生态系统能流物流规律和协调稳定规律设计矿产资源产业链,并延长产业链以带动社区和谐发展的循环型矿业发展模式[48]。

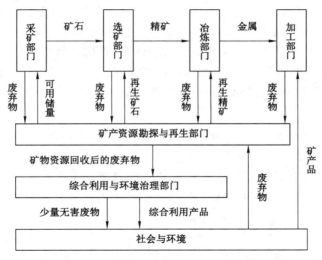

图1-2　生态矿业循环发展模式

Fig. 1-2　Cycle development model of ecological mining industry

综合"生态矿业"具体内涵的已有研究,"生态矿业"可理解为根据生态学、生态经济学原理,应用现代科学技术建立和发展起来的一种多层次、多结构、多功能,变废弃物为生产原料,实现循环生产、集约利用资源的综合矿业体系,是仿照自然界生态过程中物质循环的方式来组织、规划矿区生态系统的一种矿业发展模式。

(2)矿业生态(mining ecology)

矿业是国家产业的重要组成部分,矿业生态的发展与产业生态的发展密切相关。因此,可从产业生态角度理解和定位矿业生态。20世纪60年代,工业化进程加快对生态环境的破坏越来越受到社会各界的重视,相关部门和学者开始将产业与生态学结合起来,致力于既保护生态又发展经济的产业生态研究。1989年,美国学者Frosch和Gallopoulos提出了产业生态(industrial ecology)的思想,"传统的工业活动应该向产业生态系统转变,在这一系统中能量、物质的消费结构得以优化,废弃物产出量被最小化,一个工业流程的废料可作为另一个流程的原料"。1991 年,美国国家科学院(National Academy of Science)将"产业生态学"定义为对各种产业活动及其产品与环境之间相互关系的跨学科研究。1993 年,学者Paul 指出产业生态第一次提出了一种大规模、整合的管理工具用于设计产业基础结构,使其成为与全球自然生态系统密切相关的人工生态系统,也是产业在生命周期分析方法之外,第一次将生态系统的概念应用到整个产业运作之中,将各个企业的发展联系起来。1995年,电气和电子工程师协会(Institute of Electrical and Electronics Engineers,简称 IEEE)提出产业生态学是研究产业、经济系统及其自然系统间相互关系的学科,是一门可持续性的学科。1997 年,学者 Erkman 认为产业生态主要研究产业系统如何运作、规制及其与生物圈的相互作用,并基于对生态系统的认知来决定如何进行产业调整,从而实现产业发展与自然生态系统运行相协调;学者 Reid 认为产业生态学属于系统学的一个分支,它从局部、地区和全球 3 个层次上分别研究产品、工艺、产业部门和经济部门中的能流和物流,其焦点是研究产业界在降低产品生命周期过程中的环境压力和作用。

结合"产业生态学"的具体内涵和研究范围,从产业生态的角度,"矿业生态"在广义上可理解为"将'优化矿产资源生产率及利用率,减少生态破坏'这一矿业生态理念贯穿于整个矿业活动中,适用于所有矿业企业";从狭义上可理解为"模仿自然生态的矿业生态系统,通过矿业生态系统中各种矿业活动流程之间的横向和纵向共生,以及不同矿业企业或工艺流程间的横向耦合及资源共享,达到能量和物质消费的最优化,废弃物产出量的最小化,从而实现生态保护的最优化"[49-50]。

> 从产业生态化建设的目的、矿业发展过程、系统论角度解释"矿业生态":
>
> 第一,从产业生态化建设的目的角度。
>
> 产业生态化建设的目的是实现资源循环利用,降低产业发展过程中对生态的损伤程度,提高产业经济发展的规模和质量。矿业作为产业的重要组成部分,其生态化建设是实现整个产业生态建设过程中不可或缺的。
>
> 因此,从产业生态化建设的目的角度,"矿业生态"可解释为矿业依据自然生态的有机循环原理建立合理的发展模式,在不同矿业企业、不同工艺流程之间形成类似于自然生态链的关系,从而达到充分利用矿产资源、减少废弃物产生、实现物质循环利用、提高矿业经济发展规模和质量的目的[51]。
>
> 第二,从矿业发展过程角度。
>
> 矿业生态包括矿业整个发展过程的生态化,从矿业发展过程角度,"矿业生态"可解释为将矿业系统作为生物圈的有机组成部分,根据生态学、产业生态学等原理,对矿业生态系统各组成部分进行合理优化,以建立高效率、低消耗、无污染、经济增长与生态相协调的矿业生态系统过程[52]。
>
> 第三,从系统论角度。
>
> 依据系统论的思想,矿业生产活动均可纳入生态系统的循环发展中。因此,从系统论的角度,"矿业生态"可解释为将以矿产资源开发为主的矿业活动纳入生态系统中,将矿业活动对生态的消耗和影响置于生态系统物质、能量的整个交换过程,实现矿业活动与生态系统的良性循环和可持续发展[53]。

（3）矿业可持续（mining sustainable development）

1987 年，世界环境与发展委员会（World Commission on Environment and Development，简称 WCED）在挪威前首相布伦特兰（Brundtland）的领导下，向联合国提出名为"Our Common Future（我们共同的未来）"的报告，明确了可持续发展的科学定义，"The development that meets the needs of the present without compromising the ability of future generations to meet their own needs（可持续发展是指既满足当代人的需要，又不损害后代人满足自身发展的需要）"[54]。1989 年，联合国环境规划署（United Nations Environment Programme，简称 UNEP）第十五届理事会审议通过了《关于可持续发展的声明》，标志着可持续发展理念在全球范围内获得广泛认可。

可持续发展理念逐渐深入人类生产、生活和生态保护各方面。1992 年召开的联合国环境与发展大会，通过了《关于森林问题的原则声明》《生物多样性公约》《里约环境与发展宣言》《联合国气候变化框架公约》等，探讨了可持续发展的相关问题。2000 年的第八次可持续发展会议，首次提出将矿业可持续发展作为今后可持续发展的优先方向。2002 年，全球可持续发展首脑峰会重点探讨了矿业的可持续发展问题，并在通过的"*Plan of Implementation of the World Summit on Sustainable Development*（可持续发展世界首脑会议实施计划）"第四章明确指出，"矿业的健康有序发展对世界各国社会经济均有着不可替代的作用，必须对矿业的外部性进行有效度量，并提出了发达国家对发展中国家进行援助，以保证全球矿业的可持续"[55]。其中，关于矿业可持续性的具体论述为"鉴于矿业部门在世界各国社会经济发展中的重要地位，为了提升矿业可持续发展的贡献，必须采取如下措施：① Support efforts to address the environmental，economic，healthy and social impacts and benefits of mining，minerals and metals throughout their life cycle，including workers'health and safety，and use a range of partnerships，furthering existing activities at the national and international levels among interested governments，intergovernmental organizations，mining companies and workers and other stakeholder to promote transparency and accountability for sustainable mining and minerals development（努力解决开采矿物、金属全生命周期过程中的环境、经济、健康、社会的影响和利益，包括员工的健康和安全。利用一系列合伙关系，加深国家和国际层面的政府、政府间组织、矿业企业、工人和其他利益相关者之间的活动，来提升矿业、矿物可持续发展的透明度和责任制）；② Enhance the participation of stakeholder，including local and indigenous communities and women，to play an active role in minerals，metals and mining development throughout the life cycles of mining operations，including after closure for rehabilitation purposes，in accordance with national regulations and taking into account significant trans-boundary impacts（加强利益相关者的参与度，包括当地的、本土的居民和妇女，在矿业开采的全过程发挥积极的作用，包括矿井关闭后的复垦，根据国家规定并考虑重大的跨界影响）；③ Foster sustainable mining practices through the provision of financial，technical and capacity-building support to developing countries and countries with economies in transition for the mining and processing of minerals，including small-scale mining，and where possible and appropriate，improve value-added processing，upgrade scientific and technological information and reclaim and rehabilitate degraded sites（通过向发展中国家和经济转型期国家提供经济、技术和能力建设支持，促进可持续发展的采矿方法，包括小规模开采，在可能和适当的地方改进加工工艺、提升科技信息、回收并恢复退化土地等）"。

全球一些国家和相关学者也相继开展了矿业可持续发展的实践和理论研究。1992年,澳大利亚联邦政府出台了 National Strategy for Ecological Sustainable Development(生态可持续发展国家战略),认为 Ecological sustainable development is aims to meet the need of Australian today,while conserving our ecosystems for the benefit of future generations(生态可持续发展是指既满足当代人的需要,又为满足后代人发展而保护生态系统的发展)[56]。该战略包括农业、渔业、制造业、矿业等在内的九大行业,其中,矿业可持续发展的基本目标为确保矿区复垦后达到环境和安全标准,至少达到与周围环境一致的水平;开发矿产资源要向社区提供一定的经济回报,同时在矿业上取得更好的环境保护与管理业绩;改善社区咨询和信息获取条件,提高职业安全绩效,实现社会公平。1995年,加拿大政府将"可持续发展"理念应用于矿业和冶金业,出台了 Sustainable Development and Minerals & Metals(加拿大政府矿物和金属政策)[57],提出矿物和金属可持续发展的具体内容包括:① finding,extracting,producing,adding value to,using,re-using,recycling and when necessary,disposing of mineral and metal products in the most efficient,competitive and environmentally responsible manner possible,utilizing best practices(使用最有效、最具竞争力和对环境负责的方式,探寻、开采、生产、增值、利用、再利用、回收、处置矿物和金属产品);② respecting the needs and values of all resource users,and considering those needs and values in government decision-making(考虑所有资源使用者的需求和价值,将其体现在政府的决策中);③ maintaining or enhancing the quality of life and the environment for present and future generations(维持或提高当代人和后代人的生活质量);④ securing the involvement and participation of stakeholders,individuals and communities in decision-making(保证企业、个人和团体参与决策)。2000年,加拿大学者 Hilson 提出了矿业可持续发展的新内涵,他认为矿业可持续发展包括两方面:一方面,政府及矿业行业必须致力于矿业环境保护与管理,包括从培训、计划到审计一系列工作的重新设计与环境管理技术的提高,以及包括控制、缓解、监测和资源消耗等领域内积极的环境保护行动;另一方面,矿业可持续发展也依赖于广泛的社会责任,矿业企业需要与银行、保险公司等利益相关方建立积极良好的关系,并通过为矿区居民提供就业津贴、养老金、当地服务等方式与之建立良好关系[58]。

在可持续发展理念的影响下,我国学者也给出了矿业可持续发展的不同内涵。1997年,邓建等提出矿业可持续发展是指人们在制定矿业发展战略、开发矿产资源过程中,既要满足当前发展的需要,又要考虑未来的发展需要,绝不能以牺牲后代人的利益为代价来发展,要实现资源环境的持续利用。其实质是要协调好人口、资源、环境与发展之间的关系,为后代开创一个能持续发展的矿业基础局面[59]。2001年,吴爱祥等认为"矿业可持续发展"是可持续发展理论与矿业生产实际相结合的产物,它要求人们在制定矿业发展战略和开发矿业资源的过程中,既要考虑当前的发展需要,又要考虑未来的发展需要,从而促进矿产资源开发、环境保护、经济发展和社会发展相互协调,实现矿业发展的良性循环[60]。其内涵主要包括:① 矿产资源是有限的、不可再生的,必须综合合理利用;② 矿产资源开发应该是全面的,既包括显著的经济效益和社会效益,又包括良好的生态效益;③ 科学技术的发展是矿业可持续的基础。2001年,杨明在分析矿业行业运行特点及其规律的基础上,提出矿业可持续发展是使矿产品的生产与社会经济发展需要相适应,在资源开发中取得良好的经济效益,保持相对稳定的资源采储比,并把对环境的损害限制在社会可容忍的范围内的生产发展[61]。2004年,彭秀平研究指出矿业及可持续发展是一种满足4项条件的矿业发展模式:

① 能对矿产资源实施科学开发和综合利用,实现矿产资源向其替代资源的顺利过渡;② 矿业生产对生态环境不造成破坏或破坏不超过生态环境的承载力;③ 矿业经济效益稳定增长,其增长速度不低于社会各产业的平均速度;④ 矿产品或其具有相同效用的替代品能满足社会永续发展的需要,矿业社会效益与社会发展同步[62]。矿业可持续发展的系统结构如图 1-3 所示。

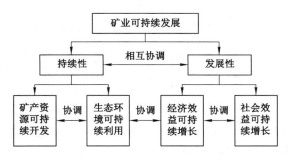

图 1-3　矿业可持续发展的系统结构

Fig. 1-3　System structure of mining sustainable development

综合各国政府及相关学者对"矿业可持续"具体内涵的解读,矿业可持续发展是整个社会可持续发展的重要组成部分,在矿区发展过程中必须协调好与整个社会经济发展的关系,构建科技水平高、经济效益好、资源消耗低、环境污染少的新型矿业。综合利用有限的矿产资源,促进矿业可持续发展,最终匹配并实现整个社会经济的可持续发展。

## 1.3　矿业生态研究历程

第一次工业革命以后,随着工业经济在全球不同国家及地区的快速发展,矿产资源作为工业发展的原材料被广泛开采利用。由于受到经济、技术、制度、人为因素等众多条件的限制,矿产资源在开发利用的同时,也对生态环境造成了严重的破坏和污染。矿业生态逐渐受到关注和重视,至今大致经历了问题的产生、萌芽、发展等阶段。

### 1.3.1　问题的产生

矿业是国民经济发展的支柱产业,矿产资源是国民经济发展的重要物质基础,当今中国90%以上的一次能源、80%的工业原材料、70%以上的农业生产资料、30%以上的工业和居民用水都取自矿产资源[63]。随着经济社会的不断进步和发展,人类对矿产资源开发利用的强度和深度不断增加,尤其在工业革命以后,由于社会生产力的极大提高,人们对矿产资源种类和数量的需求急剧增加[64-65]。然而,传统的矿产资源开发一般采用"高开采-高排放-低利用"的生产模式,造成了严重的生态破坏、环境污染问题,加剧了"矿地、人矿、人地"之间的矛盾,在一定程度上制约了区域社会经济的发展。

(1)传统的矿业生产以开发矿产资源这种不可再生能源为主,并采用单项非循环的经营发展模式,如图 1-4 所示。传统的矿业生产包含地质勘探、采矿、冶炼和加工等生产部门,这些部门实际上是矿业经营发展的各道工序,构成了单项非循环发展模式。在这个发展模式中,地质勘探是位于最上游的生产部分,其任务是发现自然界中矿产资源的可用储量,然后由采矿部门去开采。由于矿产资源的不可再生性和自然储量的有限性,如果维持传统矿业发展模式不变,则不论采取怎样先进的节约和科学利用手段,矿业可持续发展都将是不可能的。加之,矿产资源开采率低和不合理利用,使得矿产资源的供需矛盾日益尖锐[45]。

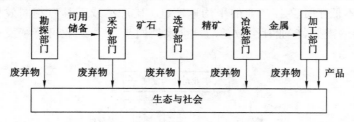

图 1-4　传统矿业单向非循环发展模式

Fig. 1-4　Unidirectional and non-circular development mode of traditional mining industry

（2）传统矿业发展模式是一种高能耗的发展模式。矿业生产依赖大量矿产资源、水资源、木材、电力等原材料的投入,能量和资金消耗量也十分巨大,可以说矿业经济增长主要依靠矿产资源、资金和劳动力的大量投入与消耗。而且,传统的矿产资源开发多为粗放型发展模式,采、选回收率低,共、伴生矿产资源综合利用水平低下。据相关部门统计,中国矿山的采、选回收率有色金属为 60%、非金属矿为 20%～60%、铁矿约为 60%、煤矿平均为 30%,与发达国家的 80%～85% 相比差距甚远[66]。

（3）传统矿业发展模式是一种高污染的发展模式。矿产资源勘探、开采、加工等过程都会产生大量的废水、废气和固体废弃物。在传统的矿业发展模式中,各矿业部门将生产过程中产生的大量废弃物直接排放到生态环境中,造成严重的生态破坏和环境污染。矿业"三废"一直是环境的主要污染源,而掠夺性的资源开发更加速了生态环境的破坏。在过去,由于受急功近利思想的影响,乱采滥挖、采富弃贫、大矿小开等资源开发现象比较普遍,这不仅造成了矿产资源的巨大浪费,而且还引发了一系列严重的矿山生态环境问题,如小采石场（点）对地貌景观和植被的直接破坏,地下开采引发的地面塌陷而造成土地和植被损毁,乱采滥挖遗留的尾矿、矸石、废石等矿山废弃物压占土地,及其中的有害物质组分通过地表径流和大气扬尘对土地、植被、水域和空气的污染等。

综上所述,传统的矿业发展模式导致诸多生态问题,以及由生态问题诱发的社会问题和经济问题。如何有效地解决矿业开发过程中的生态破坏问题,协调好矿区生态、经济、社会之间的关系,实现矿区生态效益、经济效益和社会效益的和谐统一与可持续发展,已成为生态学、经济学、可持续发展等学科和领域研究的热点问题。

## 1.3.2　矿业生态萌芽

18 世纪之前,矿业生态思想出现。位于中国浙江嘉兴的东湖曾是一处采石场,汉代开始开采石料,形成了大面积的采石坑,15 世纪 30 年代初,东湖组织筑堤分界,形成了景色优美的旅游风景区,在世界矿山废弃地恢复史上享有重要地位[67]。美国是世界上最早重视矿区经济与生态协调发展、复垦治理矿区受损土地的国家之一。1766 年,美国土地租赁合同上明确写有"采矿者有义务对采矿迹地进行治理并植树造林",这是世界上最早的矿区土地复垦记录[68],寻求矿区经济增长和生态环境健康发展协调统一的思想逐渐体现。

19 世纪至 20 世纪初,零星的矿业生态相关法律法规颁布。捷克在矿区生态环境恢复方面具有悠久的历史[69]。1852 年,捷克政府颁布了《奥匈帝国采矿法》(*The Austro-*

*Hungarian Mining Law*），对矿区复垦方法进行明确界定，同时明确了相关部门、企业、个人的矿区生态修复义务。1908 年，捷克政府在北波希米亚地区成立了第一个复垦机构——捷克农业委员复垦部（Reclamation Agency of Czech Land Council for Agriculture），同时实施了第一个有组织的采矿损毁土地修复项目。

20 世纪初至 50 年代，零星、单一的矿业生态工程实施。1918 年，美国印第安纳州的矿业主为了恢复和改善采矿区的生态环境，自发地在煤矸石上进行覆土种植试验[70]。1920—1940 年，德国开始对煤矿废弃地进行植被恢复，然而这一时期恢复植被的种类较为单一[71]。20 世纪 50 年代，中国个别矿山或单位自发地进行一些零星的矿区生态恢复治理工作。

20 世纪 50 年代至 80 年代，世界各国相继颁布矿业生态相关法律法规，矿业生态工程趋于规模化。1950 年后，捷克矿区土地复垦工作有计划地开展，工程复垦技术发展迅速。1960—1980 年，德国矿区复垦工作已由农、林业复垦转移到建设休闲地、重构生物循环体系、保护物种等复合型土地复垦[71]。20 世纪 70 年代，中国东部平原煤矿塌陷地进行了生态恢复，生态恢复后的土地和水面用于建筑、种植水稻和小麦、栽藕或养鱼等。截至 1975 年，美国有 35 个州相继制定了与土地复垦相关的法律条文[68]；1977 年，考虑到国家整体利益，美国国会通过并颁布了第一部全国性的土地复垦法规——《露天采矿管理与复垦法》，《露天采矿管理与复垦法》对新采矿破坏土地以及既往开采遗留破坏土地的复垦工作进行了详细的规定说明，同时成立露天采矿复垦管理局（Office of Surface Mining Regulation and Enforcement，简称 OSM）对矿区土地复垦工作进行监管。

### 1.3.3　矿业生态发展

自 20 世纪 80 年代可持续发展理论提出之后，可持续发展的理念开始为大多数学者接受。事实上，在过去的三十多年里，几乎所有国家为实现可持续发展的目标制定或修改了相关法律来减少采矿对生态环境的负面影响。正是在可持续发展理论的指导下，各国对矿区生态环境恢复治理提出了更高的要求，矿业生态得到了革命性的发展。

（1）20 世纪 80 年代，主要矿产国家完善矿业生态相关法律体系、成立矿业研究机构。

1980 年，德国制定了《联邦矿山法》，对矿区生态环境保护和恢复治理做出了具体要求和规定，并制定了严格的矿山生态恢复验收标准。同时，德国将缴纳矿山生态恢复治理保证金作为矿山企业或采矿权人取得采矿许可证的先决条件，从而促使矿山企业或采矿权人自觉履行矿山生态恢复治理义务[72]。1982 年，美国南达科他州的《矿地复垦法》规定，在发展矿业的同时，要防治废物与土地破坏，适当地处理尾矿，并对采矿活动影响的土地进行复垦[73]。1988 年7 月 1 日，美国内政部的矿山局成立了一个"国家矿山土地复垦研究中心"，其职能主要是为美国的矿山土地复垦提供理论指导和技术支撑。20 世纪 80 年代以来，为促进矿区经济与生态环境协调统一发展，中国建立并完善了有关矿山资源综合利用和生态环境治理的法规，例如，《土地复垦规定》(1989)《中华人民共和国环境保护法》(1989)；并已经逐步确立了土地利用规划、环境影响评价、环保"三同时"制度、勘探权和采矿权许可证制度、限期治理等法律制度。

（2）20 世纪 90 年代，从国家层面制定矿业可持续发展战略，研发矿山生态恢复技术。

20 世纪 90 年代，澳大利亚推行了国家生态可持续发展战略（1992 年）和澳大利亚生态多样性保护国家战略（1996 年）。1993 年，澳大利亚政府联合相关部门组建了澳大利亚矿山复垦研究中心，有效地推动了矿山生态环境保护和恢复治理工作[73]。1996 年，美国政府制定了"国家矿产资源调查计划",该计划将环境、资源、土地利用技术发展等结合起来,提出将矿产资源可持续利用作为矿产资源开发利用的最终目标。1997年,美国政府又制定了矿产资源开采后对地面控制的办法和《复田法》,其宗旨是确保在矿产资源开采中和开采后保持矿区原有的地面生态环境面貌。美国《环境法》还规定,工业建设破坏土地必须恢复为原来的形态。1997—2000年,美国地质调查所实施的矿区废弃地优先研究为联邦土地管理局治理废弃矿山环境提供了技术支持。由于国家执法行动和相关研究工作的不断开展,美国在矿区种植农作物、矸石山植树造林和利用电厂粉煤灰改良土壤等方面做了很多工作,取得了大量的成果和经验[74]。

(3) 21世纪以来,矿业生态完善化、体系化发展,新兴技术引入矿业生产。

2000年以来,美国传统矿业行业发生变化,以原子能技术、宇航技术、电子计算机技术发展为标志的新科学技术革命的兴起带动美国矿业内部各行业发生了生产替代与转移。同时,大量自动化采矿机器与数控设备应用于矿业,大大提升了矿业生产效率和员工生产生活安全性。中国愈加重视矿业生态的保护和恢复治理,不断完善矿业法制建设,出台的《中华人民共和国固体废物污染环境防治法》中对矿产资源综合利用和矿山环境治理提出了要求。同时,为从地质勘探、矿产开采、资源节约、循环经济、环境保护、土地管理、安全生产、境外资源开发利用以及煤炭工业发展等方面,对矿产资源开发利用工作做出全面部署,还颁布了《中华人民共和国循环经济促进法》《中华人民共和国节约能源法》等涉及矿业生态的相关法律。

(4) 矿区可持续发展需要依靠生态学、环境经济学、采矿学等多学科理论的支撑。

国内外学者融合已有理论对矿山生态建设和恢复治理进行研究,形成了集理论、技术和工程为一体的矿业生态建设体系,如表1-2所示。其中,应用最为广泛的基础理论包括生命周期理论、循环经济理论、绿色开采理论、恢复生态学、区域生态学和弹性理论。

表1-2 矿业生态建设相关理论、技术与工程

Table 1-2 Theories, technologies and engineerings of mining ecological construction

| 理论方面 | 技术方面 | 工程方面 |
| --- | --- | --- |
| 生命周期理论 | 防尘技术 | |
| 循环经济理论 | 废水处理技术 | |
| 清洁生产理论 | 固体废弃物处理技术 | |
| 绿色开采理论 | 采空区充填技术 | |
| 弹性理论 | 矿山有毒气体防治技术 | 供水排水工程 |
| 恢复生态学 | 矿区土地复垦技术 | 行人通风工程 |
| 区域生态学 | 矿区生物修复技术 | 提升运输工程 |
| 景观生态学 | 矿区植物修复技术 | 采矿工程 |
| 产业生态学 | 矿井热污染防治技术 | 矿业环境工程 |
| 生态系统管理理论 | 矿业噪声防治技术 | 生态恢复工程 |
| 复合生态系统理论 | 保水开采技术 | 生态重建工程 |
| 生态系统健康理论 | 建筑物与土地保护技术 | |
| 环境经济学 | 煤与瓦斯协调开采技术 | |
| 管理和政策科学 | 洁净开采技术 | |
| 可持续发展理论 | 煤炭地下气化技术 | |

其一,"生命周期"这一概念来源于生物学领域,是指生物体的形态或功能在生命演化进程中所经历的变化,本质上是指一个生物体从出生到成长、衰老直至死亡所经历的各个阶段和整个过程[75-76]。Hengen 和 Bodenan 等利用生命周期理论评价矿区废水处理技术和采矿活动排放固体废弃物的再利用[77-78]。吕国平等对矿业城市的生命周期进行分析,并提出了挖掘资源潜力、调整优化产业结构、拓展矿业城市功能、加大政策扶持力度等调整矿业城市的生命周期,从而促进生态经济的可持续发展[79]。

其二,循环经济是社会经济可持续发展的一种模式,也是矿区实现可持续发展的必然选择。20 世纪 60 年代,美国经济学家 K. 波尔丁首次提出了"循环经济"一词,其含义是指在人、自然资源和科技的大系统中,把传统的依赖资源消耗的线性增长的经济转变为依靠生态型循环资源来发展的经济。Xie 等利用循环经济理论研究煤矿经济生态可持续发展模式[80-82];陈建光将循环经济理论应用到探究煤炭生态化建设模式和实施方案及措施中[83]。

其三,在可持续发展理念及循环经济思想的影响下,中国学者钱鸣高率先提出煤炭绿色开采的思想,他指出"绿色开采"的内涵是努力通过遵循循环经济中绿色工业的原则,形成与环境协调一致的、努力去实现"低开采、高利用、低排放"的开采技术。根据煤矿中土地、地下水、瓦斯以及矸石排放等情况,绿色开采技术体系主要包括保水开采技术、煤与瓦斯共采技术、煤层巷道支护技术与减少矸石排放技术、地下气化技术[84]。

其四,1985 年,Aber 和 Jordan 首次提出了恢复生态学(restoration ecology)这个科学术语,恢复生态学主要致力于那些在自然灾害和人类活动压力下受到破坏的自然生态系统的恢复与重建。与恢复生态学相关的概念包括:重建(restoration)、改良(reclamation)、改进(enhancement)、修补(remedy)、更新(renewal)、再植(revegetation)[85-86]。Tibbett 等对恢复生态学在澳大利亚现代生态农业和采矿后景观恢复方面的研究进展进行了综述[87];杨主泉等将恢复生态学相关理论应用到煤矸石山复垦中,论述了煤矸石山生态恢复中的整形整地技术、酸性改造技术、覆土技术、绿化技术等[88]。

其五,区域生态学真正诞生于 2003 年,其标志是关于这方面的两个出版物的发表[89-90]。一是 Blackburn 和 Gaston 撰写的英国生态学会第 43 次年会会议记录,记录包括了生态学的研究前沿;二是 Kevin Gaston 出版的著作 *The Structure and Dynamics of Geographic Ranges*[91]。Muraoka 等利用卫星遥感影像并结合区域生态学等相关理论,对生态系统的结构、功能和时空变化进行了研究,为矿区生态系统的保护和恢复治理提供了理论技术指导[92]。

其六,弹性(elasticity)一词来源于物理学,是指某一物质对外界力量的反应力[93]。2010 年,Brian 和 David 在《弹性思维:不断变化的世界中社会-生态系统的可持续性》一书中,将弹性理论引进生态系统的可持续性研究中。书中认为,弹性是指一个系统遭受意外干扰并经历变化后依旧基本保持其原有功能、结构及反馈的能力[94]。吴次芳等利用弹性理论研究土地利用规划的非理性和不确定性,为矿区复垦后土地利用规划提供了科学指导[93]。

生命周期理论、循环经济理论、绿色开采理论、恢复生态学、区域生态学和弹性理论等相关理论的不断发展和完善,为促进矿区经济持续增长和生态环境健康发展提供了强有力的理论支持和科学指导。本书将在第 2 章矿业生态的基础理论部分对这六个理论进行展开性叙述。

### 1.3.4 矿业生态研究现状

国内外矿山生态保护和恢复治理取得了一定的成果,推动了矿业生产清洁化、矿山生态绿色恢复和矿区生产生活协同发展,实现了矿业生态建设在理论、方法与技术上的不断完善,生产、实践与应用上的进步。

#### 1.3.4.1 理论、方法与技术

按照矿产资源开采、矿产品生产加工利用以及采后矿区生态修复,矿业生态理论、方法与技术主要包括绿色开采、清洁生产和矿区生态恢复。

(1)绿色开采

环境是一种资源,具有破坏后的不可逆性和一定的自净能力;矿产资源与土地、水、植被等环境要素紧密相关,其大规模开发造成环境不断恶化、环境资源稀缺程度不断提高[95]。矿山开采引发的环境问题主要有:土地资源的破坏与占用、水资源的破坏与污染、大气环境的污染等[96],解决矿产资源开发环境问题的根本出路是实现资源与环境协调开采。

煤炭是我国的主体能源。煤矿绿色开采以及相应的绿色开采技术,在基本概念上要从广义资源的角度来认识和对待煤、瓦斯、水等一切可以利用的各种资源;基本出发点是防止或尽可能减轻开采煤炭对环境和其他资源的不良影响;目标是取得最佳的经济效益和社会效益[97]。

煤炭资源绿色开采的理论研究主要体现在采动岩体结构运动理论和采动裂隙岩体渗流理论等方面[98],具体包括:① 采矿后岩层内的"节理裂隙场"分布以及离层规律;② 开采对岩层与地表移动的影响规律;③ 水与瓦斯在裂隙岩体中的渗流规律;④ 岩体应力场分布规律。绿色开采技术主要包括以下内容:① 水资源保护——形成保水开采技术;② 土地与建筑物保护——形成离层注浆、充填与条带开采技术;③ 瓦斯抽采——形成煤与瓦斯共采技术;④ 煤层巷道支护与矸石减排技术;⑤ 地下气化技术[99,100]。煤炭资源绿色开采研究基本框架如图 1-5 所示。

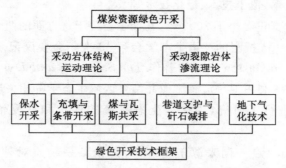

图 1-5 煤炭资源绿色开采的基本框架

Fig. 1-5 Basic system of the coal resource green mining

(2)清洁生产

1996 年,联合国环境规划署(UNEP)给出清洁生产的定义:"The continuous application of an integrated preventive environmental strategy applied to processes, products and services to increase the overall efficiency to reduce risks to human and the environment(清洁生产是指将综合性、预防性的战略持续地应用于生产过程、产品和服务

中,以提高效率和降低对人类安全和环境的风险)"[101],矿业清洁生产技术框架体系[102]如图1-6所示。

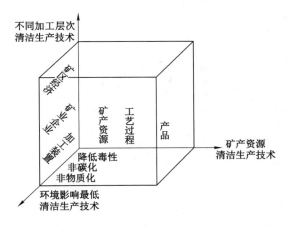

图 1-6 矿业清洁生产技术框架体系

Fig. 1-6 Framework technology system of mining cleaner production

矿产资源清洁生产技术主要是指原料、工艺过程以及矿业产品的清洁生产技术。原料的清洁生产技术主要指提高矿产资源利用效率并实现矿产资源利用过程的清洁化。工艺过程的清洁生产技术主要指从矿产资源加工利用的全生命周期中发掘清洁生产的机会,以达到提高矿产资源利用效率的目的。矿业产品的清洁生产技术指从原材料提取与加工、产品制造、运输及销售、产品使用、再利用以及废物循环和最终废物弃置等各产品发展阶段,寻求清洁生产机会,以实现矿业产品所能影响的最大范围内的累积环境负担最小化。

不同加工层次清洁生产技术包括加工装置清洁生产技术、矿业企业清洁生产技术、矿区经济清洁生产技术。加工装置层次上的清洁生产技术主要指矿产资源及生产设备选择,矿业产品生产、包装、储运等环节寻求技术突破。矿业企业层次上的清洁生产技术主要着眼于矿业再生产过程的全过程控制,即在基本建设、技术改造、矿业生产以及供销活动的过程中进行控制。矿区经济层次上的清洁生产着眼于经营再生产的全过程控制,即在生产、流通、分配、消费各领域寻求经济要素组成及其配置关系的优化,如调整经济结构和产业产品结构、合理布局、实现物料和能源的闭合循环等。

(3)矿区生态恢复

矿产资源开发利用会对矿区大气、水、土地等资源造成一定程度的污染及破坏,本书在借鉴中国学者胡振琪等研究矿区生态破坏原因、分类、修复技术等的基础上,总结出矿区生态环境修复技术体系[103],如图1-7所示。

矿区生态环境修复技术体系主要包括矿区生态环境损害的监测、预测及风险评估技术、管理技术、规划设计技术、工程修复技术。① 矿区生态环境损害的监测、预测及风险评估技术主要对矿区生态环境损害程度进行监测与预测,并对其进行风险评估,揭示损害的程度、范围、机理和规律及风险,为矿区生态环境治理技术的选择和有关法规与技术标准的制定提供依据。② 管理技术主要对受损的矿区生态环境进行科学的管理、规划设计、工程实施和修复后的改善,以及包括矿山勘探、建设、生产和关闭的整个生命周期的环境修复管理。③ 规划设计技术

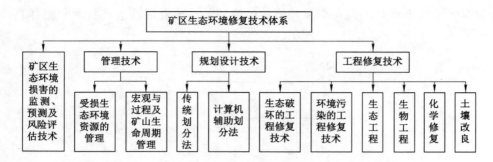

图 1-7　矿区生态环境修复技术体系

Fig. 1-7　Technology system for ecological environment of mining area

在详细调查、监测矿区环境的基础上，运用先进的规划技术和手段对矿区环境的修复进行规划设计。④ 工程修复技术根据不同的破坏特征、不同的自然条件而采取不同的技术措施，主要包括生态破坏的工程修复技术、环境污染的工程修复技术以及提高与改善重建矿区系统生产力和环境安全的各种化学和生物措施，其中包括生物工程(植物恢复)、生态工程即土地复垦工程技术与生态工程技术相结合的技术、土壤改良技术等。

### 1.3.4.2　生产、实践与应用

（1）矿业生产清洁化

采矿活动严重破坏生态环境，矿业已成为清洁生产研究的重点行业，国内外相关学者对矿业清洁生产做了大量研究。2003 年，Hilson 在矿业背景下提出了清洁生产的内涵，"An emphasis on continuous environmental improvement, having application in both product development and industrial processes, and the ability to take the form of a tool, program and philosophy—are used as the basis for redefining CP in the mining context"[104]。近十年来，世界范围内小型矿区增长迅速，且大多数小型煤矿生产点只注重经济效益，而忽视了社会生态效益，Silvestre 等将清洁生产理念引入小型矿业生产，提出生态环境污染预防措施，从而减小采矿业对环境的负面影响[105-107]；Hilson 采用清洁技术和清洁生产理念研究矿业生产过程，并提出实现矿业清洁生产是管理矿业生态环境系统的关键[108-109]。中国学者王玖明针对煤矿环境保护面临的问题，提出了煤炭清洁生产的主要标准：① 改进生产工艺和技术装备；② 污染物治理指标达到行业先进水平；③ 有规划地进行矿山生态恢复，每年土地复垦率达到 40% 以上；④ 矿井水、煤矸石、瓦斯综合利用率必须在 50% 以上；⑤ 生产利用的各个环节节约能源；⑥ 实现生态效益和经济效益的双赢[110]。王斌等在清洁生产一般定义的基础上，结合矿山系统自身的经济性、技术性和社会性，提出了矿山清洁生产的定义，即"在矿产资源开发和转化的过程中，将综合性预防的环境战略持续地应用于生产过程、废弃物处理和服务中，以提高效率和效益，降低对人类和环境危害的一种生产方式"，并根据矿山清洁生产的特点，提出了矿山清洁生产评价指标体系[111-112]，为定量评价矿山清洁生产发展程度提供了理论支持。李东升针对徐州矿区提出了发展循环经济的清洁生产途径，并具体提出了矿井水、固体废弃物、采煤塌陷区、矿井瓦斯的清洁生产途径[113]。

（2）矿山生态绿色恢复

随着生态环境保护意识的增强和矿区可持续发展概念的提出，世界许多国家对矿山生

态环境进行恢复治理。生态恢复分为三个层次：生态再生(rehabilitation)、生物多样性恢复(biodiversity)和生态复原(restoration)。国外在矿山生态恢复方面成效显著，如加拿大布查德花园原是一个水泥厂的石灰石矿坑，被废弃后布查德夫人因地制宜，保持矿坑的独特地形，修建成了一个低洼花园，其中包含了玫瑰园、意大利园和日式庭院；英国伊甸园原址为废弃淘锡矿坑，工作人员将当地的黏土废弃物与绿色废弃物堆肥混合产生富含营养物质的肥料，并种植了几乎全球所有的植物，形成了世界上最大的温室，包括潮湿热带馆、温暖气候馆和凉爽气候馆三大种植物馆。

我国矿山生态环境保护和恢复治理研究主要集中在复垦土壤与土壤重构、矿山生态修复建设技术等方面[114]。土壤是土地复垦的核心问题，是决定复垦成败和效益高低的关键因素。近30年来，我国学者对复垦土壤进行了大量的研究，主要包括矿区复垦土壤剖面重构原理和方法的提出[115-116]、矿区复垦土壤质量评价方法的建立[117]、矿区不同复垦基质的主要污染元素剖面变化评价和复垦土壤重金属分布特征分析[118-119]、矿区复垦土壤水分变化特征及适宜植物种类研究[120]、不同施肥方式对矿区复垦土壤微生物活性强度的影响研究[121]、矿区复垦与生态恢复专题数据库的构建[122]等。矿山生态恢复重建技术的研究起因于土地复垦(land reclamation)，且在研究矿山生态恢复重建方面，现有文献中使用频率较高的是矿山土地复垦(mined land reclamation)和矿山生态恢复(mine ecological restoration)，大部分是谈论退化后的矿区生态系统如何恢复或重建，对贯穿矿山生态全过程的生态建设考虑较少或缺乏系统有效的方法和理论，只是考虑了矿山生产全过程的环境影响。2007年，卞正富等提出了矿山生态建设的概念，矿山生态建设是考虑矿山开采前的原生态条件和采矿对生态环境影响的特征，应用生态学原理，在采前、采中和采后采取相应的措施，建设一个良性的矿山生态系统的活动[123]，并系统地提出了矿山生态建设的原理与技术，如图1-8所示；还有学者在矿山生态动态监测和评价方面也做了一定的研究[122,124]。我国在矿山生态恢复方面成功的典型案例有江苏徐州潘安湖湿地公园、河北唐山南湖公园、湖北黄石国家矿山公园、江苏象山国家矿山公园、上海辰山植物园矿坑花园等。

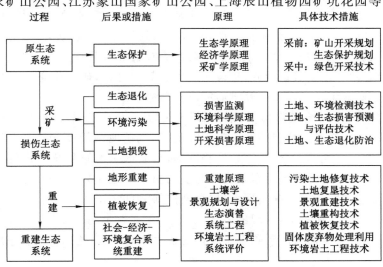

图 1-8 矿山生态建设的原理与技术

Fig. 1-8 Principle and technology of mine ecological construction

（3）矿区生产生活协同发展

矿区生产稳定和生活安定是矿区可持续发展的重要指标，实现矿区生产生活协同发展、促进矿区生产生活安全管理水平提升很重要，国内外政府组织和专家学者在这方面做了大量的工作。

美国、德国和澳大利亚等发达国家采煤行业的安全系数非常高，这与政府加大矿区安全生产投入和严格监管监督是分不开的。美国根据 1977 年颁布的《联邦矿山安全与健康法》，规定每年拨款 6 000 万美元用于采矿安全技术的研究与开发；2000 年，美国的财政年度预算资金中，花费 5 万美元建立煤矿安全监察信息系统，花费 130 万美元用于更新安全与健康监察仪器与设备，加强对煤矿事故隐患的监控；2006 年，美国出台的《矿业发展与新应急法》明确规定，矿山安全与健康监察局每年至少对露天矿监察 2 次，对井工矿监察 4 次。德国的煤矿安全生产法律体系健全，煤矿安全监察中，有 3 支安全监察队伍定期或不定期对矿井进行巡查，国家安全生产部门每周都突击检查井下安全，所有矿工都必须经过至少 3 年的矿业学校以及矿山实际工作的培训方可投入采矿作业，投入工作后，还要定期进行培训。澳大利亚新南威尔士州政府为改善矿区安全状况，拨款 1 390 万美元作为矿区安全生产的专项资金，同时，组织煤矿员工进行安全生产培训，由州职业健康与安全机构进行考核，合格后发给培训合格证书，才能从事煤矿生产，并要求持续培训学习[125]。

与发达国家相比，中国的煤矿安全生产管理仍有许多需要完善的地方。提高煤矿区生产的安全性，矿区员工安全教育与技能培训很重要。强有力的安全技术培训工作是搞好煤矿安全生产、经济收益双赢的重要手段。近年来，为给矿区员工及周边地区居民提供良好的生产、生活环境，中国在治理矿区水、土、气等资源污染方面做了大量工作。例如，2014 年，乌海市各级财政及社会各界共投资 53.11 亿元，用于实施矿区生态综合治理。全市空气质量优良天数达到 235 天，同比增加 66.9%，与 2013 年相比，$SO_2$ 排放量降低 13.8%，PM10 降低 17.4%[126]。

### 1.3.5 矿业生态研究趋势

矿业企业在工业化大生产中造成的生态扰动尤为明显。工业文明时代以来，一切以经济建设为中心而忽视生态建设的矿业生产，导致一系列生态环境危机，造成人类生存安全受到威胁。生态文明时代则是一个将生态规律与人类社会发展规律相融合的时代，强调生态建设，实现人与自然和谐发展。因此，建设矿业生态势在必行，矿业生态发展是世界矿业发展的必然选择。矿业生态具有以下几方面的研究趋势。

（1）矿业生态修复理念逐渐由"污染控制"转变为"区域生态系统健康保护"

传统的矿区生态修复主要包括开展露天排土场、尾矿地、矸石堆等"单点"恢复工程，随着"可持续发展""区域生态安全"等概念的相继提出，矿区生态修复开始将各个"单点"恢复工程联系起来，着眼于整个矿区生态系统的恢复与重建。近年来，美国、德国等西方发达国家在矿区污染治理方面已经逐渐实现由以"污染控制"为目标向以"区域生态系统健康保护"为目标的转变。在技术体系上，呈现出多元化、集成化和系统化的发展趋势，从矿区污染特点出发，以区域尺度构建污染控制和生态改善的技术体系，从而达到矿区生态质量整体改善的最终目的。

（2）矿业生产过程中更加注重矿山开采前、开采中的生态保护

长期以来，矿产资源重化工产业一直走着"先污染后治理"的发展道路，"末端治理"

的滞后性导致矿业生态受损严重,矿区生态恢复困难。矿山生态保护应遵循"在开发中保护、在保护中开发"的原则,制定矿山开发规划与采前生态保护规划,对有利于人类和自然生态协调发展的生态系统要素采取保护性措施。一些国家或企业逐渐重视矿山开采前、开采中的生态保护,例如,英国矿业生态保护立法执法严格,明确规定采矿必须复垦并且要制定资金来源预算,同时规定露天采矿必须采用内排法,实施边开采边回填、复垦的策略;美国、澳大利亚等国家在采矿过程中采用溶浸采矿技术,减少矿山废弃物的产出;中国神东矿区通过长期生产实践与技术创新,提出了主动型生态环境综合防治技术体系,主要包括采前生态防护功能圈构建技术、采中清洁生产技术、采后生态系统恢复与功能优化技术。

(3)可持续发展战略为矿业生态管理指出了新的方向

可持续发展是21世纪全人类正确处理与协调人口、资源、环境、经济相互关系,求取更好生存与发展的唯一途径,实施可持续发展战略是中国乃至整个世界未来发展的需要和必然选择。《中国21世纪议程》明确指出:为了保障这一战略的实施,中国在下阶段的发展中要尽可能提倡清洁生产,提高资源能源利用率。矿业是国民经济的基础产业,对经济和社会发展具有决定性的作用,因此,实现矿业可持续发展是一个国家乃至全球实现可持续发展的必要条件。矿业可持续发展是可持续发展与矿业生产实际相结合的产物,它要求人们在制定发展战略和开发矿产资源的过程中,既要考虑当前的发展需求,又要考虑未来的发展需求,使矿产资源开发、环境保护、经济发展和社会发展相互协调,实现矿业发展的良性循环。

(4)绿色开采和清洁生产被视为矿业生态建设的技术支撑

鉴于粗放型的矿产资源开采引发严重的矿难灾害、资源浪费和生态破坏现象,2003年中国工程院院士钱鸣高领导的研究团队率先提出了绿色开采理念。绿色开采是在现有开采理论、方法和技术的基础上加以发展和创新的,其基本出发点是防止和尽可能减轻矿产资源开发对环境和其他资源的负面影响,取得最佳的经济效益、社会效益和生态效益。清洁生产作为环境污染预防策略,是对传统末端治理手段的实质创新,其主要驱动因素是政府规制、消费者的"绿色诉求"、企业决策者和清洁技术的扩散,这些因素构成一个动力系统,在时间和空间共同作用下促进矿业企业实施清洁生产行为。资源开发必须与生态环境相协调,随着矿业经济的发展,绿色开采和清洁生产必将受到充分的重视。

(5)"变废为宝",实现矿业废弃地、废弃物的再利用仍是矿业生态的重要目标

20世纪初,国外发达国家,如美国、英国、澳大利亚、德国等开始进行矿业废弃地恢复治理。我国对矿业废弃地的复垦工作始于20世纪50年代,20世纪90年代以后才有了长足的发展。目前,矿业废弃地的再利用研究多集中在复垦治理及景观改造等工程项目层面,并取得了一定的进展和成果,但对矿业废弃地再利用后的土地利用结构重视不够,缺少可行性分析,从而导致矿业废弃地利用率较低,无法有效缓解区域人地矛盾。矿业废弃物资源化、再利用的原则是使其最大规模地实现资源化,然而由于经济、技术等诸多因素限制,矿业废弃物资源化、再利用效率极低,我国尾矿的利用率仅为7%、废石和围岩的利用率更低。因此,实现矿业废弃地、废弃物的合理高效利用仍是现阶段矿业生态的重要目标。

## 1.4 矿业生态学的内涵与研究内容

### 1.4.1 矿业生态学的内涵

矿业生态学作为一门新兴学科,其学科属性较为复杂。第一,矿业是开采、加工、生产矿产品的劳动密集型和技术密集型产业,矿业生态学属于产业生态学的研究范畴。第二,矿业生态学的研究对象是矿区生态系统,矿区生态系统是由自然、社会、经济三个子系统构成的复合人工生态系统,包括矿区生物与非生物系统、矿产资源生产系统以及矿区居民生活系统。人类生态系统是人类与环境相互作用的网络结构,是人类对自然环境的适应、改造、开发和利用而建造起来的人工生态系统[127]。矿区生态系统属于人类生态系统的范畴,因此,矿业生态学属于人类生态学的组成部分。第三,矿业生产过程对生态环境造成了很大的负面影响,研究矿产资源开发利用过程产生的生态破坏和环境污染特征、效应、治理和测评是矿业生态学的重要内容。因此,污染生态学是矿业生态学重要的有机组成。

从产业生态学角度:产业生态学起源于 20 世纪 80 年代末,Frosch 等模拟生物的新陈代谢过程和生态系统的循环再生过程开展了"工业代谢"研究,他们认为工业生产过程就是一个将原料、能源与劳动力等生产要素转化为产品和废物的代谢过程[128]。产业生态学是对各种产业活动及其产品与环境之间相互关系的跨学科研究,可以看作一门研究可持续发展的学科[129-130]。"Industrial Ecology goes beyond integrated waste management to consider systematic management of material and energy flows, looking beyond waste management to systematic use and re-use. The key feature of Industrial Ecology relies on the integration of various components of a system to reduce the net resource input as well as pollutant and waste outputs"[131-133],产业生态学不仅考虑综合废物管理,还考虑物流和能流的系统管理,从废物管理逐渐转变成废物的系统利用和再利用。中国学者袁增伟认为,产业生态学是站在资源瓶颈和环境约束的角度审视人类生产活动与其依存的资源和环境之间关系的一门新兴交叉学科,产业生态学从产品生命周期角度出发,主要研究企业行为、企业之间关联、产业与其依存环境的关系,其目的在于认识和优化这种关系,从而实现人类生产活动的高效性(主要体现在资源生产力和生态效率方面)、稳定性和持续性[134]。

产业生态学广泛吸取了其他学科的理论和方法,形成了自身的理论和方法体系,具体研究内容包括:① "工业新陈代谢"的物流与能流研究;② 物质减量化与脱碳;③ 技术变革与环境;④ 生命周期规划、设计与评价;⑤ 生态设计;⑥ 生产者责任延伸制、生产管理;⑦ 生态产业园区、产业共生;⑧ 产品导向的环境政策;⑨ 生态效率。产业生态学旨在了解产业系统,如一个工厂、生态区、国家或全球经济区,与生态圈相互作用的方式[135-136]。

结合产业生态学的概念内涵与研究内容,矿业生态学可理解为对矿业活动及其产品与生态环境之间相互关系的跨学科研究,是一门研究可持续发展的学科。作为一门新兴交叉学科,矿业生态学从矿产品生命周期角度出发,研究矿业企业行为、矿业企业之间关联、矿业与其依存环境的关系,并认识和优化这种关系,从而实现矿业生产活动的高效性(主要包括矿产资源生产力和生态效率方面)、稳定性、可持续性。

从人类生态学角度:20 世纪 60 年代以来,人类面临的生态问题日益突出,生态损毁、环境污染以及粮食、人口、自然资源的压力,直接冲击着社会经济发展和人类生活,而这些问题源于人类对资源和环境的不合理开发利用。客观现实要求生态学的研究逐渐从以生物为主体发展到以人类为主体,这样,人类生态学应运而生。人类生态学是研究人与环境辩证统一关系的学科。它运用生物学、社会学、人类学、地理学、工程学、建筑学、景观设计、规划和保护等相关理论,研究人类与环境的相互关系。"Human ecology has been defined as a type of analysis applied to the relations in human beings that was traditionally applied to plants and animals. It is an emerging discipline that studies the interrelationships between humans and their environment, drawing on insights from biology, sociology, anthropology, geography, engineering, architecture, landscape architecture, planning and conservation"[137-139]。

人类生态学的任务就是要揭示人与自然环境、社会环境的关系,研究生命的演化与环境的关系、人种及人的体质形态形成与环境的关系、人类健康与环境的关系、人类文化和文明与环境的关系以及生态文化的内涵,用生态文化创造生态文明,实现可持续发展。人类生态学以"自然-社会-经济"复合的人类生态系统作为研究对象,以城市生态系统和农业生态系统的可持续发展作为人类社会与经济可持续发展的目标,研究可持续发展的生态体制建设、生态工程建设、生态产业建设以及生态文化建设、生态伦理建设,从而实现可持续发展[127]。

结合人类生态学的概念内涵与研究任务,矿业生态学可理解为"以自然-社会-经济复合的矿区生态系统为研究对象,以矿区生态系统的可持续发展作为矿业社会与经济可持续发展的目标,研究可持续发展的生态矿业建设,实现矿业可持续发展的学科"。

从污染生态学角度:20 世纪 70 年代,伴随着环境科学的兴起、应用生态学的发展以及解决环境污染问题的现实需要,污染生态学逐步形成。现今,污染生态学已成为探讨生物系统和受污染环境之间的相互作用,运用生态学原理控制和修复受污染的环境的一门独立学科,是应用生态学的重要组成部分,是生态融合和交叉的产物[140-141]。污染生态学侧重研究污染条件下生物的生态效应,核心是分析环境中的污染物在生态系统中的行为及其对生物的影响,目的是要利用生物控制污染和改善环境质量,并对环境质量进行综合评价和预测,提出生态区划与管理对策。

污染生态学的研究对象是对生物个体、种群、生物群落和生态系统的结构和功能造成严重影响的环境污染问题,其研究内容主要包括:① 环境污染物在生态系统中的行为,通常是指污染物在生态系统中的稳定性、迁移性、转化性、生物放大以及生物对污染物在生态系统中行为的影响;② 环境污染的生态效应,主要研究污染物在环境中的迁移、转化和积累的生态学规律以及对生物的影响和危害;③ 环境污染的生物净化,主要研究生物对环境污染净化与去除的基本原理、方法以及影响因素;④ 污染环境的生物监测与评价,在对环境污染物在生态系统中的行为及生物效应研究的基础上,研究环境污染的生物监测与评价的理论和方法,为环境管理提供科学手段。

结合污染生态学的概念内涵与研究内容,矿业生态学可解释为"研究矿业生态中受损生态系统内生物与生物、生物与非生物之间相互作用机理和规律的学科,即研究受损生态系统与系统中生物之间的相互作用规律,并采用生态学原理和方法对受损生态系统进行控制和修复的科学"。

从矿业生态学时空特征角度:矿业生态学研究可分为时间尺度和空间尺度。从时间尺度上看,矿业生态学主要研究矿业开发利用的全生命周期过程,即从矿产资源开采前勘探、开采中技术方法选择和生态预防措施,到开采后矿业产品生产加工和生态恢复治理工程等,研究矿业企业行为、矿业企业之间关联、矿业与其依存环境的关系,实现矿业的可持续性发展。从空间尺度上看,矿区生态系统是一个与外界不断进行物质交换、能量循环、信息交流的开放型人类生态系统,矿业生态学是以自然-社会-经济复合的矿区生态系统为研究对象,探究矿区生态系统内部和外部的生物与生物、生物与非生物之间相互作用机理和规律,并采用生态学原理和方法进行污染控制和生态修复的学科[142]。

综合产业生态学、人类生态学、污染生态学和矿业生态学时空特征,矿业生态学广义上可定义为"研究矿区生态系统内部及其与外部环境之间相互作用、相互关系的学科";狭义上可定义为"以矿区生态系统为研究对象,采用生态建设和可持续发展管理等科学手段,运用生态学、经济学、社会学、环境污染学等相关理论与方法,研究矿区生态系统内部各要素之间及其与外部生态环境、社会经济之间的相互作用、相互关系,并进行污染控制和生态修复的学科"。

### 1.4.2　矿业生态学的研究内容

矿业生态学是研究矿区生态系统内部各要素之间及其与外部自然环境、社会经济之间相互作用、相互关系的学科。研究内容主要包括矿业生态学的相关基础理论、矿业开采形成的生态问题与矿业生态评价、矿区生态系统演变与调控、矿山生态恢复与重建、矿产开发模式与矿区科学管理。

（1）矿业生态学的相关基础理论

矿业生态学是一门由生态学、采矿学、产业生态学、环境经济学、地质学等多学科交叉的新兴学科,研究矿业生态需要依靠这些学科相关理论基础的支持。本书将生命周期理论、循环经济理论、绿色开采理论、恢复生态学、区域生态学和弹性理论等六大理论作为研究矿业生态学的基础理论,从发展历程、内涵和特征、基本原理和原则、研究方向和发展趋势等方面,对相关基础理论进行详细阐述。同时,通过已有相关基础理论在研究矿业生态方面的实践应用,分析其在实现矿业社会经济和生态环境协调发展方面的促进作用。

（2）矿业开采形成的生态问题与矿业生态评价

本书分析了两种不同矿业开采工艺——露天开采与地下开采产生的生态问题,归纳、总结露天开采与地下开采工艺对矿区生态环境影响的形成、表征、效应等,提出保护和恢复治理矿区生态的合理措施,并根据我国煤炭资源地域分区,研究五个典型地区的矿区生态特征。根据对矿业开采形成的生态问题研究,显而易见,矿业生产活动对矿区生态造成了很大的负面影响,因此有必要对矿业生态质量及安全进行评价。本书从基本内涵、评价过程、评价方法及步骤等方面,详尽阐述了矿业生态风险评价、矿业生态系统安全评价、矿业生态系统发展可持续性评价、矿业生态系统物质能量代谢评价等方法。

（3）矿区生态系统演变与调控

在国内外专家学者研究矿区、矿业生命周期等理论的基础上,结合生命周期理论、产业生命周期理论,明确矿区、矿业全生命周期的阶段划分,分析矿区、矿业不同生命周期阶段的生态表征与环境响应。任何一种生物群落都会随着时间的进程处于不断变化和发展之中,矿区生态系统也不例外。本书从矿区生态系统的退化过程、矿区生态系统的演变模式、不同矿山开采模式和矿区产业结构转变对矿区生态系统演替的影响等方面,分析研究不同状况下矿区生态系统演变,并依据生态系统调控的基本原理、手段等,对矿区生态系统演替进行调控。

（4）矿山生态恢复与重建

矿山生态恢复与重建在实现矿区社会经济可持续发展、维护矿区生物多样性、提高矿区土地生产力、缓解矿区人地矛盾方面具有十分重要的意义。本书从矿山建设技术和矿区生态恢复及景观重建两方面来研究矿山生态恢复与重建。矿山建设技术主要从内涵、特征、基本原理、应用等方面对"三下"采煤技术、充填开采技术、矸石资源化技术和矿井废水资源化技术进行介绍。矿区生态恢复及景观重建主要从内涵、特征、基本原理、应用等方面对矿山景观建设技术、矿区土地复垦技术、矿区生态环境遥感监测技术和闭矿期生态重建技术进行介绍。

（5）矿产开发模式与矿区科学管理

矿区是自然-经济-社会复合生态系统，探寻科学的矿区开发模式和生态管理方式具有重要意义，是维护矿区生态系统良性发展的关键。矿区管理是运用生态学理论、循环经济理论、弹性理论等相关理论，研究矿区资源、产品以及矿区废弃物的代谢规律和调控方法，探讨促进矿产资源有效利用和环境正面影响的管理手段。通过构建矿区生态产业链，将矿区生产所需要的资源和能源内部化、污染废弃物减量与资源化、矿区生态破坏最低化与环境保护严格化，尽可能实现矿区各发展阶段的物质、能源物尽其用。同时，大力发展绿色开采和清洁生产技术，转变生态"末端治理"的传统理念。最后，结合矿业发展的相关法律法规、条文政策、行业标准等对矿区管理进行科学指导和监督。

### 1.4.3　矿业生态学的研究特点

矿业生态学的研究具有综合性、应用性、系统性和生态调控原则等特点。

（1）综合性

矿区生态系统是由生态、经济、社会子系统组成的复合生态系统。矿业生态学是一门跨自然科学和社会科学的综合性学科，它属于人类生态学的范畴，强调生态规律对矿业生产、生活的指导作用，并且需要从科学、社会、经济等诸多方面来协调和解决矿业发展带来的生态问题，促进矿区生态环境和社会经济的协调可持续发展。因此，矿业生态学需要多学科的交叉和综合，而交叉和综合的切入点就是矿区生态环境和社会经济的可持续发展。

（2）应用性

矿业生态学是一门应用性很强的学科，矿产资源开发利用带来的生态问题与全球的资源利用、环境问题，国家国民经济、国土整治，区域的生态、社会经济发展、生态体制、生态政策、环境立法等密切相关。矿业生态学的研究可应用于矿产资源开采技术研发、矿区生态重建和恢复工程指导、地区生态体制革新、土地整治计划制定等方面，现在应用最广的是矿区生态建设和恢复。

（3）系统性

矿区生态系统作为矿业生态学的研究对象，是以人类活动为主导、生态环境为依托、矿产资源流动为命脉、社会体制为经络的人工生态系统，是自然-经济-社会复合生态系统，具有外部功能和内部功能。外部功能是指联系其他生态系统，根据系统内部需求，不断从外系统输入、输出物质和能量；内部功能是指维持系统内部物流、能流、信息流的循环和畅通。矿业生态学就是研究系统内部各要素、系统与系统之间相互关系的学科。因此，系统生态学的研究方法就是矿业生态学研究最重要的手段和方法。

（4）生态调控原则

矿业生态学是人类生态学的重要组成部分,而人类生态学是由生态学发展而来的。矿业生态学科学地总结了生态学应用于矿区生态系统"循环再生、协调共生、持续稳定"的生态调控原则,使矿业生态学具有科学的思维方法,从而广泛地应用于矿区生态系统的生态工程建设、生态体制建设和生态文化建设。

## 1.4.4 矿业生态学的文献数据

世界上主要的矿业国家会定期举办国际矿业会议,对实践矿业绿色发展、促进业内合作交流给予了大力支持。例如,南非国际矿业大会是非洲规模最大、最具影响力的矿业投资盛会,自 1995 年举办首届以来,每年 2 月定期在南非开普敦举办,大会旨在展示非洲矿业投资和开发机会;加拿大勘探与开发者协会年会是迄今世界上组织最成熟、参会人数最多和最重要的商业性国际矿业大会,该协会成立于 1932 年,并于当年在多伦多举办了第一届年会;澳大利亚勘探商与交易商大会是南半球最大的采矿会议、澳大利亚的首个国际矿业大会,从1992 年起,每年 8 月在西澳大利亚的卡尔古利举办。境外绿色矿业相关会议见表 1-3。

表 1-3 境外绿色矿业相关会议

Table 1-3 Relevant oversea conferences of green mining

| Year | Conference titles | Focuses |
|------|-------------------|---------|
| 2009 | The 77th Prospectors and Developers Association of Canada | "Green mining" was proposed as the construction goal, and "e3Plus" plan was made to help companies exploring for minerals improve their social, environmental health and safety performance |
| 2010 | The 19th Diggers & Dealers Conference | "The importance of sustainable development in the resource industry" was treated as the theme of the conference |
| 2015 | The 21st Investing in African Mining Indaba | One of the conference themes was "African mining and sustainable development" |
| 2016 | Investing in African Mining Indaba | African investment policies and regulations, latest geological exploration results, investment projects, mining technology |
| 2018 | The 25th World Mining Congress | Mining sustainability and mining innovation |

中国政府对矿业生态问题也十分重视,中国矿业联合会 1999 年至 2018 年共举办了 20 届中国国际矿业大会(表 1-4)。其中,2014 年 10 月举办的第 16 届中国国际矿业大会指出,"我国应继续关注矿业生态文明,走绿色矿山、绿色发展之路"。截至 2014 年,中国矿业联合会已发展了 4 批 661 座国家级绿色矿山试点单位,其中首批 35 座已成为国家级绿色矿山。

表 1-4 中国国际矿业大会简介

Table 1-4 Introduction of China international mining conference

| 届次 | 年份 | 地点 | 主题 | 关注点 |
|------|------|------|------|--------|
| 1 | 1999 | 大连 | 促进矿业进一步对外开放 | 中国矿业寻求新突破 |
| 2 | 2000 | 乌鲁木齐 | 提高西部矿产勘查开发对外开放水平 | 西部,中国矿业新的着眼点 |

表 1-4(续)

| 届次 | 年份 | 地点 | 主题 | 关注点 |
|---|---|---|---|---|
| 3 | 2001 | 西安 | 增进了解,加强合作,促进矿业共同发展 | 新世纪矿业的变革与展望 |
| 4 | 2002 | 重庆 | 积极履行承诺,主动适应规则 | 入世,中国矿业的机遇与挑战 |
| 5 | 2003 | 昆明 | 增进交流合作,推动改革发展 | 逐步实施"引进来、走出去"资源战略 |
| 6 | 2004 | 北京 | 加强国际交流与合作,促进矿业繁荣与发展 | 矿业走向复苏 |
| 7 | 2005 | 北京 | 加强矿业合作,实现互利共赢 | 中国国际矿业大会成为全球四大矿业大会一员 |
| 8 | 2006 | 北京 | 繁荣矿业经济,促进和谐发展 | 推动中国和全球矿业健康发展 |
| 9 | 2007 | 北京 | 落实科学发展观,推进绿色矿业 | 绿色矿业理念深入人心 |
| 10 | 2008 | 北京 | 迎接新挑战,推动矿业持续繁荣 | 与全球矿业携手发展,共同面对金融危机 |
| 11 | 2009 | 天津 | 抓住机遇,共同发展 | 加大地质找矿力度,为全球矿业复苏注入新活力 |
| 12 | 2010 | 天津 | 合作、责任、发展 | 立足国内开发与加强国际合作 |
| 13 | 2011 | 天津 | 加强国际合作,加快找矿突破 | 提高矿产品保障能力和利用效率 |
| 14 | 2012 | 天津 | 携手应对,共促发展 | 携手应对挑战,开放合作 |
| 15 | 2013 | 天津 | 机遇、挑战、发展 | 共同构筑全球矿产品供需和贸易格局 |
| 16 | 2014 | 天津 | 创新驱动,持续发展 | 寻求合作机会,提供重要平台 |
| 17 | 2015 | 天津 | 新常态、新机遇、新发展 | 矿业可持续发展 |
| 18 | 2016 | 天津 | 秉承新理念,共创新未来 | 推动全球矿业行稳致远 |
| 19 | 2017 | 天津 | 弘扬丝路精神,共促矿业繁荣 | 务实推进国际矿业合作 |
| 20 | 2018 | 天津 | 开放新格局,合作新模式 | 智能矿山 |

国内外相关学者在矿业生态方面均做了大量的研究,并取得了一定的成果。在中国知网数据库的检索"篇名"中分别输入"矿山＋生态""矿区＋生态""矿业＋生态""矿区＋生态演变""绿色矿山＋建设""矿区＋生态监测/评价"和"矿区＋管理",统计 2007—2018 年间相关研究的期刊论文、硕博士论文、会议论文数量,如表 1-5 所示。

表 1-5 2007—2018 年中国知网数据库矿业生态研究成果统计

Table 1-5 Research findings of mine ecology in CNKI from 2007 to 2018

| 年份 | | | 2007 | 2008 | 2009 | 2010 | 2011 | 2012 | 2013 | 2014 | 2015 | 2016 | 2017 | 2018 |
|---|---|---|---|---|---|---|---|---|---|---|---|---|---|---|
| 期刊论文 | 生态 | 矿山 | 35 | 53 | 45 | 46 | 61 | 58 | 62 | 63 | 55 | 56 | 73 | 76 |
| | | 矿区 | 61 | 71 | 71 | 70 | 73 | 65 | 94 | 68 | 62 | 52 | 66 | 60 |
| | | 矿业 | 11 | 18 | 17 | 15 | 12 | 12 | 32 | 21 | 11 | 16 | 17 | 28 |
| | 矿区＋生态演变 | | 0 | 1 | 0 | 0 | 2 | 1 | 0 | 1 | 0 | 0 | 1 | 0 |
| | 绿色矿山＋建设 | | 4 | 5 | 10 | 14 | 10 | 27 | 30 | 36 | 20 | 13 | 41 | 74 |
| | 矿区＋生态监测/评价 | | 11 | 12 | 13 | 10 | 16 | 17 | 23 | 12 | 13 | 18 | 0 | 0 |
| | 矿区＋管理 | | 26 | 24 | 27 | 26 | 30 | 56 | 58 | 55 | 28 | 26 | 24 | 20 |

表 1-5（续）

| | 年份 | | 2007 | 2008 | 2009 | 2010 | 2011 | 2012 | 2013 | 2014 | 2015 | 2016 | 2017 | 2018 |
|---|---|---|---|---|---|---|---|---|---|---|---|---|---|---|
| 博硕士论文 | 生态 | 矿山 | 2 | 2 | 6 | 7 | 3 | 8 | 3 | 7 | 6 | 5 | 7 | 4 |
| | | 矿区 | 2 | 12 | 18 | 13 | 11 | 19 | 19 | 20 | 18 | 6 | 19 | 9 |
| | | 矿业 | 0 | 1 | 4 | 3 | 0 | 2 | 2 | 2 | 6 | 2 | 3 | 0 |
| | 矿区＋生态演变 | | 0 | 0 | 0 | 0 | 0 | 0 | 1 | 1 | 1 | 0 | 0 | 0 |
| | 绿色矿山＋建设 | | 0 | 0 | 0 | 0 | 0 | 1 | 5 | 2 | 4 | 2 | 1 | 5 |
| | 矿区＋生态监测/评价 | | 0 | 0 | 6 | 6 | 5 | 6 | 8 | 5 | 2 | 2 | 0 | 1 |
| | 矿区＋管理 | | 1 | 3 | 5 | 3 | 4 | 6 | 5 | 10 | 4 | 4 | 3 | 0 |
| 会议论文 | 生态 | 矿山 | 6 | 1 | 9 | 10 | 2 | 16 | 11 | 14 | 4 | 0 | 11 | 5 |
| | | 矿区 | 11 | 4 | 11 | 6 | 14 | 9 | 14 | 8 | 4 | 1 | 2 | 3 |
| | | 矿业 | 0 | 0 | 2 | 3 | 2 | 1 | 4 | 2 | 0 | 0 | 1 | 0 |
| | 矿区＋生态演变 | | 0 | 0 | 0 | 0 | 0 | 0 | 0 | 0 | 0 | 0 | 0 | 0 |
| | 绿色矿山＋建设 | | 0 | 1 | 1 | 1 | 2 | 18 | 9 | 5 | 1 | 0 | 6 | 0 |
| | 矿区＋生态监测/评价 | | 3 | 0 | 3 | 0 | 3 | 0 | 2 | 4 | 1 | 1 | 0 | 0 |
| | 矿区＋管理 | | 2 | 4 | 2 | 4 | 2 | 0 | 3 | 0 | 0 | 1 | 0 | 0 |

由表 1-5 可以看出，2007—2018 年中国知网数据库矿业生态领域相关研究成果数量总体表现为期刊论文最多、会议论文最少；期刊论文和会议论文统计结果从多到少依次均显示为"矿区＋生态""矿山＋生态""矿区＋管理""矿业＋生态""绿色矿山＋建设""矿区＋生态监测/评价""矿区＋生态演变"；博硕士论文统计结果从多到少依次显示为"矿区＋生态""矿山＋生态""矿区＋管理""矿业＋生态""矿区＋生态监测/评价""绿色矿山＋建设""矿区＋生态演变"。随着时间的推移，矿业生态领域研究成果总体呈现增长的趋势，而 2014 年后呈现缓慢递减的趋势，这应该与我国 2014 年整个煤矿企业不景气有关。根据表 1-5 中统计的矿业生态领域的期刊论文、博硕士论文和会议论文数量绘制折线图，见图 1-9，从图中可以看出，2007—2018 年矿业生态领域博硕士论文和会议论文数量相近且波动较小，而期刊论文数量总体呈现增长趋势。

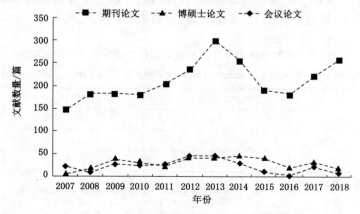

图 1-9 2007—2018 年矿业生态领域研究成果统计

Fig. 1-9 Research findings in mine ecology field from 2007 to 2018

在外文数据库 Science Citation Index 和 Engineering Village 的检索"Title"中分别输入"ecological ＋ mine""ecological ＋ mining area""ecological ＋ mining industry""mine ＋ ecological evolution""green mine""mine ＋ ecological monitoring/assessment"和"mine ＋ management",统计 2007—2018 年 mining ecology 领域的相关研究成果,如表 1-6 所示。

表 1-6 　2007—2018 年外文数据库矿业生态研究成果统计

Table 1-6 　Research findings of mine ecology in foreign database from 2007 to 2018

| | | year | 2007 | 2008 | 2009 | 2010 | 2011 | 2012 | 2013 | 2014 | 2015 | 2016 | 2017 | 2018 |
|---|---|---|---|---|---|---|---|---|---|---|---|---|---|---|
| Science Citation Index | ecological | mine | 14 | 12 | 22 | 10 | 13 | 16 | 29 | 17 | 29 | 18 | 43 | 40 |
| | | mining area | 7 | 5 | 9 | 1 | 3 | 8 | 14 | 7 | 6 | 4 | 11 | 8 |
| | | mining industry | 0 | 0 | 1 | 0 | 1 | 1 | 0 | 0 | 0 | 0 | 0 | 0 |
| | mine＋ecological evolution | | 0 | 0 | 0 | 0 | 1 | 0 | 0 | 1 | 1 | 0 | 0 | 0 |
| | green mine | | 0 | 7 | 4 | 10 | 7 | 8 | 11 | 13 | 16 | 10 | 21 | 18 |
| | mine＋ecological monitoring/assessment | | 2 | 8 | 1 | 2 | 2 | 3 | 11 | 4 | 5 | 7 | 1 | 2 |
| | mine＋management | | 23 | 34 | 39 | 30 | 37 | 23 | 38 | 24 | 33 | 53 | 116 | 67 |
| Engineering Village | ecological | mine | 9 | 14 | 25 | 22 | 32 | 23 | 29 | 28 | 27 | 23 | 43 | 45 |
| | | mining area | 4 | 4 | 10 | 6 | 12 | 12 | 16 | 11 | 6 | 5 | 12 | 9 |
| | | mining industry | 1 | 1 | 1 | | 3 | 2 | 3 | | | | 1 | 2 |
| | mine＋ecological evolution | | 0 | 0 | 0 | 1 | 0 | 1 | 0 | 0 | 2 | 0 | 0 | 0 |
| | green mine | | 1 | 0 | 5 | 12 | 10 | 12 | 12 | 17 | 14 | 6 | 20 | 16 |
| | mine＋ecological monitoring/assessment | | 3 | 4 | 1 | 3 | 6 | 3 | 9 | 6 | 3 | 4 | 0 | 0 |
| | mine＋management | | 27 | 31 | 26 | 40 | 39 | 25 | 34 | 23 | 38 | 40 | 111 | 100 |

由表 1-6 可以看出,Science Citation Index 中矿业生态领域相关研究成果统计数量从多到少依次为"mine ＋ management""mine ＋ ecological""mining area ＋ ecological""green mine""mine ＋ ecological monitoring/assessment""mine ＋ ecological evolution""mining industry＋ecological",Engineering Village 中矿业生态领域相关研究成果统计数量从多到少依次为"mine＋management""mine＋ecological""mining area＋ecological""green mine""mine ＋ ecological monitoring/assessment""mining industry ＋ ecological""mine ＋ ecological"。随着时间的推移,矿业生态领域的研究成果总体呈现增加的趋势,而 2014 年后总体出现减少趋势,这与中国知网数据库的统计结果一致。同时,对比中外文数据库的统计结果可知,中文研究成果主要集中在"矿山、矿区、矿业生态"方面,外文研究成果主要集中在"矿区管理"方面,而"矿区生态演变"和"矿区生态监测/评价"方面的中外文研究成果均较少。

**本章要点**
- 矿业生态学提出背景
- 矿业生态学相关概念释义：矿山、矿区、矿业、生态系统、生态系统管理、矿区生态系统、矿区生态系统管理、生态矿业、矿业生态、矿业可持续
- 矿业生态的研究进展，包括问题产生、萌芽、发展、现状和趋势
- 矿业生态学的内涵与研究内容
- 矿业生态学的学术关注

# 参考文献

[1] BP. BP 世界能源统计年鉴 2018(中文版)[Z]. 2018.

[2] 国家统计局能源统计司. 中国能源统计年鉴 2015[M]. 北京：中国统计出版社，2015.

[3] 林家彬，刘洁，李彦龙，等. 中国矿产资源管理报告[M]. 北京：社会科学文献出版社，2011.

[4] 王灵梅. 煤炭能源工业生态学[M]. 北京：化学工业出版社，2006.

[5] 蒋瑞雪. 俄德奥三国矿业生态保护立法的比较分析[J]. 国土资源情报，2013(12)：17-21.

[6] 秦楠. 论循环型矿业法律制度[D]. 青岛：中国海洋大学，2014.

[7] LEI K，PAN H Y，LIN C Y. A landscape approach towards ecological restoration and sustainable development of mining areas[J]. Ecological Engineering，2016，90：320-325.

[8] BINSWANGER M. Technological progress and sustainable development：what about the rebound effect？[J]. Ecological Economics，2001，36(1)：119-132.

[9] 张鸿龄，孙丽娜，孙铁珩，等. 矿山废弃地生态修复过程中基质改良与植被重建研究进展[J]. 生态学杂志，2012，31(2)：460-467.

[10] 朱俊士. 生态矿业[J]. 中国矿业，2000，9(6)：1-3.

[11] 钱鸣高，许家林，缪协兴. 煤矿绿色开采技术[J]. 中国矿业大学学报，2003，32(4)：343-348.

[12] 缪协兴，钱鸣高. 中国煤炭资源绿色开采研究现状与展望[J]. 采矿与安全工程学报，2009，26(1)：1-14.

[13] 卞正富，许家林，雷少刚. 论矿山生态建设[J]. 煤炭学报，2007，32(1)：13-19.

[14] BIAN Z F，MIAO X X，LEI S G，et al. The challenges of reusing mining and mineral-processing wastes[J]. Science，2012，337(6095)：702-703.

[15] TANSLEY A G. The use and abuse of vegetational concepts and terms[J]. Ecology，1935，16(3)：284-307.

[16] LINDEMAN R L. The trophic-dynamic aspect of ecology[J]. Bulletin of Mathematical Biology，1991，53(1)：167-191.

[17] ODUM E P. The strategy of ecosystem development[J]. Science，1969，164(3877)：262-270.

[18] 孙儒泳.生态学简介(五)[J].生物学通报,1981,16(6):14-17.

[19] 陈玉平.第一讲 生态学及其发展[J].北京农业科学,1983(1):42-45.

[20] 郝云龙,王林和,张国盛.生态系统概念探讨[J].中国农学通报,2008,24(2):353-356.

[21] 文祯中.生态学概论[M].南京:南京大学出版社,2011.

[22] 刘增文,李雅素,李文华.关于生态系统概念的讨论[J].西北农林科技大学学报(自然科学版),2003,31(6):204-208.

[23] MORSE N B,PELLISSIER P A,CIANCIOLA E N,et al. Novel ecosystems in the Anthropocene:a revision of the novel ecosystem concept for pragmatic applications [J]. Ecology and Society,2014,19(2):12.

[24] 侯鹏,王桥,申文明,等.生态系统综合评估研究进展:内涵、框架与挑战[J].地理研究,2015,34(10):1809-1823.

[25] CHRISTENSEN N L,BARTUSKA A M,BROWN J H,et al. The report of the ecological society of America committee on the scientific basis for ecosystem management[J]. Ecological Applications, 1996,6(3):665-691.

[26] AGEE J K,JOHNSON D R. Ecosystem management for parks and wilderness[J]. Environmental History Review,1988.

[27] OVERBEY J C. Ecosystem Management[M]. Columbia:United Stated Department of Agriculture Forest Service Publication,1992.

[28] GRUMBINE R E. What is ecosystem management? [J]. Conservation Biology,1994,8(1):27-38.

[29] CHRISTENSEN, N L BARTUSKA, A M BROWN,et al. The report of the ecological society of america committee on the scientific basis for ecosystem management[J]. Ecological Applications,1996,6(3):665-691.

[30] 黄威廉.贵州森林生态系统的生态平衡与管理问题[J].环保科技,1981(2):1-7.

[31] ULF LIE.海洋生态系统:研究与管理[J].何永晋,译.科学对社会的影响,1983(增刊1):30-43.

[32] 廖利平,赵士洞.杉木人工林生态系统管理:思想与实践[J].资源科学,1999,21(4):1-6.

[33] 任海,邬建国.生态系统管理的概念及其要素[J].应用生态学报,2000,11(3):455-458.

[34] 于贵瑞.生态系统管理学的概念框架及其生态学基础[J].应用生态学报,2001,12(5):787-794.

[35] 赵云龙,唐海萍,陈海,等.生态系统管理的内涵与应用[J].地理与地理信息科学,2004,20(6):94-98.

[36] WANG G C,DU H Y. A review and prospect for integrated ecosystem management study in mining areas[C] // International Conference on Industrial Engineering and Management Science (ICIEMS),2013.

[37] 马世骏,王如松.社会-经济-自然复合生态系统[J].生态学报,1984,4(1):1-9.

[38] YAN A M. Concept, composition and self-adaptive regulation mechanism of human

resource ecosystem[C] // 14th International Conference on Management Science and Engineering,2007.

[39] ZHANG H,SONG J,SU C,et al. Human attitudes in environmental management: Fuzzy Cognitive Maps and policy option simulations analysis for a coal-mine ecosystem in China[J]. Journal of Environmental Management,2013,115:227-234.

[40] 陈引亮.矿区工业生态经济[M].北京:煤炭工业出版社,2005.

[41] 张国良.矿区环境与土地复垦[M].徐州:中国矿业大学出版社,1997.

[42] 雷冬梅,徐晓勇,段昌群.矿区生态恢复与生态管理的理论及实证研究[M].北京:经济科学出版社,2012.

[43] 方宝明,陶卫卫.倡导生态矿业,促进矿业可持续发展[J].山东地质,2001,17(Z1): 15-20.

[44] 王贵成.知识经济时代我国西部矿业可持续发展研究[J].资源开发与市场,2002,18 (5):28-30.

[45] 潘长良,彭秀平.关于生态矿业的思考[J].湘潭大学自然科学学报,2004,26(1): 132-135.

[46] 聂志强,华建伟.生态矿业建设的探讨:以江苏为例[C] // 中国地质矿产经济学会 2005 年学术年会论文集.北京,2005:537-542.

[47] 陈玉民,裴佃飞,张宗永.山东黄金集团建设生态矿业的实践与思考[C] // 2012 中国矿山安全技术装备与管理大会论文集.温州,2012:64-67.

[48] 薛巧慧,田其云.探索生态矿业[J].中国人口·资源与环境,2013,23(S2):138-142.

[49] KIM Y S. Characteristics of Korea's cluster policy and evolution to the new theory of regional industrial ecosystem[J]. Journal of the Korean Regional Science Association, 2012,28(4):23-43.

[50] 樊海林,程远.产业生态:一个企业竞争的视角[J].中国工业经济,2004(3):29-36.

[51] 厉无畏,王慧敏.产业发展的趋势研判与理性思考[J].中国工业经济,2002(4):5-11.

[52] 马勇,刘军.长江中游城市群产业生态化效率研究[J].经济地理,2015,35(6): 124-129.

[53] 黄志斌,王晓华.产业生态化的经济学分析与对策探讨[J].华东经济管理,2000,14 (3):7-8.

[54] HERMANN H. Advanced synergetics: instability hierarchies of self-organizing systems and devices[M]. London:Springer,2012.

[55] 付书科.生态脆弱区矿业 EEES 耦合协同发展研究[D].武汉:中国地质大学,2014.

[56] Department of Agriculture, Water and Environment [EB/OL]. http: // www. environment. gov. au/esd/national/nsesd/ strategy.

[57] Natural Resources Canada[EB/OL]. http: // www. nrcan. gc. ca/home.

[58] HILSON G. Sustainable development policies in Canada's mining sector:an overview of government and industry efforts[J]. Environmental Science & Policy,2000,3(4): 201-211.

[59] 邓建,彭怀生,张强.矿业可持续发展理论及应用[J].黄金,1997,18(7):20-23.

［60］吴爱祥,张卫锋.湖南矿业可持续发展面临的问题及对策［J］.矿业研究与开发,2001, 21(1):4-6.

［61］杨明.可持续发展的矿业开发模式研究［D］.长沙:中南大学,2001.

［62］彭秀平,潘长良.矿业可持续发展新论［J］.中南大学学报(社会科学版),2004,10(2): 221-224.

［63］廖宗廷.中国经济发展面临的矿产资源形势与对策［J］.铜业工程,2003(02):12-16.

［64］WELLMER F, HAGELUKEN C. The feedback control cycle of mineral supply, increase of raw material efficiency,and sustainable development［J］. Minerals,2015,5 (4):815-836.

［65］HUTTON C. The economics of exhaustible mineral resources-concepts and techniques in optimization revisited［J］. Journal of the Southern African Institute of Mining and Metallurgy,2015,115(11):1083-1096.

［66］陈长杰,蔡嗣经.矿业可持续发展初探［J］.中国矿业,2001,10(1):39-41.

［67］王伟.矿山生态环境保护与恢复治理评价指标体系的研究［D］.太原:中北大学,2014.

［68］付薇.矿区生态环境综合治理协同机制与对策研究［D］.北京:中国地质大学(北京),2010.

［69］VYMYSLICKA K,DERNEROVA P F,MIKOLAS M. The study of woody plants for forestry reclamation in the Czech Republic［C］// 13th International Multidisciplinary Scientific Geo-conference. SGEM,2013.

［70］高晓云.淮南矿区煤矸石充填对土地复垦的影响研究［D］.淮南:安徽理工大学,2013.

［71］梁留科,常江,吴次芳,等.德国煤矿区景观生态重建/土地复垦及对中国的启示［J］.经济地理,2002,22(6):711-715.

［72］康庄.矿山生态环境恢复治理保证金制度研究［D］.赣州:江西理工大学,2009.

［73］徐曙光.国外矿山环境立法综述［J］.国土资源情报,2009(8):20-24.

［74］李树志,周锦华,张怀新.矿区生态破坏防治技术［M］.北京:煤炭工业出版社,1998.

［75］马费成,望俊成,张于涛.国内生命周期理论研究知识图谱绘制［J］.情报科学,2010,28 (3):334-340.

［76］SOM C,BERGES M,CHAUDHRY Q,et al. The importance of life cycle concepts for the development of safe nanoproducts［J］.Toxicology,2010,269(2):160-169.

［77］HENGEN T J,SQUILLACE M K,OSULLIVAN A D,et al. Life cycle assessment analysis of active and passive acid mine drainage treatment technologies ［J］. Resources Conservation and Recycling,2014,86:160-167.

［78］BODENAN F,BOURGEOIS F,PETIOT C,et al. Ex situ mineral carbonation for $CO_2$ mitigation:evaluation of mining waste resources, aqueous carbonation processability and life cycle assessment (Carmex project)［J］. Minerals Engineering, 2014,59:52-63.

［79］吕国平,刘法宪.矿业城市:调整生命周期 促进可持续发展:"矿竭城衰"现象引发的思考［J］.中国地质矿产经济,2002(5):17-21.

［80］XIE F,TANG D S,LI Y D. Study on the utilization model of infrastructure in declined mine based on the circular economy［C］∥ International Conference on Sustainable Power Generation and Supply,2009.

［81］ LI Y D,XING Z L. Study on integrated development model of circular economy in mines ［C］∥ Proceedings of the 15th International Conference on Industrial Engineering and Engineering Management,2008.

［82］ LI Y D,WU Y Z,XIE F. Study on sustainable development model in mine based on circular economy［C］∥ 3rd International Symposium on Modern Mining & Safety Technology Proceedings,2008.

［83］ 陈建光.东庞矿循环经济和生态化建设项目研究［D］.保定:河北大学,2010.

［84］ 钱鸣高.绿色开采的概念与技术体系［J］.煤炭科技,2003(4):1-3.

［85］ 彭少麟,陆宏芳.恢复生态学焦点问题［J］.生态学报,2003,23(7):1249-1257.

［86］ 王洁,周跃.矿区废弃地的恢复生态学研究［J］.安全与环境工程,2005,12(1):5-8.

［87］ TIBBETT M,MULLIGAN D R,AUDET P. Recent advances in restoration ecology: examining the modern Australian agro-ecological and post-mining landscapes［J］. Agriculture,Ecosystems& Environment,2012,163:1-2.

［88］ 杨主泉,胡振琪,王金叶,等.煤矸石山复垦的恢复生态学研究［J］.中国水土保持,2007 (6):35-36.

［89］ 高吉喜.区域生态学基本理论探索［J］.中国环境科学,2013,33(7):1252-1262.

［90］ 彭宗波,蒋英,蒋菊生.区域生态学研究热点及进展［J］.生态科学,2012,31(1):92-97.

［91］ 李忠立.生态工业园建设与区域生态环境系统安全性问题研究［D］.天津:天津理工大学,2007.

［92］ MURAOKA H,KOIZUMI H. Satellite ecology (SATECO)-linking ecology,remote sensing and micrometeorology,from plot to regional scale,for the study of ecosystem structure and function［J］. Journal of Plant Research,2009,122(1):3-20.

［93］ 吴次芳,邵霞珍.土地利用规划的非理性、不确定性和弹性理论研究［J］.浙江大学学报 (人文社会科学版),2005,35(4):98-105.

［94］ BRIAN W,DAVID S. 弹性思维:不断变化的世界中社会-生态系统的可持续性［M］. 彭少麟,陈宝明,赵琼,等译.北京:高等教育出版社,2010.

［95］ 钱鸣高,缪协兴,许家林.资源与环境协调(绿色)开采［J］.煤炭学报,2007(1):1-7.

［96］ 钱鸣高,许家林,缪协兴.煤矿绿色开采技术［J］.中国矿业大学学报,2003(4).

［97］ 缪协兴,钱鸣高.中国煤炭资源绿色开采研究现状与展望［J］.采矿与安全工程学报,2009,26(1):1-14.

［98］ 许家林,钱鸣高.绿色开采的理念与技术框架［J］.科技导报,2007,25(7):61-65.

［99］ 钱鸣高.绿色开采的概念与技术体系［J］.煤炭科技,2003(4).

［100］ 钱鸣高,许家林,王家臣.再论煤炭的科学开采［J］.煤炭学报,2018,43(1):1-13.

［101］ MUYS B,WOUTERS G,SPIRINCKX C. Cleaner production:a guide to information sources［EB/OL］. http://www. eea. dk/projects/envwin/manconc/cleaprd/i-2. btn.

［102］ 石磊,施汉昌,钱易.清洁生产技术框架探讨［J］.化工环保,2002,22(2):97-101.

［103］ 胡振琪,杨秀红,鲍艳,等.论矿区生态环境修复［J］.科技导报,2005,23(1):38-41.

[104] HILSON G. Defining "cleaner production" and "pollution prevention" in the mining context[J]. Minerals Engineering,2003,16(4):305-321.

[105] SILVESTRE B S,NETO R S. Are cleaner production innovations the solution for small mining operations in poor regions? The case of Padua in Brazil[J]. Journal of Cleaner Production,2014,84:809-817.

[106] KAMBANI S M. Small-scale mining and cleaner production issues in Zambia[J]. Journal of Cleaner Production,2003,11(2):141-146.

[107] GHOSE M K. Promoting cleaner production in the Indian small-scale mining industry[J]. Journal of Cleaner Production,2003,11(2):167-174.

[108] HILSON G. Barriers to implementing cleaner technologies and cleaner production (CP) practices in the mining industry:a case study of the Americas[J]. Minerals Engineering,2000,13(7):699-717.

[109] HILSON G,NAYEE V. Environmental management system implementation in the mining industry:a key to achieving cleaner production[J]. International Journal of Mineral Processing,2002,64(1):19-41.

[110] 王玖明.加强环境保护工作 建设清洁生产矿区[J].中国煤炭,2004(7):11-12.

[111] 王斌,陈建宏.矿山清洁生产评价体系研究[J].金属矿山,2007(8):79-82.

[112] 徐田伟.清洁生产和循环经济评价指标体系在规划矿区中的应用[J].环境保护与循环经济,2008,28(4):27-29.

[113] 李东升.徐州矿区发展循环经济的清洁生产途径分析[J].河北农业科学,2008,12(8):103-104.

[114] 梁海超,张定宇,李妍均.我国土地复垦研究综述[J].安徽农业科学,2011,39(30):18793-18795.

[115] 胡振琪.煤矿山复垦土壤剖面重构的基本原理与方法[J].煤炭学报,1997,22(6):617-622.

[116] 胡振琪,魏忠义,秦萍.矿山复垦土壤重构的概念与方法[J].土壤,2005,37(1):8-12.

[117] 陈龙乾,邓喀中,唐宏,等.矿区泥浆泵复垦土壤物理特性的时空演化规律[J].土壤学报,2001,38(2):277-283.

[118] 秦俊梅,白中科,李俊杰,等.矿区复垦土壤环境质量剖面变化特征研究:以平朔露天矿区为例[J].山西农业大学学报(自然科学版),2006,26(1):101-105.

[119] 董霁红,卞正富,于敏,等.矿区充填复垦土壤重金属分布特征研究[J].中国矿业大学学报,2010,39(3):335-341.

[120] 孙建,刘苗,李立军,等.不同植被类型矿区复垦土壤水分变化特征[J].干旱地区农业研究,2010,28(2):201-207.

[121] 梁利宝,洪坚平,谢英荷,等.不同培肥处理对采煤塌陷地复垦土壤生化作用强度及玉米产量的影响[J].水土保持学报,2011,25(1):192-196.

[122] 陈晓冬,冀宪武,赵永胜.矿区复垦与生态恢复专题数据库的构建[J].农业网络信息,2014(6):30-32.

[123] 卞正富,许家林,雷少刚.论矿山生态建设[J].煤炭学报,2007,32(1):13-19.

[124] 吴刚,张义平,潘玉忠,等."3S"技术在矿山生态建设中的应用[J].洁净煤技术,2010,16(3):108-111.

[125] 胡文国.国内外煤矿生产安全管理经验及启示[J].煤矿安全,2011,42(5):180-183.

[126] 乌海市统计局.2015 年乌海市国民经济和社会发展统计公报[EB/OL]. http://tjj.wuhai.gov.cn/tjj/682822/682827/tjgb/689743/index.html.

[127] 周鸿.人类生态学[M].北京:高等教育出版社,2001.

[128] FROSCH R A. Industrial ecology:a philosophical introduction[J]. Proceedings of the National Academy of Sciences of the United States of America,1992,89(3):800-803.

[129] 曲向荣.产业生态学[M].北京:清华大学出版社,2012.

[130] BOLLINGER L A,NIKOLIĆ I,DAVIS C B,et al. Multimodel ecologies:cultivating model ecosystems in industrial ecology[J]. Journal of Industrial Ecology, 2015,19(2):252-263.

[131] HART A, CLIFT R, RIDDLESTONE S, et al. Use of life cycle assessment to develop industrial ecologies:a case study:graphics paper[J]. Process Safety and Environmental Protection,2005,83(4):359-363.

[132] DESPEISSE M, BALL P, EVANS S, et al. Industrial ecology at factory level-a conceptual model[J]. Journal of Cleaner Production,2012,31:30-39.

[133] JIA S Y,ZHUANG H F,HAN H J,et al. Application of industrial ecology in water utilization of coal chemical industry:a case study in Erdos, China[J]. Journal of Cleaner Production,2016,135:20-29.

[134] 袁增伟,毕军.产业生态学最新研究进展及趋势展望[J].生态学报,2006,26(8):2709-2715.

[135] PARK R E. Human ecology[J]. American Journal of Sociology, 1936,42(1):1-15.

[136] JENSEN P D,BASSON L,LEACH M. Reinterpreting industrial ecology[J]. Journal of Industrial Ecology,2011,15(5):680-692.

[137] ASHTON W. The structure, function, and evolution of a regional industrial ecosystem[J]. Journal of Industrial Ecology,2009,13(2):228-246.

[138] BORDEN R J. A brief history of SHE:reflections on the founding and first twenty five years of the society for human ecology[J]. Human Ecology Review,2008,15(1):95-108.

[139] STEINER F R. Human ecology:following nature's lead[M]. Washington DC:Island Press,2002.

[140] 孙铁珩,周启星.污染生态学研究的回顾与展望[J].应用生态学报,2002(2):221-223.

[141] 乔玉辉.污染生态学[M].北京:化学工业出版社,2008.

[142] 卞正富.矿山生态学导论[M].北京:煤炭工业出版社,2015.

# 2 矿业生态学的基础理论

*内容提要*

矿业生态学是一门由生态学、采矿工程学、产业生态学、环境经济学、地质学等多学科交叉的新兴学科,研究矿业生态需要依靠这些学科相关理论基础的支持。本章将生命周期理论、循环经济理论、绿色开采理论、恢复生态学、区域生态学和弹性理论作为研究矿业生态学的基础理论,从发展历程、内涵和特征、基本原理和原则、研究方向和发展趋势等方面,对相关基础理论进行阐述。

## 2.1 生命周期理论

生命周期理论(life cycle theory)在政治、经济、环境、技术、社会等诸多领域应用广泛,其基本含义可以理解为从摇篮到坟墓的整个过程。20 世纪 60 年代,由于能源危机的出现及其对社会产生的巨大冲击,美国和英国相继开展了能源利用的深入研究,由此,生命周期理论的思想和概念逐步形成。

### 2.1.1 生命周期理论的产生与发展

(1) 生命周期理论的萌芽

生命周期理论也被称为消费储蓄的生命周期假说。生命周期理论的发展可以追溯到 20 世纪 20 年代。著名的经济学家侯百纳(S. S. Huebner)[1]于 1924 年提出了生命价值的概念。他强调,人的生命价值概念比仅仅承认人具有经济价值的意义更重要。侯百纳认为人的生命价值是指个人未来实际收入或个人服务减去维持自我的成本后的未来净收入的资本化价值。生命价值可归纳为:① 认识最宝贵的资产,人的生命价值可以仔细评估和资产化;② 应该及时将管理物质财富的经验和技术移植到对人力资本的管理上来;③ 需要从个人投资者的终身储蓄和消费出发,并充分考虑到个人在储蓄和消费方面的弱点[2]。

(2) 生命周期理论的提出

20 世纪 50 年代,美国经济学家弗兰科・莫迪利亚尼(Franco Mordigliani)和理查德・布伦伯格(Richard Brumberg)先后合作发表了《效用分析与消费函数:横截面数据的一种解释》和《效应分析与总量消费函数:统一的释义》,由此奠定了生命周期理论的理论基础。该理论的基本思路是:任何一名理性的消费者,不仅要对某一时点上某一消费行为或者消费项目进行决策安排,还要充分考虑个人效用最大化,同时兼顾预算约束之下生命周期内创造的收入与消费支出的平衡。个人在生命周期的各个阶段上对消费支出的选择,遵循的都是一个与预期相符的、长期的、稳定的、平均化的消费率,即周期内各期的消费水平基本等于一生总收入水平的平均数。这就决定了短期储蓄的出现,因为在平均消费和即期收入之间存在一个差距,从而导致了财富在生命周期内的"驼峰形"分布状态。20 世纪 60 年代初,弗兰科・莫迪利亚尼和理查德・布伦伯格等学者提出了生命周期理论[3]。

（3）生命周期理论的发展

生命周期理论的发展大致经历了从产品生命周期到企业生命周期，再到产业生命周期的三个阶段。

产品生命周期理论是由美国哈佛商学院教授雷蒙德·弗农（R. Vernon）于 1966 年在《国际投资与产品周期中的国际贸易》一文中最先提出来的[4]。弗农根据美国的实际情况，以美国为例提出了国际产品生命周期的四个阶段：美国对某种新产品的出口垄断时期；其他发达国家开始生产这种新产品；国外产品在出口市场上与美国产品进行竞争的时期；美国开始进口竞争时期[5]。

企业生命周期概念的前身是由耶鲁大学副教授金伯利（Kimberley）和米勒思（Mirex）在 20 世纪 70 年代中期最早提出来的；1972 年，美国哈佛大学的格雷纳（L. E. Greiner）教授在其所著的《组织成长中的演变和变革》一文中，第一次提出了企业生命周期的概念，并将企业生命周期划分为五个阶段[6]；1983 年，美国的奎因（Robert E. Quinn）和卡梅伦（Kim S. Cameron）在《组织的生命周期和效益标准》一文中，把组织的生命周期简化为四个阶段[7]。格雷纳和奎因均认为，企业的成长是一个由非正式到正式、由低级到高级、由简单到复杂、由幼稚到成熟、由应变能力弱到应变能力强的发展过程；1989 年，美国学者爱迪斯（Ichak Adizes）博士在其发表的《企业生命周期》中，对企业的生命周期的基本要素进行了论述，并把企业的生命周期划分为成长阶段、再生与成熟阶段和老化阶段，同时将它们依次详细划分为孕育期、婴儿期、学步期、青春期、盛年期、稳定期、贵族期、官僚化早期、官僚化晚期、死亡期十个时期。1999 年，美国的达夫特（Richard L. Daft）在总结格雷纳、奎因和卡梅伦等人的理论基础上，提出企业组织发展要经历四个主要阶段：创业阶段、集体化阶段、规范化阶段和精细化阶段[9]。

产业生命周期理论的研究始于 20 世纪 80 年代，产业生命周期是指产业从产生到衰亡具有阶段性和共同规律性的厂商行为（特别是进入和退出行为）的改变过程，这一理论是在弗农 1966 年的产品生命周期理论的基础上逐步发展、演变而形成的。20 世纪 80 年代，戈特（Gort）和克莱珀（Klepper）提出了 G-K 产业生命周期理论[10]；20 世纪 90 年代，克莱珀和格拉迪（Graddy）提出了 K-G 产业生命周期理论[11]；随后，阿加瓦尔（Agarwal）、拉杰里（Rajshree）等的产业生命周期理论，使该理论在各个分支的纷争和融合中逐渐走向成熟[12]。

## 2.1.2　生命周期的相关概念与特征

生命周期原为生物学术语，是指一个生物体从出生到死亡所经历的各个生命阶段和整个过程。经引用和扩展，生命周期成为一种在社会科学中应用颇为广泛的研究方法，即一种把研究对象从产生到死亡的整个过程划分成一个个前后相继、甚至周而复始的阶段来加以研究的方法。随着生命周期理论的提出，专家学者在生命周期理论的基础上，相继提出了产品生命周期、企业生命周期和产业生命周期。

（1）产品生命周期

对于产品而言，随着时间的推移，也有一个在市场中从开始被接受到最终被淘汰的类似生命的过程，这就是产品生命周期。产品生命周期是指产品的市场寿命，而非产品的使用寿命。产品从生产出来到被消费者使用至报废的过程是产品的使用寿命或称为物理寿命，而产品的生命周期是指产品从进入市场到离开市场的过程。产品生命周期一般划分为四个阶段：导入期、成长期、成熟期和衰退期，并且随着时间和市场的变化，不同阶段呈现出不同的特征[13]。

① 导入期

一般指新产品试制成功投放市场试销的时期。其主要特征包括：产品刚进入市场试销，尚未被顾客接受，其销售额缓慢增长；生产批量很小，试制费用很高，因而产品生产成本较高；用户对新产品不了解，需要加大宣传力度，销售费用较高；除仿制品外，产品在市场上一般没有同行竞争；产品刚进入市场，生产成本和销售费用较高，企业在财务上往往是亏损的。

② 成长期

一般指新产品试销取得成功以后，转入成批生产和扩大市场销售的阶段。其主要特征包括：销售量迅速增长；产品设计和工艺基本定型，可以组织成批或大量生产，生产成本显著下降；用户对产品已经有所了解，宣传费用可相对削减，销售成本降低；随着产品和销售量的迅速增长，企业转亏为盈，利润迅速上升；同行竞争者开始仿制这类产品，市场开始出现竞争趋势。

③ 成熟期

一般指产品进入大批量生产，在市场上处于竞争最激烈的阶段。其主要特征包括：市场需求量已经逐渐趋向饱和，销售量达到最高点；生产批量大，产品成本低，产品利润也将达到最高点；很多同类产品也已进入市场，市场竞争十分激烈；成熟的后期，市场需求达到饱和，销售增长率趋近于零，甚至出现负值。

④ 衰退期

一般指产品逐渐老化，转入产品更新换代的新时期。其主要特征包括：有新产品进入市场，正在逐步取代老产品；除少数或个别名牌产品外，市场销售量日益下降；市场竞争突出的表现为价格竞争，价格不断被迫下降。

（2）企业生命周期

企业的成长如同生物有机体，可以通过灵活性和可控性两个指标来体现。当企业刚刚建立或者年轻时，充满了灵活性，但可控性较差；当企业进入盛年期，企业的灵活性和可控性都比较强，企业具有最强的生命力；当企业进入老年期时，企业的灵活性和可控性都变得较差，企业的生命力逐渐衰退，直至最后走向死亡。从企业的建立到死亡的过程就是企业的生命周期[14]。美国学者爱迪斯认为，企业生命周期可以分为三个阶段十个时期，即成长阶段：孕育期、婴儿期、学步期；再生与成熟阶段：青春期、盛年期、稳定期；老化阶段：贵族期、官僚化早期、官僚化晚期、死亡期。

① 成长阶段

成长阶段包括孕育期、婴儿期和学步期。孕育期强调的是创业意图和未来能否实现的可能性，成功的关键在于高水平的确立及所要承担的义务。其中，最为重要的是要从情感上对创建企业的主张以及企业今后能在市场上发挥作用这两点上承担义务。创业者的动机不应当只是投资回报率，而更应当注意满足市场某种需求、创造附加值。企业在婴儿期更需要脚踏实地的创业，这时所承担的风险也相对较大。企业进入学步期后，销售额不断增加，企业日渐兴荣。

② 再生和成熟阶段

再生和成熟阶段包括青春期、盛年期和稳定期，这一阶段企业不断发展走向成熟。在青春期，创业者在经历了多次危机之后，开始学会了授权。企业从以量取胜转向以质取胜，从苦干转向巧干。在盛年期，企业的灵活性和可控性达到平衡，企业的形式和功能也达到了平衡。该时期出现了一些理想化特征：一是企业的制度与组织结构完善；二是企业的创造力、开拓精神得到制度化保障；三是企业非常重视顾客需求，注意顾客满意度；四是企业计划能够很好地完成；五是企业对未来趋势的判断能力突出；六是企业完全能够承受增长带来的压力；七是企业开始分化出新的事业。盛年期不是企业的终点，它是企业发展中的一个阶段，随后企业进入稳定期，尽管企业生命力还是很强健的，但是企业内部却隐藏着衰退的趋势。

③ 老化阶段

老化阶段包括贵族期、官僚化早期、官僚化晚期、死亡期。企业一旦进入老化阶段，企业和员工的自我保护意识不断增强，与顾客逐渐疏远，导致企业的灵活性下降。在贵族期，企业开始以自我为中心，具体表现为：一是企业在控制系统、福利措施和一般设备上的投入不断增多；二是员工越来越强调做事的方式，而不问做事的内容和原因；三是企业和员工越来越拘泥于传统，注重形式；四是企业内部越来越缺少创新机制。在官僚化早期，企业内部冲突不断升级，企业各部门注意力集中到内部地位之争，员工更多的是追究制造问题的人，而很少考虑去采取补救措施以解决问题。官僚化早期暴发的问题如果不及时解决，企业最终会进入官僚化晚期直至消亡。

（3）产业生命周期

产业也和企业、人一样具有生命周期。对于一定时期或一个国家、一个地区来说，任何一个产业在经济上对经济增长的作用、对社会主体需求的满足程度以及在技术上都会被新的产业所替代，一般来说产业的发展会经历形成、成长、成熟和衰退四个阶段[15]。

① 形成阶段

产业形成阶段又称产业萌芽期或者产业导入期，是指某种生产或者某些社会经济活动不断发育和集合，逐步成型进而构成产业的基本要素的进程。产业形成的关键是新技术的产生和推广应用，也可以说是科学发明创造价值的实现过程。产业形成的另一个关键因素是产业和企业的创新，产业创新是指原有产业由于技术、分工、组织、管理生产过程的创新而分离出成建制的新产业；企业创新是指企业将各种生产要素进行重新组合的行为，包括产品创新、技术创新、市场创新、管理创新和组织创新。

产业形成的标志包括：产业具有一定的规模；有专门化的从业人员；产业具有一定的社会影响，承担着不可或缺的社会经济功能；有专门化的生产技术装备和技术经济特点。产业形成的方式主要有产业分化、衍生和新生长三种。

② 成长阶段

产业成长阶段又称产业扩张期，是指产业形成之后，不断吸收各种经济资源而扩张自身的过程，产业扩张既包含产业在量上的扩张，也包含产业在内涵方面质的改变。该阶段产业的主要特征包括：产业在这一阶段经历了一个充实和完善的过程；产业的扩张过程也是产业的选择过程；在产业扩张期，大批企业转产加入该产业，投资者不断增加，投资流动频繁，促进了产业规模的扩张。

③ 成熟阶段

产业经过充分扩张达到极限之后，产业的生产能力和生产空间逐渐趋于饱和状态。随后，产业进入一个规模稳定、技术稳定、供给与需求稳定、产品稳定和地位显赫的阶段。产业成熟阶段具有的主要特征包括：强盛；生产能力接近饱和状态，市场需求饱和，供求矛盾不突出，买方市场出现；该产业成为支柱产业，其生产要素、产值及利税份额在国民经济中占有较大比重。

④ 衰退阶段

产业衰退是产业从兴盛走向不景气进而走向衰败的过程,它主要表现为产业发展相对的或者绝对的规模萎缩,产品老化、退化、功能减退而出现的颓势状态。产业衰退的本质是产业创新能力的衰退和下降。现代创新理论认为,创新是新产业形成、产业发展的根本动力。创新能力不足或衰退,必然会导致生产量的减少、产品老化、利润水平下降、产品成本升高,从而使该产业竞争力下降。产业衰退是对产业自身的否定并孕育新的产业和新的产品的过程,老产业衰退和新产业形成并存使产业体系不断推陈出新,从而保持强有力的生命力,推动产业经济和国民经济不断发展。

### 2.1.3 产业生命周期与企业生命周期的差异

通常情况下,企业要面临四种周期现象:经济周期、产品生命周期、产业生命周期和企业生命周期。经济周期会在一定程度上影响企业生命周期,但是企业生命周期并不是由其决定的。不同产业的企业生命周期存在差异,相对产业生命周期而言,企业生命周期通常较短。若企业仅从事某个单一产业或者产品的生产,企业往往形成与此产业或者产品相同的生命周期曲线,企业生命周期与产业生命周期存在如下差异[16]。

(1) 产业生命周期与企业生命周期背离

产业是一个企业群体,由于企业群体的成员生产的产品在很大程度上具有相互替代性,因此促使了企业群体成员处于彼此紧密联系的状态。同时,产品可替代性存在差异使该群体区别与其他企业群体。在对某企业进行投资决策时,有必要事先研究其所处产业的现状和发展趋势。企业的存在往往具有主观能动性,并不完全受制于特定的产业。从长远来看,企图利用某一类产品或者某一种产品将企业生命周期和产业生命周期协同起来是不容易的,二者的生命周期通常存在差异。在产业内部,仅有部分拥有较大规模的企业的生命周期与产业生命周期相近。而对于大部分的企业而言,若其所处的产业正由成熟期走向衰退期,通常情况下,企业会改变经营策略,选择退出所处产业,转入另一个新兴产业,则会出现与所处产业生命周期背离的情况。

(2) 生命周期完整性存在差异

由于产业是由特定的产品和服务形成的,通常情况下其形成之后都很稳定,因此,产业生命周期的演化呈现较强的完整性特征。虽然不同产业发展的各阶段可能会存在较大的差异,但一般都会经历从产生到衰退的过程。而企业生命周期的完整性往往不够明显,企业在生命周期的各个阶段都存在突然消亡的可能性,甚至有的企业会摆脱衰退的命运,通过转型而获得重生,从而进入新的生命周期。

(3) 产业内不同企业的差异

在产业内,虽然不同企业都会受到产业生命周期的影响,但是产业市场类型不同,即使不同企业所属同一产业其所处的情况和位置也会有差别。由于同一产业内各企业的竞争优势、发展能力不同,即使某些产业已处于衰退期,也会存在盈利能力较强的企业,即产业内不同企业的生命周期存在差异。

### 2.1.4 生命周期评价

(1) 生命周期评价概念

生命周期评价(life cycle assessment,简称 LCA)是指对一个产品系统的生命周期中输入、输出及其潜在环境影响的评价。许多国际组织给出了 LCA 的定义,其中以国际环境毒理学和化学学会(Society of Environmental Toxicology and Chemistry,简称 SETAC)和国际标准化组织(International Organization for Standardization,简称 ISO)的定义最具有权威性。SETAC 将 LCA 定义为:"LCA 是一个评价与产品、工艺或行为相关的环境负荷的客观过程,它通过识别和量化能源与材料的使用和环境污染物排放,评价这些能源与材料使用和环境污染物排放的影响,并评估和实施影响环境改善的机会。该评价涉及产品、工艺或活动的整个生命周期,包括原材料提取和加工,生产、运输和分配,使用、再使用和维修,再循环以及最终处置",同时,SETAC 将生命周期评价的基本结构归纳为四个部分:确定目标与范围(goal and scope definition)、清单分析(inventory analysis)、影响评价(impact assessment)和改善评价(improvement assessment),如图 2-1 所示。ISO 将 LCA 定义为:"LCA 是对一个产品系统的生命周期中输入、输出及其潜在环境影响的汇编和评价,在 ISO14040 标准中将 LCA 实施步骤分为目标与范围确定(ISO14040)、清单分析(ISO14041)、影响评价(ISO14042)和结果解释(ISO14043)四个部分"[17,18],如图 2-2 所示。

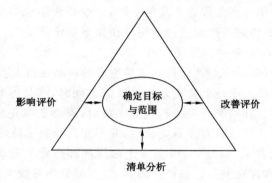

图 2-1 SETAC 生命周期评价技术框架

Fig. 2-1 Technical framework of life cycle assessment by SETAC

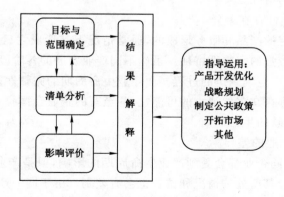

图 2-2 ISO 生命周期评价技术框架

Fig. 2-2 Technical framework of life cycle assessment by ISO

(2)生命周期评价的技术框架

SETAC 在 1991 年提出的生命周期评价的技术框架中,将生命周期评价的框架分为四个相互关联的部分：目标与范围确定（goal and scope definition）、清单分析（inventory analysis）、影响评价（impact assessment）和改善评价（improvement assessment）；1997 年，ISO14040 出台了《环境管理—生命周期评价—原则与框架》，ISO 所规定的生命周期评价的技术框架与 SETAC 的略有差别。ISO14040 将 SETAC 的生命周期评价技术框架中的改善评价变更为结果解释[19]。

① 定义目标与确定范围

目标与范围的确定是生命周期评价中的第一步，也是至关重要的一步。确定研究目标和范围的重要性在于它决定为何要进行某项生命周期评价，并表述所要研究的系统和数据类型。生命周期评价研究的目标和范围必须明确规定，并与应用意图相一致。研究目标必须明确陈述应用意图，进行该项研究的理由及它的使用对象，即研究结果的预期交流对象。随着对数据和信息的收集，可能需要对研究范围的各个方面加以修改，以满足原定的研究目标。在确定生命周期评价研究范围时需要分析的因素主要包括：研究范围的修改及论证、功能、功能单位、系统边界、数据类型、输入输出初步选择准则、数据质量要求等。

② 清单分析

清单分析是对产品、工艺流程、活动等研究系统整个生命周期阶段的资源和能源使用以及向环境（如水、土壤、空气等）排放的废弃物进行定性、定量的分析过程。清单分析的关键在于建立以产品功能单位表达的产品系统的资源、能源输入及废弃物的输出。清单分析步骤如图 2-3 所示。

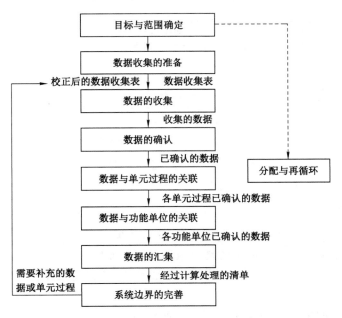

图 2-3　清单分析步骤图

Fig. 2-3　Steps of inventory analysis

③ 影响评价

生命周期影响评价是对清单分析阶段所识别的环境影响压力进行定量或者定性的表征评价，即确定产品系统的物质、能量交换对其外部环境的影响。影响评价的目标是从环境角度审查一个产品系统,并为生命周期改善评价阶段提供信息。影响评价应该列出和计算产品或者服务所有的有害影响,使其作为生命周期评价的一部分,它可以识别产品系统的改善机会并协助排定其优先顺序,描述产品系统与其单元过程在某一时间段内的特征或制定其比较基准,根据所选定的类型参数,进行产品系统间的相关比较,并指出那些特定的环境问题,以通过其他技术来提供对决策者有用的辅助性环境数据与信息。

对于产品的生命周期影响评价没有形成统一的方法,国内外多采用 SETAC 在 1991 年建立的影响评价方法,分为分类、特征化和评价。而 ISO14042 中,对 SETAC 的方法做了进一步的补充,将影响评价方法归纳为标准化、群组化、加权和数据质量分析等四个可选步骤,如图 2-4 所示。

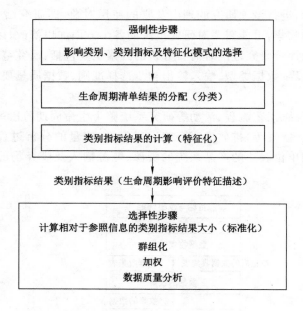

图 2-4 影响评价步骤

Fig. 2-4 Steps of impact assessment

④ 结果解释

生命周期解释是一个系统的过程,它是用来识别、判定、检查和评估来自产品系统生命周期影响或者生命周期影响评价结果的信息,并对此加以表述,以满足研究目的与范围所规定的应用要求。生命周期解释的目的是根据生命周期评价的前几个阶段或者生命周期清单分析研究的结果,以透明的方式来分析结果、形成结论、解释局限性、提出建议并报告生命周期解释的结果。

生命周期解释的主要特点是基于 LCA 研究的结果,运用系统化的程序进行识别、判定、检查、评价和提出结论,以满足研究目标和范围中所规定的应用要求。在 2000 年的ISO14043 标准中,LCA 研究中的生命周期解释阶段由三个要素组成:基于 LCA 中的研究结果识别重大问题;评估,包括完整性、敏感性和一致性检查;结论、建议和报告。

## 2.2　循环经济理论

20世纪是人类物质文明迅猛发展的阶段,同时也是生态环境破坏和自然资源损耗最为严重的时期,经济的飞速增长是以消耗能源和破坏生态环境为代价的。随着人口剧增、资源短缺、环境恶化等全球性问题的出现并日益恶化,人类提出了一种全新的发展观——可持续发展。循环经济则是20世纪90年代以来,发达国家在实行可持续发展战略中形成的一种经济模式,这种经济模式提倡人类社会和自然环境协调发展,以实现经济效益、社会效益和生态效益最佳为目标,有效地缓解了人类活动对生态环境的破坏。循环经济是人类经济发展进程中的必然产物。

### 2.2.1　循环经济理论的形成过程

(1)循环经济思想的萌芽

循环经济思想最早萌芽于环境保护运动思潮崛起的时代。20世纪50年代,美国后现代思想家小约翰·B.科布(John B. Cobb,Jr)认为,经济学家与生态学家之间的争论是现代主义者和后现代主义者之间的争论,并提出了"后现代的绿色经济思想"[20];1962年,美国生态学家蕾切尔·卡森(Rachel Carson)发表了《寂静的春天》,首次提出了保护环境这一世纪性的话题,并向人类揭示了环境污染对生态系统和人类社会产生的巨大破坏,有力地推动了环境保护运动[21];1966年,美国经济学家博尔丁(K. E. Boulding)受当时发射宇宙飞船的启发分析了地球经济的发展,他认为飞船是一个孤立无援、与世隔绝的独立系统,必须依赖不断消耗自身资源而存在,最终它将因资源耗尽而毁灭。延长飞船寿命的唯一方法就是实现飞船内的资源循环利用,尽可能减少废物的排出。同样,地球经济系统如同一艘宇宙飞船,尽管地球资源系统比它大得多,地球寿命也长得多,但是也只有实现地球资源的循环利用,人类赖以生存的地球才能长存[22]。因此,博尔丁提出了循环经济理论(circular economy theory)的雏形——"宇宙飞船经济理论"(即"航天员经济"),其核心思想是通过资源循环利用实现宇宙飞船上资源的可持续利用。"宇宙飞船经济理论"要求一种新的发展观:第一,必须将过去的"增长型"经济模式转变为"储备型"经济模式;第二,以"修身养息型"经济模式代替传统的"消耗型"经济模式;第三,实行福利量的经济模式,摒弃只注重产量的经济模式;第四,建立既不会使资源枯竭,又不会造成环境污染和生态破坏、并能循环利用各种物资的"循环型"经济模式,以取代传统的"单程式"经济模式[23]。

在环境保护兴起的20世纪60年代,随着生态学的迅速发展,人们产生了模仿自然生态系统的愿望,按照自然生态系统物质循环和能量流动规律重构经济系统,使得经济系统和谐地纳入自然生态系统的物质循环过程中,建立起一种新的经济形态——循环经济[24]。

(2)循环经济思想的形成与发展

1972年,在意大利的"罗马俱乐部"发表的题为《增长的极限》的研究报告中提出了增长极限的观点[25],在当时的世界上引起了极大的震动。该报告研究了全球关注的五大趋势:工业化加速、人口快速增长、广泛营养不良、不可再生资源减少和环境退化,并明确指出由于人类经济活动呈指数化增长,造成资源过度开发和浪费,最终会导致自然资源枯竭、生态环境恶化,从而形成严重的人类生存危机。这一阶段是循环经济思想形成并升华的主要时期,为循环经济理论的形成奠定了良好的基础[26]。

20世纪80年代后,一些专家和学者对循环经济思想发展的认识有了本质的升华。1983年,世界环境与发展委员会(World Commission on Environment and Development)开始研究"没有极限"的可持续发展问题;1987年,世界环境与发展委员会主席布伦特兰夫人在《我们共同的未来》的研究报告中,第一次提出了"既满足当代人的需求,又不危及后代人满足其需求能力的可持续发展理念",并将循环经济与生态系统联系起来,提出通过管理实现资源的高效利用、再生和循环问题[27];1989年,美国学者罗伯特·福罗什(Robert A. Frosch)在《加工业的战略》中提出工业生态学的概念,通过将产业链上游的废物或副产品,转变为下游的营养物质或生产原料,从而形成一个相互依存、类似于自然生态系统的工业生态系统,为生态工业园建设和循环经济理论的发展奠定了基础[28-30]。

到了20世纪90年代,随着可持续发展战略被普遍接纳,发达国家逐渐把发展循环经济、建立循环型社会作为实现环境与经济协调发展的重要途径。1990年,英国环境经济学家D. W. Pearce和R. K. Turner对循环经济进行了科学阐释,但并未引起国际社会的关注和积极响应[31,32];1992年,联合国环境与发展大会通过的《21世纪议程》中,将"永续利用,持续发展"的思想作为世界共同追求的发展战略目标,此后,随着可持续发展战略全球共识的达成,循环经济的战略地位才得以确立,许多发达国家将发展循环经济作为实施可持续发展、实现环境与经济协调发展的重要途径和实现方式。

## 2.2.2　循环经济的定义

德国是世界上公认的发展循环经济起步最早、水平最高、法制最完备的国家之一。1996年,德国出台的《循环经济和废物管理法》中,把循环经济定义为物质闭环流动型经济,明确企业生产者和产品交易者担负着维持循环经济发展的最主要责任[33]。一般而言,循环经济是对物质闭环流动型(closing material cycle)经济的简称,是以物质、能量梯级和闭路循环使用为特征,高效利用资源,环境污染低排放,甚至污染"零排放"。对于循环经济(circular economy)的概念,目前学术界还没有十分严格的统一的定义,其中具有代表性的定义主要包括以下七种[34]:

① 循环经济是相对于传统工业化"高消耗、高排放"的线性经济而言的,它要求把经济活动组织成一个"资源—产品—再生资源—再生产品"的闭环式流程,所有的原料和能源能在不断进行的经济循环中得到合理和持久的利用,从而把经济活动对自然环境的影响控制在尽可能小的程度。

② 循环经济就是把清洁生产和废弃物的综合利用融为一体的经济,它要求运用生态学的理论来指导人类的经济活动,按照自然生态系统物质循环和能量流动规律重构经济系统,使经济系统和谐地纳入自然生态系统的物质能量循环中去,建立一种新形态的经济发展模式。

③ 循环经济是指通过废弃物和废旧物资的循环再生利用来发展经济的,目的是使生产和消费过程中投入的自然资源最少,向环境中排放的废弃物最少,对环境的危害及破坏最小,即实现低投入、高效率和低排放的经济发展模式。

④ 循环经济就是在人、自然资源和科学技术的大系统内,在资源投入、企业生产、产品消费及其废弃的全过程中,不断提高资源利用效率,把传统的、依靠资源高消耗的线性增长发展模式,转变为依靠生态型资源循环的经济发展模式。

⑤ 循环经济是在生态环境成为经济增长制约要素、良好的生态环境成为一种公共财富

阶段的一种新的技术经济范式,是建立在人类生存条件和福利平等基础上的以全体社会成员生活福利最大化为目标的一种新的经济形态。

⑥ 循环经济是一种以资源的高效利用和循环利用为核心,以"减量化、再利用、资源化"为原则,以低消耗、低排放、高效率为特征,符合可持续发展理念的经济增长模式,是对"大量生产、大量消费、大量废弃"的传统经济模式的根本性变革。

⑦ 循环经济是指在生产、流通和消费等过程中进行的减量化、再利用、资源化活动的总称。

综合以上定义,循环经济是一个经济概念;资源和环境是循环经济关注的重点,充分利用资源、保护环境是循环经济贯穿始终的理念;循环经济的目的是实现经济的可持续发展;循环经济是按照生态规律利用自然资源和环境容量,实现经济活动的生态化转向,是实施可持续发展战略的必然选择和重要保证。

### 2.2.3 循环经济的内涵

循环经济本质上是一种生态经济,是对传统线性经济的革命,它要求运用生态学规律而不是机械论规律来指导人类社会的经济活动。传统经济是一种由"资源—产品—废物"单向流动的线性经济,具有高开采、低利用、高排放的特征,在传统经济模式中,人类大量开发和提取地球上的物质和能源,并将生产产品过程中产生的废物大量排放到地球水系、空气和土壤中,造成严重的生态环境污染。该经济模式对资源的利用是粗放的和一次性的,其主要是通过大量消耗资源来实现经济的数量型增长。而循环经济倡导的是一种经济与环境相协调的发展模式,与传统经济模式不同,循环经济是一种由"资源—产品—再生资源—再生产品"的反馈式流程,具有低开采、高利用、低排放的特征,在该经济模式中,所有的物质和能源要能在这个不断进行的循环中得到合理和持久的利用,以把经济活动对自然环境的影响降低到尽可能小的程度。循环经济与传统经济的比较如表2-1所示[24]。

表 2-1　循环经济与传统经济的比较

Table 2-1　Comparison of circular economy and traditional economy

| 经济模式 | 循环经济 | 传统经济 |
|---|---|---|
| 运动方式 | 资源—产品—再生资源—再生产品 | 资源—产品—废物 |
| 资源利用状况 | 资源循环利用;低开采,高利用 | 粗放和一次性利用;高开采,低利用 |
| 废物排放及对环境的影响 | 废物低排放或零排放;对环境友好 | 废物高排放;对环境不友好 |
| 追求目标 | 经济利益、环境利益和社会可持续发展 | 经济利益 |
| 经济增长方式 | 内涵型增长 | 数量型增长 |
| 环境治理方式 | 预防为主,全过程控制 | 末端治理 |
| 支持理论 | 生态系统理论、工业生态学理论等 | 政治经济学、福利经济学等传统经济理论 |
| 评价指标 | 绿色核算体系(绿色GDP等) | 第一经济指标(GDP、GNP、人均消费等) |

循环经济模式遵循生态学规律,将清洁生产、资源综合利用、生态设计和可持续发展融为一体,实现废物减量化、资源化和无害化,从而达到经济和自然生态环境协调发展的目标。从生态经济、资源经济、环境经济、物质流动、技术经济和系统发展经济等角度理解循环经济的具体内涵。

① 从生态经济的角度:循环经济是运用生态学理论来指导人类社会的经济活动,提倡与自然生态协调发展的经济模式。它要求把经济活动组织成为一个"资源—产品—再生资源—再生产品"的反馈式流程,其特征是低开采、高利用、低排放。所有的物质和能量在这个不断进行的经济循环中均能得到合理和持久的利用,以把经济活动对自然环境的影响降低至尽可能小的程度,使经济系统和谐地纳入自然生态系统的物质循环过程中,实现经济活动的生态化。

② 从资源经济的角度:循环经济提倡在不断循环利用物质资源的基础上发展经济,建立充分利用自然资源的机制,促使人类的生产活动融入自然循环中去,从而最大限度地利用进入系统的物质和能量,提高资源利用率和经济发展质量[35]。

③ 从环境经济的角度:循环经济是环境与经济密切结合的产物,提倡的是环境与经济的协调发展,以解决经济发展与环境之间日益激化的矛盾,最终实现自然生态效益与社会经济效益双赢的最佳发展模式。

④ 从物质流动的角度:与传统经济的"资源—产品—废物"的线性单项物质流动不同,循环经济把人类经济活动组织成为一个"资源—产品—再生资源—再生产品"的资源开发、回收和循环再利用的反馈式流程,从而实现"低开采、高利用、低排放",提高资源利用率、经济运行质量和效率。

⑤ 从技术经济的角度:循环经济以现代科学技术为基础,通过技术上的组合与集成,使一定区域内的不同企业、不同产业、不同城市之间有机地连接起来,形成相互依存的产业链和产业网络,促进企业、产业、城市之间的资源互补和有效的循环使用,最终形成闭合式发展模式。

⑥ 从系统发展经济的角度:循环经济是把企业生产经营、原料供给、市场消费及相关方面组成生态化的链式经济体,建立一个闭环的循环物质和经济发展系统。

从内涵上讲,不能简单地把循环经济等同于再生利用,再生利用尚缺乏做到完全的循环利用的技术,循环本质上是一种递减式循环,而且通常需要消耗能源,况且许多产品和材料是无法进行再生利用的。因此,真正的循环经济应该力求减少进入生产和消费过程的物质量,从源头上节约资源使用和减少污染的排放,提高产品和服务的利用效率。

### 2.2.4 循环经济的主要原则

循环经济的基本规律可以总结为七大基本原则和一大操作原则。

(1) 循环经济的基本原则

① 大系统分析原则:循环经济是比较全面地分析投入与产出的经济。大系统分析原则是在人口、资源、环境、经济、社会与科学技术的大系统中,研究符合客观规律的经济原则。任何经济生产都会从自然界取得原料,并向自然界排出废物,而自然资源是有限的,生态系统的承载能力也是一定的,如果不把人口、经济、社会、资源与环境作为一个大系统来考虑,就会违反基本的客观规律。

② 生态成本总量控制原则:如果把自然生态系统作为经济生产大系统的一部分来考虑,我们就应该考虑生产中生态系统的成本。所谓生态成本,是指当我们进行经济生产给生态系统带来破坏后,再人为修复所需要的代价。在向自然界索取资源时,必须考虑生态系统有多大的承载能力,如果透支,也要考虑它有多大的自我修复能力,因此要有一个生态成本总量控制的概念。

③ 尽可能利用可再生资源的原则：循环经济要求尽可能利用太阳能、水、风能等可再生资源代替不可再生资源，使生产循环与生态循环耦合，合理地依托在自然生态循环之上。如利用太阳能代替石油，利用地表水代替深层地下水，用生态复合肥代替化肥等。

④ 尽可能利用高技术的原则：国外目前提倡生产的"非物质化"，即可能以知识投入来替代物质投入，就我国目前发展水平来看，即以"信息化带动工业化"。目前称为高科技的信息技术、生物技术、新材料技术、新能源和可再生能源技术及管理科学技术等都是以大量减少物质和能量等自然资源投入为基本特征的。

⑤ 把生态系统建设作为基础设施建设的原则：传统经济的发展模式中只重视电力、热力、公路、铁路等基础设施建设，循环经济认为生态系统建设也属于基础设施建设，如"退田还湖""退耕还林""退牧还草"等生态系统建设。通过这些基础设施建设来提高生态系统对经济发展的承载能力。

⑥ 建设绿色 GDP 统计与核算体系的原则：建立企业污染的负国民生产总值统计指标体系，即从工业增加值中减去测定的与污染总量相当的负工业增加值，并以循环经济的观点来核算。这样可以从根本上杜绝新的大污染源的产生，并有效抑制污染的反弹。

⑦ 建立绿色消费制度的原则：以税收和行政等手段，限制以不可再生资源为原料的一次性产品的生产和消费，促进一次性产品和包装容器的再利用，或者使用可降解的一次性用具。

（2）循环经济的操作原则——"3R"原则

循环经济一般以"减量化（reduce）、再利用（reuse）、再循环（recycle）"作为其操作准则，简称为"3R"原则[36]，如表 2-2 所示。

表 2-2　循环经济的"3R"原则

Table 2-2　"3R" principle of circular economy

| 原则 | 针对对象 | 目　　的 |
|------|---------|---------|
| 减量化（reduce） | 输入端 | 减少进入生产和消费过程的物质和能源，从源头上节约资源，减少污染物排放 |
| 再利用（reuse） | 过程中 | 延长产品和服务时间强度，提高产品和服务利用效率。要求产品和包装容器以初始形式多次使用，减少一次性用品污染 |
| 再循环（recycle） | 输出端 | 能把废弃物再次转变为资源以减少最终处理量，即废物回收利用和废物综合利用。再循环能减少垃圾的产生，生产使用能源较少的新产品 |

① 减量化原则（reduce）：又称减物质化原则，针对的是输入端，即减少进入生产和消费流程的物质量，在经济活动的源头注意节约资源和减少污染排放。在生产中，减量化原则通常表现为要求产品体积小型化和产品重量轻型化，产品包装追求简单朴实，从而达到减少废弃物排放的目的。如通过制造轻型汽车来替代重型汽车，既可节约金属资源，又可节省能源，仍可满足消费者乘车的安全标准和出行要求。

② 再利用原则（reuse）：属于过程性方法，目的是延长产品和服务的时间强度。也就是尽可能多次或多种方式地使用物品，避免物品过早地成为垃圾。在生产中，制造商可以使用标准尺寸进行设计，例如使用标准尺寸设计可以简化计算机、电视和其他电子装置的升级换代；在生活中，人们可以将可维修的物品返回市场体系供别人使用或捐献自己不需要的

物品。

③ 再循环原则（recycle）：即资源化原则，是输出端方法，能把废物再次变成资源以减少最终处理量。该原则要求生产出的物品在完成其使用功能后，能重新变成可以利用的资源而不是无用的垃圾。资源化有两种：一是原级资源化，即将消费者遗弃的废物资源化后形成与原来相同的新产品；二是次级资源化，即利用废弃物生产出与原来不同类型的新产品。相比较而言，原级资源化利用再生资源的比例较高。

循环经济的"3R"原则使资源以最低的投入，达到自然资源最高效率的使用和最大限度的循环利用，污染物的最小排放，从而实现社会经济和自然生态的协调发展，促进人类社会活动的生态化转向。

# 2.3　绿色开采理论

18 世纪 60 年代第一次工业革命爆发后，矿产资源开始在人类文明的发展进程中扮演重要角色。然而传统的"高开采，高排放，低利用"开采模式，使得矿产资源在给人类带来物质财富的同时，也产生了一系列的生态环境问题，制约了人类向前发展的脚步。基于此，人们开始从矿产资源开发利用的各个环节出发，探求新的理论与技术方法来降低矿产资源开采对环境的破坏。其中绿色开采理论（green mining theory）就是在可持续发展战略的号召下形成的一种遵循循环经济绿色工业的原则，开采与环境协调一致的煤矿开采技术。其目的是构建新型的煤炭资源"低开采，低排放，高利用"模式，尽可能减轻煤矿开采对环境造成的不良影响，使得煤炭资源开发能够取得最优的社会效益、经济效益和生态效益，最终实现煤炭工业的可持续发展。

### 2.3.1　煤炭绿色开采的提出

（1）煤炭资源开采的问题背景

所有的矿产资源种类中，煤炭资源属于其中的一个子集，因此与矿产资源一样，煤炭资源的开采也存在两种可能[37]：第一种即人类在进行煤炭资源开采活动时，遵循自然规律，在向自然索取时不忘回馈和养护自然，最终在人与自然这一复合系统中构建生态平衡机制。第二种可能是人类过度地向自然索取煤炭资源，导致自然生态资本出现赤字，生态环境遭受破坏，最终人类自食恶果。目前受发展水平的限制，煤炭资源在开发利用过程中不可避免会对自然环境造成不同程度的污染和破坏，如煤炭资源开采后造成矿区地表塌陷、矿区水位下降并对地表水和地下水造成一定的污染，矿井排出的煤层瓦斯和煤矸石自燃形成的废气污染大气环境等。特别是传统的采煤方式和采煤技术会造成更加严重的安全和环境问题[38,39]，极大地超出了矿区环境容量，矿区生态系统失衡问题愈来愈突出。因此，如何树立新的煤炭资源开发理念，形成煤炭资源与环境协调开采模式，构建一套完整的煤矿开采新型技术体系和环境损害补偿机制成为煤炭行业亟须解决的问题。

（2）绿色开采的提出

1992 年联合国环境与发展大会上通过《21 世纪议程》，其主要是一项旨在鼓励世界各国在进行发展的同时保护环境的全球范围内可持续发展计划。1994 年，我国将可持续发展计划列入我国《21 世纪议程》，在此背景下矿业可持续发展开始逐渐被重视。面对经济发展中高消耗和资源环境约束问题，党的十六大报告中明确提出在经济建设和经济体制改革方面

"要走出一条科技含量高、经济效益好、资源消耗低、环境污染少、人力资源优势得到充分发挥的新型工业化道路",旨在寻求经济增长模式的全面转变。

20 世纪 90 年代,发展循环经济成为各界关注的焦点,人们开始将循环经济发展理念运用到实际经济活动中。其中循环经济主要指遵循自然生态系统的物质循环和能量流动规律,重构经济系统,将经济活动高效有序地组织成一个"资源利用—绿色工业—资源再生"的封闭型物质能量循环的反馈式流程,保持经济生产的低消耗、高质量、低废弃,从而将经济活动对自然环境的影响降低到最低限度,最终达到"低开采、高利用、低排放"的可持续发展目标。在打造绿色工业这一宏观的目标下,就矿业而言发展循环经济的最主要目标就是实现和发展绿色矿业,其核心内容之一即实现矿产资源的"绿色开采"。

综上所述,在全球可持续发展以及循环经济发展理念的引导下,面对传统煤炭资源开采对生态环境造成的各方面的破坏问题,2003 年中国学者钱鸣高首次提出煤炭资源绿色开采的概念内涵及技术框架体系[40]。可持续发展与绿色开采研究历程如图 2-5 所示。

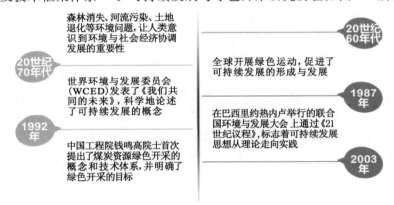

图 2-5　可持续发展与绿色开采研究历程

Fig. 2-5　Sustainable development and green mining

### 2.3.2　绿色开采的内涵与意义

（1）绿色开采的内涵

绿色开采是针对煤炭资源开发利用活动对生态环境造成的破坏,提出的环境与资源相协调的开采技术。在基本概念上是从广义资源的角度来认识和对待煤、瓦斯、水等一切尽可能利用的资源;基本出发点是尽可能地减轻煤炭开采对环境和其他资源的不良影响;基本目标是实现经济效益、社会效益和生态效益最优[41]。绿色开采的内涵主要包括以下 3 个方面[39,42]。

① 转变对采矿废弃物(有害物)的认识,树立资源再生利用新观念

最初矿井瓦斯被定义为矿井中主要由煤层气构成的以甲烷为主要组成部分的"有害气体",有时单独指甲烷(沼气),它是在煤的形成和变质过程中的伴生气体;矿井水文类型划分中,根据矿井水文地质条件、矿井水涌出量、煤矿开采受水害威胁程度以及防治水灾工作难易程度等将矿井水文类型划分为简单、中等、复杂和极复杂四种类型;煤矸石指采煤过程和选煤过程中排放的"固体废弃物",是一种在成煤过程中与煤层相伴而生的含碳量较低、比煤更坚硬的黑灰色岩石。由此可知,对于采矿活动中伴随产生的附属资源受利用水平的限制

均被认为是不能再生利用的有害物质或废弃物。但实际上,随着资源利用技术的不断改进,原有的采矿废弃物可作为再生资源加以利用。如瓦斯可作为清洁能源加以使用,$1 m^3$瓦斯可发电 $3 \sim 3.5 kW \cdot h$;矿井水经过有效的防治处理后可作为采矿机器冷却水或矿区生产用水被重复利用;煤矸石经过适当处理后可作为采空区充填材料或制砖材料等。

结合以上相关定义或描述,绿色开采理论认为应转变对采矿废弃物(有害物)的传统观念,从广义资源的角度理解其内涵。广义资源层面上认为矿区煤炭、地下水、煤层内所含的瓦斯、土地、煤矸石以及在煤层附近的其他矿床都应该作为这个矿区开发利用的对象。

② 利用矿产资源开采新技术,从源头上减轻环境破坏

根据循环经济发展的"3R"(减量化、再利用、再循环)原则,循环经济要求在物质输入端减少进入生产和消费流程的物质量,在经济活动的源头注意节约和减少污染排放。在循环经济理念的影响下,绿色开采理论要求在进行煤炭资源开采时应该转变"先破坏,后治理"的传统观念,以煤炭资源开采为出发点,通过调整改变采矿方法及相关技术,从源头上消除或减少采矿对环境造成的破坏,实现地下水源的保护,减缓地表沉陷,减少瓦斯和矸石的排放等。

③ 基于岩层运动特点,构建绿色开采理论基础

采矿活动所引起的岩层变形—破断—移动是一系列矿山安全与环境问题产生的根源。在采矿活动中,尽量减少对岩体的破坏或对破坏后的岩体进行有效治理是避免矿区水资源破坏、瓦斯爆炸等安全事故以及矿区地表塌陷等问题的关键。因此,结合岩层运动的特点,绿色开采的基础理论依据应包括以下几个方面:采矿后岩层内部的"节理裂隙场"分布以及离层规律;开采后对岩层与地表移动的影响规律;水与瓦斯在裂缝岩体中的渗流规律;岩体应力场分布规律及岩层控制技术。

(2)绿色开采的意义

绿色开采不仅是发展矿区循环经济的重要环节,更是实现人与自然协调发展的关键。因此,实现矿产资源绿色开采具有重要意义,具体表现在:

① 绿色开采有利于开采技术的创新。采矿活动中对岩体的破坏是矿区一系列生态环境与安全问题产生的根源,先进的开采技术则是解决这些问题的关键。因此要提高煤炭行业整体技术水平,走生产集约化道路必须发展多层面、多角度的技术创新。

② 绿色开采有利于矿区资源高效利用。根据绿色开采的内涵,绿色开采要求从广义资源的角度理解矿区范围内的煤炭、地下水、煤层内所含的瓦斯、土地、煤矸石以及在煤层附近的其他矿床等资源,在追求最佳经济效益和社会效益的同时,尽可能减少对环境的负面影响。因此,在绿色开采理念的引导下进行采矿活动,有利于矿区资源的高效循环利用,节约采矿成本,同时提高经济效益和生态效益。

③ 绿色开采有利于企业改变生产观念,追求更高水平的发展目标。绿色开采立足于整个生态系统,在综合考虑整个生态环境的基础上评价企业的生产经营活动及生产效益。这就要求各企业在追求自身经济利益的同时,要全面考虑生态效益和社会效益,实现更高水平的矿产资源开发经营活动。

### 2.3.3 绿色开采的技术体系

2003 年,中国学者钱鸣高在提出煤炭资源绿色开采内涵的基础上,结合煤炭资源开采过程中所产生的主要废弃物以及其对矿区生态环境的影响,提出了"煤炭绿色开采技术体

系"，如图 2-6 所示。该体系中所含的技术主要有：以水资源保护为目的的"保水开采技术"；以土地与建筑物保护为目的的"减沉开采技术"；以煤层气体高效利用为目的的"煤与瓦斯共采技术"；以矸石减量排放为目的的"矸石减排技术"以及提高煤炭资源利用率、降低环境污染的"煤炭地下气化技术"。

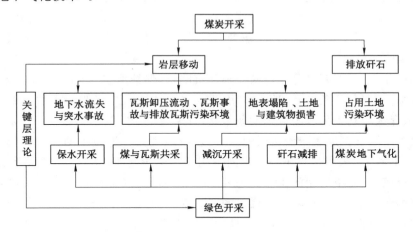

图 2-6　煤炭绿色开采技术体系

Fig. 2-6　Green mining technique system in coal mining

（1）保水开采技术

在煤矿开采过程中通常会对地下含水层的原始径流造成污染及破坏，导致大量地下水排出，浪费水资源的同时污染了矿区环境。同时煤层开采后，随着上覆岩层中关键层的破断，采空区上方导水裂隙带与地下水体贯通，形成大规模地下水降落漏斗，最终造成区域含水层水位下降，影响区域范围内的水文地质条件。

保水开采技术的目的就是在防治采场突水的同时，对水资源进行有意识的保护，使得煤炭资源开采对矿区环境的扰动量最终小于区域水文环境的容量。研究内容主要包括研究煤矿开采后上覆岩层的破断规律和地下水漏斗的形成机理，各种地质条件下煤矿开采期间岩层活动与地下水渗漏的关系，以及在此基础上采取适当的采矿方法和水资源治理措施，实现矿井水资源的保护和综合利用。

保水开采技术方法主要包括[7]：减小导水裂隙带高度的开采方法、以底板加固为主导技术的保水开采技术以及浅埋煤层长壁工作面保水开采方法。减小导水裂隙带高度的开采方法主要是根据矿区地形、水文地质条件和建筑物及构筑物等抗变能力，以不产生地表积水和满足建筑物所要求的保护等级为依据所采取的煤矿开采方法，主要包括"小条带开采—注浆充填采空区—剩余条带开采"三步开采法和"开采窄条带工作面—注浆充填与固结窄条带采空区破裂岩体—间隔开采剩余条带煤柱"三步开采法。以底板加固为主导技术的保水开采技术主要是通过工作面底板加固，对底板隔水层薄弱带（松散裂隙区或空洞区）进行注浆强化处理，降低底板地层渗透性的同时，提高了底板地层的抗压性，对岩层起到了封堵和加固作用，有效地防止了地下水的渗漏。浅埋煤层长壁工作面保水开采方法是一种适用于浅埋煤层的安全生产和水资源保护的方法，主要根据煤层地质测量数据确定出大尺寸长壁工作面，选择快速推进的技术设备后循环作业，并对开采煤层进行局部充填或局部采高以减少采动覆盖岩层的贯通裂缝,使基岩不发生整体错动式破坏,增强覆盖岩层的阻水作用。

(2)减沉开采技术

采矿活动所引起的地面沉陷和地表建筑物及构筑物的破坏是矿区最大的环境问题之一。相关研究表明[43],覆岩主关键层对地表移动过程起控制作用,主关键层的破断将导致地表快速下沉,地表下沉速度随主关键层的周期性破断而呈现跳跃性变化。因此,控制主关键层就是控制地表塌陷,所以应形成"条带煤柱或充填体—上覆盖岩—主关键层"结构体系控制地表沉陷[39]。

在实际操作中,减沉开采是通过减少地面沉陷,以保护地表建筑物及构筑物为目的研究出的一项技术,主要包括条带开采和充填开采两种技术方法。条带开采技术属于局部开采法,通过将采煤区域划分为较为规则的条带状,开采过程中"采一条,留一条",利用开采后的剩余条带状煤层来支撑地表覆盖岩层的重量,使得地表只产生微小的移动或形变。此方法多适用于"三下一上"采煤区的开采("三下一上"指建筑物下、水体下、铁路下以及承压水上),具有投资较低、简单实用的优点。但其也存在一定的局限性,例如,开采结束后为防止地表沉陷而剩余大量的煤柱,降低了煤炭的采出率,同时,随着采煤工作面的不断扩大,原有的老旧煤柱强度降低,支撑作用下降,一旦达到其支撑极限,将会发生更为严重的大面积垮塌事故。充填开采技术是在借鉴金属矿山减沉开采技术基础上,以解决"三下压煤"(建筑物下、水体下、铁路下)问题,提高煤炭采出率为主要目的一项绿色开采技术。按照充填材料及其所含水分比例,可将充填开采划分为固体充填、膏体充填及高水充填。目前,固体充填主要材料是煤矸石,按照充填方式又可划分为巷道掘进抛矸充填技术、长壁普采矸石充填技术以及长壁综采矸石充填技术。总体上,各项充填技术的应用对矿区地表的稳定起到了一定的作用,降低了安全事故及环境破坏问题的发生概率,但由于受材料及技术等众多现实问题的限制,目前充填过程中仍存在煤矿开采与采空区充填相互干扰、充填空间隔离量大等众多问题。因此,在高效充填、空间充填隔离密闭以及因地制宜地制定充填技术等方面仍需进一步的实践研究。综合各项技术在实际中的应用[43,44],煤矿充填开采技术主要特点及适用条件如表 2-3 所示。

表 2-3　煤矿充填开采技术主要特点及适用条件

Table 2-3　Main characteristics and applicable conditions of filling technology in coal mine

| 工艺名称 | | 技术过程 | 材料 | 特点 | 适用条件 |
|---|---|---|---|---|---|
| 固体矸石充填 | 巷道掘进抛矸充填 | 巷道开采完毕后,掘进机掘进入巷道,利用抛矸机抛入矸石填充采空区 | 煤矸石 | 巷式开采,投资少,巷道布置灵活,充填效果易于控制,但产量较低 | 构造复杂、配采、重要保护体场合 |
| | 长壁普采矸石充填 | 采煤工作面后部增设支护空间,按照从内向外,从下山到上山顺序填充矸石 | 煤矸石 | 壁式开采,投资少,普采产量高,但充填效果较难控制 | 普通保护体场合 |
| | 长壁综采矸石充填 | 利用充填材料刮板输送机运送并漏放矸石,完成采空区的填充 | 煤矸石 | 壁式开采,机械化程度高,综采产量高,充填效果好。但投资较大 | 煤层稳定、主采、普通保护体场合 |

表 2-3(续)

| 工艺名称 | 技术过程 | 材料 | 特点 | 适用条件 |
|---|---|---|---|---|
| 膏体及似膏体充填 | 通过将填充材料加工制成不需要脱水处理的膏状浆体,采用充填泵或重力加压,通过管道输送至采空区,在采空区形成膏体充填体 | 煤矸石,粉煤灰,工业炉渣,劣质土,城市固体垃圾等 | 壁式开采,综采产量高,充填效果好,但需充填与开采间歇作业,输送管道易堵塞 | 煤层稳定、主采、重要保护体场合 |
| 高水及超高水充填 | 将高水材料与水充分混合,搅拌后制成充填料浆,通过管道运输送至采空区 | 粉煤灰或尾矿等硅质材料为主料,延缓剂、速凝剂、固化剂和膨胀剂等为辅料 | 固体材料少,含水量高,适于输送距离较远的工作面,但投资大,充填与开采间歇作业 | 缺少固体充填材料、单一煤层、配采、普通保护体场合 |

（3）煤与瓦斯共采技术

实践证明,采掘活动引起岩层移动后,会使煤层的渗透率增加数十倍,从而为瓦斯的运移和涌出创造了条件,有利于瓦斯的抽采[45]。煤与瓦斯共采技术就是充分利用采煤过程中岩层的移动以及破坏对瓦斯的卸压作用提高瓦斯的抽采率,在煤层开采时形成采煤与抽采瓦斯两个完整的开采系统,实现煤与瓦斯共采的一种综合开采技术。其内涵主要包括努力遵循绿色开采的原则,采用煤层气开采或煤矿瓦斯抽采的形式,尽量减少瓦斯排放量,从而达到分阶段或同阶段对煤与煤层气（瓦斯）都作为资源开发利用的目的[46]。

在煤与瓦斯开采活动中,瓦斯抽采是实现煤与瓦斯共采的技术难点,目前瓦斯抽采主要有三种技术体系[47]:一是卸压抽采瓦斯技术体系;二是全方位立体式瓦斯抽采技术体系;三是深部薄厚煤层瓦斯抽采技术体系。目前,常用的煤与瓦斯共采技术为沿空留巷与瓦斯共采技术。简单来讲,该技术主要根据煤层群赋存条件,首采关键卸压层,沿首采工作面采空区边缘快速机械化构筑高强支撑体,将回采巷道保留下来,形成无煤柱连续开采,实现全面卸压开采;同时通过研究煤层群无煤柱开采顶底板岩层活动规律和卸压瓦斯运移特征,在留巷内布置上下高低位抽采钻孔直达卸压瓦斯富集区域,以此实现连续高效抽采瓦斯与综采工作面采煤同步进行。该项技术中通过连续高效抽采卸压层的瓦斯,使得高瓦斯煤与瓦斯突出煤层转变为低瓦斯煤层[48],有效地消除瓦斯安全威胁的同时,抽取的瓦斯可直接用于发电和民用,提高了瓦斯的利用效率。

（4）矸石减排技术

矸石是在煤矿掘进、开采及选煤过程中所排出的固体废弃物,传统处理方式是将煤矸石堆积于地表,形成矿区的特色地貌——矸石山。一方面矸石山压占大量土地、影响并破坏生态环境,另一方面矸石的淋溶水将污染附近土壤和地下水,而且矸石中含有大量的以硫铁矿和有机硫的形式存在的硫元素,遇水及空气后产生自燃,排放大量的二氧化硫、氮氧化物、烟尘等有害物质污染大气环境,影响矿区居民身体健康。绿色开采技术体系中所提出的矸石减排技术,其目的就是减少煤矸石排放量、消除矸石山的堆积,提高煤矸石再生利用率,保护生态环境。

矸石减排技术体系可分为以下三个方面[39]:以煤巷代替岩巷,矸石井下处理以及矸石综合利用。传统的巷道布置方式是将大巷、采区准备巷道等服务时间较长的巷道布置在岩石中,在给巷道安全维护带来方便的同时,产生了一系列的问题。特别是巷道掘进成本较高,掘进过程中会产生大量的煤矸石,给矿井运输造成极大的压力[49]。减少煤矸石产量的方法之一就是就近取材,利用煤巷代替岩巷。与岩层相比煤层强度较低,因此煤巷支护技术成为设立煤巷的关键。目前最常用的煤巷支护技术为锚杆支护技术,同时随着开采深度的增加,以高应力、快速成巷和软弱破碎岩为特征的动压巷道支撑成为研究的热点[50]。至今,矿井下煤巷还未完全取代岩巷,特别是随着开采深度的增加,受技术水平的限制,岩石巷道的掘进成为开采活动的必要环节,因此煤矸石的产生不可避免。煤矸石井下处理技术是将生产过程中产生的煤矸石就近排至联络巷、排矸巷、施工巷以及其他废弃的巷道内。采用井下分层回填处理技术确保复垦建设中必要的土质基础,解决建筑物下的煤柱回采、巷道维护、复杂顶板管理及自然煤层的开采问题,最终达到矸石不升井就地消化的目的[51]。矸石综合处理技术主要指为避免矸石的地面堆积,将矸石作为其他用途的原材料加以利用。通过技术水平的不断提高,矸石利用方式越来越多,例如:煤矸石发电,煤矸石制砖、矿区复垦充填材料以及公路筑填材料等。

(5) 煤炭地下气化技术

煤炭地下气化(underground coal gasification,简称 UCG)是指在煤层赋存地点直接获得可燃气体的过程,即在地下将固态矿物通过热化学过程变为气态燃料,然后由钻孔排到地面,供给用户。其原理在本质上是一种将以含碳元素为主的高分子煤,在地下燃烧转变为低分子的燃气,输送到地面的化学采煤方法[52]。

1868 年,德国科学家威廉·西门子(Willian Siemens)首次提出将煤直接在地下气化的建议;1888 年,俄罗斯学者德米特里·门德列耶夫提出有控制地直接地下煤点火、钻注入井和生产井的概念;1910 年,美国工程师贝蒂(Bettes)获得煤炭地下气化专利;1912 年,诺贝尔奖得主威廉·拉姆塞(Willian Ramsey)开始在英国达勒姆(Durham)进行实地煤炭地下气化工程。21 世纪以来,受环境保护及可持续发展理念的影响,煤炭地下气化在技术、成本以及环境影响等方面均取得长足的进步。在技术应用方面,主要采用石油与天然气技术、合成气净化技术等[53]。

与传统的采煤方法相比,煤炭地下气化技术具有以下优点:能够使矿工得到更好的安全保证;省去了地面矸石和尾矿的处理工作;降低粉尘、噪声对环境的污染;降低甲烷排放和开采难度较大的煤矿资源的工作量[54]。但在今后的发展过程中,煤炭地下气化技术仍面临着以下几点问题:提高燃气热值和生产适合于用户使用的气体;建立一套行之有效的测控系统,重点放在燃烧位置和燃烧速度的控制技术上;加强对燃烧后地下气化炉体结构变化及地面沉降状况的研究;如何防止煤炭地下气化过程中产生的有毒有害物质的扩散和污染。

## 2.3.4　绿色开采存在的问题及建议

(1) 绿色开采亟待解决的问题

近年来,在可持续发展、环境保护以及生态矿山建设等一系列发展理念的影响下,煤矿资源绿色开采取得了长足的进步:现已构建了煤炭资源绿色开采的理论与技术框架体系,初步建成了绿色开采的实验研究平台,并且煤炭资源开采的各项技术取得了一定的突破和进展。但总体来讲,绿色开采的发展仍不完善,其存在的主要问题有[40]:采动破裂岩体中水与瓦斯流动规律的研究;基于关键层理论的开采沉陷预测与"三下"定量设计方法;适合煤矿开采特点的充填材料及工艺;瓦斯浓缩分离技术工业性实验研究;矿区绿色开采技术的评价方法与法规。

发展绿色开采不仅关系到建设绿色矿区本身,更关系到区域经济发展乃至整个社会的协调发展。因此在今后的关于绿色开采的研究中,各科研单位及企业应以以上五个问题为主要研究对象,早日实现绿色开采各项体系的成熟发展。

(2)绿色开采发展建议

煤矿资源的绿色开采的早日实现,离不开政府、科研人员与煤炭企业的紧密合作。针对煤炭资源绿色开采所存在的各种问题,拟提出以下几方面的建议。

① 政府对策建议

在绿色矿业的发展过程中,政府扮演着"家长的角色",而绿色开采是形成绿色矿业及矿区绿色家园的重要组成部分,因此政府应该给予煤炭企业和科研人员更多的关心与支持,给予煤炭企业合理的扶持政策。如:以提高煤炭工业可持续发展为目标,建立更加合理的煤炭资源配置机制与保证体系,不断提高煤炭资源的保护和利用水平;对煤炭资源实行战略管理和保护性开发,依法维护煤炭使用者的合法权益,严厉打击非法建设煤矿及造成大量煤炭资源浪费的煤炭企业;加大对煤炭科技研究的资金投入,引进人才,加快科技进步,积极倡导绿色开采技术创新。

② 科研建议

煤炭绿色开采发展中,科研人员担负着"领路人"的角色,因此在科学研究工作中,科研人员应时刻把握国际前沿,并结合具体的煤矿开采问题,在宏观上加强绿色开采技术(保水开采技术、减沉开采技术、煤与瓦斯共采技术、矸石减排技术以及煤炭地下气化技术)研发力度,微观上加强对关键层理论的研究以及开采后岩层运动对岩体内形成空气的影响等具体的开采细节的研究。

③ 煤炭企业建议

煤炭企业作为绿色开采的"实践者和直接受益者",在生产实践活动中,首先,应树立正确的绿色价值观,秉持绿色开采的思想理念,加强绿色科研、管理资金的投入。将绿色经营融入企业发展的核心价值体系中,大力使用绿色开采技术,提高煤炭资源采出率的同时,降低污染物的排放及其对环境的破坏。其次,企业应加强与外界的交流与合作,善于学习先进企业的管理经验与管理模式、先进理念和先进技术,不断提升自身的综合实力。最后,企业应依靠先进的科学技术,增强其技术创新能力,加大技术改造力度,促进产业结构调整,实现煤炭工业向安全、高效、绿色的方向发展。

# 2.4 恢复生态学

随着人口的持续增长,人类对自然资源的需求也在不断增加。同时,人类社会活动带来的环境污染、植被破坏、土地退化、水资源短缺、气候变化、生物多样性丧失等问题,严重破坏了自然生态系统。人类面临着合理恢复、保护和开发资源的挑战。20 世纪 80 年代,恢复生态学(restoration ecology)应运而生。

## 2.4.1 恢复生态学的形成过程

(1)恢复生态学的萌芽

恢复生态学的研究起源于 100 多年前的山地、草原、森林和野生生物等自然资源管理研究,其中 20 世纪初的水土保持、森林砍伐后再植的理论和方法在恢复生态学中沿用至今[55,56]。在 20 世纪 30 年代就有相关学者对干旱胁迫下农业生态系统恢复进行实践,1935 年,Alpo Leopold 对美国威斯康星州草原的恢复重建进行了研究;同年,Clements 发表了《实验生态学为公共服务》的论文,阐述了生态学可用于包括土地恢复在内的广泛领域。20 世纪五六十年代,欧洲、北美和中国面对日益严重的环境破坏问题,开展了一些工程与生物措施相结合的矿山、水体和水土流失等环境恢复和治理工程。20 世纪 70 年代开始,欧美等发达国家开始对水体生态恢复进行研究。1973 年,Farnworth 提出了热带雨林恢复研究中的 9 个具体方向;同时,日本的宫肋照教授利用植被演替的理论在一些城市开展建设环境保护林的研究,人工促进森林的快速恢复。1975 年 3 月,美国弗吉尼亚工学院召开了"受损生态系统的恢复"国际会议,会议讨论了受损生态系统恢复重建的许多重要的生态学问题和生态恢复过程中的原理、概念与特征,提出了对加速生态系统恢复重建的初步设想、规划和展望。1980 年,Cairns 主编了《受损生态系统的恢复过程》一书,八位科学家从不同角度探讨了受损生态系统恢复过程中重要生态学理论和应用问题;同年,Bradshaw 和 Chadwick 出版了 *The Restoration of Land，the Ecology and Reclamation of Derelict and Degraded Land*[57]。1983 年,美国斯坦福大学举办了"干扰与生态系统"学术会议,探讨了干扰对生态系统各个层次的影响;1984 年 10 月,美国麦迪逊召开了"恢复生态学"学术研讨会,将恢复生态学定位为群落和生态系统水平上的恢复学科与技术,强调了恢复生态学中理论与实践的统一性,并提出恢复生态学在保护和开发中起到重要的桥梁作用。1985 年,美国成立了"恢复地球"组织,该组织先后开展了森林、草地、海岸地、矿地、流域、湿地等生态系统的恢复实践,并出版了一系列生态恢复实例专著。经过近一个世纪的生态恢复实践和多次国际学术会议的探讨,恢复生态学的内涵逐渐清晰、明确,为恢复生态学概念的正式提出奠定了基础。

（2）恢复生态学的提出

1985 年,美国学者 Aber 和 Jordan 首次提出了恢复生态学的术语,并于 1987 年出版了 *Restoration Ecology：A Synthetic Approach to Ecological Research*[58],书中将恢复生态学初步确定为生态学的一门新的应用性分支。1985 年还成立了国际恢复生态学会,并开始定期组织恢复生态学大会[59]。从此,生态系统恢复逐渐成为许多大型生态学国际会议的主题之一,例如 1989 年 9 月在意大利 Siena 举办的第五次欧洲生态学研讨会。

（3）恢复生态学的发展

20 世纪 90 年代至今是恢复生态学蓬勃发展的时期。1991 年,澳大利亚举办了"热带退化林地的恢复国际研讨会"。1993 年,在香港举办了"华南退化坡地恢复与利用国际研讨会",系统探讨了中国华南地区退化坡地的形成及恢复问题。1996 年,瑞士召开了"第一届世界恢复生态学大会",大会强调恢复生态学在生态学中的地位、恢复技术与生态学的联结、恢复过程中经济与社会内容的重要性,随后国际恢复生态学会每年召开一次国际研讨会。国际上恢复生态学期刊也大量涌现,主要有 *Restoration and Management Notes*、*Restoration Ecology*、*Restoration and Reclamation Review* 和 *Land Degradation and Development*、*Ecology Abstracts* 等国际文摘也开辟了专栏转载恢复生态学方面的成果;另外一些生态学期刊和环境期刊还出版了恢复生态学专辑。

### 2.4.2 生态恢复与恢复生态学的定义

简单地讲,恢复生态学是一门关于生态恢复的学科,生态恢复和恢复生态学的区别在于,前者是实践行动,而后者是包含了基本理论和研究计划的科学。

（1）生态恢复

恢复生态学属于多个学科交叉领域,定义其研究目的和方向是现实需求。恢复生态学是研究生态恢复的学科,因此,理解生态恢复的概念和内涵是前提[60]。不同尺度生态恢复含义如表 2-4 所示。

**表 2-4　不同尺度生态恢复含义**

**Table 2-4　Definition of ecological restoration on different scales**

| 侧重点 | 定义 | 优点 |
|---|---|---|
| 目标导向 | 一个生态系统向接近干扰前状态的回归 | 提出了寻找接近干扰前状态的参照系统问题<br>强调对生态比较的参数选择<br>确定促进演替中的问题 |
| 过程导向 | 修复人类对当地生态系统多样性和动态损害的过程 | 包括了生态损害的社会要素<br>强调社区行动在恢复中的作用<br>认识到恢复在干扰和社会状况中的限制 |

目标导向的恢复（goal-oriented restoration）着重于重建具有功能的生态系统的学科;而过程导向的恢复（process-oriented restoration）将生态原则与人类社会系统整合。

1992 年,美国国家科学研究委员会（National Research Council,简称 NRC）提出了一个目标导向型的定义,生态恢复是一个系统向接近未干扰的自然状态的回归。这个定义提出了恢复生态学的两个核心问题:① 应该用什么样的参照框架来建立未干扰前的状态? 因为没有详细的生态学记录,生态系统干扰前的状态不能明确;② 在恢复系统和参照系统之间应该做什么比较? 选择合适的生态系统特征进行比较非常重要,选择不同的特征进行比较可能导致结果差异很大。过程导向的定义不强调必须复制干扰前生态系统的状态,而强调采取必需的行为保证自然生态系统的回归。1995 年,Jackson 将恢复定义为修复人类的所害,形成原始生态系统的多样性和动态的过程（Jackson,1995）[61]。他的定义包含了以下几部分的内容:判断是否需要修复、确定生态恢复途径、设置生态恢复目标和确定评价的必要以及对恢复限制性的认识等。

美国恢复生态学会认为生态恢复是一种国际行动,它启动和加速生态系统的恢复,增进生态系统健康、整合性和可持续性。通常情况下,要求恢复的生态系统是那些因为间接和直接的人类社会活动的影响而受到干扰、损害,或者被彻底破坏的退化生态系统。有些情况下,自然影响力的作用也会给生态系统带来一定的负面影响,例如野生动物的过度活动、洪水、风暴和火山喷发等,以至于退化的生态系统无法自然地恢复到干扰前的状态或者其历史轨迹（historic trajectory）状态。因此,美国恢复生态学会提出了一个具有一般性,且包含多种恢复途径的生态恢复定义:生态恢复是协助退化的、受损的、被破坏的生态系统恢复的过程。它相对地接近于过程导向的生态恢复。

与生态恢复相关的概念有:① 重建（rehabilitation）,是指去除干扰并使生态系统恢复原有的利用方式;② 改良(reclamation),是指改良立地的条件以便使原有的生物存在,一般指原有景观彻底破坏后的恢复;③ 改进(enhancement),是指对原有的受损系统进行改进,以提高某方面的结构和功能;④ 修补(remedy),是指修复部分受损的结构;⑤ 更新(renewal),是指生态系统发育及更新;⑥ 再植(revegetation),是指恢复生态系统的部分结构和功能,或者恢复当地先前土地利用方式。

(2) 恢复生态学

恢复生态学是研究生态系统退化的原因、退化生态系统恢复与重建的技术与方法、生态学过程和机理的学科[62,63]。国际生态恢复学会对生态恢复学定义如下:恢复生态学是研究如何修复由于人类活动引起的原生生态系统生物多样性和动态损坏的学科。但这一定义尚未被大多数生物学家认同,1997 年,Dobson 等认为恢复生态学将继续提供关于表达生态系统组装和生态功能恢复的方式,正像通过分离组装汽车来获得对汽车工程更深的了解一样,恢复生态学强调的是生态系统结构的恢复,其实质就是生态系统功能的恢复[64,65]。2000年,Kloor 通过对北美森林的恢复研究,认为应该淘汰"恢复"这个词,他的理由是恢复生态学存在以下三个方面的问题:① 恢复的目标具有不确定性,如美国明尼苏达州历史上被冰雪覆盖,是否应该恢复成雪地呢?② "恢复"这个词有静态的含义,因此恢复不仅要试图重复过去的环境,而且要通过管理以维持过去的状态,但实际情况下自然界是动态的;③ 由于气候变化、关键物种缺乏或新物种入侵,完全的恢复是不可能的[66,67]。Davis 进一步指出,根据"恢复"过程中所做的工作,将"恢复"(restoring)换成"生态改进"(ecological enhancement 或 ecological enrichment)会更精确。作为一门学科,恢复生态学应该称作"生态构建"(ecological architecture),并将它作为"景观构建"(landscape architecture)的一个分支学科[68]。同年,Higgs 等代表国际恢复生态学会对上述三点理由作了逐条反驳:生态恢复强调了参考条件,而且生态学家也致力于寻找适当的时间和空间作为生态恢复的参考点;恢复是一个动态过程,且恢复包括结构、干扰体系、功能随时间变化;恢复促进了乡土物种、群落、生态系统流(能流、物流等)和可持续文化的繁荣,恢复生态学是应用生态学的一个分支[69]。

恢复生态学是现代生态学的年轻分支学科之一,它的出现有着强烈的应用生态学背景,因为其研究对象是那些在自然灾害和人类活动压力下受到破坏的生态系统。因此,恢复生态学在一定意义上是一门生态工程学(ecological engineering)或生物技术学(biotechnology)。

## 2.4.3 恢复生态学的研究内容

恢复生态学是一门关于生态恢复的学科,它具有理论性和实践性,因此恢复生态学的研究内容包括两个方面:基础理论和应用技术研究。

恢复生态学的基础理论研究包括:① 生态系统结构(包括生物空间组成结构、不同地理单元与要素的空间组成结构及营养结构等)、功能(包括生物功能,地理单元与要素的组成结构对生态系统的影响与作用,能流、物流与信息流的循环过程与平衡机制等)以及生态系统内在的生态学过程与相互作用机制;② 生态系统的稳定性、多样性、抗逆性、生产力、恢复力与可持续性研究;③ 先锋生物群落与顶级生态系统发生、发展机理与演替规律研究;④ 不同干扰条件下生态系统的受损过程及其响应机制研究;⑤ 生态系统退化的景观诊断及其评价指标体系研究;⑥ 生态系统退化过程的动态监测、模拟、预警及预测研究;⑦ 生态系统健康研究。

恢复生态学的应用技术研究包括：① 退化生态系统的恢复与重建的关键技术体系研究；② 生态系统结构与功能的优化配置与重构及其调控技术研究；③ 物种与生物多样性的恢复与维持研究；④ 生态工程设计与实施技术研究；⑤ 环境规划与景观生态规划技术研究；⑥ 典型退化生态系统恢复的优化模式试验示范与推广研究[63,70]。

### 2.4.4　恢复生态学的理论基础

恢复生态学的核心原理是整体性原理、协调与平衡原理、自生原理和循环再生原理等。自我设计和人为设计理论(self-design versus design theory)是唯一从恢复生态学中产生的理论。自我设计理论认为，只要有足够的时间，随着时间的进程，退化生态系统将根据环境条件合理地组织自己并最终改变其组分；而人为设计理论认为，通过工程方法和植物重建可直接恢复退化生态系统，但恢复的类型可能是多样的。这一理论把物种的生活史作为植被恢复的重要因子，并认为通过调整物种生活史的方法就可加快植被的恢复。这两种理论的不同点在于：自我设计理论把恢复放在生态系统理论层次考虑，未考虑到缺少种子库的情况，在自我设计理论指导下恢复的只是环境决定的群落；而人为设计理论把恢复放在个体或种群层次上考虑，在人为设计理论指导下恢复的结果是多样的。

恢复生态学中应用了多学科的相关理论，其中最主要的理论还是生态学理论，这些理论主要包括限制性因子原理(寻找生态系统恢复的关键因子)、热力学定律(确定生态系统能量流动特征)、种群密度制约及分布格局原理(确定物种的空间配置)、生态适应性理论(尽量采用乡土物种进行生态恢复)、生态位原理(合理安排生态系统中物种及其位置)、演替理论(缩短恢复时间，极端退化的生态系统恢复时，演替理论不适用，但是具有指导作用)、植物入侵理论、生物多样性原理(引进物种时强调生物多样性，生物多样性促进恢复生态系统的稳定性)、斑块-廊道-基质理论(从景观层次考虑生态环境破碎化和整体土地利用方式等)[71-73]。恢复生态学的理论基础可分为五个方面：土壤层次、种群生态学、群落生态学、生态系统生态学和景观生态学基础[70]。

① 土壤层次：土壤恢复的原则及过程、土壤营养恢复过程及协助措施、土壤恢复的工程措施及辅助手段、土壤污染(重金属污染，有机质污染等)的积累及清除过程和措施、土壤微生物、动物和菌根的生态恢复等。

② 种群生态学：起源种群的个体数量和基因变异对种群定居、发育、生长和进化潜力的影响；种群成功恢复中适应性和生活史特征的作用；景观元素的空间格局对多种群动态和种群过程的影响；在一个快速、持续时间范围内，基因漂移、基因流和选择对种群持续生存的影响；种间作用对种群、动态和群落发育的影响。

③ 群落生态学：恢复的终点是结构和功能的和谐恢复；恢复的群落中可容纳的特征与原群落不同的数量；生物多样性理论与恢复；生态环境异质性与生态系统功能恢复的过程；演替和干扰理论与恢复过程；胁迫性条件下植物成簇性易于恢复；如果群落的演替可预测，则通过人为干扰可加快恢复速率。

④ 生态系统生态学：主要是功能方面的物质循环和能量流动原理；输入的压力效果；食物网的构建；系统组分间的反馈；营养传输的效率；初级生产力和分解速率；非生态环境的形成；自然干扰体系必须恢复。

⑤ 景观生态学：空间异质性理论；从景观角度选择合适的位点及恢复目标；斑块恢复的空间框架理论；信息系统与模型的建立；恢复现象在小尺度上不能解释时可在大尺度上进

行,如短时间内看到病虫害爆发,而从长期来看则是促进了生物多样性。

### 2.4.5 退化生态系统恢复与恢复生态学

恢复生态学的研究对象是退化生态系统,实际上退化生态系统是生态系统演替的一个类型,其形成原因既可以是自然的,也可以是人为的。

(1) 退化生态系统的定义及其形成原因

退化生态系统是指生态系统在自然或者人为干扰下形成的偏离自然状态的系统。与自然系统相比,退化生态系统种类组成、群落或系统结构改变,生物多样性减少,生物生产力降低,土壤和微生物环境恶化,生物碱相互关系改变[74-76]。对于不同的生态系统类型,其退化表现也是不一样的。例如,湖泊由于富营养化会退化,外来物种入侵、在人为干扰下本地非优势物种取代历史上的优势物种等引起生态系统的退化等,通常这种情况下会改变生态系统的生物多样性。

退化生态系统形成的直接原因主要包括人类活动和自然灾害,有时也是两者叠加的作用。生态系统退化的过程和程度由干扰的强度、持续时间的长度和干扰规模决定。Daily 对造成生态系统退化的人类活动进行了比例划分:过度开发(包含直接破坏和环境污染等)占35%,毁坏森林占30%,农业生产活动占27%,过度收获薪材占7%,生物工业占1%。自然干扰中外来物种入侵(包括因人为引种后泛滥成灾的入侵)、火灾及水灾是最重要的因素。

(2) 退化生态系统恢复与重建的基本原则

退化生态系统的恢复和重建要求在遵循自然规律的基础上,通过人为的作用,根据技术上适当、经济上可行、社会能够接受的原则,使受害或退化生态系统重新获得健康并有益于人类生存和生活的生态系统重构或再生过程。退化生态系统恢复与重建的原则一般包括自然法则、社会经济技术原则和美学原则三个方面,具体如表 2-5 所示。自然法则是退化生态系统恢复和重建的基本原则,只有遵循自然规律的生态系统恢复重建才是真正意义上的恢复与重建;社会经济技术原则是生态系统恢复与重建的后盾和支柱,在一定尺度上制约生态系统恢复与重建的可能性、水平和深度;美学原则是指恢复重建后的生态系统应符合大众的审美,给人以美的享受。

表 2-5 退化生态系统恢复与重建的基本原则

Table 2-5 Basic principles of restoration and reconstruction of degraded ecosystem

| 自然法则 | | | 社会经济技术原则 | 美学原则 |
| --- | --- | --- | --- | --- |
| 地理学原则 | 生态学原则 | 系统学原则 | | |
| 区域性原则;差异性原则;地带性原则 | 主导生态因子原理;限制性与耐性定律;能量流动与物质循环原则;种群密度制约与物种相互作用原则;生态位与生物互补原则;边缘效应与干扰原理;生态演替原则;生物多样性原则;食物链与食物网原则;斑块-廊道-基质的景观格局原则;空间异质性原理;时空尺度与等级理论 | 整体原则;协同恢复重建原则;耗散结构域开放性原则;可控性原则 | 经济可行性与可承受性原则;技术可操作性原则;社会可接受性原则;无害化原则;最小风险原则;生物、生态与工程技术相结合的原则;效益原则;可持续发展原则 | 景观美学原则;健康原则;精神文化愉悦原则 |

（3）退化生态系统恢复与重建的程序

在退化生态系统实践中确定一些重要程序可以更好地指导和管理生态系统恢复,生态系统恢复的重要程序包括:确定待恢复生态系统的时空范围;评价样点并鉴定导致生态系统退化的原因及过程(尤其是关键因子);找出控制和减缓生态系统退化的方法;根据经济、社会、生态和文化条件,决定恢复和重建的生态系统的结构和功能目标;制定易于测量的成功标准;发展在大尺度情况下完成有关目标的实践技术并推广;恢复实践;与土地规划、管理策略部门交流有关理论和方法;监测恢复中的关键变量和过程,并根据出现的新情况做出适当的调整。

上述重要程序可归纳为如下的操作过程:明确被恢复对象、确定系统边界(生态系统层次与级别、时空尺度与规模、结构与功能)—退化生态系统的诊断(退化原因、退化类型、退化过程、退化阶段、退化强度)—退化生态系统的健康评估(历史上原生类型与现状评估)—结合恢复目标和原则进行决策(是恢复、重建或改建,可行性分析,生态经济风险评估,优化方案)—生态恢复与重建的实地试验、示范和推广—生态恢复与重建过程中的调整与改进—生态恢复与重建的后续监测、预测与评价。

## 2.5 区域生态学

1866 年,德国生物学家赫克尔提出了生态学这一名词,生态学的建立和发展促进了自然生态系统生物多样性的保护,并对指导人类合理开发利用自然资源、促进自然环境和人类经济社会协调可持续发展发挥了重要的作用。随着全球经济一体化、区域一体化发展,人类的经济社会活动对生态环境的影响越来越大,生态问题也越来越严重,传统的生态学理论已经不能满足当前经济社会发展的需求,人类应该用整体的、系统的角度去看待人类经济社会发展与自然生态环境之间的关系,因此,生态学科发展正呼唤一门新的学科——区域生态学(regional ecology)的诞生。

### 2.5.1 区域生态学的产生与发展

（1）区域生态学的萌芽

生态学的发展至少经历了两个明显的转变过程:传统生态学和现代生态学。传统生态学是研究生物与环境之间相互关系的学科,因此,早期的生态学在一定程度上偏重于动物学和植物学,研究的重点主要是动物或植物与其生境间的相互关系的研究。到 20 世纪六七十年代,动物生态学和植物生态学逐渐汇合,生态系统研究日益受到重视,并与系统理论交叉。此后,随着城市化与人类生存范围的不断扩大,人与其他生物的生存空间不断交叉重复,生态学研究的范畴也发生了改变。为此,一些学者提出生态学是研究生态系统结构和功能的学科,现代生态学随之诞生。

20 世纪 70 年代以后,在人口、资源和环境等世界性问题的影响下,生态学研究重心在逐渐转向生态系统的同时,与人类生态学的融合也在加强。随着区域一体化发展和人类对自然生态环境影响范围的扩大,生态学研究更加重视人与自然的协调发展,同时,区域生态逐渐成为现代生态学的研究重点,区域生态学科的建设也日显迫切。

（2）区域生态学的诞生

区域生态学作为生态学的一个分支学科,其产生和发展有着悠久的历史基础。区域生态学真正诞生于 2003 年,其诞生的标志是两个出版物的发表:① Blackburn 和 Gaston 撰写的英国生态学会第 43 次年会会议记录,记录包括了近代生态学的研究前沿;② Gaston 出版了题名为 *The Structure and Dynamics of Geographic Ranges* 一书[77]。

### 2.5.2　区域生态学的概念

"区域生态学"的概念援引了地理学中"区域"和生态学中"生态"的基本概念,并参照了生态学、地理学和经济学等相关理论与方法[78]。

(1) 区域相关概念

区域的概念最早起源于地理学,指地球表面的地域单元。① 地理区域:地理学家认为,区域是客观存在的实体。区域是具有具体位置的地区,是具有一定地理位置、各要素间有内在本质联系、外部形态特征相似且具备一定功能的可度量实体;区域也可理解为是自然和人文在一定地域上相结合的表现,即地域性或者地区性。② 经济区域:经济学家将区域理解为经济上相对完整的经济单元。美国区域经济学家认为,区域是基于描述、分析、管理、计划或制定政策等目的而作为一个应用性整体加以考察的一片地区;全俄中央执行委员会直属经济区划问题委员会将区域定义为国家一个特殊的经济上尽可能完整的地区;中国经济学家认为,区域是人的经济活动所造就的、围绕经济中心客观存在的、具有特定地域构成要素并且不可无限分割的经济社会综合体。③ 政治区域:政治学家认为,区域是国家实施行政管理的行政单元,即地球表面上任何按照行政标准划分的地区,它既可指一个国家或者国家之下的行政单元,也可指几个国家组成的地区范围;政治区域是由政治组织、一定数量的人口和地理区域三个要素组成的有机统一体。

(2) 生态区域的概念与定义

生态区域是指以生态介质为纽带形成的具有相对完整生态结构、生态过程和生态功能的地域综合体。流域是最为人们熟知的典型生态区域,是由水资源作为纽带将上、中、下游联系在一起,形成的一个完整的生态区域。生态学中的区域具有典型的生态完整性、生态差异性和空间可度量性。生态完整性体现在区域内部各功能单元之间的内在联系,并经过长期的相互联系、相互渗透、相互融合形成一个不可分割的统一整体;生态差异性主要表现在同一区域不同功能体之间在结构和功能上的差异;空间可度量性是指在特定的时间内,区域是相对稳定的、可以度量的。

(3) 区域生态学概念

随着区域一体化发展和人类对自然环境影响力的不断增强,生态学更加重视人与自然的关系,同时,随着区域性生态问题日益突出,区域生态逐渐成为现代生态学的研究重点,区域生态学科的建立也日显迫切。根据生态学的发展历程和人类社会对生态学的需求,可将区域生态学定义为:区域生态学是研究区域生态结构、过程、功能,以及区域间生态要素耦合和相互作用机理的生态学子学科。

### 2.5.3　区域生态学的内涵与基本特征

(1) 区域观念是区域生态学的核心理念

区域观念就是要整体地、综合地、动态地分析事物发展的规律,而不是孤立地、静止地看待问题。换言之,就是要探究影响事物的发展历程、因素及其作用规律等。区域生态学的核心思想是树立区域观念,树立大区域、大流域的观念,不仅要统筹考虑区域生态单元在结构、过程和功能上的匹配性,而且要综合考虑区域间的相互影响、相互联系和相互依存。

（2）生态介质是生态区域的联系纽带和核心要素

如上所述,生态区域是以生态介质为纽带形成的具有相对完整生态结构、生态过程和生态功能的地域综合体。因此,生态介质是区域生态的联系纽带和核心要素,生态介质可以将一个区域内不同单元之间联系起来,形成一个更大的完整单元。根据生态系统构成要素和当前人类活动影响,对区域生态最重要的生态介质有三种:水、风和资源。根据这三种生态介质,分别形成了流域、风域和资源圈三大类型的生态区域。

（3）区域生态学强调区域尺度生态整合性

传统生态学多以生物及其生境为研究对象,注重研究局部。区域生态学则更注重区域的生态整合性,将由某一种或某几种生态介质联系的整个生态区域作为一体化研究对象。区域生态学的研究重点主要包括:① 区域之间在空间上的整合性,包括区域生态结构、生态过程和生态功能在空间上的整合性;② 生态环境与经济、社会的整合性。区域生态学不仅仅研究区域的自然特征,而且关注资源环境对经济社会发展的支撑能力。因此,从空间上讲,生态区域可划分为上、中、下不同的生态单元或生态功能体;从研究对象上讲,生态区域可划分为自然生态子系统和经济社会子系统,其中自然生态子系统又可划分为环境子系统和资源子系统。

（4）区域生态学强调生态学和经济学的融合,注重生态与经济的协调发展

早期,生态学(ecology)与经济学(economics)有很高程度的一致性,英文的生态学和经济学有相同的前缀"eco-",这源于希腊文"oikos",为栖息地或者居所的意思;"logy"表示"研究"的意思,"nomics"表示"管理"的意思。可见两门学科具有密切的相关性,其目的都是为自然界中的生物(包括人类)谋求良好的生存空间。随着人类社会的不断发展,人与自然逐渐分离开来,经济学越来越偏向于人类的利益,更注重生产末端的经济利益,而忽视了生产的前端——自然的支撑能力;生态学则偏向于对物种和自然环境的研究。因此,在一定程度上,生态学和经济学的分离是造成生态保护与经济发展对立的重要原因。

随着人与其他生物在居住地的再次融合,生态学与经济学的融合也成为必然的结果。人与自然的区域一体化,要求既要考虑到人类自身的发展,又要考虑到自然的发展。人类的发展是以大自然提供的资源为基础的,因此,在一个区域中,保持人与自然的和谐发展,以及自然对人类发展的持续支撑是区域生态学研究的关键问题。因此,区域生态学将生态学和经济学的融合作为研究问题的重要手段,综合考虑生态与经济的和谐发展。

（5）区域综合体是区域生态学的主要研究对象

区域生态学的研究对象在空间上为区域,但该区域已经通过各类生态整合与生态经济融合形成区域综合体。所谓区域综合体,是指包括自然、社会、经济、文化、历史在内的多维组合体,该组合体不仅包括自然生态子系统,还包括经济社会子系统。区域生态学是研究区域综合体内外的资源环境与经济社会之间的相互依存、相互作用以及协同发展的过程和表现。

（6）区域可持续发展是区域生态学研究的主要目标

由于缺乏区域理念,很多地区在区域生态保护与开发中存在生态不公平现象,从而影响区域的可持续发展。区域生态学的建立,既要关注不同生态区域之间的协调发展,又要关注生态区域内各个生态功能体之间生态与经济的协调发展,其最终目标是为了实现区域生态和经济的协调发展,以及区域的可持续发展。

### 2.5.4　区域生态学的研究范畴与要点

区域生态学以区域生态结构、过程与功能研究为基础和核心,研究区域生态完整性和生态分异规律、区域生态演变规律及其驱动力、区域生态承载力和生态适宜性、区域生态联系和生产资产流转等,并研究区域生态协调和环境利益共享机制。

(1)区域生态结构、过程和功能

区域生态结构、过程和功能是区域生态完整性和区域生态演变规律的主要表现形式,是区域生态学研究的核心内容。

① 区域生态结构

区域生态结构主要是指特定生态区域内不同生态单元或生态功能体和生态要素的空间格局及相互联系。区域生态结构研究以生态学、地理学和经济学理论为基础,以空间可视技术方法和遥感技术为手段,研究生态区域内生态功能体的空间格局及其对整个生态区域的影响和作用,研究不同生态功能体内部结构的差异性、一致性以及生态要素的空间组合关系。

② 区域生态过程

区域生态过程是指构成生态区域内部各类生态要素、生态系统和功能体之间的物质、能量循环转移的路径和过程。由于组成生态区域的各种生态要素处在不断发展变化之中,生态区域内部生态要素、生态系统以及不同功能体之间的组合关系也处于动态变化之中。区域生态过程研究以能量流动和物质循环理论为基础,研究生态区域的生态空间结构及其变化、生态介质的转移路径以及生态过程变化对区域生态结构和功能的作用与影响等。

③ 区域生态功能

区域生态功能是指生态区域基于其生态结构在生态过程中提供产品和服务的能力,当区域生态功能被赋予人类价值内涵时便成为区域生态经济产品和生态服务。区域生态功能侧重于反映区域的自然属性,因此,在没有人类需求的情况下,生态功能同样存在;生态服务和生态经济产品则是基于人类的需求和偏好,反映了人类对生态功能的利用,没有人类的需求和偏好,就没有所谓的生态服务和生态经济产品。区域生态功能是维持区域生态服务的基础,区域生态功能研究的重点主要有生态服务的供给能力、生态环境的调节能力以及对区域经济、社会发展的支撑能力。

(2)区域生态完整性与生态分异规律

区域生态完整性是指区域内维持各生态因子相互链接并能实现良性循环的状态。由于人类社会活动的不断增强,历史上形成的生态区域和生态功能体的生态完整性正遭受破坏。因此,区域生态完整性作为区域生态健康的基础,是区域生态学的研究重点。

① 区域生态完整性

区域生态完整性主要是指结构、过程和功能三方面的完整性,其中结构完整性是指在区域内部生态单元类型的齐全和相互之间的有机配置;过程完整性在空间上是指区域内部不同生态功能组分间生态要素的有序流动和转移,在时间上是指区域生态功能组分在常态下可进行正常的演化、再生和进化,当遇到环境干扰时能通过自我修复维持其健康,或者跃变到另一个人类所期待的、能完全发挥生态功能的稳定状态;功能完整性是指在区域生态单元所需要的生态服务或资源能够获得并得到持续供给。区域生态完整性既能表征区域的可持续能力,又能反映其对人类经济社会的支撑能力,是区域生态学研究的重要内容。

② 区域生态分异规律

区域生态分异规律主要是指构成区域的生态要素、生态系统及生态功能体在地表沿一定方向分异或分布的规律性现象。生态区域内,受自然条件差异的影响,不同的生态单元具有明显的生态分异规律。区域生态分异既包括由于地形、地貌、水文或气象等生态因素的不同所引起的自然分异,又包括人为活动所引起的后天分异。区域生态分异是决定生态区域内不同生态功能体和生态要素空间格局的基础,是生态区划的基础,也是决定人类合理开发自然资源的科学依据。因此,研究区域生态分异规律具有十分重要的意义。

区域内有生态分异,形成了区域生态的完整性。因此,区域生态分异规律和生态完整性具有一致性。在区域生态研究中,必须综合考虑区域内部的生态分异和生态完整性。同样,在实践中,由于地域上的差异性和生态环境形成的复杂性,同一生态区域内不同生态单元存在不同的自然环境和生态特征,这就要求在资源开发和经济发展中,必须充分考虑区域生态完整性和区域生态分异规律,依据自然客观条件办事。

(3) 区域生态演变规律及其驱动力

① 区域生态演变

区域生态单元是一个动态系统,其结构、过程和功能是在长期的历史发展中形成的,并伴随着时间的进程而不断变化着,这种现象被称为区域生态演变。区域生态演变既可以是渐进式的,也可以是突变式的。渐进式的区域生态演变是在确定的方向上发展演化,其变化是动态的、长期的,量变累积到一定程度而发生的质变,其可见组分发生明显变化时才被人类发现;突变式的区域生态演变是区域环境突然改变或受到强烈干扰,造成区域生态结构、过程和功能突然改变。

② 区域生态演变驱动力

区域生态演变的驱动力包括两个方面:自然驱动因素和人为驱动因素。自然驱动因素主要包括温度、降水、地形地貌、水文、土壤等自然因子的变化;人为驱动因素主要包括农牧业生产和工业生产活动的变更、人类居住地的变迁以及文化习惯的改变等。其中,农牧业生产和工业生产活动是影响区域生态演变的主要人为因素,文化、宗教活动主要通过影响或约束人们的生活习俗和生产方式作用于区域生态环境。

(4) 区域生态承载力和生态适宜性

区域生态承载力包含两层含义:① 生态区域内各种生态系统的自我维持和自我调节能力,以及所含资源和环境子系统的供容能力,为区域生态承载力的支持部分;② 区域内经济社会子系统的发展能力,为区域生态承载力的压力部分[80]。生态系统的自我维持和自我调节能力是指生态系统的弹性大小,资源与环境子系统的供容能力是指资源与环境承载能力的大小;经济社会子系统中,发展能力是指生态区域内经济社会的可发展规模,以及可支撑的有一定生活水平的人口数量。由于生态区域之间存在生态流转,区域生态学还应该考虑不同生态区域之间生态承载力的转移,以及由此造成的区域生态、经济和社会问题。

区域生态适宜性是指区域内土地利用方式及其开发活动对生态环境的适宜状态和适宜程度。经济社会的需求不断增强,人类对自然资源的需求也在不断扩大;同时,不合理的自然资源利用方式,导致区域生态内生物多样性破坏、植被破坏和水土流失等生态问题,自然生态系统抗干扰能力下降,因此,为使经济开发和资源利用在区域生态适宜性范围内,需对其进行生态适宜性评价。生态适宜性评价首先是要分析生态系统的供体能力,即分析与区域发展相关的生态系统的敏感性和稳定性,了解自然资源的生态支撑潜力和对区域发展可能产生的制约因素;其次,要明确需体的需求,即经济社会发展对自然资源和环境的需求。当生态系统的供体与经济社会发展的需体达到平衡时,生态适宜度达到最高。因此,根据区域发展目标,运用生态学、经济学、地理学等相关学科的理论和方法,划分适宜性等级,可为制定区域生态发展战略、引导区域空间的合理发展提供依据。

(5) 区域生态联系和生态资产流转

区域生态联系又称区内生态联系,是指区域生态单元内不同生态功能体之间通过一种或几种生态介质或人为因素产生的一种联系;区际生态联系是指不同生态区域之间存在的相互作用和相互影响。单个或多个生态要素对生态区域内不同生态功能体的生态联系作用及其影响是区域生态学研究的主要内容。人类活动对区域生态组分的改变会直接影响区域生态各功能体之间的关系;流域景观格局改变后,上下游的生态联系即发生改变。区域生态既可以通过自然要素的改变和相互渗透产生联系,也可以通过人为干扰产生联系。区际生态联系的建立往往是因为某些特殊的目的,如通过引水工程将地表水资源充足和匮乏的地区联系起来。不同生态区域因为自然地理特征、资源特征、经济条件及发展水平不一,区域生态间往往存在差异性,这是区际生态交流的基础。在区域生态保护和经济开发过程中,区际生态联系对实现生态区域间优势互补、相互促进、共同发展起到了重要的作用。

生态联系必然会导致生态资产的转移,生态资产的流转是区域生态联系和区际生态联系的重要表现形式。生态资产是指能为人类提供服务和福利的生态资源;生态资产流转实质上是指生态经济产品和生态服务在生态区域内和生态区域间的空间流动[79]。由于自然条件差异和经济发展水平不一,经济和社会发展的需要促使生态资产在空间上发生流转。研究生态资产流动,探讨和揭示其科学实质和原理,是实现不同区域间生态与经济协调发展的重要基础。

(6) 区域生态协调和环境利益共享机制

建立区域生态协调机制,保障区域环境利益共享是区域可持续发展的根本。建立区域环境利益共享机制,就是以保护生态环境、促进人与自然和谐、保障区域生态公平为目的,综合运用计划、立法、行政、市场等手段,根据生态系统服务价值、生态保护成本、发展机会成本,解决生态区域内不同功能体之间或不同生态单元之间的利益关系,调整生态环境保护和经济发展之间的利益平衡。按照生态共建、资源共享、公平发展的原则,区域生态学需要研究的是如何整合区域内各类生态资源、产品和服务,确定生态区域上下游的权利和责任;如何打破地区行政分割界限,建立区域环境利益共享机制,明确不同生态单元的责任与利益,对不同的生态区域实施不同的生态保护和经济发展政策。

区域生态补偿是建立区域协调机制的重要手段[81]。为了解决区域生态建设与环境保护效益的外部性问题,以及生态保护和经济发展之间的平衡问题,区域生态学需研究如何建立生态补偿核算体系,研究如何在不同的生态单元之间形成长效的共建、共享生态协调机制,合理控制区域间发展差距,实现区域环境利益共享。

## 2.6　弹性理论

当今世界正面临着日益严重的自然资源短缺问题。20世纪50年代起,人为引发的土壤退化问题越来越严重,据估计,在过去的50年间,土壤退化使全球农业生产下降了15%,这样的基础资源流失还在不断加剧。步入21世纪,随着经济社会的高速发展,自然生态系统承受着前所未有的压力。显然,人类对生物圈的利用是不可持续的,现行的不少生态保护与管理方式也是不可持续的,甚至是背道而驰的。人类发展必须遵循可持续的原则,同时可持续发展需要创新思维的注入。因此,弹性理论(resilience theory)作为生态系统法则应运而生。

### 2.6.1　弹性理论的产生与发展

(1) 弹性理论的萌芽

弹性观点起源于20世纪60年代和70年代早期的生态学,主要致力于群体如捕猎者和猎物的相互作用和它们对生态稳定性理论响应的研究,并于20世纪90年代初得到复苏。

(2) 弹性理论的提出

1973年,Holling发表了题为 *Resilience and stability of ecological systems* 的开创性一文,为生态弹性以及各种其他形式弹性概念的研究提供了基础。论文描述了在自然系统中存在的多稳域(multiple stability domains)或多吸引域(multiple basins of attraction),以及它们如何与生态过程、随机事件(如扰动)和时空范围之间的异质性联系。Holling将弹性定义为在维持系统结构、功能和反馈等不变前提下,通过调整系统状态变量和驱动变量等参数,系统能吸收的扰动量。该定义也称为Holling弹性[82],同时,也被学术界普遍称为生态(系统)弹性(ecological or ecosystem resilience)。

(3) 弹性理论的发展

1984年,Pimm将弹性定义为系统遭受扰动后复原到原平衡状态的速度,而且可用复原时间(return time)来评估。由此可见,系统从干扰中复原的速度越快,其弹性越大。1991年,北尔国际生态经济研究所成立,发起了生态学和经济学方面的项目研究,如生物多样性、产权制度、生态系统与制度之间跨层次交互作用和适合程度等,在这些项目研究过程中弹性具有非常重要的地位。以此为基础,生态学家Holling所在的北尔国际生态经济研究所和佛罗里达大学开展了题为"弹性网络"的研究项目,该联盟创建了 *Ecology and Society* 期刊。弹性联盟的目的在于创建弹性的研究框架来促进人类了解社会-生态系统中的变化,更好地帮助人类认识可持续发展。

### 2.6.2　弹性理论的概念与内涵

弹性(resilience)源自拉丁文"resiliere",其含义是"跳回"。由此可知,弹性概念关注事物遭受干扰后能否恢复到原状态,判断事物是否具有弹性主要在于比较干扰前和干扰后事物所处的状态[83]。

同时,弹性是个物理学概念,指系统对干扰吸纳的缓冲容量或能力,是系统结构在控制行为的变量和过程发生变化之前所吸纳干扰的数量[84],是关于系统对发生变化条件的耐性(坚固)和缓冲能力的度量。目前,弹性的概念已经被广泛应用到经济学和生态学等研究领域。在经济学中,弹性指当经济变量之间存在依存关系时,一变量对另一变量变动的反应程度。它在预测市场结果、分析市场受到干扰时所发生的变化等方面起着重要的作用。在生态学中,弹性是指一个系统遭受意外干扰并经历变化后依旧基本保持其原有功能、结构及反馈的能力。换言之,弹性是指在经历某种变化后,并没有跨越阈值进入另一种不同的态势(即一个具有不同特征的系统)。即使经受各种突发事件,一个具有弹性的社会-生态系统的理想状态(比如:一个农业或工业高产区)仍具有较大功能,为我们提供维持我们生活质量的商品和服务。

**2.6.3　弹性的两大主题:阈值和适应性循环**

（1）弹性的主题一:阈值

阈值是指控制着各变量的水平,在这些水平上,关键性变量对系统其他部分产生的反馈会引起变化。弹性思维框架的提出是基于社会-生态系统观察和理解的两种方式:一是关注适应性周期;二是关注一个系统跨越阈值并进入另一种不同态势的可能性。后者可以用球-盆体模型来进行描述[85]。

① 系统的球-盆体模型

系统的球-盆体模型是用来描述某个系统的重要变量(即系统的状态变量)。如果一个系统由大量的鱼及渔民组成,该系统则是一个二维系统;如果一个系统由大量的草、树、牲畜以及在农场工作的工人组成,则该系统是一个四维系统。

假设系统由许多二维、四维或 $n$ 维空间的盆体组成,球代表由系统现有的所有变量(共 $n$ 个)联合而成的特别联合体,球的位置代表系统目前所处的状态。可见,系统的状态空间可以通过所关注的变量来定义,它是包含了系统可能出现的所有状态的排列组合。

在同一盆体中(系统本质上具有相同的结构、功能以及反馈机制),球趋向于盆体底部运动,从系统的角度来看,系统趋向于某种平衡状态。实际上,由于外部条件不断变化,这种平衡状态也是持续变化着的。球向底部运动的趋势将一直不变(就像球不会一直在盆体底部一样)。随着外界条件不断变化,盆体的形状及其球在盆体中的位置也在不断发生变化。因此,系统一直朝着一个移动的目标前进,在前进的过程中,又往往被迫驶离原来的运动轨迹。从弹性的角度讲,问题的关键在于:系统不离开盆体的情况下,盆体能够发生多大变化,系统的运动轨迹又能发生多大变化。

若球的运动超过盆体边缘这一界限,推动系统运行的系统反馈就会发生变化,这时系统会出现不同的平衡状态,即系统进入另一个盆体。进入新盆体的系统具有不同的结构和功能,可以说,系统已经跨越了某一阈值而进入了一个新的引力域(新的态势)。与阈值有关的系统状态(球的位置)十分重要,但不是唯一要素。如果外界条件引起盆体变小,盆体的弹性则会下降,系统则更容易跨越阈值进入另一个盆体。这种情况下,即使日渐变小的干扰因素也能轻易使系统跨越其阈值。湖泊富营养化就是系统跨越其阈值的典型例子。

② 用阈值定义弹性

弹性并不是指系统在受到干扰后恢复到以前状态的速度,而是指系统接受干扰以及保持原有属性的能力。以系统的球-盆体模型为例,其讨论的不是盆体底部平衡点附近发生了什么,而是盆体边缘发生了什么。换言之,就是当系统保持在同一盆体内时,能够承受多大的干扰和变化,这就是所谓的生态弹性。

工程弹性并不需要考虑阈值,而生态弹性主要就是对阈值的定义和理解。恢复和保持恢复的能力之间有着重要的区别,生态系统在受到干扰以后的恢复速度很重要,但是,弹性思维更多的是考虑系统恢复到正常水平的能力。

③ 快变量和慢变量

控制自然生态系统的变量往往变化缓慢(泥沙浓度、人口年龄结构等),而控制经济社会系统的变量则变化或快(如潮流)或慢(如文化)。慢变量决定快变量的动态,快变量关系到管理者的直接利益。快速生物物理变量是人类使用的系统的列举,而快速社会变量涉及当前的管理决策或政策。

(2) 弹性的主题二:适应性循环

① 适应性循环

适应性循环一词最早由奥地利经济学家 Joseph Schumpeter 提出,通过对全世界生态系统进行研究,大部分自然系统都要经历一个重复的循环过程,该过程包括:快速生长、稳定守恒、释放和重组。这个循环过程就是适应性循环,它强调生态系统如何进行自我组织以及如何应对环境的变化。适应性循环这一理念很好地描述了自然生态系统的变化,同时也涉及社会系统和社会-生态系统的动态变化。

② 适应性循环的四个阶段

大部分的自然系统、社会系统以及社会-生态系统都要经历一个重复循环的过程,这个循环过程就是适应性循环,它包含了四个阶段:快速生长、稳定守恒、释放和重组,如图 2-7所示。

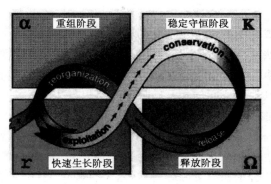

图 2-7　适应性循环

Fig. 2-7　Adaptive cycle

快速生长阶段(r 阶段):循环开始时,系统处于快速生长的状态,系统内各物种或人类充分利用各种新的机会和现有资源(这种状态就如同社会系统中一个新的商业风险投资)。r 代表生长模型中的最大生长速率。这些物种或者参与者尽可能利用现有资源来占据每一个可能的生态位或社会生态位。此时,系统内部各组分之间的联系和内部协调都很微弱。

稳定守恒阶段(K 阶段):稳定守恒阶段是一个渐进的过程,在这个阶段,物质和能量逐渐积累储存,各物种及人类之间的联系日益增强。此时,竞争的优势从善于利用机会的参与者(能较好适应外部变化和不确定因素的物种、人或团体)转向一些擅长通过强化内在联系而减少外部变化影响的特有物种,这些物种称为"K-策略者"(K 是代表"承载能力"的一个参数或生长模型中的最大种群大小)。由于系统内部各组分间的联系更加紧密,其调节能力也相应增强。随着系统内部各组分之间的联系增强,系统的发展速率降低,系统变得越来具有刚性,系统自身的灵活性降低,此时系统弹性下降。换言之,此时的系统虽然能高效地运转并发挥其功能,但其运转方式过于单一。随着对现行结构和系统过程的依赖程度增加,系统越来越容易受到干扰。此阶段,系统日渐稳定,但是系统的条件或环境状况却在下降。

释放阶段(Ω 阶段):稳定守恒阶段可能一瞬间就会转化为释放阶段,稳定守恒阶段持续的时间越长,结束这个阶段所需的干扰越小。当超出系统弹性的干扰出现时,不断强化的各组分间的互相作用就会被打破,系统也因此遭到破坏。联系紧密的资源被释放,调节控制系统的能力逐渐减弱,系统结构的损失继续扩大,最终导致自然、社会和经济资本溢出系统。生态系统中,火灾、干旱、虫害和疾病等干扰会引发生物量和养分的释放,经济社会中,一场新技术革命或一次市场冲击可以破坏一个原本根深蒂固的行业。该阶段,系统的动态变化是杂乱无章的,但是这种干扰对系统的破坏又具有某种创造能力,这就是 Schumpeter 提出的"创造性毁灭",原本联系紧密的资本被释放,成为重组和再生的来源。

重组阶段(α 阶段):混乱的释放阶段充满着不确定性,系统的发展也存在着多种可能。紧接着,一个重组和新生阶段迅速出现,新鲜事物苗壮成长。在生态系统中,先锋物种在这一阶段可能出现在其他地方,或者是出现在先前被抑制生长的某些植被群落中;埋藏的种子开始发芽;新的物种(包括非本地的植物和动物)可能入侵系统。在经济社会系统中,新的团体可能在这一阶段产生并掌握控制权,曾在 Ω 阶段遭到破坏的一些企业开始进入一个新的复兴阶段,即把一个新的想法变成现实的阶段。在这个新生阶段早期,系统的未来是无法预见的,系统内部组分皆伺机而动。这个阶段可能只是对上一个周期的简单重复,也可能会启动一个新的积累模式,或是崩溃成一个退化的状态。

通常,系统会按照快速生长阶段、稳定守恒阶段、释放阶段和重组阶段依次进行适应性循环,但有时系统发展也不一定严格遵循这一循环。系统虽然不能直接从释放阶段恢复到稳定守恒阶段,但几乎其他阶段间的相互转换都是可以发生的。

③ 正向循环和逆向循环

适应性循环有两个相对的模式:发展循环(正向循环)和释放重组循环(逆向循环)。适应性循环过程中,快速生长和稳定守恒阶段为正向循环,其动态发展较容易预测,因此具有稳定性高、存储能力强和善于积累资源等特点,这是保障系统稳定发展的必要条件;释放和重组阶段是逆向循环,具有不确定性、新颖性和实验性等特点,是最有可能对系统进行毁灭性的或创造性改变的阶段,人类社会经济活动会在这一时期对系统产生最大的影响。

### 2.6.4 弹性理论的原则

一个具有弹性的社会-生态系统必须遵循下列原则。

(1)多样性

多样性是未来选择的主要来源,也是一个系统以多种方式应对变化和干扰的能力。弹性的社会-生态系统提倡和鼓励多样化,从而弥补目前均一化的世界发展趋势。而且,这样的系统也支持土地及其他资源利用形式的多样化。

(2)生态可变性

目前,人类面临的许多极其严重的环境问题,都是过去试图抑制生态可变性所酿成的恶果。只有通过不断探索系统的界限,系统的弹性才能得以维持。如果一片森林缘于人为保护而从未发生过重大火灾,必然会失去耐火物种,从而变得对火灾更加没有抵抗能力。

(3)模块结构

在具有弹性的系统中,一个事物不必与其他所有事物都相互连接。连接过密的系统更容易受到干扰因素的影响,而且,这些影响会迅速在整个系统中蔓延。具有弹性的系统恰恰相反,它会保存或生成一定规模的模块。

(4)认识慢变量

集中研究那些构成社会-生态系统的关键性慢变量及其相应的阈值,能够更好地管理该系统的弹性。这样做将有助于扩大令人满意的系统态势的空间(或规模),使系统能承受更多的干扰,也避免了系统进入不理想的态势。

(5)紧密反馈

弹性的社会-生态系统力求维持或加紧反馈强度。这些反馈能让我们在越过阈值之前就有所察觉。全球化正在使一度紧密的反馈机制变得松弛。例如,发达国家的人们消费了发展中国家的产品,但对于这一过程所造成的后果,他们接收到的反馈信号却相当微弱。而且,反馈机制在不同尺度上都开始松弛。

(6)社会资本

与社会-生态系统的弹性密切相关的是系统内人们团结一致、有效地做出响应及改变一切干扰的能力。信任、强大的社会交流网络及领导力是保证这一切能够发生的全部重要因素。单个来看,这些特征各自构成了所谓的社会资本,但是,要实现系统的适应性,这些特征必须共同作用。

(7)创新性

遵循创新性原则旨在保持系统弹性的管理方式,鼓励创新与变革。系统现在多是通过提供补贴的方式来试图保持现状,而不是进行改变。尽管,干旱补贴和洪灾慰问金等政策体现了一定程度的人道主义精神,但是,如果人们始终通过这种方式来处理此类事件,那就是在不断破坏系统自身的适应能力。弹性思维是接纳变化和干扰,而不是拒绝或约束变化和干扰。当一个理想循环中原有的紧密联系和运行方式被打断时,新的机会就会来临,更多的新资源就能得到开发。对于这种变化,具有弹性的系统会在面对挑战的同时抓住机遇。然而,现行的处理方式往往拒绝这种机会,例如,对于一个拥有弹性思维的人而言,他应该时刻提醒自己集中精力关注系统进程(公司决策、公众意向、制度的遵守和侵权法规等)。

(8)权力叠加

对于变化中的世界,弹性的社会-生态系统有着多种重叠的响应方式。冗余的结构增加了系统反应的多样性和灵活性,也加强了对跨尺度影响的意识和响应。一个自上而下没有角色冗余的管理结构可能(在短期内)具备高效率,然而,一旦其赖以发展的环境发生突变,这些结构就会崩溃。在面对同样的改变时,那些看似更混乱的结构却能发展得更好。享受和拥有权力是许多资源利用策略的核心,而权力叠加和一个公众与个人财产权力的混合体系可以提高相互联系的社会-生态系统的弹性。

(9)生态系统服务功能

具有弹性的社会-生态系统应在发展计划和评估中包含所有难以估价的生态系统服务功能。社会从生态系统中获得的许多益处要么被忽视,要么被认为是免费的。通常,这些生态服务功能在结构转变时发生改变,而只有当它们消失时才会被察觉。

> **本章要点**
> · 生命周期理论与生命周期评价
> · 循环经济理论的形成过程
> · 煤炭绿色开采的提出与技术体系
> · 退化生态系统恢复与恢复生态学
> · 区域生态学的研究范畴与特征
> · 弹性的两大主题：阈值和适应性循环

# 参考文献

[1] HUEBNER S S. 人寿保险经济学[M]. 孟朝霞,等译. 北京:中国金融出版社,1997.

[2] 张展. 中国城镇中产阶层家庭理财研究[D]. 成都:西南财经大学,2012.

[3] 赵玛丽. 基于生命周期理论视角的以房养老问题研究[D]. 杭州:浙江大学,2013.

[4] VERNON R. International investment and international trade in the product cycle[J]. The Quarterly Journal of Economics,1966,80(2):160-207.

[5] 张军. 产品生命周期理论及其适用性分析[J]. 华北电力大学学报(社会科学版),2008(1):31-36.

[6] GREINER L E. Evolution and revolution as organizations grow[J]. Harvard Business Review,1972,50(3):37-46.

[7] KIM S CAMERON,ROBERT E QUINN. 组织文化诊断与变革[M]. 谢晓龙,译. 北京:中国人民大学出版,2006.

[8] ICHAK ADIZES. 企业生命周期[M]. 赵睿,译. 北京:华夏出版社,2004.

[9] RICHARD L DAFT. 组织理论与设计精要[M]. 李维安,译. 北京:机械工业出版社,2008.

[10] GORT M,KLEPPERS. Time paths in the diffusion of product innovations[J]. The Economic Journal,1982,92(367):630-653.

[11] KLEPPER S,GRADDY E A. The evolution of new industries and the determinants of market structure[J]. The RAND Journal of Economics,1990,21(1):27-44.

[12] 刘婷,平瑛. 产业生命周期理论研究进展[J]. 湖南农业科学,2009(8):93-96.

[13] 龚菲. 产品生命周期识别模型研究[D]. 南京:南京航空航天大学,2003.

[14] 全怀周. 企业生命周期的系统管理理论研究[D]. 天津:天津大学,2004.

[15] 郑声安. 基于产业生命周期的企业战略研究[D]. 南京:河海大学,2006.

[16] 董高田. 两种生命周期理论视角下公司并购战略的选择[D]. 成都:西南财经大学,2012.

[17] 武慧君. 基于生命周期评价的建筑物环境影响分析[D]. 大连:大连理工大学,2006.

[18] 樊庆锌,敖红光,孟超. 生命周期评价[J]. 环境科学与管理,2007,32(6):177-180.

[19] 陈莎,刘尊文. 生命周期评价与Ⅲ型环境标志认证[M]. 北京:中国质检出版社,2014.

[20] 鹿彦. 循环经济发展:模式及实现路径研究[D]. 济南:山东师范大学,2011.

[21] RACHEL CARSON. 寂静的春天[M]. 吕瑞兰,李长生,译. 上海:上海译文出版社,2008.

[22] BOULDING K E. The economics of the coming spaceship earth[EB/OL],1966. http://www. forschungsnetzwerk. at/downloadpub/Boulding_SpaceshipEarth. pdf.

[23] 卢安娜. 基于循环经济理论区域生态农业模式研究[D]. 天津:天津科技大学,2006.

[24] 崔兆杰,张凯. 循环经济理论与方法[M]. 北京:科学出版社,2008.

[25] MEADOWS D H,MEADOWS D L,RANDERS J J,et al. The limits of growth. A report for the club of rome's project on the predicament of mankind[M]. New York:Universe Books,1972.

[26] 李昕. 区域循环经济理论基础和发展实践研究[D]. 长春:吉林大学,2007.

[27] BRUNDTLAND G H. World commission on environment development [J]. Environmental Policy and Law,1985,14(1):26-30.

[28] FROSCH R A,GALLOPOULOS N E. Strategies for manufacturing[J]. Scientific American,1989,261(3):144-152.

[29] 诸大建. 从可持续发展到循环型经济[J]. 世界环境,2000(3):6-12.

[30] GRAEDEL T E,ALLENBY B R. Industrial ecology[M]. New York:Prentice Hall Press,1995.

[31] PEARCE D W,TURNER R K. Economics of natural resources and the environment [M]. Baltimore:Johns Hopkins University Press,1990.

[32] PERMAN R,MA Y,MCGILVRAY J. Natural resource and environmental economics [M]. New York:Pearson Education Inc. ,2003.

[33] 黄海峰,刘京辉. 德国循环经济研究[M]. 北京:科学出版社,2007.

[34] 刘长灏. 对循环经济概念及内涵的再思考[J]. 环境保护科学,2009,35(1):130-133.

[35] 季昆森. 循环经济原理与应用[M]. 合肥:安徽科学技术出版社,2004.

[36] 初丽霞. 循环经济发展模式及其政策措施研究[D]. 济南:山东师范大学,2003.

[37] 钱鸣高,缪协兴,许家林. 资源与环境协调(绿色)开采[J]. 煤炭学报,2007,32(1):1-7.

[38] 张学美. 我国煤矿的绿色开采技术略论[J]. 科技风,2013(7):276.

[39] 张校辉. 绿色开采的理念与技术框架[J]. 科技展望,2016,26(1):136.

[40] 钱鸣高,许家林,缪协兴. 煤矿绿色开采技术[J]. 中国矿业大学学报,2003,32(4):5-10.

[41] 钱鸣高. 绿色开采的概念与技术体系[J]. 煤炭科技,2003(4):1-3.

[42] 胡炳南. 我国煤矿充填开采技术及其发展趋势[J]. 煤炭科学技术,2012,40(11):1-5.

[43] 杨宝贵,杨捷. 煤矿充填技术发展趋势与选用方法[J]. 矿业研究与开发,2015,35(5):11-15.

[44] 江成玉,李春辉,苏恒瑜. 瓦斯绿色开采技术的实现及其资源化[J]. 洁净煤技术,2010,16(4):1-3.

[45] 倪玉安,郭继圣. 绿色开采框架体系的煤与瓦斯共采技术[J]. 煤炭工程,2014,46(10):50-53.

[46] 谢和平,周宏伟,薛东杰,等. 我国煤与瓦斯共采:理论、技术与工程[J]. 煤炭学报,

2014,39(8):1391-1397.

[47] 袁亮,薛俊华. 低透气性煤层群无煤柱煤与瓦斯共采关键技术[J]. 煤炭科学技术,2013,41(1):5-11.

[48] 闫振东. 大断面煤巷支护技术试验研究及新型锚杆机研发应用[D]. 北京:中国矿业大学(北京),2010.

[49] 邹义怀,江成玉,李春辉. 煤矿绿色开采技术的研究[J]. 洁净煤技术,2011,17(5):106-108.

[50] 钱鸣高. 绿色开采的概念与技术体系[J]. 煤炭科技,2003(4):1-3.

[51] 殷海荣,陈平. 榆林煤矸石的综合开发利用[J]. 陕西科技大学学报(自然科学版),2013,31(2):44-48.

[52] 张宏伟,郭忠平. 矿区绿色开采技术[M]. 徐州:中国矿业大学出版社,2008.

[53] 朱铭,徐道一,孙文鹏,等. 国外煤炭地下气化技术发展历史与现状[J]. 煤炭科学技术,2013,41(5):4-9.

[54] 段天宏. 煤炭地下气化的热解模型实验及气化指标研究[D]. 徐州:中国矿业大学,2014.

[55] GOMEZ-POMPAA, WHITMORETC, HADLEYM. Rainforest regeneration and management[M]. Paris:UNESCO,1991.

[56] 任海,刘庆,李凌浩,等. 恢复生态学导论[M]. 北京:科学出版社,2008.

[57] BRADSHAW A D, CHADWICK M J. The restoration of land:the ecology and reclamation of derelict and degraded land[M]. Oxford:Blackwell,1980.

[58] WILLIAM R JORDAN, MICHAEL E GILPIN, JOHN D ABER EDS. Restoration ecology:a synthetic approach to ecological research[M]. Cambridge:Cambridge University Press,1987.

[59] 谢运球. 恢复生态学[J]. 中国岩溶,2003(1):28-34.

[60] 孙书存,包维楷. 恢复生态学[M]. 北京:化学工业出版社,2005.

[61] JACKSON L L, LOPOUKHINE N, HILLYARD D S. Ecologicalrestoration:a definition and comments[J]. Restoration Ecology,1995,3(2):71-75.

[62] 余作岳,彭少麟,丁明懋,等. 热带亚热带退化生态系统植被恢复生态学研究[M]. 广州:广东科技出版社,1996.

[63] 章家恩,徐琪. 恢复生态学研究的一些基本问题探讨[J]. 应用生态学报,1999,10(1):111-115.

[64] DOBSON A P. Hopes for the future:restoration ecology and conservation biology[J]. Science, 1997,277(5325):515-522.

[65] 朱德华,蒋德明,朱丽辉. 恢复生态学及其发展历程[J]. 辽宁林业科技,2005(5):48-50.

[66] KLOOR K. Restoration ecology:returning America's forests to their 'natural' roots[J]. Science, 2000,287(5453):573-575.

[67] 彭少麟. 退化生态系统恢复与恢复生态学[J]. 中国基础科学,2001,3(3):20-26.

[68] DAVIS M A. "Restoration":a misnomer? [J]. Science,2000,287(5456):1203.

［69］HIGGS E，COVINGTON W W，FALK D A. No justification to retire the term "Restoration"［J］. Science，2000，287（5456）：1203.

［70］任海，彭少麟，陆宏芳. 退化生态系统恢复与恢复生态学［J］. 生态学报，2004，24（8）：1760-1768.

［71］SPARKS R E. Wetland restoration，flood pulsing，and disturbance dynamics［J］. Restoration Ecology，2001，9（1）：112-113.

［72］JOHNSTONE I M. Plant invasion windows：a time-based classification of invasion potential［J］. Biological Reviews，1986，61（4）：369-394.

［73］FORMANRTT. Land mosaics［M］. Cambridge：Cambridge University Press，1995.

［74］CHAPMAN G P. Decertifiedgrassland［M］. London：Academic Press，1992.

［75］陈灵芝，陈伟烈. 中国退化生态系统研究［M］. 北京：中国科学技术出版社，1995.

［76］DAILY G C. Restoring value to the world's degraded lands［J］. Science，1995，269（5222）：350-354.

［77］GASTON K J. The structure and dynamics of geographic ranges［M］. Oxford：Oxford University Press，2004.

［78］高吉喜. 区域生态学基本理论探索［J］. 中国环境科学，2013，33（7）：1252-1262.

［79］PALMER M. Ecology：ecology for a crowded planet［J］. Science，2004，304（5675）：1251-1252.

［80］高吉喜. 可持续发展理论探索：生态承载力理论、方法与应用［M］. 北京：中国环境科学出版社，2001.

［81］丁四保. 主体功能区的生态补偿研究［M］. 北京：科学出版社，2009.

［82］HOLLING C S. Resilience and stability of ecological systems［J］. Annual Review of Ecology and Systematics，1973，4（1）：1-23.

［83］李湘梅，肖人彬，王慧丽，等. 社会-生态系统弹性概念分析及评价综述［J］. 生态与农村环境学报，2014，30（6）：681-687.

［84］王书玉，杨新梅，史春芬. 长治市区域生态经济弹性［J］. 应用生态学报，2009，20（7）：1608-1612.

［85］BRIAN WALKER，DAVID SALT. 弹性思维：不断变化的世界中社会-生态系统的可持续性［M］. 彭少麟，陈宝明，赵琼，译. 北京：高等教育出版社，2010.

# 3 矿业开发形成的生态问题

## 内容提要

矿业开发不可避免地扰动生态环境,造成了一定程度生态系统损伤和污染。本章在明晰了中国矿区分布特点和开采工艺的基础上,分析了地下开采、露天开采两种不同开采工艺带来的主要生态问题,总结了我国东北老工业基地、长江以北半湿润区、太行山以西半干旱区、长江以南湿润区和中西部原生态脆弱区等不同地域典型矿区的生态特征。

人口、资源与环境是 21 世纪以来人类社会发展过程中面临的重要问题,矿产资源开发利用是促进人类社会发展和国民经济增长的重要手段。从石器时代起,人类便开始发掘利用矿产资源,至今已有上千年的历史,人类社会生产的每一次巨大进步都与矿产资源利用水平的飞跃发展密切相关。然而,在矿业开发和矿物加工过程中,生态破坏和环境污染已引起了人们的高度重视。

## 3.1 主要采煤国家的矿业生态问题

### 3.1.1 世界煤炭资源分布

煤炭是地球上蕴藏量最丰富、分布地域最广的化石能源之一,是钢铁、水泥、化工等工业的能源和原料基础[1,2]。在世界能源结构中,煤炭资源是第二大一次性能源,占整个能源消费结构的 25.3%,仅次于石油(35.0%)。世界煤炭资源分布极不平衡,70%的煤炭资源主要集中分布在北半球北纬 30°到 70°之间。其中,亚洲和北美洲分别占全球已探明地质储量的 58%和 30%,欧洲仅占 8%,南极洲数量极少[3]。截至 2018 年底,全球煤炭探明储量为 10 548 亿 t,其中,美国、俄罗斯和澳大利亚是世界上煤炭探明储量前三的国家,占世界煤炭探明总储量的 53%,2018 年世界各国煤炭储量具体分布如表 3-1 所示。

表 3-1 2018 年世界各国煤炭储量分布

Table 3-1 Distribution of coal reserves in the world in 2018

| 国家 | 无烟煤和烟煤<br>/百万 t | 次烟煤和褐煤<br>/百万 t | 合计<br>/百万 t | 占世界比例<br>/% |
|---|---|---|---|---|
| 美国 | 220 167 | 30 052 | 250 219 | 23.7 |
| 俄罗斯 | 69 634 | 90 730 | 160 364 | 15.2 |
| 澳大利亚 | 70 927 | 76 508 | 147 435 | 14.0 |
| 中国 | 130 851 | 7 968 | 138 819 | 13.2 |
| 印度 | 96 468 | 4 895 | 101 363 | 9.6 |
| 印度尼西亚 | 26 122 | 10 878 | 37 000 | 3.5 |

表 3-1（续）

| 国家 | 无烟煤和烟煤 /百万 t | 次烟煤和褐煤 /百万 t | 合计 /百万 t | 占世界比例 /% |
|---|---|---|---|---|
| 德国 | 3 | 36 100 | 36 103 | 3.4 |
| 乌克兰 | 32 039 | 2 336 | 34 375 | 3.3 |
| 波兰 | 20 542 | 5 937 | 26 479 | 2.5 |
| 哈萨克斯坦 | 25 605 | 0 | 25 605 | 2.4 |
| 其他 | 42 545 | 54 475 | 97 020 | 9.2 |

数据来源：BP Statistical Review of World Energy June 2019.

### 3.1.2　主要采煤国家的煤炭分布与生态问题

（1）美国

美国煤炭资源十分丰富,探明储量约占世界总探明储量的四分之一[4,5]。截至 2018 年,美国煤炭资源的经济可采储量为 2 502 亿 t,居世界首位。其中,烟煤和无烟煤储量为 2 202 亿 t,次烟煤和褐煤储量为 300 亿 t。

美国煤炭资源分布十分广泛,在 32 个州发现了具有开采价值的煤层,但煤炭资源主要集中在科罗拉多、伊利诺伊、蒙大拿、新墨西哥、北达科他、得克萨斯、怀俄明和阿拉斯加等 8 个州,这 8 个州的煤炭储量占美国总量的 81%。按照地理位置可将美国煤炭资源的分布分为三大地区,东部阿巴拉契亚地区、中部地区和西部地区,这 3 个地区的探明储量分布为 22.6%、28.1% 和 49.3%[6]。美国的主要煤田有:阿巴拉契亚煤田、伊利诺伊煤田、中西部煤田、尤宁堡煤田、波得河煤田、尤塔固煤田、格林河煤田、圣胡安煤田和科尔维尔高煤田等。美国煤田的地质条件优越,煤层埋藏浅且平缓,一般埋深不到 600 m,埋藏深度超过 900 m 的只占 10%,三分之一的煤炭储量适合露天开采。

美国煤炭开采的生态环境问题主要集中在以下两个方面:一是露天开采与井工开采对土地的破坏;二是煤炭燃烧引起的温室气体排放。针对这两方面的问题,法律层面,美国于 1977 年和 1990 年相继颁布了《露天采矿管理与复垦法》和《大气净化法修正案》。自 1977 年《露天采矿管理与复垦法》颁布以来,在美国复田已经成为煤炭开采不可或缺的工序,全国复田的采空区土地面积超过 10 000 km²;自 1990 年《大气净化法修正案》颁布以来,美国在控制大气污染方面的投资已经超过 4 000 亿美元,大气质量明显改善。技术层面,美国南方电力公司研发了输送式综合煤气化（transport integrated gasification, TRIG）技术,可以将煤炭转化为合成气并用于发电,使传统煤电站温室气体排放量大大减少。该公司与美国能源部共同设立了国家二氧化碳捕获封存研究中心,开采碳捕获（carbon capture and storage, CCS）和温室气体减排技术。

（2）俄罗斯

俄罗斯煤炭资源十分丰富,截至 2018 年,俄罗斯煤炭资源的经济可采储量为 1 603 亿 t,占全世界煤炭资源可采总储量的 15.2%,其中烟煤和无烟煤 696 亿 t,次烟煤和褐煤 907 亿 t[7,8]。

俄罗斯煤炭品种比较齐全,从长焰煤到褐煤,各类煤种均有。其中炼焦煤不仅储量最大,而且品种齐全,可以满足钢铁工业的需求。俄罗斯的主要煤田包括库兹涅茨克煤田、伯朝拉煤田、顿涅茨煤田、坎斯克—阿钦斯克煤田,其中主要的炼焦煤产地有库兹涅茨克煤田、伯朝拉煤田、南雅库特煤田和伊尔库茨克煤田。俄罗斯煤炭资源最大的缺陷是地理分布极不平衡,3/4 以上的煤炭资源分布在俄罗斯亚洲部分,欧洲部分储量较少。煤炭储量地理分布具体如下:46.5%的煤炭储量分布在俄罗斯中部,即库兹涅茨克煤田;23%的煤炭储量分布在克拉斯诺亚尔斯克边疆区,几乎都是褐煤,适宜露天开采;此外,还有一部分动力煤分布在科米共和国、罗斯托夫州和伊尔库茨克州。

俄罗斯煤炭资源的开发与利用,对大气和水体产生了重大的影响。近年来,俄罗斯开始重视环境保护问题。联邦法规中相关规定,自然资源使用者应该遵循的原则主要是:优先考虑保护生命和人类健康;保证居民有良好舒适的生活、劳动和休息条件;将社会的生态和经济效益结合起来;合理利用自然资源,使其得到再生,不允许对环境和人类健康造成不可逆转的不良后果;遵守自然保护法规,并对其破坏负有不可推卸的责任;向公众公布环境状况,并与公众共同做好环境保护工作。

(3)澳大利亚

澳大利亚煤炭资源丰富,截至 2018 年,澳大利亚的煤炭资源经济可采储量为 1 474 亿 t,其中烟煤和无烟煤储量为 709 亿 t,次烟煤和褐煤储量为 765 亿 t,占全世界煤炭资源可采总储量的 14.0%[9]。

澳大利亚煤炭资源主要分布在新南威尔士州和昆士兰州。优质炼焦煤主要分布在新南威尔士州的悉尼煤田和昆士兰州的鲍恩煤田及克拉伦斯-莫尔顿煤田;次烟煤主要分布在澳大利亚南部和西部地区;褐煤主要分布在维多利亚州。澳大利亚共有 28 个主要煤田,煤层赋存平稳,地质破坏小,断层少,矿井平均开采深度为 250 m,个别较深的矿井可达 350～400 m,倾角一般不超过 10°,中厚煤层居多,瓦斯含量不高,有利于房柱式或短壁开采,只有少数矿井采用长壁开采。澳大利亚硬煤储量的 26.8%可供露天开采。

澳大利亚煤炭开采过程中的生态环境问题主要包括煤矸石、废水、废气、塌陷和噪声对环境的污染和破坏,其中,澳大利亚政府针对大气污染问题,制定了相关法律、法规,督促煤矿企业必须认真地从事环境保护。除国家政策外,各级地方政府也根据当地的地形、气候、土地等特点,制定相应的规定和标准,从而对整个地区乃至全国的生态环境加以保护。

(4)印度

印度煤炭资源丰富,截至 2018 年,印度煤炭资源的经济可采储量为 1 014 亿 t,其中烟煤和无烟煤储量为 965 亿 t,次烟煤和褐煤储量为 49 亿 t[10-12]。

印度煤田主要包括拉尼甘杰煤田、贾里亚煤田、东波卡罗煤田、西波卡罗煤田、彭奇坎汉瓦煤田、辛格劳利煤田、达尔杰尔煤田、钱达-沃尔塔煤田、戈达瓦里煤田和奈维利褐煤田。按照煤炭生产划分,印度现有五个主要产煤区:贾里亚矿区、拉尼甘杰矿区、东(西)波卡罗矿区、辛格劳利矿区和奈维利矿区。贾里亚矿区和拉尼甘杰矿区主要生产炼焦煤和动力煤,煤质相对较优;奈维利矿区主要生产褐煤。印度大部分煤炭资源的地质构造比较简单,现采的煤层多为厚煤层,且赋存较浅,适宜露天开采。

印度煤炭产量迅速增长主要来自露天煤矿,露天开采直接导致耕地或林地面积大量减少,同时破坏植物群落,造成野生动物死亡、空气质量下降、水体污染严重,在采矿区,难以获得干净饮用水。为了保护生态环境,印度制定了环保法规,采取了一系列环保措施,与煤炭开采活动相关的环境法规主要有:《水资源(污染预防与控制)法》《污水排放(污染预防与控制)法》《大气(污染预防与控制)法》《大气卫生实施条例》《土地洪水控制与侵蚀预防法》《森林(保护)法》《野生动物保护法》《矿山法》《矿产和煤炭法》《印度渔业法》《城市土地法》等。

(5) 德国

截至 2018 年,德国煤炭资源的经济可采储量为 361.03 亿 t,占世界煤炭总可采储量的 3.4%,其中烟煤和无烟煤储量为 0.03 亿 t,次烟煤和褐煤储量为 361 亿 t。德国煤炭分类十分简单,分为硬煤和褐煤两大类,硬煤主要是指烟煤,无烟煤所占比例很少。硬煤埋藏深,一般采用地下开采;褐煤埋藏浅,一般采用露天开采[13]。

德国主要的硬煤煤田分布在西部,包括鲁尔煤田、萨尔煤田、亚琛煤田和伊本比伦煤田;褐煤煤田主要包括西部的莱茵煤田、东部的劳齐兹煤田和中部煤田。德国硬煤储量丰富,以烟煤为主,煤质好,低灰、低硫,适合用作动力煤和炼焦煤,具有重要的经济价值;主要煤田靠近工业中心,交通便利,基础设施完备。但是,德国硬煤开采条件比较困难,煤层薄,多数煤层厚度为 0.5~1.5 m,难以实现高产高效,煤炭资源开采成本较高;褐煤开采条件十分有利,埋藏浅,适合露天开采。

德国政府十分重视生态环境保护,针对煤炭开采的生态环境保护主要集中在以下四点: ① 煤矸石处理;② 老矿区地面整治与开发利用;③ 露天矿复垦;④ 燃煤污染物排放控制。1969 年联邦政府发表环境政策宣言;1971 年颁布《联邦政府环境纲要》;1972 年宪法修改后,相继出台了一系列有关环境的法规。德国煤炭公司十分重视开采引起的环境问题,并且在矸石山处理、老矿区地面整治和露天矿复垦方面积累了成功经验。对于煤炭利用特别是燃煤造成的环境污染,德国政府制定了燃煤电厂新技术发展计划,以减少燃煤污染物的排放量。

# 3.2　中国矿区的分布特点

## 3.2.1　整体分布

中国煤炭资源丰富,种类齐全,探明储量占全国能源探明总储量的 94%。根据第三次全国煤田预测资料,除台湾地区外,我国垂深 2 000 m 以内的煤炭资源总量为 55 697.49 亿 t,其中煤炭探明保有资源量为 10 176.45 亿 t。在探明储量中,烟煤占 75%,无烟煤占 12%,褐煤占 13%[14]。我国煤炭资源分布具有明显的区域特征,北富南贫、西多东少[15],90% 以上的煤炭资源主要分布于昆仑山—秦岭—大别山以北的地区,其中太行山—贺兰山之间,探明储量占北方地区的 65% 以上,以烟煤和无烟煤为主,形成了山西、陕西、宁夏、河南及内蒙古中南部的富煤地区。南方地区以无烟煤、贫煤为主,资源储量占总探明储量的比例不足 10%,而其中 90% 以上集中在贵州、四川、云南三省,形成以黔西、川南和滇东为主的富煤地区。在东西分带上,大兴安岭—太行山—雪峰山以西地区,资源储量占全国的 89%,分布着各种变质程度的烟煤和无烟煤,而大兴安岭—太行山—雪峰山以东地区仅占 11%,以褐煤和低变质烟煤为主[16]。

我国煤炭资源分布广泛,含煤总面积达 60 多万平方公里,占国土面积的 6%,总体呈现以下四个分布特点:① 在地域上呈现北多南少、西多东少的特点;② 煤炭资源开发与地区的经济发达程度呈逆向分布;③ 煤炭资源与水资源呈逆向分布;④ 煤层埋深较大,适合露天开采的煤层较少[14]。

### 3.2.2　露天与地下开采分布

我国幅员辽阔,矿床及地质条件类型多样,所使用的矿床开采方法种类繁多。目前,我国煤炭开采工艺主要是露天开采和地下开采。露天开采适用于矿床厚度较大、埋藏较浅的条件;地下开采适用于矿床埋藏较深的条件,其重要特点是地下作业,生产环节多,工序复杂,且生产场所随矿产被采出而不断转移。我国的煤炭资源赋存特点决定了煤炭工业主要以地下开采为主,这种趋势在今后相当长的时间不会改变[17-19]。全国煤炭产量的90%左右为地下开采[20],由于地下开采与露天开采比例悬殊,这里只介绍露天煤矿的主要分布。

我国露天煤矿主要是中华人民共和国成立后发展起来的。20世纪50年代初,我国新建了阜新市海州露天煤矿,并改造扩建了抚顺西露天矿和阜新新邱露天矿。20世纪50年代末至60年代初,我国建设了平庄西、鹤岗岭北、扎赉诺尔灵泉、哈密三道岭、石炭井大峰、义马北、铜川焦坪等国有重点露天煤矿及云南小龙潭、可保、吕河等国有地方露天煤矿。截至1965年,全国露天煤矿产量达到435.1万t,占全国煤炭总产量的1.88%。20世纪60年代后期至70年代,我国建设了哈尔乌素露天煤矿(国家重点煤矿)以及云南先锋、黑龙江依兰、宋集屯等露天煤矿(国家地方煤矿)。截至1980年,国家重点露天煤矿产量为1403万t,占全国煤炭总产量的4.07%。1981年,煤炭部提出了把发展露天煤矿作为发展煤炭工业的一个战略方针,在优先发展露天煤矿和要尽快打开大露天的方针指导下,做出了加快发展霍林河、伊敏河、元宝山、准格尔和平朔安太堡五大露天煤矿的决策[21]。

我国露天煤矿分布具有明显的区域性,多集中在中西部地区,以山西、内蒙古、陕西、新疆等地为主[22]。这些地区大多属于煤炭资源输出区,自身对煤炭的消费量不大,但向外运输的条件较差,使得大规模露天开采受到限制。同时,这些地区的生态系统比较脆弱,大规模露天开采对环境会造成严重破坏。露天开采会严重破坏环境的原因主要有两个:一是生态恢复比较困难,二是地表植被破坏加剧沙尘暴的发生,直接影响到我国中部和东部地区。因此,我国露天煤矿开采规模相对较小,目前,我国主要的五大露天煤矿为霍林河露天煤矿、伊敏露天煤矿、元宝山露天煤矿、哈尔乌素露天煤矿和平朔安太堡露天煤矿。

(1)霍林河露天煤矿

霍林河露天煤矿是我国现代化生产程度最高的大型露天煤矿,探明储量132.8亿t,年生产能力达1 000万t。

(2)伊敏露天煤矿

伊敏露天煤矿坐落于呼伦贝尔大草原鄂温克族自治旗境内,该煤田保有地质储量为49.73亿t,其中一号露天矿地质储量为10.01亿t,可采储量为9.01亿t,适合大型露天开采。

(3)元宝山露天煤矿

元宝山露天煤矿位于内蒙古赤峰市元宝山区建昌营境内,于1998年开始投入生产,年可产原煤500万t。该露天煤矿是全国第一个大型现代化露天煤矿,矿区地理位置优越,交通便利。

(4)哈尔乌素露天煤矿

位于内蒙古自治区鄂尔多斯市准格尔旗境内的哈尔乌素露天煤矿,设计年产原煤2 000万t,设计服务年限79年,是中国设计产能最大的露天煤矿。该露天煤矿于2006年5月启动建设,位于准格尔煤田中部,煤矿地标境界东西长9.59 km,南北宽7.03 km,总面积为

$67.42 \ km^2$。

（5）平朔安太堡露天煤矿

平朔安太堡露天煤矿位于朔州市区与平鲁区交界处，总面积达 $376 \ km^2$，地质储量约为 126 亿 t。目前，已经成为我国规模最大、现代化程度最高的煤炭生产基地之一。

### 3.2.3　地域分布特点

（1）煤炭资源地质分区

我国内陆地区广泛发育规模不一的各类型含煤盆地，主要包括准噶尔盆地、塔里木盆地、四川盆地和鄂尔多斯盆地等。同时，我国大陆地质构造复杂，先后形成了天山—阴山—兴蒙造山带、昆仑山—秦岭—大别山造山带、贺兰山—六盘山—龙门山—哀牢山造山带、太行山—雪峰山造山带以及喜马拉雅造山带，并最终于新生代第四纪形成接近现今的地形地貌特征，奠定了我国煤炭资源构造的基本框架[23,24]。我国煤炭地质学家结合盆地的形成演变和主要造山带，并依据聚煤作用的特点，将我国煤炭资源划分为五大赋煤区，分别为东北赋煤区、华北赋煤区、西北赋煤区、华南赋煤区和滇藏赋煤区[25,26]。

① 东北赋煤区

东北赋煤区主要是指阴山—图们山以北的面积约 120 万 $km^2$ 的中国东北部以及内蒙古东部地区，其中又以大兴安岭为界划分为东部的东一区和西部的中一区两个次级分区。该赋煤区是一个主体形成于第四构造演化阶段，以晚白垩世以来陆内变形为主的中、新生代断陷盆地群，成煤期主要集中于晚侏罗—早白垩世，其次为古近纪，区域内含煤层系多，厚度大，煤层断裂变形强烈，结构复杂。

② 华北赋煤区

华北赋煤区主要是指阴山—图们山、秦岭—大别山、贺兰山—六盘山以及郯庐断裂带所围成的面积约 120 万 $km^2$ 的地区，与华北板块面积相当，其中又以太行山为界划分为东部的东二区和西部的中二区两个次级分区。该赋煤区是一个主体形成于第二构造演化阶段，并在后期盆地耦合机制下发生内陆拗陷、分异演化以及构造变形的大型赋煤区。太行山以西聚煤期主要集中在晚石炭—早二叠、晚三叠、早中侏罗世，太行山以东聚煤期主要集中在晚石炭—早二叠以及古近纪、新近纪，太行山以西煤系构造变形具有从造山带附近向内部由强变弱的环状特征，太行山以东地区则以新生代断块变形为主[27-29]。

③ 西北赋煤区

西北赋煤区主要是指贺兰山—六盘山、昆仑山—康瓦西—秦岭造山带所围成的面积约为 240 万 $km^2$ 的中国西北部地区，主要包括塔里木陆块、柴达木陆块以及准噶尔陆块等三个形成与演化各不相同的构造单元，其中又以天山—阴山为界划分为北部西一区和南部西二区两个次级分区。该赋煤区是一个主体形成于第二、第三构造阶段，并经历中、新生代以来构造变形改造的大型赋煤区。东南部分地区石炭二叠纪含煤层分布零散，主要聚煤期集中在早、中侏罗世，且煤系后期变形具有在造山带边缘以紧闭现状褶皱或冲断推覆为主、在盆地内部以宽缓褶皱或中小断层为主、从边缘向盆地内部构造变形逐渐减弱、呈成箕状构造的特征[30]。

④ 华南赋煤区

华南赋煤区主要是指秦岭—大别山、龙门山—哀牢山所围成的面积约为 148 万 $km^2$ 的中国南方地区，主要包括扬子板块和华南板块两个性质不同、发展历史迥异的大地构造单元,其中又以雪峰山为界划分为东部的东三区和西部的中三区两个次级分区。该赋煤区是一个主体形成于第二、第三构造演化阶段,以及后期以四川盆地为核心的扬子板块构造变形较弱、华南板块构造变形强烈的大型赋煤区,但由于两个板块构造活动呈现明显的差异,华南赋煤区的煤炭资源主要集中在以四川盆地为核心的扬子板块,从而导致有效聚煤面积明显缩小,其聚煤期主要集中于晚二叠世[31,32]。

⑤ 滇藏赋煤区

滇藏赋煤区主要是指昆仑山—康瓦西—秦岭、龙门山—哀牢山所围成的中国西南部地区。该赋煤区位于造山带附近的煤系以紧密线性褶皱和断裂变形为主,部分卷入构造混杂岩中,断块内部煤系褶皱和层滑变形强烈,虽然从晚石炭世到新近纪均有聚煤作用发生,但复杂动荡的构造背景使得有效聚煤期限短、沉积环境不稳定、煤盆地规模小、含煤性与煤层赋存条件极差、开采地质条件极为复杂。该区域主要的煤炭资源集中在云南省,西藏地区几乎无经济价值的煤炭资源分布。

（2）煤炭资源综合地域划分

关于我国煤炭资源地域划分,相关学者基于不同的划分依据做了大量的研究。例如,我国煤炭地质学家依据聚煤作用特点,以天山—阴山—图们山、昆仑山—秦岭—大别山、贺兰山—六盘山—龙门山将我国大陆区煤系划分为东北、华北、西北、华南以及滇藏等五大赋煤区,该划分方法清晰表明了各分区主要含煤层系聚煤时期的差异;在第三次煤炭资源预测"五大赋煤区、七大规划区"的基础上,程爱国等人提出了东部补给带、中部供给带、西部自给带以及东北规划区、黄淮海规划区、华南规划区、晋陕蒙宁规划区、西南规划区、西北规划区的"三带六区"的煤炭资源综合区划[33]。在此基础上,中国矿业大学宗娟娟、卞正富、董霁红依据我国煤炭矿区存在的主要生态环境问题、全国矿产资源分布的特点、开采工艺以及各种自然地理特征(如水文、气候、农业生产条件、地势、降水量、景观等)的不同,将全国煤炭资源划分为五大区,即东北老工业基地、长江以北半湿润区、太行山以西半干旱区、原生态环境脆弱区、长江以南湿润区,如表 3-2 所示。

表 3-2　我国煤矿资源型地域分区情况

Table 3-2　Regional division of coal resources in China

| 分　　区 | 产业状况 | 环境状况 | 环境破坏类型 | 范　　围 |
|---|---|---|---|---|
| 东北老工业基地 | 2018 年,东北三省煤炭产量 10 685.2 万 t,占全国总量的 3%;内蒙古东北部的呼伦贝尔市、锡林郭勒盟煤炭保有量占内蒙古保有量的 43% | 空间布局分散零乱,集聚效益差;过度开采资源,忽视环境保护,水资源短缺 | 生产力下降,水体污染 | 黑龙江、吉林、辽宁、内蒙古(东北部) |
| 长江以北半湿润区 | 2018 年,江苏、山东、安徽煤炭产量约 2.49 亿 t,主要供给煤炭产量较少的京津地区 | 耕地占用,地表塌陷、积水 | 耕地占用 | 河北、山东、江苏、安徽、北京、天津 |
| 太行山以西半干旱区 | 山西已探明储量增至近 2 700 亿 t,按 12 亿 t/a 的消耗量计算,能够保证煤炭工业可持续发展 200 年,足够支撑山西经济的稳定发展。与储量较多的陕西、内蒙古形成了"煤炭三角区" | 土地资源和植被资源破坏、土壤侵蚀、土地沙漠化、水资源流失、黄尘弥漫 | 水土流失,土地沙化 | 山西、陕西、河南、内蒙古(东南部) |

表 3-2(续)

| 分　区 | 产业状况 | 环境状况 | 环境破坏类型 | 范　围 |
|---|---|---|---|---|
| 长江以南湿润区 | 2018 年,云、贵、川煤炭总产量约 2.2 亿 t,占全国煤炭产量的 6.2%,主要通过铁路、内河船舶运输到广西、广东等地区 | 荒山秃岭、南方多丘陵易造成水土流失、滑坡;路基塌陷或沉降,毁坏农田;矿井水污染环境 | 地形破坏,山体滑坡 | 贵州、云南、湖北、浙江、湖南、广东、广西、福建、海南、上海、四川、重庆、江西 |
| 原生态环境脆弱区 | 2018 年新疆原煤产量约 1.9 亿 t,供应甘肃西部、青海和川渝地区,部分出调 | 矿区开采造成原生态环境破坏,土地沙漠化 | 原生态环境破坏 | 新疆、西藏、青海、甘肃、宁夏 |

数据来源:各省统计局网站、统计年鉴。

## 3.3　地下开采产生的生态问题

### 3.3.1　煤矿地下开采基本知识

（1）基本概念与步骤

煤矿地下开采是采用地下作业方法采矿的总称,包括井筒和巷道的掘进、回采、运输、通风、排水、照明、防止矿尘和瓦斯爆炸等工作。地下开采的工艺过程比露天开采复杂,一般用于矿床离地表较深的情况[34]。矿床进行地下开采时,一般分为四个步骤:开拓、采准、切割和回采[35]。

① 开拓

为了开发地下矿床,首先需要从地表向地下掘进一系列井巷通达矿体,使地表与矿床之间形成完整的运输、提升、通风、排水、行人、供电、供水等生产系统,便于将设备、材料、人员、动力、新鲜空气等输送到井下,将矿石、废石、污风、污水等运输到地面,这些井巷的开掘工作称为矿床开拓[36]。为矿床开拓而开掘的巷道,称为开拓巷道。按照开拓巷道所担负的任务,可将其分为主要开拓井巷和辅助开拓井巷两类。主要开拓井巷是用于运输和提升矿石的井巷;辅助开拓井巷是用于其他目的的井巷,一般只起到辅助作用。

② 采准

采准的全称为采矿准备[37],是指在开拓完毕阶段为回采而进行的巷道掘进及有关设施的安装等工作,在采准过程中掘进的巷道为采准巷道。采准巷道包括采区(盘区)上下山、采区车场、区段石门、绞车房、采区煤仓、溜煤眼、甩车道、煤仓以及各种联络巷道等。采准工作包括采准巷道支护、电耙绞车安装和漏口安装等[38]。

③ 切割

切割是指在采准完毕的矿块中,沿待采部分的某一侧面和底面开辟槽形空间,并在其下劈出自由面和补偿空间的工作[38]。凡是为形成自由面和补偿空间而开掘的巷道,统称为切割巷道,比如切割天井、切割上山、拉底巷道等。切割工作的任务主要是辟漏、拉底、形成切割槽。采准切割工作基本是掘进巷道,其掘进速度和掘进效率比回采工作低,掘进费用也高。因此,采准切割工程量的大小,成为衡量采矿方法优劣的重要指标。

④ 回采

回采是指从已切割的回采单元中大量采出矿石的地下采矿作业[38]。回采的工艺分为炮采、普采和综采 3 类,目前普采和综采应用最广,炮采已接近淘汰。回采的主要工序包括落煤、装煤、运煤、支护和处理采空区;回采的辅助作业包括采场设备的安装、拆卸和维修,巷道的维护和清理,由运输巷道向采场运送材料和设备,向采场供电、压气、排水和通风等。

（2）地下采矿方法

地下采矿方法是指从地下矿山的矿块或采区中开采矿石所进行的采准、切割和回采工作的总称。回采工作是采矿方法的核心,采准和切割工作为其创造条件,三者在空间、时间和工艺上密切相连[38]。地下采矿方法繁多,为了便于研究和选择采矿方法,1916 年美国 G. J. Young 教授首先提出了采矿分类方法,随后,国内外学者提出了 20 多种采矿分类方法。其中,采场维护方法是最常用的分类方法,这种分类法能够反映同类采矿方法共同的基本特征、适用条件和技术经济效果。根据采场维护方法可将地下采矿分为三类:① 空场采矿法(自然支撑采矿法);② 充填采矿法(人工支撑采矿法);③ 崩落采矿法。地下采矿方法与分类如表 3-3 所示。

表 3-3　地下采矿方法与分类

Table 3-3　Methods and classification of underground mining

| 类　别 | 组　别 | 典型方法方案 |
|---|---|---|
| 采煤方法 | 长壁采煤法 | 单一走向长壁采煤法 | 长壁采煤工作面沿煤层倾斜方向布置、沿走向推进的采煤方法 |
| | | 倾斜长壁采煤法 | 仰斜开采采煤法,俯斜开采采煤法 |
| | | 长壁放顶煤采煤法 | 一次性采全厚放顶煤采煤法,预采顶分层顶网下放顶煤采煤法,倾斜分层放顶煤采煤法,预采中分层放顶煤采煤法 |
| 采煤方法 | 急倾斜煤层采煤法 | 俯伪斜走向长壁分段水平密集采煤法 | 工作面呈伪斜直线布置,放顶密集支柱呈近水平排列,工作面沿走向推进 |
| | | 伪倾斜柔性掩护支架采煤法 | 采区运输石门上方沿煤层真倾斜方向开掘一组立眼的采煤方法,采区运输石门上方沿煤层真倾斜方向开掘 2～3 个立眼的采煤方法 |
| | | 水平分段放顶煤采煤法 | 水平分段综采放顶煤采煤法,水平分段悬移顶梁液压支架放顶煤采煤法 |
| | 柱式体系采煤法 | 房式采煤法 | 只采煤房不回收煤柱的采煤法 |
| | | 房柱式采煤法 | 块状煤柱房柱式采煤法、条状煤柱房柱式采煤法 |
| | | 房柱式与长壁工作面配合的采煤法 | 利用连续采煤机及其配套设备多巷快速开掘煤房优势,为长壁综采工作面掘进回采巷道 |
| | 充填采煤法 | 矸石充填采煤法 | 普通抛矸石机抛矸充填采煤法,综采刮板输送机卸矸充填采煤法,普采似膏体管道自流充填采煤法,综采风力抛矸充填采煤法 |
| | | 水砂充填采煤法 | 缓倾斜薄矿体长壁连续回采和充填采煤法,厚矿体的上向分层分条充填采煤法 |
| | 水力采煤法 | 倾斜短壁水力采煤法 | 单面冲采采煤法,双面冲采采煤法 |
| | | 走向短壁水力采煤法 | 沿倾向布置,沿走向推进的采煤法 |

表 3-3(续)

| 类　别 | 组　别 | 典型方法方案 |
|---|---|---|
| 非煤固体矿床开采 | 空场采矿法 | 全面采矿法 | 工作面沿矿体走向推进的全面采矿法,工作面沿伪倾斜方向推进的全面采矿法,工作面沿逆伪倾斜方向推进的全面采矿法 |
| | | 房柱采矿法 | 普通房柱采矿法,人工矿柱房柱采矿法,底盘漏斗房柱采矿法 |
| | | 留矿采矿法 | 浅眼留矿采矿法,深孔留矿采矿法 |
| | | 支柱采矿法 | 横撑支柱采矿法,方框支柱采矿法 |
| | | 分段矿房采矿法 | 留间柱的分段矿房采矿法,不留间柱的分段矿房采矿法 |
| | | 阶段矿房采矿法 | 水平深孔落矿阶段矿房采矿法,上向中深孔分段落矿阶段矿房采矿法,下向深孔柱状药包落矿阶段矿房采矿法,下向深孔球状药包落矿阶段矿房采矿法 |
| | 充填采矿法 | 垂直分条充填采矿法 | 单分层垂直分条充填采矿法,全面垂直分条充填采矿法,分段垂直分条充填采矿法 |
| | | 上向分层充填采矿法 | 分层回采的上向分层充填采矿法,进路回采的上向分层充填采矿法 |
| | | 下向分层充填采矿法 | 进路回采的下向分层充填采矿法,壁式工作面回采的下向分层充填采矿法 |
| | | 分段充填采矿法 | 上向分段充填采矿法,下向分段充填采矿法 |
| | | 削壁充填采矿法 | 水平分层回采的削壁充填采矿法,壁式工作面回采的削壁充填采矿法 |
| | | 方框支架充填采矿法 | 上向梯段方框支架充填采矿法,下向梯段方框支架充填采矿法 |
| | 崩落采矿法 | 单层崩落采矿法 | 进路式单层崩落采矿法,壁式单层崩落采矿法 |
| | | 分层崩落采矿法 | 进路式分层崩落采矿法,壁式分层崩落采矿法 |
| | | 分段崩落采矿法 | 无底柱分段崩落采矿法,有底柱分段崩落采矿法 |
| | | 阶段崩落采矿法 | 阶段强制崩落采矿法,阶段自然崩落采矿法 |

(3) 地下开采对生态的影响

地下开采对生态环境的影响主要分为景观损毁和生态破坏(表 3-4),主要包括大气污染、矿井水污染、诱发地质灾害和矿井热污染等。

表 3-4　地下开采对生态环境的影响

Table 3-4　Effect of underground mining on ecological environment

| 类　型 | 形　式 | 特　征 |
|---|---|---|
| 景观损毁 | 地表下沉盆地 | 地表渗水塌陷地;地表不渗水塌陷地 |
| | 矸石山 | 有毒或者放射性岩石 |
| | 工业设施所占地段 | 建筑物;构筑物;工程管网;公路 |
| 生态破坏 | 改变开采地区水文地质条件 | 土地疏干、地表下沉;地表水和地下含水层流入井下;地下潜水位变化,地表水和地下水酸化 |
| | 污染土地、空气和水体 | 矸石山占用耕地、风化和自燃;矸石山的淋溶水污染水体和土壤;矸石山滑坡和爆发崩落 |
| | 噪声 | 地面和井下作业时造成的噪声 |

### 3.3.2 大气污染

地面空气进入矿井后成为井下空气,地下开采是在有限的井巷空间内进行的,工作空间狭小,工作地点多变,矿内空气和地面大气对流性差,在采矿过程中产生的各种有毒有害物质对矿内空气的污染要比地面大气污染更为严重。

(1) 地下开采大气污染的主要特征

① 空气中氧含量降低,二氧化碳含量增高

由于矿井内有机物和无机物的氧化及工作人员呼吸都要消耗氧气产生二氧化碳,因此,矿井内空气中氧含量不断降低,二氧化碳含量不断增加。实验证明,当矿井内空气中氧含量降低到 17% 时,矿工从事繁重体力劳动时,会心跳过快,呼吸困难;当氧含量降低到 15% 时,矿工就会失去劳动能力;当氧含量降低到 10%~12% 时,由于大脑缺氧矿工会失去意识,时间稍长将危及生命;当氧含量降低到 6%~9% 时,矿工会失去知觉,若不及时进行抢救就会造成死亡。二氧化碳是无毒的,作为绿色植物光合作用所需的原料,一般情况下不被列为污染物质。但在矿井下二氧化碳含量增加到一定程度时,矿工会因缺氧而窒息。经实验测定表明,当空气中二氧化碳的浓度达到 5% 时,人会出现耳鸣、无力、呼吸困难等症状;当二氧化碳浓度达到 10%~20% 时,人的呼吸处于停顿状态,并失去知觉,时间稍长就会危及生命。

② 矿井大气中含有多种有毒有害气体

采矿过程中,大量使用炸药落矿、采用以柴油机为动力的设备,产生了大量有毒有害气体,常见的包括 $CO$、$NO_2$、$H_2S$、$NH_3$、含氧碳氢化物等。由于生产工序不同,产生的这些气体通常具有突发性。例如,爆破是在有限的空间内瞬时爆发的,所以爆破后的工作地点以及回风流中 $CO$、$NO_2$ 等有毒有害气体的含量会突然增高。同时,在通风不良的井巷内,这些有毒气体还可能不断地积聚,引起矿工中毒事故,危机矿工的生命。

③ 矿井大气中含有大量的粉尘

在矿山采掘过程中的凿壁、爆破以及矿石的装卸、转运等过程中,都会产生大量的粉尘,导致矿井空气中的粉尘含量急剧增加。即使采取了各种防尘措施,矿井大气中的粉尘含量仍高出地面空气中粉尘含量的几倍甚至几十倍。矿井内矿工长期吸入含尘量较高的矿井空气,容易引起各种职业病,尤其是硅肺病、煤尘肺等,对矿工的身体健康造成很大威胁。

④ 矿井内气象条件复杂

地下开采由于无阳光照射,空气温度高、湿气重,加之各种有毒有害气体的混入,导致矿井内气象条件比较复杂。

⑤ 某些矿井内空气中含有放射性气体

在开采含铀金属矿物或含铀多金属共生矿物时,矿井空气中含有放射性气体,当含量超过规定的浓度时,会对身体健康造成较大危害。

(2) 矿井大气中污染物及其危害

矿井内常见的有毒有害气体包括 $CO$、$NO_x$、$H_2S$、$SO_2$、$CH_4$ 等。

① 一氧化碳($CO$)。$CO$ 是一种无色、无臭、无味的气体,相对空气的密度为 0.97,所以能够均匀地散布在空气中。$CO$ 不溶于水,化学性质不活泼,当空气中 $CO$ 的含量达到 0.4% 时,短时间内就会使人失去知觉,若不及时救治就会中毒身亡。

② 氮氧化物($NO_x$)。由于 $NO$ 极不稳定,遇到空气中的氧气会很快转化为 $NO_2$,因此,

$NO_x$主要是指$NO_2$。$NO_2$是一种具有强烈窒息性和毒性的褐红色气体,相对空气的密度为1.57,微溶于水形成亚硝酸。$NO_2$对人的眼睛、鼻腔、呼吸道以及肺部有强烈的刺激作用,特别是对人体的肺部组织危害极大,极易引起肺水肿。$NO_2$具有较长的潜伏期,一般经过6 h以后或者更长时间才会出现中毒症状。即使在高浓度下中毒,最初也仅感觉到呼吸道受刺激、咳嗽,24 h后才开始产生严重的支气管炎、呼吸困难、呕吐等症状,并出现肺水肿甚至死亡;另外,$NO_2$中毒的患者手指尖和头发呈现黄色。

③ 硫化氢($H_2S$)。$H_2S$是一种无色、具有臭鸡蛋气味的气体,相对空气的密度为1.19,易溶于水,通常情况下,1 个体积的水可溶解2.5 个体积的$H_2S$,所以,$H_2S$常积存在井底或巷道的积水中。$H_2S$易燃,当空气中$H_2S$的浓度超过6%时具有爆炸性。$H_2S$的毒性很强,对人的眼睛、黏膜、呼吸道具有强烈的刺激作用,会引起血液中毒。当空气中$H_2S$的浓度为0.01%时,会引起人们流唾液和鼻涕;当浓度为0.1%时,会引起人体严重中毒,如不及时抢救,在短时间内便会导致死亡。

④ 二氧化硫($SO_2$)。$SO_2$是一种无色、具有强烈刺激性气味的气体,相对空气的密度为2.2,易溶于水,常积存在巷道底部,对矿工的眼睛和呼吸道有强烈的刺激作用。$SO_2$与呼吸道湿润表面接触会生成亚硝酸,对呼吸器官有腐蚀作用,会诱发喉炎和支气管炎,导致呼吸麻痹,严重时会引起肺水肿。空气中$SO_2$的含量为0.002%时,会对人体呼吸道产生强烈刺激,引发头痛和咽喉痛;$SO_2$含量为0.05%时,会引起急性支气管炎和肺水肿,若不及时抢救,短时间内会造成死亡。

⑤ 瓦斯($CH_4$)。瓦斯是成煤过程中的一种伴生气体,主要成分是烷烃。瓦斯一般保存在煤层或岩层的孔隙和裂隙内,同一煤层的瓦斯含量随着深度增加而递增,地下开采时,瓦斯由煤层或岩层内涌出,污染矿内空气。煤层或岩层中涌出的大量瓦斯涌向采掘空间后,使矿井空气中瓦斯浓度增大。当瓦斯浓度达到43%时,氧气浓度就会被冲淡到12%,人会感到呼吸困难;当瓦斯浓度达到57%时,氧气浓度就会降到9%,短时间内人就会因缺氧窒息而死。我国《煤层气(煤矿瓦斯)排放标准(暂行)》(GB 21522—2008)要求:自2008 年7月1日起,新建矿井及煤层气地面开发系统的煤层气(煤矿瓦斯)排放限值规定如表3-5所示。

表 3-5　煤层气(煤矿瓦斯)排放限值

Table 3-5　Emission limits of coal bed gas (coal mine gas)

| 受控设施 | 控制项目 | 排放限值 |
| --- | --- | --- |
| 煤层气地面开发系统 | 煤层气 | 禁止排放 |
| 煤矿瓦斯抽放系统 | 高浓度瓦斯(甲烷体积分数≥30%) | 禁止排放 |
| | 低浓度瓦斯(甲烷体积分数<30%) | — |
| 煤矿回风井 | 风排瓦斯 | — |

### 3.3.3　矿井水污染

矿井水又称为地下矿坑水,是指采矿过程中所有充入井下采掘空间的水[39]。由于含煤地层一般在地下含水层之下,为确保煤矿井下安全生产和良好的作业环境,在采煤过程中必须进行矿井排水。矿井涌水量主要取决于矿区地质、水文地质特征、地表水系的分布、岩层土壤性质、采矿方法以及气候条件等因素[40]。不同地区、不同矿井排水量有着较大差异。

我国北方矿区矿井水主要来源于奥陶系灰岩水、煤系薄煤层灰岩水、煤系砂岩裂隙水、老空水、溶洞水、第四纪冲积层水等，平均吨煤涌出量为 3.8 $m^3$。南方矿区受气候条件、地理环境等影响，补给充分，矿井涌水量大，平均吨煤涌水量为 10 $m^3$。东北、西北矿区受补给条件影响，涌水量相对较小。东北大部分矿井水主要来源于第四纪冲积层水和二叠纪砂岩裂隙水，平均吨煤涌水量为 2～3 $m^3$；而西北的新疆、甘肃、陕西中部、宁夏、内蒙古西部等地区地势高，气候干燥，地下水没有足够的大气降水和地表水补给，吨煤涌水量大部分在 1.6 $m^3$ 以下，有的矿山吨煤矿井涌出量仅为 0.1 $m^3$。总体而言，我国北方矿井水涌出量低于南方，且从东往西矿井水涌出量逐步减少。我国不同地区的煤矿井下排水量如表 3-6 所示。

表 3-6　不同地区的煤矿井下排水量

Table 3-6　Underground drainage of coal mine in different areas

| 煤 矿 | 年产原煤量/万 t | 平均涌水量/($m^3$/h) | 最大涌水量/($m^3$/h) | 吨煤的排水量/($m^3$/h) |
|---|---|---|---|---|
| 焦作古汉山矿 | 120 | 5 040 | — | 30.41 |
| 巩义新中矿 | 60 | 3 018 | 4 036 | 36～48.4 |
| 焦作演马庄矿 | 45 | 4 080 | 14 400 | 65.15～230.4 |
| 焦作焦西矿 | | | | 87 |
| 山西潞安常村矿 | 400 | 500 | 800 | 1.1～1.44 |
| 河北峰峰万年矿 | 180 | 600 | 900 | 2.4～3.6 |
| 淮北朔里矿 | 150 | 240 | 287 | 3.4～4.1 |
| 济宁杨村矿 | 120 | 2 500～3 000 | — | 15 |

矿井水质与地质条件密切相关，并受到煤岩杂质、胶体物及井下生产、生活活动的污染，一般会溶解和掺入数量不等的悬浮物、少量可溶性的有机物和菌类等。矿井水中常见的离子包括 $SO_4^{2-}$、$HCO_3^-$、$Ca^{2+}$、$Mg^{2+}$、$Na^+$、$K^+$ 等；微量元素包括钛、砷、镍、铍、铁、铜、银、锡、碲等。矿井水是含有多种污染物质的废水，不同类型的矿山产生的矿井水的污染程度和污染物种类各不相同。矿井水可分为矿物污染、有机物污染和细菌污染，某些矿山中还存在放射性污染和热污染。矿物污染物主要包括砂泥泥粒、矿物杂质、粉尘、溶解盐、酸和碱等；有机污染物主要包括煤炭颗粒、油脂、生物代谢产物、木材及其他物质氧化分解产物等；矿坑水不溶性杂质主要是指大于 100 $\mu m$ 的粗颗粒，以及粒径在 0.1～100 $\mu m$ 和 0.001～0.1 $\mu m$ 的固体悬浮物和胶体悬浮物。矿井水的细菌污染主要包括霉菌、肠菌等微生物。我国矿井水成分主要是以煤粉、岩粉为主的悬浮物和可溶性无机盐类，有机污染物较少。矿井水中一般不含有毒物质，且放射性指标属于低放水平，但部分已超过生活饮用水卫生标准。矿井水大多呈中性，北方矿区矿井水的 pH 值多为 7～9，呈中性或弱碱性；南方地区存在一定数量的酸性矿井水。从矿井水净化及资源化的角度，根据其理化性质，通常将我国煤矿矿井水划分为以下几种类型。

（1）洁净矿井水

洁净矿井水一般是指奥灰水、砂岩裂隙水、第四纪冲积层水及老空积水等，主要分布在我国的东北、华北等地。这类矿井水水质较好，呈中性，矿化度及总硬度较低，有害离子含量极少或者未检出,混浊程度低。

(2)含悬浮物矿井水

含悬浮物矿井水是指除感观性指标和细菌学指标外,其余各项指标均符合生活饮水卫生标准的矿井水。这类矿井水含有较多的固体悬浮物,主要成分为煤粉和岩粉。由于悬浮物中煤粉和岩粉多呈黑色,景观性和感观性较差。矿井水中 SS(悬浮物)的含量不稳定,不仅同一矿区各矿井水浓度差异很大,而且同一矿井不同时期排出的矿井水 SS 的含量差异也很大。例如,义马跃进矿矿井水 SS 平均浓度为 100 mg/L 以下,SS 最大浓度达到 4 182 mg/L,是平均浓度的 40 倍之多。含悬浮物矿井水在井下水仓中自然沉淀了一段时间后,较粗的煤岩颗粒已被沉淀下来,因而在正常情况下,矿井水中的悬浮物颗粒都是比较细小的。

(3)高矿化度矿井水

高矿化度矿井水是指矿化度(无机盐总量)大于 1 000 mg/L 的矿井水。该类矿井水主要来自采煤过程中产生的地表淋溶水、地下高矿化度水及煤层和围岩中无机盐类溶解水等。高矿化度矿井水主要包含 $SO_4^{2-}$、$Cl^-$、$Ca^{2+}$、$K^+$、$Na^+$、$HCO_3^-$ 等离子,硬度相对较高,水质多数呈中性或偏碱性,少数呈酸性。当高矿化度矿井水含有较多的氯化物和硫酸盐时,会使水带咸味或者苦涩味,因而有苦咸水之称。

高矿化度矿井水会使土壤盐渍化,不利于作物生长;用作锅炉用水,容易造成锅炉结垢;用作建筑用水,会影响混凝土质量;人长期饮用,会引起腹泻和消化不良,对心脏病和肾脏病患者危害更为严重。我国北方缺水煤矿的矿井水往往属于高矿化度矿井水,产生高矿化度矿井水的主要原因包括:① 由于西北地区降雨量少,蒸发量大,蒸发浓缩强烈,地层中盐分含量增高,且地下水补给、径流、排泄条件差,造成地下水矿化度较高;② 当煤系地层中含有大量碳酸盐类岩层及硫酸盐薄层时,矿井水随煤层开采与地下水接触,加剧可溶性矿物的溶解,导致矿井水中 $Ca^{2+}$、$Mg^{2+}$、$HCO_3^-$、$CO_3^{2-}$、$SO_4^{2-}$ 等离子浓度增加;③ 开采高硫煤层时,硫化物氧化产生的游离酸与硝酸盐矿物、碱性物质发生中和反应,导致矿井水中 $Ca^{2+}$、$Mg^{2+}$、$SO_4^{2-}$ 等离子浓度增加;④ 地下咸水侵入煤田,也会造成矿井水呈现高矿化度。

(4)酸性矿井水

酸性矿井水是指 pH 值小于 5.6 的矿井水。我国酸性矿井水的 pH 值一般介于 3～3.5 之间,总酸度较高。酸性矿井水会引起煤和岩石中金属元素溶出,增加矿井水中铁、锰等重金属的浓度;酸性矿井水中的游离酸与部分碳酸盐矿物质反应,导致水体中无机盐含量增加,矿井水的总硬度和矿化度升高。同时,酸性矿井水易腐蚀矿井设备和排水管路,危害工人健康;排放至地表改变了土壤的酸碱度,造成土壤板结和作物枯萎;酸化地表水,危及水生生物,对环境和生态造成了严重的损害。

煤系底层和煤中的硫铁矿是形成酸性矿井水的物质基础,生物氧化作用产生的硫酸、以黄铁矿为主的各种煤层和围岩中的含硫量及围岩的化学组成、开采方式和地质条件等,决定了矿井水酸性的强弱。我国南方许多煤矿的矿井排水为酸性矿井水,如浙江长广,湖北黄石、松宜,江苏川埠,广东红工、梅田,湖南涟邵、资兴,福建永定、龙岩,四川,重庆及贵州等矿区。在北方一些开采海陆交互沉积或浅海相沉积的石炭二叠纪太原统煤层的煤矿,因煤层含硫量高,矿井排水往往呈现酸性,如铜川、石嘴山、石炭井、乌达、海勃湾、淄博、枣庄等矿区。

(5)含特殊污染物的矿井水

含特殊污染物的矿井水是指水体中放射性指标或者毒理学指标（如重金属、氟、砷等）超出国家饮用水卫生标准的矿井水。含氟类矿井水来源于含氟较高的地下区域或者煤与围岩中含氟矿物萤石 $CaF_2$、氟磷灰石等，饮用高氟水容易引发骨质疏松、氟斑牙等病症。含重金属矿井水主要是指含铜、锌、铅等，浓度符合排放标准，但超过了生活饮用水卫生标准，不宜直接饮用的矿井水；含重金属废水是一种对环境污染最严重和对人体危害最大的工业废水。放射性元素矿井水主要是指含铀、镭等天然放射性核素及其衰变产物氡，放射性物质的含量超出了生活饮用水卫生标准的矿井水。

### 3.3.4 地质灾害

地下开采引发的地质灾害是指由于人类地下采煤活动而引发的一种破坏地质环境、危及生命财产安全，并给国家和人民带来重大损失的煤矿灾害[41,42]。地下开采引发的地质灾害主要包括煤与瓦斯突出、矿井突水、采煤塌陷、地裂缝、污染地下水等。地下开采地质灾害的诱发因素主要归结为客观因素和主观因素：地下开采地质灾害的客观因素是指地下采煤活动中难以避免的造成地质灾害的因素；地下开采地质灾害的主观因素是指在地下采煤活动中由于忽视预防、开采不规范和管理不科学等导致地质灾害的因素[43]。

（1）煤与瓦斯突出

煤与瓦斯突出是煤矿井下含瓦斯煤岩体多以碎片状由煤层向采掘部位急剧运动并伴随大量瓦斯喷出的一种强烈动力过程[44,45]。煤与瓦斯突出是极其复杂的煤矿地质灾害，严重威胁着煤矿的安全生产。煤与瓦斯突出能在短时间内向巷道喷射大量瓦斯及碎煤，破坏巷道内的设施及风流状态，直接危害作业人员的生命，而且瓦斯具有爆炸性，很容易诱发瓦斯爆炸等继发性灾害的发生，从而造成更大的人员伤亡和财产损失[46]。1834 年 3 月 22 日在法国的鲁阿雷煤田伊萨克矿井发生了世界上第一起煤与瓦斯突出事件。我国是世界上煤与瓦斯突出最为严重的国家之一，安徽、四川、重庆、贵州、江西、湖南、河南、山西、辽宁、黑龙江等省（直辖市）都有不同程度的煤与瓦斯突出事件发生[47]。

煤与瓦斯突出实际上是一种功能的转换过程，它是将储集在突出源中物质的势能转变为动能的过程[48]。煤与瓦斯突出的力学作用过程如图 3-1 所示[49]，首先是突出准备阶段，这一阶段是突出发生条件的酝酿阶段，包括采掘作业、应力加载、煤岩受力状态的改变、煤炭物理力学参数的改变、煤岩体瓦斯压力的变化及瓦斯吸附解析状态的变化等，这一系列参数

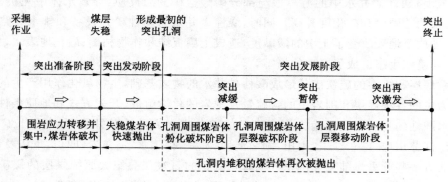

图 3-1　煤与瓦斯突出的力学作用过程

Fig. 3-1　Phase division of coal and gas outburst

和状态的变化积累到一定程度并足以使煤岩体发生破坏失稳和抛出后时,准备阶段结束;进入突出发动阶段,该阶段是指从准备阶段静止的煤岩体到煤与瓦斯突出发生的突变点,发动的标志是一定体积的煤岩体破坏失稳并被抛出;突出发展阶段是指从突出的最初发动到突出终止所经历的过程,这是一个煤岩体持续破坏失稳和抛出的过程。该阶段通常包含孔洞周围煤岩体粉化破坏、层裂破坏和层裂移动三个子阶段,而孔洞周围煤岩体粉化破坏和层裂破坏两个子阶段可能会交替出现。严格地说,突出的发动和终止只是突出过程中的两个突发点,而突出的准备和发展则是两个持续的过程。

(2)矿井突水

矿井突水是指地下矿井进行开拓和开采时,岩(煤)层上覆含水层或底板含水层的水,在水压、矿压等因素的作用下,克服岩(煤)层和含水层间相对隔水层的岩体强度及断层、节理等结构面的阻力,以突出方式涌入矿井的现象[50]。矿井突水是地下采矿生产中的重大灾害之一,自2000年来有记载的大大小小的煤矿矿井突水事件500多起,死亡及失踪人数超过3 500人,其中具有代表性的特大矿井突水事件如表3-7所示。矿井突水事故严重影响采矿企业的生产,造成人员大量伤亡,井下机械设备严重损害甚至淹井、矿井报废等重大经济损失。

表 3-7　特大矿井突水事件

Table 3-7　Large mine water inrush event

| 时间 | 事件 | 人员伤亡 |
| --- | --- | --- |
| 2001 年 7 月 17 日 | 广西南丹拉甲坡矿井下 9 号井标高一166 米平巷的 3 号作业面发生特大突水事故 | 81 人死亡,1 人失踪 |
| 2003 年 7 月 26 日 | 山东枣庄市滕州市木石煤矿发生一起透水事故 | 35 人死亡 |
| 2005 年 4 月 24 日 | 吉林省蛟河市腾达煤矿井下发生突水事故 | 30 人死亡 |
| 2005 年 8 月 7 日 | 广东省梅州市兴宁市王槐镇大兴煤矿一420 米掘进工作面发生透水事故 | 123 人死亡 |
| 2005 年 12 月 2 日 | 河南省新安县石寺镇寺沟煤矿发生透水事故 | 42 人死亡 |
| 2006 年 5 月 18 日 | 山西省大同市左云县张家场乡新井煤矿井下发生特大突水事故 | 56 人死亡 |
| 2008 年 7 月 21 日 | 广西百色地区田东县右江矿务局那读矿,4304 切眼贯通上部采空区发生透水,突水量约 1.5 万立方米,4301 采面被淹 | 36 人死亡 |
| 2010 年 3 月 1 日 | 内蒙古神华乌海能源有限公司骆驼山煤矿,16 层回风巷掘进工作面发生突水事故 | 32 人死亡,7 人受伤 |
| 2010 年 3 月 28 日 | 山西省临汾地区乡宁县华晋焦煤公司王家岭矿北冀盘区 101 回风顺槽发生透水事故 | 38 人死亡 |

矿井突水与地质构造、采矿活动、地下水作用等诸多因素有关[51],其突水形式多样,矿井突水类型可按照突水量、突水地点、突水与采掘前后时间关系、突水水源、突水与断层关系、断裂带影响等进行划分,如表3-8所示。

**表 3-8　矿井突水类型划分**

Table 3-8　Classification of mine water inrush

| 划分标准 | | 划分结果 |
|---|---|---|
| 突水量 | $Q>1\ 800\ m^3/min$ | 特大型突水 |
| | $600\ m^3/min<Q<1\ 800\ m^3/min$ | 大型突水 |
| | $60\ m^3/min<Q<600\ m^3/min$ | 中型突水 |
| | $Q\leqslant60\ m^3/h$ | 小型突水 |
| 突水地点 | | 掘进巷道突水 |
| | | 回采工作面突水 |
| 突水与采掘前后时间关系 | | 爆发型突水 |
| | | 缓冲型突水 |
| | | 滞后型突水 |
| 突水水源 | | 地表水体突水 |
| | | 砂岩含水层突水 |
| | | 冲积层突水 |
| | | 厚层灰岩水积水 |
| | | 薄层灰岩水积水 |
| 突水与断层关系 | 断层突水 | 断层切穿煤层突水 |
| | | 断层接近煤层突水 |
| | | 断层隐伏较远突水 |
| | 非断层突水 | 隔水层强度不够突水 |
| | | 岩溶陷落柱突水 |
| 断裂带类型 | 隔水的断裂带 | 天然隔水,开采后仍然隔水 |
| | | 天然隔水,开采后变成透水 |
| | 透水的断裂带 | 与其他水源无水力联系 |
| | | 与其他水源有水力联系 |

矿井突水的形成主要取决于矿井充水条件和充水强度。矿井充水条件包含三个方面:水源、通道和其他因素[52,53]。水源主要包括大气降水、地表水、地下水(孔隙水、裂隙水和岩溶水等)、老窑水等;通道主要分为断裂构造、岩溶陷落柱、构造和地震裂隙、采动裂隙、导水钻孔、岩溶塌陷和天窗等;其他因素主要包括含水层富水性及补给条件、边界条件、地质构造、地形条件、隔水层和地下水动态类型等[54]。

(3) 采煤塌陷

煤炭是一种重要的层状矿物,对其进行地下开采,必然会引起岩层和地表下沉,导致大面积的土地塌陷,这种现象称为采煤塌陷,所形成的塌陷地称为采煤塌陷地[55]。

对于采煤塌陷地,主要有以下几种分类系统[56]。

① 根据塌陷地性质分为非积水塌陷干旱区、塌陷沼泽地、季节性积水塌陷地、常年浅积水塌陷地、常年深积水塌陷地[57]。非积水塌陷干旱区基本无积水,主要是大面积整体塌陷的塌陷沼泽地的塌陷会面积较小,土壤会发生沼泽化、潜育化和次生盐渍化等现象;季节性积水塌陷地在多雨时节会形成积水,少雨时节形成土地板结;常年浅积水塌陷地的塌陷深度在 0.5～3 m 左右,积水深度在 0.5～2.5 m 左右;常年深积水塌陷地的塌陷和积水深度较

大,一般在 3 m 以上,常年形成不规则封闭水域,便于发展渔业和生态建设。

② 根据地形条件分为山地丘陵区塌陷地、低潜水平原区塌陷地、高潜水平原区塌陷地[58]。山地丘陵区塌陷地基本无积水,对土地资源影响相对较小;低潜水平原区塌陷地多为季节性积水,常年积水的较少;高潜水平原区塌陷地大部分为常年积水,对土地资源影响十分严重。

③ 根据塌陷程度分为轻度塌陷地、中度塌陷地、重度塌陷地。轻度塌陷地的塌陷不明显,裂隙宽度较小,土地仍可以耕作;中度塌陷地的地表有塌陷,塌陷高差小于 0.5 m,机械耕作难以进行;重度塌陷地的地表塌陷明显,塌陷高差在 0.5 m 以上,常形成明显的塌陷和梯状断裂,土地变形,难以进行耕作和利用。

④ 根据稳定状态分为稳定塌陷地和不稳定塌陷地。稳定塌陷地的塌陷地面不再下沉,处于相对稳定的状态;不稳定塌陷地的地面持续下沉或者下沉的可能性很大,处于不稳定状态。

采煤塌陷在破坏大量土地资源的同时,也对当地的社会、经济和生态环境等方面带来了很严重的负面影响。

① 农业经济损失。采煤塌陷地使得原本平坦的土地倾斜变形,相对稳定的土壤结构和地质条件受到破坏,水肥沿着倾斜的地面和开裂的地裂缝流失、渗漏,引起地面小环境和水、肥、气、热等土壤肥力发生变化,导致土地生产力的下降或丧失。土地塌陷给农业生产带来极为不利的影响,其中对灌溉排水影响最为严重。排灌站因煤炭开采发生不均匀沉降,灌渠排沟不能进行正常的输水和排水,尤其在汛期。同时,由于大面积塌陷,农业配套设施破坏,耕地面积大幅度减少,粮食生产和经济作物种植遭到破坏,除部分村民被迫由以往的种植业调整为水产养殖业外,大量村民无地可种,农业经济损失严重。

② 地表设施破坏。采煤塌陷地造成地表基础生产设施严重损坏,如路基损毁、路面沉降、农田灌排系统损坏、桥涵断裂等;同时,采煤塌陷地造成房屋斑裂、倾斜,甚至倒塌,严重威胁当地居民的生命财产安全。

③ 生态环境恶化。采煤塌陷使地表产生倾斜,坡度增大,坡度越大则冲刷量越大,从而引起大量的水土流失和土地侵蚀,造成土地退化。此外,在积水范围较大的塌陷地,原有的陆地生态系统变成水域生态系统,采煤塌陷地内受污染的水体可能会对地区较大范围内的水环境产生不良影响。

④ 影响原土地利用规划。采煤塌陷对所在区域的原土地利用规划影响较大:采煤塌陷地严重破坏了现有耕地和规划的耕地,加上建设用地的占用,区域内耕地总量日益减少,加大了人地之间的矛盾,区域内耕地总量和人均指标难以达到规划的要求;原本规划为建设用地的区域因采煤塌陷地而难以建设,土地利用不能按照原计划进行,因此不得不进行规划修改。

(4) 地裂缝

地裂缝是指地表岩土体在自然或者人为因素作用下产生开裂,并在地面形成一定长度和宽度裂缝的地质现象[59],一般产生在第四系松散沉积物中。地裂缝分布没有明显的区域性规律,成因也比较多。地裂缝的特征主要表现为发育的方向性与延展性、非对称性和不均一性、渐进性、周期性等[60]。

① 方向性与延展性。地裂缝常沿着一定的方向延伸,在同一地区发育的多条地裂缝延伸方向大致相同。地裂缝造成的建筑物开裂通常由下向上蔓延,以横跨地裂缝或与其成大角度相交的建筑物破坏最为强烈。地裂缝在平面上多呈直线状、雁形状或锯齿状分布,在剖面上多呈弧形、V 形或者放射状分布。从规模上看,多数地裂缝的长度为几十米或者几百

米,长者可达几公里;裂缝两侧垂直落差在几厘米或者几十厘米,最大可达 1 m 以上。

② 非对称性和不均一性。地裂缝以相对差异沉降为主,其次为水平拉伸和错动。地裂缝的灾害效应在横向上由主裂缝向两侧导致灾害程度逐渐降低,而且地裂缝两侧的影响宽度以及对建筑物的破坏程度具有明显的非对称性。同一条地裂缝的不同部位,地裂缝活动强度和破坏程度也存在差异,在转折和错列部位较为严重,显示出不均一性。在垂直方向上,地裂缝的危害程度自下而上逐渐增强。

③ 渐进性。地裂缝灾害是因为地裂缝的缓慢蠕动扩展而逐渐加剧的,因此,随着时间的推移,其影响和破坏程度日益加剧,最后可能导致房屋与建筑的破坏甚至坍塌。

④ 周期性。地裂缝活动受区域构造运动和人类活动的影响,在时间序列上往往表现为一定的周期性。当区域构造运动或者人类活动较频繁时,地裂缝活动加剧,导致灾害程度增强,反之则减弱。

地裂缝主要是地下开采引起地表拉伸变形产生的,规模大小不等,一般长 10~30 m、宽 0.01~0.3 m,最大的地裂缝长达几百米,宽达 1 m 以上。按照地裂缝在平面上分布的几何特征,可将其划分为直线形、弧线形、曲线形和分叉形,如图 3-2 所示。按照地裂缝的剖面形态,可将其划分为拉伸形地裂缝、滑动形地裂缝和塌陷坑。按照地裂缝所受力的种类,可将其划分为压应力引起的压性地裂缝、拉应力引起的张性地裂缝和剪应力引起的扭性地裂缝。地裂缝还可分为原生地裂缝和次生地裂缝。

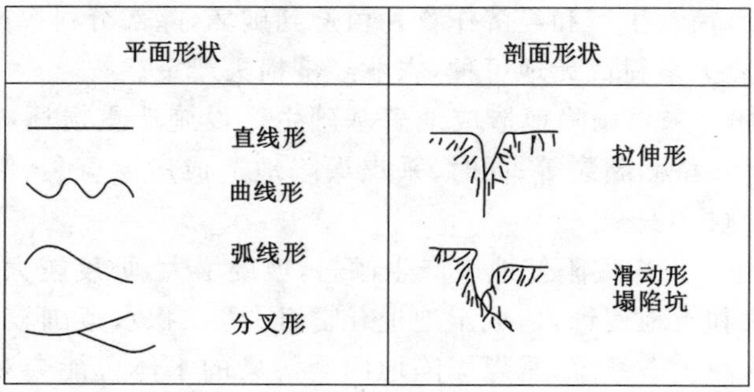

图 3-2　地裂缝几何形态示意

Fig. 3-2　Geometry sketch of ground fissure

煤矿地裂缝广泛发育于煤矿区内,与矿区工程建设、地下煤层开采密切相关,给矿区地质环境及人们的生活、生产造成了负面影响,甚至威胁人类的生命财产安全[61]。① 对自然生态环境的影响:矿区浅层水容易受到地下开采过程的影响而发生渗漏,使潜水位降低。随着地下开采的加剧,裂缝增加,原有构造和节理裂隙加宽,从而使岩土体的渗透系数增加,地表水和浅层水沿裂缝和裂隙渗入采空区,水资源逐渐减少甚至干涸,导致周边居民用水困难,土地干旱,产量锐减;同时,地表水和浅层水通过采动裂缝渗入采空区的过程中,可能携带地表或岩土体中的有毒有害物质,流经矿井采空区时还可能受到工作面废油、废料、排泄物及粉尘等的二次污染,如不加处理直接排放到地表河流中,会造成地表水系的污染。② 对人类社会环境的影响:矿区地裂缝加剧了水土流失,改变了农用地的耕作条件,农田水利灌溉设施遭受破坏,土地的使用价值和经济价值明显降低;同时,地裂缝还会造成周边房屋裂缝、坍塌,直接威胁人类的生命财产安全。

（5）污染地下水

煤矿地下开采过程对地下水环境的影响主要体现在地下水水量减少和水质变差两方面，其作用机理与特点如下[62]。

① 对地下水水量的影响机制

煤矿地下开采对地下水水量的影响呈现出较强的时间差异性，即建设期、运营期、闭矿后三个阶段，对地下水水量的影响明显不同。建设期包括井巷施工、矿山地面建筑和机电设备安装等三个方面的工程施工。该阶段新开凿的井筒将通过煤系地层各含水层和隔水层，引发地下水涌出等一系列问题。随着基础建设工作逐渐收尾，其对地下水的影响逐渐减弱，直至达到基本稳定。运营期，随着各工作面的不断推进，回采空间的围岩支撑条件发生显著变化，导水裂隙带和底板矿压破坏带随之形成，上覆含水岩层和底板承压水被导通，地下水损失严重，且呈现出长期、连续的特点。闭矿后，随着采煤活动的终止，不再形成新的采空区，覆岩和底板逐渐趋于稳定，其对地下水的影响逐渐减弱并趋于稳定。

引发矿区地下水水量变化的主要机制是由于煤层采动的扰动，煤层围岩所受应力的平衡被打破，在寻求新的应力平衡的过程中，围岩因局部受力不均匀发生变形直至断裂，进而导通含水层。此外，井巷开采直接揭露含水层也是导致地下水水量发生变化的重要因素。

② 对地下水水质的影响机制

煤矿地下开采对地下水水质的影响是复杂的物理、化学和生物过程。地下开采过程中，地下水污染源主要为煤矿生产过程中产生的矿井水、工业场地生产生活污水和固体废弃物堆放淋滤水三个方面。

一般情况下，污水经由表层土壤和包气带或岩层孔隙和裂隙进入含水层，通过水动力弥散作用与含水层中的地下水进行溶质交换，从而对地下水造成污染。此外，在污水流经土壤或岩层的过程中，由于土壤或岩层中颗粒的物理吸附、化学键合、离子交换、生物降解等影响，污水中的部分有毒有害溶质被吸附；另一部分原本无害的溶质在化学作用或生物作用下，被转化为有毒有害的溶质，造成含水层水质降低。

### 3.3.5 矿井热污染

（1）矿井热污染的分类

矿内热环境是指矿井内的热微气候，把恶劣的热环境称为热害，或者热污染[63]。造成矿井温度升高的因素主要包括物理因素、化学因素和生物因素，如表 3-9 所示。矿井内热源一般包括地热、地下水蒸发热、空气压缩热、机械设备散热、爆破热、氧化反应热、人体散热等，其中，地热、空气压缩热、爆破热是主要的井下热源。

**表 3-9 矿井生产系统热源**

Table 3-9 Heat source analysis of mine production system

| 热源性质 | 热源项目 | 发生地点 |
|---|---|---|
| 物理因素 | 地热(包括热水)、空气压缩热、机电设备散热、岩层下层的摩擦生热 | 井巷、硐室、竖井、斜井、机电设备工作点 |
| 化学因素 | 氧化反应生热、内燃机废气排热、爆破热 | 硫化矿、坑木腐烂处、内燃机工作点、采掘工作面 |
| 生物因素 | 人体散热 | 工作人员作业点 |

① 地热

地热是最重要的深井通风热源,以围岩传热的形式散热,地面以下岩层温度变化规律为:自上而下,岩层划分为变温带、恒温带和增温带,其中,恒温带以下的岩石温度随深度增加而增加,当采掘作业将岩石暴露出来后,地热便从岩石中释放出来。原岩放热是深井矿山的主要热源之一,当井下空气流经围岩时,两者发生热量交换,导致井下空气温度升高。因受地热增温的影响,岩石温度随深度的增加而升高。围岩与井巷空气热量主要以传导和对流形式交换,即借热传导自岩体深处向井巷传热,或经裂隙水借对流将热量传至井巷。

② 空气压缩热

地面空气经井筒进入矿井内,由于受到井筒空气柱的压力而被压缩,空气到达井筒底部时,其所具有的势能转化为热能。试验表明,空气每下降 100 m,空气温度升高约 0.4~0.5 ℃,空气压缩产生的热量约占井下热量的 20%。

③ 爆破热

炸药爆炸产生的能量一部分用于破坏矿岩结构,另一部分则以热量的形式释放到矿井内空气中,提高了矿石温度。因此,井下炸药爆炸具有两重放热性:一是在爆破时迅速向空气和围岩释放热量,形成一个较高的局部热源;二是炸药爆炸时传向围岩中的热量又以围岩放热的形式在一个较长的时期内缓慢地向矿井内空气中释放。

④ 其他热源

地表大气状态的变化、氧化反应产生的热、机械设备在生产过程中的散热以及井下工作人员的散热也是井下热量的主要来源。

(2)矿井热污染的危害

矿井热污染的危害主要包括危害人体健康、影响生产效率、硫尘爆炸和围岩失稳等。

① 危害人体健康

在恶劣的热环境条件下,人体会出现一系列生理功能的反常,当负荷超过了人体的适应性限度,人的机体受到热损伤就会影响人体的健康和安全。a. 对机体的影响:矿井热量升高时,人体通过生理调节把多余热量激发到外界,以保持人体的热平衡;当热量持续升高时,一方面恶化了外部的散热条件,另一方面使体内温度调节功能紊乱,造成体内积蓄热量增加,破坏了体温的恒定。b. 对水盐代谢和肾脏的影响:人体在高温条件下散热的主要形式是出汗和汗液蒸发,出汗造成大量的氯化钠、水流性维生素和其他矿物盐类流出体外,破坏了人体正常的水盐代谢平衡,容易引发疲乏、头晕、恶心、热痉挛、尿液减少等症状,尿液浓缩加重了肾脏的负担,容易引发肾病变。c. 对神经系统及心脏肠胃的影响:恶劣的热环境容易造成大脑皮层机能紊乱,人体血管高度扩张,血液循环加快,加重了心脏的负担,长期心肌过劳会引发心力衰竭。由于血管高度充血,人体消化器官的供血量便相对减少,消化分泌功能减退,会引起消化不良、食欲减退和其他肠胃疾病等。

② 影响生产效率

矿井内热污染对矿山生产效率的影响显著,分为"有形"影响和"无形"影响。"有形"影响是指矿井内热污染直接损害工人身心健康,特别是生产第一线的工人,由于第一线工作环境恶劣,工人出现各种疾病,出勤率降低,影响整个矿井的生产效率。"无形"影响是指矿井热污染导致人体中枢神经受到抑制,降低肌肉的活动能力;同时,在热环境中作业,工人闷热难受、心情烦躁、注意力不集中,机械设备在高温高湿条件下散热困难或绝缘受损或设备温度过高而损坏,这造成生产效率降低,甚至出现安全和设备事故。根据日本 1979 年全国调查,在 30～34 ℃环境下作业发生事故的概率是在低于 30 ℃环境下作业的 36 倍。

③ 硫尘爆炸

含硫矿山的矿石被爆破成碎块从原岩中分离出来后,与空气接触面骤然增加,会发生大量的氧化反应,产生大量的热量。如果采场通风不良,或者矿石堆积太多太久,氧化反应产生的热量积聚致使采场温度逐渐升高,当温度达到矿石燃点时,矿石便会自燃着火。同时,采场温度越高,采场中气体的压力就越大,当压力达到一定程度时,高温有毒气体便从薄弱部位如装矿巷道突出,或者采场压力虽然还未达到从出矿口突出,但如果这时工人从装矿巷道出矿,便会激发高温热浪的突出,形成硫尘爆炸。

④ 围岩失稳

岩石是一种导热系数和热导率都较小的脆性材料,矿石氧化放热、自燃着火导致采场稳定急剧下降,围岩急剧受热,围岩内部将产生较大的温度梯度,由此将产生巨大的热冲击应力。采场内温度升高越快,热导率越小,热冲击应力越大。由于岩石的抗拉强度和抗剪强度都很低,在强大热冲击应力的作用下很容易造成围岩的脆性破坏。此外,围岩急剧受热使岩石内部的水分被加热,产生相应温度下的饱和压力。当饱和压力大于岩石的抗拉强度时,围岩也将产生破坏。

# 3.4　露天开采产生的生态问题

## 3.4.1　露天开采的基本知识

（1）基本概念与步骤

露天开采又称"露天采矿",是直接将覆盖于矿体之上的土、岩剥离后获取矿产资源的开采方法,一般适用于规模较大、储量丰富、埋藏较浅的厚矿体[37]。露天开采的步骤可分为准备阶段、基本建设阶段、正常生产阶段和生态恢复阶段[22]。

① 准备阶段

露天矿经地质勘探部门确定探明储量后,首先对矿床的开采可行性进行研究,在可行性研究中涉及矿石的品位、储量、埋藏条件、矿石综合处理难易程度、市场需求状况、开采方法等。确定开采方法后,要对露天开采进行初步设计;初步设计经投资方通过后,还要进行各项工程的施工设计。

② 基本建设阶段

首先,清理开采范围内的建筑物、植被等障碍物,改道河流,疏干湖泊,处理文物等,对于地下水较大的矿山,要预先排出开采范围内的地下水,处理地表水,修建水坝和挡水沟隔绝地表水,防止其流入露天采场。这些准备工作完成后要进行矿山的前期建设,电力建设包括输电线、变电所的布置;工业场地建设包括机修车间、材料仓库、生活办公用房的建设;生产建设包括选矿厂、排土场的设计以及矿石、废石、人员、材料运输路线的设计;生产辅助建设包括照明、通信等。

③ 正常生产阶段

露天矿正常生产是按照一定生产程序和生产进程完成的。在垂直延伸方向上是准备新水平的过程,首先掘进出入沟,然后开挖开段沟;在水平方向上是由开段沟向两侧或一侧扩帮(剥离和采矿)。扩帮是按照一定的生产方式完成的,其生产过程分为穿孔爆破、采装、运输、排土四个环节。穿孔爆破是采用大型潜孔钻机或牙轮钻机等设备钻凿炮孔,爆破岩石,将矿岩从母岩上分离下来;采装是采用电铲挖掘机或其他采掘设备将矿岩装入运输设备;运输是指采用汽车、火车或者其他运输工具将矿石和废石分别运往选矿厂和排土场;排土是指采用各种排土工具(电铲、排土机、排土犁等)将排土场上的废弃物按合理工艺进行处理,以保证排土场持续均衡使用。

④ 生态恢复阶段

矿山开采结束后,矿区占用面积达到最大,为了修复生态环境,保持生态平衡,必须对矿区进行必要的生态恢复工作,例如覆土造田、绿化裸露的场地、处理排土场渗水等,确保露天采场的安全。

(2)露天采矿方法

露天采矿方法是指从敞露地表的矿场由浅而深采出矿石的方法。按采矿作业的连续程度,露天采矿方法可分为间断式、半连续式和连续式三种。按矿床分布情况,露天采矿方法主要分为两类:① 平缓矿床的采矿法。该法适用于倾角小于 12°的矿床,多采用倒推采矿法、横运采矿法或纵运采矿法等;② 倾斜矿床的采矿法。该法基本上是把剥离物运往外排土场,仅当采掘工作达到最深处时,才能利用采空区内排[64]。诺沃日洛夫教授参照各种露天采矿方法的分类,总结并提出了有用矿物露天开采方法分类[65],如表 3-10 所示。

表 3-10   露天开采方法分类
Table 3-10   Classification of open-pit mining methods

| 类别 | | 采矿方法 | 排土场位置 | 进路推进方向 |
|---|---|---|---|---|
| 水平和缓倾斜矿床<br>(0~12°) | 1 | 单斗挖掘机剥离倒推法 | 内部排土 | 纵向、横向 |
| | 2 | 连续式运输-排土机组剥离运输法 | 内部排土 | 纵向、横向 |
| | 3 | 间断式挖掘机-运输机组法 | 外部排土、内部排土、联合排土 | 纵向、横向、环形 |
| | 4 | 连续式挖掘机-运输机组法 | 外部排土、内部排土、联合排土 | 纵向、横向、扇形 |
| | 5 | 小型机械化与水力机械化法 | 外部排土、内部排土、联合排土 | 不同方向,因矿山地质条件而异 |
| | 6 | 应用各种组合工艺开采和加工矿岩以获得建筑材料法 | 外部排土、内部排土、联合排土 | 不同方向,因矿山地质条件而异 |
| | 7 | 水平和缓倾斜矿床联合法 | 1—7 类采矿方法的某种合理联合方式 | |
| 倾斜和急倾斜矿床<br>(大于 12°) | 8 | 间断式挖掘机-运输机组法 | 外部排土、内部排土、联合排土 | 纵向、横向、环形 |
| | 9 | 连续式挖掘机-运输机组法 | 外部排土、内部排土、联合排土 | 纵向、横向、扇形 |
| | 10 | 露天-地下联合采矿方法和露天转地下法 | 露天-地下同时开采和露天转地下开采时的某种合理联合方式 | |

(3)露天开采对生态环境的影响

露天开采对生态环境的影响主要分为景观损毁和生态破坏。露天开采对生态环境的影响(表 3-11)主要体现在大气污染、水体污染、土地的破坏和污染以及诱发地质灾害等。

表 3-11　露天开采对生态环境的影响
Table 3-11　Effect of open-pit mining on ecological environment

| 类型 | 形式 | 特征 |
|---|---|---|
| 景观损毁 | 采空区 | 露天采矿场;最终采掘带沟道;截水沟 |
| | 废石场 | 岩石物理力学和农业生物学特性良好的内外排土场;岩性良好的水力排土场和尾矿池;岩性不好的水力排土场和尾矿池 |
| | 工业设施所占地段 | 建筑物;构筑物;矿山内部道路与其他路线 |
| 生态破坏 | 改变开采地区水文地质条件;污染土地、空气和水体 | 土地疏干、地表沉降、侵蚀;地表水和地下水酸化;侵蚀岩石排土场;排土场粉尘;岩石排土场自燃;爆破时的毒气与粉尘污染;穿孔、运输及其他作业的废气污染 |
| | 地震 | 爆破时的地震波和冲击波破坏人工建筑物和自然物体 |
| | 噪声 | 爆破和其他作业时造成的噪声 |

### 3.4.2　大气污染

(1) 露天矿粉尘的来源与危害

露天矿粉尘的来源与危害[66,67],如图 3-3 所示。

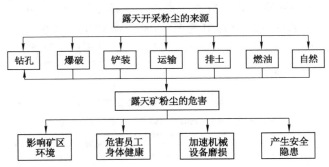

图 3-3　露天矿粉尘的来源与危害
Fig. 3-3　Source and harm of dust in surface mine

① 露天矿粉尘的来源

露天矿粉尘的来源主要是人为来源,也包括一部分自然来源。a. 钻机穿孔作业:钻机穿孔作业时会产生大量粉尘,持续时间长,起尘总量很大。b. 爆破作业:岩石爆破时,由于爆破破碎的巨大压力,岩石破碎形成大量的粉尘,并随着爆炸所释放的能量向外扩散。c. 铲装作业:一部分粉尘是电铲作业时,岩石受挖掘作用影响进一步破碎产生的;另一部分是降落在岩土表面上粉尘受震动而扬起形成的;另外电铲卸料时物料下降过程中和撞击受料斗时都会产生大量粉尘。d. 运输作业:一方面,露天矿道路质量较差,路面一般没有采用固化材料,卡车在运输剥离物时会产生大量粉尘;另一方面,卡车反复碾压道路导致路面破坏产生粉尘,同时道路上也会沉降大量粉尘,会在卡车经过时被扰动产生二次扬尘。e. 排土场作业:自翻车排土时,物料之间发生碰撞摩擦会产生粉尘。f. 燃油扬尘:露天矿所有使用化石燃料的设备作业时都会产生废气,一般含有大量的氮、硫化合物,会形成粉尘。g. 自然扬尘:如大风等自然条件使得露天矿出现扬尘、扬沙等现象。

② 露天矿粉尘的危害

露天开采产生粉尘的危害主要表现为:a. 影响矿区环境。粉尘会降低矿区周边的空气质量,污染工作场地;粉尘飘落到周边植物叶片上,会影响植物的光合作用,从而阻碍植物的正常生长;粉尘中含有污染离子,飘落到周边水体中会影响水体质量。b. 影响矿区员工身体健康。人体长期吸入矿区粉尘,轻者引起呼吸道炎症,重者会患尘肺病。c. 加速机械设备磨损,缩短精密仪器的使用寿命,增加设备的维护费用。d. 产生安全隐患。某些粉尘(如煤尘)在一定条件下会发生爆炸;粉尘降低了采场的能见度,容易引起撞车、翻车等安全事故,并影响露天矿的正常作业,降低生产效率。

(2) 露天矿粉尘的类型

露天矿粉尘按其性质可分为:① 无机性粉尘。无机性粉尘指的是无机物破碎形成的粉尘。② 有机性粉尘。有机性粉尘指的是有机物细小颗粒。③ 混合性粉尘。混合性粉尘指的是有机性和无机性粉尘的混合物。

露天矿粉尘按其粒径可分为:① 细颗粒物。细颗粒物是指粉尘颗粒直径≤2.5 $\mu$m 的颗粒物,简称 $PM_{2.5}$ 或者可入肺颗粒物。与直径较大的颗粒物相比,细颗粒物粒径小,体积小,相同质量粉尘表面积远远大于大颗粒粉尘,吸附能力强,容易携带有毒有害物质,并容易长期飘浮在空气中,对大气环境质量和人体健康造成较大危害,细颗粒物污染空气质量等级如表 3-12 所示。② 粗颗粒物。粗颗粒物是指粉尘颗粒直径>2.5 $\mu$m 的颗粒物,其中颗粒直径<10 $\mu$m 的粉尘能长时间飘浮在空气中,也称浮游粉尘或者可吸入颗粒物。与细颗粒物相比,粗颗粒物的主要影响是污染了工作面附近的空气。由于易沉降的特点,粗颗粒物扩散的范围要远小于细颗粒物。

表 3-12  细颗粒物空气质量标准值

Table 3-12   Air quality standard of fine particles

| 空气质量等级 | 24 h 细颗粒物平均值的标准值范围/($\mu$g/m³) |
| --- | --- |
| 优 | 0~35 |
| 良 | 35~75 |
| 轻度污染 | 75~115 |
| 中度污染 | 115~150 |
| 重度污染 | 150~250 |
| 严重污染 | 250 及以上 |

(3) 露天矿粉尘的特点

露天矿粉尘的特点主要体现在粒度、分散度、浓度、湿润性和荷电性等方面。

① 露天矿粉尘的粒度

粉尘粒度是以尘粒的直径来衡量的,用微米($\mu$m)作单位。由于粉尘的形状不一,一般用尘粒的直径或者其投影的定向长度来表示其粒度。按照尘粒直径大小,通常将粉尘分为四级:小于 2 $\mu$m;2~5 $\mu$m;5~10 $\mu$m;大于 10 $\mu$m。按照粉尘可见程度,通常将粉尘分为可见尘粒、显微尘粒和超显微尘粒三类：可见尘粒的直径大于 10 $\mu m$，光线明亮时肉眼可见；显微尘粒的直径为 0.25～10 $\mu m$，普通显微镜下可见；超显微尘粒的直径小于 0.25 $\mu m$，只在高倍或电子显微镜下可见。粉尘粒度不同，在空气中飘浮的时间不同，人体吸入体内的浓度也不同。颗粒越细，在空气中飘浮的时间越长，进入人体的机会越多，对人体的危害就越大。不同粒度的粉尘在静止空气中的沉降速度如表 3-13 所示。

**表 3-13  不同粒度的粉尘在静止空气中的沉降速度**

**Table 3-13  Sedimentation velocity of different size of quartz dust in still air**

| 尘粒直径/$\mu m$ | 100 | 10 | 1 | 0.1 |
|---|---|---|---|---|
| 沉降速度/(m/s) | 786 | 7.87 | 0.786 | 0.000 786 |

② 露天矿粉尘的分散度

粉尘分散度是指粉尘整体组成中各种粒度的尘粒所占质量或者数量的百分比。作业场所中含有大量不同粒径的粉尘，若小颗粒所占百分比大，就称为分散度高，反之则称为分散度低。由于粉尘的颗粒越小，越难捕捉和沉降，且越容易被吸入人体内，因此，粉尘的分散度越高，其危害性就越大。

③ 露天矿粉尘的浓度

粉尘浓度是体现粉尘量大小的参数之一，是指空气中含浮尘的数量。一般用两种指标来度量：每立方米空气中所含浮尘的质量，单位为 mg/m³，其测量方法称为质量法；每立方厘米空气中所含浮尘的粒数，单位为粒/cm³，其测定方法称为计数法。

④ 露天矿粉尘的湿润性

根据粉尘被湿润的难易程度，将其分为亲水性粉尘和疏水性粉尘。粉尘的湿润性随气压的增加和它与水接触时间的增加而增加，随尘粒的变小与气温的上升而降低，除此之外，还与粉尘的成岩（矿）组成分有关。微细颗粒因表面吸附气体形成气膜，水对它的湿润效果很差；同时，由于悬浮于空气中的微细颗粒易受风流涡流的影响而产生绕流现象，颗粒与喷雾的雾滴不易相碰。因此，应改善喷雾结构和性能，增加雾滴的分布密度，提高颗粒与雾滴的相对运动速度；并加入湿润剂降低水的表面张力等，以提高雾滴对悬浮在空气中微细颗粒的湿度和沉降效果。

⑤ 露天矿粉尘的荷电性

粉尘的荷电性是指悬浮于空气中的粉尘通常带有电荷的性质。这种电荷是由于岩体破碎时摩擦、粒子间撞击或放射性照射、电晕放电等原因产生的。尘粒的荷电量主要取决于它的大小和质量，另外，还与湿度和温度有关，湿度增大带电量减少，温度升高则带电量增加。粉尘带电后，其凝聚性有所增强，使尘粒增大而较易沉降和被捕获，所以，带电后的尘粒也较易沉降于支气管和肺泡中，加剧了对人体的危害。

### 3.4.3  水体污染

（1）露天矿坑水

天然降雨和雪水是露天矿坑水的主要来源，它们会将大气和矿坑中的污染物（如大气中的二氧化硫、烟尘和矿坑中的矿物微粒等）带入积水中，从而造成水体污染。

（2）降水淋滤与渗流污染

露天矿石堆和废石场在风和雨水的共同作用下发生风化、分解、溶滤等不同程度的物理、化学和生化反应,使水体中含有大量的悬浮物、溶解物、重金属离子和放射性物质等。对于含硫化物的露天矿,矿石在空气和水的作用下不断氧化分解生成大量的硫酸盐类物质,尤其是当降雨浸入露天矿石堆和废石堆后,矿石和废石堆中会渗出大量的酸性水,进而通过径流作用污染地表水体。

（3）废水渗透及污染

矿山废水与选矿废水排入尾矿库后,通过土壤及岩石层的裂隙渗透而进入含水层,造成地下水污染。同时,尾矿库中的废水还会发生地表渗透造成地表水的污染。

（4）雨水冲刷与径流污染

露天矿采矿和运输过程中的道路建设会剥离表土,破坏地表植被,导致边坡矿岩和矿区大量含矿物的泥沙受雨水冲刷流失,造成水蚀和水土流失现象。因此,降雨等产生的地表水流会夹杂大量的悬浮物、胶状物、酸性盐类等物质进入水体,造成水质酸化。

### 3.4.4　土地破坏

露天开采对土地的损毁主要包括采掘场的土地挖损、外排土场的土地压占、工业广场等建筑对土地的占用、采矿对土地的污染等四个方面[25]。

（1）压占土地、损伤地表

露天矿开采过程中采掘出矿岩后会在地表留下巨大的矿坑,严重损害地表及植被。同时,产生的矿山固体废弃物占用和破坏大面积土地。例如美国露天开采破坏的土地面积,每年以大约 6 万 $hm^2$ 的速度增加[68]。

（2）污染土壤、影响农业生产

地表堆放的矿山固体废弃物中含有多种有毒有害物质,例如重金属元素、放射性物质等。这些固体废弃物在露天场所长期堆放,会在空气与水的作用下发生氧化、分解及溶滤等反应,使其中的有毒有害物质随地表径流污染水体和土壤,并被植物的根部吸收,影响农作物生长,造成农业减产。同时,矿山固体废弃物中的重金属元素随水流渗入土壤之后,导致土壤毒化,严重破坏土质,使土壤中的微生物大量死亡,土壤逐渐失去腐解能力,最终土壤越发贫瘠、沙化,变成"死土"。

### 3.4.5　地质灾害

（1）边坡变形与滑坡

露天矿山边坡通常具有复杂的地质构造并且处于复杂的地质环境中,露天矿山边坡岩体移动和破坏会直接影响矿山的生产与安全。岩质边坡成坡后,在其原始地质环境受到破坏后,边坡岩体内的应力重新分布形成新的应力平衡状态,在新的应力重分布条件下,边坡岩体将产生不同程度的变形与破坏,在变形初期主要表现为松动和蠕变[69,70]。松动是指在边坡形成的初始阶段,边坡岩体表面出现一系列与坡面近于平行的陡倾角裂隙,这种被裂隙切割的岩体向临空方向松开、移动,使得原有结构松弛的现象。仅存在松动变形的坡体,其应力应变关系处于稳定破裂阶段或者减速蠕变阶段,该阶段在保证坡体应力不会增加和结构强度不下降的条件下,其变形不会继续发展,坡体稳定性不会发生变化。蠕变是指边坡岩体在以自重应力为主的坡体应力长期作用下,向临空方向上产生的缓慢而持续的变形过程。蠕变的形成机理为岩土体的粒间滑动或沿裂纹微错,或由岩体中的一系列裂隙扩展。蠕变是在恒定的应力长期作用下,岩体内部一种缓慢的调整变形过程,实际上是岩体趋于破坏的一个演变过程。坡体中的剪应力比岩体长期抗剪强度低时,斜坡呈减速蠕动;只有当剪应力值接近或超过岩体长期抗剪强度时,斜坡呈加速蠕动,直至岩体破坏。

边坡的变形破坏形式很多,例如崩塌、滑坡、倾倒、剥落等,其中崩塌、倾倒和滑坡是边坡破坏的主要形式。崩塌:这种破坏是边坡的表层岩体丧失稳定的结果,表现为坡面表层岩体突然脱离母体,迅速下落并堆积于坡角,有时还伴随着岩体的翻滚和破碎;倾倒:这种破坏是因为边坡内部存在一组倾角很陡的结构面,将边坡岩体切割成许多平行的块体,而邻近坡面的陡立块体缓慢地向坡外弯曲和倒塌;滑坡:这种破坏是在较大范围内边坡沿某一特定的滑面发生的滑动,滑坡的形态一般是四周被裂隙所圈定,滑面为平面或曲面,滑体上往往有滑坡台阶,滑坡后壁上可能有擦痕,滑动轴向在滑体运动速度最大的方向上。

三种变形破坏形式中,滑坡是边坡失稳破坏的主要形式,且破坏性最大。滑坡按照坡面的形态可划分为三类:① 平面滑坡。边坡沿某一主要结构面发生滑动。② 楔形滑坡。当边坡岩体中存在两组以上结构面相互交切成楔形体,且结构面的组合交线小于边坡角大于其摩擦角时,容易发生破坏。③ 圆弧滑坡。在土体、散体结构的岩体和均质岩体中常发生这种破坏[71]。

(2)水土流失

露天矿排土场严重破坏了矿区原有地形地貌和植被,加速了水土流失。露天开采造成水土流失带来的危害主要包括以下四个方面[72]:

① 扰动和破坏天然草地植被。大量的排弃废土压占地表植被,降低其水土保持功能,极易造成地表水土流失。

② 增加土壤可蚀性,加速侵蚀。以胜利露天煤矿为例,该矿区内土壤主要为草甸土,所处地势低平,占地类型为草地,大多地段植被覆盖度较高,具有较强的抗风蚀能力。但经过露天矿建设活动而产生的排土场弃土,具有松散性及不整合性,土壤水分大量散失,土体的机械组成混杂不一,降低了原地表土壤的抗蚀力,加速了侵蚀。

③ 增加水蚀、崩塌、滑坡等严重侵蚀形式的发生。随着采矿排土的不断进行,排土场逐渐形成人工堆垫的塔丘状地貌。排弃物主要为泥岩和土沙,物料质地不均匀、松散,导致受力不均匀,容易形成沉陷、裂缝等;同时,排土场在排水不畅的情况下,容易形成平台面蚀和坡面沟蚀,在平台低洼处积水,形成陷穴;由于排弃物与地基基础物结合性较差,内排土场沿采掘场一侧容易形成滑坡。

④ 扬沙天气增多。排土场大量松散土石,经开挖扰动后土壤中的含水量极低,在强劲大风的作用下成为局部风沙源地,加剧扬沙天气的形成。

(3)矿区地震

矿区地震主要是指爆破地震,爆破地震效应是矿山工程爆破对其周围环境产生影响的主要危害因素之一。露天矿山深孔爆破属于常规生产过程,其具有单孔药量大、爆破频繁的特点,因而爆破地震不可避免地成为露天矿生产的主要安全问题[73]。

露天采场生产所产生的爆破地震效应主要取决于以下主要因素:

① 起爆方式与起爆方向。不同起爆方式所产生的地震效应截然不同,例如齐爆与微差爆破;排间微差与孔间微差等,它们的地震效应依次减弱;而起爆方向不同地震效应也不同,起爆方向的背侧地震效应最强,侧向次之,正向最小。

② 微差间隔时间。合理的微差间隔时间有助于爆破地震强度的降低,同时还能改善爆

破效果;合理的微差时间间隔,既能充分利用各孔间爆破瞬间形成的爆破空间,又使得各炮孔间地震波主峰值相互独立,地震波间相互干涉、抵消,不发生叠加现象。

③ 清渣与压渣爆破。清渣爆破的地震效应明显小于压渣爆破的地震效应,压渣爆破地震效应在爆堆的正后方表现尤为强烈。

④ 地质与地形条件。地震传播方向的地质、地形条件对于地震波的传播具有很大的影响,如地震波传播遇到破碎带、预裂缝、裂隙带及沟堑地形,则地震效应明显降低;在同样条件下,若爆源低于地表,高于爆源的地表对于地震则具有明显的放大作用,爆源越低爆破地震效应越明显。

⑤ 钻孔直径、装药结构、钻孔超深和炸药品种。钻孔直径同样对地震效应有着很大影响,钻孔直径越大,单孔装药量也越大,地震效应越明显。装药结构,即分段装药,以实现孔内分段微差,减小单段起爆药量,减小地震效应;超深越大地震效应越明显;炸药爆速越高其地震效应越明显。

## 3.5　不同地域典型矿区的生态特征

中国煤炭资源地域分布广泛,含煤面积 60 多万平方千米,占国土总面积的 6%[74]。全国 32 个省级行政区划,除上海以外都有不同质量和数量的煤炭资源。从地理位置上看,我国煤炭资源主要分布在北部和中西部地区,总体上形成了"西多东少,北富南贫"的分布格局。由于各地区地质地形条件各不相同,因此,将全国煤炭进行地域划分,从而有利于更好地了解煤炭开采过程中产生的具体生态环境问题,进一步完善矿区管理机制,促进矿区生产、生活和生态的平衡发展。根据我国煤炭矿区的主要生态环境问题以及各种自然地理特征(如水文、气候、农业生产条件、地形地貌等),将全国煤炭资源分为 5 个大区,分别为东北老工业基地、长江以北半湿润区、太行山以西半干旱区、长江以南湿润区和中西部原生态脆弱区。

### 3.5.1　东北老工业基地

东北老工业基地包括黑龙江、吉林、辽宁及内蒙古东北部。东北三省作为我国近代工业起步较早的地区,中华人民共和国成立以后特别是"一五""二五"使其大规模的经济建设,已基本形成了以钢铁、机械、石油、化工、建材、煤炭等重工业为主的基础设施完备的工业基地。

东北老工业基地分为两类,一类是加工制造型城市,另一类是资源型城市。资源型城市是世界城市发展中的一个重要模式,这类城市主要是因为自然资源(如煤炭、石油等)的开采而兴起或发展壮大的。全国共有 118 座资源枯竭型城市,占全国城市总数的 18%,其中煤炭城市 63 座、有色金属城市 12 座、黑色冶金城市 8 座、石油城市 9 座、森林城市 21 座、其他资源枯竭型城市 5 座。东北三省共有 37 座资源型城市,主要资源型城市有大庆、抚顺、阜新、鸡西、鹤岗、双鸭山和伊春等[75]。东北老工业基地的资源型城市开采历史悠久,在为当地乃至整个东北地区的经济做出重要贡献的同时,也给周边地区的生态环境造成了不可抹灭的创伤。

东北老工业基地矿区生态环境主要包括诱发地质灾害、矸石堆放污染环境和矿井水突出等。

(1) 诱发地质灾害

东北的阜新矿区地势较平缓,以丘陵为主。在 100 多年的开采历史中,以采煤为主的人类活动诱发的地质灾害十分强烈,采煤沉陷引发的各类次生地质灾害分布范围广、造成损失严重,1998—2004 年阜新煤矿区较大地质灾害统计[76]如表 3-14 所示。阜新矿区主要地质灾害是由于采矿等人类工程引发的滑坡、地表沉陷、地面塌陷和地裂缝等,潜在地质灾害的主要表现形式为崩塌、泥石流、地震和不稳定斜坡等[77]。

表 3-14　1998—2004 年阜新矿区主要地质灾害统计

Table 3-14　Statistics of major geological disasters in Fuxin mining area during 1998 to 2004

| 发生时间 | 灾害类型 | 主要诱发原因 | 发生情况分析 |
| --- | --- | --- | --- |
| 1998 年 | 地面沉降 | 采煤 | 最大沉降量 2.8 m,伴有地面塌陷、地裂缝灾害,陷坑最深 3.0 m,地裂缝最宽 2.5 m,经济损失 2 400 万元 |
| 1998 年 8 月 | 泥石流 | 采煤,降水 | 铁路运输线路堵塞,停产 4 小时,经济损失 400 万元 |
| 1999 年 | 地面塌陷 | 采煤 | 陷坑长约 20 m,宽约 2 m |
| 2000 年 3 月 | 地面塌陷 | 采煤 | 死亡 1 人,交通中断,伴有地裂缝产生,最宽 0.35 m,影响范围长 500 m,宽约 200 m |
| 2001 年 | 地面沉降 | 采煤 | 累积最大沉降量 681.08 mm,影响范围约 6 km² |
| 2001 年 6 月 | 泥石流 | 采煤,降水 | 影响范围约 600 m²,伴生片帮、塌方、地面塌陷,停产 5 h,200 m 长的交通路线、排水沟淤埋、损毁 |
| 2002 年 3 月 | 地面塌陷、地裂缝 | 采煤 | 塌坑深 12.5 m,长约 8 m,宽约 8 m,与地面塌陷伴生,地裂缝最宽 0.97 m,长约 150 m,深约 5 m |
| 2002 年 7 月 | 地面沉降 | 采煤 | 700 户民房破坏,影响范围 2 km² |
| 2002 年 8 月 | 地裂缝 | 采煤,老巷道塌陷 | 地裂缝最宽 1.5 m,长约 200 m,宽约 2.1 m |
| 2003 年 6 月 | 滑坡 | 采煤,降水 | 公路路面向采坑方向倾斜,公路两侧居民建筑物墙体开裂,最大下沉 0.35 m,迫使居民搬迁 |
| 2003 年 6 月 | 地裂缝 | 采煤 | 长 100 m,最宽 3 m,最深 3 m |
| 2003 年 7 月 | 地面塌陷 | 采煤 | 一栋尚未进户的楼房地基基础裸露,陷坑深 15 m,经济损失 5 000 万元 |
| 2004 年 6 月 | 滑坡 | 采煤,降水,振动 | 6 间民房倒塌,一栋楼楼梯倾斜,185 户 517 人搬迁,经济损失 5 580 万元 |

① 滑坡

阜新市区内未出现自然滑坡,人为造成的滑坡仅局限在阜新海州露天矿和新邱露天煤矿矿区内,以海州露天矿为主,均属于工程滑坡。海州露天矿开发始于 1953 年,2005 年闭坑,形成了长 3.9 km、宽 1.8 km、开采深度达 310 m、面积 6 km² 的亚洲第一大露天矿坑。滑坡主要集中于海州露天矿非工作帮,自 1953 年投产以来,共发生滑坡 94 次,沿非工作帮(底帮)形成滑坡 80 余次。如 1977 年 7 月 27 日滑坡土方量 1.7×10⁴ m³,直接经济损失 434.75 万元;1986 年 9 月 3 日滑坡土方量 31×10⁴ m³,直接经济损失 434.75 万元;1990 年 7 月 24 日发生的滑坡造成经济损失 352.1 万元;1994 年 7 月 3 日发生 3 起滑坡,直接经济损失 108.4 万元,间接经济损失 572.0 万元;2003 年 5 月 28 日滑坡土方量达 70×10⁴ m³,

经济损失 600 万元[77,78]。露天矿边坡岩土体结构构造、水文地质条件、斜坡地形以及降雨等因素是露天矿滑坡频发的主要因素。

阜新海州矿区内滑坡特征主要表现在以下几个方面：a. 从成因上看，同时受自然因素和人为因素的作用，其诱发原因多为雨水、节理断层发育所致；b. 从滑坡类型上看，绝大多数为岩质滑坡，仅个别人类工程经济活动强烈的地方属于土质滑坡；c. 从规模和分布上看，绝大多数为小型滑坡，且多与降雨、节理或断层的发育密切相关，相互伴生；d. 从稳定程度看，各滑坡点的稳定性属于差或较差等级，处于相对不稳定状态。

② 地表沉陷（塌陷）

在 100 多年的开采历史中，阜新矿区形成了 20 个相对独立的地表沉陷盆地和 2 个露天矿坑。总沉陷面积为 101.38 km²，总采空面积为 73.69 km²，沉陷面积是采空面积的 1.38倍。矿区地标最大下沉值为 19.09 m，最大开裂宽度为 4.77 m。沉陷盆地分布在 10 个煤矿区范围内，其中，严重沉陷的区域有 20 km²。阜新煤矿区采煤沉陷统计[79]如表 3-15 所示。

表 3-15　阜新煤矿区采煤沉陷统计

Table 3-15　Statistics of coal mining subsidence in Fuxin coal mine area

| 沉陷区 | 沉陷区面积/km² | 直接经济损失/万元 |
| --- | --- | --- |
| 工人村沉陷区 | 3.28 | 890.40 |
| 五龙沉陷区 | 12.76 | 1 530.90 |
| 东梁沉陷区 | 11.51 | 1 381.40 |
| 煤海沉陷区 | 5.87 | 2 421.30 |
| 高德沉陷区 | 4.75 | 353.20 |
| 孙家湾沉陷区 | 1.75 | 426.90 |
| 中部沉陷区 | 7.85 | 780.10 |
| 南部沉陷区 | 5.57 | 2 785.10 |
| 八坑沉陷区 | 1.42 | 2 910.58 |
| 长哈达沉陷区 | 1.36 | 2 787.60 |
| 韩家店沉陷区 | 16.88 | 386.70 |
| 清河门沉陷区 | 19.39 | 2 594.30 |
| 艾友沉陷区 | 8.99 | 339.50 |
| 总计 | 101.38 | 19 587.98 |

③ 地裂缝

根据地裂缝的力学性质，可将其分为：a. 压性地裂缝。主要是由于压力作用引起的，这种压应力都产生在沉陷盆地内。该类地裂缝比较细小，呈舒缓波状，延伸比较短。阜新矿区内此类地裂缝比较少见。b. 张性地裂缝。地裂缝的走向与压应力的作用方向平行，或与张应力的作用方向垂直。此种裂缝宽度较大，裂缝面粗糙不平整。裂缝带呈锯齿状，线性延伸较差。每一线段延伸不远，有时会转折为另一方向，但整条地裂缝的总体延伸方向较稳定。阜新矿区内主要发育此类裂缝。c. 扭性地裂缝。主要是由于剪应力引起的，地裂缝走向与最大剪应力作用方向平行。此类地裂缝线性延伸较好，产状稳定，有时犹如刀切一样整齐。

如果有两组地裂缝都很发育,可以将地面切成格子状和菱形状。阜新矿区内也有此类裂缝发育。

地表塌陷区边缘容易形成地裂缝,阜新矿区内发现的地裂缝主要分布在采煤沉陷区的塌陷坑周围,多数是由塌陷坑形成临空面造成的。阜新矿区内地裂缝分布广,规模多数属中小型,阜新矿区主要地裂缝统计情况如表3-16所示。

表 3-16　阜新矿区主要地裂缝统计

Table 3-16　Statistics of the main crack in Fuxin mining area

| 序号 | 位置 | 条数 | 成因类型 | 灾害情况 |
| --- | --- | --- | --- | --- |
| 1 | 海州露天矿北西约 150 m | 多 | 地下开挖 | 地表建筑物破坏严重,将被拆除 |
| 2 | 新邱六部 | 多 | 地下开挖 | 民用自建房地表塌陷后形成多处裂缝受损严重,威胁人民生命财产安全 |
| 3 | 长营子乡米家窝堡通往黑山公路70~71 km 处 | 多 | 地下开挖 | 地表沉降,建筑物下沉、院墙破损 |
| 4 | 五龙矿工人村 | 多 | 地下开挖 | 坡西侧居民住房受地表不均匀沉降变形开裂,威胁人民生命财产安全 |
| 5 | 五龙八坑(东风井) | 多 | 地下开挖 | 地表沉降,房屋下沉、墙壁开裂 |
| 6 | 新邱南部大岗岗村 | 2 | 地下开挖 | 农田形成长达 200~300 m 大裂缝 |
| 7 | 新邱南部大岗二村 | 多 | 地下开挖 | 农田中形成多条长达数十米的裂缝 |
| 8 | 清河门 243 沉陷区 | 多 | 地下开挖 | 农田、蓄水池等形成多条裂缝 |
| 9 | 海州矿北帮郝良土建公司 | 多 | 地下开挖 | 院内形成 8 条 120 m 大裂缝 |
| 10 | 海州矿北帮居民区 | 多 | 地下开挖 | 因沉陷造成墙壁断裂,威胁人民生命财产安全 |
| 11 | 海州露天矿总机厂 | 多 | 地下开挖 | 墙体开裂,威胁行人安全 |
| 12 | 海州露天矿观望台 | 多 | 地下开挖 | 房屋、墙壁形成数条断裂,民房无法居住 |
| 13 | 平安南部 | 多 | 地下开挖 | 居民房山墙开裂,威胁人民生命财产安全 |
| 14 | 新邱南部朱家洼村 | 多 | 地下开挖 | 居民房墙体裂缝 |
| 15 | 新邱南部查海尔 | 多 | 地下开挖 | 居民房墙壁因地表塌陷造成开裂,人民生命财产安全受到威胁 |
| 16 | 阜新县艾友村南 | 1 | 地下开挖 | 裂缝长达 300 多米 |
| 17 | 清河门矿小小线公路空东村山岗 | 多 | 地下开挖 | 大片农田中有断裂,农作物减产 |
| 18 | 平安中部 16 栋附近 | 多 | 地下开挖 | 民房墙壁1997—2001 年开裂为 0.10 m,2002 年 7 月份监测发现已开裂0.155 m,2002 年前增宽 0.505 5 m |
| 19 | 太平区煤海街 23 委 | 多 | 地下开挖 | 近十年房屋倾斜、墙壁开裂,裂缝逐年变宽,最大宽度达 5 cm |

(2)矸石堆放污染环境

阜新矿区范围内有大、中、小型煤矸石山 240 余座[80](包括个体井口堆放的),其中具有一定规模的就有 23 座,具大规模的有 4 座,主要分布在新邱东部、新邱中部、高德东山及工人村、孙家湾山。据调查,全区矸石山占地面积 2 885 hm²,总堆积量 12.108 5 亿 m³。其中较大型矸石山总占地面积 1 520 hm²,总堆积量 7.600 亿 m³。中型矸石山有 7 座,主要分布在高德矿七井、一坑、东梁二井、艾友汤头河西侧、清河门竖井及二井等,总占地面积约88.5 hm²,总堆积量 0.528 亿 m³。其余不具规模的矸石山均为个体小矿形成,零星分布在各小煤窑附近,总占地面积 200 hm²,总堆积量为 0.2 亿 m³。阜新矿区煤矸石的化学组成如表 3-17 所示。煤矸石长期露天堆积,风化和淋溶产生各种各样的污染物质,造成大气、水体、土壤污染及景观生态的破坏。煤矸石对矿区环境的污染表现在以下几个方面。

表 3-17　阜新煤矿煤矸石的化学组成　　　　　　　　单位:%

Table 3-17　Chemical composition of coal gangue in Fuxin coal mine

| 岩类 | $SiO_2$ | $Al_2O_3$ | $Fe_2O_3$ | CaO | MgO | $TiO_2$ | $K_2O$ | $Na_2O$ | 烧失量 |
|---|---|---|---|---|---|---|---|---|---|
| 黏土岩类矸石 | 46.50 | 14.10 | 2.44 | 5.50 | 5.85 | 0.58 | 0.25 | 0.31 | 16.72 |
| 砂岩类矸石 | 61.42 | 18.44 | 0.67 | 0.43 | 0.93 | 0.62 | 4.14 | 0.58 | 8.27 |
| 自燃煤矸石 | 63.80 | 16.21 | 3.46 | 1.15 | 1.88 | 0.63 | 3.46 | 2.70 | 5.09 |

① 对大气环境的污染

煤炭开发和利用,使矿区的大气环境质量严重下降,矿区空气污染日益恶化,煤矸石长期露天堆积是重要的空气污染源之一。煤矸石堆放过程中会风化形成粉尘颗粒,在风速达4.8 m/s 时,颗粒就会飞起并悬浮于大气中。据实测,在距矸石山下风方向 500 m 处,总悬浮微粒浓度可达 0.8 mg/m³。颗粒中含有很多对人体有害的元素,如:Hg、Cd、Cr、Cu、As、Mn、Zn、Al 等。小于 5 μm 的颗粒会被人体吸入肺部,导致各种疾病,如:气管炎、肺气肿、尘肺,甚至导致癌症的发生等;大于 5 μm 的颗粒也会留在人的鼻腔中,导致鼻腔感染,若进入眼中,会引起各种眼疾。

另外,颗粒悬浮于大气中,加剧了温室效应,使气候出现异常。当煤矸石中含硫量大于1%时,在加压、通风、氧化的条件下,会发生自燃。煤矸石山一旦自燃,不但释放出 CO、$SO_2$、$CO_2$、$H_2S$、$NO_x$ 和 $C_mH_n$(碳氢化合物)等有害气体,而且还伴有大量的烟尘,严重污染矿区的大气环境,损害人体健康。

② 对土壤和水体的污染

煤矸石在露天堆放过程中,经雨水淋溶后部分物质被溶解,并随雨水形成地表径流进入土壤、地表水体或地下水体,造成土壤、地表水或地下水的污染。当人们饮用了被污染的地下水时,其中的重金属等有害物质会严重危害人体健康,甚至危及生命。阜新地区于家沟地下水的污染就是由于新邱露天煤矿煤矸石淋溶水造成的[81]。阜新市区地下水中化学组分 $SO_4^{2-}$、$Cl^-$、$NO_3^-$、$H^+$ 等含量普遍较高,有毒有害组分氰、酚,$CN^-$、$Cr^{6+}$、Hg、As 等均有检出,有些组分明显超出环境背景值。如地下水中氰化物最高含量超环境背景值 5~60 倍,平均超环境背景值 2.7 倍以上。地表或地下水体长期受这种淋溶水的污染,会使水质逐渐酸化,破坏水生生态环境,当地表水用来养殖时,会造成鱼类和其他淡水生物的死亡。淋溶水随雨水形成地表径流进入土壤,会破坏土壤中重金属的本底值和平衡关系,同时也破坏了土壤的养分,并对土壤中微生物的活动产生影响。这些有害成分的存在,不仅有碍植物根系的发育和生长,而且还会在植物有机体内积蓄,通过食物链危及人体健康。

③ 对矿区景观的破坏

煤矸石多为黑灰色或黑褐色,影响自然景观。矸石风蚀扬尘,尘埃附着在建筑物和植被上,使其失去原来色调,以致矿区环境极不雅观。尘埃还会降低空气的清洁度和地面的光照度,使矿区空气浑浊不清,严重影响人们的生活和植物的生长。阜新矿区煤炭开采历史悠久,大量煤矸石堆放,使 2 885 hm² 的土地面积遭受破坏,土地资源利用率低下,使矿区景观生态环境更加恶劣。

（3）矿井水突出

阜新市所辖煤矿区 70 个矿井中已有 59 个报废关闭,采空区总面积达 73.69 km²。近年来,现服役煤矿矿井水疏干排放量基本保持在 9.61 万 m³/d,相当于阜新市全市每天供水量的 40% 以上[82]。

随着开采工程的推进,采动区域内形成的采动裂隙将不断扩展并相互贯通。其水文地质效应一方面可沟通上下含水层,另一方面可直达地下浅层或地表,导致浅层及各含水层地下水渗入井下采掘空间,形成矿井水。矿井水呈现两种赋存形式:其一,在采矿过程中随汇随排的过路矿井水;其二,矿井、采空区关闭后经一定时间汇集的滞流矿井水。矿井水在煤矿区域水资源系统中具有完整的补给—径流—排泄循环机制,其补给源主要是大气降水和采动区域的浅层地下水,由于采动裂隙扩展贯通,此时渗流场和渗流条件已经改变,使不同水文地质单元的地下水直接快速向采空区渗流汇集[83],以人工疏干、抽取为排泄源。

阜新矿区矿井涌水受地质环境影响,一般属碳酸钙镁型,pH 值为 7.0～8.25,偏碱性[84]。经水质分析化验表明,矿井水的水质较好,在 36 项指标中,大部分满足生活饮用水标准,只有几项超标（见表 3-18）,而且基本上都属于低量超标。据有关部门资料,阜新市矿井水资源量为 10.66 万 m³/d,排水量多年稳定在 9.61 万 m³/d;按煤炭可采储量计算,矿井下尚有可利用的水资源近 13 亿 m³,按年排水量 3 890 万 m³ 计算,预计服务年限可达 33 年。① 阜新煤矿区矿井水主要来源于大气降水,其水量取决于当地大气降水量及其年际分布、原始和地下开采导致的水文地质条件。② 阜新煤矿区矿井水动态特征具有明显的季节性;地下水向矿井的运动为似稳定状态,是矿井涌水量维持在 9.61 m³/d 的根本原因。采动裂隙的出现、扩展贯通,导致渗流场变化、降落漏斗扩展,是煤矿采动区增加接受大气降水能力和降水量的决定性因素。③ 阜新煤矿区矿井水利用与可持续发展表现在两个方面:其一,当前矿井排水量为最大可利用量;其二,从环境水文地质学角度,由于矿井水强烈持续抽排,地下水水位大幅度下降,矿区及其周边采动影响范围内地下水位支持的毛细水带绝对高度已低于土壤层,土壤由于失去水分支持而趋于干化,生物多样性也随之锐减。

表 3-18　阜新煤矿矿井水超标项目

Table 3-18　The over standard projects of Fuxin coal mine water

| 项目 | 总硬度 /(mg/L) | 浊度 /NTU | 总溶解性固体 /(mg/L) | 硫酸盐 /(mg/L) | 总铁 /(mg/L) | 锰 /(mg/L) | 氟化物 /(mg/L) | 细菌总数 /(个/mL) | 大肠菌群 /(个/mL) |
|------|------|------|------|------|------|------|------|------|------|
| 矿井水 | 740.1 | 100 | 1 364 | 270.0 | 0.753 | 0.2 | 1.6 | 550 | 160 |
| 饮用水标准 | 450.0 | 3 | 1 000 | 250.0 | 0.300 | 0.1 | 1.0 | 100 | 3 |

### 3.5.2 长江以北半湿润区

长江以北半湿润区主要包括河北、山东、江苏、安徽、北京、天津等,位于高潜水位平原地区。区域煤炭开采导致地表耕地大量破坏,地表沉陷后地下水位容易上升到地表标高以上,造成大量高产优质耕地常年积水或季节性积水,同时破坏居民建筑物、交通和水利工程设施等。

（1）生态环境污染

① 水污染

水污染主要是指未处理的矿井水、选煤水的排放和堆放的固体废弃物在降雨淋滤作用下造成地表水体及地下水的污染。调查统计,徐州矿务集团 2000 年的矿井水排放量达 7 100 万 m³,除自用量约 2 000 万 m³,矿周围农村用水量约 500 万 m³ 外,外排矿井水 4 600 万 m³,综合利用率仅 35%[86]。外排的高矿化度、高硬度、高氟的矿井水不仅汇入地表水体中造成地表水污染,而且通过包气带渗入补给地下水造成地下水污染。2000 年徐州矿务集团矿井水监测数据见表 3-19。

表 3-19 2000 年徐州矿务集团矿井水监测数据 单位:mg/L

Table 3-19 Monitoring data of mine water of Xuzhou mine corporation in 2000

| 煤矿 | pH | SS | COD | F | 硬度 |
|---|---|---|---|---|---|
| 韩桥矿 | 7.01 | 51 | 26 | 0.05 | 1 014 |
| 大黄山矿 | 7.40 | 37 | 75 | 0.36 | 676 |
| 权台矿 | 6.75 | 98 | 270 | 0.05 | 315 |
| 旗山矿 | 8.02 | 105 | 83.8 | 1.44 | 145 |
| 董庄矿 | 8.00 | 12 | 92.9 | 1.08 | 536 |
| 新河矿 | 7.02 | 47 | 46.8 | 0.25 | 365 |
| 卧牛山矿 | 6.96 | 35 | 59 | 0.18 | 326 |
| 庞庄矿 | 6.93 | 92 | 33.4 | 1.26 | 186 |
| 夹河矿 | 6.10 | 43 | 14.6 | 1.56 | 100 |
| 义安矿 | 7.05 | 23 | 28.5 | 0.23 | 341 |
| 垞城矿 | 6.82 | 38 | 78.6 | | 329 |
| 三河尖矿 | 7.89 | 80 | 85.7 | 2.17 | |
| 张双楼矿 | 8.00 | 327 | 386 | 1.07 | 1 510 |

徐州矿务集团 14 对矿井中 12 对矿井建有选煤厂,虽解决了高硫煤的出路,提高了洁净煤的比例,但煤炭分选过程中,含有大量煤泥悬浮物的选煤水排出,不仅流失煤泥,而且污染地表水体,特别是炼焦煤的清洗排放水,由于含有硫、酚等有害物质,更会危害水中生物[86]。另外,金属矿山的固体废弃物和煤矸石堆放经降雨淋滤,使废弃物(煤矸石)中的有害物质随雨水排入地表水体,造成水体污染。

② 土壤污染

露天堆放煤矸石经自然风化、降水淋滤后,大量可溶性无机盐和微量有毒有害的元素溶于水中直接进入土壤,造成土壤污染。据测试[87],徐州北郊重金属含量远高于徐州农业土壤背景值,Cd 普遍超过土壤环境质量二级标准,Cu、Zn、Cr 个别点超标,其中 Cr 超标严重,同时相关测试还表明该地区矸石堆由近而远,土壤中重金属元素的浓度呈降低趋势,由此可见煤矸石堆放对周围土壤产生了严重的污染。徐州矿区煤矸石有毒元素含量见表 3-20。

**表 3-20　徐州矿区煤矸石有毒元素含量**　　　　　　　　单位:$\mu g/g$

**Table 3-20　Toxic elements content of coal gangue in Xuzhou mining area**

| 样品 | Hg | Cd | Pb | As | F |
|------|------|------|------|------|------|
| 1 号煤矸石 | 0.082 | 0.069 | 29.62 | 8.62 | 355 |
| 2 号煤矸石 | 0.137 | 0.075 | 18.30 | 6.38 | 282 |
| 3 号煤矸石 | 0.094 | 0.113 | 41.27 | 12.75 | 305 |
| 平均值 | 0.104 | 0.086 | 29.73 | 9.25 | 314 |

③ 大气污染

生产建筑石料的露采矿山,在矿石爆破、矿石粉碎(生产石子、石粉)和运输(简易公路的扬尘)等过程中均产生大量粉尘向大气排放,造成矿区尘土飞扬,空气混浊,森林、植被表面覆盖着厚厚的灰尘,形成一片灰白世界,使生活在矿区周边居民的呼吸道疾病发病率明显增高;煤矸石在运输、堆放过程中受风暴的影响,尘土飞扬,粉尘颗粒和自燃排出的 $SO_2$、$H_2S$、$CO_2$、$CO$ 及 $Hg$、$Cd$、$Cu$、$As$ 等微量有害元素直接进入大气,严重污染矿区的大气环境,损害人体健康。

(2) 采空区地面沉陷

徐州矿区属于东部高潜水位矿区,采煤方式主要为井工开采。采空区地面塌陷是地下采矿最普遍最严重的矿山地质灾害。徐州市除贾汪、九里、闸河、利国和丰沛五大煤田近 20 个煤矿区产生大面积的采煤塌陷地外,地下开采的利国铁矿及邳州四户石膏矿也出现多处采空区地面塌陷[88]。据调查,利国铁矿自 1963 年转入地下开采以来,先后出现 2 处采空区地面塌陷,塌陷面积达 20.32 hm²;邳州四户石膏矿虽为矿房式开采,但由于开采深度浅、地质构造复杂,也已陆续诱发 3 起采空区地面塌陷。

徐州矿区采煤塌陷地早已成为全国的典型,根据 2005 年调查统计,全市采煤塌陷地面积达 21 289 hm²,2005 年徐州市采煤塌陷地情况如表 3-21 所示。塌陷地主要集中在贾汪、九里、闸河、丰沛煤矿区,其中,沉降深且地势低洼造成常年积水或季节性积水的面积约 5 000 hm²,平均积水 3~3.5 m,下沉较小或成为坡地的面积为 8 000 hm²,并仍以年 200~300 hm² 的速度继续发展。塌陷严重的矿区有韩桥煤矿、权台煤矿、青山泉煤矿、旗山煤矿、董庄煤矿、大黄山煤矿、庞庄煤矿、夹河煤矿、张集煤矿、垞城煤矿、三河尖煤矿和张双楼煤矿等,其塌陷面积均超过数百公顷。采煤塌陷地涉及铜山、沛县、贾汪、九里、经济开发区等 5 个县(区)的 28 个乡镇,影响总人口达 38.72 万人,引起 106 个村庄迁移,迁移人口 10.18 万人。据统计,徐州市采煤塌陷区毁损中高级以上建筑物 1 516 座,干渠及大沟以下水利工程已基本损毁,农业生产受到严重影响。地面塌陷也引起房屋倒塌,桥梁断裂,路基沉陷变形,路网破坏严重,供电、通信系统基本遭到破坏,给人民群众生产、生活带来极大困难。

表 3-21  2005 年徐州市采煤塌陷地情况

Table 3-21  Subsidence land statistics of coal mining in Xuzhou in 2005

| 县区 | 乡镇 /个 | 塌陷村庄 /个 | 涉及人口 /人 | 塌陷地总面积 /hm² | 已复垦面积 /hm² | 正在实施复垦面积 /hm² | 未复垦面积 /hm² |
|---|---|---|---|---|---|---|---|
| 铜山 | 8 | 63 | 104 120 | 6 347 | 1 602 | 661 | 4 084 |
| 九里 | 5 | 16 | 39 936 | 2 855 | 577 | 442 | 1 836 |
| 贾汪 | 6 | 38 | 125 198 | 5 736 | 2 504 | 173 | 3 059 |
| 经济开发区 | 2 | —— | — | 1 067 | 45 | — | 1 022 |
| 沛县 | 7 | 55 | 117 929 | 5 284 | 480 | 104 | 4 700 |
| 总计 | 28 | 172 | 387 183 | 21 289 | 5 208 | 1 380 | 14 701 |

① 徐州矿区塌陷地的特点

徐州矿区采煤塌陷地的空间分布主要分为以下三种类型[89]，如图 3-4 所示：a. 孤立型深度塌陷地（常年积水，图 3-4A）。一般常年积水在 3 m 以上，局部地区积水达 7 m。b. 中心区深度塌陷型。在成片区域中具有一个或一个以上的深度塌陷区，而塌陷区位于中心区域，周围有中度塌陷地（季节性积水，图 3-4B）或轻度塌陷地（坡耕地，图 3-4C）包围。其中，深度塌陷区和中度塌陷区平均下沉 3～3.5 m，常年积水或季节性积水较深，复垦难度很大。c. 深度-中度塌陷相连型。在局部地区，由于下沉程度不一，形成带状的塌陷地（图 3-4D），带状塌陷地由季节性积水区和常年积水区组成，常年积水区往往位于塌陷地带的一端。

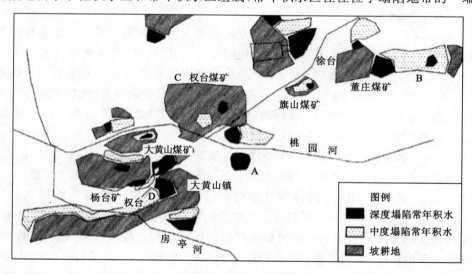

图 3-4  徐州矿区局部典型塌陷地类型及分布格局

Fig. 3-4  Type and distribution pattern of subsided land in part of Xuzhou coal mining area

② 塌陷地对农业的影响

第一，农业用地退化，土壤盐渍化，肥力下降。徐州矿区属华东高潜水位矿区，且分布于平原地区，土地塌陷最直接的影响是塌陷区积水。"十一五"期间全市未治理的各类塌陷地中,下沉较深且地势低洼造成常年积水或季节性积水的面积约 7 053.30 hm²。沉陷不仅破坏了地表形态,同时也使土壤结构受到严重破坏。塌陷地地下水位偏高,地面排水不畅,造成土壤通气不良,还原性物质增多,严重影响农作物根系的生长。地下水位偏高,增加了表层土壤水的蒸发数量,苏打、硫酸盐、氯化物等随地下水大量上升到土壤表层,造成土壤盐渍化。同时由于含水太多,土中严重缺氧,抑制了土壤微生物的代谢活动,有机物质难以分解,土壤供肥能力下降。

第二,农田水利设施损毁,农村居住环境受到威胁。煤炭开采引起的地表沉陷直接造成地表生产、生活设施的破坏。据统计,"十五"期间新增塌陷区中仅毁损中沟级以上建筑物就达 423 座,田间水利工程损毁不计其数。塌陷区或汪洋一片、或旱涝频繁、或杂草丛生,农业生产受到严重影响。开采沉陷也引起房屋裂缝、变形、倒塌,"十五"期间新增的采煤塌陷区已导致 82 座村庄搬迁,迁移人口达 6.32 万。

第三,农村生活用水紧张,农业生产用水困难。由于采煤破坏了地下岩层,一些灰岩岩溶水相继断流,大批水井干涸,原本地下水质良好的富水区逐渐变为缺水区,致使工农业生产用水日趋紧张,特别是贾汪区青山泉镇等地区,枯水时节有 20 余万居民饮水困难。地表塌陷区积水由于受矿井水排放、矸石淋溶等的污染,水质较差,不利于农业利用。

第四,农业生态环境恶化,生态系统失衡。矿区由于煤炭外运致使路面损坏较快,高低不平,同时运煤车煤屑撒落严重,汽车过后黑尘弥漫,下雨天则污水横流,其周边农作物污染严重。徐州矿区现有煤矸石山 40 多座,占地面积 133 hm²,累计堆存量 4 000 多万吨。矸石山不但严重破坏了矿区景观,占用了大量土地,而且煤矸石中有毒的化学物质由于氧化、溶解并经雨水冲刷,对矿区农田的水资源及土壤造成大面积污染。地表塌陷积水,使矿区由单一的陆生生态系统演变为水陆复合型生态系统,原有生态平衡被打破,农业生态系统遭到破坏。

(3) 矿井突水

矿井突水主要发生在地下开采的煤矿床中。由于矿床的上覆和下伏地层为含水丰富的石灰岩,矿床随着开采的延伸,地下水经深降强排,产生了巨大的水头差,使煤层受到来自上、下部灰岩地下水高水压的威胁,在构造破碎带和隔水层较薄的地段发生突水事故。据不完全统计,徐州煤矿区矿井突水事件发生近百次,多数在 20 世纪 80 年代以前,以后相对较少,但 20 世纪末到 21 世纪初众多矿井闭坑前回采老空区周边残留煤柱,导致突水事件增多,并造成巨大的经济损失和人员伤亡[90,91]。

徐州矿区矿井突水主要分为采掘型突水、构造型突水、钻孔型突水和陷落柱型突水。

采掘型突水:① 直接揭露含水层突水。这类水灾在徐州矿区较为严重,共 37 起。从水源性质看,包括直接揭露老窑老空水及上下山积水;直接揭露顶底板砂岩含水层;巷道或井筒穿过第四系时,第四系孔隙水携带泥沙溃入矿井;巷道或井筒穿过太原组灰岩时的突水事故。② 顶板冒落突水。这类事故在徐州矿区也较严重,共 8 起。其中,冒顶透第四系冲积层水 4 起,透顶板砂岩水 1 起,透顶板灰岩水 1 起,透地表水 2 起。③ 底鼓突水。底鼓突水是指在巷道和工作面回采过程中,由于留设隔防水煤岩柱不够,离底板含水层太近,在矿山压力和含水层水压的联合作用下发生底鼓,从而导致底板水突入矿井的现象。

构造型突水:由于断裂构造的作用,断层上下盘相对运动,造成煤层直接与含水层对接,或断层破碎带造成各含水层与煤层之间的水力联系,从而导致矿井突水。构造型突水又分三种形式。① 由于断裂作用,煤层直接与含水层对接而引起的突水;② 由于断裂的存在,沟通了煤层与各含水层之间的水力联系,断层作为突水通道而引起的突水;③ 断裂破碎带本身含水,巷道揭露时引起的突水。徐州矿区共发生构造型突水事故 7 起,主要是属于前两种形式,尤以断裂使煤层与含水层对接引起的突水危害更大。

钻孔型突水:当勘探阶段或生产阶段施工的钻孔未封闭或封闭不良时,就可以构成沟通采掘工作面与顶底板含水层或地表水的通道,在开采过程中接近或揭露它们的时候,就会发生突水事故。

陷落柱型突水:岩溶陷落柱不仅本身含水,而且可以穿透煤层上下含水层,在矿井掘进和开采过程中揭露这些陷落柱时,就会导致矿井突水。

(4) 其他地质灾害

① 滑坡与崩塌

滑坡、崩塌是露天开采矿山危害最严重的地质灾害,不仅造成财产损失,而且有人员伤亡。江苏省徐州市 979 个开山采石矿山(含废弃)中,除少数大型矿山采取平台式开采外,均采用原始斜坡式(一墙式)开采,高而陡的采矿边坡常诱发滑坡、崩塌地质灾害或存在滑坡、崩塌地质灾害的隐患。2000 年以来徐州市虽仅发生 6 起采矿滑坡、崩塌地质灾害,但危害严重。如发生在 2000 年 7 月 19 日的贾汪区泉旺头采石一厂的采矿滑坡,滑坡规模仅 1 000 m³,造成 2 人死亡,据 2003 年调查,徐州市露天开采矿山仍存在 276 处滑坡、崩塌地质灾害隐患[92]。

② 地裂缝

地裂缝灾害主要与采空塌陷相伴生,是造成塌陷区工程设施、民房开裂损坏的直接原因。地裂缝的方向总体上受地下开采工作面的影响,因采煤方式主要是走向长壁式,故地裂缝的展布方向多顺地层走向,地面表现形式为民房、厂房、工程设施、沥青路面及水泥地坪开裂,裂缝长达几十米,宽度几十毫米。

滑坡、崩塌体后缘受应力作用,也产生环状地裂缝灾害,如铜山区利国镇西马山铁矿露天开采坑北侧地面开裂,裂缝长 150 m,宽 10~40 m,形态似梭,影响深度大于 100 m,可见深度 1~5 m,地裂缝使 6 户个体采矿企业被迫停产,造成经济损失 150 万元左右[93]。

③ 煤矸石堆放诱发的地质灾害

多年来,徐州矿区已经将煤矸石回填塌陷区,进行了煤矸石部分综合利用的实践。然而,堆放的煤矸石由于自燃或高度风化导致其物理性质(含水量、重度等)和化学性质常常处于变化之中,致使此类人工填土上的建筑物地基产生不均匀沉降,建筑物随之发生变形破坏,修固成本非常可观。并且,回填塌陷地的过程中,煤矸石还易产生大面积的二次污染问题,容易放大污染效应,致使矸石回用的环境成本巨大。此外,当矸石堆放形成的矸石山自然安息角为 38°~40°时,在人为开挖和降雨淋滤作用下,易失稳诱发泥石流、坍塌等地质灾害,对周围人员的生命安全产生威胁。

### 3.5.3 太行山以西半干旱区

太行山以西半干旱区主要是指我国北方的大兴安岭-太行山、贺兰山之间的地区,该地区是我国煤炭资源集中分布的地区,不仅煤炭资源丰富,煤质优良,而且地理位置距离我国东部、东南部缺煤地区相对较近,是我国最重要的煤炭生产和供应基地。同时,该地区处于黄土高原和内蒙古自治区沙漠的交界处,生态环境非常脆弱,水土流失严重是制约矿区持续发展的重要因素。

(1) 地质灾害

① 崩塌

崩塌分为切坡崩塌和自然崩塌,切坡崩塌产生的原因主要是修路、开挖坡脚,主要发生在山区和丘陵地带;自然崩塌产生的原因主要是暴雨、风化和人类的工程活动等,主要发生在山区村庄的沟谷两侧,多发生在春季冰雪消融时期和雨季,可能对村庄、人畜产生一定程度的危害。大同煤矿区2004—2013年发生崩塌的统计如表3-22所示,规模从0.292万～1.186万 m³ 不等,并且目前状态均为不稳定[94]。

表 3-22　大同矿区崩塌特征统计

Table 3-22　Collapses statistics in Datong mining area

| 发生地点 | 名　称 | 规模/万 m³ | 时　间 | 发展趋势 |
|---|---|---|---|---|
| 店湾镇 | 代家沟崩塌 | 0.406,小型 | 2004 年 8 月 | 不稳定 |
| 鸦儿崖乡 | 魏家沟挖金湾矿门崩塌 | 1.030,小型 | 2004 年 9 月 | 不稳定 |
| 鸦儿崖乡 | 双盘路段崩塌 | 1.186,小型 | 2007 年 8 月 | 不稳定 |
| 鸦儿崖乡 | 双盘路段崩塌 | 0.350,小型 | 2007 年 8 月 | 不稳定 |
| 鸦儿崖乡 | 双盘路段崩塌 | 0.799,小型 | 2008 年 8 月 | 不稳定 |
| 水窑乡 | 大南沟附近崩塌 | 0.186,小型 | 2009 年 9 月 | 不稳定 |
| 水窑乡 | 下山井地段崩塌 | 0.292,小型 | 2011 年 7 月 | 不稳定 |
| 口全乡 | 同家梁矿大西街段崩塌 | 0.686,小型 | 2013 年 9 月 | 不稳定 |

大同煤矿区崩塌主要受到地形地貌、地层岩性、降水、人类经济活动等因素的影响。

a. 地形地貌。在邻近高陡边坡的地方崩塌多有发生。斜坡坡度为 50°～85°、沟壑深、坡度大、地表上的相对高差高于 200 m,使得崩塌具有了很好的邻空条件。

b. 地层岩性。石炭、泥岩、二迭系砂页岩及黄土、黏土等岩性也是崩塌发生地的主要条件,并由于石炭、二迭系砂页岩岩层软硬相间其中,非常容易造成风化裂隙,经雨水作用发生崩塌事故。人工开挖边坡时,也对坚硬致密的石灰岩引发卸荷裂缝,同时灰岩裸露在外,经风吹雨淋也会诱发裂缝,再经振动或者雨水作用产生崩塌。

c. 降水。降水主要是加速岩层风化程度,造成岩石湿润甚至饱水,当遭遇较大降雨的时候,引起重的岩体产生崩塌。尤其是当人工沿斜坡开挖修筑公路时,形成邻空面。由于人工切坡后造成的陆壁落差在 10～30 m 之间,卸荷作用下陆壁的中部及上部出现裂缝,历经雨水作用逐渐变大变宽,引起岩体松动,再加上相关外力作用,综合影响造成了崩塌。

d. 人类经济活动。人类建筑房屋、修筑公路切坡及采矿等经济活动也是引起崩塌的重要原因。正常情况下,斜坡在雨水以及重力等外力作用下可能引发滑坡等地质灾害,经过人工切坡,原始稳定的边坡蜕变成几乎直立的悬崖陆壁,为崩塌造成较为方便的人为条件。

② 不稳定斜坡

不稳定斜坡指的是陡峭的斜坡,极有可能产生滑坡、崩塌,主要为自然状态和人工陆坡。经调查,大同煤矿区不稳定或稳定性差的斜坡有 23 个,包括南郊区 12 个潜在不稳定斜坡,新荣区已经确定潜在的不稳定斜坡 7 个,左云地区 4 个不稳定斜坡。

③ 煤层自燃引起的地裂缝

采空塌陷区沉陷使上覆岩层产生不均衡水平和垂直拉应力,当产生的拉应力超过地表岩土层的抗拉强度时,就会形成地裂缝。经过调查研究发现,大同煤矿区形成的地裂缝多是标准的塌陷型地裂缝,当发生煤层自燃后,上层岩体便失去原有的平衡状态,采空区顶板发生不均匀沉降,进而形成一系列下错、拉张裂缝。地裂缝形成的影响因素有矿体的埋藏条件、地质构造、地层岩性、地形地貌、采矿方法、地下水活动及其开采条件等。其中,矿体的埋藏条件起主导作用,当其他条件一定时,开采深厚比越小,矿体埋藏越浅,则地表变形越明显。

调查发现地裂缝共有 147 条,除了大同市区的 12 个裂缝组未做统计,裂缝总长度 1 215 m,总宽度 14.18 m,总深度 140.1 m,地裂缝大多发生在凸形地貌部位,例如在山顶,裂缝方向多数平行于等高线方凹形地貌部位,例如谷底很少出现明显的地裂缝。

(2)环境污染

① 水资源污染

据 2000 年底调查统计,大同煤矿集团公司供水总人口约 68 万人,日均总供水量为 8 万 m³,其中自产水量仅占 25%,其余均外购[95]。随着煤炭开采规模的不断扩大、小煤窑的乱采乱挖、水源的连年超采,山西省地下水位普遍下降。公司自备水源时地下水位已由开采初期的 5~6 m 下降到 40 m 左右,2010 年大同市的地下水资源近乎枯竭[96]。大同煤矿采煤对水资源的影响主要表现为:

A. 水量变化。煤矿开采排水,首先,改变了采区范围地下水的补给、径流、排泄条件,使地下水的流场、流向发生变化,在"矿井三带"影响范围内,地下水可以直接流入矿井;其次,局部改变了自然条件下降水与地表水和地下水之间的转化关系,在采区范围内,"三水"均补给矿坑水;最后,受煤矿开采三带的影响,煤系各含水层发生了水力联系,引起含水层水位下降,水量发生变化。

从目前各煤矿水文地质条件及配水现状分析,采煤对水量的影响主要表现在:a. 煤矿长期排水,多数煤矿对排水未加以综合利用,造成水资源浪费,使矿区地下水资源更趋紧张;b. 煤矿开拓过程中,地下水穿透含煤地层向下部矿坑渗透,使上部含水层的水量减少,水位下降,进而造成了当地居民的用水困难;c. 由于长期排水形成以矿坑为中心的降落漏斗,采区地下水位下降,井泉水量减少,河流径流量减少或断流,进而影响河流下游的水量正常补给;d. 煤矿停采后,地下采空区成为集水空间,形成采空区积水,同时各含水层的水位逐渐恢复,地下采空区储水量逐步增加,为今后的工农业生产发展提供了新的水源;e. 矿坑排水除一部分转化为潜流和渗入地下含水层外,另一部分转化为地面水,使得有些原已干枯的河段又出现了水流,如口泉河靠矿坑水补给,当矿坑排水停止,河水随之枯竭。

B. 水质污染。a. 污染来源。矿区开采煤炭对水体造成污染的来源有:矿坑排水、固体废渣、选煤废水以及生活污水。矿坑排水:煤矿开采时形成的矿坑水是受到污染的地下水。煤层中含有 P、Cl、As、B、Hg、Pb、Cd、C、Zn 等元素,煤层一旦被揭露并和地下水相遇,将发生一系列的物理化学反应,如溶滤、离解、氧化等,使煤中一部分元素转移进入地下水体或者与地下水反应生成新的化合物。固体废渣:煤炭开采过程中,大量的固体废弃物(如煤矸石)堆积,形成黑灰色人工矸石山丘地貌,既破坏了周围景观的和谐,又争占了耕地,还会引发多种环境效应。煤矸石长期暴露在空气中,加快了风化进程,一方面,煤矸石所含有机质、黄铁矿等成分易氧化自燃,产生大量 $CO$、$NO$、$SO_2$、$H_2S$ 等废气,对空气环境造成污染;另一方面,大量的有机质成分和可溶性硫化物、重金属盐类,甚至某些废石含有放射性元素等,通过风化、大气降雨淋滤,将进入地表水体,并进一步下渗到地下水体。选煤废水:选煤是一种对原煤进行洁净处理的工艺过程,以提高煤炭质量和利用效率,除掉部分无效燃烧物质和有害元素成分。在利用水进行洗滤过程中,可使原煤部分有机质或无机物含量减少,从而使选煤废水含有大量的悬浮物、重金属离子和各类浮选剂。生活污水:矿区居住人口密集,生活污水排放亦不能忽视。生活污水中一般含有悬浮物或溶解态的有机质(如纤维素、淀粉、糖类、脂肪、蛋白质等),还含有氮、硫、磷等无机盐类和各种微生物。b. 地表水。十里河和口泉沟为区内的主要水体,而矿区内煤矿多沿河道两侧分布,因而矿区地表水的污染亦集中在这两条河道中。十里河从西向东横贯矿区北部,途经东周窑、旧高山、燕子山、四台、云冈和晋华宫等矿,最后注入大同平原。沿途接收各大小煤矿矿坑水、选煤废水和生活污水的排入,直至在下游河段,河水水质恶化严重,已逐渐成为矿区内一条污河。口泉沟发源于左云县南,贯穿矿区中北部,途径王村、挖金湾、雁崖、四老沟、白洞、同家梁和永定庄煤矿,最后流向东部平原。据资料记载,口泉沟曾常年流水,由于后来煤矿的大规模开采,河水沿途渗漏而转入地下,基本断流。目前,河水主要接收沿途各煤矿的矿坑水、选煤废水和生活污水,已属一条污水排放河道。c. 地下水。浅层地下水:受矿井采动产生的三带影响,地表污染水体沿途下渗和降雨淋滤固体废渣下渗的速度将加快,必然造成浅层地下水的串层污染,使地下水水质向差的方向发展。深层地下水:由于煤炭的大量开采,煤矿井下水的大量外排,从而引起了地下水位的持续降低,在采区范围内,地下水将产生强烈的水文地球化学效应。首先,破坏了地下水的补排平衡,使水岩系统的物理-化学动力均衡产生变化,局部疏干带的产生扩大了固液相间的比例而使系统中相互作用效应加剧,特别是氧化作用加强,促使 $Ca$、$Mg$ 转入水中,造成地下水硬度、矿化度增高。其次,由于水位下降改变了地下水径流条件,使原先物理-化学环境中平衡的额定组分迁移规律发生变化,特别是具有可变化合价元素络合生成物($Fe$、$Mn$ 等)在水中迁移活化起来,这些物质的氧化不断地消耗着地下水的氧化-还原电位,致使水中聚集和保持了无氧环境下运移的大量元素。

② 大气污染

矿区大气污染主要来自矿井排风(排风中包括瓦斯、$CO$ 等有害气体),矿区煤与矸石自燃生成的 $CO_2$、$CO$,公路、铁路运输煤炭的扬尘,矿区工业锅炉和民用锅炉灶燃煤等。据不完全统计,大同煤矿区每年排入大气中的瓦斯约 7 000 万 $m^3$,烟尘约 $1.5 \times 10^4$ t,$SO_2$ 约 $2.2 \times 10^4$ t。

大同煤矿集团公司是国有大型企业,年产原煤 3 200 万 t,现设有 3 座选煤厂,入选原煤 1 037 万 t,占总产煤量的 32.4%[97]。大同煤属低中硫煤,平均含硫量为 0.87%,最高 1.74%,最低 0.30%,选煤后产品全部外销,大同煤矿区工业及民用大部分燃用原煤,年用原煤 100 万 t,产生烟尘量 3 180 t,$SO_2$ 9 200 t。虽采取黄土覆盖法进行处置,但随着入选原煤量增加,这些含硫量高的矸石山均成为 $SO_2$ 污染隐患。

③ 煤矸石污染

据不完全统计,大同煤矿区在煤炭生产过程中排出的煤矸石山有 64 座,停用 23 座,使用 41 座,未燃 39 座,已燃 9 座,正燃 16 座。堆放矸石占地面积 2.6 km²,堆放量 3 327.6 万 t。这些矸石长期堆放在地表,不仅占用土地,其扬尘、淋溶也会对大气、地下水和土壤造成污染。部分自燃的矸石,会排放大量的烟尘与 $SO_2$、$CO$、$H_2S$ 等有害气体,对大气造成严重的污染。

（3）土地破坏

① 土地资源破坏与占用

大同煤田的煤炭生产是井工开采,每采出 1 t 煤,采空面积平均为 0.256 m²,按此计算,每年新增采空区面积约 1 800 万 m²,截至 2000 年年底,大同煤田各煤层累计采空区面积近 500 km²。

大同煤田煤层的顶板以厚层状砂岩为主,其次为砾岩、砂砾岩,层理、节理、裂隙均不发育,整体性强,采后难以及时冒落,在采后较长的时间内,因为氧化、火区燃烧、地下水涌透软化,煤柱遭到破坏,失去支撑或支援作用减弱,顶板长时间悬空,由于自重的作用,岩层断裂,顶板大面积冒落,形成地面塌陷。随着开采层位不断向下部延伸,出现了多层重复采空区,特别是综合机械化的长壁大冒顶采煤法,使上部已经形成稳定的煤柱遭到破坏,产生顶板冒落,又形成新的地面塌陷和裂隙。据不完全统计,大同煤矿区土地塌陷面积达 52.5 km²,裂隙随处可见。不仅如此,因大面积开采煤炭而排放的 3 327.6 万 t 矸石,占用了 2.6 km² 土地。

② 水土流失

大同煤矿区水资源匮乏、土地贫瘠,加之长期的煤炭开发活动,地表水、地下水经开采形成的裂缝、塌陷而截流至采空区,使矿区的生态环境进一步恶化,水土流失进一步加剧,形成了大量的裸露岩体和无法长草木的干土、砂。

③ 土壤侵蚀

侵蚀模数是土壤侵蚀强度单位,是衡量土壤侵蚀程度的一个量化指标,也称为土壤侵蚀率、土壤流失率或土壤损失幅度[98]。侵蚀模数是指表层土壤在自然营力（水力、风力、重力及冻融等）和人为活动等的综合作用下,单位面积和单位时间内被剥蚀并发生位移的土壤侵蚀量,其单位为 t/(km²·a),也可采用单位时段内的土壤侵蚀厚度,其单位为 mm/a。

由于我国幅员辽阔,影响土壤侵蚀的因素复杂多变,因此很难找出一个全国通用的土壤侵蚀强度分级标准,虽然水利部水土保持监测中心和中国科学院遥感与数字地球研究所在大量工作的基础上拟定出土壤侵蚀强度分级的参考指标,但是其实际应用效果如何并未见任何报道,为此我们依照水利部制定的标准,结合大同煤矿区实际情况,确定大同煤矿区土壤侵蚀强度分级采用以下原则:微度侵蚀土壤侵蚀模数为<1 000 t/(km²·a),轻度侵蚀土壤侵蚀模数为 1 000～2 500 t/(km²·a),中度侵蚀土壤侵蚀模数为 2 500～5 000 t/(km²·a),强度侵蚀土壤侵蚀模数为 5 000～8 000 t/(km²·a)[99]。大同煤矿区土壤侵蚀现状如表 3-23 所示。大同煤矿区主要以中度侵蚀为主,按照全国土壤侵蚀分区,属于黄土高原风蚀水蚀区。

表 3-23　大同矿区土壤侵蚀现状

Table 3-23　Current situation of soil erosion in Datong mining area

| 序号 | 土壤侵蚀强度 | 面积/km² | 百分比 |
|---|---|---|---|
| 1 | 微度侵蚀 | 63.71 | 28.02 |
| 2 | 轻度侵蚀 | 42.96 | 18.89 |
| 3 | 中度侵蚀 | 102.03 | 44.87 |
| 4 | 强度侵蚀 | 11.86 | 5.22 |
| 5 | 工程侵蚀 | 6.82 | 3.00 |
| 6 | 合计 | 227.38 | 100.00 |

### 3.5.4　长江以南湿润区

由于地质构造、地形地貌和水文气象等因素的不同,长江以南湿润区矿产资源在开发过程中产生的矿山环境效应差异极大,引发了各种严重的自然地质灾害,急剧恶化了矿区的生态环境及周边居民的生活环境。该区域水热条件优越,且大多为低山丘陵区,但植被生长状况很差,容易发生水土流失,山体滑坡、泥石流等。

（1）环境污染

① 水体污染

小龙潭矿区的采煤方式主要为露天开采,露天煤矿开采的剥离物堆积在一起,随着时间的推移、雨水的淋洗以及风化作用的影响,剥离岩石会逐渐分解,岩石中的有害物质及重金属等随水流入地下水体,造成地下水的污染,给周围居民的生产以及生活带来不便。排土场的煤矸石中富含碱金属、碱土金属和硫元素等,大气降水淋溶了煤矸石中的无机盐类,含无机盐类的淋溶水流入地表水体会对地表水体造成污染,渗入地下含水层,也会污染地下水体。而露天堆放的矿物经雨水淋溶、地表水冲刷会污染水系,形成浊流。通过比较可以发现,由于采矿影响,小龙潭矿区附近水体中 $S^{2-}$、$Cl^-$、$Fe$、$Mn$ 溶解性总固体的含量和硬度严重超标是造成水资源污染的主要因子[100]。

矿区的矿坑废水也是矿区水体的重大污染源。小龙潭矿区的矿坑废水主要来源于矿区大气降水、第四系地下水和第三系主煤段裂隙水,主要污染物为废水内成分复杂的悬浮物。这部分水在旱季主要用于采场内煤层自燃灭火和洒水降尘,基本不向周边环境排放;在雨季,因为大气降水量大,防尘和灭火用水量相对减少,多余废水自然沉淀后直接排放到南盘江中,对南盘江水体造成了严重的污染。

② 大气污染

小龙潭露天开采过程中的主要大气污染来源于露天矿采场、排土场和重型汽车运输,其污染物主要为粉尘[101]。a. 由于小龙潭矿区属于亚热带高原气候类型,雨季和旱季十分分明,夏季炎热,重型汽车在运输过程中,会产生大量的粉尘,当风速达到 4.8 m/s 时,粉尘便会悬浮在空气中,污染大气环境,矿区空气质量明显下降。同时,胶带运输系统各转载点也会产生大量的粉尘,半固定、移动式胶带运输是敞开式的,空间大,产生的粉尘容易扩散,对周边的大气环境会造成严重的污染。b. 露天采场为小龙潭矿区的主要作业地点,爆破、采装等作业工序都会产生大量粉尘;同时,小龙潭矿区以生产褐煤为主,褐煤属于易自燃煤种,褐煤自燃一方面严重破坏和消耗煤炭资源,造成资源的严重浪费,另一方面,褐煤在自燃的过程中会产生大量的 $CO$、$SO_2$ 和 $NO_2$ 等有毒有害气体,对大气造成严重污染,威胁人体健康。c. 排土场的粉尘是由于表土裸露和运输、倾倒排废物料产生的。

③ 噪声污染

根据露天采矿的工艺特点,小龙潭矿区内的噪声污染主要来源于生产噪声和交通噪声。生产噪声主要产生于振动筛及各个胶带运输机的转载点;交通噪声主要产生于矿区大型转载汽车。由于露天矿范围广、空间大、各个设备分散,其产生的噪声易扩散和传播,因此,主要对矿区内影响较大。

(2)植被与景观破坏

随着煤炭资源不断开采,小龙潭矿区内露天采场和排土场逐步扩大,侵占了原有地表覆盖的植被,改变了原有的物质循环和能量流动方式,周边植物生长的环境发生改变,从而使植物生活的范围发生萎缩或者迁移,造成一些植被数量减少甚至永久消失。

自小龙潭煤炭露天开采以来,大量的表土剥离,地表植被破坏,产生的煤矸石、尾矿等矿山固体废弃物压占土地,改变了土地利用的类型、数量和质量,破坏了原有景观形态和格局。例如,耕地变得分散,斑块数目增加,分离度和破碎度增加;斑块间的连通性减弱,人工景观类型面积增加,其他景观类型面积减少甚至消失;矿区内景观多样性和稳定性降低,生态系统的自我调节功能下降。

(3)地质灾害

在小龙潭露天煤矿煤层开采的过程中,表土剥离,土地挖损,产生的尾矿、煤矸石等固体废弃物占用大量的土地,使得地表发生移动与变形,土地面貌千疮百孔、支离破碎;地表植被破坏、水系紊乱,以及采空区的形成加剧了矿区内水土流失,诱发泥石流、山洪等[102]自然灾害。

### 3.5.5　中西部原生态脆弱区

中西部原生态脆弱区是指新疆、西藏、青海、甘肃、宁夏等中西部地区,该区域的主要环境问题是土地沙漠化、原生态景观破坏。土地沙漠化是当前世界上一个严峻的环境问题,它不仅发生在干旱、半干旱地区,在部分半湿润地区也会发生。我国中西部地区生态环境脆弱,煤炭资源的开采活动加剧了该地区的生态环境破坏。

(1)环境污染

① 土壤污染

露天开采需要占用大面积的土地,开采区的剥离面积远大于开采面积,同时露天煤矿开采面积和矿区配套设施占地比为 5 : 1[103];露天开采时爆破会产生大量的粉尘,新疆准东地区全年多风且风力较强,爆破所产生的大量粉尘将会随着空气漂浮,大量粉尘降落会给周围的土壤造成严重的污染;露天开采中所堆放的大量煤矸石,在降水作用下会浸出重金属离子,一旦随地表径流进入土壤后会造成土壤污染;露天开采中剥离的大面积表层土壤和松散物,容易引发泥石流、崩塌、地震和滑坡等次生地质灾害,给居民的生命和财产埋下巨大的隐患。

② 水体污染

露天开采时,容易造成地表和地下水系的破坏,从而导致水土流失;露天开采时,会因地下水的疏干和排泄而导致地下水位的大幅下降;开采过程中产生的大量选煤废水和矿井废水会造成地表水和地下水系的严重污染,致使水体中含有大量的悬浮物杂质,这些遭受污染的水资源一旦给人或牲畜饮用,将会引发多种疾病。

③ 大气污染

煤矸石在加工和运输的过程中,会产生大量的粉尘,从而给周围大气环境造成污染;煤矸石如果在自燃的过程中不能够得到充分燃烧,那么将会产生大量的一氧化碳和游离碳,同样会污染周围的大气环境。

(2) 生态破坏

露天采矿用水主要来自深层地下水,大量汲取深层地下水导致周围植被成片枯死,目前新疆准东地区的天然草地退化面积已经超过 80%,很多地区都布满大大小小的煤坑;植被的成片枯死和水资源的不断锐减,使得大量珍稀动物的生存环境日益恶劣,如果不采取相应的措施,新疆准东地区的动植物数量必将不断锐减。

(3) 对地下水的影响

① 地下含水层

第一,对潜水含水层的影响。在天然水文地质单元内,地下水的补给、径流和排泄处于动态平衡状态。而露天煤矿开采则使煤层上覆表土和岩层全部剥离,造成潜水含水层的完全破坏,使大量潜水汇集矿坑,随着矿坑水的外排而造成地下水水位的不断下降,从而导致地下水资源量的不断减少[104]。

第二,对承压含水层的影响。露天煤矿开采前,煤层上覆岩层的水力、重力和构造运动作用力等处于原始平衡状态,确保区域内的平衡稳定。露天开采过程中,如果区域内可采煤层为隔水层,开采会导致隔水层变为透水层,此时会出现如下两种情况:如果承压含水层水位位于矿坑底部标高以下,此时矿坑水会渗透进入承压含水层,造成承压水水质的污染;如果承压含水层水位位于矿坑底部标高以上,此时承压水会涌入矿坑,导致承压含水层的破坏。露天开采过程中,如果区域内可采煤层为承压含水层,露天开采前需要将隔水层打通来疏干全部的承压水,使承压含水层的水位降低到煤层底板标高以下,此时对承压含水层的损害是短期内难以恢复的。

② 地下水水位

新疆准东地区露天煤矿开采过程中,由于疏干水的不断排出会导致矿区地下水水位的持续下降,并且随着开采时间的延长,地下水水位的下降趋势也会越发明显。

③ 地下水流场

新疆准东地区露天煤矿开采过程中,人为的疏干水排放会削弱地下水补给的速度,改变地下水径流的方向,从而导致地下水环境均衡受到影响而形成区域性地下水降落漏斗。总的说来,露天煤矿开采对地下水流场的影响主要体现在:地下水的补给由地表水补给转变为区域外地下水径流补给为主;区域内流场分布由地质断层和天然地形地貌决定为主,转变为由疏干孔和露天采坑决定为主;地下水的排泄转变为人为疏干为主,并且地下水水位降低,水力坡度增大。

---

**本章要点**

• 主要采煤国家的矿业生态问题
• 中国矿区的分布特点
• 地下开采、露天开采产生的主要生态问题
• 中国不同地域典型矿区生态特征

# 参考文献

[1] BP. BP statistical review of world energy 2013 [EB/OL]. http：// www. bp. com/ content/dam/bpcountry/fr_fr/Documents/Rapportsetpublications/statistical_review_ of_world_energy_2013. pdf.

[2] 王伟东,李少杰,韩九曦. 世界主要煤炭资源国煤炭供需形势分析及行业发展展望[J]. 中国矿业,2015,24(2):5-9.

[3] 王灵梅. 煤炭能源工业生态学[M]. 北京:化学工业出版社,2006.

[4] 于左. 美国矿地复垦法律的经验及对中国的启示[J]. 煤炭经济研究,2005,25(5): 10-13.

[5] GREBSF. Coal more than a resource:Critical data for understanding a variety of earth-science concepts[J]. International Journal of Coal Geology,2013,118:15-32.

[6] 何国家,刘双双,石砺,等. 国外主要产煤国家煤炭成本研究[C]// 2006 煤炭经济研究文选. 2006:177-270.

[7] SLASTUNOV S V,KARKASHADZE G G,KOLIKOV K S. Problems of recovery and use of an ecological resource-coal mine methane in Russia [J]. Ekologiya Promyshlennogo Proizvodstva,2011(3):56-59.

[8] WU X W,LU W T. Constructing the framework of coal resources paid use system[J]. Advanced Materials Research，2012,524/525/526/527:3046-3051.

[9] PERKINS G,DU TOIT E,COCHRANE G,et al. Overview of underground coal gasification operations at Chinchilla, Australia[J]. Energy Sources Part A-recovery Utilization and Environmental Effects,2016,38(24):3639-3646.

[10] 郑贵强,杨德方,唐书恒,等. 印度矿产资源现状与采矿研究[J]. 资源与产业,2016,18 (3):7-10.

[11] 董大啸,苏新旭. 印度煤炭资源概况[J]. 中国煤炭地质,2016,28(8):38-41.

[12] LAHIRIDUTTK. The diverse worlds of coal in India:Energising the nation, energising livelihoods[J]. Energy Policy,2016,99:203-213.

[13] RENN O,MARSHALL J P. Coal,nuclear and renewable energy policies in Germany: From the 1950s to the "Energiewende"[J]. Energy Policy,2016,99:224-232.

[14] 许家林. 煤矿绿色开采[M]. 徐州:中国矿业大学出版社,2011.

[15] CHEN J,LIU G J,KANG Y,et al. Coal utilization in China:Environmental impacts and human health [J]. Environmental Geochemistry and Health, 2014, 36 (4): 735-753.

[16] 高天明,沈镭,刘立涛,等. 中国煤炭资源不均衡性及流动轨迹[J]. 自然资源学报, 2013,28(1):92-103.

[17] HU Z Q,FU Y H,XIAO W,et al. Ecological restoration plan for abandoned underground coal mine site in Eastern China[J]. International Journal of Mining, Reclamation and Environment,2015,29(4):316-330.

[18] KANG H,ZHANG X,SI L,et al. In-situ stress measurements and stress distribution characteristics in underground coal mines in China[J]. Engineering Geology,2010,116(3-4):333-345.

[19] 潘惠正.中国煤炭的地下开采及其发展[J].世界煤炭技术,1992(9):3-7.

[20] 安英莉,戴文婷,卞正富,等.煤炭全生命周期阶段划分及其环境行为评价:以徐州地区为例[J].中国矿业大学学报,2016,45(2):293-300.

[21] 贺佑国,王端武,白占平.国内外露天煤矿的发展趋势[J].中国煤炭,1998,24(8):13-17.

[22] 王韶辉,才庆祥,刘福明.中国露天采煤发展现状与建议[J].中国矿业,2014,23(7):83-87.

[23] 郭华.板内造山带主要构造特征研究:以燕山和大别山造山带为例[D].北京:中国地质大学(北京),1995.

[24] 宋洪柱.中国煤炭资源分布特征与勘查开发前景研究[D].北京:中国地质大学(北京),2013.

[25] 李锦轶,王克卓,李亚萍,等.天山山脉地貌特征、地壳组成与地质演化[J].地质通报,2006,25(8):895-909.

[26] 柴杨.基于多条件约束的煤炭资源有效供给能力研究[D].北京:中国矿业大学(北京),2010.

[27] 朱春俊,王延斌.鄂尔多斯盆地东北部上古生界煤系地层成煤特征分析[J].西安科技大学学报,2010,30(6):687-692.

[28] 黄文辉,敖卫华,翁成敏,等.鄂尔多斯盆地侏罗纪煤的煤岩特征及成因分析[J].现代地质,2010,24(6):1186-1197.

[29] 闫庆磊,朱炎铭,袁伟,等.开平煤田构造发育规律对煤层赋存的影响[J].中国煤炭地质,2009,21(12):38-41.

[30] 曹代勇,占文锋,刘天绩,等.柴达木盆地北缘构造分区与煤系赋存特征[J].大地构造与成矿学,2007,31(3):322-327.

[31] 高彩霞,邵龙义,李长林,等.四川盆地东部上三叠统须家河组层序地层及聚煤特征研究[J].古地理学报,2009,11(6):689-696.

[32] 许福美,黄文辉,吴传始,等.福建龙永煤田顶峰山井田童子岩组沉积环境及其演化[J].地质科学,2010,45(1):324-332.

[33] 程爱国,宁树正,袁同兴.中国煤炭资源综合区划研究[J].中国煤炭地质,2011,23(8):5-8.

[34] 黄汉江.建筑经济大辞典[M].上海:上海社会科学院出版社,1990.

[35] 陈国山,杨林.现代采矿环境保护[M].北京:冶金工业出版社,2012.

[36] 梅甫定,李向阳.矿山安全工程学[M].武汉:中国地质大学出版社,2013.

[37] 中国百科大辞典编委会.中国百科大辞典[M].北京:华夏出版社,1990.

[38] 中国冶金百科全书总编辑委员会《采矿》卷编辑委员会,冶金工业出版社《中国冶金百科全书》编辑部.中国冶金百科全书:采矿[M].北京:冶金工业出版社,1999.

[39] 韩宝平.矿区环境污染与防治[M].徐州:中国矿业大学出版社,2008.

［40］林海.矿业环境工程［M］.长沙:中南大学出版社,2010.

［41］王文静.煤矿地质灾害安全评价与损失预测研究［D］.青岛:山东科技大学,2011.

［42］董来启,李峰,武艳丽,等.煤矿地质灾害特征及防治措施的探讨［J］.科教文汇(下旬刊),2008(4):192-193.

［43］闫国杰.矿山地质灾害研究与防治探讨［J］.中国矿业,2004,13(3):67-69.

［44］闫江伟,张小兵,张子敏.煤与瓦斯突出地质控制机理探讨［J］.煤炭学报,2013,38(7):1174-1178.

［45］何学秋.含瓦斯煤岩流变动力学［M］.徐州:中国矿业大学出版社,1995.

［46］李坤,由长福,祁海鹰.矿井煤与瓦斯突出数学模型的建立［J］.工程力学,2012,29(1):202-206.

［47］李希建,林柏泉.煤与瓦斯突出机理研究现状及分析［J］.煤田地质与勘探,2010,38(1):7-13.

［48］鲜学福,辜敏,李晓红,等.煤与瓦斯突出的激发和发生条件［J］.岩土力学,2009,30(3):577-581.

［49］胡千庭,周世宁,周心权.煤与瓦斯突出过程的力学作用机理［J］.煤炭学报,2008,33(12):1368-1372.

［50］张丽娟.基于OSG的矿井突水应急虚拟仿真系统关键技术研究［D］.北京:中国矿业大学(北京),2014.

［51］于喜东.地质构造与煤层底板突水［J］.煤炭工程,2004,36(12):34-35.

［52］张光德,李栋臣,胡斌,等.矿井水灾防治［M］.徐州:中国矿业大学出版社,2002.

［53］白玉杰.煤矿水害原因分析及防治技术［J］.煤炭技术,2009,28(11):85-87.

［54］唐守锋.基于声发射监测的矿井突水前兆特征信息获取方法的研究［D］.徐州:中国矿业大学,2011.

［55］胡振琪,等.采煤沉陷地的土地资源管理与复垦［M］.北京:煤炭工业出版社,1996.

［56］陈源源.典型采煤塌陷地整治潜力及模式研究［D］.济南:山东师范大学,2015.

［57］宋成君.徐州市青山泉镇采煤塌陷地综合治理研究［D］.北京:中国农业科学院,2011.

［58］王巧妮.采煤塌陷地整治模式综合效益评价与对策研究［D］.南京:南京林业大学,2008.

［59］吴作启.复杂地质条件下煤炭开采诱发地表裂缝成因研究［D］.阜新:辽宁工程技术大学,2012.

［60］初影.采煤诱发地表裂缝数值模拟研究［D］.阜新:辽宁工程技术大学,2009.

［61］王晋丽.山区采煤地裂缝的分布特征及成因探讨［D］.太原:太原理工大学,2005.

［62］连玮.煤矿井工开采对地下水影响预测及保护对策研究［D］.西安:西北大学,2013.

［63］徐晓军,张艮林,白荣林,等.矿业环境工程与土地复垦［M］.北京:化学工业出版社,2010.

［64］李庆臻.科学技术方法大辞典［M］.北京:科学出版社,1999.

［65］М.Г.诺沃日洛夫,冀湘.露天采矿方法的分类［J］.国外金属矿山,1994(12):18-19.

［66］白润才,白羽,王志鹏,等.浅谈露天矿粉尘防治［J］.露天采矿技术,2013,28(4):76-77.

[67] 汤万钧.露天矿剥离工作面粉尘分布与运移规律模拟研究[D].徐州:中国矿业大学,2014.

[68] 尹国勋.矿山环境保护[M].徐州:中国矿业大学出版社,2010.

[69] 谢和平,陈忠辉.岩石力学[M].北京:科学出版社,2004.

[70] 姜德义,朱合华,杜云贵.边坡稳定性分析与滑坡防治[M].重庆:重庆大学出版社,2005.

[71] 王恭先.滑坡防治中的关键技术及其处理方法[J].岩石力学与工程学报,2005,24(21):20-29.

[72] 辛建宝.露天矿排土场水土流失防治模式探究[J].煤炭工程,2012,44(S2):133-134.

[73] 吕淑然,杨军,刘国振,等.露天矿爆破地震效应与降震技术研究[J].有色金属(矿山部分),2003,55(3):30-32.

[74] 张兆响.矿山开发的环境响应及生态承载力研究:以煤炭为例[M].徐州:中国矿业大学出版社,2014.

[75] 王国平.辽宁阜新煤矸石资源化研究[D].成都:成都理工大学,2005.

[76] 金速,于新,马志抒,等.大型煤矿开采区的地下水与地质灾害演变规律[J].黑龙江水专学报,2006(2):60-63.

[77] 徐友宁,徐冬寅,张江华,等.矿产资源开发中矿山地质环境问题响应差异性研究:以陕西潼关、大柳塔及辽宁阜新矿区为例[J].地球科学与环境学报,2011,33(1):89-94.

[78] 辽宁省地质矿产调查院.辽宁阜新煤矿区地质环境问题专题调查报告[R].沈阳:辽宁省地质矿产调查院,2007.

[79] 白国良.阜新地区地质灾害区划与防治规划研究[D].阜新:辽宁工程技术大学,2005.

[80] 陈建平,王志宏,郑景华.阜新矿区煤矸石对环境污染及其防治[J].露天采矿技术,2006,21(3):38-40.

[81] 刘志斌,范军富,丛鑫.煤矸石山对地下水环境质量影响的分析研究[J].露天采煤技术,2002(2):6-8.

[82] 刘俊杰,于濂洪.阜新矿区矿井水量动态影响因素与补给机理[J].辽宁工程技术大学学报(自然科学版),2009,28(1):13-16.

[83] 刘俊杰,陈雄.地下开采条件下水资源流失机理与环境影响研究[J].中国地质灾害与防治学报,2003,14(4):74-77.

[84] 肖利萍,于洋,周金娣.阜新煤矿矿井涌水的资源化[J].中国给水排水,2002,18(1):85-87.

[85] 陈维益,权景伟.徐州矿区矿井水资源城市化的实践及思考[J].煤炭科技,2002(4):5-7.

[86] 王光亚.徐州地区采煤活动引发的生态地质环境破坏和防治对策[J].江苏地质,2000,24(3):165-169.

[87] 刘红侠.徐州市北郊重金属污染研究[D].徐州:中国矿业大学,2004.

[88] 崔文静,黄敬军,韩涛,等.徐州市矿山环境地质问题及防治对策[J].中国地质灾害与防治学报,2007,18(4):93-97.

[89] 林振山,王国祥.矿区塌陷地改造与构造湿地建设:以徐州煤矿矿区塌陷地改造为例

[J].自然资源学报,2005,20(5):790-795.

[90] 夏锁林.徐州矿区矿井突水机制及水灾防治[J].江苏煤炭,1997,22(4):45-47.

[91] 夏锁林.徐州矿区矿井地质灾害灾度分析[J].中国煤田地质,1997,9(4):56-58.

[92] 徐州市国土资源局.徐州市露采矿山地质环境调查报告[R].徐州:徐州市国土资源局,2004.

[93] 黄敬军,陆华,李向前,等.江苏省矿山生态地质环境调查评价报告[R].南京:江苏省地质调查研究院,2003.

[94] 马双.基于 AHP 的大同矿区煤层自燃地质灾害研究[D].太原:太原理工大学,2014.

[95] 李永,张爱青.谈大同煤矿生活污水资源化处理及可行途径[C]∥煤矿环境保护技术交流研讨会论文集.武夷山,2003:41-44.

[96] 张春燕.山西省大同矿区水环境分析及水资源保护[J].山西焦煤科技,2010,34(9):53-56.

[97] 王玉明.大同煤矿地区二氧化硫污染现状及控制措施[J].矿业安全与环保,2002,29(5):18-19.

[98] 杨冬云.基于遥感调查的煤矿生态环境影响评价:以大同塔山矿为例[D].北京:中国地质大学(北京),2006.

[99] 中华人民共和国水利部.土壤侵蚀分类分级标准[M].北京:中国水利水电出版社,1997.

[100] 高德民.古莲河月牙湖露天煤矿土地复垦研究[J].煤炭技术,2008,27(9):144-145.

[101] 田国明,李永亮.浅谈小龙潭矿务局环境污染及防治措施[J].露天采矿技术,2005,20(6):49-50.

[102] 李国柱.小龙潭露天矿东帮滑坡分析及治理[J].露天采煤技术,1997,12(4):7-10.

[103] 王世友.新疆准东地区露天开采对环境的影响及综合治理研究[J].内蒙古煤炭经济,2013(11):35.

[104] 王威.刍议新疆准东地区露天煤矿开采对地下水环境的影响[J].内蒙古煤炭经济,2015(9):103-104.

# 4 矿区生态系统的特征、演变与调控

*内容提要*

矿区生态系统是矿业生态学的主要研究对象。本章划分了矿区生态系统的类型,分析了矿区生态系特殊的能量物质流动,揭示了矿区生态系统的演变过程与演替规律,提出并建立了矿区生态系统演变调控机制与反馈系统,以益于矿区生态系统的维护与修复。

## 4.1 矿区生态系统的类型

### 4.1.1 矿区生态系统的结构

（1）矿区的构成

矿区一词虽属常用,但却是内涵不十分明确、外延又相对模糊的概念。从隶属关系上看,由于行政上或经济上的原因,将邻近的几个矿井划归一个行政机构管理,其所属的井田合起来称为矿区。在此意义上,矿区是由采掘活动而形成的特殊社区,主要是由多个矿井、附属企业及生产服务部门组成,它们是相互区别、相互作用、相互影响的具有共同目标的完成各自特定功能的集合体。从开采对象上看,矿区又是一个包含地下空间的特殊区域,是开发矿产资源所形成的社会组合。从矿区的设计角度出发,矿区是包括若干矿井或露天矿的区域,有完整的生产工艺、地面运输、电力供应、通信调度、生产管理及生活服务设施。总的说来,矿区是以开发利用矿产资源的生产作业区和职工及其家属生活区为主,并辐射一定范围而形成的经济与行政社区。在该社区中,矿业作为主导产业,带动和支持本区经济与社会的发展。因此,在一般情况下,矿区包含 3 个部分:以开发利用矿产资源的生产作业区、矿区职工及其家属的生活区以及矿区生产及生活所辐射一定范围形成的经济和行政社区[1]。

（2）矿区生态系统的构成

矿区复合生态系统是一个关系复杂的多目标、多层次、多功能的动态生态系统[2]。按研究方向和出发点的不同,矿区生态系统的结构也有不同的划分方法。

按复合生态系统的角度看[3],矿区生态系统可分为经济、社会、自然三个子系统。矿区生态系统构成如图 4-1 所示。① 矿区经济系统是指以矿产资源开发与利用为基础的各种配套设施和运输体系,用以满足经济社会发展需要而提高物质和能量的全过程。② 矿区社会系统主要以满足矿区居民生产、生活为目标,包括居民的居住、生活、就业、教育、医疗以及生活环境的改善等,社会系统能为经济生产活动等提供劳动力和智力支持。③ 矿区自然生态系统由生物系统、非生物系统和资源系统组成,其中生物系统包括野生和人工培育的动植物、微生物等;资源系统包括矿产资源、太阳能、水能、风能等;非生物系统即环境系统,主要包括大气、岩石、土壤、地表水、地下水等。经济、社会和自然三个子系统之间相互作用,彼此互为环境。

按生态经济学观点来分[4],矿区生态系统可分为经济系统和生态系统。矿区生态系统

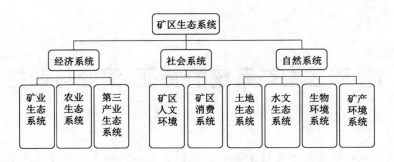

图 4-1　矿区生态系统的构成

Fig. 4-1　Structure of mining area ecosystem

是经济系统和生态系统有机结合形成的综合复杂系统,该系统具有三方面特征:① 双重性,矿区生态系统由经济系统和生态系统组合形成,因此,它的发展演变必然会受到经济规律和生态平衡规律的双重制约。② 结合性,在人类社会经济发展过程中,经济系统和生态系统的作用和地位是不对等的,其中,经济系统是经济社会发展与进步的动力,而生态系统是经济活动运行的基础,两者在矿区生态系统中结合,也体现了经济规律与自然规律的结合。③ 矛盾统一性,即在矿区生态系统内部,两个子系统的运行方向和要求既体现了矛盾的一面,又有统一的一面。一方面,经济的发展要求对资源生态系统的利用最大化,而生态系统的自我恢复能力又对自身进行"最大保护",两者之间在经济发展中产生了矛盾;另一方面,随着人们对生态环境保护意识的增强,对资源环境开发和利用的同时,也需要以不损坏生态环境为目标,对之进行保护,使得经济和生态两者的要求得到统一,进而实现了矛盾统一[5]。

　　构成矿区生态系统的诸要素之间既相互作用又相互依存,既相互促进又相互制约,既有积极正面的影响,又有消极负面的影响,构成了一个复杂的结构体系。在这一结构体系中,人既是矿区生态系统发展的组织者,也是调控者,处于系统的核心地位。复合矿区生态系统并不是各个子系统的简单组合,也不是原来系统的机械叠加,而是各个系统通过人类活动过程这个耦合作用链有机地交织在一起,各系统的物流、能流、信息流和价值流通过生产、流通、分配和消费的环节有序地关联耦合,实现矿区生态系统整体功能[6]。

　　矿区生态系统组成及结构关系特征从一个侧面反映出人类及其活动决定和影响着矿区生态系统的结构与功能的优劣,调整和控制着整个系统的发展演替方向和进程[7]。

### 4.1.2　矿区生态系统的形成

　　矿区生态系统是人类生态系统经过漫长的发展才产生的。从历史的发展角度来看,矿区生态系统先后存在三种不同的类型,它们分别代表着不同时代和不同社会生产力,并反映了人们对自然界的不同认识水平,是一个由低到高的发展演变过程[2]。矿区生态系统的形成过程如图 4-2 所示。

　　(1) 原生生态系统(regional ecosystem)

　　原生生态系统是指人类社会发展早期的矿区生态系统,此时还没有开始工业化大生产,矿业开发利用程度低,没有形成产业规模。其特征是生态系统结构简单,在生态与经济的结合上组成的生态经济循环主要是小范围的封闭式循环,此时生态系统结构、功能稳定,主要有农田生态系统、林地生态系统、草地生态系统和居住用地生态系统等。这时经济发展对自然生态系统的压力不大,生态与经济的矛盾没有显现。

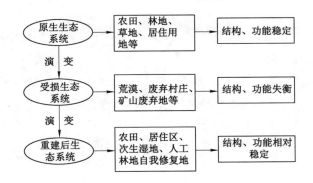

图 4-2　矿区生态系统形成

Fig. 4-2　Formation of mining area ecosystem

（2）受损生态系统（damaged ecosystem）

受损生态系统是指人类社会进入大工业阶段的生态经济系统。随着科学技术的发展，社会生产力有了飞速提高，经济的飞速发展对矿产的需求量不断扩大。由于没有生态协调的思想意识，人们为了发展经济而对矿区生态系统进行掠夺式开发，在这种生态经济系统类型下，矿区生态系统的结构呈现畸形，生态系统严重破坏，矿区灾害频繁发生，生态系统结构和功能失衡，导致原生生态系统演变为荒漠生态系统、废弃村庄、矿山废弃地生态系统等。

（3）重建后生态系统（rebuild ecosystem）

重建后生态系统是指人类社会进入新的生态时代后，从过去的生态与经济不协调走向两者协调下的矿区生态系统。其特征是在生态与经济协调和可持续发展的理论指导下，利用科学技术对受损生态系统进行生态恢复，使其恢复到结构、功能相对稳定的状态下，受损生态系统重新演变为农田、居住区、次生湿地、人工林地等。这时的生态系统循环也是开放式的循环，由于此时的生态系统的结构和功能走向协调，因此不会导致生态经济危机的产生。

### 4.1.3　矿区生态系统的类型

气候、土壤、基质、动植物区系的不同，会形成多种多样的生态系统。目前，尚无统一和完整的分类原则。根据生态系统的环境性质和形态特征来划分，可把生态系统分为水生生态系统和陆地生态系统两大类；根据人类对生态系统的影响程度来划分，可把生态系统分为自然生态系统和人工生态系统两类[8]。矿区生态系统是生态系统的子系统，按照生态系统分类原则，可以将矿区生态系统分为水生生态系统、陆地生态系统和人工生态系统三大类。矿区生态系统的类型如图 4-3 所示。

水生生态系统中栖息着自养生物（藻类、水草等）、异养生物（各种无脊椎和脊椎动物）和分解者生物（各种微生物）群落，是水域生态系统的总称。水生生态系统又可分为淡水生态系统和沼泽生态系统，前者包括江河、溪流、水渠、湖泊、池塘和水库等，后者为经常被水淹没的低洼陆地。陆地生态系统是指由陆生生物与其所处环境相互作用构成的统一体，陆生生态系统又分为荒漠生态系统（desert ecosystem）、半荒漠生态系统（semi-desert ecosystem）、草地生态系统（grass ecosystem）和林地生态系统（forest ecosystem）。荒漠生态系统是指分布于干旱矿区的生态系统，由于水分缺乏，植被极其稀疏，甚至有大片的裸露土地，植物种类

图 4-3　矿区生态系统的类型

Fig. 4-3　Type of mining area ecosystem

单调,生物生产量很低,能量流动和物质循环缓慢。半荒漠生态系统是草地生态系统与荒漠生态系统的过渡地带,主要分布于干旱半干旱矿区,极容易演变为荒漠生态系统。草地生态系统以多年生草本植物为主要生产者的陆地生态系统,具有防风、固沙、保土、调节气候、净化空气、涵养水源等生态功能,对维系生态平衡具有重要地理价值。林地生态系统是以乔木为主体的生物群落(包括植物、动物和微生物)及其非生物环境(光、热、水、气、土壤等)综合组成的生态系统,具有调节气候,保持水土的功能。人工生态系统是经过人类干预和改造后形成的生态系统,它决定于人类活动、自然生态和社会经济条件的良性循环,包括农田生态系统和城镇生态系统[9]。

## 4.2　矿区生态系统的特征与功能

### 4.2.1　生态系统的特征与功能

（1）生态系统的特征

生态系统是一个结构复杂、功能多样和循环开放的系统。根据已有研究,一般认为生态系统的特征包括:① 综合性。生态系统由多个子系统组成,各子系统又是由各种要素错综复杂、相互作用、相互制约形成的,它不是由多个独立的子系统简单的叠加形成的综合系统,而是由各子系统耦合而成的结构更复杂、层次更高、组合更紧密的复合系统,其综合性不仅体现在系统中各要素复杂的相互关系,而且体现在各子系统之间相互影响相互制衡的关系。② 整体性。生态系统是一个诸多子系统与要素相互联系、相互制约的整体。各子系统之间和要素存在紧密的相互联系,任何一个子系统的变化均将影响其他子系统的变化,要素之间的相关性极高,一个要素的变化将通过系统内的物质能量、信息流等方式相互影响。整体性既体现子系统间的协调,也表现在子系统间的竞争。子系统间既协同又竞争的关系使复合生态系统得以构成一个有机整体,子系统间相互适应,协同组合,系统整体性功能就强,反之则弱。③ 开放性。生态系统是个耗散结构,是一个远离平衡的开放系统。不仅系统内部存在物质、能量、信息等的交流,作为一个整体与系统外也存在物质、能量和信息等的交换。④ 地域性。不同地区的生态系统具有不同的特征,其分布组合有明显的区域性,显现出明显的地区差异。地域性的形成不仅由于各地所处自然环境和自然资源的差异性,而且取决于各地经济和社会的差异性。认识复合生态系统的地域性对于因地制宜、分类指导区域发展具有重要意义。

（2）生态系统的功能

生态系统的功能是生态系统所体现的各种功效或作用,主要有净化能力、能量流动、物质循环、信息传递的功能。① 净化能力(purifying capacity)。自然生态系统具有自净能力,进入系统的各种污染可通过自净能力净化,自净能力在很大程度上决定系统的承载与容量。没有自净能力,生态系统循环就会被打破;只有自净能力,复合生态系统吸纳污染的容量有限,承载有限,也将遭到破坏,复合生态系统不仅要具有自净能力,更重要的是要提高再净能力即污染的处理能力。复合生态系统的承载力和环境容量则包括自然净化能力和人类的再净能力。② 能量流动(energy flow)。主要指太阳能在系统中的转换流动,也包括人工能源产生的能量在系统中的传递。自然生态系统的能量流动是不可逆的和递减的,复合生态系统的能量流动的形式多样,除了具有自然生态系统能量流动的固有特点外,由于人类活动的参与,其能量流动呈现许多新的特征。③ 物质循环(material cycle)。生物为了满足机体生长发育、新陈代谢之需,不断从环境中获取营养物质进入有机体经传递、代谢、分体后,又重新回到环境中。在复合生态系统中,人类经济社会活动参与物质循环,加快循环速度,特别是对废弃物进行再利用,使构成废弃物的物质又回到系统实现再循环,使物质循环规模更大,实现更充分。④ 信息传递(information transfer)。在生态系统中各组成部分之间及各组成部分内部存在广泛的、各种形式的信息交流,包括营养信息、化学信息、物理信息和行为信息,这些信息把生态系统联系成统一有机的整体。在复合生态系统中,人类经济活动更是体现信息社会的特征,信息在生产、流通、消费等领域的顺畅连接使循环得以延续。通过信息化过程不仅提高了生产领域的技术水平,也提高了流通、消费领域的物流、能量流等的配置水平,并且使废弃物的处理和再循环得以顺利实现。

### 4.2.2 矿区生态系统的特征

作为社会-经济-自然融为一体的复合生态系统,根据其概念内涵可知,矿区生态系统既具备自然生态系统中生物与自然环境相互协调,能量流动、物质循环以及自我协调的功能,又受到人类科技发展水平、开采能力及开采规模的限制,造成矿区自我调节能力较差。因此,根据矿区生态系统结构组成及具体功能,矿区生态系统具有 4 个特征:开放性、人工性、复合性和能流、物流运转的特殊性[10],如图 4-4 所示。

（1）开放性(open)

作为一种复合生态系统,矿区生态系统只有通过不断从外界进行能量、物质及信息的获取才能维持自身的运转,同时,通过向外界进行废弃物质的排放以促进系统内部的健康协调。一方面,维持矿区生态系统所需要的物质和能量需要从系统外的其他生态系统中输入;另一方面,矿区生态系统所产生的各种废物,也不能靠矿区生态系统的分解者有机体完全分解,而要靠人类通过各种环境保护措施加以分解。因此,矿区生态系统的生存与发展与整个社会的自然-经济-社会复合系统息息相关,同时受自然生态规律和社会经济规律的共同支配。

（2）人工性(artificial)

在矿区生态系统中,人类出于自身生产、生活需要,在矿区内兴建公路、住宅、医院等基础设施,对矿区进行了人工改造,改变了原始自然生态系统的结构、功能及演变方向。因此,矿区生态系统是以矿山生产作业区为核心的一种独特的人工、半人工生态系统,系统的产

图 4-4　矿区生态系统的特征

Fig. 4-4　Characteristics of mining area ecosystem

生、生存、发展和消亡均按照人的意愿进行。矿区生态系统环境主要部分变成了人工环境，矿山为了生产、生活等的需要，在自然环境的基础上，建造了大量的建筑物以及交通、通信等设施。这样矿区生态系统的生态环境，除了具有阳光、空气、水、土地、地形地貌、地质、气候等自然条件以外，还大量地加进了人工环境的部分。在矿区高强度的经济生产活动下，大大地改变了原来的自然生态系统的组成、结构和特征，大量的物质、能量在矿区生态系统中输入、输出、排废，远远超过了原来的自然生态系统，剧烈的人类活动不仅改变了自然环境，而且也在不断地破坏自然生态系统。由于矿区的自然环境条件很大程度上受人工环境因素和人的活动的影响，矿区生态系统的环境显得更加复杂和多样化。

（3）复合性（complex）

矿区生态系统处于地球几个圈层相互作用、渗透的交界面上，既受区域的地质、地形地貌条件的影响和制约，又与矿山工程及人类的活动密切相关，其运作同时受自然环境影响、经济技术支持及人类活动支配。因此，矿区生态系统是以矿产资源开发利用为主导的，兼具自然、经济和社会性质的复合生态系统。

（4）能流、物流运转的特殊性（special energy and material flows）

在能量使用上，自然生态系统和矿区生态系统的不同在于：前者的能量流动类型主要集中于系统内各生物物种间所进行的动态过程，反映在生物的新陈代谢过程之中；而后者由于技术发展，大部分的能量是在非生物之间的交换和流转，反映在人力制造的各种机械设备运行的过程之中，并且随着矿区的发展，它的能量、物资供应范围越来越大。在能量传递方式上，矿区生态系统的能量传递方式要比自然生态系统多。自然生态系统主要通过食物网传递能量，而矿区生态系统可通过采掘、能源生产、运输部门等传递能量。在能量流运行机制上，自然生态系统的能量流动是天然的，而矿区生态系统的能量流动以人工为主，如一次能源转换为二次能源、有用能源等皆依靠人工等。因此，矿区生态系统能流和物流是开放式的，并需要大量的辅助能源与辅助物质。

### 4.2.3 矿区生态系统的功能

矿区生态系统的功能是指系统及其内部各子系统或各组成成分所具有的作用。矿区生态系统是一个开放型的人类生态系统,矿区生态系统和生态过程存在着自然属性的物流、能流和信息流,通过人类劳动、技术的控制和传导、信息的控制和负熵的吸收,在矿区生态系统及经济过程中又转化生成经济性的物流、能流和信息流,并产生以货币的转移和增殖为表现的价值流。因此物质循环、能量流动、价值转移和增殖、信息传递是矿区生态系统的各亚系统耦合过程中实现的最根本功能形式。功能过程表现为自然、经济的物质和能量的建成过程,自然、经济的物质与能量分解还原和耗散过程,信息的传递与控制过程。它们彼此相互关联成复杂的功能网络结构[11]。根据系统中物质、能量、信息交换方向及范围,矿区生态系统的功能可划分为外部功能和内部功能[12]。

外部功能是指矿区生态系统对其他系统所产生的作用,根据系统的内部需求,通过不断与外部系统进行物质、能量、信息交换,以保证系统内部能量流动和物质循环的正常运转和平衡。内部功能是指矿区生态系统内部各子系统之间的相互作用,主要维持系统内部物流、能流和信息流的循环和畅通,并形成各种反馈机制来调节外部功能,把系统内部多余的或者不需要的物质、能量等输出到其他生态系统。矿区生态系统的外部功能需要依靠内部功能的协调运转来完成,因此矿区生态系统的功能主要表现为系统内外物质、能量、信息及物流的输入转换和输出[12]。矿区生态系统能流、物流及信息流交换途径如图4-5所示。

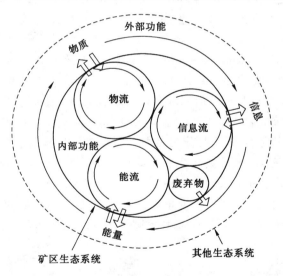

图 4-5  矿区生态系统能流、物流及信息流交换途径

Fig. 4-5  The exchange of energy, material and information flow in mining area ecosystem

以碳物质流为例对矿区生态系统功能进行探讨,物质流可以分为自然物流和经济物流,其中自然物流是经济物流的基础,经济物流的重点是实现价值累积。矿区生态系统中自然物流遵循着自然界的物质循环即矿区生态系统长期吸收生物能形成资源,通过消费者、分解者又回到环境中的过程,经济物流指的是生产—分配—交换—消费—再生产过程。环境污染是经济物流的副产品,可以尝试化废为宝创造新的经济流,实际表现为产业链的纵向延伸。矿区物质流的特点是物质流量大、物质流相对集中、对生态系统扰动大。能量流分为自

然能流和人工辅助能流,矿区的自然能流主要是以太阳能为主的生物能的积累以及环境子系统对生态扰动因素的消化;人工辅助能流是为了使经济系统更有效地利用自然能流,能量流实际上以物质流为基础。信息流可分为生态规律信息流和人工反馈信息流,矿区的生态规律信息流反映的是矿区的景观格局、资源储量、环境质量等的动态变化,人工反馈信息主要是指经济系统对生态系统的调节,使生态系统朝着有利于人类生存的方向发展。

## 4.3 矿区生态系统的演变

### 4.3.1 矿区生态系统的演变类型

矿区生态系统的演变是指随着时间的推移与矿产资源开发活动的开展,原生态系统受到干扰被另一种生态系统替代的顺序过程。矿区生态系统按照时间发展的顺序,主要经历了原始型、掠夺型和协调型三个发展阶段[13]。矿区生态系统的演变方式与矿区生态系统的地理位置、自然气候条件、矿产资源开采方式以及人类生产活动等息息相关。不同的演变条件使得矿区生态系统演变类型、演变过程均有不同。

根据矿区地理位置和气候条件,矿区生态系统可划分为干旱半干旱地区和湿润半湿润地区两大类[14]。矿区生态系统演变方向主要取决于采前生态系统类型、矿区地理位置和气候条件。采前生态系统类型一般可划分为自然生态系统和人工生态系统,自然生态系统分为水域生态系统和陆域生态系统,人工生态系统分为农田生态系统、城市生态系统等。位于干旱半干旱地区的矿区水资源匮乏,生态系统极其脆弱,矿产资源开采易造成水土流失、土地沙化,原矿区生态系统(original ecosystem)(草原、荒漠及半荒漠等)一般会向严重荒漠化或者极端荒漠化的损毁生态系统(damaged ecosystem)演变。位于湿润半湿润地区的矿区地势平坦、地下潜水位较高,开采沉陷积水会改变原有的陆生生态系统(农田、森林、草原、居民点等)向水域生态系统或者水陆共生生态系统(land and water symbiosis)演变。

矿区生态系统的演变类型可划分为陆域-陆域共生生态系统(terrestrial ecosystem-terrestrial ecosystem)、陆域-水域共生生态系统(terrestrial ecosystem-aquatic ecosystem)、陆域-水陆共生生态系统(terrestrial ecosystem-land and water symbiosis ecosystem),如图4-6所示。一般情况下,位于干旱或半干旱地区矿区生态系统演变为荒漠化或半荒漠化生态系统,位于湿润或半湿润地区矿区生态系统则演变为水域或水陆共生生态系统。

图 4-6　矿区生态系统的演变类型

Fig. 4-6　Evolution type of mining area ecosystem

## 4.3.2 矿区生态系统的演变过程

生态系统是动态的,是不断变化着的,在内因和外因的共同作用下,生态系统各组成成分及其相互关系发生显著性改变,进而生态系统发生演替。按演替的方向,生态系统的演替可分为正向演替和逆向演替。正向演替是从裸地开始,经过一系列中间阶段,最后形成生物群落与环境相适应的动态平衡的稳定状态,即演变到了最后顶级阶段;逆向演替与此相反,即群落丰富、完整健康的生态系统最终演变为裸地[15]。两类演变过程如图 4-7 所示。

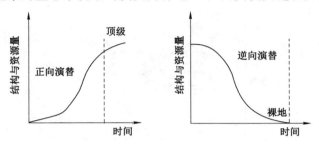

图 4-7 生态系统的两类演变过程

Fig. 4-7 Evolution process of ecosystem

矿区生态系统演变过程可根据矿产资源开采阶段进行具体划分。矿产资源开发利用前,原生生态系统一般为农田、林地、草地或居住用地等生态系统,其结构及功能相对稳定。矿产资源开采中,原生生态系统受损,生态环境遭受破坏,发生逆向演替,形成受损生态系统,其结构与功能逐渐丧失。矿产资源开发利用完成后,按照是否进行生态重建又可分为两个阶段:① 若不采取任何修复方式,矿区生态系统在其结构与功能逐渐丧失的情况下,继续发生逆向演替,最终形成结构与功能完全丧失的退化或极度退化的生态系统。② 若对矿区进行生态重建,则矿区生态系统逐渐发生正向演替,其结构与功能逐渐恢复,最终形成结构与功能完善、发展相对稳定的理性(重建)生态系统,矿区生态系统的演变过程如图 4-8 所示。

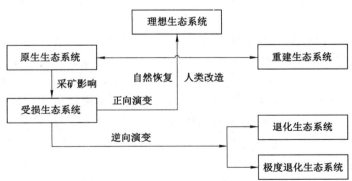

图 4-8 矿区生态系统的演变过程

Fig. 4-8 Evolution process of mining area ecosystem

神东矿区位于鄂尔多斯高原与陕西黄土高原的过渡地带,北为毛乌素沙漠,南为黄土高原,具有干旱半干旱的大陆性气候特征,土壤贫瘠,风蚀和水蚀交互作用。矿区植被类型以低而稀疏的旱生、半旱生植被为主,生态系统极为敏感。受采矿活动的影响,极易引发矿区生态系统的进一步退化,产生逆向演变。在研究神东矿区植被动态变化分析中(吴立新),1999—2004 年,由于采矿影响,神东矿区植被覆盖明显减少,重度沙化区所占面积比例大,受损生态系统逆向演变为退化生态系统。2004 年,在雨水量增加和人类改造双重作用下,神东矿区生态系统逐渐正向演变,由重度沙化向中度沙化演变,需要长时间的治理使之逐渐恢复到理想生态系统状态[16]。神东矿区土地沙化等级时空变化如图 4-9 所示。

图 4-9　神东矿区土地沙化等级时空变化

Fig. 4-9　The spatial and temporal changes of land desertification in Shendong mining area

### 4.3.3　矿区生态系统的演变规律

采矿导致了原生生态系统变为受损生态系统,如果不及时整治,将继续恶化,演变为极度退化生态系统,在现有的技术经济条件下,可能变为不可逆转生态系统。这是由于矿区生态系统退化演变除部分为渐变型退化外,大多数为突变型或跃变型退化。渐变型退化是在矿区生态系统受干扰因素的影响超过生态系统的抵抗力时发生的退化,其作用是渐进的、隐匿的、平稳的,如井工开采引发的轻度塌陷区及矿区周边受影响的土地、石油天然气(含油气田)管线建设影响的土地等。而井工开采引发的中度和中重度塌陷区,露天开采引发的土地挖损、压占以及形成矿坑、排土(岩)场、赤泥堆等大型松散堆积体发生崩塌、滑坡、泥石流等,由于人为干扰的频率和强度过度强烈,生态系统退化在短时间内推演到更严重的阶段,属于突变型或跃变型退化[17]。

可持续的矿业是在开采中不仅带来区域的经济社会发展,同时还为环境保护与修复提供资金,两者之间形成一种协同发展的模式。在我国矿产资源聚集区的本地生态系统多处于生态脆弱且不发达地区,多数城市对矿业开发容易形成依赖性,从开采初期就不具备完善的生态保护能力和意识,资源环境问题逐渐累积并对生态系统造成不可逆转的损伤。随着城市化和工业化发展进程的加快,这些地区需要以消耗大量的资源环境为代价来保证区域发展,当环境问题累积到一定程度发展为阻碍社会发展的区域问题时,会带来较大力度的治理,而由于生态风险源是矿业开采,并不能根本性解决环境问题,这样便会形成历史遗留问题[18]。多次反复累积,遗留问题未能妥善处理,新的问题继续累积,最终使矿区生态系统向极度退化生态系统的方向演变,同时会使相关管理部门不得不采取措施降低矿业拓展速度,转变矿业城市发展结构,从源头改善资源和生态之间的关系,最终实现生态系统的重建。

重建生态系统是在人类活动压力条件下受到破坏的自然生态景观的恢复重建,它涉及了大量在自然恢复生态系统过程中未曾涉及的方法学问题,重建生态系统可能是沿着被破坏时的轨迹复归,也可能是沿着一种新路径去恢复。由于矿区生态系统恢复重建大多数情况下是在极端条件下进行的,不是一步到位,而需要通过一串目标来实现。实践证明,如果及时恢复重建,可恢复原生生态系统的结构与功能,如西部的大部分荒漠戈壁矿区,也可重建一个比原生生态系统结构更合理、功能更高效的生态系统,如大部分的黄土高原矿区、黄淮海平原矿区,但恢复不到原生生态系统的结构与功能,如大部分的内蒙古草原矿区、青藏高原矿区以及金属矿开采矿区。矿区生态系统的演变规律如图4-10所示。

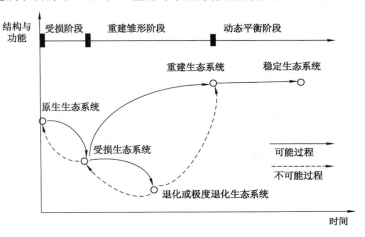

图4-10　矿区生态系统演变规律

Fig. 4-10　Evolution regularity of mining area ecosystem

### 4.3.4　矿区生态系统的影响机理

（1）人类及其经济社会活动是矿区生态系统演变的重要驱动力

从承载力角度看,矿区生态系统是以人类及其经济社会活动为受载体,以地球表层包含土壤、大气、水资源、生物资源、矿产资源等在内的自然界,亦即人类赖以生存和人类社会经济活动得以发展的资源环境为承载体,组成的人类和自然两大子系统间相互作用、相互制约的综合复杂系统[19]。该系统中,人类子系统具有不同于其他子系统的特殊性,主要表现为人类自身既是矿区生态系统的组成部分,又是矿区生态系统的推动力和服务对象。人类在矿区生态系统中,具有认识、利用、改变、保护和破坏自然资源与环境,以及认识、改变、控制和发展自身的能力,即人类的主观能动性。在矿区生态系统中,人类及其经济社会活动与资源环境这两个最基本的子系统之间保持着不断的物质循环和能量转化,在这一过程中形成的负熵流成为维持矿区生态系统耗散结构不断演进、不断高级化的能量基础,是矿区生态系统演变的重要驱动力。

（2）社会系统、经济系统和自然系统相互作用影响矿区生态系统

矿区生态系统中,社会系统、经济系统和自然系统之间通过互动反馈作用,紧密地交织在一起,这种互动反馈作用主要表现在两个方面:一是意识作为物质基础的资源环境和生态承载体对矿区经济社会活动的支撑作用,同时也包括自然灾害的形成对人类及其经济社会活动的抑制作用;二是人类对自然系统投入可控资源、治理自然灾害、开发不可控资源,从而实现自然系统对人类社会的产出。随着人类对矿区生态系统认识程度的加深,调控和干预矿区生态系统演化过程的能力加强,伴随着矿区经济社会活动程度的日益增强,当其增长速度大于作为承载力以及生态系统的弹性限度时,矿区生态系统失调的可能性也即将加大,并

退回混乱无序的平衡态,变为矿区生态系统的极度退化和严重的环境生态问题。

为阻止矿区生态系统向极度退化生态系统演变,除必须不断研究和探索不同类型矿区及矿区不同发展阶段,社会经济发展与资源、环境与生态之间的内在联系与作用规律外,还必须依赖于对矿区社会经济活动的调节,需要政府、企业和公众多方参与,提高公众的环保意识,建立人与自然的和谐关系,并在此基础上,通过制定相应矿区的发展政策与规划、对矿区生态系统实施合理干预与调控,从而达到矿区生态系统内部各要素的互动反馈始终处于合理、有序和持续发展的过程中。

# 4.4 矿区生态系统的调控

调控是指对系统结构和功能的调节控制,它是动态机制的一种形式,是指生态系统对其内部各子系统或各因素进行调整,从而间接影响系统内部资源流向和资源重新配置的一种活动,是系统内部价值信号和价值导向操纵子系统的变量调整,目的在于使系统整体价值、整体运作、综合运行趋于平衡状态。而调控机制就是如何把握调控之"度"和"度"的关系[20]。它是通过一系列相互作用、相互联系的措施、手段等对系统发展过程中的组分、结构、功能等通过直接作用或间接诱导,使系统功能向人类需求方向发展,并阻止其偏离预期发展状态。

### 4.4.1 关键因子

(1)矿区水生态的调控

由于矿区废水排放量大,持续性强,而且含有大量的重金属离子、酸和碱、固体悬浮物、各种选矿药剂,个别矿山废水中甚至还含有放射性物质等。因此,在矿区生态系统演变中,矿区废水处理是调控的关键因子。针对不同污染特征的矿井水,其处理方式也有所不同:酸性矿井水主要来自高硫煤的开采,空气进入煤巷后,在地下水的参与下,煤层中或顶底板中的硫铁矿、有机硫经过化学的、生物的作用形成游离的硫酸,使矿井排水呈酸性。其处理方法有直接投加石灰法、石灰石中和滚筒过滤法、升流式变滤速膨胀中和塔法等[21]。煤矿酸性矿井水处理工艺流程如图 4-11 所示。

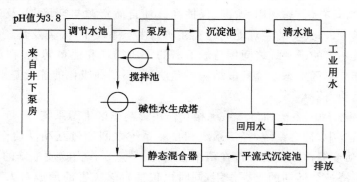

图 4-11　酸性矿井水处理工艺流程

Fig. 4-11　Treatment process of acid mine drainage

碱性矿井水主要来源于降雨补给裂缝水和地表渗水,地表水在岩层缝隙渗透过程中与长石、云母、白云石、高岭石等发生化学反应,使其碱性化。对碱性矿井水的处理主要是加入混凝剂及 $CO_2$,从而降低 pH 值。碱性矿井水处理工艺流程如图 4-12 所示。

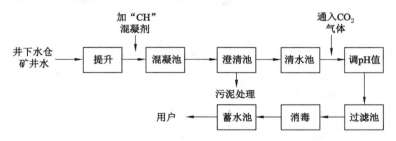

图 4-12 碱性矿井水处理工艺流程

Fig. 4-12 Treatment technology of alkaline mine drainage

在自然界的岩石、水体、土壤乃至大气中都普遍存在着天然放射性核素,人类大气核试验也是产生放射性物质的污染源,放射性核素只能通过其自身的衰变降低其放射性,在衰变过程中释放出 α 粒子、β 粒子和 γ 射线,通过与人体接触或者接近以及通过食物链进入人体,进入人体后以内照射源方式损伤人体内脏器官。含放射性污染物矿井水的基本处理方法有化学沉淀法、离子交换法、蒸发法,目的是将矿井水中具有放射性的物质截留下来。含放射性污染物矿井水处理工艺流程如图 4-13 所示。

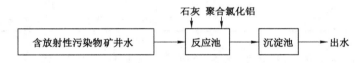

图 4-13 含放射性污染物矿井水处理工艺流程

Fig. 4-13 Treatment technology of radioactive mine drainage

(2) 矿区土地的调控

由于经济的迅猛增速带来的矿产资源需求以及人类不合理的开发利用土地,已引起矿区土地不断退化和生态环境的日益恶化,矿区生态系统由受损生态系统向极端恶化生态系统演变。资源的开采带来的矿山生态问题主要有以下几种:地表下沉、环境污染、压占耕地、水土流失、土地荒漠化等。产生的原因是矿产资源开采和加工利用过程中破坏土地、植被,改变了矿区的地表地下水资源、土地利用与覆盖条件及景观格局,作为矿区生态系统的重要组成,这些要素的变化必将影响着生物赖以生存的土壤、水、空气等条件,造成生态系统的失衡[2-24]。按照复垦对象和土地破坏类型,矿区土地复垦分为采矿场复垦、排土场复垦、矸石山复垦、尾矿场复垦、沉陷区复垦,其中,沉陷区是主要的土地破坏类型,据煤炭行业测算,每从地下采出 1 万 t 煤,使 3~5 亩的土地遭受不同程度的沉陷[13]。针对不同沉陷区,采取不同的复垦措施,中国沉陷区土地复垦类型如表 4-1 所示。

对矿区土地进行调控,主要是进行土地复垦。矿区土地复垦的实施一般可分为四个阶段[25]。第一阶段是可行性研究阶段,主要是根据选定的复垦范围的现状资料,进行可垦性分析,结论是能否开展土地复垦;第二阶段为规划设计阶段,主要是在第一阶段提供的肯定结论的前提下,对复垦土地范围内的土地利用布局、复垦工艺、生物复垦方案等进行具体分

表 4-1　中国沉陷区土地复垦类型
Table 4-1　Types of land reclamation in subsidence areas in China

| 地形 | 原土地利用类型 | 土地破坏方式 | 工程复垦措施 | 复垦方向 |
|---|---|---|---|---|
| 高山 | 林地 | 地表裂缝 | 裂缝注浆堵漏 | 修建山中蓄水池 |
| 山地 | 林地 | 地表裂缝 | 裂缝用泥浆、尾矿充填 | 植树种草,恢复生态 |
| | 农用地 | 地表倾斜加剧 | 适度水保措施 | 退耕还林(草) |
| 丘陵 | 林牧地 | 地表倾斜加剧 | 适度水保措施 | 植树种草,恢复生态 |
| | 农用地 | 地表倾斜加剧 | 修筑梯田 | 农果业(耕地、果园) |
| 盆地 | 林牧地 | 地表倾斜 | 适度水保措施 | 植树种草 |
| | 农用地 | 地表倾斜,土壤肥力下降 | 充填、修筑梯田 | 农耕地 |
| | 农用地 | 常年积水 | 挖深垫浅 | 水产养殖 |
| | 建设用地 | 地表倾斜 | 充填、土地平整 | 建设用地备用地 |
| 平原 | 林牧地 | 地表倾斜 | 适度保水措施 | 植树种草,恢复生态 |
| | 建设用地 | 地表倾斜 | 充填、土地平整 | 建设后备用地 |
| | 农用地 | 地表倾斜,土壤肥力下降 | 充填、土地平整、修筑梯田 | 农耕旱地 |
| | 农用地 | 水渍化、盐渍化、沼泽化、季节性积水 | 疏排法、深沟台田法、土地平整、挖深垫浅法 | 水田、台(旱地)田;基(旱地、水田、牧场)塘(鱼塘或氧化塘) |
| | 农用地 | 常年积水 | 挖深垫浅法、防渗堵漏 | 水产养殖,蓄水池综合开发 |

析,为下一阶段的实施提供可靠依据;第三阶段是土地复垦的工程实施阶段,这个阶段主要负责将前一阶段规划设计的方案进行具体地块的落实,使土地达到预期的功能,在验收时如发现不符合验收标准的要及时采取措施进行补救与改善;第四阶段是土地复垦的后期评价阶段,这个阶段是对已经完成施工的土地复垦工程对周围的社会、经济、环境等的影响进行分析,对复垦工程的实施效果进行总体的评价,对实施过程进行全面总结,为今后同类工作提供经验借鉴,必要时可采取调整补救措施。土地复垦工程实施中的四个阶段是相互联系与相互制约的关系,前一个阶段是后面阶段的基础,而后面的阶段在执行的过程中如发现有差错,则需要对前面相应阶段的结论进行调整,采取补救措施。这四个阶段之间不断的相互反馈,是最终促成土地复垦工作成功的必要过程。

我国目前已经引进与研究开发了一系列的适合于我国推广应用的矿区土地复垦与生态恢复的实用技术,这些技术主要包括剥、采、复三位一体、综合复垦、挖深填浅、恢复区生态农业建设、降酸培肥以及相配套的矿山土地生态恢复的规划与设计等技术。矿区沉陷区土地复垦方法及主要途径如图 4-14 所示。

（3）矿区大气的调控

矿区是我国大气污染的重灾区。矿区的大气污染恶化空气质量,不仅威胁人民群众身体健康,增加呼吸系统、心脑血管疾病的死亡率及患病风险,腐蚀建筑材料,还严重破坏生态环境,导致粮食减产、森林衰亡,造成巨大的经济损失[26]。矿区大气污染物主要来源于露天开采和井巷开采的爆破、运输、选矿、冶炼,针对不同开采导致的污染情况,需要采取相应的措施进行大气调控。露天矿与井工矿大气污染对比如表 4-2 所示。

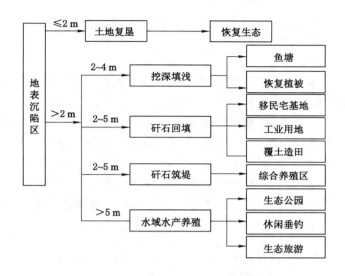

图 4-14 矿区沉陷区土地复垦方法及主要途径

Fig. 4-14 Land reclamation ways and means in the sinking mining area

表 4-2 露天矿与井工矿大气污染对比

Table 4-2 Comparison of air pollution between opencast mining area and underground mining area

| | 露天矿大气污染 | 井工矿大气污染 |
| --- | --- | --- |
| 污染源 | 采场中的凿岩、爆破、装运等产生粉尘污染 | 采矿产生的有毒有害气体产生空气污染 |
| 特点 | 粒度直径小、分散度高、浓度高、湿润性效果差和具有荷电性 | 氧含量降低,二氧化碳含量增高;多种有毒有害气体;大量粉尘;空气中含放射性气体 |
| 防治技术 | 爆破尘毒控制方法有通风防尘毒、工艺防尘毒和湿式防尘毒;运输路面扬尘防治通过洒水车、抑尘剂处理路面;钻机和铲装防尘技术有干式捕尘、湿式除尘及干湿联合除尘技术 | 煤层注水,通风防尘,湿式打眼和使用炮泥,喷雾洒水、净化风流、局部通风除尘与锚喷除尘,发展对矿井中的气体资源综合利用 |

## 4.4.2 生态响应的机制

基于生态响应机制研究,可以从作用力与反作用力的角度出发,把来自生态系统外的作用力定义为生态干扰,把生态系统中的各组成要素或生态指标量定义为响应对象,把响应对象随干扰强度的变化而变化定义为生态响应。根据响应对象受到干扰的途径,我们把响应对象分为初级响应对象、次级响应对象、三级响应对象以及系统响应对象。初级响应对象是指干扰直接作用的对象,它包含在干扰的作用效果之中,随干扰的方式与强度而直接变化。次级响应对象是指干扰通过生态系统中初级响应对象的一系列生态过程传导而间接作用的对象。在初级响应对象与次级响应对象间存在着直接的(甚至可能是一一对应的)生态联系(过程)。三级响应对象是指通过次级响应对象集成效应传导而作用的响应对象。系统响应对象是指生态系统的整体结构与功能。初级响应对象的响应称为初级响应,次级响应对象的响应称为次级响应,三级响应对象的响应称为三级响应,系统响应对象的响应称为系统响应[27]。

矿区生态系统演变调控的生态响应机制研究主要是描述生态系统的结构、功能及其稳定性。本书主要选取系统响应来探讨矿区生态系统演变调控的生态响应机制,包括矿区生态承载力、矿区生态系统健康等。

（1）矿区生态承载力

矿区生态承载力是指某一时空尺度范围的矿区系统在现有的技术经济和确保生态系统自我维持、自我调节能力的条件下,矿区自然资源（包括环境资源）所能支持的具有一定生活质量的人口规模和经济规模（包括经济活动强度）[28]。矿区生态承载力可以分为支持层和压力层两个部分。支持层包括生态系统的自我维持与自我调节能力以及资源与环境子系统的供容能力;压力层指矿区社会经济活动对支持层的胁迫,包括资源浪费、环境污染等。支持层又可分为两层,下层为生态系统的自我维持与自我调节能力,称为生态系统弹性力;上层为资源与环境子系统的供容能力,分别称为资源承载力与环境承载力,如图 4-15 所示。

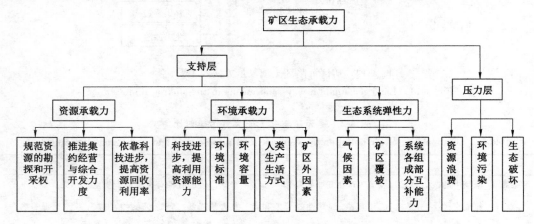

图 4-15　矿区生态承载力主要内容

Fig. 4-15　The basic ecological carrying capacity of mining area

矿区资源承载力是矿区生态承载力的基础条件,矿区资源以矿产资源为主,同时包括土地资源、水资源、林业资源和旅游资源等。在矿区生态系统形成的前期主要消耗矿产资源,同时也对其他资源产生压力和干扰;在矿区开采的中后期,非矿资源的利用是矿区可持续发展的重要条件。所以,在矿区生态系统的整个生命周期里,对各种资源的承载力研究都要引起重视,并应根据矿区不同的发展阶段对矿区资源承载力进行具体分析。

矿区环境承载力是矿区生态承载力的约束条件。环境承载力是指在一定生活水平和环境质量要求下,在不超出生态系统弹性限度条件下矿区环境子系统所能承纳的污染物数量以及可支撑的经济规模与相应人口数量。

矿区生态系统弹性力是矿区生态承载力的支持条件,是表征生态环境对矿区社会经济活动支持能力的重要指标。矿区生态系统弹性力是指矿区社会经济活动对生态环境造成的压力超过其矿区资源和环境承载力时,生态环境内部各组成部分之间的互补作用使得生态环境在一定的时间段内基本恢复到初始状态的能力,其表现形式主要有三种:生态环境在遭受自然灾害等外界影响后可恢复原状;生态环境在其演化发展过程中可以承受较大的波动;生态环境在演化途径上有较多的选择途径。

（2）矿区生态系统健康

矿区生态系统健康是指在保证矿区经济社会发展目标的前提下,通过对矿区生态系统承载和胁迫机理的深入研究,以促进决策的科学性,使人类在环境容量的限制下最大限度地利用矿产资源,在对生态系统现状评价的基础上,充分利用经济、科技和社会等诸多方法和手段实现包括人类健康在内的矿区生态系统的可持续发展[29]。

矿区生态系统健康评价与其他的生态系统健康评价的目的一样,并不是为生态系统诊断疾病,而是在一个生态学框架下,结合人类健康观点对生态系统特征进行描述,定义人类所期望的生态系统状态,确定生态系统破坏的最低和最高阈值,在明确的可持续发展框架下进行保护,并在文化、道德、政策、法律、法规的约束下,实施有效的生态系统管理。

矿区生态系统健康评价的内容是由系统本身的活力、结构、功能及系统健康的特性所决定的,评价的方法应该根据评价的内容进行选择。从系统的结构和功能来看,系统健康的评价内容同诊断内容基本一致,包括矿区生态系统结构健康评价和功能健康评价,并依据其组成进行多要素的分解分析,然后进行综合。从健康特征性来看,整体性、开放性和突变性是矿区生态系统健康的突出特征,因此评价中要紧密结合与特性相关的内容,并采取相应的方法。整体性原理是指各个作为系统子单元的元素一起组成系统整体,就具有了独立要素所不具有的性质和功能,形成新系统的质的规定性,从而表现出整体的性质和功能大于各个要素的性质和功能的简单相加。矿区生态系统的开放性远远高于一般的自然生态系统,系统对外界具有强烈的依赖性,系统高度的开放性导致其健康状况与外界环境之间的相互影响。突变性是指系统通过失稳从一种状态进入另一种状态,它是系统质变的一种基本形式,矿区生态系统健康突变方式多种多样,同时系统发展还存在着分叉,从而有了质变的多样性。

根据矿区生态健康评价指标体系的设置依据和构建原则,从矿区生态系统的组成出发,充分体现矿区生态环境、自然资源和经济社会各自的发展特点及矿区生态系统健康的内涵,运用矿区生态承载力理论,既要考虑承载指标和压力指标,又要兼顾到促进生态系统健康的潜在指标,指标体系分为目标层、准则层、指标层,其中准则层包括生态环境保障度、自然资源支持度、社会经济发展度和健康可持续度四个方面。矿区生态系统健康综合评价指标体系如图 4-16 所示。

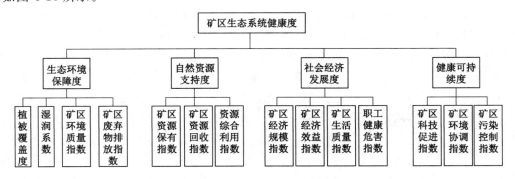

图 4-16　矿区生态系统健康综合评价指标体系

Fig. 4-16　Indicator system of ecosystem health assessment in mining area

### 4.4.3　反馈系统

（1）反馈的概念

反馈是生态系统一个重要特性,是指系统的输出端通过一定通道,即反馈环(feedback

loop)反送到输入端,决定整个系统未来功能的输入。矿区生态系统的反馈系统是通过信息流和资金流的控制完成的反馈。控制论是维纳创立的理论。20世纪40年代末,维纳根据生物学、行为科学等关于生命有机体和社会系统中的控制问题的研究成果,结合机器控制中的伺服系统理论,建立适用于各种系统的一般控制理论——控制论[30]。控制论的中心概念是控制,是施控者选择适当的手段作用于受控者,以期引起受控者行为发生预期变化的一种策略性的主动行为。控制论既强调系统与环境有明确的界限,又强调系统与环境间的联系和作用。系统对环境的作用称为系统的输出,反之则称为系统的输入。控制的意义在于使系统在不确定的条件下达到比较确定的目标。为了达到矿区生态系统的预期目标,必须根据生态系统演替过程的各种反馈,控制其输入以期取得预定的输出目标。

(2)矿区生态系统的反馈系统

矿区生态系统调控应该从两个方面来考虑:矿区自然生态系统的反馈系统和矿区社会经济系统的反馈系统,矿区生态系统通过正负反馈相互交替,相辅相成,自行调节,使系统维持着稳态。矿区自然生态系统的反馈系统,由于人为的原因,负反馈系统往往不能起到应有的作用,或被人随意破坏,从而对包括人类在内的各种动物的持续承载构成威胁[31]。矿物和化石是生态累积、矿化形成的物质和能量,其反馈系统与人工开发密切相关。矿区经济社会系统的反馈以正反馈为主,但是从系统稳定性原理来看,经济系统客观上也需要有负反馈来维持稳定。社会、经济、技术手段在调控矿区生态经济复合系统中,其反馈应当耦合为一个整体,以发挥整体反馈效应[32]。

正反馈(positive feedback)是增大与中心(位置)点距离的过程,生态系统中某种成分的变化引起系统的连锁变化,反过来加速最初发生变化成分的变化[33]。负反馈(negative feedback)是一种比较常见的反馈,它的作用是能够使生态系统保持相对稳态。反馈的结果是抑制或减弱最初发生变化的那种成分所发生的变化方向。由于生态系统具有负反馈的自我调节机制,所以在通常情况下,生态系统会保持自身的生态平衡。矿区复合生态系统的基本特点是矿产资源丰富,人口稀少,经济落后,环境承载压力较小,人类为了加速经济发展,势必会加大矿产资源开发力度。但是经济生产过程中一定会破坏矿区自然生态环境,由于技术手段及开采规划的缺乏,粗放型开发造成大量的废弃物堆积于矿区环境之上,再加之环境保护意识薄弱、环境治理能力低下,最终使循环输出的废弃物不能有效分解,从输出端反馈回到输入端的物质能量很少,形成一个恶性循环。这恰好是正反馈在特定阶段的增强之势。要缓解这种正反馈系统的负面作用就必须发展负反馈系统,实质上是增加循环调控机制。在正反馈过程中加大矿区生态建设的资金投入、技术投入,生产过程中增强市场信息的反馈,提高产品质量,对资源开发从依靠规模扩大的粗放型转为质量型,修正资源开发模式,使负反馈系统发挥调节作用[34]。因此,对于生态系统的稳定来说,负反馈调节是必不可少的。无论是在自然条件下,还是在人工干预条件下,都是如此。其机制是,当系统某一成分低于临界值,有影响系统整体稳定倾向时,负反馈迫使其回升;当某成分高于临界值,从另一个方向对系统整体稳定倾向有影响时,负反馈又强制其下降。矿区生态系统的反馈系统如图4-17所示。

矿区复合生态系统具有这种反馈系统。反馈系统的强化可以使更多输出端的物质和能量重回到输入端进行循环,使废弃物资源再利用,这是促使复合生态系统良性循环的基本机制。因此,在建立矿区复合生态系统反馈系统时,要根据功能确定正、负反馈,不能过分强调

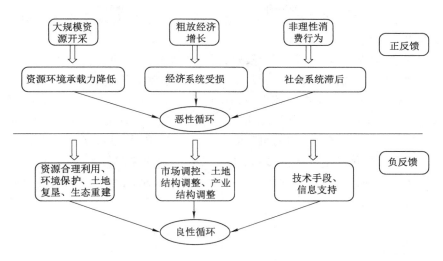

图 4-17　矿区生态系统的反馈系统

Fig. 4-17　Feedback system of mining area ecosystem

输入端的物质和能量输入,而忽视输出端的物质、能量反馈到输入端,造成系统的循环受阻。在矿区复合生态系统中,正反馈和负反馈相辅相成、交替作用维持系统的良性循环状态,而有效地利用正负反馈系统调控复合生态系统有利于其良性循环的形成。

### 4.4.4　调控机制

（1）矿区生态系统调控动力机制

矿区生态系统的调控动力机制分为以下 3 个层次[19]。

第一个层次是社会动力机制。它包括方针、政策、计划、法规等。它们相互间及其与其他层次之间构成相互耦合的体系。宏观调控手段要配套,并且要符合经济、技术、生态机制的客观要求。如果它们之间相互抵触,就会导致生态经济系统混乱无序。社会调控机制能通过经济、技术机制的传递制约生态系统结构、功能的变化。例如,移民政策的变化,可以加速或减缓矿区生态系统的开发过程;矿业开发政策是否合理,可能导致矿业资源的枯竭或更新。

第二个层次是经济与管理动力机制。它包括矿产品价格、信贷、税收等。它们之间同样应该相互耦合并适应其他机制的要求。例如,发展乡镇工业,一方面是农村经济和国民经济腾飞所必需,另一方面又会造成矿产资源的某些破坏和严重的环境污染,因此必须从贷款、税收方面给予鼓励,同时又要加以限制。例如,对技术设计合理、资源开发效率高的项目予以贷款,反之,不给贷款;对造成污染超标的项目征税;等等。这些措施都是经济动力机制的有效耦合,都能有效地达到生态平衡。

第三个层次是技术动力机制。前两个层次的动力调控机制与生态系统反馈机制的耦合,是通过具体生态过程中的技术手段实现的,包括生物技术、物理技术和化学技术等。决定某一个具体生产过程应实施何种技术的因素有 3 个,即生态系统类型、技术能力和经济能力。在干预生态过程中,往往要动员各种技术,但在不同阶段可能有先有后、有主有次地分别施用不同的技术手段。在生态经济调控机制中,要特别强调技术调节既要达到经济目标,又要达到生态平衡目标。以往的技术调节只注意前者,而忽略后者,这是违反生态经济动力调控机制耦合原理的,其结果是长远的综合效益(经济效益、社会效益、生态效益)受到影响。

(2) 矿区生态系统调控机制

矿区生态系统中人口、经济、资源、环境所形成的系统调控机制[35]如图 4-18 所示,反映出产业需求弹性、协调均衡、经济效益、技术进步、资源限制等几个主要因素对矿区生态系统演变的调控影响。矿区生态系统调控机制是由许多的正、负反馈环相互耦合而成的,系统呈现出总的动态行为,是这些正、负反馈环相互作用的总结果。各反馈环的相互作用可能会相互抵消、也可能相互加强,当负反馈的自我调节占主导地位时,系统呈现趋于目标的稳定行为;当正反馈的自我强化占主导地位时,系统呈现增长或衰减的行为。此外,这种主导地位可能随着时间的变化而不断转移,让位于新的反馈环。因此,系统总的行为也将随之在稳定与增长中相互转化。

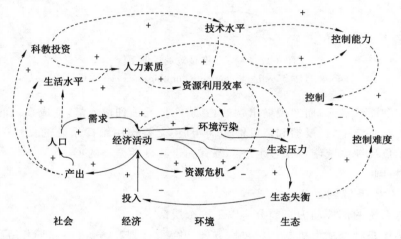

图 4-18　矿区生态系统调控机制

Fig. 4-18　Regulatory mechanism mining area ecosystem

矿区人口数量和矿区经济活动规模是正向激励作用,矿区人口和矿区经济规模形成正向促进的相关链。矿区经济规模增大,直接体现为资源消耗的压力、生态破坏的压力以及环境污染的加剧。矿区资源基础的削弱最终又反向制约了经济的发展,从而制约了矿区的发展。

人的社会性能动地调控了系统的运转,形成了如图 4-18 中虚线所示的复杂链路:

第一,提高生活水平是人的本能反应,经济发展是实现此目标的唯一手段,没有任何理由让人类维持最低的生存水平而保护生态和环境。

第二,矿区生活水平的提高正向促进了矿区社会文化发展和科技及创新能力的提高,使矿区经济活动中的资源利用效率更高、产出效率更高,部分抵消了矿区经济发展带来的资源耗竭和生态环境压力。

第三,人的参与使矿区生态系统呈现出更多的不确定性和复杂性,加上人们对复合生态系统的价值认知存在局限,有时甚至难以判断技术进步和大规模矿产资源开发对矿区生态系统的影响程度和方向,这也是人们对矿区未来能否实现可持续发展感到疑惑的根源。

总之,矿区生态系统演替调节机制的关键在于人及其决策,这种决策应建立在人们对矿区生态系统运转规律(包括调节循环机制)了解的前提下,决策的作用是根据矿区实际发展的需要改变各个反馈机制的强度,决策的合理程度主要依赖于人对矿区生态系统价值认识的深入程度,以及人类对矿区生态系统演变调控机制和对矿区生态系统健康研究的深入程度。

(3) 矿区生态系统的自修复和人工修复

生态系统的调控机制分为自组织机制和人为调控机制。矿区自组织机制的显著特点是系统不依靠外力,能自我形成并维持系统有序结构的一种机制[36]。矿区生态系统和一般生态系统一样,其要素包括大气、植被、地形、地下水、地表水、岩层结构、植物、动物、微生物等多方面,也存在着物质、能量与信息流动,具有结构与功能、复杂性、动态性、稳定性等特征,并提供生态服务功能[37]。同时,矿区生态系统是受人类活动干扰较强的一种特殊生态系统。依据生态系统理论,生态系统的结构和功能之所以能够保持相对的稳定状态,即具有稳定性,是因为它本身具有一定的自我调节能力,即自修复力[38,39]。这种生态系统固有的、动态变化的自修复力维持着生态系统的健康及更新。矿区生态系统同样具有自修复力,利用其固有的自修复力进行环境要素修复与生态功能恢复这种生态恢复方式被称为自然恢复。受损生态系统能否依靠自然恢复取决于生态系统受损程度。自然恢复的主要优点是采矿后几乎无须人为投入,可大量节约矿山生态恢复的成本,并且遵从原有生态环境特征与自然演替规律,与相邻自然生态系统可以较好地融合,具有可持续性。其缺点是受到生态系统受损程度的限制,其恢复过程可能非常缓慢,甚至长达百年;一些严重的生态环境破坏损伤,如重金属污染、露天采坑、永久地裂缝等几乎不可能自我修复。因此,采用自然恢复,并不是绝对排除人的主观能动性,而是强调人由主宰到辅助的角色转变[40,41]。因此,只有适度、科学的人工干预引导自然恢复过程才是修复矿区生态系统应该采取的修复模式。引导型矿山生态修复模式要求自然恢复与人工干预的结合,其立足于矿山生态系统固有的修复能力,使受损生境通过自身的主动反馈,不断自发地走向恢复和良性循环;人为干预应该重点考虑矿山生态系统的本底环境地质条件、合理的演替方向和修复目标、受损程度及限制条件、可以容忍的演替恢复时间以及人工干预的成本等。

随着生态环境问题越来越严重,联合国和各国政府间联盟,如联合国环境规划署(United Nations Environment Programme, UNEP)、世界气象组织(World Meteorological Organisation, WMO)、政府间气候变化专门委员会(Intergovernmental Panel on Climate Change, IPCC)等以及各种民间机构,如国际环境和发展研究所(International Institute for Environment and Development, IIED)、世界资源研究所(World Resources Institute, WRI)、世界自然保护联盟(International Union for Conservation of Nature, IUCN)、世界自然基金会(World Wide Fund for Nature, WWF)等实施了诸如人与生物圈计划(MAB)、国际地圈生物圈计划(IGBP)、全球环境监测系统(GEMS)等一系列全球或区域规模的环境变化对策研究计划。这些全球(或区域)规模的环境研究计划,得到了世界范围内生态学家们的广泛响应和参与,他们积极倡导用生态系统的原理和方法来管理自然环境和资源。而矿区生态系统又是国际生态恢复领域持续关注的对象之一,在最近连续三届世界生态恢复大会上都将矿区生态系统列为大会的主题之一[42]。其中2013年在美国麦迪逊市举行的第5届国际生态恢复学会大会上设立了"采矿严重扰动下林地生态系统功能恢复面临的挑战"(Challenges in Restoring Forest Ecosystem Function Following Severe Mining

Disturbance)的专场,2015 年在英国曼彻斯特市举行的第 6 届国际生态恢复学会大会上设立了"采矿"(Mining)专场,2017 年在巴西福斯伊瓜苏市举行的第 7 届国际生态恢复学会大会上设立了"矿山恢复:资源开采导致的不同破坏的备选方案和指导方针"(Restoration of Mining Areas:Alternatives and Guidelines to Deal with the Different Cases that Occur during the Exploitation of Mining Resources)专场[43]。2019 年在南非开普敦召开的第 8 届国际生态恢复学会大会上设立了"亚洲、非洲及大洋洲在矿区生态恢复中的机会、方法和政策"(Ecological Restoration of Mined Areas in Asia, Africa and Oceania:Opportunities, Approaches and Policy)专场。

为实现矿区生态系统的可持续性,学者们从矿区污染监测识别、评估、植被修复等方面进行了大量的研究。遥感是采集地表空间信息、探测其动态变化的现代对地观测技术,具有影像信息可回溯、信息量丰富等特点,在矿区或煤矿城市的环境动态监测、质量评价与生态系统健康的诊断等方面发挥着重要作用,是老矿区生态治理、新矿区矿产资源的合理开发与矿山生态建设获取基础数据不可或缺的技术手段[44]。目前,矿区生态系统遥感监测快速发展,表现为多分辨率、多遥感平台并存,空间分辨率、时间分辨率及光谱分辨率普遍提高。生态系统的评价是选择能够反映系统结构、特征的指标因子,构建评价模型,得到评价结果,分析现有问题。对矿区生态系统的评价方法包括生态风险评价、生态安全评价、发展可持续性评价、生命周期评价、生态足迹核算、生态系统物质能量代谢评价等[45-49]。矿区生态系统是世界生态学研究的主要对象之一,确保矿区生态系统的可持续性是发展的前提。

---

**本章要点**

- 矿区生态系统的结构、形成、类型
- 矿区生态系统的开放、人工、复合和特殊能流、物流、信息流的特征
- 矿区生态系统演变类型、演变过程和演变规律
- 矿区生态系统演变调控的正负反馈系统及调控机制

---

# 参考文献

[1] 耿殿明. 矿区可持续发展研究[M]. 北京:中国经济出版社,2004.

[2] 闫旭骞,王广成. 有关矿区复合生态系统的基本问题初探[J]. 中国煤炭,2003,29(8):33-35.

[3] 邬建国. 耗散结构、等级系统理论与生态系统[J]. 应用生态学报,1991,2(2):181-186.

[4] 姜学民,徐志辉. 生态经济学通论[M]. 北京:中国林业出版社,1993.

[5] 马世骏,王如松. 社会-经济-自然复合生态系统[J]. 生态学报,1984,4(1):1-9.

[6] 卞正富,许家林,雷少刚. 论矿山生态建设[J]. 煤炭学报,2007(1):13-19.

[7] 王广成. 煤炭矿区复合生态系统管理研究进展[J]. 辽宁工程技术大学学报(自然科学版),2014,33(6):782-787.

[8] 张雪萍. 生态学原理[M]. 北京:科学出版社,2011.

[9] 陕永杰,郝蓉,白中科,等. 矿区复合生态系统中土壤演替和植被演替的相互影响[J]. 煤矿环境保护,2001,15(5):28-30.

[10] 张国良.矿区环境与土地复垦[M].徐州:中国矿业大学出版社,1997.

[11] 王广成,李鹏飞.煤炭矿区复合生态系统及其耦合机理研究[J].生态经济,2014,30(2):139-142.

[12] DONG J H,MENG L R,BIAN Z F,et al. Investigating the characteristics,evolution and restoration modes of mining area ecosystems[J]. Polish Journal of Environmental Studies, 2019,28(5):3539-3549.

[13] 尹国勋.矿山环境保护[M].徐州:中国矿业大学出版社,2010.

[14] 卞正富.我国煤矿区土地复垦与生态重建研究[J].资源与产业,2005,7(2):18-24.

[15] 曹凑贵.生态学概论[M].北京:高等教育出版社,2006.

[16] 吴立新,马保东,刘善军.基于SPOT卫星NDVI数据的神东矿区植被覆盖动态变化分析[J].煤炭学报,2009,34(9):1217-1222.

[17] 白中科,周伟,王金满,等.再论矿区生态系统恢复重建[J].中国土地科学,2018,32(11):1-9.

[18] 孙琦.煤矿区生态风险演化过程及防控机制研究[D].北京:中国地质大学(北京),2017.

[19] 王广成,闫旭骞.矿区生态系统健康评价理论及其实证研究[M].北京:经济科学出版社,2006.

[20] 王如松,欧阳志云.社会-经济-自然复合生态系统与可持续发展[J].中国科学院院刊,2012,27(3):337-345.

[21] 战友.矿山环境保护[M].北京:中央广播电视大学出版社,2015.

[22] 白中科.山西矿区土地复垦科学研究与试验示范十八年回顾[J].山西农业大学学报(自然科学版),2004,24(4):313-317.

[23] 卞正富.国内外煤矿区土地复垦研究综述[J].中国土地科学,2000,14(1):6-11.

[24] 卞正富,张国良,胡喜宽.矿区水土流失及其控制研究[J].水土保持学报,1998(4):31-36.

[24] 卞正富,张国良,胡喜宽.矿区水土流失及其控制研究[J].土壤侵蚀与水土保持学报,1998,12(4):32-37.

[25] 付薇.矿区生态环境综合治理协同机制与对策研究[D].北京:中国地质大学(北京),2010.

[26] 范英宏,陆兆华,程建龙,等.中国煤矿区主要生态环境问题及生态重建技术[J].生态学报,2003,23(10):2144-2152.

[27] 何晓丽.生态干扰响应机制:干扰-响应衰减率[D].武汉:华中师范大学,2015.

[28] 闫旭骞.矿区生态承载力定量评价方法研究[J].矿业研究与开发,2006,26(3):82-85.

[29] 王广成,闫旭骞.矿区生态系统健康评价指标体系研究[J].煤炭学报,2005,30(4):534-538.

[30] WIENER N. Cybernetics:or Control and Communication in the Animal and the Machine[M]. Cambridge:The MIT Press,2006.

[31] 孙顺利,杨殿.矿区复合生态系统调控机制分析[J].能源与环境,2006(3):39-41.

[32] 雷冬梅,徐晓勇,段昌群.矿区生态恢复与生态管理的理论及实证研究[M].北京:经济

科学出版社,2012.

[33] 蔡晓明.生态系统生态学[M].北京:科学出版社,2000.

[34] 薛建春.基于生态足迹模型的矿区复合生态系统分析及动态预测[D].北京:中国地质大学(北京),2010.

[35] 郁钟铭.基于系统动力学的煤炭工业可持续发展研究[D].武汉:武汉理工大学,2012.

[36] 刘文英,姜冬梅,陈云峰,等.自组织理论与复合生态系统可持续发展[J].生态环境,2005,14(4):596-600.

[37] 曹飞飞.基于演化博弈的煤炭矿区复合生态系统管理调控机制研究[D].济南:山东师范大学,2016.

[38] 卞正富,雷少刚,金丹,等.矿区土地修复的几个基本问题[J].煤炭学报,2018,43(1):190-197.

[39] 张绍良,杨永均,侯湖平.新型生态系统理论及其争议综述[J].生态学报,2016,36(17):5307-5314.

[40] 张绍良,张黎明,侯湖平,等.生态自然修复及其研究综述[J].干旱区资源与环境,2017,31(1):160-166.

[41] HOBBS R J, ARICO S, ARONSON J, et al. Novel ecosystems: theoretical and management aspects of the new ecological world order[J]. Global Ecology and Biogeography,2006,15(1):1-7.

[42] 张绍良,米家鑫,侯湖平,等.矿山生态恢复研究进展:基于连续三届的世界生态恢复大会报告[J].生态学报,2018,38(15):5611-5619.

[43] 卞正富.矿山生态学导论[M].北京:煤炭工业出版社,2015.

[44] 程建龙,陆兆华,范英宏.露天煤矿区生态风险评价方法[J].生态学报,2004,24(12):2945-2950.

[45] 杨静,王立芹.矿区生态安全评价指标体系的研究[J].山东科技大学学报(自然科学版),2005,24(3):36-39.

[46] 彭秀平.矿业可持续发展能力及其评价[J].矿业工程,2004,2(4):8-10.

[47] DURUCAN S, KORRE A, MUNOZMELENDEZ G. Mining life cycle modelling:a cradle-to-gate approach to environmental management in the minerals industry[J]. Journal of Cleaner Production,2006,14(12):1057-1070.

[48] 金丹,卞正富.采煤业生态足迹及地区间的差异[J].煤炭学报,2007,32(3):225-229.

[49] 金丹.矿山生态系统物能流核算[J].煤炭学报,2011,36(4):711-712.

# 5　矿区场地综合整治

## 内容提要

　　矿区场地综合整治是改善矿区生态环境的重要途径。本章以工矿业场地内涵、矿区场地类型划分为切入点，研究了矿区不同类型场地的处置技术与修复植被筛选方法，梳理了矿区固废处理方式、水污染治理与资源化利用路径，依据矿区生态修复规划与景观建设方案，构建了矿区生态景观重建主要模式。

## 5.1　矿区场地概述

### 5.1.1　矿区场地说明

　　（1）场地（site）

　　"场地"一词在《中国土木建筑百科辞典·建筑结构》（中国建筑工业出版社 1999 年版）中的解释为"建筑工程所在地，或按工程需要所考虑的地区。它可以指一个车间、仓库或一座大桥的所在地，也可以指一个大型联合企业或一座城市的所在地区"。在《地震词典》（上海辞书出版社 1991 年版）中为"工业厂区、居民点、自然村等区域范围的建筑物所在地"。在《污染场地风险评估技术导则》（HJ 25.3—2014）[1]中将"场地"定义为"某一地块范围内的土壤、地下水、地表水以及地块内所有构筑物、设施和生物的总和"。在《工程建设常用专业词汇手册》（中国建筑工业出版社 2006 年版）将"场地"释义为工程群体所在地，具有相似的反应谱特征，其范围相当于厂区、居民小区和自然村或不小于 1.0 km² 的平面面积；《当代汉语词典》（上海辞书出版社 2001 年版）将"场地"定义为"空地，多指体育活动或施工的地方"；《新华汉语词典》（崇文书局 2006 年版）中将"场地"释义为"多指供文娱体育活动或施工、试验等用的地方"；"场地"在采矿领域内，指用来堆放矿石或其他固体废弃物的场所，如排矸场、排土场，也可指厂房、选煤厂、井筒等地面设施所在的区域，即工业广场。

　　"场地"的英文释义一般为"site，field or area"。《牛津高阶英汉双解词典（第九版）》（*Oxford Advanced Learner's English-Chinese Dictionary*，商务印书馆 2018 年）对"site"的解释为"a place where a building，town，etc. was，is or will be located（建筑物、城镇等曾经、现在或未来坐落的地方）"；《柯林斯高阶英汉双解词典》（*Collins Advanced Learner's English-Chinese Dictionary*，商务印书馆 2008 年版）对"site"的说明为"a site is a piece of ground that is used for a particular purpose or where a particular thing happens.（一个场地是一块土地，用于特定的目的或某件事发生的地方）"《朗文当代高级英语辞典》（*Longman Dictionary of Contemporary English*，外语教学与研究出版社 2014 年版）对"site"的解释为① "an area of ground where something is being built or will be built（正在建造或将要建造的地面区域）"，② "a place that is used for a particular purpose（作某种用途的场所或场地）"。

（2）工业场地（industrial site）

工业场地是工矿企业进行生产、加工活动的重要场所。在我国最新颁布的《土地利用现状分类》（GB/T 21010—2017）[2]中虽然未明确提出这个概念，但一级分类中的"工矿仓储用地"和农村权属调查中的"城镇村及工矿用地"中包含了工业场地这一特殊的土地利用类型。工业场地主要包括工业生产及直接为工业生产服务的附属设施用地，同时还包括采矿用地中的地面生产用地和仓储用地。在不同的分类标准中，依据工业场地的用途、污染物类型以及工业场地规模和生产状况主要分为以下 5 种类型：① 根据《国民经济行业分类标准》（GB/T 4754—2017）[3]中的行业类型，工业场地可分为采矿业、制造业、建筑业、交通运输业、仓储和邮政业等。② 采矿业工业场地中根据矿种的不同，可以分为煤矿、金属矿、非金属矿、石油天然气和铀矿等特殊矿种工业场地。③ 根据污染情况工业场地分为有机污染、无机污染、复合污染和无污染四种类型。④ 根据《大中小型工业企业划分标准》（国经贸中小企业［2003］143 号）[4]中工业企业规模的界定标准，可将工业场地分为大型、中型和小型。⑤ 根据工业场地上的生产活动情况，可以分为生产中、停产、废弃工业场地。常见工业场地类型及特征污染物见表 5-1。

表 5-1　常见工业场地类型及特征污染物

Table 5-1　Common types of industrial sites and potential characteristic pollutants

| 行业分类 | 工业场地类型 | 潜在特征污染物类型 |
| --- | --- | --- |
| 制造业 | 化学原料及化学品制造 | 挥发性有机物、半挥发性有机物、重金属、持久性有机污染物、农药 |
| | 电气机械及器材制造 | 重金属、有机氯溶剂、持久性有机污染物 |
| | 纺织业 | 重金属、氯代有机物 |
| | 造纸及纸制品 | 重金属、氯代有机物 |
| | 金属制品业 | 重金属、氯代有机物 |
| | 金属冶炼及延压加工 | 重金属 |
| | 机械制造 | 重金属、石油烃 |
| | 塑料和橡胶制品 | 半挥发性有机物、挥发性有机物、重金属 |
| | 石油加工 | 发挥性有机物、半挥发性有机物、重金属、石油烃 |
| | 炼焦厂 | 挥发性有机物、半挥发性有机物、重金属、氰化物 |
| | 交通运输设备制造 | 重金属、石油烃、持久性有机污染物 |
| | 皮革、皮毛制造 | 重金属、挥发性有机物 |
| | 废弃资源和废旧材料回收加工 | 持久性有机污染物、半挥发性有机物、重金属、农药 |
| 采矿业 | 煤炭开采和洗选业 | 重金属、硫化物、粉尘 |
| | 黑色金属和有色金属矿采选业 | 重金属、氰化物、粉尘、酸、碱、氟化物 |
| | 非金属矿物采选业 | 重金属、氰化物、石棉、粉尘 |
| | 石油和天然气开采业 | 石油烃、挥发性有机物、半挥发性有机物 |
| | 土砂石开采 | 粉尘 |
| | 化学矿采选 | 硫化物、磷化物、砷化物等 |
| | 采盐 | 氯化钠 |
| | 放射性金属矿采选 | 放射性物质 |
| | 地热开采 | 氟、砷和某些放射性元素等 |

表 5-1（续）

| 行业分类 | 工业场地类型 | 潜在特征污染物类型 |
|---|---|---|
| 电力燃气及水的生产和供应 | 火力发电 | 重金属、持久性有机污染物 |
| | 电力供应 | 持久性有机污染物 |
| | 燃气生产和供应 | 半挥发性有机物、重金属 |
| 水利、环境和公共设施管理业 | 水污染治理 | 持久性有机污染物、半挥发性有机物、重金属、农药 |
| | 危险废物的治理 | 持久性有机污染物、半挥发性有机物、重金属、挥发性有机物 |
| | 其他环境治理（工业固废、生活垃圾处理） | 持久性有机污染物、半挥发性有机物、重金属、挥发性有机物 |
| 其他 | 军事工业 | 半挥发性有机物、重金属、挥发性有机物 |
| | 研究、开发和测试设施 | 半挥发性有机物、重金属、挥发性有机物 |
| | 干洗店 | 挥发性有机物、有机氯溶剂 |
| | 交通运输工具维修 | 重金属、石油烃 |

（3）矿区场地（mining site）

矿区场地按照工业场地分类标准属于采矿业工业场地的一种。按照工艺流程和功能分区可划分为采掘区、输送区和加工及辅助区三大区。目前矿区场地概念国内外学术界尚无统一界定，与其相近的概念有"棕地""矿区工业场地""工矿业废弃地""矿区遗留场地"等。

① 棕地是指曾利用过后闲置或遗弃的或未充分利用的土地。

② 矿区工业场地是指法律规定的界限内，以矿产资源采掘、加工、利用为主，并附有一定生产生活服务设施的区域。

③ 工矿业废弃地是指受矿产开采生产活动直接影响失去原来功能而废弃闲置的用地及相关配套设施[5]。

④ 矿区遗留场地是指矿业企业采矿结束后，企业虽然继续拥有该土地的使用权，但该土地对于企业来说已经失去使用价值，复垦土地需要大量的资金保证，再加之长期缺乏政策上的支持和复垦意识，导致采矿后土地复垦不及时，长期闲置、荒芜，成为历史遗留性损毁土地。

综合以上相关研究，矿区场地内涵可概括为：围绕矿产资源开采、分选、加工而形成的具有永久性建（构）筑物及其附属设施的集中连片区域，不仅包括矿产分选加工区，还包括辅助生产设施、公用工程设施、仓储运输设施、行政服务与生活服务设施等用地。辅助生产设施包括机修厂、污水处理系统、油库、炸药库等；公用工程设施包括供水、供热和供电系统；仓储运输设施包括材料库、设备库、储备仓、场地内运输轨道和道路等；行政服务与生活服务设施用地包括办公楼、招待所、生产调度、消防站等。

矿区场地的英文称谓通常有"mining site""mining district"和"mining area"。*Mining Dictionary* 中将"mining"定义为"Mining is the extraction of valuable minerals or other geological materials from the earth, usually from an ore body, lode, vein, seam, reef or placer deposit. These deposits form a mineralized package that is of economic interest to the miner. （采矿是从地球上提取有价值的矿物或其他地质资源，通常从矿体、矿脉、矿脉、煤层、礁石或砂矿中提取。这些矿床形成了对矿工具有经济利益的矿化包）"，则"mining site"可理解为"the place of large-scale production of goods or of substances such as coal and steel(大规模生产商品或煤、钢等物质的场所)"。*Black's Law Dictionary*[6]中将"mining district"解释为"a section of country usually designated by name and described or understood as being confined within certain natural boundaries, in which gold or silver or both are found in paying quantities, and which is worked therefor, under rules and regulations prescribed by the miners therein(国家的一段地区，通常有名称并被描述或理解为限定在某一自然边界内，在该国境内发现大量的金或银或两者，并根据该国境内的矿工所规定的规章制度进行开采)"。

### 5.1.2 矿区场地类型与特征

（1）矿区场地类型

矿区场地根据不同的标准可以划分为不同类型：① 按照采矿工艺过程与地面条件布置可划分为露天矿场地、井工矿场地、露井联采矿场地。② 按照矿产开采量，可划分为大型、中型和小型矿区场地。③ 按照矿产资源开采生产周期，可划分为新建、改（扩）建、鼎盛期、衰退期矿区场地。④ 按照矿区属性不同，可划分为私有、国有（分地方和中央所有）、合资、独资等不同类型工业场地。⑤ 根据矿场地的地形（地面坡度、海拔高度、相对高差）、气候（潮湿度、降水量）、水文（径流量、地下潜水深度、地下水补给量）、土壤（土体厚度、土壤质地、pH 值）、矿种和开采方式（井工、露天）等的不同，可划分为塌陷地、挖损地、压占地、污染地等。矿区场地类型划分及主要划分指标见表 5-2。

**表 5-2　矿区场地类型划分及主要划分指标**
**Table 5-2　Type and main index of damaged site in mining area**

| 类型 | 亚类 | 主要划分指标 | | | | | | | | | |
|---|---|---|---|---|---|---|---|---|---|---|---|
| | | 原地貌 | 气候 | 主要矿种 | 开采 | 深度 | 坡度 | 土壤 | 潜水 | 排灌 | 污染 |
| 塌陷地 | 稳定无积水浅塌陷地 | 平原 | 湿润或半湿润 | 煤 | 井工 | <3 m | <2° | 好 | 低 | 好 | |
| | 稳定季节积水浅塌陷地 | 平原 | 湿润或半湿润 | 煤 | 井工 | <3 m | <2° | 一般 | 低 | 一般 | |
| | 稳定常年积水浅塌陷地 | 平原 | 湿润或半湿润 | 煤 | 井工 | <3 m | <2° | | 高 | 好 | |
| | 稳定无积水浅塌陷地 | 平原 | 湿润或半湿润 | 煤 | 井工 | <3 m | <2° | 好 | 低 | 差 | |
| | 稳定常年积水浅塌陷地 | 平原 | 湿润或半湿润 | 煤 | 井工 | <3 m | <2° | | 高 | 差 | |
| | 不稳定无积水塌陷地 | 平原 | 湿润或半湿润 | 煤 | 井工 | <3 m | <2° | 好 | 低 | 好 | |
| | 不稳定季节积水塌陷地 | 平原 | 湿润或半湿润 | 煤 | 井工 | <3 m | <2° | 一般 | 低 | 一般 | |
| | 不稳定常年积水塌陷地 | 平原 | 湿润或半湿润 | 煤 | 井工 | <3 m | <2° | | 高 | 差 | |
| | 漏斗、陷落及裂缝地 | 平原或山区 | 半干旱 | 煤 | 井工 | <3 m | <2° | | 低 | | |
| 挖损地 | 无积水露矿浅挖损地 | 高原或丘陵 | 半干旱 | 煤铁铝磷 | 露天 | <3 m | <2° | 贫瘠 | 低 | 好 | |
| | 无积水露矿深挖损地 | 高原或丘陵 | 半干旱 | 煤铁铝磷 | 露天 | <3 m | <2° | 贫瘠 | 低 | 好 | |
| | 积水露矿浅挖损地 | 高原或丘陵 | 半湿润或半干旱 | 煤铁铝磷 | 露天 | <3 m | <2° | | 高 | 差 | |
| | 积水露矿深挖损地 | 高原或丘陵 | 半湿润或半干旱 | 煤铁铝磷 | 露天 | <3 m | <2° | | 高 | 差 | |
| | 窑场无积水挖损地 | 高原或丘陵 | 半干旱 | 非金属 | 露天 | <3 m | <2° | 贫瘠 | 低 | 好 | |
| | 窑场积水挖损地 | 平原或丘陵 | 湿润或半湿润 | 非金属 | 露天 | <3 m | <2° | | 低 | 差 | |
| | 采石场挖损地 | 山区或丘陵 | 湿润或干旱 | 非金属 | 露天 | | ≥2° | 贫瘠 | 低 | | |

表 5-2(续)

| 类型 | 亚类 | 主要划分指标 | | | | | | | | |
|------|------|----------|------|--------|------|------|------|------|------|------|
| | | 原地貌 | 气候 | 主要矿种 | 开采 | 深度 | 坡度 | 土壤 | 潜水 | 排灌 | 污染 |
| 压占地 | 排土场 | 山区或平原 | 湿润或干旱 | 煤铁铝磷 | | | ≥10° | 贫瘠 | 低 | | |
| | 粉煤灰堆场 | 山区或平原 | 湿润或干旱 | 煤 | | | ≥10° | 贫瘠 | 低 | | 重 |
| | 尾矿池堆 | 山区或平原 | 湿润或干旱 | 煤铁铝磷 | | | ≥10° | 贫瘠 | 低 | | 重 |
| | 矸石场 | 山区或平原 | 湿润或干旱 | 煤 | | | ≥10° | 贫瘠 | 低 | | 重 |
| 污染地 | 轻度污染地 | 平原 | 湿润或半湿润 | 煤金属 | | | | | | | 轻 |
| | 中度污染地 | 平原 | 湿润或半湿润 | 煤金属 | | | | | | | 中 |
| | 重度污染地 | 平原 | 湿润或半湿润 | 煤金属 | | | | | | | 重 |

（2）矿区场地特征

① 土地损毁特征

土地损毁是人类生产建设活动或自然灾害造成土地原有功能部分或完全丧失的过程。矿产资源开采不可避免地造成一系列土地损毁问题，如地表沉陷、裂缝、塌方和滑坡等，影响周围的生态环境状况和景观格局等，也损毁了当地的地表水和地下水源，破坏原有的土地生态系统。目前，矿区工业场地存在的土地损毁方式主要包括土地压占、土地占用和土地污染。

② 内部功能分区特征

无论是井工煤矿还是露天煤矿工业场地按照功能区不同一般可以划分为煤矿分选加工区、辅助生产区、公用工程区、仓储运输区、行政服务与生活服务设施区等，主要包括选煤厂、污水处理系统、仓储用地、维修厂、油库、炸药厂、公用设施、行政与服务设施、矸石电厂、运输设施等不同用地类型。工业场地各功能区的大小主要取决于煤矿开采量及其相应的配置规模。

③ 生产规模特征

井工煤矿和露天煤矿都根据产量对规模进行了划分，主要包括大型、中型和小型。煤矿规模决定了煤矿的服务年限及相应的工业场地用地指标。《煤炭工业工程项目建设用地指标—矿井、选煤厂、筛选厂部分》（建标〔1996〕630 号）和《煤炭工业工程项目建设用地指标—露天矿、露天矿区辅助企业部分》（建标〔1998〕55 号）对煤矿工业场地建设用地指标进行了较为详细的规定。选煤厂、筛选厂建设用地指标，包括选煤厂、筛选厂工业场地，矸石排弃场，场内准轨铁路装（卸）车站等的用地；辅助生产设施，主要包括机修厂、仓库、油库、组装场等；公用工程设施，主要包括供配电、供水（生活、消防）、供热及供暖等；行政管理与服务设施，主要包括办公室、生产调度室、集控监测、计算机管理等设施。

④ 生命周期特征

任何一个矿山其工程服务生命周期都要经历孕育期、成长期、成熟期、衰退期（转型期）的过程。a. 孕育期：在这个阶段主要完成工业场地建设的前期准备工作并按照详细的施工图完成基建，即新建煤矿工业场地。b. 成长期：煤矿工业场地建成后投入运行，煤炭的加工分选方法应该根据对所采煤矿的煤质、用途和市场分析合理确定，如果煤矿原煤不经选煤厂加工时，应设筛选、分级等加工车间。随着煤矿开采数量的增加，工业场地相应的分选加工能力需要在规定的时间内达到设计生产能力。c. 成熟期：在煤矿达到设计生产能力时，技术改进或其他因素导致煤矿开采量不断提高，原有的工业场地无法完成煤矿分选加工任务，因此需要进行相应的改进或扩建，从而使煤矿工业场地的分选加工能力稳步提升，从而逐步形成稳定的生产能力，直至煤矿生产的鼎盛期。d. 衰退期（转型期）：在煤矿资源开采达到鼎盛期后，随着煤炭资源的减少，开始逐步衰退，直到最后煤矿枯竭，煤矿分选停产。在衰退期，如果不进行接续产业的发展，工业场地随着资源枯竭而废弃，但如果提前进行产业调整，注重后续产业的发展，煤矿工业场地则会成功转型，并且获得新的发展。

## 5.2　不同类型场地处置

### 5.2.1　压占场地处置

（1）排土场复垦

排土场一般分为内排和外排，据调查测算，露天开采外排土场占压土地约为挖损破坏土地的 1.5～2.5 倍，平均为 2.0 倍左右[10]；即使是内排，在实现之前仍占用一定土地。排土场一般占矿区总面积的 50%～80%，是露天矿土地复垦的重点，主要受排弃岩土的性质、排土场占地面积和几何形状、排土场最终排弃高度和最小排弃平盘宽度、排土场与采场的相对位置和距离以及排土场边坡稳定性等因素的影响[11]。排土场复垦主要包括排弃物料的分采分堆、排土场整治、排土场覆盖和边坡防护等[12]。

（2）排土场整治

在露天矿工艺设计中，要注意土壤和围岩的农业化学性质和物理力学性质以及它们的空间分布及数量。对于土壤、含肥岩石与其他硬质岩石，要尽可能分开剥离，集中或分开堆存；对于酸性和含毒的岩石，采集后应排弃在排土场的底部或中间，然后覆盖土壤或含肥岩石。分层剥离、分层堆放、分层回填，可实现排弃物料在排土场的垂向合理分布，大块岩石和有毒害的岩石在下，具有腐殖质的表土作为覆盖土源，形成符合农业或林业要求的土层。

① 顶部整治。排土场顶部根据排土工艺和设备的不同可整治成等锥形、连脊形、横向弧形和平坦形等不同形状。整治工作量以平坦形最小，等锥形最大，其次是连脊形和横向弧形。为防止排土场表面受水侵蚀的影响，针对农业、牧业和林业等不同的土地利用方式应对排土场坡度进行整治并加以保护。当用作农业种植时坡度不宜超过 1°～2°，而坡度在 3°～5°时应有保护措施；当用作牧场或操场时坡度为 2°～5°；用于林地时适宜的纵坡为 10°以下，横向坡度不应超过 4°。复垦场地的坡向尽量朝南或朝西南。

② 斜坡整治。为使排土场尽量用来复垦，须对斜坡进行变坡工作以利于种植。一般斜坡分为平台式和连续式两类，排土场斜坡边坡示意如图 5-1 所示，斜坡边角通常在 35°～45°，35°斜坡适宜林业，30°时可用于放牧，20°～25°可用于使用专门机械的某些耕作，10°～15°可用于农业。

（3）排土场覆盖

排土场覆盖可分为土壤覆盖和其他物料覆盖两类。土壤覆盖工艺与露天采场覆盖工艺相同，即将采矿剥离后贮存的表土和底土按顺序覆盖于排土场表面，进行土地平整后利用。其他物料是指在矿区人口集中地的生活垃圾、下水道污泥及其他生产废物。它们既是有机肥和某些养分的主要来源，也可能含有重金属及病原体，如未被工业废水大量污染，经适当

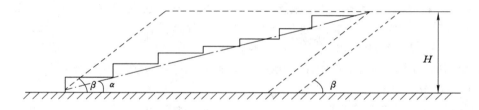

图 5-1  排土场斜坡边坡示意

Fig. 5-1  Diagram of slope change in the dump

处理后,不会对农作物产生危害。经过筛选的生活垃圾与人肥、厩肥、工业废渣搅拌在一起,覆盖在复垦场地上,可以认为是良好的"人造土壤层"。

(4) 边坡防护

目前,国内外矿床露天开采工艺中的废石剥离、运输与排放、废石场的复垦与绿化、边坡复垦等几个重要环节是相对独立的,开采过程中形成的最终边坡可能存在几年甚至几十年。为保证排土场的稳定,需要对排土场边坡进行必要的水保措施。排土场边坡的稳定化处理包括放坡、拉阶段,设石挡和回水沟、表面覆盖(种植或化学处理)[13]。排土场边坡防护措施主要包括以下几个方面:

① 应对待复垦边坡稳定性进行调查、分析,包括防渗材料、防渗层构筑方式、渗透系数、边坡坡度、排水设施、防洪标准等。

② 边坡应采取工程措施防止水土流失和滑坡,满足稳定性要求;可采用修筑挡水墙、锚固、堆放大石块等措施对排土场边坡进行复垦。

③ 应根据复垦方向、岩土类型、表层风化程度等条件确定排土场边坡的土壤重构方案和复垦方向。复垦为林地、草地的可以参照有关边坡的规定执行。对贫瘠的土壤采取化学和物理改良措施,改变土壤的不良性状,恢复或提高土壤的生产力以及保护土壤免受侵蚀。

④ 根据地区自然条件来选择植被恢复模式及植物品种,可采用"以草先行"的模式,有条件的地区,可复垦为林、草混合地,合理配置林草比例,并根据配置模式确定相应的栽培技术,包括直播、客土种植、带土球移植或扦插等;对存在重金属污染的排岩场,应选择一些对重金属有吸附作用的植被进行植被重建。

⑤ 边坡重要地段应进行砌护,应布置蓄水系统、排洪系统及相应的水工建筑物,如消力池、斗坎等。对外排土场基底的一些重要区段应适当清除地表松散土层;对内排土场局部光滑的基底,应进行爆破处理,增加其粗糙度,必要时可在基底设置基柱、临时挡墙及抗滑桩等。

(5) 矸石山整形

煤矸石是煤炭生产、加工过程中产生的固体废物,是煤的共生产物,成煤过程中常与煤伴生,灰分含量通常大于 50%,发热量一般在 35~83 MJ/kg 范围,一般属于沉积岩,是多种矿岩组成的混合物。从狭义上讲,煤矸石是煤炭开采时夹带出来的碳质泥岩、碳质砂岩;从广义上讲,煤矸石是煤矿建井和生产过程中排出的一种混合岩体,包括混入煤中的岩石、巷道掘进排出的岩石、采空区垮落的岩石、工作面冒落的岩石以及选煤过程中排出的碳质岩等[14]。

① 煤矸石类型划分

煤矸石成分复杂,物理化学性能各异,不同的煤矸石综合利用的途径对煤矸石的化学成分及物理化学特征要求也不一样。因此,按照中华人民共和国国家标准《煤矸石分类》(GB/T 29162—2012)进行科学、合理的分类,对于探索高附加值利用煤矸石技术途径、实现煤矸石按利用途径归类堆放、推动煤矸石资源化利用具有十分重要的意义。煤矸石常见的分类依据包括按来源分类、按自然存在状态分类、按利用途径分类以及分级分类等。

a. 按来源分类

根据煤矸石的产出方式即煤矸石来源可将煤矸石分为洗矸、煤巷矸、岩巷矸、手选矸、剥离矸和自燃矸。有的研究中将自燃矸也作为按来源分类中的一类。

洗矸是指从原煤分选过程中排出的尾矿,排量集中,粒度较细,热值较高,黏土矿物含量较高,碳、硫和铁的含量一般高于其他各类矸石。

煤巷矸是指在煤矿巷道掘进过程中,沿煤层的采、掘工程排出的煤矸石。煤巷矸主要是由采动煤层的顶板、夹层与底板岩石组成,常有一定的含碳量及热值,有时还含有伴生矿产。

岩巷矸是在建设与岩巷掘进过程中,凡是不沿煤层掘进的工程所排放出来的煤矸石的统称。岩巷矸所含岩石种类复杂,排出量较为集中,其含碳量较低或者不含碳,所以无热值。

手选矸是指混在煤中、在矿井地面或选煤厂由人工捡出的煤矸石。手选矸排量较少,主要来自所选煤层的夹矸,具有一定的热值。

剥离矸是指露天开采时,煤系上覆岩层被剥离而排出的岩石。剥离矸的特点是所含岩石种类复杂,含碳量极低,一般无热值,目前主要用来回填采空区或填沟造地等,有些剥离矸还含有伴生矿产。

自燃矸也称过火矸,是指堆积在矸石山上经过自燃后的煤矸石。这类煤矸石原岩以粉砂岩、泥岩、砂岩与碳质岩居多,自燃后除去了矸石中的部分或全部碳,其烧失量较低,颜色与煤矸石原岩中的化学组成有关,具有一定的火山灰活性和化学性质。

b. 按自然存在状态分类

在自然界中,煤矸石以新鲜矸石(分化矸石)和自燃矸石两种形态存在,这两种矸石在内部结构上有很大的区别,因而其胶凝活性差异很大。

新鲜矸石是指经过堆放,在自然条件下经风吹、雨淋,使块状结构分解为粉末状的煤矸石。该种煤矸石由于在地表下经过若干年缓慢沉积,其结构的晶型比较稳定,其原子、离子、分子等质点都按一定的规律有序排列,活性也很低或基本上没有活性。

自燃矸石是指经过堆放,在一定条件下自行燃烧后的煤矸石。自燃矸石一般呈桃红色,又称红矸。自燃矸石中碳的含量大大减少,氧化硅和氧化铝的含量较新鲜矸石明显增加,与火山渣、浮石、粉煤灰等材料相似,也是一种火山灰质材料。自燃矸石的矿物组成与新鲜矸石相比有较大的差别,原有高岭石、水云母等黏土类矿物经过脱水、分解、高温熔融及重结晶而形成新的物相,尤其生成的无定形 $SiO_2$ 和 $Al_2O_3$,使自燃矸石具有一定的火山灰活性。

c. 按利用途径分类

煤矸石的利用途径主要有两种:一是作为原料;二是利用其热值,用于矿区发电和供热。目前,技术成熟、利用量比较大的是用煤矸石生产建筑材料,如用煤矸石灰粉为原料,部分或全部替代黏土配置水泥生料,烧制硅酸盐水泥熟料;煤矸石具有低热值燃料的特点,当矿区用电紧张时,可在煤矸石产量大的矿区兴建石电厂,可以同时解决矿区用电和供热难题。

d. 分级分类

20 世纪 80 年代以来,我国科技工作者借鉴国外的分类方法,提出了各种矸石分类方案,并采用多级分类命名的方法,希望能够充分反映煤矸石的物理化学以及岩石矿物学特征,以期为煤矸石的利用提供方便,主要分类方法如下:

煤炭科学研究院重庆研究院提出煤矸石的 3 级分类命名法,分别为矸类(产出名称)、矸族(实用名称)和矸岩(岩石名称)。该方案首先按照煤矸石的产出方式将其分为洗矸、煤巷矸、岩巷矸、手选矸和剥离矸 5 类,最后按照煤矸石的岩石类型划分矸岩。

中国矿业大学以徐州矿区煤矸石的研究为基础,提出了华东地区煤矸石分类方案。该方案是以煤矸石在建材方面的利用主要途径为一种分类方案。分类指标为岩石类型、含铝量、含铁量和含钙量,4 个指标均分为 4 个等级,其中岩石类型以笔画顺序进行分级,其他 3 个指标以含量多少进行分级,以阿拉伯数字表示等级次序。然后以岩石类型等级序号为千位数字,依次与其他 3 个指标的等级序号组成一个 4 位数,作为煤矸石的分类代号。

此外,从煤矸石作为填充物料的工程应用角度,根据不同的划分依据可将煤矸石划分为不同种类。按照煤矸石自燃性质可划分为可燃煤矸石和不可燃煤矸石,按照风化程度可划分为未风化、微风化、中等风化和完全风化 4 类。从煤矸石加工利用方面还可根据煤矸石的化学性质或矿物组成等进行详细划分,但尚未形成一个统一、明确的分类和命名方案。

② 复垦整形

煤矸石山地形特殊,多数呈锥形,为改善其立地条件,防止煤矸石山在遇到大风和雨水时造成的径流和侵蚀,创造植物生长的有利条件等,必须对煤矸石山进行整形整地。其目的和作用在于减缓坡度,减少粒度,改善地表组成物质的粒径级配;改善孔隙状况,增加毛管孔隙度,提高土壤的持水、供水能力;改善局部土壤的养分和水分状况,增加土壤含水量;稳定地表结构,减少水土流失和控制土壤侵蚀;便于植被恢复施工,提高造林质量;增加栽植区土层的厚度,提高栽植成活率和保存率,促进植物生长。

煤矸石山整地的方式包括全面整地(翻垦全部土壤)和局部整地(翻垦局部土壤)两种。按照"既经济省工又能较大程度改善立地质量"的原则,可以采用局部整地的方式。在局部整地中,带状整地方法和块状整地方法均可采用。带状整地可采用水平阶、水平梯田及反坡梯田的方法;块状整地可以采用鱼鳞坑和穴状两种方法。根据煤矸石山整形后的几何形状,煤矸石山整形类型可分为梯田式、螺旋线式和微台阶式三种,如图 5-2 所示。

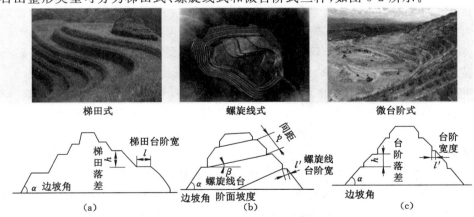

图 5-2　煤矸石山整形类型划分

Fig. 5-2　Classification of shaping types of coal gangue hill

为节约用地,我国井工开采煤矿煤矸石排放以堆积成高度过高、坡度过大的锥形矸石山为主,容易引起滑坡。结合矸石山原来形状及复垦绿化的目的,将矸石山整形形状设计为梯田式,一方面降低坡长和坡高提高边坡的稳定性,另一方面为复垦绿化后的矸石排放场与周围环境和谐统一。

梯田式整形方式的主要参数包括边坡角($\alpha$)、梯田落差($h$)和梯田台阶宽($l$)。边坡角太小,矸石山占地多,整形工程量大;边坡角太大,边坡稳定性差。边坡角一般应小于 $30°$,台阶宽度取 2 m 左右,梯田落差取 5 m 左右。梯田台阶应向里倾斜。整地深度最低限值因植被而异,草本植物为 15 cm,低矮灌木为 30 cm,高大灌木为 45 cm,低矮乔木为 60 cm,高大乔木为 90 cm。同时,整地季节要按照至少一个雨季的原则进行,这样有利于植树带的蓄水保墒和增加土壤养分含量[15]。

螺旋线式台阶兼作上山人行道和运料道。当台阶面坡度一定时,螺旋线间隔为一个变数,山脚方向间隔较大,山顶方向间隔较小。若要求螺旋线间隔一定,则螺旋线式台阶坡面就是一个变数。设计时应根据矸石山等高线图,使螺旋线间隔不要太大而使台阶面坡度超过允许值。

微台阶式是一种简易省工的方法,通常用手工和简单机械即可完成,其主要技术参数有边坡角 $\alpha$、台阶落差 $h$、台阶宽度 $l$。边坡角与煤矸石山边坡角相同,落差通常取 $2\sim3$ m,台阶宽度 $0.3\sim0.5$ m。

③ 边坡加固与防侵蚀治理

目前采用的边坡加固措施有削坡减载技术、排水与截水措施、锚固措施、混凝土抗剪裁结构措施、支挡措施、加筋土技术以及植物框格护坡、护面措施等,在边坡治理工程中强调多措施综合治理的原则,以加强边坡的稳定性[65]。

支挡(支护、挡墙)是边坡治理的基本措施。对于不稳定的边坡岩土体,使用支挡结构对其进行支挡,是较为可靠的。支挡主要可分为以下几类。

a. 浆砌石、干砌石拦挡工程。在容易得到石料时,或使用混凝土困难、备土压力较小、又能够满足安全要求的地段上,可采用浆砌石或干砌石工程。在砌石工程中,需注意修建基础。如基础为基石可不必修筑基础,如基础为土石混合物或土壤,则必须修建基础。基础埋深应当在当地冻土层以下。砌石规格应呈梯形,下底宽、上底窄。其宽度与高度依据挡土墙承载压力和矸石的压力而定,一般呈正比关系。

b. 混凝土拦挡工程。在排弃渣石较多、压力较大且要求绝对安全稳定时,浆砌石工程和其他黏土工程若不能达到要求,须采用混凝土挡土工程。

c. 格宾网挡土工程。修筑混凝土或浆砌石、干砌石挡土工程时,需要地基平整并牢固,不能出现下沉或土块滑动现象,才能保证挡土墙安全。否则,须修筑格宾网挡土工程。格宾网挡土墙的规格为高度 $0.5\sim1$ m、宽度 1 m、长度 $1\sim3$ m。网内填入石料后,将格宾网加盖用钢丝系紧。

d. 土工格室加固边坡。针对煤矸石山整形复垦的特点,土工格室作为一种加筋土技术非常适合煤矸石山的边坡加固和复垦。土工格室是用聚合物通过连续热加工制成的蜂巢状三维结构,具有较强的抗拉强度。土工格室通过限制使表土层稳定,满尺寸完全展开填上轻度压实的表土,可以得到稳定而不易移动的植物培养土。所有格室的连接处有通道,相邻格室间的水可以流通,从而有效排水。不同长度、倾角和土质的边坡,都可以通过选择合适的土工格室抵抗侵蚀而得到保护。

土工格室施工主要包括边坡平整和地表覆盖。边坡平整首先将土工格室板沿平行于流动方向满尺寸展开，并与相邻的土工格室板连接固定，然后填土打实，形成一层完好的种植土层。地表覆盖是在复垦土层表面覆盖一层材料来增加土壤水分、减轻土壤侵蚀、增加土壤营养成分，达到改良土壤条件、促成植物生长的目的。地表覆盖材料对土壤防止风蚀和水蚀非常重要，常用的覆盖材料有干草和麦秆、液体地表覆盖材料和侵蚀被等。侵蚀被由完全降解脱水的植物纤维编制而成，主要作用是阻止土壤流失、保护种子、加速种子萌发、迅速建立植被。

④ 煤矸石山自燃与防治

煤矸石山由大量煤矸石颗粒堆积而成，占地面积大，堆积高度高，结构疏松，在重力作用下，煤矸石颗粒排放滚落具有分选性，颗粒上粗下细。一方面由于煤矸石组成比较复杂，可燃物质的分布、粒度大小等不均匀，造成自燃后燃烧强度不均匀，自热和自燃的不均匀性加强了温度和空气流动分布的不均匀，而且由于氧气供应不足，具有不完全燃烧的特点。另一方面，燃烧发展过程十分缓慢而隐蔽，一般从内部先燃烧，初期阶段燃烧涉及的煤矸石数量很少，燃烧强度不大，释放热量很少，自燃区温度也不高，处于缓慢引燃状态的时间较长。

a. 煤矸石山自燃的原因

煤矸石自燃包括内因和外因两个方面。内因主要为高硫量的煤矸石山及低硫量的煤矸石山的自燃，外因主要为气体贯入和水促进矸石山氧化引发的自燃。

高硫量的煤矸石中含有大量的煤屑和硫，其中的硫主要以硫铁矿（$FeS_2$）的形式赋存。煤矸石内部 $2\sim7$ m 的多孔条件，使硫铁矿与氧接触发生氧化，产生热量保存下来，热流加剧反应的速度，造成恶性循环，当超过临界燃烧热点时，引发自燃。少数低硫量煤矸石山也容易发生自燃。低变质煤 H 的含量较高，挥发性较高，燃点较低。煤矸石中残存的低变质煤，接受不完全氧化，生成 CO 和 $CO_2$，随着热区矸石温度的升高，大量的 $CO_2$ 被还原成 CO，使 CO 的浓度逐渐增大，当温度达到煤的燃点时，煤矸石自燃。

煤矸石在自然堆放过程中，产生其特有的堆积结构。煤矸石沿排矸索道自上而下排放堆积，形成"倒坡式"排放，在自然重力作用下，煤矸石堆积下部颗粒粗大，上部颗粒细小，造成煤矸石山下部空隙较大，有利于空气进入，易使煤矸石氧化聚热，上部空隙较小，具有良好的出热性。氧化产生的热量，一部分随空气带出，另一部分则积聚在煤矸石山中，当某一局部温度达到自燃点时便引发自燃，并逐步向四周蔓延。因此，煤矸石山自燃多发生在煤矸石山内部或裂隙地带，是自燃的外部原因。此外，水的存在增加了煤矸石中黄铁矿的水解作用和氧化能力，是影响煤矸石山自燃的另一重要因素。

b. 煤矸石山自燃的防治

煤矸石山自燃的防治措施包括煤矸石山自燃的预防和煤矸石山燃烧的治理。

在煤矸石山自燃的防治方面，首先是煤矸石的预处理，即在堆积前分选回收黄铁矿及煤矸石中的残煤，减少煤矸石中的可燃物质；其次，改进煤矸石的排放工艺，减少煤矸石中的硫化物的活化性能，即减弱其氧化反应必需的水及空气条件，如煤矸石与岩石混排法或煤矸石与表土混排法等；最后，在煤矸石堆放时应选取适宜的地点，尽量平面堆放，降低煤矸石山堆放高度，限制煤矸石山热量聚集能力，堆放过程中可使用推土机推平并用重型机械压碎压实，破坏自然堆放时因"粒度偏析"而产生的空气通道，隔断氧气供应。

在煤矸石山燃烧的治理方面,对正在燃烧的煤矸石山可采用挖掘熄灭法、泡沫灭火法和注浆法等进行可燃物清除、降温、隔氧和灭火处理。挖掘熄灭法是最直接也是相当有效的方法,在确定燃烧范围后,挖出着火煤矸石,使其自然冷却,该方法仅用于煤矸石山自燃初期或作为一种辅助的灭火措施。泡沫灭火法是向火区灌注泡沫灭火剂,以隔绝氧气和吸收热量,降低煤矸石的温度,达到灭火目的。注浆法是通过泥浆泵将石灰、黄土、氯化镁等阻燃物质及多种化学原料组成的灭火浆液喷注在煤矸石山火源处,同时加入适量渗透剂深入到着火源,通过降温和隔氧达到灭火的目的。

### 5.2.2　挖损场地处置

露天采场、取土场等挖损土地的复垦主要取决于矿床赋存、地形条件、围岩、表土及当地的实际需要。露天开采的水平矿和缓斜矿的剥离物可堆存在露天采场内,复垦场地的坡度可与矿床底板坡度相近,以利于地表水的排出。在矿山开采前利用采运设备超前采集土壤,接着覆盖在内排土场地上即可恢复原先的地形。然后按田园化要求修筑机耕道、灌溉水渠及营造防护林带。

开采矿体长的倾斜或急斜矿时,可采用内排法将矿体分为若干小矿田,在其中寻出剥离系数最小的一块矿田进行强化开采,尽快将矿物采出以腾出空间,同时将剥离的表土暂时堆弃在该矿田周边上,然后再开采另一块矿田并将剥离物回填在已腾出空间的采空区上,再将其周边的表土覆盖上去并平整。复垦地用于种植大田作物时整平的坡度不应超过1°,个别情况下为2°～3°;用于植树造林时不超过3°,个别情况下可达5°,必要时可修筑成梯田。

对于倾斜或急斜的坡积矿床,用水力开采或随等高线开挖后,呈现裸露的石坡一般成"石林"状。这类地形的复垦就地取材修筑梯田,按等高线堆筑石墙,并尽量与"石林"连接,然后在墙内回填尾矿,尾矿可用泥浆泵吸取,经过管道回填到梯田。尾矿干涸后要保持5°以上的坡度,以满足复垦后排灌的要求,再在平整后的地面覆盖表土进行土地平整(覆盖土层厚度一般不少于0.4～0.5 m),供农业或林业用。

对于地下水丰富的矿区,为恢复因采矿而破坏了的含水层,必须在采空区内先回填岩石再覆盖土壤层。为了便于农林业复垦,在露天采场适宜的位置上需设置防洪设施,以免洪水冲毁场地。

露天采场边坡和安全平台上可用植被保护。为有利于植被在边帮上生长,可用泥浆法处理;或在安全平台上种植藤本植物以拢住岩石。平台可视具体条件种植矮株的经济林与薪炭林树种。

深度较大的露天矿坑可改造成各种用途的水池。例如,工业和居民的供水池、养鱼和水禽池、水上运动池、文化娱乐设施和疗养池等。此时,要求矿坑四周围岩无毒无害且无大的破碎带,整体性强、渗透性小,不必采取大的堵漏、防渗等措施。

工业场地若地面坡度小、原土壤状况较好,可翻耕后直接用作农用地;若原土壤状况不好,可用剥离的表土或用近距离的客土处理后进行耕种。

### 5.2.3　塌陷场地复垦

(1)塌陷地类型划分

我国煤矿以井工开采为主,其产量约占原煤产量的92%。井工开采不可避免地造成采煤区地表塌陷,来自2019年的期刊统计:中国采煤沉陷区面积预计超过60 000 km²,其中与城乡建设用地和耕地叠压的面积分别达到4 500 km²和26 000 km²。因此,采煤塌陷地复垦是我国量大面广、难度最大的复垦工作。根据学者研究可从塌陷地积水程度、地形条件、塌陷程度及稳定状况等方面划分为不同类型。

根据采煤塌陷地积水程度可划分为非积水塌陷干旱地、塌陷沼泽地、季节性积水塌陷地、常年浅积水塌陷地和常年深积水塌陷地。其中,非积水塌陷干旱地的特点是基本无积水,主要是大面积整体塌陷;塌陷沼泽地特点是塌陷面积较小,土壤发生沼泽化、潜育化和次生盐渍化等现象;季节性积水塌陷地通常是多雨时节会形成积水,少雨时节形成土地板结;常年浅积水塌陷地的塌陷深度一般在 0.5～3 m 左右,积水深度在 0.5～2.5 m 之间;常年深积水塌陷地塌陷和积水深度较大,一般在 3 m 以上,常年形成不规则封闭水域。

根据矿区的地形条件可划分为山地丘陵区塌陷地、低潜水平原区塌陷地和高潜水平原区塌陷地。山地丘陵区塌陷地的特点是基本无积水,对土地影响相对较小;低潜水平原区塌陷地的特点是塌陷地多为季节性积水,常年积水的较少;高潜水平原区塌陷地的特点是大部分为常年积水,对土地的影响十分严重。

根据塌陷程度可划分为轻度塌陷、中度塌陷和重度塌陷。轻度塌陷是指塌陷不明显,裂隙宽度小,土地仍可以耕作;中度塌陷是指地表有塌陷,塌陷高差小于 0.5 m,机耕难以进行;重度塌陷是指地表明显塌陷,塌陷高差在 0.5 m 以上,常形成明显的塌陷和梯状断裂,土地变形,难以进行耕作和利用。

根据塌陷地的稳定状况可划分为稳定塌陷地和不稳定塌陷地。稳定塌陷地的特点是塌陷地面不再下沉,处于相对稳定的状态;不稳定塌陷地的特点是地面持续下沉或下沉的可能性很大,处于不稳定状态。

(2) 复垦措施与工艺流程

采空区塌陷造成矿区的建设和农业用地紧张,人地矛盾突出,引发了水土流失、土地盐渍化等生态环境问题,制约了矿区的可持续发展,亟须对其进行复垦以恢复其正常生态功能。塌陷区土地复垦技术是根据不同的目的和用途对煤炭开采所引起的地表破坏、变形、沉落等地面塌陷区进行填垫复垦的技术措施,主要包括工程复垦和生物复垦。工程复垦主要是以矿区的固体废渣作充填物料,将塌陷区填满推平覆土,兼有掩埋矿区固体废弃物和复垦塌陷土地的双重效益。生物复垦是指通过种植植物或培养微生物以及放养动物,改变土壤结构和组分,从而达到修复改良土壤的目的,一般在工程复垦阶段结束之后进行。

工程复垦技术按照复垦形式又可分为充填复垦和非充填复垦两类。其中,充填复垦根据所用充填材料的不同又可分为煤矸石充填复垦,粉煤灰充填复垦,露天矿采空区充填复垦,河、湖淤泥充填复垦等。非充填复垦根据复垦设备、积水情况及地貌特征又分为挖深垫浅复垦、梯田式复垦、疏排法复垦等。

① 充填复垦

充填复垦一般是指利用土壤和容易得到的矿区固体废弃物(如煤矸石、井口和电厂的粉煤灰、露天排放的剥离物)及垃圾、泥沙、湖泥、水库库泥和江河污泥等来充填采煤塌陷地,恢复到设计地面高程来复垦土地。其应用条件要求有足够的充填材料且充填材料无污染或可经济有效地采取污染防治措施,优点是既解决了塌陷地的复垦问题,又进行了固体废弃物的处理,经济环境效益显著,缺点是土壤生产力一般不是很高,并可能造成二次污染。

a. 煤矸石充填复垦。用煤矸石作为填充物进行充填复垦,可分为 3 种情况,即新排矸石充填复垦、预排矸石充填复垦和老矸石山充填复垦,煤矸石充填复垦工艺如图 5-3 所示。

新排矸石复垦是指将矿井新产生的煤矸石直接排入塌陷区,推平覆土形成土地,这是最为经济合理的煤矸石充填复垦方式,主要设备包括架线机车、自卸汽车等。预排矸石复垦是指建井过程中和生产初期,沉陷区未形成前或未终止沉降时,在采区上方,将沉降区域的表土先剥离取出堆放四周,然后根据地表下沉预计结果预先排放矸石,待沉陷稳定后再利用。老矸石山充填复垦是利用已有的老矸石山堆存的矸石充填塌陷区以实现复垦,一般采用汽车运输,该法回填灵活但成本较高,多用于填垫建筑场地或路基。

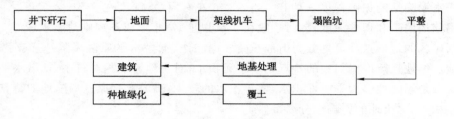

图 5-3　煤矸石充填复垦工艺

Fig. 5-3　Reclamation filled process with coal gangue

b. 粉煤灰充填复垦。粉煤灰充填复垦是指将粉煤灰直接充填到塌陷地,恢复到设计地面高程,然后根据复垦目的进行土壤重构,整平造地。也可以利用电厂原有设备和增加的输灰管道,将煤灰直接充填到塌陷区。待贮灰场沉积的粉煤灰达到设计标高后停止充灰,将水排净,然后覆土,粉煤灰充填复垦工艺如图 5-4 所示。目前,除了一部分粉煤灰被工业利用外,其余的都排入贮灰场或用于充填沉陷地。用粉煤灰充填复垦是我国现行的主要复垦技术之一,已在平顶山、徐州、淮北、唐山等地矿区复垦得到广泛应用。

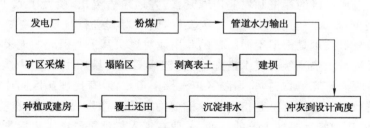

图 5-4　粉煤灰充填复垦工艺

Fig. 5-4　Reclamation filled process with fly ash

c. 露天矿采空区充填复垦。按照排土方式不同,露天矿采空区充填复垦可分为外排土方式的充填复垦和内排土方式的充填复垦。外排土方式是指将所采矿床的上覆岩土剥离后运送到采空区以外预先划定的排土场地堆存起来,采空区可以用地下开采排放的矸石、电厂粉煤灰或其他固体废弃物充填复垦,也可以将排土场的岩石重新运回充填。内排土方式是将剥离的岩土直接回填在露天开采境界内的已采区域。露天矿采空区充填复垦成为回采的一道工序,由于岩土运输距离短,排土不需占用专门的场地,复垦费用可大大降低。为保证岩土的剥离、采矿工程与回填之间互不干扰,应合理布置剥离段、回采块段和回填块段之间的顺序[16]。

d. 河、湖淤泥充填复垦。靠近河道湖泊的一些煤矿可利用河、湖淤泥充填塌陷区进行复垦。实施方法是先将矿井矸石或其他固体废弃物排入塌陷区充填底部,再取河、湖地下淤泥经管道水力输送到复垦区,使之覆盖于煤矸石上,待淤泥干后用推土机整平改良,经绿化种植后还田。这种复垦方法既疏浚了河道湖泊,又复垦了塌陷破坏的土地,且复垦土壤肥力较好,适于耕种。

② 非充填复垦

a. 挖深垫浅复垦。挖深垫浅即将造地与挖塘相结合,用挖掘机械(如挖掘机、推土机、水利挖塘机组等)将沉陷深的区域继续挖深(挖深区),形成水塘,取出的土方充填至沉陷浅的区域形成陆地(垫浅区),达到水陆并举的利用目标。主要应用于沉陷较深,有积水的高、中潜水位地区,同时"深挖区"挖出的土方量要大于或等于"垫浅区"充填所需土方量。水塘除可用来进行水产养殖外,还可以根据当地实际情况改造成水库、蓄水池或水上公园,陆地可作为农业种植或建筑用地等。根据复垦设备的不同可分为泥浆泵复垦、拖式铲运机复垦和挖掘机复垦等不同的复垦措施。

泥浆泵实际就是水力挖泥机,亦称水力机械化土方工程机械。泥浆泵复垦就是模拟自然界水流冲刷原理,运用水力挖塘机组(由立式泥浆泵输泥系统、高压泵冲泥系统、配电系统或柴油机系统三部分组成)将机电动力转化为水力而进行挖土、输土和填土作业,即由高压水泵产生的高压水,通过水枪喷出一股密实的高压高速水柱,将泥土切割、粉碎,使之湿化、崩解,形成泥浆和泥块的混合液,再由泥浆泵通过输送管压送到待复垦的土地上,然后泥浆沉积排水达到设计标高的过程。由于泥浆泵是水力挖塘机组的核心,因此这种技术称之为泥浆泵复垦,其复垦工艺流程如图 5-5 所示。

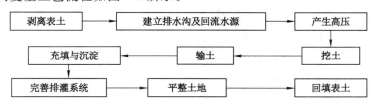

图 5-5 泥浆泵复垦工艺流程

Fig. 5-5 Mud pump reclamation process

拖式铲运机实质为一个无动力的拖斗,在前部用推土机作为牵引设备和匹配设备进行铲装运土作业。拖式铲运机由 1 个带有活动底板的铲斗、4 个轮胎和液压系统组成,其中铲斗的活动底板有锋利的箕形铲刀,用于剥离土壤。工作时前推后拉,既可推土又可挖土和运土,具备铲、运、填、平等多种功能,能将土方从"挖深区"推或拉至"垫浅区",对"垫浅区"进行回填。拖式铲运机复垦技术具有复垦速度快、效率高、工期短、不受运输距离限制、不受土壤内部结构成分影响等优点。缺点是施工容易受积水和潜水位条件限制,且一般需长时间作业,劳动强度较大,对机械设备要求较高,复垦成本高。

挖掘机是一种很好的土地挖掘机械,由于其挖掘力强、速度快、适应性强的特点被广泛应用于土地复垦中,但是其无法对土方进行运输,必须与卡车、翻斗车等运输机械联合作业才能完成复垦工作。在土地复垦时,挖掘机与推土机联合作业可以有效保留熟土层,减少土壤养分的损失,复垦后的土地能够立即恢复耕种。

b. 梯田式复垦。梯田式复垦是指根据沉陷后地形及土质条件与耕作要求,合理设计出梯田断面,将塌陷地整理成梯田,主要适用于地处丘陵山区的塌陷盆地或中低潜水位矿区开采沉陷后地表坡度较大的情况。对潜水位较低的塌陷区或积水塌陷区的边坡地带,可根据情况采用平整土地和改造成梯田的方法予以复垦,利用此方法复垦可以解决充填法复垦充填物料不足的问题。梯田的水平宽度与田坎高度应根据地面坡度的陡缓、土层厚度、工程量大小、种植作物的品种、耕作的机械化程度等因素综合考虑予以确定。田面坡度的大小和坡向要以"不冲不淤"为原则,根据原始坡度大小、有无灌溉条件、复垦土地的用途以及排洪蓄水能力来确定。

　　田面宽、田坎高和田块侧坡是梯田断面的三要素,如图 5-6 所示。梯田设计要根据塌陷后地形及土质条件与耕作要求等确定断面要素。断面要素设计合理既可保证边坡稳定、耕作灌溉方便,同时又节省用地、用工,提高土地利用效率。综合考虑塌陷后地形坡度、土层厚度、农业机械化程度和复垦后土地利用方向等因素,在地形坡度小于 5°的情况下,田面宽度选在 30 m 左右为宜;10°以上丘陵陡坡,田面宽度以不少于 8 m 为宜,最小不小于 2 m。根据土质情况、坡度大小等确定田坎高度,一般在 0.9～1.8 m 为宜。根据田坎侧坡越缓,安全性越好且少占耕地的原则,边坡大小与田坎高度及筑埝材料有关,一般壤土取 1∶0.3～1∶0.4,沙土取 1∶0.5[17]。

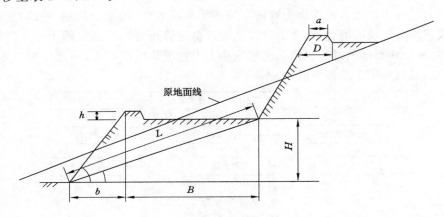

图 5-6　梯田断面示意图

Fig. 5-6　Schematic diagram of terrace section

　　c. 疏排法复垦。疏排法是将开采沉陷地积水区通过强排或自排的方式实现复垦,即采用合理的排水措施(如建立排水沟、直接泵排等),开挖沟渠、疏浚水系,将沉陷区积水引入附近的河流、湖泊或设泵站强行排除积水,使采煤沉陷地的积水排干,再加以必要的地表修整,使采煤沉陷地不再积水并得以恢复利用。该方法适用于对大面积的沉陷地和塌陷后地表大部分仍高于附近河、湖水面的塌陷区复垦,是高潜水位矿区大范围恢复塌陷土地农业耕作的有效方法。疏排法不仅能使大部分塌陷地恢复成可耕地,而且能使村庄或其他建筑物周围不再积水,避免了不必要的搬迁,同时也保护了生态环境,具有工程量小、投资少、见效快且不改变原土地用途的特点。

### 5.2.4　场地土壤重构

　　土壤重构(soil reconstruction)即重构土壤的目的是对工矿区破坏土地进行土壤恢复或重建,通过采取适当的采矿工艺和重构技术,应用工程措施以及物理、化学、生物、生态等措施,重新构造一个适宜的土壤环境条件以及稳定的地貌景观格局,通过人工再造,在较短的时间内恢复和提高重构土壤的生产力,并改善重构土壤的环境质量[18]。

土壤重构所用的物料既包括土壤和土壤母质,也包括各类岩石、矸石、粉煤灰、矿渣、低品位矿石等矿山废弃物,或者是其中两项或多项的混合物。所以在某些情况下,复垦初期的"土壤"并不是严格意义上的土壤,真正具有较高生产力的土壤,是在人工措施定向培肥条件下,重构物料与区域气候、生物、地形和时间等成土因素相互作用,经过风化、淋溶、淀积、分解、合成、迁移、富集等基本成土过程而逐渐形成的。

土壤重构的实质是人为构造和培育土壤,其理论基础主要来源于土壤学科。在矿区土壤重构过程中,人为因素是一个独特的而最具影响力的成土因素,它对重构土壤的形成产生广泛而深刻的影响,可使土壤肥力特性短时间内即产生巨大的变化,减轻或消除土壤污染,改善土壤的环境质量。另外,人为因素能够解决土壤长期发育、演变及耕作过程中产生的某些土壤发育障碍问题,使土壤的肥力迅速提高。但是,自然成土因素对重构土壤的发育产生长期、持久、稳定的影响,并最终决定重构土壤的发育方向。因此,土壤重构必须全面考虑到自然成土因素对重构土壤的潜在影响,采用合理有效的重构方法与措施,最大限度地提高土壤重构的效果,并降低土壤重构的成本和重构土壤的维护费用。

（1）土壤重构的类型

按煤矿区土地破坏的成因和形式,土壤重构可分为采煤沉陷地土壤重构、露天煤矿扰动区土壤重构和矿区固体废弃物堆弃地土壤重构 3 类。采煤沉陷地土壤重构根据所采取的工程措施可分为充填重构与非充填重构。充填重构是利用土壤或矿山固体废弃物回填沉陷区至设计高程,但一般情况下很难得到足够数量的土壤,而多使用矿山固体废弃物来充填,主要类型包括煤矸石充填重构,粉煤灰充填重构与河湖淤泥充填重构等。非充填重构是根据当地自然条件和沉陷情况,因地制宜地采取整治措施,恢复利用沉陷破坏的土地。非充填重构措施包括疏排法重构、挖深垫浅法重构、梯田法重构等重构方式。

按土壤重构过程的阶段性,土壤重构可分为土壤剖面工程重构和土壤培肥改良措施。土壤剖面工程重构是在地貌景观重塑和地质剖面重构基础之上的表层土壤的层次与组分构造。土壤培肥改良措施一般是耕作措施和先锋作物与乔灌草种植措施。

按复垦所用主要物料的特性,土壤重构可分为土壤的重构、软质岩土的土壤重构、硬质岩土的土壤重构、废弃物填埋场及堆弃地的土壤重构等。

按区域土壤自然地理因素和地带土壤类型,土壤重构可分为红壤区的土壤重构、黄壤区的土壤重构、棕壤区的土壤重构、褐土区的土壤重构、黑土区的土壤重构等。

按土壤重构技术土壤重构可分为工程重构与生物重构。工程重构主要是采用工程措施（同时包括相应的物理措施和化学措施）,根据当地重构条件,按照重构土地的利用方向,对沉陷破坏土地进行剥离、回填、挖垫、覆土与平整等处理。工程重构一般应用于土壤重构的初始阶段。生物重构是工程重构结束后或与工程重构同时进行的重构"土壤"培肥改良与种植措施,目的是加速重构"土壤"剖面发育,逐步恢复重构土壤肥力,提高重构土壤生产力。生物重构是一项长期的任务,决定了土壤重构的长期性。

按重构目的和重构土壤用途,土壤重构可分为耕地土壤重构、林地土壤重构、草地土壤重构;其中耕地土壤重构的标准最高。耕地土壤重构是将恢复后的土地用于作物种植,是沉陷区土壤重构的重点研究目标,它要求重构土地平整、土壤特性较好、具备一定的水利条件。

林地土壤重构是将重构后的土壤作乔灌种植,是重构物料特性较差时的主要重构方式,所选先锋树种应该对特定恶劣立地条件有较强的适应性。对未达到土壤环境质量标准的废弃地的重构,可栽植能吸收降解有害元素的抗性乔灌品种,达到逐步净化重构土壤的目的。草地土壤重构可与乔灌种植相结合使用。

(2)土壤重构的一般方法

矿区复垦土壤重构的方法因具体重构条件而异,不同采矿区域、不同采矿与复垦阶段的土壤重构方法各不相同。土壤重构方法的确定首先要考虑到具体的采矿工艺和岩土条件;其次,土壤重构方法应该考虑到重构后的"土壤"物料组成与介质层次要与区域自然成土条件相协调;第三,土壤重构还要考虑到破坏土地复垦后的利用方向、法律法规要求、复垦资金保证等其他一些相关因素[19]。煤矿区复垦土壤重构的一般方法如图 5-7 所示。

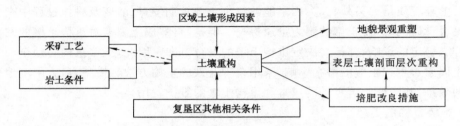

图 5-7　复垦土壤重构的一般方法

Fig. 5-7　Conventional methods of soil reconstruction after reclamation

土壤重构是一个长期的过程,土壤重构首先考虑地貌景观重塑,它是土壤重构的基础和保证;其次为表层土壤剖面层次重构,目的是构造适宜重构土壤发育的介质层次;最后是培肥改良措施(主要是生物措施),促使重构介质快速发育,短期内达到一定的土壤生产力。只有采取适当的生物措施才能使重构物料逐步发育,从而形成土壤特性。

(3)土壤改良

煤炭开采为人类生活提供了便利,创造了财富,但也对矿区土壤环境造成了严重破坏,导致土壤基质物理结构不良,持水、保肥能力差;土壤贫瘠,氮、磷、钾等有机质含量低,养分不均衡;重金属含量超标,影响植物代谢途径,抑制植物对营养元素的吸收及根系的生长,危及人体健康;极端 pH 值,土壤干旱盐碱化等一系列问题。

为改善土壤基质的物理结构、改善基质的养分状况和去除基质中的毒害物质,需要对矿区土壤进行改良,根据土壤改良的工艺可分为物理改良、化学改良和生物改良等措施。物理改良包括矿区表土的保护利用、客土覆盖和有机物质改良;化学改良包括土壤肥力改良、土壤 pH 值调节及土壤重金属污染的控制与修复等;生物改良主要是植物改良、土壤动物改良和微生物改良。

① 表土的保护利用

在地表扰动破坏前先将表层(30 cm)及亚层(30～60 cm)土壤取走,加以保存,尽量减少其结构的破坏和养分的流失,以便工程结束后再把它们运回原处利用。对于有些没有土壤层的矿区,必须在矿区废弃地上覆土、改良,如果废弃地的有毒物质含量很高,则首先在废弃地上面先铺一层隔离层,以阻挡有毒物质通过毛细管作用向上迁移,然后再覆土。如果要在废弃地上种植农作物或果蔬,需要加大覆土厚度,防止有害物质进入农作物或果树。

②　客土覆盖

当矿区废弃地土层较薄时或缺少种植土壤时，可直接采用异地熟土覆盖，直接固定地表土层，并对土壤理化特性进行改良，特别是引进氮素、微生物或植物种子，为矿区植被再生创造有利条件。客土作业中尽可能会利用城市生活垃圾污泥或其他项目剥离表土，减少对其他区域土壤土层的破坏。

③　有机物质改良

有机肥料不仅含有作物生长和发育所必需的各种营养元素，而且可以改良土壤的物理性质。有机肥料种类很多，包括人类粪便、污水污泥、有机堆肥、泥炭类物质。它们都可作为阴阳离子的有效吸附剂，提高土壤的缓冲能力，降低土壤中盐分的浓度。加入有机质还可以螯合或络合部分重金属离子，缓解其毒性，提高基质持水保肥的能力，这种施用有机肥料的方法是使用固体废弃物来治理废弃地的土壤结构，既实现了废物利用，又获得了良好的环境和经济效益[72]。

④　土壤肥力改良

N、P 和 K 都是植物所必需的营养元素，N、P 和 K 的缺失往往是矿区废弃地土壤限制植物生长的主要因素。因而，N、P 和 K 肥的配合使用一般能取得迅速而显著的效果。由于矿区废弃地土壤物理结构不良，速效的化学肥料极易被淋溶，只有少量、多次施用速效化肥或选用一些分解缓慢的长效肥料。但是如果矿区废弃地存在重金属污染、盐碱化或极端pH 值的情况，无论对废弃地添加什么养分物质都不能促进植物的生长，应首先对土壤盐碱化、pH 以及重金属污染进行处理降解，只有那些有毒物质被排除后植物生长才能获得显著的效果。

⑤　土壤 pH 值调节

矿区废弃地多数存在不同程度的酸化问题，酸性土地会影响土壤中生物的活性，改变土壤中养分的形态，降低养分的有效性，促使游离的锰、铝离子溶入土壤溶液中，对作物产生毒害作用，极不适宜植物生长。调节土壤酸性环境可以施用硅酸钙、碳酸钙、熟石灰等农用石灰性物质，中和土壤中的酸性条件。同时还可以施用有机肥调节土壤酸碱度。地膜覆盖和草覆盖可减轻降水对土壤的冲刷，降低土壤中碱性盐基的淋溶。

⑥　土壤重金属污染的控制与修复

重金属进入土壤后，95％的土壤矿质胶体和有机质迅速吸附或固定，土壤一旦遭到重金属污染，其治理工作将是一个漫长的过程。目前，国内外治理土壤重金属污染的途径主要可归纳为三种：一是改变重金属在土壤中的赋存状态，使其固定和稳定，降低其在环境中的迁移性和生物可利用性；二是从土壤中去除重金属；三是将污染地区与未污染地区隔离。去除土壤中的重金属可采用电动力学修复法，在污染的土壤中插入电极并通电，使重金属在电解、电迁移、电渗和电泳等作用下在阳极或阴极被移走；还可采取加热的方法去除挥发性的重金属（如汞），然后回收利用；还可通过向土壤中添加试剂的方法去除土壤中的重金属（如盐酸、硫酸、乙酸、柠檬酸、EDTA 等）；还可种植超富集植物或超累积植物降低土壤重金属的浓度。

⑦　植物改良

植物的改良作用主要表现在可以利用植物固定和修复重金属污染的土壤，利用植物净化水体和空气，清除土壤基质里面的有机污染物等。植物对土壤改良从原理上可分为植物萃取、植物挥发、植物过滤和植物转化等。种植具有受耐性和累积能力的植被,可以促进土壤生态系统中生物的恢复和减少土壤重金属含量。超富集和超累积植物可以吸收大量的重金属元素并保存在体内,同时仍能正常生长。在毒性较低的土壤中,多适合种植豆科植物,豆科植物能和根瘤菌形成固氮根瘤,将土壤中的氮气转化为氨固定下来,增加土壤中氮元素的积累,改良土壤基质。

⑧ 土壤动物改良

土壤动物是土壤中和落叶下生存的各种动物的总称。作为生态系统物质循环中的重要消费者和分解者,在改良土壤结构、增加土壤肥力和分解枯枝落叶和促进营养物质循环等方面起着重要的作用,常见的有蚯蚓、蚂蚁、鼹鼠、变形虫等。在废弃地生态恢复中引进一些有益的土壤动物,能够使重建的生态系统更加完善,加快生态恢复的进程。如将蚯蚓引入矿区废弃地土地复垦中,不仅能改良废弃地的土壤理化性质,增加土壤的通气和保水能力,同时还可以富集土壤中的重金属,减少重金属的污染,达到矿区废弃地土壤生态恢复和可持续利用的目的。

⑨ 微生物改良

微生物修复土壤主要是利用微生物的生命代谢活动减少土壤环境中毒害物质的浓度或使其完全无害化,从而使受污染的土壤环境能够部分或全部恢复到原始状态的过程。微生物在增加植物的吸收作用、改进土壤结构、降低重金属污染及抵抗不良环境等方面具有非常重要的作用,是对矿区土壤进行综合治理和改良的一项生物技术措施,可广泛用于矿区土壤的改良与修复工作。

## 5.3　矿区植被恢复

### 5.3.1　矿区植被破坏特征

（1）矿区植被类型与分布

植被可以涵养水源、改良土壤、增加地表覆盖、防止土壤侵蚀进而减少土壤养分流失,是防止生态退化的物质基础。矿区由于其脆弱的生态环境,野生植被覆盖度较低,植被类型以半矮灌木为主,一般无国家地方野生保护植物。灌丛为矿区优势植被群落,农作物植被次之,草丛、乔木林较少。

采矿活动对植被的破坏情况与矿区的地形、地貌、地质、区域气候、地下潜水位高低等自然要素和采矿条件有关。矿区可按地形、地貌和潜水位高低大致划分为 4 类。

① 高潜水位平原矿区。位于华东地区的淮南、淮北、徐州矿区等属于地下潜水位很高的矿区。通常高潜水位平原矿区地面沉陷后,下沉盆地会出现常年积水,致使土地无法耕种,绿色植被大幅度减少;在盆地的季节性积水区域会导致种植茬数减少造成严重减产;其余区域也会因为附加坡面形成坡耕地,不利于农作物生长。

② 低潜水位的平原矿区。在潜水位较低的平原矿区,开采沉陷使地势变低和抬高潜水位,一方面在雨季很容易出现洪涝,使土地沼泽化;另一方面,在旱季潜水蒸发变得强烈,地下水易于携带盐分上升到地表,使土地盐碱化。土地出现沼泽化和盐碱化,使作物生长明显受到抑制,在一些重盐碱土上甚至寸草不生。在草原地带,由于潜水位上升影响牧草的生长发育,积水区会变成沼泽地,使牧草绝产。

③ 丘陵矿区。在丘陵矿区,当地下开采使地表上凸部分下沉时,将减小地面凸凹不平的程度,有利于植物生长;当地下开采使地表下凹部分下沉时,将增大地面凸凹不平的程度,不利于植物生长;另外,在干旱的丘陵矿区,如果地下开采引起地表裂缝发育,将使地表水易于流失,土壤变得更为干燥,亦会影响植物的生长。

④ 山区矿区。在山区,开采沉陷对植物的影响情况主要与区域气候和地质条件有关。一般情况下,山区开采沉陷对植物影响不大。但在某些干旱的山区,由于开采沉陷引起的地表裂缝、台阶、塌陷坑、滑坡等破坏形式,地表水流失严重,土壤微气候变得更为干燥,土地更容易被风、水等侵蚀,严重影响植物生长,造成农作物减产。

(2) 矿区植被生态破坏特征

露天开采把覆盖在矿体上部及其周围的岩土进行剥离,其对植被的破坏是毁灭性的。矿区地下开采会引起土地大面积沉陷,影响植物的生长发育,甚至造成绿色植物的大幅度的减少。采煤塌陷使得矿区植被遭受不可逆转的创伤,一般煤炭资源开采主要通过直接和间接两种方式影响着地表植被生态。

① 直接破坏

首先是植被景观遭到破坏。通常一个矿区在开采前都是被植被覆盖的山体,一旦经过开采,发生采煤塌陷,表面覆盖的植被根部被拉扯拉断,直接导致植被枯萎死亡。有关研究表明,煤炭开采造成的地表沉陷,使地表植被景观破碎及隔离程度严重,原有的稳定态景观格局被打破并且难以恢复,塌陷区沙蒿死亡率比非塌陷区高出 16%。植被生长状况和不同塌陷强度呈负相关,塌陷强度越小,植被生长状况越好,反之则生长状况不良;植被死亡率随着塌陷强度的减小而减小,随着塌陷程度越来越严重,矿区景观格局逐渐被改变。

其次,采煤塌陷造成季节性积水,破坏植被生长。当采煤塌陷程度较大时,潜水位相对上升。雨季大气降水汇集到塌陷处,造成地表低陷处出现季节性积水,抑制植被根系呼吸,影响植被对水分和养分吸收,加之雨季过去地表低洼处积水消失,加速土壤盐渍化进程,更加破坏植被生长。

此外,采煤塌陷造成地表常年积水,陆生生态系统遭到破坏。当采煤塌陷程度极大时,地下水位高出地表,地下水将长期露出地表,淹没地表植被,地表土壤含水量接近或达到饱和,致使土壤中缺乏空气,阻碍植被对水分和土壤养分吸收,抑制根系生长,造成植被死亡,正常的陆生生态系统完全消亡,将转为半封闭性的沼泽或者水生生态系统。

② 间接破坏

地下水位下降,影响植物生长。地下水是处在一个不断运动、发展和交替的过程,但是由于煤矿开采的扰动以及违背客观规律的矿井疏排水,采矿后发生冒落和塌陷,破坏了地下水的径流平衡,改变了地表水径流和汇水条件,使得地下水位大幅度下降,地表水系流量减小,甚至干涸。另外,采煤塌陷产生的裂缝使得地表潜水沿着裂缝逐渐下渗,间接地通过地下水影响植被的生长,并且这种影响是长期的。当地下水位埋深较小时,所有植被的长势都较好,而随着地下水位埋深增加,植被的长势变差或根本无法生存。

地表裂缝加速土壤深层水分蒸发,影响植物生长。采煤塌陷导致地表产生裂隙,其深度都在 1.5～2.0 m 以上。当春季或大风季节,通过裂隙蒸发作用,土壤深层水分迅速散失,土壤含水量下降(有裂隙的土壤比无裂隙的土壤多了两个蒸发面),导致下层土壤含水量低于上层土壤含水量,两者土壤含水量可相差 1.5% 左右,降低了土壤的抗旱能力,尤其是在干旱年份里,必然影响植被的生长。

地表土沙移动加速水土流失导致土壤沙化,影响植被生长。煤炭开采后形成地表沉陷,会使地表潜水沿裂缝下渗,同时地表会出现更多的土沙移动,加速水土流失和土壤沙化,不利于地表植被的生长。另外采煤塌陷导致地表沙土松动,并产生一些大小不等的裂缝,使得裂缝处原有的优势物种受到损伤。原来埋在地下的种子有机会受到光照,从而萌发长成植株。新增物种大多为一二年生草本,这既抑制了植物种群的竞争势,又为其他物种的入侵和种群扩大创造了机会,从而导致物种组成和多样性发生了变化。采煤沉陷后,植被群落物种组成以及群落优势种发生明显改变,植物多样性提高,但是群落优势层由乔木向草本变化,植物群落发生次生演替现象。

地面变形进一步加剧土壤侵蚀,影响植被生长。采煤塌陷造成了地面变形,尤其在我国西北干旱半干旱地区,进一步加剧了土壤侵蚀,对土壤保持养分和水分的功能造成极大的威胁,减弱了土壤持水能力和通气状况,破坏了微生物适宜的生存环境,减少了腐殖质的分解,在土壤养分流失和养分供应减少的双重压力下,植被必然会生长不良。另外在一些潜水位较高的地区发生采煤塌陷时,潜水位接近地表,潜水蒸发量增加,加速农田土壤盐渍化过程。土壤发生盐渍化的另一个因素是土壤中无机盐的含量。当地表沉陷后,地下潜水位所处深度使得地下水盐分能够补充土壤水盐分时,就可能发生土壤盐渍化。土壤盐渍化会进一步加剧土壤的退化,破坏植被的生态环境。

### 5.3.2 矿区植被种类筛选

矿区植被种类的筛选是矿区生态恢复的重要问题,主要根据气候、土壤、水文条件、矿区类型、矿区土地污染状况、当地经济条件、土地复垦要求及预期恢复目标来确定。植被物种选择应尽量遵循"原样复垦"的基本原则,对处于动物栖息地破坏的土地,在复垦过程中要恢复原有植被和自然景观,使恢复后的土地重新成为水生动物、陆生动物的栖息地[20]。

矿区废弃地种植的农作物、牧草、林木品种等一般要根据复垦土地的土壤评价状况和生态环境条件通过实验室模拟种植实验、现场种植实验、经验类比分析等方法来选择确定,主要原则如下:

① 选择的植被物种应生长快、产量高、适应性强、抗逆性好以及耐贫瘠性强;

② 优先选用能固定大气中氮的植物品种;

③ 尽量选用优良的当地品种或先锋品种,条件适宜时可以引进外来速生品种;

④ 在植被品种选择中不仅要考虑其培肥土壤、稳定土壤、控制侵蚀、减少污染的作用,还要考虑其市场的需求和经济价值的高低,做到生态效益与经济效益的有机结合。

矿区植被恢复物种选择一般分为两种方法:一是以先锋物种为主,迅速固土、蓄水,然后逐年补植其他抗性树种,以保证生境的多样性,稳定生态系统;二是引入外来物种,稳固地表,改善土壤环境以有利于土壤其他生物的进入[21]。从废弃地的种类来说,岩土排弃场中细粒物质少,无灌溉条件,需考虑耐干旱的植被,如刺槐、沙枣、杨树等乔木树种及胡枝子、山杏等灌木种类。而尾矿废弃地由于其质地细,主要成分是石英岩碎屑物,在选择物种时主要考虑沙枣、沙蓬等耐贫瘠的沙生植物。

此外,利用乡土植物来恢复植被群落对于矿区废弃地植被生态系统的恢复具有十分重要的作用,在实际中可通过实验观察选择合适的植物种类作为优先考虑品种。

### 5.3.3 矿区植被优化配置

植被配置模式是植被恢复的基本内容之一。不同的植被配置模式对生态环境条件有不同的基本要求。根据不同类型矿区和废弃地所在地类型、土壤条件、土壤改造工程及经济投入、市场需求等进行技术经济综合分析评价，确定不同复垦模式或几种绿化模式组合的基本模式具有重要的意义。植被品种不同的配置模式和密度会直接影响到植被群落的稳定性和恢复成本。因此，应根据恢复目的、立地条件和植物品种的特性，进行科学合理配置，按照既生态又经济的方案实施矿山废弃地的植被恢复，营建与周边生态环境相协调的稳定的目标群落。

（1）平台植被配置模式

平台植被配置模式可分为林牧用地平台植被配置模式和林木用地＋耕地平台植被配置模式。林牧用地平台植被配置模式将矿区废弃地改造为林牧用地，对矿区防风固沙和生态环境恢复起着重要作用。主要树种有杨树、刺槐、油松、沙棘等防护用材林树种；草本植物有沙打旺、苜蓿等，林草按一定比例混播。

林木用地＋耕地平台植被配置模式将矿区废弃地改造为林木用地和高产农作物区。由于矿区废弃地土地肥力缺乏，废弃地作为耕地需经过一个熟化过程。可以通过种植林草等方法来改良土壤，当土壤肥力提高后，除林网外也可将其转变为各种用途的用地。树种选择以刺槐、杨树、沙棘、柠条为主；豆科牧草以苜蓿、甘草为主。

平台植被配置模式主要用于露天采矿场、井下开采塌陷区、排土场和尾矿库等的土地复垦。

（2）斜坡林木植被配置模式

斜坡植被工程是矿区生态恢复和植被重建中最重要的基础工程，一般土质较差，工程技术难度大。为防止水土流失，覆土后必须立即进行植被恢复，成为永久性斜坡植被。

斜坡林木植被配置模式须根据其水土流失规律，按照土地复垦和水土保持要求，沿等高线布置；一般在坡体中上部采用以沙棘、柠条为主的灌木与豆科、禾本科牧草混播的灌草结构，中下部采用以乔木、灌木为主的乔灌草混交林结构，并在边坡脚处修筑排水渠，防止水向边坡冲刷形成水土流失的沟壑区。主要树种有沙棘、油松、杨树、紫穗槐、柠条等，草本植物有豆科牧草、禾本科草等。

（3）矿区裸露岩面的山体断面植被配置模式

由于山体断面有其特殊性，恢复植物的选择与种植技术也有别于一般性的绿化要求。较理想的植物是适应性和攀附能力强、耐干旱、能在恶劣环境条件中快速生长的木质藤本，为使冬季仍能呈现绿色，最好是常绿型植物，如爬山虎等。根据实际情况，也可采用斜坡林木植被配置模式进行土地复垦。

（4）防护林带配置模式

防护林带的首要功能是减弱风速，风速的减小将影响湍流传递过程，并改善林带遮蔽区的微气象条件。按照生态稳定性与功能协调性原理，遵循生物相生相养原则，结合区域气候特征，根据排土场等废弃地立地条件及土壤状况，从改善土壤结构、提高土壤肥力出发，选择一些豆科类植物作为先锋植物，达到种地养地的目的；随着土壤肥力的提高，逐步增种一些抗耐性较强的灌木、乔木，逐步形成草、灌、乔立体防护林带，从而加强整个生态系统的结构稳定性与功能协调性。防护林带对矿区生态环境的修护有很大的作用，在实际应用中需结合使用的场所、目的、用途来进一步考虑林带的结构配置和树种的选取[22]。

### 5.3.4 不同场地植被恢复

（1）露天采场植被恢复

露天开采时，表层剥离导致地表植被和土层被完全破坏，并在采场形成地面坑洼、岩石裸露的景观，是土地破坏的最直接形式，对土地资源的破坏是毁灭性的。露天采空区由于地表自然景观与生态环境遭到彻底的破坏，自然恢复过程相对缓慢，植被恢复是进行矿区生态重建的关键。

露天采场、采空区植被树种的选择很大程度上取决于场地上是否有适宜的土壤。在露天场地，最好栽植小规格树苗，同时要尽量选择一些具有固氮功能的植物种类。在较平缓或非积水露天采空区可采用农林利用为主的生态重建模式，将露天采空区充填、覆土、整平，然后再进行农林种植。

对于露天采场边坡，国内主要是采取天然植被的自然恢复，也有部分矿山进行了人工植被的建设。在露天采场边坡进行人工植被的建设需要进行边坡处理，即通过各类工程措施将较陡的边坡变成缓坡或改成阶梯状，以防止边坡岩石土体运动，保证边坡稳定，有利于人工和机械操作，促进植被恢复。

（2）排土场植被恢复

排土场植被恢复与重建的时间根据排土场堆置工艺的不同主要分为两种情况，即在排土场堆置的同时进行生态重建，或实行内排土场的排土作业，待结束一个台阶或一个单独排土场后，便可以进行生态重建。

由于排土场边坡不稳定，平台中岩石多，土壤较少，不适宜直接种植，一般需要先在排土场边坡得到稳定、水土流失得到控制、排土场安全得到保障后再进行土壤改良，建立腐殖质含量较多的肥沃土壤层，然后才可以在排土场平台及边坡上进行植被种植。

根据排土场条件的差异，我国露天排土场植被重建可分为3种类型。

含基岩和坚硬岩石较多的排土场植被重建。这类排土场需要覆盖垦殖土才适宜于种植农作物和林草。在缺乏土源时，可以利用矿区内的废弃物岩屑、尾矿、炉渣、粉煤灰等作充填物料，充填后栽植抗逆性强的先锋物种。

含有地表土及风化岩石排土场的植被重建。我国金属矿山多位于山地丘陵地带，含土量较少，又难以采集到覆盖土壤，但可以充分利用岩石中的肥效，平整后直接种植抗逆性强的、速生的林草种类，并在种植初期加强管理，一般可达到理想的效果。

表土覆盖较厚的矿区排土场植被重建。直接取土覆盖排土场，用于农林种植。表土覆盖的厚度应视重建目标而定，用于农业时，一般覆土厚度在 0.5 m 以上，用于林业时，覆土厚度在 0.3 m 以上，用于牧业时，覆土厚度为 0.2 m 以上。平台可以种植林草，也可以在加强培肥的前提下种植农作物，边坡进行林草护坡。

（3）矸石山植被恢复

矸石山植被恢复的主要途径是植树种草，以绿化为主，极少情况下用于农业，这是因为矸石的保水保肥性能差。所以矸石山植被重建的根本目的是改善矿区环境，辅之以经济效益。用于农业生产时，首先要对酸性的矸石山进行中和处理，再全场覆土 50 cm 以上。实践证明，应根据矸石山立地条件及当地自然条件，选择耐干旱、耐贫瘠、萌发强、生长快的林草种类，并尽量选择乡土树种。

在播种栽植方面,播种时间要根据当地的气候条件和植物的生物学特性来确定。树苗栽植时可采取提前挖坑、客土栽植的方法。通常可提前一年或半年挖坑,促进坑内矸石风化,将坑外的碎石、石粉填入坑内,将坑内的未风化矸石捡出,利于蓄水保墒,提高植株成活率。客土栽植可采取苗木带土球定植的方式,可缓和根系对新环境中不良因子的影响,提高苗木成活率。

风化矸石由于缺乏微生物和腐殖质,没有经过生物富集过程,肥力状况较差,所以对矸石山复垦种植必须采取有效的施肥和种植管理措施。除施肥外,种植管理还包括灌溉、定期定位观察、覆盖保苗等,对造林来说,还应经常扶正、培土、踏实。

（4）塌陷地植被恢复

采煤塌陷地根据塌陷性质可分为非积水塌陷地、塌陷沼泽地、季节性积水塌陷地、常年浅积水塌陷地和常年深积水塌陷地,根据稳定程度又可分为稳定塌陷地和不稳定塌陷地。

非积水塌陷地的特点是一般不积水,地形起伏大,地表高低不平,单土层并未发生较大的改变,土壤养分状况变化不大,只是耕作极其不便,造成大面积的作物减产。对于此类型塌陷地,可采取工程措施修复整平,并改进水利条件,可使大面积塌陷干旱地回归为良田。另外,此类塌陷地和积水塌陷区的边坡地带还可以采用修整土地的方法,改造成梯田或坡地,重建成保水保土、农果相间的陆地农田生态系统。

季节性积水塌陷地由于局部地块塌陷,使地面较周围地表低,土壤结构不同程度地发生了变化,湿雨季节变成沼泽状,干旱季节成板结状。对于此类型塌陷地,主要采用挖深垫浅的工程措施,即将塌陷下沉较大的土地深挖;用来养鱼、栽藕或蓄水灌溉;用挖出的泥土垫高下沉较小的土地,使其形成水田或旱地后,可种植农作物或果树。

常年浅积水塌陷地较季节性积水塌陷地的下沉深度大,一般在 0.5～3 m,积水深度为 0.5～2.5 m,极易造成作物的绝产,导致土地生产结构的突变,若不进行挖深补浅很难耕种养殖。这类塌陷地在地下水位较高处,即使沉陷量不大,也常造成终年积水的状况。周围的农作物则是雨季沥涝,旱季泛碱。对于此类型塌陷地,主要采用挖深垫浅的工程措施,即将较深的塌陷区再挖深使其适合养鱼、栽藕或其他水产养殖,形成精养鱼塘;用挖出的泥土垫到浅的塌陷区,使其地势抬高成为水田和旱地,建造林带或发展果业。

常年深积水塌陷地主要分布在大中型矿的采空区,下沉深度一般均在 3 m 以上,最深达 12～15 m。其特点是地表下沉至地下水位以下,形成不规则的地下水域,有的与河道相通,形成塌陷人工湖或小水库。此类塌陷地水质较好,水量充足,是发展渔业的理想场地。适宜于水产养殖或进行旅游、自来水净化厂和污水处理厂、拦蓄水库、水族馆综合开发。

不稳定塌陷地是指新矿区开采引起塌陷或老矿区的采空区重复塌陷而造成的塌陷地。该类型既包括非积水塌陷、干旱地和塌陷沼泽地,也包括季节性积水塌陷地和常年积水塌陷地。此类塌陷地的植被重建要因地制宜,采用因势利导的自然利用模式。对不稳定的塌陷干旱地,有针对性地整地还耕,修建简易型水利设施和排灌工程,灵活机动,随机利用,避免土地的长期闲置。对季节性积水不稳定塌陷地,因其水位常变,以发展浅水种植为主,也可因势利导开挖鱼塘养鱼,四周垫地,种植优质牧草作鱼禽饲料。对无水塌陷的坡地,可排水降渍,平整还耕,种植粮食和经济作物等。对浅积水不稳定塌陷地,可发展浅水种植如芦苇、莲藕、茭白、水芹等水生作物。

## 5.4 矿区固废及水污染防治

### 5.4.1 大气粉尘污染防治

矿区粉尘按照产生的原因可分为自然粉尘和生产性粉尘两大类。自然粉尘是指因地理条件和气象变化产生的粉尘,如风沙、尘土等,在我国西北地区的矿区较为突出。由于粉尘的粒度和质量不同,在空气中沉降时间也不同。生产性粉尘是指生产过程中物质经过机械作用或化学作用生成的粉尘[23]。

煤炭生产的各个环节都会产生粉尘,粉尘扩散不仅造成矿产资源的流失,还严重污染了矿区大气环境。矿井和露天采场是矿区大气粉尘污染的主要对象,矿井粉尘主要来源于井下开采、挖掘、装运等环节,露天矿在剥离、凿岩、爆破、破碎、装运、选矿等过程中都会产生大量的粉尘。凿岩工作中产生的扬尘是连续的,而且地点分散、时间长、细尘多,难以控制,是矿区防尘工作的重点。装运过程中产生的扬尘主要是已落粉尘的二次扬尘所致,因此也叫再生性粉尘,产尘量与岩矿湿度、硬度、装载高度及当时的气候条件有关[24]。

(1)粉尘危害

① 粉尘对人体的危害

粉尘种类繁多,性质各异,作用于人体后引起的变化也各不相同,会引起人体中毒、过敏和致癌等症状。有些毒性很强的金属粉尘(铬、铅、锰、镉、镍等)在进入人体后,会引起中毒以致死亡。

一般粉尘在进入人体肺部后,可能引起各种肺病。有些非金属粉尘如硅、石棉、炭黑等,在进入人体后不能排出,将会变成硅肺、石棉肺和尘肺。例如,含有游离二氧化硅成分的粉尘,在肺泡中沉淀会引起纤维性病变,使肺组织硬化而丧失呼吸功能,导致硅肺。

② 粉尘对大气的污染

矿井空气中的粉尘会通过通风系统排入大气中,并随空气在风力等作用下传播,造成大气污染。

③ 粉尘爆炸性危害

分散在空气中的某些粉尘在一定条件下会燃烧、爆炸。爆炸会在瞬间发生,具有很强的摧毁力和破坏性,尤其在矿井中,会造成不可估量的损失。

(2)矿井粉尘综合防治

通常情况下,矿井粉尘防治单靠某一种方法或采取某一种措施既不经济也达不到预期效果。必须贯彻预防为主、综合防治的原则,采取标本兼治的综合防治措施[25]。具体措施如下。

① 减尘措施

在矿井生产中,通过采取各种技术措施,减少采掘作业时的粉尘发生量是减尘措施中的主要环节。减尘措施主要包括:矿床注水、改进挖掘机械结构及运行参数、湿式凿岩、水封爆破、封闭尘源等。

② 降尘措施

降尘措施是矿井综合防尘工作的重要环节。现行的降尘措施主要包括干式、湿式除尘器除尘以及在各产尘点喷雾洒水、支架喷雾、装岩洒水、巷道净化水幕等。

③ 通风排尘

通过上述两类措施不能消除的粉尘要使用通风排尘的方法排出井外。这也是除尘措施中最根本的措施之一。通风排尘方法分为全矿井通风排尘和局部通风排尘两种。

④ 个体防护

在粉尘浓度较高的环境下作业的人员必须配备个体防护的防尘用具,如防尘面罩、防尘帽、防尘呼吸器等。个体防护是综合防尘工作中不容忽视的一个重要方面。

（3）露天采场粉尘防治

露天矿区生态恢复需重点治理矿区大气污染,防止污染物对人类和生态环境造成严重的危害。由于露天矿区大气污染源多,分散度高,在露天矿粉尘防治过程中应采取多点、多方式的综合整治措施[26-28]。

① 钻机防尘

钻机防尘可分为干式捕尘、湿式捕尘和干湿结合除尘三种方法,选用时需要因地制宜。

② 采矿防尘

可通过向采矿作业面洒水、采掘机自动喷雾降尘、湿式凿岩降尘或借助干式孔口捕尘器、孔底气水混合除尘器等物理和工程措施防尘。

③ 爆破防尘

爆破时会产生大量粉尘,污染范围大。露天矿爆破时主要采用的措施包括:向预爆破矿体或表面洒水、水封爆破、钻孔注水等,人为提高矿岩湿度,爆破后通风除尘等,减少粉尘产生量的大面积扩散。

④ 运输路面防尘

采取的主要措施为路面洒水,喷洒氯化钙、氯化钠溶液或其他溶液,用颗粒状氯化钙、食盐或两者混合处理路面,用油水乳浊液处理路面,人工造雪等。

⑤ 装卸作业防尘

装卸作业防尘主要采用洒水、装载硬岩、水枪冲洗等。挖掘软而易扬起粉尘的岩土时,则采用洒水器最佳。

⑥ 废石堆防尘

在扬尘物料表面喷洒覆盖剂可以使废石表面形成薄层硬壳,可防止由于风吹、雨淋、日晒引起的扬尘。

⑦ 扬尘管理

加强机动车的管理,严禁超载超重,实行封闭运输,减少二次扬尘。

⑧ 植被绿化

植物根系能够稳固边坡、避免起尘,枝叶能够过滤大气中的粉尘,并且吸收 $CO_2$ 和其他有毒气体,经光合作用产生氧气,达到净化空气的目的。

### 5.4.2  固体废弃物综合利用

煤炭固体废物(coal mine solid waste)是指煤炭在生产、加工和消费过程中产生的不再需要或暂时没有利用价值而被遗弃的固态或半固态物质[29]。煤炭固体废物是排放量最大的工业固体废物,具有排放量大、分布广、呆滞性大、对环境污染种类多、影响面广、持续时间长等特点。这些主要体现在煤炭固体废物的产生方式和贮存方式两个方面。煤炭固体废物在整个生产过程中是连续产生的。固体废物连续不断地产生出来,通过输送泵、管道和传送带等排出,它们在生产过程中,物理性质相对稳定,化学性质则有时呈现周期性变化。排放的废物通常堆积贮存,形成一个散状堆积废物场。

(1)来源与分类

在煤炭固体废物中,煤炭工业的煤矸石和燃煤电厂的煤灰渣是排放量最大最集中的固体废物。煤炭固体废物主要有煤矸石、露天矿剥离物、煤泥、粉煤灰和灰渣等。

① 煤矸石

煤矸石是煤炭生产、加工过程中产生的岩石的统称。煤矸石主要由各种砂岩、泥质岩及石灰岩组成,有些矿区还包括火成岩,各地矸石的成分和性质变化很大。

就其来源可以分为:煤矿建井时期排出的煤矸石、煤采出过程中排出的煤矸石、原煤分选过程中排出的煤矸石。它们或来自所采煤层的顶板、底板与夹层,或来自运输大巷、主井、副井和风井所凿穿的岩层,即主要来源于相关的煤系地层中的沉积岩层。在我国,煤矸石大部分自然堆积贮存,堆放于农田、山沟、坡地,且多位于煤矿工业广场附近。受地形限制堆积形状复杂,多近似呈圆锥体,堆积高度从几十米至一百多米,俗称矸石堆或矸石山。

由于各煤产地的煤层形成地质环境、赋存地质条件、开采技术条件及所采用的开采方法差别较大,各地煤矸石的排出率也不相同。一般认为,煤矸石综合排放量约占原煤产量的15%,全国每年除综合利用约 6 000 万 t 外,其余均作为工业固体废物混杂堆积。

煤矸石是目前我国固体废弃物最大的来源,占全国工业固体废物的20%以上。随着社会的发展,既要逐渐增加煤炭产量、提高煤的质量,同时又必须达到空气洁净要求的标准,这将导致今后煤矸石的排出率会越来越高。

② 露天矿剥离物

露天矿剥离物是指煤炭露天开采时,为揭露所采煤层而剥离覆盖在煤层之上的表土、岩石和不可采矿体的总称。覆盖岩石一般包括黏土泥质岩、砂岩及石灰岩,其中主要是泥质岩。剥离物的排放量与露天矿所处的地理位置、剥离深度有关。

③ 煤泥

煤泥是指湿法选煤过程中产生的粒度在 0.5 mm 以下的含水泥状物质。它是一种复杂的分散体,由各种不同形状、不同粒度和不同岩相成分的颗粒以不同的比例构成。煤泥一般呈塑性体和松散体。粒度大于 0.045~0.5 mm 为粗粒煤泥,粒度小于 0.045 mm 的为细粒煤泥[30]。煤泥的产生是由于煤炭在开采、运输、分选等过程中被破碎、粉碎和磨碎以及在水中泥化等所致,煤泥的形成还与煤炭及煤矸石的物理性质以及所采用的选煤工艺流程和煤泥处理系统有关。煤泥中还有一定量的有机物质和矿物质,对环境的影响主要体现在占用耕田,影响景观;干煤泥遇风起尘,污染大气环境;湿煤泥中含有有害的有机浮选药剂,渗入土壤会危害植物生长,随雨水流入江湖会造成河道淤塞,污染水质;等等。

④ 粉煤灰和灰渣

粉煤灰是指火电厂发电时从烟道气体中收集的粉末,是一种黏土类火山灰质材料[31]。燃煤电厂一般使用煤粉炉为燃烧装置,资源综合利用电厂则是以燃用煤矸石等低值燃料为主的沸腾炉及循环流化床锅炉为燃烧装置。粉煤灰的化学成分和矿物组成与燃料成分、煤粉粒度、锅炉形式、燃烧情况以及收集方式有关。粉煤灰堆放对环境的危害主要是占地及随风飞扬、污染大气和周围环境。

发电过程中,将煤磨细,用预热空气喷入炉膛悬浮燃烧,产生高温烟气,烟气中带出的粉状残留物,经除尘器捕集而得粉末(也称飞灰);部分逃逸的细灰从烟囱直接逸入大气,称为飘灰;少量煤粉粒子在燃烧过程中,由于熔融碰撞,黏结成块,沉至炉底,成为底灰(也称炉渣)。由于炉型、燃煤品种及破碎程度等因素影响,灰和渣的比例也有所变化。

煤灰渣的收集包括烟气除尘和底灰除渣两个系统。煤灰渣的排输分为湿法和干法两种。湿法是通过管道和灰浆泵组成的排灰系统,用高压水力输送到贮灰场或江、河、湖、海中。湿法又分为灰渣分排和灰渣混排。目前我国绝大多数的燃煤电厂都采用湿法,且以灰渣混排为主,而煤炭系统的煤矸石电厂主要采用灰渣分排法排输灰渣。排粉煤灰用湿法,排燃烧过的矸石渣用干法。

(2)污染途径

我国每年产生的固体废物数量巨大、种类繁多、性质复杂,而处置设施严重不足,处置率低,对环境造成了严重的污染和破坏。据资料统计,每年产生的工业固体废物只有约40%进行综合利用,大部分仍处于任意排放、简单堆放的状况。部分废物直接排入江、河、湖、海中,不但污染水体,也使江、河、湖、海的面积不断缩小。

我国煤炭工业、电力工业是固体废物的主要发生源。煤矸石、粉煤灰是两种排放量最大的工业固体废物,它们含有多种化学成分及有机质,处理处置不当,会形成污染,通过不同途径危害人体健康。煤炭固体废物污染致病的途径主要有3个方面:土壤、大气以及水体,具体见图5-8。

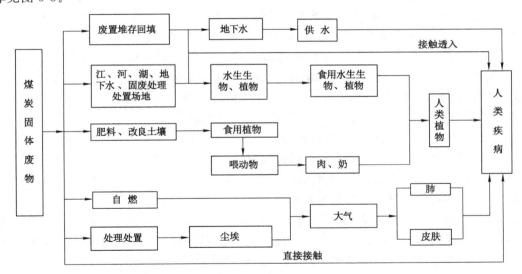

图 5-8　煤炭固体废物污染致病途径

Fig. 5-8　Pathogenicity pathways of coal solid waste pollution

矿区的固体废物随着经济的发展逐年增多,由于受技术、资金和管理水平等因素的影响,无害化处理率低,只有少数有固定堆放场地,大部分进行自由堆放,或直接排进河沟。矸石山侵占大量土地,随着风化、雨水淋溶作用重金属离子下渗污染土壤及水体,矸石的自燃散发大量的有害气体,严重污染大气;湿排粉煤灰需要消耗大量的水资源,干涸的储灰场会随风飘扬、灰坝崩塌等。这些都会导致人类赖以生存的环境质量不断恶化。矿区固体废弃物的危害主要包括以下4个方面。

① 压占土地

2019 年,我国原煤产量约为 37.5 亿 t,居世界第一位。按照国内目前的煤矿生产条件,煤炭开采过程中的矸石排放量为原煤的 $10\%\sim20\%$,煤炭分选加工过程中矸石排放量为原煤入选量的 $15\%\sim20\%$。据不完全统计,目前我国历年积累堆放的煤矸石总量约 $7.0\times10^{10}$ t,占地面积约 $2.0\times10^4$ $hm^2$。2015 年煤矸石排放量接近 $8.0\times10^{10}$ 亿 t,形成的煤矸石山 2 600 多座,并以每年 $1.5\times10^9\sim2.0\times10^9$ t 的速度增加,是我国排放量和堆存量最大的工业固体废弃物。目前国内煤矸石的综合利用率尚不到 $15\%$,剩下的煤矸石多采用圆锥式或沟谷倾倒式自然松散地堆放在矿井四周。煤炭固体废物的排放和堆存侵占大量的土地,其中有相当部分为可耕地。在此后相当长的一段时间内,煤炭、电力工业还要大力发展,排放的煤矸石和煤灰渣会越来越多,压占的土地也必将越占越多。

② 污染土壤和水体

煤炭固体废物随大气降水和地表径流进入河、湖等地表水体,或随风飘迁,落入地表水体使地表水体污染;或直接排入江、河、湖、海,造成更大的地表水体污染;或淋溶水渗入土壤,进入地下水体,污染土壤和地下水环境。

根据污染发生的原因,煤矸石对水体的污染分为两种:一种是物理污染,另一种是化学污染。物理污染是指大量的雨水将矸石上的细粒物质冲刷下来,形成混浊的细流流入附近水体中,或干燥天气时风将微细的矸石颗粒带入水体,造成对水体的污染。化学污染是指在地表堆放的煤矸石,特别是在低洼处堆放的煤矸石,由于长期处于风化、氧化和水力浸泡环境中,会发生一系列物化反应,造成对水体的污染。首先,重金属元素及易溶盐逐渐淋溶出后,经地下水的运移渗入土壤和地下水中,造成土壤及地下水的污染;其次,煤矸石中有较多的硫铁矿成分,研究表明,它会发生氧化分解反应,使淋溶水呈酸性。一方面,在酸性环境下加速了煤矸石中重金属元素的溶出,另一方面造成酸性污染。如果煤矸石中含有重金属矿物,经过淋溶,这些煤矸石的淋溶液有可能携带重金属元素 Cd、Pb、Hg、As、Cr、Mn 等进行迁移,对周围接纳水体和流经土壤造成污染。

粉煤灰对水体的污染与煤矸石类似,既有物理污染,又有化学污染。在化学污染中,重金属对水体的污染应该引起我们较大的关注,因为粉煤灰是经过燃烧的,重金属相对富集,而且粉煤灰化学活性比燃烧前的燃料大有提高。

水体及土壤一旦遭到污染,这些被污染的水体或携带有重金属离子的水体通过食物直接或间接地进入人体,部分元素可在人体内富集,引起急性或慢性中毒,造成肝、肾、肺、骨等组织的损坏,侵害人体呼吸、血液循环、神经和心血管系统,甚至能够致癌、致畸、致突变,最终危及整个生态系统。

③ 污染空气

当前对我国大气环境造成污染的最主要、最具普遍影响的污染物有 5 种:飘尘、二氧化硫、氮氧化物、一氧化碳和总氧化剂。煤炭固体废物在堆放及处理过程中不同程度地排放出这 5 种污染物,有的地区在一定时期内,其排放量还比较大,因此对大气环境的污染也比较严重。

固体废物的大量堆放,无机固体废物会因化学反应而产生二氧化硫等有害气体,有机固体废物则会因发酵而释放大量可燃、有毒、有害气体,且其存储时,烟尘会随风飞扬,污染大气。在对许多固体废物进行堆存分解或焚化的过程中,会不同程度地产生毒气和臭气排放到大气环境中。

④ 危害公共安全和人体健康

我国煤矿多采用汽车、火车、架空索道或矿车等进行运输,一般都是自然成堆,露天堆放。因此导致矿区周围出现许多大型的、未经设计的、堆放极不正规的矸石山。煤矸石堆放呈锥形或脊形,矸石块径为数厘米至数十厘米,倾倒的煤矸石块在堆存体中自然分选。这样形成的矸石山很不稳固,特别是经过较长时间风化、氧化或雨水渗透浸泡后,煤矸石所含的残煤和黏土膨胀松软、颗粒细化,导致荷载能力降低,出现渣石流、坍塌以及滑坡等重力灾害,严重威胁着公共安全。

此外,固体废物会寄生或滋生各种有害生物,如鼠、蚊、苍蝇等,固体废物中的病原体和有毒物质,经大气、水体、生物为媒介传播和扩散,直接对人体健康造成危害。危险废物具有一些伤害性特别强的特性,如易燃、易爆、强烈的腐蚀性或剧烈的毒性,可能对人类造成严重的伤害。危险废物对人类的短期危害可能是通过摄入、吸入、接触等而引起毒害,也可能是燃烧、爆炸等恶性事故引起伤害。

(3) 综合利用现状

我国固体废物处理与利用工作起步较晚,始于20世纪70年代末,受技术和经济的限制固体废物资源化利用的范围不广泛,利用量也少。80年代中期,我国提出了以"无害化""减量化"和"资源化"作为控制固体废物污染的技术政策,并确定较长一段时期内以"无害化"为主。无害化的基本任务是将固体废物通过工程处理(如焚烧、卫生填埋等),达到不损害人体健康、不污染周围自然环境的目的。减量化的基本任务是通过适宜的手段减少固体废物的数量和容积。这需要通过两条途径:一是对固体废物进行处理利用,二是减少固体废物的产生。资源化的基本任务是采取工艺技术从固体废物中回收有用组分和能源,这是固体废物的归宿。固体废物一般不再具有原使用价值,但通过加工、回收等途径,可获得新的使用价值或部分恢复其原有使用价值,使其由废物转化为资源,故属于二次资源的范畴。

目前,我国固体废物主要用作工程建设材料等方面,如煤矸石做原料和燃料,生产烧砖、瓦、水泥熟料,制作混凝土与加气混凝土等建筑材料等。这些综合利用项目节省了大量的制砖用黏土,节约了土地、煤炭等资源。制成的建材性能好、耐用,可取得良好的环境效益、经济效益和社会效益。煤炭固体废物主要的资源化技术如下:

① 煤矸石资源化技术

煤矸石虽然对环境造成不良影响,但是如果加以适当的处理和利用,仍是一种有益的资源。我国早在20世纪70年代就开展了对煤矸石综合利用的研究工作,根据煤矸石的利用方法和技术,大致可分为直接利用型、提质加工型和综合利用型三大类,主要的利用方式有:

a. 用作燃烧原料或发电。除岩巷掘进矸石外,煤矸石或多或少都有一些炭质可燃成分,因此可作为燃料使用。热值在4 000 kJ/kg以上的煤矸石可作为沸腾炉的燃料直接燃烧,用作矿区供热或发电。目前国内各煤业集团公司矸石电厂多采用35 t沸腾炉,容量较小,在一定程度上影响了经济效益。对于含煤较多的矸石,当含碳量大于20%时,也可通过分选工艺处理,以回收煤炭。

b. 用作建筑材料。煤矸石经过加工处理可作为原材料生产砖、瓦、空心砖、水泥、轻骨料、混凝土等建材,也可经过深加工和提炼,生产出新型材料,如新型陶瓷、造型砂和造型粉等。在这些材料的制作中,煤矸石既是生产的原材料,又是生产过程中的燃料,节能环保,降低生产成本。

c. 用作充填材料。利用低热值煤矸石作充填物治理采煤沉陷区和其他塌陷坑或废矿场等，然后进行土地复垦，恢复生态环境；可替代一般的土石以构筑铁路、公路的路基及路堤；还可以用作井下护巷充填材料，既替代了部分护巷材料，又减少了排矸量。

d. 制取化工产品。煤矸石中含有硫、铝、铁等 50 多种元素，当富集量达到具有工业利用价值时可以加以提取利用。利用煤矸石的矿物特性，提取其中岩石类成分，可制化工产品，如铝盐系列化学品、硅系列化学品、高效混凝剂、碱式氯化铝和水玻璃等。

e. 生产肥料及改良土壤。煤矸石中一般含有大量的碳质页岩，其中有机质含量在 15%～20%，并含有丰富的植物生长所必需的 B、Zn、Cu、Mo、Mn 等微量元素，比一般土壤中的含量高出 2～10 倍。煤矸石作为有机复合肥料可增加土壤透气性，改善土壤结构，提高土壤肥力，以达到增加产量的目的。

② 粉煤灰资源化技术

我国对粉煤灰的利用起步较晚，始于 20 世纪 50 年代，主要是将粉煤灰用于建材及建材制品、混凝土和砂浆的掺合料；80 年代粉煤灰利用进入快车道，粉煤灰综合利用的研究由建材、建筑领域扩展到化工、冶金、农业与环境保护等众多领域，取得了一批研究成果，极大地推动了粉煤灰利用的发展。目前粉煤灰的综合利用主要集中在水泥行业、墙体材料、采煤塌陷坑充填、土木工程等。

a. 利用粉煤灰生产水泥。粉煤灰和黏土的化学成分相似，可替代黏土配制水泥生料。由于粉煤灰中含有一定量未能燃烧的炭粒，用粉煤灰配料还能节省燃料。目前国内主要生产粉煤灰硅酸盐水泥和粉煤灰无熟料水泥两种类型。利用粉煤灰作水泥混合材料生产各种水泥，不仅能减少污染，而且能降低物料的水分，减少热能消耗，对于提高水泥的质量、产量、降低水泥成本等有显著的优越性。

b. 粉煤灰制作砂浆和混凝土。粉煤灰砂浆是用粉煤灰全部或部分取代传统建筑砂浆中的某些组分，改善其某种性能的砂浆。微细粉煤灰能代替部分水泥或石灰膏或砂，具有提高黏聚性及密实度等作用。在混凝土中定量掺加粉煤灰，可节约水泥，提高混凝土制品质量及工程质量，降低生产成本和工程造价。

c. 粉煤灰制作建筑材料。粉煤灰可以通过高压蒸汽养护、常压蒸汽养护、自然条件养护以及高温烧结制成各种粉煤灰建筑制品，主要有粉煤灰陶粒、砖、瓦、小型空心砌块和砌块等。粉煤灰陶粒是经高温烧结的一种轻质骨料。由于具有容重轻、隔热性能好等特点，粉煤灰陶粒可用于制造高强度轻质混凝土构件，可减轻高层建筑物建材的自重，节能，降低建筑造价。粉煤灰砌块是以粉煤灰、石灰、石膏和骨料等为原料，经加水搅拌、振动成型、蒸汽养护而成的密实块实体，适用于砌筑民用和工业建筑的墙体和基础。粉煤灰烧结砖是以粉煤灰和黏土为原料，经搅拌、成型、干燥、焙烧制成的砖。

d. 在农业方面的应用。粉煤灰中含有大量农作物所需的营养元素，如硅、钙、镁等，可用于制造各种复合肥，具有用量少、增产效果好、价格便宜等优点。粉煤灰还可以改良土壤，使土壤容重、密度、空隙率、通气性、渗透率、三相比关系、pH 值等理化指标得到改善，起到增产效果。用粉煤灰改良黏性土、酸性土效果显著。在适宜的掺灰量下，小麦、玉米、大豆都能增产 10%～20%，但沙质土不宜使用粉煤灰。

e. 粉煤灰的精细利用。粉煤灰是一种混合物，含有多种物质，精细利用则是将它们分选出来,以提高粉煤灰综合利用水平。我国已研究开发的精细利用项目主要有:高铁玻璃珠的分选,用于生产铁;漂珠(空心玻璃微珠)的分选,用于生产高强轻质的保温耐火材料;炭粒的分选,用于制作工业碳素制品;氧化铝或氢氧化铝的提取,用于生成铝合金或作阻燃剂和高温耐火材料的添加剂等;填塑材料的取代或部分取代,用于生产塑料制品,如地板、落水管、电线管等。

(4) 矿区固体废弃物处理

固体废物受历年积存量、排出量及自身成分复杂等因素的限制,对其采取最终处置措施是一个必然趋势。固体废物常用的最终处置方法有固化处理、填埋法及海洋处置等。对于难以利用的煤矸石和粉煤灰,一般采用填埋法的方式;对于生活垃圾,可进行分类收集、堆肥处理;对于医疗垃圾,可采取焚烧处理。其目的是使其最大限度地与生物圈隔离,保护环境,减少堆存占地。

① 生活垃圾分类收集

生活垃圾分类收集就是指从垃圾产生的源头开始,将生活垃圾按照不同处理与处置手段的要求分成若干种类进行收集,分类收集后采取适宜方式将各种不同类的生活垃圾进行回收或处置,以达到减少生活垃圾最终处置量、实现部分有价值物质的回收利用、避免生活垃圾混合收集造成的环境污染的目的[32]。按照垃圾处理资源化、减量化和无害化的原则对垃圾进行分类收集,既提高废品回收率又便于危险废物单独处置。

② 固体废物焚烧处理

焚烧的实质是将有机垃圾在高温及供氧充足的条件下氧化成惰性气态物和无机不可燃物,以形成稳定的固态残渣。首先将垃圾放在焚烧炉中进行燃烧,释放出热能。余热回收可供热或发电;之后烟气净化后排出,少量剩余残渣排出、填埋或作其他用途。该方法优点是占地面积不大,对周围环境影响较小,且有热能回收。

特种垃圾焚烧主要指医疗废物的焚烧处理。医疗废物与一般生活垃圾的主要区别在于医疗废物带有大量致病微生物和具有较强的腐殖性,比一般生活垃圾更易于将病菌传染给人体和污染环境。医疗废物经过 1 000 ℃ 左右的高温焚烧,可以较彻底地消毒灭菌和去除绝大部分的污染物,并可实现大幅度减容;而且医疗废物较生活垃圾具有较高的热值,适宜于焚烧。

③ 固体废物堆肥化处理

固体废物堆肥化处理是指在人工控制的条件下,依靠自然界广泛分布的细菌、放线菌、真菌等微生物,使可生物降解的有机固体废物向稳定的腐殖质转化的生物化学过程。所谓稳定是相对的,是指堆肥产品对环境无害,并不是废物达到完全稳定。固体废物堆肥化处理是对有机固体废物实现资源化利用的无害化处理、处置的重要方法。

④ 固体垃圾卫生填埋

卫生填埋是指利用自然界生物、微生物的代谢机能,按照工程理论和土工标准,对垃圾进行土地填埋处理和有效控制,寻求垃圾的无害化与稳定的一种处置方法。卫生填埋是在传统的堆放、填地基础上,对未经处理的固体废物进行处置,从保护环境角度出发取得的一种科学进步。卫生填埋因安全可靠、价格低廉,目前已被世界上许多国家采用。矿区生活垃圾等固体废弃物可作为矿区充填复垦物料,既可以解决矿区生活垃圾环境污染问题,又可以达到资源充分利用的目标。

⑤ 煤矸石、粉煤灰等固体废弃物井下充填

煤矸石、粉煤灰等固体废弃物井下充填是矿山固废处理利用新技术。利用该技术可以把煤矿生产中所产生的矸石、粉煤灰全部填入井下,实现矸石置换煤、矸石不上井、地面不建矸石山的目的,从而减少了矸石山、粉煤灰等对农田的侵占,减少了对大气和环境的污染,消除了矸石山坍塌的事故隐患,与此同时,将矸石等固体废弃物作为地下结构支撑体,解决或降低了地面沉降和塌陷问题,具有重大的社会效益和经济效益。

### 5.4.3 水污染治理与资源化利用

(1)废水主要来源

按照目前我国煤矿企业生产和管理特征,煤矿生产排出的废水主要有矿井水、选煤废水、焦化厂废水、矿区生活污水、医院污水及其他废水等。

① 矿井水

矿井水是指伴随煤炭开采而产生的地表渗透水、岩溶水、矿坑水、地下含水层的疏放水以及生产、防尘用水等的总称[33]。根据所含污染物特性,矿井水一般可分为洁净矿井水、含悬浮物矿井水、高矿化度矿井水、酸性矿井水及含特殊污染物的矿井水等。

洁净矿井水一般是指水质较好、矿化度低、不含有毒和有害离子、稍加处理和消毒即可作为生活饮用水的矿井水,一般呈中性,有的富含多种有益元素,可开发作为矿泉水。含悬浮物矿井水一般是指除悬浮物、细菌及感官指标外,其他理化指标均满足饮用水卫生标准的矿井水,其悬浮物含量多在 $100 \sim 400$ mg/L。高矿化度矿井水也称含盐矿井水,它是由于地下水与碳酸盐和硫酸盐岩层的接触溶蚀,使水中 $Ca^{2+}$、$Mg^{2+}$、$CO^-$、$HCO_3^-$、$SO^-$ 等离子增多形成的,矿化度多为 $1\,000 \sim 4\,000$ mg/L,水质多呈碱性,带苦涩味,硬度一般较高。酸性矿井水是指因被开采的煤层中含大量的硫铁矿,在充足的氧气和细菌作用下,硫铁矿氧化生成硫酸和亚硫酸,使矿井水呈酸性,一般含有大量的 $Fe^{2+}$ 和 $Fe^{3+}$ 离子。酸性矿井水会严重腐蚀矿山设备和管道,未经处理排入地面水体会危害水生生物。含特殊污染物的矿井水主要是指一些含重金属、放射性元素、氟化物等的矿井水,水中的 F、Fe、Mn 等元素的离子及水质毒理学指标、放射性指标等超标,对环境污染严重,危害人体健康。

② 选煤废水

煤炭分选可脱除煤中的灰分、硫分,提高煤炭质量,但煤炭在分选过程中会产生大量选煤废水[34]。根据选煤实际经验,煤炭分选产生的废水量约为 0.24 m³/t,除去精煤、矸石、煤泥带走的水分,分选过程产生的废水约占加入清水的 91%。2013 年,我国规模以上(3.0×$10^5$ t/a 及以上)的选煤厂就达 2 000 多座,原煤入选能力达到 61%[35]。2018 年,我国煤炭消费量在 27.38 亿 t 左右,原煤入选率达到 72%。选煤废水污染主要表现在悬浮物质、金属离子超标,分选过程中使用的药剂具有副作用。大量的选煤废水外排不仅造成水资源浪费,还会造成水体、土壤恶化,严重污染环境。

③ 焦化厂废水

目前,我国煤矿企业正在大力发展焦化产业。焦化厂主要是生产焦炭和煤气。焦化厂废水是在煤的高温干馏、煤气净化以及化工产品精制过程中产生的。其组成相当复杂,从色谱图中初步显示含有几百种有机组分,其中含有高浓度的酚、多环芳烃及含氧、硫、氯等杂环化合物。此外,还含有大量的无机物,如氰、硫、硫氰根等阴离子以及 Si、Ca、Fe、Mg、Ge、Ga 等的化合物。所以,焦化厂废水成分复杂,浓度高,毒性大。

④　矿区生活污水

矿区生活污水主要是指矿区职工生活过程中产生的废水,主要来源于矿区食堂用水、浴室用水、洗衣用水及宿舍用水。矿区生活污水中所含的污染物主要有悬浮物(SS)、化学需氧量(COD)、生化需氧量(BOD)、氨氮($NH_3-N$),还有洗涤剂及病原微生物和寄生虫卵等[36,37]。由于煤矿地理位置远离城市,矿区生活污水不能汇入城市管道进入城市生活污水处理厂进行统一处理,在煤矿自行治理过程中往往缺乏有效的治理手段,只经过简单沉淀过滤之后,便进行外排,甚至一些矿区存在生活污水完全不经过处理、直接排入沟道的现象,造成周围地表水和地下水系统的污染,对人畜饮用水系统造成威胁[38]。

⑤　医院污水

医院污水中含有多种病菌、病毒、寄生虫卵和一些有害、有毒物质。由于这些病菌、病毒和寄生虫卵在环境中具有一定的抵抗力,有的在污水中存活时间较长,所以,医院污水具有较大的危害性。

⑥　其他废水

煤矿其他废水包括一些小型化工厂废水,如 TNT 炸药生产厂废水、生产混凝剂工厂废水、煤矸石电厂冲灰水及煤矸石堆的冲矸和淋溶水等。

(2)　矿井废水的处理

①　含悬浮物矿井水处理

含悬浮物矿井水水质一般呈中性,含盐量小于 1 000 mg/L,基本上不含有毒有害离子,水中的煤尘含量较高。此类矿井废水处理工艺较为简单,一般采用混凝、沉淀、过滤、消毒处理工艺。混凝剂常用硫酸铝、聚合氯化铝及聚丙烯酰胺等,滤料常采用过滤效果好、强度高、价格低的无烟煤和石英砂[39]。含悬浮物矿井水处理工艺如图 5-9 所示。

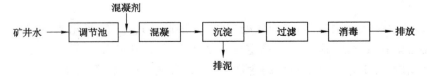

图 5-9　含悬浮物矿井水处理工艺

Fig. 5-9　Containing suspended solids mine water treatment technology

②　高矿化度矿井水处理

高矿化度矿井水处理常采用反渗透和电渗析膜分离技术。为防止膜污染,需要对矿井水进行预处理,主要是去除矿井水中的悬浮物、胶体和微粒以及溶解性物质。

电渗析膜分离技术处理高矿化度矿井水技术成熟,应用广泛。当矿井水矿化度很高、处理规模较小时,可采用电渗析直流式脱盐工艺,即经预处理后的水分别进入电渗析器的淡水室、浓水室和极水室,出口淡水全部流入淡水池,经加压供给用户,浓水则直接排放。当矿井水矿化度适中、处理规模较大时,为减少浓水排放,可采用浓水部分循环水处理流程,极水全部回收到浓水池,与部分浓水混合后,由浓水泵加压,经浓水过滤器送入电渗析器的浓水室,其余浓水外排。

与电渗析膜分离技术相比,反渗透处理技术更优越,其脱盐率高达 99% 以上,在分离过程中无相变化及相变引起的化学反应,能耗低,无二次污染;工艺流程简单,有利于实现水处理的连续化、自动化;反渗透装置结构紧凑,占地面积小,适应大规模连续供水的水处理系统,水的回收率比电渗析高,一般为 75%～80%。

③ 酸性矿井水处理

酸性矿井水处理一般采用中和法加常规工艺处理。常用的中和剂有石灰石、大理石、白云石、石灰等碱性物质,其中国内尤以石灰石应用最为广泛[40]。

石灰石中和装置常采用中和滚筒机、升流膨胀过滤床和曝气流化床。中和滚筒机处理酸性废水设备简单,管理方便,处理费用低,但其噪声较大,二次污染严重,且除铁效率较差。升流膨胀过滤床是以细小的石灰石颗粒($D \leqslant 3\ mm$)为滤料,酸性水自滤池底部进入滤池,使滤料膨胀,从而使中和反应沿着流线方向连续不断地进行,是目前普遍采用的中和方法。

石灰中和法是利用 CaO 与硫酸反应,从而得以中和的处理方法。该法工艺简单,操作方便,出水 pH 值能够稳定达标,除铁效率比石灰石中和法高,但费用相对较高,且存在二次污染问题。

④ 含特殊污染物矿井水处理

矿井水中放射性元素主要是$^{238}U$、$^{226}Ra$、$^{333}Rn$,这三种元素同属天然的$^{238}U$衰变系列,均为 α 放射,放射性超标较多。从水中去除总 α 放射性,也就是去除水中所含的 U、Ra 两种天然放射性元素。主要的方法包括传统的混凝-过滤工艺、石灰软化工艺、离子交换法、膜法处理和活性铝吸附法。

对含氟矿井水的处理方法主要有铝盐沉淀法、石灰乳沉淀法、离子交换-吸附法、电渗析法和点凝聚法[41]。其中,石灰乳沉淀法是利用石灰乳中的 $Ca^{2+}$ 与矿井水中的氟结合生成$CaF_2$沉淀,通过固液分离除去水中的氟,因其运行成本较低,煤矿目前经常采用此方法除氟。离子交换-吸附法一般用于矿井水作为生活用水除氟处理,电渗析法一般用于高矿化度含氟的矿井水处理。

含铁矿井水除铁方法很多,有地层处理法、铁细菌处理法、氯氧化法、高锰酸钾氧化法、离子交换法、臭氧氧化法、混凝法和稳定处理法等[42]。含铁矿井水可根据原水水质和处理后的要求采取不同工艺。对于酸性的含铁矿井水,含铁量较高,不适宜利用,而仅以达标排放为目的可采用石灰石中和曝气过滤处理工艺,处理后水质达到国家污水综合排放标准。

对重金属废水的处理,通常可分为两类:一是使废水中呈溶解状态的重金属转变成不溶的金属化合物或元素,经沉淀和上浮从废水中出去,可应用的方法有中和沉淀法、硫化物沉淀法、上浮分离法、电解沉淀(上浮)法和隔膜电解法等;二是将废水中的重金属在不改变其化学形态的条件下进行浓缩和分离,可应用的方法有反渗透法、电渗析法、蒸发法和离子交换法等。这些方法应根据废水水质、水量等情况单独或组合使用。

(3) 选煤废水的处理

选煤废水中含有大量的悬浮物、煤泥和泥沙,故又称煤泥水,未经处理过的煤泥水其悬浮物浓度可达 5 000 mg/L 以上[43]。由于煤炭本身具有疏水性,选煤废水中的一些微小煤粉在水中特别稳定,一些超细煤粉悬浮于水中,静置几个月也不会自然沉降。若将此类废水直接排放进入地表水系,不仅会造成矿区、厂区内的环境污染,还会形成河道淤塞,影响农田灌溉、工业用水和生活用水水质,使水环境严重恶化。

选煤废水的处理有三个目的:一是从节约工业用水的角度出发,最大限度地从选煤废水中分离出固体悬浮物,以获得符合要求的循环水,一般将这一步骤称为洗水澄清和选煤水浓缩;二是从节约能源、回收宝贵矿物资源的角度出发,最大限度地回收煤泥中的精煤,提高精煤产率;三是从环境保护的角度出发,使不得已外排的煤泥水能得到有效处理,达标排放。

目前煤泥水处理工艺流程有三种,即预浓缩煤泥水处理流程、无预浓缩煤泥水处理流程和部分预浓缩煤泥水处理流程[44]。

① 预浓缩煤泥水处理流程

预浓缩煤泥水处理流程是目前大多数选煤厂采用的煤泥水处理流程。该工艺的特点是全部煤泥水都进入大面积浓缩机进行浓缩,溢流作为循环水,底流经稀释后进入浮选,浮选尾矿或排出厂外处置,或混凝沉淀处理,澄清水回用,底流经压滤脱水后回收。

② 无预浓缩煤泥水处理流程

无预浓缩煤泥水处理流程又称为煤泥水直接浮选流程,就是指煤泥水不经浓缩机澄清、浓缩,而全部通过浮选处理,悬浮尾矿经浓缩后得到的澄清水即为循环水。无预浓缩煤泥水处理流程的核心是全部煤泥水都经浮选处理,故浮选不仅要处理煤泥,还要处理所有的煤泥水,保持合理的煤泥水浓度是充分发挥浮选能力的关键。

③ 部分预浓缩煤泥水处理流程

无预浓缩煤泥水处理流程的优点是从根本上解决了循环水中细颗粒煤泥的循环、累积问题,保证循环水的浓度,为各作业创造了良好的工作条件。但是,它也存在一定的问题,例如循环水用量受煤泥水浓度的限制;因为要处理浓度低而容积很大的全部煤泥水,往往需要较多的浮选、过滤设备,成本较高。部分预浓缩煤泥水处理流程综合无预浓缩煤泥水处理流程和预浓缩煤泥水处理流程的优点,具有更好的适应性,也更经济。

(4) 生活污水的处理

矿区生活污水的处理和排放可按照城市生活污水的处理和排放标准进行,同时还可以考虑将处理过的生活污水回用于煤矿工业场地除尘洒水、绿化洒水及煤炭分选用水中,尽量做到全部回用,回用不完全的达标后外排。结合煤矿生产实际,煤矿生活污水处理原则上应选用处理效果稳定、产泥量少、节能和操作运行管理方便的处理方法[45]。

① 稳定塘处理

稳定塘是利用天然池塘、洼地、河谷、海滩等利用价值低的土地建塘,属于一种自然生物处理技术。虽然稳定塘存在净化能力低、占地面积大、出水水质受气温影响较大等缺点,但由于我国煤矿主要分布在山区,土地资源较为丰富,开采方式多为地下开采,矿区周围存在大量塌陷地,利用塌陷地改造成稳定塘处理煤矿生活污水具有较好的可行性。稳定塘具有工程造价和运行费用低、便于管理且净化出水可灌溉农田或回用等优点。

② 人工湿地处理

人工湿地处理是一种利用土壤-作物系统综合处理的过程。生活污水经人工湿地处理后,有机污染物和无机营养元素得到转化和去除,最终实现污水的稳定化和无害化,并能使污水转化为可利用水,因而是一种低费用、低能耗、高效率的污水处理方法。

③ 生物接触氧化法

目前适用于煤矿小型生活污水处理工程的处理工艺主要有生物接触氧化法处理工艺、厌氧/缺氧好氧(A/AO)活性污泥法处理工艺。其中生物接触氧化法处理工艺又分为一级接触氧化法和多级接触氧化法。同时为了提高生活污水中污染物的处理效率,在实际水处理工艺中可根据生活污水原水水质情况,在以上工艺之后增加活性炭或石英砂深度处理工艺。生活污水经上述工艺流程处理后,CODcr、BOD$_5$、SS等污染物处理效率分别能达到75%、85%和80%,能够达到相关标准中对生活污水再生利用的要求[39]。生物接触氧化法处理工艺如图5-10所示。

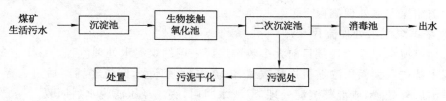

图 5-10 生物接触氧化法处理工艺

Fig. 5-10 Biological contact oxidation process

④ 生物滤池

生物滤池属于生物膜法,具有工艺流程简单、占地面积少、维护管理方便的优点,在煤矿生活污水处理中常被采用,如兖州矿业集团、淮南矿业集团等均采用这种工艺。但这种工艺在处理煤炭生活污水时也存在一些问题,如处理不稳定,环境卫生条件差等。生物滤池处理工艺如图5-11所示。

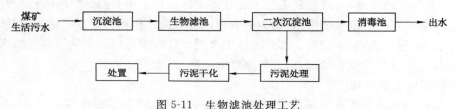

图 5-11 生物滤池处理工艺

Fig. 5-11 Biological filter treatment process

(5) 矿区水资源化利用

① 矿区水资源化利用现状

a. 国外矿区水资源化利用

国外矿井水利用技术的研究与应用较早,并已取得一些可喜的成果。国外煤矿都把处理矿井水作为环境保护工作的重点,而且认为矿山排水是煤炭开采中的一种伴生资源,而不是负担。矿井水愈大,盈利愈多,经济效益也就愈高。许多国家对矿井水进行适当处理后,一部分达到排放标准后排入地表水系,另一部分回用于选煤厂工业给水和矿井生产。

目前国外矿井水的用途如下:(a) 选煤、水力运输、水采及水力充填用,俄罗斯利用的矿井水有50%用于选煤;(b) 锅炉、冷却、灭尘用;(c) 生活饮用,这主要是利用从排水钻孔中抽出的水;(d) 利用矿井水作热泵来调节建筑物室内温度。

据统计,美国早在20世纪80年代初期,煤矿井下水的利用率就达到81%。将处理后的水用于市政绿化、高尔夫球场、洗车、污水处理厂内工艺用水等。

俄罗斯的煤炭工业居世界领先地位,对矿井水的处理技术及利用的研究起步较早,成果显著,居世界领先地位。对于矿井水的利用,近年来主要进行了以下三个方面的工作:(a) 矿井水进行初步的澄清和消毒后排入水体;(b) 净化处理后作为选煤厂和矿区综合防尘用水;(c) 净化处理后作为矿区和城市的生活杂用水。

波兰上西里西亚煤田通过水质研究,根据用途不同把矿井水分为四类:生活用、工业用、生产用和不能利用,并且提出不同的水质应用不同的管路从井下排出。

日本矿井水除部分用于选煤外,大部分矿井水经沉淀处理去除悬浮物后排入地表水系。日本矿井水的回用对象主要为景观河道用水、工业用水、冲厕用水,日本大部分地区利用处理后的污水进行"清流复活",修复和保护水资源。例如,将部分矿区污水处理后再输送到河流上游,作为城市河段景观用水;改善居民休闲场所的水环境;护城河的维持用水,并提供了水鸟繁殖的场所;向没有固定水源的河流提供经过深度处理的维持用水。

b. 国内矿区水资源化利用

1949年之前,我国的一些煤矿就注意矿井水的利用,例如将井下排水直接用于煤的分选,或者经过自然沉淀、过滤后用于洗澡。1949年之后,一些煤矿在井下集取未受污染的巷道水或井筒淋水以供矿区生活饮用。

20世纪60年代以后,我国与英国、日本等国家的交往增加,煤矿开采技术有新的发展,水处理技术也在提高。1968年,北京给水排水设计院及北京煤炭设计研究院在大台煤矿进行了井下排水净化后供给生活饮用水的试验研究,主要进行了混凝、沉淀、过滤及混凝、直接过滤试验,使出水达到了饮用水标准。

我国煤矿矿井水净化站大多是20世纪80年代以后建立的,如大同、平顶山、徐州、淮北等矿区的矿井水净化站。到目前为止,我国煤矿已陆续建造了六十余座矿井水处理站。目前,我国煤矿矿井水净化后供生活饮用的水量已达 $5 \times 10^5$ m³/d以上。但是,我国煤矿矿井水的利用率还很低,平均仅为22%。随着各矿水资源的紧张,许多矿区都进行了不同程度的综合利用工作。

② 矿区水资源化利用类型

与外流域调水、开源节流相比,矿区污水具有不受气候影响、就地可取、稳定可靠、保证率高等优点,在一定范围内,污水再生利用为城市提供了一个经济可靠的新水源,同时还可节约大量的优质饮用水资源。

矿区污水治理后水量集中,水质稳定,可以用于河湖景观用水、工业冷却用水、园林绿化用水、建筑冲厕用水、道路浇洒及降尘用水、农业灌溉用水和地下回灌等。

a. 河湖景观回用

矿区污水治理后可作为景观环境用水,是根据缺水城市对于水环境的需要而发展起来的一种再生水利用的方式。就再生水回用于景观水体而言,要严格考虑再生水中存在污染物和病原体对水体美学价值和人体健康的危害。作为景观水体,首先要求在感观上给人舒适的感觉,要求水体清澈,透明度高,不出现浑浊、黑臭以及富营养化现象。一旦景观水体发生富营养化,水体透明度下降,水体浑浊,会使水体的观光价值大减,甚至丧失观赏功能。其次就是景观水体对人体健康的影响。尤其是娱乐性景观水体,因为水体要与人体有轻微接触,因此水中不能含有对皮肤有害的化学物质。在再生水回用的所有方式中,肠道病原体对景观水体的危害最大。

再生水用于景观水体的主要障碍在于对有机污染、氮磷等营养物污染、色度臭味的控制。因此通过深度处理,一方面要进一步降低有机污染,除去藻类赖以生存的氮、磷营养盐,另一方面要达到良好的脱色除臭、消毒杀菌的效果。

b. 园林绿化回用

矿区污水治理后作为园林绿化用水也是城市再生水回用的一个有效途径,通常主要考虑再生水灌溉对于植物的生存和生长方面的影响,其次还要考虑再生水灌溉植物后对土壤及地下水的影响。一般而言,含盐量、pH 值、氯化物、氨氮、LAS、余氯这几项水质指标应被加以关注。pH 值的大小代表着再生水的酸碱程度,酸性过强或碱性过强的再生水均会对植物生长产生负面的影响,甚至导致植物的死亡。氯化物含量过高的再生水中含盐量也会高,会破坏土壤的自然成分,从而威胁到植物的生长和生存。氨氮含量的高低代表着再生水中营养物质的多少,营养物质对于植物的生长是有好处的,但长期使用营养物质含量高的再生水作为园林绿化用水,也会对植物产生有害的影响。阴离子表面活性剂主要是指合成洗涤剂一类的物质,这类物质中含有大量的碱性化合物,因此含量过高也会对植物造成危害。余氯量的大小是反映再生水持续杀菌消毒效果好坏的重要指标,但余氯量过高一方面会改变再生水的 pH 值,另一方面也会增加再生水中氯化物如三氯甲烷等有害物质的含量,从而对植物的生长和生存产生危害。

c. 工业回用

再生水用于工业回用大部分是作为工业冷却用水,在环境水污染并不严重的时期,许多工业企业采用河湖等清洁水体作为工业冷却水使用,随着城市水体污染日益严重,水资源日益紧张,以再生水替代自来水或河湖清洁水作为工业用水,已成为城市节水的一个重要方面,也是发展趋势。再生水用于工业回用,可作为循环冷却水,也可作为锅炉补水、工艺与产品用水、冷却用水、洗涤用水的水源。

d. 农业回用

城市污水经二级处理后,可用于农业灌溉。目前国内外利用再生水灌溉小麦、玉米等粮食作物已取得成功经验。由于再生水中含氮成分较丰富,还可使每亩粮食产量增加 10%,氮肥使用量减少 20%,土壤状况和生态环境保持完好。如美国农业灌溉对淡水的需求量很大,占到总用水量的 40%[46]。在西部一些州,由于主要以农业为主,因此它们的农业灌溉用水水量更多。比较美国农业灌溉用水量最大的四个州:蒙大拿州、科罗拉多州、爱达荷州和加利福尼亚州不同用途用水量,用于农业灌溉水量均超过该州全部用水量的 80%;美国和波多黎各的农田面积大约为 4.31 亿英亩(1.74 亿 hm²),而其中的 0.55 亿英亩(0.22 亿 hm²)需要灌溉。从全球看,灌溉用水量都超过了其他用途的所有用水量,大约占总用水量的 75%。

再生水的组成成分相对比较复杂,其中与农业灌溉有关的组分主要包括盐度、钠、痕量元素、余氯和营养物质等。一些植物的根部对再生水中的某些化学物质比较敏感,为了顺利地进行灌溉,再生水中地固体悬浮物必须经过过滤器去除。

③ 矿区水资源化利用趋势

a. 地下空间立体开发

近年来,我国不断加强污水处理设施的建设力度。目前,我国绝大多数污水处理厂建设均采用地上式,但随着我国城市化水平和对环境要求的提高,特别是对土地资源短缺、环境污染问题日益突出的大城市来说,污水处理厂建在地下将成为大型城市污水治理工程的一个新的发展趋势和发展方向。地下污水处理厂突破传统污水处理厂用地观念,合理地利用了地下空间,具有占用空间小、节约地上土地资源等优点,在节省城市开阔空间的同时,也不会对周围景观的美观性产生影响,提高了周围土地资源的价值。

b. 生态农业综合经营

生态农业复垦是根据生态学和生态经济学原理,应用土地复垦工程技术和生态技术,通过合理配置农业植物、动物、微生物等,进行立体种植、养殖和加工业复垦。较典型的是塌陷区水陆交换互补的物质循环类型,该类型是充分利用塌陷区形成积水的特点,根据鱼类等各种水生生物的生活规律和食性以及在水中所处的生态位,按照生态学的食物链原理进行合理组合,实现农-渔-禽-畜综合经营的生态农业类型。系统中的农作物和青饲料,可作为畜牧生产中鸡、鸭、猪、牛等养殖动物的饲料;畜牧业生产中的粪便废弃物,可作为养鱼或其他水产养殖的饵料,并可直接施入农田,经微生物分解而成为农作物或饲料作物的肥料,鱼池中的塘泥亦可作为农作物的肥料;食用菌生产中的菌渣及培养床的废弃物,可作为禽畜动物、鱼类的饲料添加剂以及农田作物的肥料,由此形成多级循环利用。

c. 矿区湿地景观构建

近几年,我国采煤塌陷积水区的规划和治理方向主要是湿地公园、水产养殖、水库/蓄水池和人工湿地污水处理系统等,当前恢复河湖水面的景观需水量很大,矿区水资源可进行有效补充。尤其在受酸性水危害的煤矿,可对这样的湿地进行人工改造和设计。改造工作主要是对现有湿地充填或浅挖以及有选择地种植一些对酸性水处理效果好的水生植物(如香蒲),同时,对水中氮、磷营养物质具有很好的吸收、富集作用,可有效降低水体中的营养盐浓度。唐述虞等的研究结果表明,湿地生态工程对 $Cu^{2+}$、$Fe^{2+}$、$Mn^{2+}$、$Zn^{2+}$、$Mg^{2+}$ 等金属离子具有较高的去除率,可达到国家一级排放标准[47]。湿地生态工程处理酸性水在技术上是可行的,可以在土地利用价值较低的煤矿塌陷区建设。目前,国内矿区水资源化利用的成功范例,如唐山南湖、徐州潘安湖和月亮湖等对采煤塌陷积水区进行整体改造,形成次生湿地公园,将旅游、观光、娱乐、文化等集为一体,为都市人口体验田园风光和休闲娱乐提供了空间,也保护了生态环境,促进采煤塌陷地区经济的转型。

d. 现代生物技术应用

生物化学处理法处理矿区含铁酸性水是目前国内外研究比较活跃的处理方法,在美国、日本等国家已进行了实际应用。该方法的原理是利用氧化亚铁硫杆菌在酸性条件下将水中 $Fe^{2+}$ 氧化成 $Fe^{3+}$,然后用石灰石进行中和,以实现酸性矿井水的中和及除铁。这种技术充分发挥了石灰石中和法处理成本低、操作运行管理方便等优点,改进了对其二价铁去除率低的缺点;在二价铁氧化为三价铁的过程中,二价铁氧化细菌无须添加任何营养液,只以亚铁作为其生命的能源;此外,生物化学法处理后的沉淀物可以实现综合利用,用于制取铁红、聚合硫酸铁(PFS),不仅解决了常规石灰乳中和处理法由于反应不完全而产生大量淤泥造成的二次污染问题,而且为煤矿企业的多种经营开辟了一条新的路子。

# 5.5 矿区生态恢复规划与景观重建

## 5.5.1 矿区生态恢复规划内容

(1)矿区生态恢复规划阶段划分

矿区生态恢复规划是以矿区这一退化生态系统为对象,以矿区可持续发展为目标,以复合生态系统理论为指导,根据生态规划的发展趋势,运用现代生态学、生态经济学、地学、环境科学、区域规划等相关学科的新成果和计算机技术,建立适合矿区恢复的生态规划理论与方法[48]。矿区生态恢复规划的最终目标就是恢复矿区土地利用,增强矿区的可持续发展能力。

采矿活动对矿区生态环境的破坏以对土地的破坏最为剧烈。矿区生态恢复规划必须遵照待恢复区域土地的自然规律和经济规律,符合区域土地利用总体规划、土地利用专项规划以及区域发展规划,做到统筹兼顾,协调发展。同时,还要把被破坏土地视为自然综合体进行研究,注重生态恢复工程的整体性与综合性,自然科学、工程技术与社会科学等多学科、多领域的综合,合理进行平面、空间及时序上的统筹与配置,使其达到最佳的恢复效果和效益。矿区生态恢复规划主要分为四个阶段,见表 5-3。

表 5-3　矿区生态恢复规划阶段的内容与目标

Table 5-3　Contents and objectives of ecological restoration planning stage in mining area

| 阶段 | 内容 | 目标 |
|---|---|---|
| 勘测调查与分析 | 地质采矿条件调查与评价<br>社会经济现状调查与评价<br>社会经济发展计划<br>自然资源调查与评价<br>环境污染现状调查与环境质量评价<br>地形勘测 | 明确土地恢复的问题性质,为总体规划提供详细的基础资料 |
| 总体规划 | 结合开采范围和地质条件,确定规划范围<br>确定规划时间<br>选择土地利用方向与恢复工程措施<br>制定分类、分区、分期恢复方案<br>恢复规划方案的优化论证<br>投资效益预测<br>对相关问题的说明 | 为区域土地利用的合理性提供保证,为生态恢复工程设计提供依据 |
| 生态恢复工程设计 | 明确工程对象(位置、范围、面积、特征等)<br>设计工艺流程,选择机械设备,计算材料消耗和劳动用工等<br>实施计划安排(物料来源、资金来源等)<br>施工起止日期安排,工程投入与收益的详细预算 | 供施工单位施工 |
| 审批、验收与评估 | 工程验收<br>动态监测与管理 | 保障规划顺利实施与有效运行 |

① 勘测调查与分析。明确矿区废弃地生态恢复的重点,获取必需的基础资料。

② 总体规划。确定规划范围和规划时间,编写恢复目标和任务,然后将恢复对象分类、分区,并做分区实施计划,对总体规划方案进行投资效益预算,并形成一个可行的规划方法。

③ 生态恢复工程设计。在总体规划的基础上,对即将要实行的恢复项目进行详细设计。

④ 审批、验收与评估。在恢复工程结束后,土地管理部门应该对恢复工程进行验收,土地使用者应该对恢复后的土地进行动态监测管理。

(2)矿区生态恢复规划内容

矿区生态恢复规划要综合考虑矿区的地质条件、开采技术条件、矿产品供需关系、矿区外部运输条件、供电供水条件、矿区生态环境状况以及资金筹集等因素,在此基础上对矿区的开发方案、建设规模、土地规划、环境保护、社会发展等一系列问题进行统筹规划,系统协调企业与地方、企业与行业、企业各部门间的关系,寻求整体效益最大化,使矿区实现可持续发展。根据矿产资源的开发特点和生命周期,矿区生态恢复规划可划分为生态环境保护规划、水土流失控制规划、污染防治规划、土地复垦规划及闭矿后发展规划等。然后采取科学技术方法对由于采矿引起的生态环境问题进行预测,并制定生态环境治理的工程技术、生物技术措施。

① 生态环境保护规划

a. 生态环境破坏程度评价。矿区生态环境的污染主要来自采矿过程产生的固体废气物(废渣、剥离土)、粉尘、废气、废水等,因此需要对矿产资源开发造成的生态环境破坏进行预测,在原生态环境承载能力范围内,确定在现有技术条件下的开发方式、手段及强度。

b. 表土剥离。表土采用分层剥离集中保存的措施,以利于闭矿后矿区土壤的恢复,或采取分区开采交错回填、采矿复垦一体化的工艺进行边开发边复垦。

c. 固体废弃物隔离。闭坑矿渣堆放场地进行铺垫防渗膜,以防止固体废弃物中的污染物质因为雨水冲刷、淋洗而造成地下水的污染。排土堆(废渣堆)表面进行覆盖隔离,主要采取恢复植被的方法,防治产生滑坡和泥石流等自然灾害。另外固体废弃物用来填充造田,减少地表堆存占地面积。

d. 粉尘净化。开采、运输、加工等容易产尘的环节,可采取喷水、密封作业等技术手段,减少粉尘的产生。

e. 废水综合利用。选矿等环节所产生的废水经过沉淀等处理后,可循环利用。

② 水土流失控制规划

a. 整地。对于凹凸不平的区域采取挖深垫浅平整技术,保留 3%～5% 的倾斜,若地表高差起伏较大,可修筑干砌石梯田,垫面呈外高内低,堰顶高出垫面 20 cm,台内侧修建排水渠。

b. 防洪排水。修建排水沟,将地面径流直接引入主排水沟,沿废弃地或排土场的底部修建排水沟。为防水流溢出水沟,形成漫流,再次侵蚀坡面,在设计截流沟和排水沟时,应根据集水面积、最大降雨量等来考虑水沟的断面尺寸,同时应充分考虑水沟的沟底坡度,以使水流能够在不冲不淤的情况下全部排走。

c. 削坡减坡。闭坑矿渣、堆土场堆积避免形成较陡坡面,可通过削坡升级,减缓坡度,坡度控制在 1:1.5。采取修建台式梯田和设置拦渣坝,以加固坡面的稳定性。

d. 水土保持植被规划。采取种植灌草,穴植灌木、藤本,普通喷播,挂网客土喷播等技术进行植被的覆盖,通过植物根系作用,加强土壤的抗冲刷能力。

水土流失的保护还可采取砌石、拦土墙、挂土工网、修土工格室等技术,通常是工程技术与生物技术的综合应用。

③ 污染防治规划

a. 清洁生产。清洁生产是指不断采取改进设计、使用清洁的能源和原料、采用先进的工艺技术与设备、改善管理、综合利用等措施,从源头削减污染,提高资源利用效率,减少或者避免生产、服务和产品使用过程中污染物的产生和排放,以减轻或者消除对人类健康和环境的危害。

b. 生态产业链延伸。产业链延伸应考虑区位条件,按照"Reduce,Reuse,Recycle(3R)"

原则,扬长避短,发展循环经济,提高资源利用率,减少废弃物排放,实现资源增值,例如以煤炭为主导产业的生态工业园可采取"煤-电""煤-电-化-建材""煤-电-路"等发展道路。

　　c. 废弃物利用。主要针对矿区的废石堆积区、尾矿区,将矿区的废弃物实行再利用,减少土地的占用,降低对废石区、尾矿区生态恢复的难度,还原稳定的矿区生态系统。废弃物利用技术主要包括闭坑矿坑利用和尾矿废物回收利用。

　　④ 土地复垦规划

　　根据周围环境和矿区土地的自身条件,复垦土地可以选择复垦成农地、林地、居住地和工业用地、养鱼场和娱乐用地等利用方向,矿区土地复垦技术包括工程复垦、生物复垦、植被重建。

　　a. 工程复垦。根据采矿后形成废弃地、占用破坏地的地形、地貌现状,按照规划的新复垦地利用方向的要求,并结合采矿工程特点,对破坏土地进行顺序回填、平整、覆土及综合整治,其核心是造地。常用的工程复垦技术有就地整平复垦、梯田式整平复垦、挖深垫浅式复垦和充填法复垦、泥浆泵复垦等。

　　b. 生物复垦。包括快速土壤改良、植被恢复、生态工程、耕地工艺、农作物和树种选择等。

　　c. 植被重建。植被重建应遵循"因地制宜,因矿而异"的原则,在树种、草皮的种属选择、工艺的采选上要与矿区所处的地理位置、气候条件、土石环境相匹配,以确保植被重建的成效。选出的植物品种应有较强的固氮能力、根系发达、生长快、产量高、适应性强、抗逆性好、耐贫瘠等。

　　⑤ 闭矿后发展规划

　　矿山关闭(简称闭矿)是指一座矿山或选矿厂区在完成停产善后处理程序之后永久性终止生产活动并以解除租约为标志。闭矿规划是一项涉及环境、生物、物理、化学、地理、地质、经济等多学科的工作。闭矿规划须制定诸如:污染与灾害防治、土地和生态环境恢复、矿区状况长期责任划分、社会经济问题、原有设施处置或改用等方面问题的解决方案。闭矿后的治理是一项综合系统工程,涉及边坡稳固技术、植被恢复技术、土地复垦技术、废弃资源再利用技术等。闭矿生态恢复策略与技术措施见表 5-4。

表 5-4　闭矿生态恢复策略与技术措施

Table 5-4　Ecological restoration strategies and technical measures of closed mines

| 恢复策略 | 适用条件 | 利用方式 | 技术措施 | 周期 |
|---|---|---|---|---|
| 地质灾害整治 | 滑坡、塌陷、泥石流等地质灾害严重区 | 人造景观区、灌草地、水田、池塘 | 削坡、充填、平整、警示牌、挡石墙等工程方法 | 很短 |
| 台阶式恢复 | 开采平台、剥蚀区、尾矿废渣堆积区 | 生态环境保护地、山地运动区 | 护坡、客土喷播 | 很短 |
| 人工植被 | 交通干线两侧、城市规划区、风景区 | 果园、园地、林地、绿地 | 生态带、挂网喷播、绿化、种植经济林 | 很短 |
| 废物资源利用 | 尾矿地、废渣、废石堆 | 生态农业、林业 | 尾矿再选、尾砂改良土壤 | 很短 |
| 应景改造 | 裸岩、裸坡、大型裸露山体 | 商业广告、人文景区 | 艺术设计、垂直绿化等 | 较长 |
| 土地复垦开发 | 浅山区、矿业废弃地 | 工业用地、基本农田、林地 | 平整充填、酸碱化、土壤改良 | 较长 |

### 5.5.2　矿区生态恢复主要方式

我国矿区生态恢复开始于20世纪60年代,到了80年代,矿区生态恢复工作进入了有组织、有规模的阶段。根据煤炭开采方式,井工矿生态恢复废弃地类型主要为采煤塌陷区,露天矿主要为露天采空区和排土场,此外还包括尾矿库、矸石山等,不同废弃地类型生态恢复的模式各不相同。

（1）塌陷区生态恢复模式

根据塌陷区对生态环境破坏的结构类型,塌陷区的生态恢复可归纳为以下6种模式。

① 积水稳定塌陷地农林业综合开发模式

此类塌陷地地表高低不平,但土层并未发生较大的改变,土壤养分状况变化不大,只要采取工程措施恢复整平,并改进水利条件,即可恢复土地原有的实用价值。根据工程措施的不同可利用矸石、粉煤灰和矿区其他物质（河湖淤泥、固废等）作为塌陷区的充填材料,充填完成后,可覆土作为农林种植用地,也可经过地基处理后用作建筑用地。此类塌陷地可通过生态恢复成为粮、棉、油、菜、果生产基地,不但经济效益显著,而且可以有效改善矿区生态环境。

另外,此类塌陷地及积水塌陷区的边坡地带还可采用修整土地的方法,改造成梯田或坡地,重建成保水保土、农果相间的陆地农田生态系统。梯田的水平宽度和梯坎的高度应根据地面坡度的陡缓、土层的厚度、工程量大小、种植作物种类、耕作机械化的程度等因素综合考虑。坡地田面坡度的大小和坡向,要以不冲不淤为原则,根据原始坡度的大小、灌溉条件、土地用途及排洪蓄水能力来确定。

② 非积水稳定塌陷干旱地建材开发与建设用地模式

非积水稳定塌陷干旱地除适宜于农林综合开发外,还可用于发展建筑业,填造建筑用地。根据煤矿开采的进度和期限进行地表移动变形的时空预测,在塌陷区形成前,取其区域内的表土生产建筑产品,可以减少砖瓦产品生产对耕地的占用。

③ 季节性积水稳定塌陷地农林渔综合开发生态重建模式

季节性积水稳定塌陷地较非积水稳定塌陷干旱地开发难度大,土壤结构不同程度地发生了变化,湿雨季节变湿成沼泽状,干旱季节成板结状。这类塌陷地的重建,主要的工程措施为挖深垫浅,即将塌陷下沉较大的土地挖深,用来养鱼、栽藕或蓄水灌溉,用挖出的泥土垫高下沉较小的土地,使其形成水田或旱地,种植农作物或果树。

④ 常年浅水位积水稳定塌陷地渔林农生态重建模式

在地下水位较高的塌陷区,即使沉陷量不大,也常造成终年积水的状况,而周围的农作物则是雨季沥涝,旱季泛碱。这类塌陷地由于水浅不能养鱼,地涝不能耕种,形成大片荒芜的景象。此类塌陷地重建的主要工程措施为挖深垫浅,即将较深的塌陷区再挖深使其适合养鱼、栽藕或其他水产养殖,形成精养鱼塘;然后用挖出的泥土垫到浅的沉陷区使地势抬高成为水田或旱地,建造林带或发展林果业。

⑤ 常年深积水稳定塌陷地水产养殖与综合开发重建模式

常年深积水稳定塌陷地不适宜于发展农业,但适宜于水产养殖或进行旅游、自来水生产等综合开发。如淮北煤炭区洪庄、烈山塌陷区具有水面大、水体深的特点,重建时采取了开挖鱼塘发展水产养殖的模式,并配套发展种植业和加工业。除了发展渔业外,大面积的深水塌陷地还可以建立水上公园、水上娱乐城、自来水净化厂和污水处理厂、拦蓄水库、水族馆等。淮北矿区和徐州矿区在塌陷区建立水上公园,为矿区职工提供了休息娱乐的场所。平顶山矿务局谢山矿利用约 10 hm² 塌陷地改造为生物氧化塘,塘中种植水葫芦等水生植物来处理矿井水及生活污水,净化后水质总体上达到渔业用水标准。

⑥ 不稳定塌陷地因势利导综合开发生态重建模式

不稳定塌陷地是指新矿区开采引起塌陷或老矿区的采空区重复塌陷而造成的塌陷地。其类型不仅包括非积水塌陷干旱地和塌陷沼泽地,也包括季节性积水塌陷地和常年积水塌陷地。此类塌陷地的重建采用因势利导自然利用模式。对不稳定的塌陷干旱地,有针对性地整地还耕,修建简易型水利设施和排灌工程,灵活机动随机利用,避免土地的长期闲置。对季节性积水不稳定塌陷地,因其水位常变,以发展浅水种植为主,也可因势利导开挖鱼塘养鱼,四周垫地,种优质牧草作鱼禽饲料。常年积水不稳定塌陷地以人放天养的形式进行养鱼,但不宜建造水上或水下设施。

(2) 采空区生态恢复模式

露天采矿场采空区是指露天剥离与回采后形成的空场。露天采空区地表自然景观与生态环境遭到了彻底的破坏,自然恢复过程相对缓慢,因此必须进行生态恢复。目前我国露天矿采空区生态恢复主要有以下三种模式。

① 农林利用生态重建模式

对于较平缓或非积水的露天采空区可以采用农林利用为主的生态重建模式。具体的工程措施是将露天采空区充填、覆土、整平,然后进行农林种植。根据充填物质的不同,又可将其分为剥离物充填、泥浆运输充填和人造土层充填三种重建类型。

剥离物充填即内排土,就是将剥离物充填在采空区,造出可为农林利用的土地。其方法是在开采前将矿层表面所覆盖的土层和岩石剥离分别存放,采掘结束后将剥离物填入采空区并平整,再在其上覆盖表土进行农林种植。

泥浆运输充填就是将尾矿泥通过管道送至采空区,尾矿泥沉淀干涸,平整后铺上一层表土(厚度<0.5 m)便可为农林用地。用尾矿泥充填采空区,要求尾矿无有害物质。

有的矿区几乎没有土壤,这时可将岩石破碎后覆盖一层"造林沙砾层",亦可在人造土层中掺入垃圾、污泥、尾矿等。"造林沙砾层"中的粒级比例可视当地条件(如岩石的硬度、掺入量)而定。此外,人工土还可以由泥煤、锯末、粉碎麦秆、树叶、粪肥等组成。人造土层应分层配制,按上轻下重的原则,大岩石在下,黏土、污泥等在上。杂料、杂土(包括垃圾)采用城镇生活垃圾时,为了防止污染,保证原地的土壤和水质的安全、卫生,用于造土的垃圾应符合城镇垃圾农用控制标准。

② 蓄水利用生态重建模式

对于常年积水的挖损大坑以及开采倾斜和急倾斜矿床形成的矿坑,可以作为蓄水体加以利用,如渔业、水源、污水处理池等。

③ 挖深垫浅,综合利用生态重建模式

对季节性积水或某些不积水的挖损坑,可采用挖深垫浅的措施,一部分开挖成水体,发展水产养殖、用作水源等,一部分发展种植业。

此外,对于露天矿场边坡生态恢复,国内主要是天然植被的自然恢复,也有个别的矿山进行了人工植被的建设。在露天采矿场边坡上进行人工植被建设,需要进行边坡处理,将较陡的边坡变成缓坡或改成阶梯状。这有利于人工和机械操作,有利于截留种子,促进植被恢复。

(3)露天排土场生态恢复模式

根据排土场条件的差异,我国露天矿排土场生态恢复主要包括以下三种模式。

① 含基岩和坚硬岩石较多的排土场的生态恢复

这类排土场需要覆盖垦殖土才适宜种植农作物和林草。在缺乏土源时,可以利用矿区内的废弃物如岩屑、尾矿、炉渣、粉煤灰、污泥、垃圾等作充填物料,种植抗逆性强的先锋树种。

② 含有地表土及风化岩石排土场的生态恢复

这类排土场经过平整后可以直接进行植物种植。我国金属矿山多位于山地丘陵地带,含表土较少,又难以采集到覆盖土壤,但可以充分利用岩石中的肥效,平整后直接种植抗逆性强的、速生的林草种类,并在种植初期加强管理,一般可达到理想的效果。

③ 表土覆盖较厚的矿区排土场的生态恢复

直接取土覆盖排土场,用于农林种植。表土覆盖的厚度视重建目标而定,用于农业时一般覆土 0.5 m 以上,用于林业时覆土 0.3 m 以上,用于牧业时覆土 0.2 m 以上。平台可以种植林草,也可以在加强培肥的前提下种植农作物,边坡进行林草护坡。

尾矿场的生态恢复一般是在干涸的尾砂层上直接种植或覆土后,划块成田,种植作物或种草植树,覆盖尾矿场的表面防止尾矿场的浮尘污染。露天矿尾矿场的生态重建包括尾矿场立地条件的分析、尾矿场土壤的改良或覆盖、植物种的筛选与种植模式的选择。

矸石场生态恢复的主要途径是植树种草,以绿化为重建方向,极少情况下用于农业,这是因为矸石的保水、保肥性能差。用于农业生产时,首先要对酸性的矸石山进行中和处理,再全场覆土 50 cm 以上。作物品种选择的原则是,种高秆植物不如种矮秆作物,种蔬菜不如种豆类。总之,矸石场上发展作物,其根本目的是改善矿区的环境,辅之以经济效益。

### 5.5.3　矿区景观重建评价设计

(1)煤矿区总体规划环境影响评价

为规范、指导和推动煤矿总体规划的环境影响评价工作,降低全国范围内煤炭生产投资过热、无序建设的现状,保护生态安全,特别是生态环境脆弱地区的生态安全格局,环境保护部于 2009 年 7 月 1 日颁布实施了国家环境保护标准《规划环境影响评价技术导则 煤炭工业矿区总体规划(HJ 463—2009)》,对煤炭矿区总体规划环境影响评价的原则、预测评价基本内容和方法、资源与承载力分析、对策和措施等制定了详细的标准,对沉陷(挖损)土地复垦率、复垦重新利用率、排矸(土)场生态恢复率、恢复后植被覆盖率等生态保护和恢复指标制定了量化评价的要求。以淮北矿区为例,总体规划环境影响评价的类型、影响内容及保护措施见表 5-5。

煤炭矿区总体规划环境影响评价,对煤矿开采引起的各类环境影响和生态破坏进行总体分析、评价和预测,有针对性地制定降低环境影响的保护措施。其对于煤矿废弃地复垦利用和景观重建具有重要意义。首先,闭矿后落实过环评的废弃土地是经过较高程度的保护和生态补偿的土地,具备再利用的基础;其次,煤矿区进行景观重建时,依据矿区规划环评,可以了解场地曾经实施过的环保措施和开采影响程度,分析论证场地条件利用的可行性,恢复的方向性[49]。

**表 5-5　矿区总体规划环境影响评价的类型、影响内容及保护措施**

**Table 5-5　Types, contents and protective measures of environmental impact assessment for overall planning of mining area**

| 影响类型 | 影响内容 | 减缓影响和环境保护措施 |
|---|---|---|
| 大气环境 | 粉尘、$SO_2$ 排放 | 废气达标排放,其中 $SO_2$ 高聚集浓度区域远离行政区及生活区,造成的影响不大。种植防护性灌木、地被,进行裸土覆盖,减少起尘 |
| 水环境 | 污水排放,沉陷区周边浅层水位下降 | 建设生活污水处理厂及矿井水处理站,进行深度处理,达标后作为中水循环利用 |
| 噪声 | 场地生产机械噪声,道路运输车辆噪声 | 选取低噪设备、设备减震、隔声、消声、吸声等措施降低机械噪声。矿区开发范围内居民已全部搬迁,生活影响不大 |
| 固体废物 | 矸石、灰渣、生活垃圾 | 集中收集、无害化处理填埋与循环利用相结合。煤矸石用于发电,废灰渣填埋或铺路,生活垃圾处理填埋,新增一处垃圾填埋场 |
| 地貌和生态环境 | 裸露地表、土地压占、耕地破坏、塌陷地貌、沉陷积水、水土流失等 | 对受采煤影响的区域进行生态综合治理措施,进行生态恢复,优化区域生态环境。沉陷水域面积的扩大有助于提高水生动植物种类和数量,提高生物多样性,完善水生生态系统 |

（2）煤矿区开发环境影响后评价

环境影响后评价是环境影响评价的一个新兴领域,是在矿区开发建设实施以后,依据项目开发建设的实际情况和环评情况,评价矿区开发的实际环境影响,验证以往环评预测结果的准确性、环境补偿措施的有效性,吸取经验,并提出进一步调整修正的建议,指导后续的采矿活动和环境保护行为。

以内蒙古伊敏露天矿为例,煤炭开采对矿区及周边草甸、草原等生态环境产生了重大的影响,对其进行环境影响后评价对于矿区生态恢复与景观重建具有重要意义。评价指标体系包括环境质量影响、生态环境影响、社会经济影响、环境风险影响、有效性评价、验证性评价、环境管理和监测、社会调查和评价 8 个方面。伊敏露天矿环境综合发展趋势见表 5-6。

**表 5-6　伊敏露天矿环境综合发展趋势**

**Table 5-6　Comprehensive development trend of Yimin open-pit mine environment**

| 建设活动 | 自然资源 | | | | 生态环境 | | | | 社会环境 | | | |
|---|---|---|---|---|---|---|---|---|---|---|---|---|
| | 地表水环境 | 地下水环境 | 空气环境 | 噪声环境 | 生物多样性 | 草原植被 | 土壤与侵蚀 | 景观 | 经济发展 | 交通运输 | 就业安置 | 生活水平 |
| 矿区开采 | −1 | −3 | −2 | −2 | −3 | −3 | −1 | −2 | +3 | +3 | +3 | +3 |
| 废水排放 | −1 | −1 | — | — | −1 | −1 | — | — | — | — | — | — |
| 废气排放 | −1 | — | −2 | — | — | −1 | — | −1 | — | — | — | — |
| 固废排放 | — | −1 | — | −2 | −2 | −2 | −1 | — | — | — | — | — |
| 噪声排放 | — | — | — | −2 | — | — | — | — | — | — | — | — |
| 煤炭运输 | −1 | — | −3 | −2 | — | −1 | — | −1 | +2 | +2 | +3 | +1 |

注:"3"为重大影响;"2"为中等影响;"1"为轻微影响;"+"为有利影响;"−"为不利影响。

相比于其他类的环评,环境影响后评价是在项目开发建设以后实施的环境影响综合评价,分析评价的是矿区环境影响的实际发生情况,有助于适时地修正、补充环境保护和生态补偿措施,使闭矿后废弃的土地具有更好的复垦基础和条件,土地复垦再利用的针对性和依据性也更强。

（3）地质灾害危险性评估

煤矿开采引发的地质灾害主要包括地面塌陷、地裂缝、崩塌、滑坡、泥石流等与地质作用有关的灾害,根据我国《地质灾害防治条例（国务院令第 394 号）》的规定,在地质灾害易发区进行的工程建设应当在可行性研究阶段进行地质灾害危险性评估;在地质灾害易发区内编制城市总体规划、村庄和集镇规划时,应当对规划区进行地质灾害危险性评估[50]。

采煤受损土地经历过剧烈的干扰和挖掘,能够引起多种突发、渐发和潜在地质灾害,在矿区景观重建和再利用的过程中,必须对规划建设项目可能遭受或引发的地质灾害进行危险性评估,最大限度地降低建设工程的风险,为规划项目地质灾害的防治提供科学依据。评估的内容一般包括:对评估区内地质环境特征,地质灾害成因、规模、危险性进行评估;对规划建设可能引发、加剧的危害程度进行预测评估;分区确定危害类型和等级,做出规划建设适宜性评价;提出预防地质灾害的措施和建议。

（4）景观重建的可持续发展评价

矿区的景观重建,以矿区破坏、废弃的场地及设施为利用对象,使其重新获得使用,发挥其生态、美学、游憩等多种功能。废弃闲置的土地可以成为宝贵的土地资源;剧烈扰动的地貌、废弃的生产场地、设施可以成为新的景观资源;矿坑、崖壁具有观光、娱乐开发的潜力,塌陷积水坑可以发展为人工湿地;煤矸石等废料可以开发利用为场地的建设材料,废弃场地设施可以作为景观构筑物和基础设施加以利用。因此,矿区景观重建所创造的景观是一种可持续的景观。重新建设与利用符合当今社会可持续发展理念,是矿区实现可持续发展的重要方式之一。

矿区景观重建无论是场地的物理条件,还是生态系统、景观形态,都处于一个动态变化的过程之中,是不断进化的景观。因此,景观重建的设计理念和模式应当基于系统的、历史的、生物的观点来看待和评估景观的进化和改变,评估是否可以为社会发展带来福利和经济增长机会,资金投入能否持续维持景观的水平,景观的改变是否可以创造可持续发展的社区,是否可以带来环境保护和生态系统的稳定等。通过评估来最大化景观再生的有益影响。科学和理想的模式是,评估和解决策略在景观进化的过程中不断进行动态的调整,而不是一劳永逸的快速恢复。

矿区景观重建的可持续发展评价,是一个包含多项指标,以定性分析为主,结合定量分析的综合性目标评价体系,包括视觉景观、环境、生态、经济、社会等多个方面。对矿区景观重建进行多目标的综合评价,可以确保项目在景观、环境、生态、经济、社会等方面获得综合效益最大化。矿区景观重建可持续发展评价指标如表 5-7 所示。

### 5.5.4　矿区景观要素恢复利用

（1）矿区地貌景观重塑

地形地貌指的是场地的地表形态,是场地的骨架和空间景物的载体,具有塑造景观风貌、划分空间、引导和控制视线、创造小气候条件和组织排水等重要的功能,地形地貌塑造是景观设计的核心任务之一。地貌包含自然地貌和人工地貌两大类型,自然地貌指的是在自

**表 5-7　矿区景观重建可持续发展评价指标**

Table 5-7　Sustainable development evaluation index of landscape regeneration in mine area

| 评价指标 | 评价内容 | 指标性质 |
|---|---|---|
| 景观评价 | 美学特征、场地适应性、创新性、独特性、功效性、宜人性 | 定性 |
| 生态评价 | 服务功能、自我恢复与调节功能、生物多样性、先锋树种及其他植物的适宜性、场地废料的使用 | 定性＋定量 |
| 环境评价 | 地下水、地表水、空气、土壤环境质量的改善、污染的治理、健康风险的降低、地质灾害危险性的防治效果 | 定性＋定量 |
| 经济评价 | 土地获得的生产力、经济发展的机会、对旅游业的影响、预期的投资回报、建设及维护成本分析、废料利用节省的采购和运输成本 | 定量 |
| 社会效益评价 | 区域整体形象的改善、周边土地价值的提升、就业率和社会稳定性的提高、与城市发展和相关规划的协调 | 定性 |

然界中形成的山地、丘陵、平原、盆地、河谷等；人工地貌指人工塑造的山丘、坡地、台地、平地、水渠等，具有线性、简单、较少变化、人工痕迹重等不同于自然地形地貌的显著特征。随着人类社会的不断发展，采掘矿物、工农业生产、城市建设等活动使人类对地球表面的改变越发强烈，人工地貌所占的比重也越来越大。

煤炭在开采过程中，以直接挖损、地下采空、堆放等方式，在地表形成了露天矿坑、采煤塌陷地、排土场和煤矸石山等不同类型的损毁地貌，这些正、负地形构成了矿区废弃地的地表轮廓，属于破坏性人工地貌。在对煤矿废弃地进行生态修复及景观重建时，需要对被占用破坏的工业用地、弃渣堆体和矿坑的边坡、边脚进行地表整理和地貌塑造，结合表土层的覆盖处理，以达到地表稳定、满足植物生长和地表排水、造景等综合目标的要求。

（2）矿区景观资源整合

矿区废弃地的景观资源，既包括废弃地现存的场地要素，也包括为场地修复、景观提升、功能完善而引入的常规景观设计要素。两个体系的景观资源构成了矿区景观重建的物质基础，是场地综合效益实现的载体。矿山开采结束以后，剧烈干扰的土地、采掘遗迹、遗留的设施设备，甚至是固体废弃物料都可能以新的形式和功能进入到景观重建的体系中，成为独特的景观要素和资源。

矿山废弃地景观资源整合是指在对其进行生态恢复设计的基础上，用景观设计的途径通过对矿业元素的改造、重组，整合现有场地的矿业景观资源，再现矿业文化艺术价值，条件成熟可将其改造为极具观赏、文娱休闲、科普教育等价值的园林景观形式。

对于两个体系的景观资源，需要采取不同的设计原则和方法区别对待。现有的场地要素，应当在充分论证适宜性和技术可行性的基础上，最大化地保留和利用，把废弃地、废弃物看作景观的一部分，充分挖掘特有的属性和潜力，而不是大动干戈地加以改变；外部引入的景观设计要素则应当遵循最小化干预原则，充分尊重场地的特征和条件，不能简单地叠加在现有的场地要素上。

（3）矿山设施和场地材料的利用

矿山设施和场地废弃材料的使用是矿区景观重建的重要内容，不仅可以体现矿区的景观特征和历史文脉，还能够有效地降低运输和采购成本，也是生态设计理念的体现。矿区景观重建不可避免地要营造一些供人使用的活动场地、道路、景观小品、配套设施,在这个过程中,应当最大限度地利用场地的原有废料、设施,减少新建设材料的使用。

矿区景观重建的目标是恢复和创造场地的生态功能、艺术功能、休闲功能、教育功能等,对场地的现状条件无须进行过度的清理和整治,而遗弃场地、设施和弃渣废料恰好具有承载景观再生目标的特殊属性,经过恰当地设计和巧妙地利用,可以充分体现景观特色和场地文脉。这些遗弃设施和废弃材料包括:矿井和采矿设备、配电及给排水设施、运输道路及铁轨、生产办公建筑和作业场地、废岩废石(煤矸石)、剥离表土及弃土、塌陷地、矿坑等[51],根据不同的景观再生目标,矿山设施及材料的景观利用方式见表5-8。

**表 5-8 矿山设施及材料的景观利用方式**

**Table 5-8 Landscape utilization patterns of abandoned mine facilities and waste materials**

| 废弃类型 | 废弃设施及材料 | 景观利用方式 |
|---|---|---|
| 生产作业及管理设施 | 矿井及井下采矿设备 | 科普、展示、探秘 |
| | 地面生产作业场地 | 活动、集散、停车场地 |
| 采矿附属设施 | 办公及管理建筑 | 游客中心、博物馆等改造 |
| | 配电及给排水设施 | 纳入景观绿地配套设施系统 |
| | 运输道路及铁轨 | 游览、交通道路、景观构筑物 |
| 排放固体弃料 | 煤矸石、废石 | 煤矸石砖及砌块作为铺地材料,直接作为路基材料,对原有煤矸石山进行生态恢复、覆绿,建设景观绿地 |
| | 剥离表土及弃土 | 妥善存放的剥离表土作为场地的绿化表土、弃土用于地形塑造 |
| 遗留地貌形态 | 露天矿坑及边坡 | 采掘工业展示、攀岩娱乐 |
| | 塌陷地 | 人工湿地、人工湖、景观微地形 |

(4) 矿区工业场地的保留

矿区工业场地为矿山生产系统和辅助生产系统服务的地面建筑物、构筑物以及有关设施的场地,通常位于矿区的中心地带。对矿区工业场地景观重建可采取保留和功能更新的方式。

矿区工业场地主要包括办公、生活建筑(构筑)物及与工业生产相关的机械设备和仓储设施等,可根据其土地兼容性用途、历史背景、文化价值和潜在价值来进行评估保留,主要包括整体保留、部分保留和构件保留。整体保留是将包括工业建筑(构筑)物和设备设施及工厂的道路系统和功能分区,全部承袭下来;部分保留即留下废弃工业场地景观的片段,可将其建设成为公园的标志性景观;构件保留即保留一座建筑物、构筑物、设施结构或构造上的一部分,如墙、框架、矿车、轨道等构件。一些特殊的有视觉趣味的或有文化历史意义的建筑物或构筑物,如早期石砌房子或与采矿有关的井架之类,已被许多国家列为矿业遗产,应尽力保存其重要的历史印迹和文化特征。

矿区景观重建不仅要体现景观的视觉艺术价值,还应创造景观作为人的活动场所和使用环境的价值。在矿区景观重建过程中,应强调人的参与和多重体验的重要性,考虑其场所环境的使用性质。在矿区工业场地景观重建时,可利用原有工业设施,采矿工艺的设备,融体育活动、休闲游憩、科普教育、艺术创意于一体,对矿区工业场地废弃景观功能进行更新,营造丰富多彩的体验空间,如:可将建筑物、构筑物改造成游客中心、博物馆,具有特殊建筑风格的构筑物、矿业设施可保留原貌进行原真性展示等,既保留了矿业遗迹,又发展了新的功能,取得了良好的社会与经济效益。

### 5.5.5　矿区景观重建主要模式

（1）生态农业建设

生态农业景观重建的实质是在已破坏土地的重建利用过程中所发展的生态农业,其目标为建立一种多层次、多结构、多功能集约经营的综合农业生态系统。生态农业的重建不是简单地以耕种为其唯一用途的重建,而是对农、林、牧、渔、副、加工等多领域的联合重建。各领域相互促进,协调发展;是利用现有的复垦技术,按照景观生态学原理进行的组合与装配;利用生物共生关系,合理配置农业植物、动物以及微生物,进行的立体种植与养殖业的重建;也是依据能量多级利用与物质循环再生原理,循环利用生产中的农业废物,是农业有机废弃物资源化,增加产品输出;也是充分利用现代科学技术,注重合理规划,以实现经济-社会-生态效益的协调发展。

生态农业重建的主要模式为:生物立体共生的生态农业重建模式、物质循环利用的生态农业重建以及种-养-加工相结合的物质循环利用模式[52]。

①　生物立体共生的生态农业重建模式

生物立体共生的生态农业重建模式是根据各生物种群的生物学、生态学特征和生物之间的互利共生关系而合理组成的生态农业系统。该系统能使处于不同生态位的各生物种群在系统中各得其所,相得益彰,更加充分地利用太阳能、水分及矿物质等营养元素,建立一个空间上多层次、时间上多序列的产业结构,从而获取较高的经济和生态效益。根据生物的类型、生境差异和生物因子的数量等可将生物立体共生的生态农业重分为:立体种植模式、立体养殖模式和立体复合种养模式。

②　物质循环利用的生态农业重建模式

该模式是按照生态系统内部能量流动和物质循环而设计的一种良性循环的生态农业系统,在该系统中,一个生产环节的产出(诸如废弃物的排放)是另一个生产环节的投入,使得系统中的各种废弃物在生产过程中得到再次、多次和循环利用,从而获得更高的资源利用效率,并有效地防止废弃物对农业环境的污染。根据系统内部生产结构的物质循环方式,可将其划分为:种植业内物质循环利用模式、养殖业内物质循环利用模式和水陆互换的物质循环利用模式。

③　种-养-加工相结合的物质循环利用模式

与前两种模式相比,该模式主要特点是增加了加工业,并与种植业和养殖业密切结合。种植业和养殖业的产品经过加工环节,进一步提高了经济效益,而且加工过程中产生的各种废弃物,也在整个系统中得到进一步的循环利用,从而增加了系统组分结构的复杂性,保证了资源的充分利用。

（2）生态工业园区建设

生态工业园区是以矿业作为主导产业,依据循环经济理念、产业共生理念和清洁生产的要求设计而成的,通过物流或能流传递等方式,以矿山企业为核心延长其产业链,将不同的工厂或企业连接在一起,形成资源共享和互换副产品的产业代谢和共生耦合关系,是在矿产资源领域落实循环经济的一种新型的矿业发展模式[53]。

生态工业园区是采用区域整体发展的模式,通过园区集中的优势将大型优势企业和中小企业按照市场规律聚集在一起,采用高新技术设计模拟生态系统"食物链(网)"模式的产业链,带动园区内各个产业的发展。生态工业园区是基于绿色矿山与和谐矿区的建设,并借鉴生态学上的生态规律来进行建设和发展的。产业集群的模式为企业,特别是为中小企业提供了一种全新的组织模式,通过降低交易成本,增强创新能力,共享公共设备,实现在发展中增加收益,不断提高集群企业乃至整个区域的竞争力。

(3)生态景观矿山公园建设

矿山公园指以展示矿业遗迹景观为主体,体现矿业发展历史内涵,具备研究价值和教育功能,可供人们游览观赏、科学考察的特定的空间地域。矿山公园的建设应以科学发展观为指导,融自然景观与人文景观于一体,采用环境更新、生态恢复和文化重现等手段,达到生态效益、经济效益和社会效益有机统一[85]。

我国矿山公园申请条件必须满足3个条件:必须具有典型、稀有和内容丰富的矿业遗迹;以矿业遗迹为主体景观,充分融合自然与人文景观;通过土地复垦等方式恢复的废弃矿山或生产矿山的部分废弃矿段。矿山公园的景观资源建设一般主要用于矿山保护或开发建设。按照规划对象,矿山公园景观规划一般可划分为矿业遗迹规划、自然资源景观规划以及人文资源景观规划3方面。

① 矿业遗迹规划

矿业遗迹规划具体包括整体保护、分级保护、多维度开发3方面。

规划需要从全局入手,在矿业遗迹范围外设置一定的绿化缓冲区,确保珍惜资源不受外界因素干扰,保持文化遗产的整体生命力。同时作为一种障景,避免人工矿业开采等痕迹过早暴露在公园外围观景区域,加强核心矿业遗迹景区的视觉震撼力。在绿化缓冲区内可以适当营造特色景观,作为矿业遗迹游览的序景,烘托主题景观。矿业遗迹整体保护的措施还包括对矿业遗迹的整体结构布局进行保护,维持遗迹间的相互联系,尊重历史风貌和构造特点。

规划时需分级划定矿业遗迹保护区范围,限定建设内容和保护形态。保护等级高、数量稀少的矿业遗迹仅提供低强度的观赏活动,严格限制人为工程建设,必要的人工设施的建设必须接受可行性评估,在不破坏景观资源和环境质量的前提下,经科学设计后方可实施。这些设施的风格也应以自然简朴为主,防止因过于突兀而影响景观视觉效果。对于类型相同、数量较多的矿业遗迹,尽可能选择位于基础设施较好地带的群体进行集中保护或开发建设,实现资源的集约利用。对保护等级低的矿业遗迹,设计受限相对较小,可充分发挥创意,展露矿山公园独有的景观特色。

多维度开发可将矿业生产特点作为切入点,利用不同时空矿业文化资源,策划组织景点。矿业遗迹开发保护方法见表5-9。

② 自然资源景观规划

因矿山及其周边环境是一个完整的生态系统,采矿活动势必会影响到区域生态格局与各种生态过程的连续,如水流动的过程、物种迁徙的过程,因此,可采取人工措施保护稀有物种以及生境条件较为薄弱的地区,保护地形、植被与水系。在不影响保护的前提下,可适当开辟步行游赏道路和相关设施,将该区作为研究生态系统的自然过程,各种生物的生态和生

**表 5-9 矿业遗迹开发保护方法**

Table 5-9 Exploitation and protection of mining relics

| 类别 | 内容 | 形态 | 保护与开发方法 |
|---|---|---|---|
| 矿产地址遗迹 | 找矿标志与指示矿物等 | 点状 | 实物展示、场景模拟、文字说明、图片展示 |
| | 典型矿床地质剖面等 | 线状 | 实物展示、场景模拟、文字说明、图片展示 |
| | 矿山动力地址现象等 | 面状 | 实物展示、场景模拟、文字说明、图片展示 |
| 矿业生产遗迹 | 采场、废石场、采冶加工厂等 | 面状 | 实物展示、工艺流程操作体验、文字说明、图片展示 |
| | 生产工具、辅助设备等 | 点状 | 实物展示、图片展示、文字说明、操作体验 |
| | 交通运输 | 线状 | 运输现场实物展示、特有交通工具乘坐体验、文字说明、图片展示 |
| 矿业制品遗存 | 珍贵矿产制品等 | 点状 | 实物展示、图片展示、文字说明 |
| 社会生活遗迹 | 矿业开发中的社会生活、信仰活动场所、社会管理相关的遗址或遗迹 | 点状 | 实物展示、场景模拟、文字说明、专题会展、媒体著作 |
| | 社会风俗 | — | 特色节事活动、主题园体验、街区实物展示、图片展示、文字说明、国际交流研讨、媒体著作介绍 |
| 矿业开发文献史籍 | 矿山相关历史文献资料 | 点状 | 实物、图片展示，文字说明 |

物学特性的重要科研、教育基地，与旅游等活动有机结合。

自然保护区外围，特别是与建设用地连接区域应规划生态缓冲区，以防止外来干扰对自然保护区产生冲击。该区域植被群落包括原生性生态系统植物和矿山植物演替植物，规划可利用人工林、农业生产用地和水域等半开发用地形式形成整体生态缓冲区，控制建筑规模与强度，补植应注意适地适树，利用该区域较高的生态边缘效应丰富矿山生态系统类型，维护生物多样性。

位于其他位置的、资源较为一般的自然景观区域可进行适度的开发建设。以自然景观为主，保护古树名木和现有大树，通过规划统筹安排地形利用，工程补救，生态恢复，促进环境的自然演替。

③ 人文资源景观规划

人文资源指矿山及周围环境中除矿业遗迹之外的历史文化景观，也包括集落型和基元型两种类型。前者以历史村落、城镇景观为主，后者则以单体居民建筑、设施、雕塑小品居多。规划应对有价值的人文历史遗迹及周围环境进行整体保护、分级开发，通过文化重建，营造场所精神，强化游客对矿山文化的认同。

具体规划设计时可以地域文化和历史演变为切入点，组织利用不同时空的人文资源，设置景点，依托物质载体展现人文景观。节庆活动、民俗风情、历史传说等非物质文化资源则可创建载体，通过设置雕塑、解说展板、开展节庆或民俗活动等方式重现场景，传播文化，使游客全方位感受到矿山公园浓郁的地域风情。

（4）矿区次生湿地构建

在我国东部平原地区，地下采矿造成地表沉陷，使地下水冒出或收集、截留、储存了雨季的降水及区域内工业废水、生活废水等，形成大面积的季节性或常年积水的采矿塌陷区。这在客观上已经改变了原地域的生态环境,使单一的陆生生态系统演替为"水-陆复合型"次生湿地生态系统。鉴于湿地所具有的重要的生态意义,需要对采煤塌陷区形成的次生湿地景观进行重建与维护,以提升生态环境质量,促进生态系统进化。一般情况下,在靠近耕地的小面积零星积水区域,应用一般的复垦方法复垦为耕地,与周围耕地形成大面积连片耕地;在远离耕地的小面积零星积水区域,可复垦为养殖水塘、小型湿地;在污染风险较高、塌陷积水面积较大区域,实施扩湖工程构建湿地水域景观。如徐州市具有代表性的三个采煤塌陷湿地:城区型的采煤塌陷湿地(卧牛采煤塌陷湿地)、近郊型的采煤塌陷湿地(九里湖)和远郊型的采煤塌陷湿地(潘安湖),卧牛采煤塌陷湿地大部分被填充为建设用地,仅有少部分用作渔业养殖,规模较小;九里湖采煤塌陷湿地经治理修复成为九里湖湿地公园;潘安湖采煤塌陷湿地经生态恢复成为国家生态旅游示范区。矿区积水次生湿地构建流程如图5-12所示。

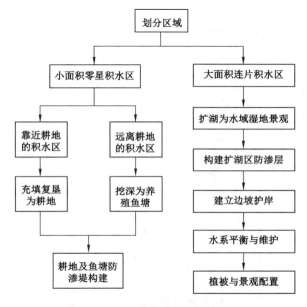

图 5-12　矿区积水次生湿地构建流程

Fig. 5-12　Construction process of secondary wetland landscape of mine water

根据次生湿地本底条件,各阶段采煤塌陷湿地空间演变过程、塌陷积水深度以及生态功能不同,可建设为不同的景观类型,包括环保型、观赏型、养殖型和复合型等,明确采煤塌陷湿地空间优化目标和优化路径。

① 环保型湿地

该类湿地的主导功能是净化水质和土壤,主要针对受城市工业和生活污、废水排放影响严重的地域,适宜在中度和轻度沉陷区(积水深度在 0.5 m 以上)建设。研究表明,积水深度 0.5 m 左右的水体,通过栽种挺水植物构建具有环保功效的"芦苇湿地",能够对工业和生活污、废水进行深度净化处理,利用植物的吸收、吸附作用去除或消减水中的重金属离子、有机污染物、细菌和病毒等;在积水深度 1.0 m 以上的水域可以引种一些沉水植物来净化水质[54]。环保型湿地不仅净化了环境,实现了污水、废水的再资源化,而且湿地水生植被能产生良好的经济效益,可以作为造纸、建材、药品、化工等多种产品的原材料。

② 观赏型湿地

这种湿地类型适宜在人类活动可达性较高、污染程度低、环境景观较好的轻度沉陷区（常年水深在 0.5 m 以下）建设。在生态安全框架下，通过地貌和水体形状的轻度改造，引种观赏价值较高的水生和近岸植被，在净化水质和土壤的基础上设计组装结构和功能完整的生态系统，引发微生物的萌生，吸引昆虫、水禽、两栖动物、小型哺乳动物的迁移和聚集，提升环境的生物多样性和空间趣味性，营造具有亲水、观赏、休憩等综合功能的开放空间。

③ 养殖型湿地

对于常年积水较深（3 m 以上）且周边环境缺乏地形梯度渐次变化的深度沉陷区，引种挺水植物、浮水植物和沉水植物难度较大，不适于建设环保型湿地和观赏型湿地，宜建设成以渔业养殖为主导功能的养殖型湿地。

④ 复合型湿地

在多数情况下，采矿沉陷区面积大，分布格局类型多样，地形、地貌和水文地质情况错综复杂。如果以整个沉陷区作为研究对象，次生湿地的维护模式大多表征为多种类型并存的复合型湿地。

高潜水位矿区地下水资源是水域景观重建的重要供水水源之一，是实现矿区塌陷积水再利用的基础。由于采矿作业产生的 S、C、Si、K、Mg 等大量有害物质，当与雨水接触时，这些有害物质易溶于水，再经过水流的渗透作用汇入地下水，污染地下水源。因此，污染水体综合治理是矿区水域景观重建的前提，如图 5-13 所示。首先根据高潜水位煤矿区积水湿地实际情况，分析可供水源、水源损失以及周边是否有河流或大型水库作为调节湿地水量的有益补充。其次，将湿地水体的自调节功能与湿地植被净化作用有效结合，对再生水进行深度处理，净化水质。最后，针对湖区淤积严重区域以及小面积零星水域进行开挖和扩湖工程建设、水系平衡维系、水体植被重构、驳岸工程建设、设立污染防渗堤，构建次生湿地水域景观。

图 5-13　矿区水体综合治理

Fig. 5-13　Comprehensive treatment of mining water body

---

**本章要点**
- 场地、工业场地、矿区场地概念释义
- 矿区压占、挖损、塌陷等不同类型场地处置技术
- 矿区植被破坏特点与不同场地植被恢复方案
- 矿区固废治理、水污染防治与资源化利用
- 矿区生态恢复规划与景观重建主要模式

# 参考文献

[1] 中华人民共和国环境保护部科技标准司. 污染场地土壤修复技术导则：HJ 25.4—2014[S]. 北京：中国环境科学出版社，2014.

[2] 全国国土资源标准化技术委员会. 土地利用现状分类：GB/T 21010—2017[S]. 北京：中国标准出版社，2017.

[3] 中国标准化研究院. 国民经济行业分类：GB/T 4754—2017[S]. 北京：中国标准出版社，2017.

[4] 国家经济贸易委员会，国家发展计划委员会，财政部，国家统计局. 中小企业标准暂行规定（国经贸中小企[2003]143 号）[S]，2003.

[5] 李海英，顾尚义，吴志强. 矿山废弃土地复垦技术研究进展[J]. 矿业工程，2007，5(2)：43-46.

[6] BRYAN A GARNER. Black's law dictionary[M]. 11th ed. Hillsdale：Thomson Reuters，2019.

[7] 周家云. 四川省矿山土地复垦评价及生态重建对策研究[D]. 成都：成都理工大学，2005.

[8] 魏忠义，王秋兵. 大型煤矸石山植被重建的土壤限制性因子分析[J]. 水土保持研究，2009，16(1)：179-182.

[9] 陈来红，马万里. 霍林河露天煤矿排土场植被恢复与重建技术探讨[J]. 中国水土保持科学，2011，9(4)：117-120.

[10] 董志明. 排土场的复垦作业与评价[J]. 煤炭技术，2007，26(7)：132-133.

[11] 孙泰森，白中科. 黄河中游地域露天煤矿排土场复垦方式特殊性的探讨[J]. 山西农业大学学报，2000，20(4)：383-385.

[12] 卞正富. 矿山生态学导论[M]. 北京：煤炭工业出版社，2015.

[13] 谢振华. 露天矿山边坡和排土场灾害预警及控制技术[M]. 北京：冶金工业出版社，2015.

[14] 刘抚英. 中国矿业城市工业废弃地协同再生对策研究[M]. 南京：东南大学出版社，2009.

[15] 杨丽娜，刘金辉，张峰. 煤矸石山的综合治理[C]//全国矿山测量新技术学术会议论文集. 兰州，2009：187-190.

[16] 李浩荣，赵荣，杨选民. 露天煤矿社会经济环境评价实例分析[J]. 煤矿环境保护，2000，14(5)：53-55.

[17] 付梅臣,王金满,王广军.土地整理与复垦[M].北京:地质出版社,2007.

[18] 胡振琪,魏忠义,秦萍.矿山复垦土壤重构的概念与方法[J].土壤,2005,37(1):8-12.

[19] 胡振琪,赵艳玲,姜晶,等.土地整理复垦项目验收方案研究[J].农业工程学报,2005,21(6):59-63.

[20] 沈渭寿,邹长新,燕守广.中国的矿山环境[M].北京:中国环境出版社,2013.

[21] 李凌宜,李卓,宁平,等.矿业废弃地生态植被恢复的研究[J].矿业快报,2006,22(8):25-28.

[22] 詹水芬,丛晓春.矿区防护林带动力效应的预测分析[J].煤炭学报,2008,33(9):997-1001.

[23] 查树华.对矿山大气污染物排放标准的探讨[J].金属矿山,2008(9):140-142.

[24] 黄柏.生产性粉尘防治措施浅析[J].化工安全与环境,2007(1):17-19.

[25] 杨胜强.矿井粉尘防治[M].徐州:中国矿业大学出版社,2015.

[26] 孙艳玲,刘烟台,王德江.煤矿采掘引起粉尘污染与防治[J].辽宁工程技术大学学报,2002,21(4):520-522.

[27] 范英宏,陆兆华,程建龙,等.中国煤矿区主要生态环境问题及生态重建技术[J].生态学报,2003,23(10):2144-2152.

[28] 韦冠俊.矿山环境保护[M].北京:冶金工业出版社,1990.

[29] 邓寅生,邢学玲,徐奉章,等.煤炭固体废物利用与处置[M].北京:中国环境科学出版社,2008.

[30] 刘鹏,焦红光.选煤厂煤泥粒度特性的研究[J].河南理工大学学报(自然科学版),2008,27(5):582-585.

[31] 边炳鑫,李哲.粉煤灰分选与利用技术[M].徐州:中国矿业大学出版社,2005.

[32] 洪池,覃卫星,吕春元.推行生活垃圾分类收集的难点及其对策探讨[J].广东科技,2018,27(6):54-56.

[33] 武强.我国矿井水防控与资源化利用的研究进展、问题和展望[J].煤炭学报,2014,39(5):795-805.

[34] 郭中权,王守龙,朱留生.煤矿矿井水处理利用实用技术[J].煤炭科学技术,2008,36(7):3-5.

[35] 陈雪枫,吴影.我国选煤技术的发展趋势[J].煤炭加工与综合利用,2000(5):1-4.

[36] 王学仕,张继梅.A~2/O法在矿区生活污水处理回用中的应用[J].中国煤炭,2013,39(9):112-114.

[37] 王慧卿.煤矿环境污染分析及对策探讨[J].能源与节能,2014(7):99-100.

[38] 邵剑,曹首英.煤矿矿区环境污染现状及控制对策[J].工业安全与环保,2002,28(10):26-28.

[39] 胡振琪,卞正富,成枢.土地复垦与生态重建[M].徐州:中国矿业大学出版社,2008.

[40] 冯朝朝,韩志婷,张志义,等.矿山水污染与酸性矿井水处理[J].煤炭技术,2010,29(5):12-14.

[41] 陈海峰.高氟矿井水处理的探讨[J].煤矿环境保护,1995,9(2):38-41.

[42] 何绪文,贾建丽.矿井水处理及资源化的理论与实践[M].北京:煤炭工业出版

社,2009.

[43] 邓立龙,焦华喆,侯保青,等.选煤厂煤泥水危害及处理工艺浅析[J].西部探矿工程,
2012,24(3):131-132.

[44] 孙丽梅.选煤厂煤泥水处理系统工艺流程的改造与优化[J].中国矿业,2011,20(11):
120-124.

[45] 贾锐鱼,李楠,所芳,等.我国煤矿区污水处理技术研究现状与发展[J].水处理技术,
2014,40(9):8-12.

[46] SOLLEY W B. Preliminary estimates of water use in the United States,1995[R].
U. S. Geological Survey,1997:1-6.

[47] 唐述虞.铁矿酸性排水的人工湿地处理[J].环境工程,1996,14(4):3-7.

[48] 王存存,陈东田,王永佼.矿区废弃地生态恢复和可持续发展研究[J].中国农学通报,
2007,23(7):502-505.

[49] 付国臣.矿区规划环评生态环境影响研究[D].呼和浩特:内蒙古大学,2013.

[50] 中华人民共和国国务院.地质灾害防治条例(国务院令第 394 号)[EB/OL].http://
www.gov.cn/gongbao/content/2004/content_63064.htm.

[51] 葛书红,王向荣.煤矿废弃地景观再生规划与设计策略探讨[J].北京林业大学学报(社
会科学版),2015,14(4):45-53.

[52] 张晋,孙鹏举,刘学录.刘家沟铜矿生态农业复垦模式研究[J].广东农业科学,2009,36
(3):143-145.

[53] 薛巧慧.生态矿业园区建设的法律制度研究[D].青岛:中国海洋大学,2014.

[54] 林振山,王国祥.矿区塌陷地改造与构造湿地建设:以徐州煤矿矿区塌陷地改造为例
[J].自然资源学报,2005,20(5):790-795.

# 6 案例研究:矿业生产与后工业时代煤炭开发

*内容提要*

选取典型露天矿、井工矿和露井联采矿作为研究案例,总结分析煤炭开采利用生产工艺与关键技术,明晰煤炭绿色开采技术体系的构成和矿区生态工业园建设方法路径。基于弹性理论,探讨后工业化时代煤炭资源采掘新理念、煤炭加工利用新技术以及矿山全系统智慧管理。

## 6.1 露天矿生产工艺与地貌重塑:安太堡煤矿

安太堡矿区位于山西省朔州市,地跨朔城区与平鲁区,年设计生产能力 1 500 万 t,年采剥总量 9 800 万 m³ 左右[1],是我国最早、最大、最现代化的中外合作经营企业。1985 年,矿区正式开始建设,1991 年由我国自主经营。经过多年良好发展,安太堡矿区积累了一套适用于我国煤矿的开采管理经验,被称为煤矿中的"黄埔军校"[2]。自 1987 年进行开采以来,矿方秉承"采、运、排、复一体化"的开采路径,累计复垦土地 20 km²,是我国复垦率最高的矿山之一,其复垦工艺值得学习和推广[3,4]。

### 6.1.1 开采概况

(1)地理位置

安太堡煤矿是平朔矿区三大露天煤矿之一,也是平朔矿区开发最早的大型露天煤矿[5],隶属于中煤平朔集团有限公司。矿区地处黄土高原晋陕蒙接壤的黑三角地带,行政区划上位于山西省北部朔州市境内[5],地理坐标为 E112°10′58″~113°30′,N39°07′~39°37′,矿区面积约 60 km²。

(2)开采概况

自 1985 年建矿以来,安太堡矿区采矿随时间发展如下:1985—1988 年开始在 1 号坑(首采区)建矿拉沟并投产;1988—1991 年在 1 号坑内正常推进;1991—1994 年由 1 号坑向 2 号坑(二采区)开采过渡;1994—1999 年在 2 号坑内正常推进;1999—2002 年由 2 号坑向 3 号坑(三采区)过度,2003—2010 年在 3 号坑进行采矿,2011 年采矿已进入后备区。

目前采矿作业位置是三采区,位于安太堡矿区已征地东北部分和扩界区的南部。其西边界与二坑采区(已形成内排土场)及西排土场相接,北边界是阳圈正断层,东边界是后备区,南边界与运煤基道和南寺沟排土场相接。采区地表扰动范围(此处地表指开采实际地形,包括开采一坑和二坑时形成的实际地形和原始地表)总面积约 34.20 km²[6]。

### 6.1.2 生产工艺

安太堡煤矿区开采的为古生态石炭纪煤层,煤层结构简单,共有 4 号、5 号、8 号、9 号、10 号和 11 号 6 个可采煤层,其中主采煤层为 4 号、9 号、11 号(各煤层可采煤层厚度见表6-1)。安太堡露天煤矿可采纯煤厚度见表 6-1。

表 6-1　安太堡露天煤矿可采煤层厚度　　　　　　　　　　单位:m

Table 6-1　Pure coal thickness which could be mined of An TaiBao open-pit coal mine

| 采区 | 4 号煤层 | 9 号煤层 | 11 号煤层 |
|------|---------|---------|----------|
| 一采区 | 6.54 | 10.88 | 4.23 |
| 二采区 | 8.79 | 13.47 | 3.40 |
| 三采区 | 8.06 | 12.26 | 4.63 |

(1) 剥采工艺

安太堡矿区剥离岩石采用单斗-卡车间断开采工艺,采煤采用单斗-卡车-地面半固定破碎站-带式输送机半连续开采工艺[7]。

岩石剥离采用 P&H2800、P&H4100 单斗挖掘机和 154~290 t 自卸卡车作业,采煤为 18 m³ 前装机和 25 m³ 单斗挖掘机采装,之后由 154~186 t 级卡车运输至坑口半固定式破碎站及端帮平巷,最后由胶带机运至选煤厂。岩层剥离台阶高度为 15 m,采煤分为 4 号煤、9 号煤、11 号煤 3 个台阶,台阶高度分别为 8~12 m、10~15 m 和 3~5 m,工作平盘宽 100 m,采掘带宽 40 m。输送煤炭时,采用优、劣煤分采分运的采运方式,在地面破碎站处进行配煤[6],安太堡煤矿剥采工艺流程示意如图 6-1 所示。在进行表土剥离时,要求对原植被生长所需水分、营养土层进行单独剥离(0~200 cm),底层土分黄土母质(不含料姜)、黄红土母质(含料姜)、红土母质分层剥离;煤矸石和一般岩石分层剥离。

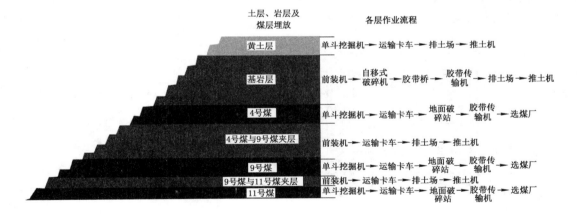

图 6-1　安太堡煤矿剥采工艺流程示意

Fig. 6-1　Flow chart of stripping process in An TaiBao open-pit coal mine

(2) 煤炭开采运输

2011 年以前,安太堡矿区原煤运输系统采用单斗-卡车运输工艺,扩建后,由于开拓降深的循序发展,卡车运距的逐渐增加,运输成本增加,影响了企业的经济效益,同时卡车数量的增多对环境污染加强。基于此,安太堡矿区与英国 Mining Machinery Developments(简称 MMD;网址 http://www.mmdsizers.com)公司合作,通过对煤炭资源的运输系统进行改造,开发研制了适合安太堡露天矿特点的新型破碎站——简约式破碎站,这种破碎站布设于采煤工作面端帮附近,避免了原煤运输时的必经之地——排土场,从而降低了对排土场复垦的不利影响。

破碎站由圆环链刮板给料机、MMD 筛分破碎机、电控及少量钢结构 4 大模块组成。大型自卸卡车 CAT789C(或 R190)直接向水平布置的圆环链刮板给料机的受料段卸载,水平段可设 1~2 个卸车位,物料经圆环链刮板给料机提升至一定高度后卸入 MMD 筛分破碎机。破碎后的物料通过导料溜槽进入带式输送机被运送至选煤厂[8],简约式破碎站布置如图 6-2 所示。

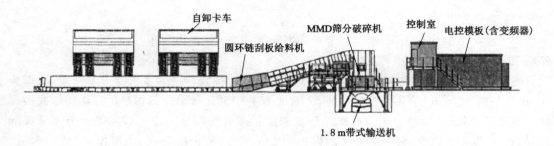

图 6-2　简约式破碎站布置图

Fig. 6-2　Layout of simple crushing station

（3）煤炭分选及加工

原煤经过破碎、主选、选矸和旁路系统加工,最后经配煤装车获得商品煤[9]。安太堡商品煤生产流程如图 6-3 所示。

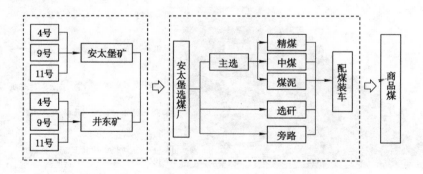

图 6-3　安太堡商品煤生产流程

Fig. 6-3　An TaiBao commercial coal production process

① 原煤

原煤按配煤师指定的煤比开采后,由卡车将原煤从坑下拉到坑口原煤卸载站,卸载站操作员按给定的煤比用指示灯指挥卡车卸煤,以控制原煤的硫分和灰分[10]。

② 原煤破碎和处理。

原煤卸到受煤仓上后,小于 900 mm × 900 mm 的煤透过受煤仓仓篦进入仓下,仓下的刮板给料机将煤给到一次破碎机破碎,破碎机将煤破碎到 254 mm 以下,之后通过溜槽将破碎后的煤送到转载胶带上,经除铁器除去煤中铁器,再将煤送到二次破碎机,将煤破碎到

150 mm 以下，最后送到另外一条转载胶带上，运到相应的煤堆储存，供主厂房分选。

③ 主选系统

主厂房由 4 个平行的主再选系统组成，每个系统处理能力为 750 t/h。年处理能力为 1 600 万 t。原煤经主选车间分选后可以生产出精煤、中煤、煤泥和矸石。精煤和中煤分别入精煤仓和洗混仓，煤泥经压滤车间处理全部回收后，掺到各种内销煤中运出[10]。

④ 选矸系统

选矸车间年处理能力 400 万 t，可以进行块排矸或全粒度排矸，排矸后产品为平混煤。分选煤与平混煤经过混配组成不同质量的洗混煤内销。

⑤ 产品仓和装车系统

装车时，产品仓下的给料机将煤卸到返煤胶带上，再转载到装车胶带，经 2 个缓冲仓和仓下的紧急闸门和升降溜槽，将煤装入车皮再由火车外运。此外，在装车前还要进行自动采样，以确认煤质。同时，装车量还要由轨道衡计量作为结算的依据[10]。

### 6.1.3 地貌重塑

地貌重塑指内力或外力对已经稳定成型的自然地貌进行破坏并塑造形成新形态的过程。安太堡露天煤矿区位于黄土区，针对黄土区露天煤矿的地貌重塑是一个完全由人工外力重塑地貌的过程。具体指在露天采矿中经过剥采、排弃、复垦等一系列流程后，地貌发生彻底改变，即由沟壑纵横的原始地貌转变为人工重塑的挖损和堆垫地貌的过程。具体来讲，就是针对我国黄土高原梁峁沟壑发育强烈等地貌特点，利用采矿大型设备的便利条件，依托采矿设计、岩土比例、剥采比等重要指标进行表层岩土剥离和采矿，选择合适的排弃场所将岩性不同的剥离物有序排弃，并对排弃到位的排土场进行整形和植被重建，使其恢复到可利用状态这一过程的总称[11,12]。

（1）土壤重构

① 黄土母质直接覆土

安太堡矿区表层土壤长期受水蚀、风蚀等影响，肥力瘠薄，黄土母质中有害元素含量不超标[13]。与表土相比，矿区下层黄土类母质不含有毒物质，营养元素含量没有太大差别，甚至磷、钾、铁、锰、铜等营养元素含量略高于表土，可直接利用。同时，由于表土剥离、存放保护的费用较为昂贵，没有必要进行表土的单独剥离，黄土母质底土、表土的混合物可直接覆盖到矿区地表，且黄土母质在风积过程中存在一个风化成壤过程，只要风调雨顺，就可草茂粮丰，故可通过合理培肥，使得土壤肥力在短期内接近原地貌的土壤肥力。此外，在进行表土压实时，由于重型卡车和推土机进行压实时，会造成土壤容重过大，因此，在进行地表覆土时，可以将黄土堆成蜂窝状之后，采用小型机械平整与人工平整相结合。安太堡露天矿不同土层化学元素对比表见表 6-2。

**表 6-2 安太堡露天矿不同土层化学元素对比表**　　　　　单位：mg/kg

**Table 6-2 Comparison of chemical elements in topsoil and loess of An TaiBao open-pit coal mine**

| 土层 | Fe | Mn | Mo | Cu | Zn | 有机质 | N | P | K |
|------|------|------|-------|-------|-------|--------|------|------|------|
| 表土 | 15.90 | 0.30 | 13.80 | 19.28 | 55.92 | 7.60 | 1.10 | 0.40 | 5.80 |
| 黄土母质 | 21.70 | 0.50 | 5.90 | 20.52 | 35.86 | 3.60 | 0.40 | 0.50 | 7.10 |

② 堆状地面排土工艺

由于大型露天矿排土场土地复垦经过重型卡车碾压后,土层被严重压实(土壤容重将会增加至 1.8 g/cm³ 以上),非均匀沉降产生沉陷裂缝。由于压实会造成植物扎根困难、地表径流增大,同时,由于沉陷裂缝的存在,土壤保水困难,且水流直接进入排土场深部后极易诱发崩塌、滑坡和泥石流等地质灾害,因此,解决这类问题的最好措施是在排土末期采用堆状地面排土工艺[14]。

堆状地面排土工艺是针对安太堡露天煤矿排土场土地复垦具体情况而得出的一项具有创新性的排土场侵蚀控制和土壤重构技术[15]。该项工艺技术具体流程为:在顶层平台上将覆盖土壤按照一定排土方式疏松堆积而不碾压,利用松散黄土吸纳大量雨水,从而最大限度地增加水分入渗,将其储存于土体中,并借助堆与堆之间形成的众多凹坑来分散暴雨径流,从而保证在暴雨条件下不会形成大量集中的径流,防止大面积水流汇集和钻缝,同时,也为快速恢复植被创造条件。此外,堆状地面还可提供填缝填穴土源,在一定程度上自动弥补沉陷裂缝及陷穴的作用。堆状地面排土工艺及特征、功能见表 6-3。

表 6-3　堆状地面排土工艺及特征、功能

Table 6-3　The function and characteristics of drainage rock technology of loose-heaped-ground

| 堆状地面排土工艺及特征与功能 | 排土工艺 | 大型运输车在平台上排土后,不推平,不碾压,人工轻度推点堆顶尖,使覆土层呈蜂窝状起伏,表面凹凸不平 |
|---|---|---|
| | 堆状特征 | ① 面积:约 50 m²,高度 1.5～2.5 m,体积 100 m³ 左右<br>② 容重:0～30 cm　　0.94～1.03 g/cm³<br>　　　　　30～80 cm　　1.10～1.16 g/cm³<br>　　　　　80～250 cm　 1.27～1.35 g/cm³ |
| | 堆状功能 | ① 填补裂缝:虚土在一定程度上可在沉降时自动填补裂缝、陷坑,增加排土场稳定性和安全性<br>② 控制回流:可将积水面积控制在 100 m² 之内,不会形成大面积汇水,可容纳百年一遇大暴雨<br>③ 强化入渗:通体输送,入渗性好,稍加整理,即刻种植。在 1.03 mm/min 的降雨强度和 50 min 降雨历时下,水分入渗率可高达 96%,比未种植高 28%,比压实的高 76% |

经实践调查,采用堆状排土工艺后,安太堡矿区重型卡车碾压过的排土场土壤容重降低至 1.2 g/cm³,水分入渗率由 20% 增至 68%,土壤保水能力大大提高[16]。

(2) 边坡防护

安太堡排土场边坡采用"上、中、下"的防护措施体系,以降低边坡土壤的侵蚀作用。边坡防护措施示意如图 6-4 所示。

① 边坡"上"

边坡上级平台边缘修筑挡水墙,拦截上级平台径流,从而防止边坡水土流失,避免地质灾害的发生。

② 边坡"中"

为减少水土流失不在边坡上覆厚黄土,采用土石混堆或覆薄土后立即种植的方法。由于边坡岩质表面种植植被有一定困难,因此种植前先在边坡上挖坑,让岩石进行自然风化,

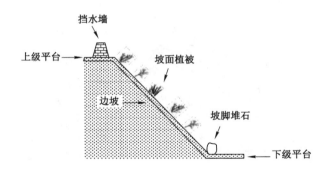

图 6-4　边坡防护措施示意

Fig. 6-4　Measures of slope protection

然后再进行植被种植,同时,植被的根系也可以进一步加速岩石的风化。

③ 边坡"下"

在边坡下级平台,即坡脚处堆放大石块,拦挡坡面泥沙,防止泥沙进入下级平台排水渠。

(3) 水土保持措施与排水系统

① 水土保持措施

安太堡露天矿为黄土地貌,针对时空变化的巨大松散堆积地貌,其水土保持措施应将暂时性水保措施、过渡性水保措施和永久性水保措施相结合。

暂时性水保措施:主要针对地形暂时成型,但将来可能又被后来的排弃物所掩埋而设计,可通过种植费用少、成本低、见效快的植被以实现暂时性水土保持。

过渡性水保措施:主要针对最终利用方向为优质农田,但目前地力十分贫瘠而且限制因子较多的区段而设计,可通过种植绿肥牧草、改良平台土壤,提高肥力后将其转为耕地。

永久性水保措施:主要针对地形成型不变的区段而设计,或当排土场稳定后,改建临时工程措施为永久性工程措施,可通过生物和工程措施相结合,要求永久、坚固。与原貌整治不同的是要求排土场实际规划治理面积远远大于排土场最终形成的面积。

② 硬化与非硬化排水渠设置

根据安太堡矿区田间工程试验结果表明,排土场初期存在严重的非均匀性沉降,故短期内不适宜修筑硬化渠道。根据排土场在矿区布设位置、可造成的影响程度、松散体稳定程度,安太堡矿区排土场更适合设置永久性硬化骨干排水渠和临时性非硬化排水渠系[17]。

永久性硬化排水渠系主要利用硬化、碾压、稳定不变的路面和区段修筑浆砌渠、铁丝石筐,排泄大暴雨时的地表径流。临时性非硬化排水渠道主要利用已修复的非刚性材料修筑土渠、石砾沟、宽浅干砌渠、土袋等,排泄大暴雨时局部的地面径流。临时性非硬化排水渠道排出的径流水会导入永久性硬化排水渠道中。

③ 排水系统构建

安太堡露天矿排土场分别对排土场内以及排土场连接道路进行排水系统布设。作为土地复垦技术体系的重要组成,排水系统能够有效减少水土流失,防止地质灾害发生,保护生态环境[18]。安太堡矿区排土场排水渠布设如图 6-5 所示。

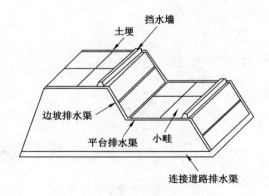

图 6-5　安太堡矿区排土场排水渠布设

Fig. 6-5　Layout of dump waterway of An TaiBao open-pit coal mine

a. 排土场内排水系统

排土场内排水系统包括平台排水系统和边坡排水系统。排土场平台采用反坡修筑方式,内侧布设排水渠,外侧修建挡水墙,并在平台内利用土埂将平台分成网格状。由于黄土地区降雨量较少且集中,采用这种方法在降雨量较小时土埂截留径流,从而起到排土场的保水作用。而当降雨量超过小畦蓄水能力时,多余的径流就会漫过土梗流入排土场的排水系统,不会引起水土流失。当边坡坡长超过时,边坡上每修筑一条截水沟便能连接边坡两侧的排水渠,从而将边坡上的径流引走汇入排土场排水系统[19]。

b. 排土场连接道路排水

与排土场相连的道路由于严重压实路面造成入渗率很低,容易造成水分聚集,诱发地质灾害。因此在连接排土场道路靠近坡脚的地方布设粂(zhǒng)砌石永久性排水渠系,并在道路的不同地段修建蓄水池、水窖等,对水资源进行储蓄利用[19]。

### 6.1.4　植被重建

矿区生态重建是指对采矿引发的结构缺损、功能失调的极度退化的生态系统,借助人工支持和诱导,对其组成、结构和功能进行超前性的规划、设计和调控,同时对逐渐逼近的最终目标这一逆向演替过程中可能出现的各种问题,进行跟踪评估并匹配相应的技术经济措施,最终重建一个符合代际(间)需求和价值取向的可持续的生态系统。

安太堡露天煤矿生态重建的核心是植被重建[20]。进行植被重建的主要目的是控制矿区水土流失,对土壤进行快速熟化,稳定土层结构,尽快形成矿区可以进行自我调节的健康生态系统。

（1）植被筛选

安太堡矿区位于温带半干旱大陆性季风气候区,气候条件恶劣,土壤贫瘠。因此,矿区排土场在进行植被选择时,宜选择耐寒性强、耗水量小、水保效益好、中等生长高度的物种。经过多年实践筛选,最终筛选出适宜的复垦物种,其中包括先锋植物 18 种,具体为草本 6 种,灌木 4 种,乔木 6 种以及药材 2 个品种[19],安太堡露天矿区优势复垦植被见表 6-4。

**表 6-4 安太堡露天矿区优势复垦植被**

**Table 6-4 Introduction of reclamation pioneer plant of An TaiBao open-pit coal mine**

| | 名称(学名) | 科名 | 特性 | 用途 | 种植效果 | 图示 |
|---|---|---|---|---|---|---|
| 草本 | 沙打旺 (Leguminosae) | 豆科 | 侧根发达、抗寒、抗旱、抗风沙、耐瘠薄,具有改良土壤功能 | 饲料、绿肥、优良牧草 | 优 | |
| | 黄花草木樨 [Melilotus officinalis (L.) Lam.] | 蝶形花科 | 抗碱性、抗寒性,具有水土保持功能 | 牧草、绿肥、饲料、制药、蜜源植物 | 优 | |
| | 白花草木樨 (Melilotus albus Medic. ex Desr) | 豆科 | 抗旱耐旱、耐盐碱、耐瘠薄,适合湿润半干旱地区,不适于酸性土壤 | 优质饲料、绿肥、制药 | 优 | |
| | 无芒雀麦 (Bromus inermis Leyss) | 禾本科 | 喜光、耐干旱、耐瘠薄、耐寒、耐放牧,适应性强,根系发达 | 优质牧草 | 优 | |
| | 紫花苜蓿 (Medicago sativa.) | 豆科 | 适于半干旱气候,适应于碱性土壤,侧根发达 | 饲料、牧草、绿肥 | 良 | |
| | 红豆草 (Onobrychis viciaefolia Scop) | 豆科 | 耐干旱、耐寒,适应力强,根系发达 | 饲料、绿肥、蜜源植物 | 良 | |
| 灌木 | 沙棘 (Hippophae rhamnoides Linn.) | 胡颓子科 | 宜干旱、耐盐碱、耐风沙、耐瘠薄,根系发达,具有水土保持作用 | 制药、制果酱、制果汁、保健品 | 优 | |
| | 沙枣 (Elaeagnus angustifolia Linn.) | 胡颓子科 | 抗旱、抗风沙、耐盐碱、耐贫瘠,生命力强,具有防风固沙功能 | 蜜源植物、优质饲料、酿酒、酿醋、制作果酱、制药 | 优 | |
| | 柠条锦鸡儿 (Caragana korshinskii Kom.) | 豆科 | 喜光、深根、耐寒、耐贫瘠,抗逆性强,适应力强,具有防风固沙、保持水土的功能 | 饲料、牧草 | 良 | |
| | 枸杞 (Lycium barbarum) | 茄科 | 喜光、喜冷凉、耐旱、耐盐碱、扎根深。具有水土保持功能 | 制药、保健品、盆景观赏 | 中 | |

表 6-4(续)

| | 名称(学名) | 科名 | 特性 | 用途 | 种植效果 | 图示 |
|---|---|---|---|---|---|---|
| 乔木 | 新疆杨<br>(*Populus alba var.*<br>*pyramidalis Bunge*) | 杨柳科 | 喜光、干旱瘠薄、耐盐碱,扎根较深,生长快,具有较强的抗毒性气体能力和抗风能力 | 巷道树 | 优 | |
| | 小黑杨<br>(*Populus X*) | 杨柳科 | 喜光、喜冷湿气候,生长快,适应能力很强,抗寒、抗旱、耐瘠薄、耐盐碱 | 绿化造林树种、造纸、建筑原料 | 良 | |
| | 刺槐<br>(*Robinia*<br>*pseudoacacia L.*) | 豆科 | 喜光、抗旱、抗烟尘、耐盐碱,适应性强,根系发达,可吸收 $SO_2$ | 净化空气、巷道绿化树种、荒山先锋树种 | 良 | |
| | 合作杨<br>(*Populusopera*) | 杨柳科 | 耐瘠薄、耐干旱、较耐严寒,适应性强 | 绿化树种 | 良 | |
| | 旱柳<br>(*Salix matsudana Koidz*) | 杨柳科 | 喜光、抗风、耐寒、耐旱、耐贫瘠,根系发达,生长快,易繁殖,适应能力较强,具有防风固沙作用 | 制药、蜜源树、巷道树、工业原料、建筑材料等 | 良 | |
| | 油松<br>(*Pinus tabuliformis*<br>*Carrière*) | 松科 | 喜光、喜干冷气候、抗瘠薄、抗风、耐寒,扎根深,具有杀菌作用 | 制药、巷道树、工业原料 | 中 | |
| 药材 | 板蓝根<br>(*Radix Isatidis*) | 十字花科 | 喜温暖、耐寒、怕涝、深根 | 清热解毒的中药材 | 良 | |
| | 黄芪(qí)<br>[*Astragalus*<br>*membranaceus*<br>(*Fisch.*) *Bunge.*] | 豆科 | 喜凉爽、深根,耐寒耐旱,强盐碱地不宜种植 | 补气固表、利水退肿的中药材 | 良 | |

## (2)植被配备模式

以安太堡露天排土场植被重建配置模式为例,其排土场不同部位(平台、边坡以及排土场周围地区)实施不同的植被配置模式[18],如图 6-6 所示。

平台配备模式:排土场平台最终复垦目标是高生产力的优质耕地,其复垦工作可分阶段进行。首先,由于排土场平台表土为黄土覆盖,有机质、营养元素缺乏,因此需要通过绿肥(豆科植物)进行土壤改良,提高土壤肥力;其次,绿肥退化后,改种灌草以进一步改善土壤营养水平;最后,在土壤各项指标达到优质耕地水平后进行耕种。除农作物外,平台上还可种

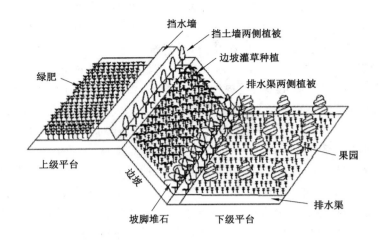

图 6-6 排土场植被配置模式

Fig. 6-6 Vegetation configuration mode of dump site

植经济作物、果树以及药材等。

边坡配备模式:由于边坡种植牧草发生滑坡的可能性比较大,因此在排土场边坡植被配置模式优选灌草立体种植结构,进行防风固沙。先锋植被的配置模式主要有:沙棘(柠条)＋豆科(禾本科)牧草,沙棘＋柠条＋苜蓿等。边坡上级平台挡水墙以及下级平台排水渠两侧可种植刺槐、杨树等乔木。

排土场周围:排土场周围应建立防护林,起到美化环境、防风固沙的作用。目前排土场周围较为成熟的人工植被配置模式有刺槐、油松、柠条混交林,刺槐、油松、混交林,刺槐、沙棘混交林等。

## 6.2 井工矿绿色开采技术:神东煤矿

神府东胜煤田(简称东胜煤田)位于晋、陕、蒙三省区交界处,北有毛乌素沙漠,南有黄土高原,生态环境极为敏感,是典型的生态脆弱区。地理坐标 E109°51′～110°46′,N38°52′～39°41′,矿区南北长 38～90 km,东西宽 35～55 km,总面积约 348 km²。矿区煤系地层包括神东侏罗系和石炭二叠系,其中,侏罗纪煤田总面积 31 172 km²,探明地质储量 2 236 亿 t,远景储量 10 000 亿 t,占我国总探明储量的 1/4,是我国现已探明储量最大的煤田,与美国 Appalachian coalfield(阿巴拉契煤田)、德国 Ruhr coalfield(鲁尔煤田)、波兰 Upper Silesia coalfield(西里西亚煤田)等并成为世界七大煤田[21]。

### 6.2.1 生产概况

神华集团核心煤炭生产企业——神华神东煤炭集团有限责任公司于 1985 年开始建设,地跨蒙、陕、晋三省区,拥有大柳塔矿、哈拉沟矿、石圪台矿、乌兰木伦矿等 16 个矿井,矿区整体产能达到 2 亿 t。1998 年开始,公司煤炭产量每年以千万吨速度递增,2005 年率先建成全国第一个亿吨煤炭生产基地,2011 年原煤和商品煤总量均突破 2 亿 t,成为中国首个 2 亿 t 商品煤生产基地[22]。

在煤炭开采方面,公司立足世界前沿水平,创新采煤技术,形成了千万吨矿井的核心技术体系,先后建成了全国第一个年产 1 000 万 t、1 200 万 t 和 1 400 万 t 综采队,第一个年产 1 500 万 t、2 000 万 t 和 2 500 万 t 的矿井;相继创新了第一个 300 m、360 m、400 m 加长工作面;首创了世界上第一个 5.5 m、6.3 m、7 m 大采高重型工作面和中厚偏薄煤层自动化工作面。创造中国企业新纪录 99 项,获得授权专利 206 项、省部级以上科技奖 39 项。

在积极提高采煤技术的同时,企业也十分重视矿区生态环境保护,经过不断探索及经验总结,已对矿区三大沙地和两大风口进行治理,减少了风沙对矿区的危害;同时通过植被种植对矿区内公路进行保护性治理,阻止了流沙入侵;在对纵贯矿区的一级支流——乌兰木伦河流域进行大面积绿化和固沙后,减少河流排沙量,改善水源质量。在污染治理方面,通过建设污水处理厂,对生产过程中的“三废”进行集中处理,降低污水对环境污染破坏。在土地复垦及生态恢复方面,通过种植农作物、经济作物等对采矿破坏地区进行治理,治理效果显著。此外,矿区内坚持对住宅区、工业厂区等进行高标准绿化,建成了上湾煤矿等 10 对花园式煤矿井,改善了采矿作业环境,极大提高了矿区居民生活及工作环境,成为矿区环境治理的典范[23,24]。

### 6.2.2　绿色开采技术体系

传统的先采后治或边采边治的开采模式易造成矿区内煤矸石堆积、水土流失、环境污染以及土地荒漠化程度加剧,最终使得矿区原本脆弱的生态环境面临崩溃的边缘。因此,探索新型的开采技术,提高开采的科技含量,从根源上降低对生态环境的破坏成为多数矿山企业生命得以延续的必然选择。神东矿区结合自身十分脆弱的生态环境,不断创新开采技术,经过多年实践研究,探索出了一条脆弱环境下大型煤炭基地绿色开采的新途径,形成了矿产资源开采前-中-后各阶段的绿色开采技术体系[25-27]。

(1)采前生态防护功能圈构建技术体系

① 生态功能圈构建目标

采前构建生态功能圈,以保护矿区开发建设与弱化开采对生态系统影响为目标,在开采前通过各种手段增强矿区生态环境的抗开采破坏能力,防治生态环境退化,从而健全并增强矿区生态系统的功能。

② 生态功能圈构建技术及功能

依据生态学基本原理,结合矿区自然条件及建设特点,采前生态功能圈的构建主要由外围防护圈、周边绿化圈以及中心美化圈构成,采前生态防护功能圈构建技术体系如图 6-7 所示。

外围防护圈主要以植物治理措施为主,机械为辅,将高大流动沙丘治理技术、半固定沙丘植被恢复技术和铁路公路沙害防治技术相结合,将矿区原本以乔木为主、乔灌结合的生态林结构调整为以草本为主、草灌结合的绿化防治结构,进一步加强对矿区风沙区的控制治理,是整个生态功能结构构建的基础。

周边绿化圈生态功能以构建水土保持整地技术、针灌混交造林技术、小流域综合治理技术为主,营造中心区周边山体水土保持常绿林,起到矿区生态功能整体构建的关键性生态防控作用。

中心美化圈生态功能构建以生态系统优化、人工调控导向技术、抗逆树种选择及抚育管理为重点,集水土保持技术、植被建设技术、园林建造技术、景观建造技术、市政建设技术为

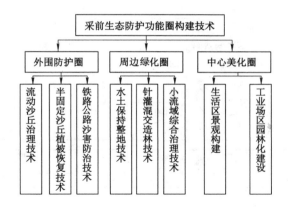

图 6-7　采前生态防护功能圈构建技术体系

Fig. 6-7　Technological system of ecological protection function ring before mining

一体，结合外围防护圈与周边绿化圈，共同形成 3 圈生态防护功能。

（2）采中清洁生产技术体系

采中清洁生产技术体系主要包括井下无岩巷布置与矸石利用技术、矿井水利用技术、粉尘综合防治技术及矿井回风井乏风热能利用技术。

① 无岩巷布置与矸石利用技术

神东矿区的井下无岩巷布置技术主要指"分层开拓、无盘区划分、全煤巷布置、立交巷道平交化"，通过在巷道内每隔 5 个联络巷设置 1 个排矸联络巷，用来排放采掘工作面产生的矸石，每隔排矸巷长约 20 m，可排放约 200 m³ 的矸石，从而实现从源头上降低煤矸石的产出量。同时，针对井下产出的煤矸石，利用其对废巷进行充填，在永久性煤柱内开掘井下贮矸硐室，以利用煤矸石置换等技术手段达到矸石不升井的目的。巷道立交、平交布置及井下矸石废巷道充填示意如图 6-8、图 6-9 所示。

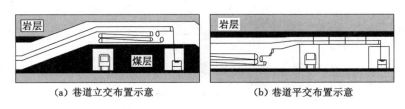

（a）巷道立交布置示意　　　　　（b）巷道平交布置示意

图 6-8　巷道立交、平交布置示意

Fig. 6-8　Sketch of parallel and interchange tunnel

② 矿井水利用技术

矿井水利用技术主要包括矿井水不外排及矿井水零升井两大技术措施。

a. 矿井水不外排

矿井水不外排主要指对矿区生产用水、生活污水经过地面污水处理站或深度处理厂处理后，再次用于矿井、地面生产、生活及生态建设等。形成合理的多层次、重复利用的水循环系统。水处理技术主要包括：

矿井水地面处理技术。在各矿井的矿井水处理站中，矿井废水经井下提升进入一级、二

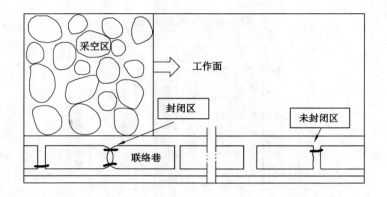

图 6-9　井下矸石废弃巷道充填示意

Fig. 6-9　Sketch of filling intention for waste roadway by underground gangue

级反应池,在反应池内经混凝沉淀后,溢流进入一次调节池,经一级提升后进入二次调节池,加入混凝剂,经气浮、净化后进入过滤器过滤,清水大部分回用于电厂、选煤厂、井下洒水及小区绿化等,剩余部分经过在线监测达标后,经出口排入乌兰木伦河作为景观用水。沉淀池泥经脱水后制成泥饼外运。矿井水处理工艺流程如图 6-10 所示。

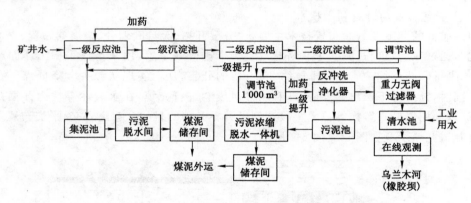

图 6-10　矿井水处理工艺流程

Fig. 6-10　Mine water treatment process

　　选煤厂闭路水循环技术。闭路水循环节水技术主要为解决选煤后大量煤泥水清理问题,通过将煤泥水全部集中到浓缩池进行澄清处理,其澄清水作为循环水,实现选煤系统的水量动态平衡,提高生产用水的重复利用率,降低清洁水的消耗。

　　管网灌溉技术。通过构建管网对地表进行灌溉,地表生态圈采用管网进行灌溉,以此解决干旱地区生态建设用水不足和矿井污水污染环境的难题。

　　b. 矿井水零升井

　　矿井水零升井指在矿井水不外排的基础上,利用矿井水采空区过滤与净化复用技术,对矿井水资源进行循环利用。利用井下采空区过滤、净化的机理,借助一定的安全防护工程,将井下生产的污水全部注入采空区,把采空区变为具有净化、蓄水功能的水库,再通过辅助设施引出水库中的清水,重新用于矿井的生产及生活。矿井水零升井技术改变了将矿井水从井下输送至地面专设的污水处理设施处进行净化然后再利用的传统方式,精简了排水系统,节约了污水处理费用。

③ 粉尘综合防治技术

粉尘综合防治技术具体包括井下粉尘防治和地面粉尘防治技术两大类。

a. 井下粉尘防治

通过对采掘设备安装内外喷雾系统、采掘工作面下风侧安设全断面防尘过滤网、在综采工作面外喷雾水箱中添加粉尘捕捉药剂、推广触点式降尘装置、安设粉尘自动监控系统、引进先进的 HBKO1/600 型干式除尘系统等技术,井下综采工作面下风侧全尘可降至 10.7 mg /m³,呼吸性粉尘可降至 3.1 g/m³,井下降尘效果明显。

b. 地面粉尘防治

煤炭从井下生产到地面分选装车采用全封闭运输方式,对装车碾压后的空间喷洒封尘剂,减少环境污染,降低煤炭损失。

④ 矿井回风井乏风热能利用技术

矿井回风具有回风稳定、风量大、温度相对稳定、热能蕴藏量较大的特点。采用回风低温热能回收支持技术,利用回风源热泵系统回收回风井中的低温热能,为冬季进风井的冷空气加热提供供热,同时可为地面办公室建筑供暖,减少了因采用煤锅炉供暖产生的温室气体,提高了矿区节能环保水平。回风源热泵工作原理如图 6-11 所示。

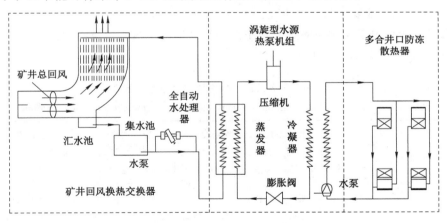

图 6-11　回风源热泵系统原理

Fig. 6-11　The principle of air source heat pump system

(3)采后生态系统修复与功能优化技术体系

采后生态系统修复与功能优化技术体系主要包括井工开采沉陷区生态修复及功能优化技术、露天采区土地复垦与生态重建技术。

① 井工开采沉陷区生态修复及功能优化技术

经研究发现采煤沉陷区对土壤水分、养分、植被均无明显影响,对生态环境未造成明显破坏。神东矿区植被生长主要依赖大气降水,因此,可通过沉陷区植被修复技术、沉陷区生态功能优化技术及微生物复垦关键技术对井工开采沉陷区进行生态修复。各技术具体实施见表 6-5 所示。

**表 6-5　井工开采沉陷区生态修复及功能优化技术**

**Table 6-5　Ecological restoration and function optimization technology in mining subsidence area**

| | | |
|---|---|---|
| 井工开采沉陷区生态修复及功能优化技术 | 沉陷区植被修复 | a. 封育修复技术。在原有植被较好的沉陷区采用封育修复技术,利用生态系统自我调节、自我修复能力使其自然恢复。b. 人工辅助修复技术。在植被较差的沉陷区采取补设沙障、补播草籽,以稳定沙面,保持植被覆盖率。在黄土硬梁区,以封育、自然恢复为主,结合种植苜蓿、沙打旺等。流动沙丘以人工治理为主,结合封育;半流动沙丘以封育为主,结合人工补种,促进油蒿群落的发育 |
| | 生态功能优化 | 因地制宜,通过乡土植物提高植被覆盖率,增强生物多样性,同时发展生态产业。建立沙柳沙棘林基地,发展沙柳造纸、建材产业和沙棘食品与保健品产业,发挥生态功能的同时,发挥生态经济功能(先后在大柳塔煤矿、上湾煤矿、补连塔煤矿开展了沉陷区生态修复试验,主要种植油松、樟子松、沙棘、沙枣、紫穗槐、文冠果、山杏、红枣和杨柴等各类乔灌木) |
| | 微生物复垦 | 菌根是神东矿区塌陷地复垦应用的主体微生物,菌根与矿区适合生长的植物紫穗槐、沙棘、文冠果、紫花苜蓿和野樱桃等均能形成较好的共生关系,侵染率达到 80% 以上。在矿区干旱、土壤贫瘠和矿区塌陷裂隙伤根等逆境中,菌根通过扩大根系吸收范围、活化土壤养分和修复根系功能等机制,从而显著改善植物的营养状况、改良土壤结构、提高植物的抗逆性(如抗寒、抗旱、耐盐碱)、促进植被的生长与生态快速恢复 |

② 露天采区土地复垦与生态重建技术

露天采区土地复垦与生态重建技术主要包括复垦区土壤改良技术和植被重建技术两方面的内容,具体技术方法见表 6-6。

**表 6-6　露天采区土地复垦与生态重建技术**

**Table 6-6　Land reclamation and ecology rebuilding technologies in open pit mine**

| | | |
|---|---|---|
| 露天采区土地复垦与生态重建技术 | 复垦区土壤改良技术 | a. 黏土改良土壤技术。针对结构疏松土壤,通过加垫黏土的方法进行改良,实现保水保肥目的。b. 有机物改良土壤技术。种植豆科植物,伏期压青,通过种植农作物,将秸秆返回农田,提高土壤有机质含量,增加微量元素和生物活性 |
| | 植被重建技术 | a. 复垦区乔木泥泥栽植法。针对复垦区漏水漏肥、树木成活率低、管护强度大的难点,用红泥与土和成泥浆,用泥浆将树坑底及四周抹厚 3～5 cm,形成人工泥坑,待阴干后栽植树木。b. 复垦区夯实栽植树木法。复垦区土壤结构疏松,栽植时先将树坑底夯实,再浇水沉实,树木栽植浇水后需多次踩实,以提高成活率 |

### 6.2.3　"零排放"煤电基地建设

神华能源股份有限公司作为技术领先的以煤炭为基础的一体化能源公司,主要业务已涉及煤炭、电力、煤化工、铁路、港口以及船队运输等多个领域。2013 年,公司完成商品煤产量 3.18 亿 t,煤炭销售 5.15 亿 t,发电量 2 254 亿 kW·h,铁路货运周转量 2 116 亿 t,自有港口下水煤量 160 亿 t[28]。

（1）煤电机组超低排放

"超低排放"改造是提升煤电清洁利用水平、从源头上减少污染物排放的重要举措。神华集团正在完成超低排放燃煤机改造,至 2016 年 10 月,超低排放燃煤机已达到 75 台,共计 3 976 万 kW,占神华集团煤电总装机的 55%。"超低排放"燃煤机的组装,能够使燃煤发电机组大气污染物排放浓度基本达到天然气燃气轮机组的排放标准。根据神华集团印发的《神华绿色发电节能环保升级改造行动计划(2016—2020)》显示,"十三五"期间,神华集团实施节能环保升级改造项目 1 230 项,投资 190 亿元,2020 年底,神华集团煤电机组将全部实现"超低排放"[29]。

(2)煤电基地生态修复项目

在进行"零排放"煤电基地建设的同时,由神华集团牵头,中国矿业大学、中国矿业大学(北京)、中国科学院生态环境研究中心等单位参与的国家重点研发计划项目"东部草原区大型煤电基地生态修复与综合整治技术及示范"(以下简称"东部草原区生态修复项目")于 2016 年 10 月 9 日在北京正式启动。

项目针对东部草原区大型煤电基地高强度持续开发活动和生态脆弱特征,研究煤电开发对草原生态(水、土壤、植被)的影响机理及累积效应、区域生态稳定性与区域生态安全协调机制两大科学问题,研发生态效应动态监测评价与安全预警、水资源保护与循环利用、生态减损型采排复一体化、扰动区土壤重构与土地整治、贫瘠土壤有机改良、生物联合植被恢复、景观生态恢复等 15 项关键技术,集成示范并创建大型煤电基地生态安全协调控制模式。依托呼伦贝尔市和锡林郭勒盟生态保护建设规划重点任务区、呼伦贝尔国家可持续发展试验区开展示范,为保障东部草原大型煤电基地科学开发和生态安全提供科技支撑。

项目总经费 11 500 万元,预计建成示范区 15 000 亩,示范区植被覆盖率提高 35%,废弃地示范区治理率达到 96%。该项目的实施,一方面在科学层面上预期获得高强度开采对草原生态影响的边界、程度和范围,探索促进生态稳定与可持续发展的机理、技术及措施方法。另一方面,通过在草原区进行植被恢复和经济作物种植等方式,在防风固沙、改善当地生态环境的同时,也能转移当地剩余劳动力,获得生态经济效益,预计综合经济效益在 10 亿元左右[30]。项目研究主要任务框架图如图 6-12 所示。

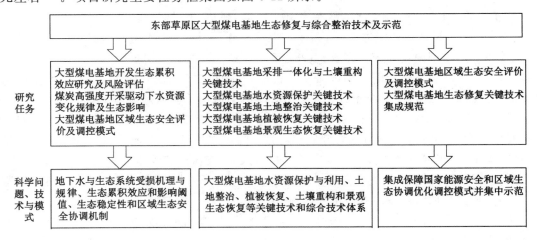

图 6-12 项目研究主要任务框架
Fig. 6-12 Framework of the project research task

## 6.3　露井联采工艺流程:平朔煤矿

平朔矿区位于山西省朔州市平鲁区东南部,西北沿长城与内蒙古自治区接壤,西南与忻州地区相邻,东临山阴县,西接右玉县。E111°58′~112°30′,N39°23′~39°37′,南北长 21 km,东西宽 22 km。海拔高度 1 300~1 400 m,属于典型的温带半干旱大陆性季风气候,春冬干旱少雨,夏秋降水集中,年平均气温 5.5 ℃,全年无霜期 115~130 天。矿区地带性土壤为栗钙土和黄绵土,地表植被稀少,水蚀风蚀严重,冲刷剧烈,是典型的黄土高原生态脆弱区,对环境改变敏感,自身稳定性较弱。

作为我国 20 世纪末最大的露天开采煤炭生产基地[31],平朔露天矿区总勘探面积 380 km²,探明地质储量 127.5 亿 t,主要包括安太堡(服务年限 92 年)、安家岭(服务年限 97 年)、东露天矿(服务年限 75 年)3 座特大型露天煤矿,井工一矿、井工二矿、井工三矿 3 座千万吨级大型现代化井工矿,5 座配套选煤厂和 2 条铁路专用线,是中国目前规模最大、现代化程度最高的露井联采煤矿区,也是我国露天煤炭开采时间最长、空间跨度最大的露天煤矿区[32,33]。

### 6.3.1　发展历史

中煤平朔集团有限责任公司创建于 1982 年,前身为中国平朔露天煤炭公司。1987 年中国煤炭部将其改为平朔煤炭工业公司,1997 年并入中煤能源集团公司,成为集团下的核心生产企业,2006 年原平朔煤炭工业公司优良资产纳入能源有限股份公司,2008 年注册成立中煤平朔煤业有限责任公司,2012 年更名为中煤平朔集团有限公司。公司成立至今可划分为创业阶段、发展阶段、跨越阶段及稳定发展阶段 4 个阶段[34]。

第一阶段创业阶段(1982—1991 年)。1979 年,邓小平同志邀请美国 Occidental Petroleum Corporation(西方石油公司)董事长 Armand Hamer(亚蒙·哈默)对平朔安太堡矿区进行投资,1982 年"中国平朔露天煤矿筹备处"成立,标志着中外合作的平朔项目正式进入准备阶段。1985 年,安太堡矿区举行开工仪式,矿区内工业区建设项目 22 项,总占地面积 16.98 km²,设计生产能力 1 533 万 t/a,其中选煤厂、机修车间、仓库及选矸间由国外设计,其他工程均由国内设计施工完成。1987 年 9 月安太堡煤矿按期投产,成为"中国改革开放试验田"。采购穿、采、选等大型设备 416 台(套),矿坑生产采用"电铲-卡车"间断生产工艺,原煤分选采用分级入选、全重介选工艺,洗水闭路循环,小时入选能力 3 000 t。

第二阶段发展阶段(1991—2001 年)。1991 年美国投资方撤出合作,平朔矿区进入自主开采经营阶段。1997 年矿区开始筹建安家岭露天煤矿项目,煤矿占地 28.89 km²,地质储量 8.22 亿 t。1998 年国家计委批复了安家岭项目露天矿、选煤厂和铁路专线工程初步设计,并批准开工建设,2001 年 7 月施工完成。本着"团结务实、开拓创新"精神,通过十年自主经营发展,为实现矿区的跨越发展奠定了基础。

第三阶段跨越阶段(2001—2010 年)。2002 年,根据煤炭市场发展变化以及矿区资源的赋存条件,原国家发展计划委员会批准安家岭煤矿项目由单一露天开采调整为露井联合开采,以解决安家岭露天煤矿开采过程中 2.5 亿 t 边角煤和排土场压煤不宜开采的问题。2003 年 4 月和 6 月,安家岭 1 号井、2 号井陆续开工建设,并于 2004 年进入全面生产阶段,同年 1 号井试运营,2005 年 2 号井试运营,2007 年安太堡井工矿(3 号井)开工建设。2009

年,东露天煤矿项目开工建设,该矿位于宁武煤田北端,平鲁区玉林乡腹地,煤炭储量18.49亿 t,设计生产能力2 000万 t/a(服务年限75年,2006—2080年),是继安太堡(服务年限92年,1985—2077年)、安家岭(服务年限97年, 1998—2095年)之后的第三座特大型露天煤矿。通过实施露井联采,充分发挥在煤炭科技、建设和机械制造方面的综合优势,利用井工开采单项技术的集成创新,不仅将露天不采区的煤炭资源成功开采出来,而且提高了煤炭商品的质量,至此,平朔矿区走上了露井联采的两翼齐飞、各显优势之路。

第四阶段稳定发展阶段(2010年至今)。2010年,平朔公司出台《中煤平朔矿区"十二五"期间建设中央企业循环经济示范区总体规划纲要》,《纲要》中明确提出了循环经济发展的目标和途径:以"减量化、再利用、资源化"为指导,以煤炭开采为基础,建设以煤为基础的煤-电-铝-建材工业产业链和以土地复垦为主线的农-林-牧-药-生态旅游产业链,循环经济发展战略的提出为后续矿区的成功转型开辟了新方向。

### 6.3.2　露井联采工艺

煤炭开采方式主要分为露天开采和井工开采两种。露天开采指作业场所敞露于地表,可通过直接揭露覆盖于固体矿物之上的岩层而开采出有用矿物的一种开采方法。其特点是矿物埋藏浅,生产能力大,效率高,作业空间约束小,成本低,安全性能高,矿产资源回收率大;缺点是对环境的直接影响较大,作业受气候影响较大[35]。随着露天矿开采深度的增大,剥采比显著升高,生产成本随之增大,而井工开采特别是放顶煤工作面开采具有较高的开采效益,因此,一些露天矿开始尝试采用露天、地下复合开采(简称露井联采)方式。

露井联采指在一定煤层赋存条件下,露天开采浅部矿层,井工开采深部矿层的开采方式。通过联合开采尽可能提高经济效益[36]。此项开采技术能够使露、井开采不同步,仅在境界上有关联性,作业相互不影响[37,38]。露井联采示意图如图6-13所示。

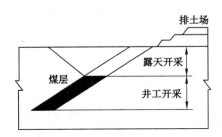

图 6-13　露井联采示意图

Fig. 6-13　Schematic diagram of open-pit and underground combined mining

（1）露井联采工艺的选择

平朔矿区原先一直采用露天开采工艺,其露天开采技术的综合研究与运用在全国处于领先地位。但在露天开采过程中,存在着露天矿的边帮保安煤柱埋藏较深、采剥比较大不适合露天开采的区域,如何合理地对这些煤炭资源进行采掘,实现资源的最大利用,成为平朔公司研究的重点。在经过广泛调查之后,平朔矿区煤层具有"近水平、浅埋深、厚度大"的特点,不仅适合于露天的大规模开采,也适合于井工斜井盘区综放开采,具有实现高机械化程度露井联采规模效应的先决条件,因此,平朔矿区创造性地提出了"露井联采"这一构想,成为我国煤矿区露井联采的典型代表[39,40]。平朔矿区露井联采作业如图6-14所示。

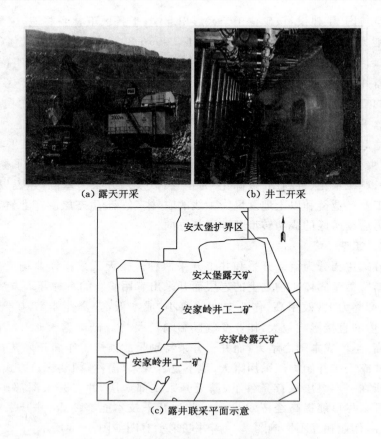

（a）露天开采　　　　　　　（b）井工开采

安太堡扩界区

安太堡露天矿

安家岭井工二矿

安家岭露天矿

安家岭井工一矿

（c）露井联采平面示意

图 6-14　平朔矿区露井联采作业

Fig. 6-14　Schematic diagram of open-pit and underground combined mining in Pingshuo mining area

图片来源：中煤平朔集团官网［EB/OL］，http：//www.pingshuocoal.com/psc/index.html

（2）露井联采优势

① 加强煤炭资源回收

露井联采可实现露天和井工开采方式的优势互补，将不适合露天开采的边角块段、排土场压煤和露天矿矿界边帮煤柱等资源通过井工开采的方式进行回收。2013 年年底，矿区回收排土场压煤 10 978.24 万 t（井工一号上窑区），边角块段和露天矿矿界煤柱 12 287.27 万 t（井工二矿）

② 增加配煤灵活性，提高煤质

露天矿产量大，高硫煤所占比例较高，市场销售困难，而井工开采可根据煤炭市场需求专门生产特低硫 4 号煤，因此，将露天开采的高硫煤与井工开采的低硫煤进行掺配，可提高产品质量，增加市场竞争力，实现经济效益的最大化。

③ 实现露天采矿近距离排土，提高综放顶煤冒放性

一方面，进行露井联采的井工矿井地表可作为靠近露天矿矿坑的外排场，实现露天矿近距离排土，节约成本。另一方面，露天矿的排土增加了井工矿综放工作面上覆岩层的重量，增加煤层垂直应力，有利于提高综放工作面顶煤的冒放性，提高其回收率。

④ 促进土地整体恢复治理

针对采煤造成的塌陷区,可利用露天矿剥离物对其进行回填治理,而且运输成本低,在确保井下开采安全、表土快速恢复的同时,增加了露天矿的排土场空间。平朔矿区根据自身处于丘陵地带、土地贫瘠不易耕种的特点,对采矿后的土地多进行绿化和种植,促进了矿区生态环境的有效保护。

⑤ 节约生产成本

露天开挖后,为井工矿建井提供了条件,降低了建矿成本,缩短了建矿时间,减少了矿井生产期运输成本。此外,露井联采还具有资源回收、配煤、近距离排土、环保等优势,使得煤炭资源的生产成本显著降低。

### 6.3.3 土地复垦与生态重建技术

1994 年,平朔矿区开展相关复垦工作。经过多年矿区土地复垦研究的经验总结,平朔矿区土地复垦在经历了单项应用技术研究阶段、土地复垦综合应用技术研究阶段、生态重建思想发育阶段后,目前正处于土地复垦与生态重建的理论、方法及模型构建研究的新阶段[41,42]。其重建类型、对象及技术类型等见表 6-7。

表 6-7 平朔矿区土地复垦与生态重建技术体系

Table 6-7 Land reclamation and ecological reconstruction technology system in Pingshuo mining area

| 重建类型 | 重建对象 | 技术体系 | 技术类型 |
|---|---|---|---|
| 非生物环境因素 | 土壤 | 土地重建 | 排土场基底、平台及主体构筑工艺;黄土母质直接铺覆工艺;堆状地面排土工艺;排土场边坡构筑工艺;排土场水渠构筑工艺 |
| | | 土壤重构 | 土壤快速培肥技术;固氮植物引入改良技术;绿肥与有机肥施用技术;活性污泥改良技术;水分利用调控技术 |
| | | 水土流失控制与保持 | 暂时性、过渡性、永久性水保措施结合技术;复合农林技术;网状整地技术;边坡防崩防滑技术 |
| | | 土壤污染控制 | 有害物质包埋、压埋技术;煤矸石自燃防治技术;移土、客土种植技术;废弃物资源化利用技术 |
| 生物因素 | 物种 | 植物品种引入和筛选 | 先锋植物引入技术;土壤种子库引入技术;林草植被再生技术 |
| | 群落 | 群落结构优化配置与组建 | 乔、灌、草搭配技术;群落组建技术;择伐技术;生态位优化配置技术 |
| | | 群落演替调控 | 人工与自然侵入演替技术;病虫害防治技术;封山育林技术 |
| 生态系统 | 结构与功能 | 生态评价与规划 | 土地资源评价与规划技术;环境评价与规划技术;景观生态评价与规划技术;3S 辅助技术;专家系统技术 |

(1)土地重塑

排土场地形地貌的恢复和重建是进行矿区土壤重构和植被重建的基础,平朔矿区排土场地貌重塑主要包括排土场基底构筑、主体构筑、平台构筑和边坡构筑 4 个方面[43,44]:

① 基地构筑

平朔矿区外排土场基地构筑以"疏水型"基底为核心,保证基底地面的排水通畅。基底多为 40~80 m 的黄土状粉砂土,不利于排水,一般在重要区域应当对地表松散土层进行清除;在外排土场基底的压占土地,特别是沟壑部位应充填高钙、低钠、抗风化能力强的大石块,利用原有排水系统,提高基底疏水、导水及排泄能力。由于内排土场不存在松软土层问题,因此可在基底设置基柱、临时挡墙及抗滑桩等。

② 主体构筑

排土场主体包括在排土场基底至排土场表层覆土前的空间范围。进行排土场主题构筑时,一般按照扇形推进,采取多点同时排弃。此外,在对地表进行厚层覆土的前提下,多采用岩土混排工艺,在排弃过程中,将细粒黄土充填到岩块缝隙中,逐层堆垫、压实,以减轻非均匀沉降程度。在废弃的运输路面和胶带运输道等部位进行岩石排弃时,应选择难风化、粗粒级的岩石;对局部重金属等其他污染相对富集的岩层宜采取"包埋",做好排土场周围的排水系统,以防止排土场内部侵入过多水分。

③ 平台构筑

排土场平台主要包括排土场中形成的基本水平台地部分。进行平台构筑时,主要采用大型推土机推平,利用田埂将复垦土地分化成不同地块,同时修建排水沟、道路。平台复垦一般采用堆状地面密排法,平台宽度一般在 60~80 m,坡度向内倾斜不大于 3°;内外排土场平台高度分别为 30 m、20~30 m;复垦物料必须选择原表土厚度为 0~2.0 m 的不含石灰结核的黄绵土,以确保复垦种植厚度在 1.0~1.5 m,最高可达 2.0 m。

④ 边坡构筑

根据常规设计要求,进行平台复垦时应采用自卸卡车自然倒土形成排土场边坡,边坡高度约 30 m,台阶坡面角 36°~37°,坡长 40~50 m,边坡不再覆土,可直接进行人工种植林草。一般平台边缘修筑挡水沟,以阻止平台径流汇入边坡;坡脚堆放大石块,拦截坡面下移的泥沙,保护排水渠系。内排土场最下平盘坡脚线与采掘场最下平盘坡脚线最小距离应保持在 50 m 以上。

(2) 土壤重构

土壤重构指在土壤重塑的基础上,再造一层人工土体,通过各种农艺措施,使得土壤的理化性质和肥力不断提高的一种技术工艺[45]。针对平朔矿区地表土壤通气透水、蓄水保水以及保肥供相矛盾的性质特点,矿区土壤重构技术主要包括:改善排弃工艺,在排气过程中对有害物质进行压埋、包埋,在采矿排弃作业结束前应保证地表至少有 0.5~1.0 m 的黄土覆盖,以减少地表遭受多次碾压,降低地表容重;采用堆状地面排土工艺、生物措施及各种水保措施,拦蓄天然降水、减少水土流失;复垦后 3~5 年内采用固氮植物(苜蓿、沙棘)作为先锋植物,并与其他植物进行合理配置栽种,提高土壤养分。

(3) 植被重建

① 植被筛选

自 1985 年开始进行植物适种筛选,选择具备较强抗逆性和适应环境能力的植物作为先锋植物,起到防风固沙、保水蓄肥的作用。经过多次试种筛选,平朔矿区已经将沙打旺、红豆草、草木樨以及紫花苜蓿、无芒雀麦等作为草本先锋植物;柠条、沙棘、沙枣、沙柳、杨柴和驼绒藜等作为灌木先锋植物;油松、刺槐、小杨树等作为乔木先锋植物;黄芪、连翘、甘草、枸杞等作为药用价值的先锋植物[46]。

② 种植技术

植被种植时一般采用直接播种或移栽技术。针对牧草、大部分药用植物和农作物一般进行直接播种，柠条、杨柴和驼绒藜等部分灌木也进行直接播种。而沙棘、油松、樟子松以及沙柳等苗木可采用移栽技术，通过从苗圃中移栽至矿区，移栽的苗木不仅可以快速地封陇地面，同时能够将苗圃土壤中的益菌带到复垦区内，促进植被更好地生长。

③ 配备模式

根据复垦土壤自然条件和用途，复垦区植被配备模式可划分为永久性林牧用地平台植被配置、过渡性林木用地平台配置模式和边坡林木用地植被配备模式等。不同种植模式具有不同的栽种配置方式，例如平台种植永久性杨树林，初植密度 2 m×2 m，第 5 年株行距宜间伐至 2 m×4 m 左右，第 10 年株行距宜间伐至 4 m×4 m 左右；边坡种植刺槐＋禾本科、豆科牧草，刺槐株行距 1 m×4 m，行距间播种 1 m 宽红豆草、紫花苜蓿、披肩草等禾本科与豆科牧草混合带。这些不同的植被配置模式较易形成相对稳定的植被群落和结构趋于合理的生态系统。经过系统科学研究及评估，矿区已筛选出油松＋刺槐＋柠条、刺槐＋沙棘＋草木樨、沙打旺＋沙棘＋柠条等 20 余种草木、灌木、乔木相结合的植被配置模式[45,47]。矿区复垦前后对比如图 6-15 所示。

（a）开采后未复垦　　　　　　　（b）复垦还林后

图 6-15　平朔露天矿复垦前后对比

Fig. 6-15　Comparison of Pingshuo open-pit mine before and after reclamation

图片来源：http://www.gov.cn/jrzg/2013-07/14/content_2447225.htm

### 6.3.4　生态工业园区建设

平朔矿区大规模的露天开采不可避免地对生态环境造成巨大扰动，特别是露天开采造成土地资源的大量损毁、采矿后工业废弃地的形成以及环境的污染等使得矿区景观异质性增强，生态系统稳定性破坏严重。生态工业园区建设是一种全新的生态工业建设理念，即走循环经济道路，遵循"3R"原则，废弃物减量化、再利用、再循环，提高资源的综合利用效率，最终实现较高的经济效益和生态效益。平朔生态工业园区的建设，是在既定的"123"发展战略（1 个亿吨级的煤炭生产基地，黑色、绿色 2 条产业链，资源、经济、科技 3 个支撑）的支持下，发展循环经济，走绿色可持续发展道路。其生态工业园区建设的核心就是生态产业链网建设[48]，因此，发展绿色产业已成为平朔生态工业园区建设的重要方向。

（1）园区建设优势

作为我国最大的露天煤矿开采企业，在经过多年的资源整合、领域拓展及改造后，平朔煤矿已成为拥有人才优势、设备优势、技术优势、管理优势的特大型煤炭企业，在生态工业园区建设方面，具有一定的实力和优势，具体体现在以下几个方面[48-50]：

① 资源优势

平朔矿区已建成全国最大的露井联采亿吨级煤炭生产基地,适宜建设大型坑口电厂,走"坑口发电,清洁高效"的升级之路。电厂燃烧后的煤灰中含有近一半比例的氧化硅、三氧化二铝,是提取氧化铝、白炭黑的优质原料。同时,露天矿开采过程中剥离的大量表土、岩石等含有一定量的风氧化煤、高岭土、黏土以及砂土等矿系伴生资源。

② 技术优势

在"节约资源,减少资源与环境财产的损耗,促进经济、社会与自然良性循环"经营理念的指导下,经过多年研究改造,平朔矿区已实现了多项技术突破。如:利用露井联采技术,解决了矿区采煤硫分偏高、配煤困难的矛盾,提升了煤炭资源回收率;通过实施清洁生产,形成了系列化洁净煤产品;运用煤炭就地转化,增加产品附加值的方法,已向电力、化工等多行业延伸,为工业产业链的形成奠定基础;实施土地复垦重建,建设绿色矿区,为生态产业链的构建提供技术支撑。

③ 资金设备优势

矿区资金充足,2013 年,矿区累计实现 1 400 多亿元产值,2014 年,累计投资 1.5 亿元实现矿区土地恢复利用与农业产业发展,投入 43 亿元进行土地复垦与生态重建。开采作业方面,露天生产采用"单斗电铲-卡车-半固定破碎站-带式输送机"半连续开采工艺,机械化程度 100%,露天矿资源回收率达到 96.2%。井工生产采用综采放顶煤回采工艺,工作面回收率达到 85%。矿区原煤全部入选,配套选煤厂采用全重介分选工艺,实现全闭路循环,自动化生产。

④ 人才科研优势

平朔煤矿拥有专业齐全、结构合理、年轻化、高技能的创新性专业技术人才队伍。同时,已经与中国矿业大学、山西农业大学、山西省生物研究所、中国地质大学等多家科研院所、高校合作,通过建立"产-学-研"相结合的科技创新模式,共同承担生态重建、煤电基地建设、土地资源综合利用等多项国家重大课题,为矿区实际问题的解决以及未来生态-工业产业链的发展提供了强大的技术支持。

(2) 矿区工业-生态产业链的规划设计

矿区工业-生态产业链是指模仿自然生态系统中的食物链原理,在工业生产的新陈代谢过程中以矿区工业生产的产品、副产品和废弃物等为纽带,将不同生产过程(环节)连接在一起形成的一种链状资源利用关系,以实现资源在矿区范围内的流动。不同生产过程(环节)之间的相互关联成为矿区工业-生态产业链[51]。

平朔矿区在进行工业-生态产业链的结构设计中,立足于自然、社会和经济发展现状,根据现有的矿区开采工艺现状以及土地复垦情况,生态产业发展趋势以及区域性资源化原则,进行矿区工业-生态产业链结构功能的规划与设计,如图 6-16 所示。在 2009 年制定的《平朔矿区建设循环经济示范工程总体规划》中,平朔矿区确定了以煤炭开采为基础,以煤炭分选为重点,开展煤矸石及煤系伴生矿物综合利用的发展循环经济的框架图,建设以煤炭为基础,发展以煤炭开采及后续加工利用的煤-电-硅铝-建材工业的黑色工业产业链和以土地复垦为主线的农-林-牧-药-农产品加工-生态旅游的绿色生态产业链,以进一步提高资源利用率,降低环境污染,改善矿区生态环境,提高矿区可持续发展能力[52]。

(3) 工业-生态产业链结构功能分析

① 结构分析

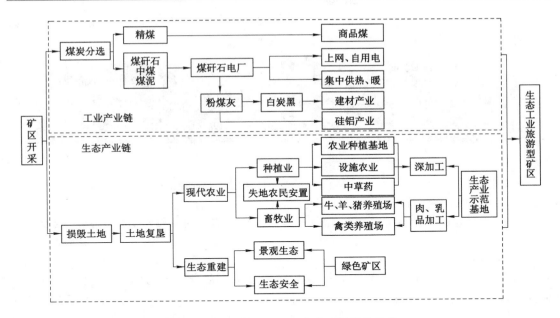

图 6-16　平朔矿区工业-生态产业链结构示意

Fig. 6-16　The diagram of industrial-ecological industrial chain structure in Pingshuo mining area

按照产业链的发展走向,平朔矿区工业-生态产业链结构可划分为横向耦合共生产业链和纵向主导产业链[49]。

横向耦合共生产业链主要指以煤炭、煤炭伴生资源的开采加工为主导产业,同时耦合出的多条产业链条。例如,平朔矿区根据煤炭开采,粉煤灰、表土及岩层剥离物等采矿获取物,设计延伸出了诸如煤矸石、煤泥→热电厂→电能,粉煤灰→硅铝产业,粉煤灰→白炭黑→建材厂→建材产品,表土、废弃物→土地复垦→现代农业→产品加工→生态旅游等多条横向耦合共生的产业链条。

纵向主导产业主要指以煤炭开发利用为基础,在此基础上向外延伸的产业链条。诸如煤炭→电力→市场,煤炭→化工→市场,煤炭→气化→市场,煤炭→焦化→市场等。平朔矿区主要以煤炭和煤系共伴生资源的开采加工为链状纵向主导产业链。根据矿区实际,可利用劣质煤发展煤化工产业,生产天然气、甲醇、合成油、二甲醚等清洁能源化工产品。

② 功能分析

平朔矿区工业-生态产业链除具备物质流、能量流以及信息流外,还具备自身独特的产业链功能,具体表现在:

a. 物尽其用,发展绿色循环经济

一方面,采煤过程中产生的煤矸石、剥离的表土及岩层等伴系资源和煤炭发电后的粉煤灰等可作为建筑原料。同时,采用粉煤灰联合法生产白炭黑和氧化铝技术,粉煤灰经过有效提取氧化铝和白炭黑之后,比直接利用的制砖价值增加了约 100 倍,位于世界领先水平。此外,采矿废弃物也成为矿区生产润滑油的原始材料。另一方面,对采矿破坏后土地进行及时复垦,将复垦后的矿区排土场发展农业耕作、养殖、果园等生态产业,在促进矿区生态恢复的同时,带来经济效应。尽可能做到了物尽其用,实现了资源利用的最大化。如今的平朔矿区,不仅是"全国绿化先进单位""国际最具影响力旅游企业",同时,其复垦工程也被评为"国家示范工程"。平朔矿区生态工业园建设局部掠影见图 6-17。

(a)　　　　　(b)　　　　　(c)　　　　　(d)

图 6-17　平朔矿区生态工业园建设局部掠影
Fig. 6-17　The construction of eco-industrial park in Pingshuo mining area

图片来源:中煤集团坚持科学发展 转型升级迈出新步伐[N]. 人民日报·海外版(第 6 版),2012-03-12.

b. 发展建设多项产业,提高综合实力

矿区工业-生态产业链的实践表明,煤矿区通过结合自身情况,也能实现多项产业的延伸发展,以获取更多的经济、社会及生态效益。平朔矿区每一条产业链的设计几乎都体现了资源的分级利用,经济效益的逐级增加,最终形成良性的循环发展网状结构。经济效益提高的同时,也带动了矿区生态环境、社会经济的显著发展,最终促进矿区综合实力的提高。

# 6.4　后工业化时代煤炭开采及弹性发展

(1)研究背景

20 世纪 70 年代,哈佛社会学家 Bell 提出"后工业社会理论",并指出在后工业时代,社会经济将由商品经济向服务经济转变[50]。绿色、环保、清洁生产、可持续等新兴发展理念的提出,为传统的高污染、高排放煤炭工业发起挑战。作为经济发展的基础能源,煤炭资源在未来长时期仍占据重要地位。根据 2019 年《BP 世界能源统计年鉴》[51]显示,与 2017 年相比,2018 年全球煤炭消费量同比增长 1.4%,占据一次能源消费量的 27.2%,预计至 2030 年,全球煤炭消费量将保持年均 0.5%的低增长[52]。

作为重要的基础性能源,一方面,煤炭资源的大规模开发利用在促进经济发展的同时,不可避免地产生了一系列的生态环境和健康安全问题。如:煤矿区开采造成矿区水、土、气等关键生态要素污染破坏,物种丰度降低,景观破碎化;矿难、矿区生活用水的污染直接影响当地居民的生命安全等。另一方面,煤炭资源储量有限,过度开采造成产能过剩,低效率的开发利用使得煤炭资源浪费严重,一定程度上限制了人类的长远发展。因此,如何发展利用新技术,从源头上实现煤炭资源的绿色开采和清洁生产,进而实现煤炭资源的高效利用成为煤炭工业亟待解决的问题之一。研究背景如图 6-18 所示。

(2)后工业时代前煤炭开采利用

第二次世界大战之后,科学技术的长足发展使得社会经济发生巨变,西方学者 Bell 开始从技术变迁角度,将社会划分为"前工业社会""工业社会"和"后工业社会",同时,他提出20 世纪 60 年代末、70 年代初期,西方发达国家开始完成了从"工业社会"到"后工业社会"的过度[53],人类逐渐进入后工业化时代。根据英国 BP 公司全球能源调查显示,截至 2018 年,

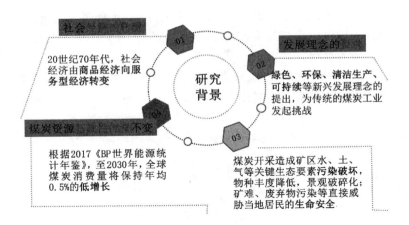

图 6-18　研究背景

Fig. 6-18　Study background

全球煤炭资源已探明储量 1 054.78 亿 t，可满足世界 132 年的全球产量。煤炭资源全球分布不均，其中，亚太地区、欧洲及欧亚大陆以及北美洲是煤炭资源主要分布区域，约占煤炭资源总储量的 97.3%，中东、非洲以及中南美洲煤炭资源分布较少，仅占总量的 2.7%。

20 世纪 70 年代后，全球煤炭消费量呈显著上升趋势。由于各种新能源与材料的兴起，煤炭资源占全球一次能源消费比例呈小幅度下降趋势。世界煤炭资源产出及消费情况见表 6-8。

表 6-8　1970—2018 年全球煤炭消费量及增长比例

Table 6-8　Global coal consumption and proportion of growth in 1970—2018

| 年份 | 煤炭消费量/Mtoe | 增长比例 | 占一次能源消费比例 |
|---|---|---|---|
| 1970 | 1 635.0 | 6.65% | |
| 1975 | 1 709.0 | 4.53% | 29.59% |
| 1980 | 2 021.0 | 18.26% | 30.41% |
| 1985 | 2 100.0 | 3.91% | 29.36% |
| 1990 | 2 244.0 | 6.86% | 27.72% |
| 1995 | 2 255.3 | 0.50% | 26.50% |
| 2000 | 2 148.1 | −4.75% | 23.19% |
| 2005 | 3 122.4 | 45.36% | 28.59% |
| 2010 | 3 635.6 | 16.44% | 29.87% |
| 2015 | 3 784.7 | 4.10% | 28.88% |
| 2018 | 3 772.1 | 1.40% | 27.2% |

一般意义上，煤炭开采方式主要包括露天开采和井工开采两种方式。露天开采指从敞露地表的采矿场开采出有用矿物的过程。露天开采主要包括勘探、表土剥离、穿孔、爆破、采装、运输、排土等流程，根据煤炭开采作业的连续性，又可划分为连续性、半连续性和间断性

开采。露天开采适用于埋深较浅的煤层,相比于井工开采,具有煤炭资源回采率高、生产规模大、安全水平高、机械化程度高及生产成本低等优点[53]。井工开采指利用井筒和地下巷道系统进行煤炭开采的过程。

传统的煤炭资源利用以燃煤发电、冶金为主。随着科学技术的发展,煤炭利用方式趋于多样化方向发展,煤制油、煤制气等都是煤炭资源的新兴利用方向。煤炭随时间发展利用路径如图 6-19 所示。

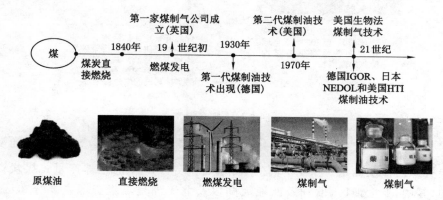

图 6-19　煤炭利用线路图

Fig. 6-19　Coal oil,coal gas development road over time

（3）经济、产量及生态问题出现

后工业时代前期,煤炭资源开采工艺相对简单,其主要用于电厂发电和冶金工业。发展采掘技术、提高煤炭产量成为当时各煤炭企业的主要目标。以美国为例,20 世纪 70年代,作为世界上煤炭开采技术最先进、开采效率最高的国家之一,美国露天开采多采用无运输捣堆方法,通过建造大型高效率作业的采矿机械设备,建设大规模煤矿,进行煤炭资源集中化开采。井工开采多采用平硐、斜井开拓,通过采掘合一,使用锚杆支护,房柱式开采方法[54]。

随着各种合成材料及新兴能源的出现,以传统煤炭开采为主的地区逐渐受到冲击,面临严重的煤炭资源经济转型问题。以德国鲁尔区为例,德国鲁尔矿区拥有丰富的煤炭资源,曾是欧洲最重要的工业地区之一,20 世纪中叶,由于能源消费结构的变化和各种新兴能源材料的替代,鲁尔矿区煤炭行业受到冲击,同时,采煤效率的提高使得采煤岗位减少,煤炭产量增加的同时,采煤岗位需求降低,当地居民失业严重,此外,大规模的煤炭资源开发利用给生态环境造成资源浪费严重、矿区地表裂缝、植被覆盖率降低、水资源污染、空气污染,土壤重金属污染等一系列问题,如图 6-20 所示。

### 6.4.1　煤炭资源采掘新理念

工业时代煤炭资源不断增长的开采规模和速度,使得煤矿安全、生态环境以及矿区经济问题日益突出,因此,必须摒弃依靠产量和规模的粗放式煤矿开采利用模式。基于此,绿色开采、科学开采、清洁生产等关于煤炭资源采掘的各种新理念开始涌现,如图 6-21 所示。

（1）绿色开采

由于传统煤炭开采造成的地表植被退化,水、土、气等关键生态要素的污染破坏,基于生态保护与循环经济视角,防止或尽可能减少煤炭开采对环境和其他生态要素的影响,钱鸣高

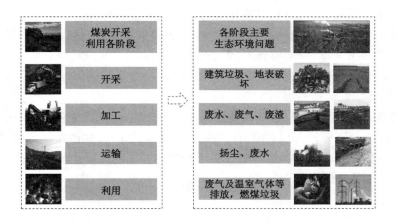

图 6-20　煤炭资源开发引发的生态环境问题

Fig. 6-20　The ecological environment problems caused by the exploitation of coal resources

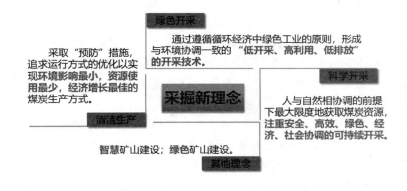

图 6-21　煤炭资源采掘新理念

Fig. 6-21　New ideas for coal mining

院士首次提出"绿色开采"理论。"绿色开采"的内涵是指通过遵循循环经济中绿色工业的原则,形成与环境协调一致的、努力去实现"低开采、高利用、低排放"的开采技术[55]。

（2）科学开采

因煤炭开采受开采条件、技术水平、市场管理体制不健全等多方面的制约,未来煤炭开采由产量型向质量型、单一生产向多种综合利用、资源环境制约向生态环境友好等方面的发展需求,基于此,科学开采概念被提出[56]。具体内涵为以科学发展观引领的与地质、生态环境相协调前提下最大限度地获取自然资源,在不断克服复杂地质条件和工程环境带来的安全隐患前提下进行的安全、高效、绿色、经济、社会协调的可持续开采。在此基础上,以保证一定时期内持续开发的储量为前提,用安全、高效、环境友好的方法将煤炭资源最大限度采出的生产能力为主要内涵的科学产能的概念被提出。

（3）清洁生产

清洁生产的概念主要来源于工业污染治理的一种新型治理和防御战略。1989 年 5 月联合国环境规划署工业与环境规划中心（UNEPIE/PAC）将清洁生产定义为将综合预防策略持续应用于生产过程和产品中,以便减少对人类和环境的风险性[57]。清洁生产的概念之后被应用于煤炭资源的生产利用。煤炭清洁生产主要指在煤炭开采、加工以及利用、排放等整个生产周期各环节采取"预防"措施,通过将生产技术、生产过程、经营管理以及产品等方面与物流、能量、信息等要素有机结合起来,并进行运行方式的优化以实现环境影响最小、资源使用最少、经济增长最佳的煤炭生产方式[58]。

除以上煤炭开采理念外,以物联网传感技术、3S技术、计算机等多技术综合利用的数字化智慧矿山建设[59],以资源合理利用、保护生态环境、促进矿区和谐发展为主要目标的绿色矿山建设[60]等理念相继提出,为煤炭资源科学合理的开采利用提供了新思路、新要求。

### 6.4.2 煤炭加工利用新技术

（1）侧重采量的开采

煤炭资源的大量需求使得煤炭资源开采效率逐渐提高,随之各种高效率连续化煤炭开采方式逐渐被提出。如若煤层具有"近水平、浅埋深、厚度大"的特点,可对其进行露井联采,提高煤炭资源回收率,增加开采产量[61]。若煤层埋深较浅且煤层赋存稳定、厚度适中,可采用短壁连续化开采技术,能够有效提高采掘速率,增加煤炭资源产量[62]。

（2）考虑设备工艺的开采

煤炭资源赋存条件、地质构造、开采深度、开采技术设备等都成为煤炭资源开采严重浪费的重要因素。精准化开采是指将不同地质条件的资源开采扰动影响、致灾因素、开采引发的生态环境破坏等统筹考虑,时空上准确高效的资源无人(少人)智能开采与灾害防控一体化的未来采矿新模式[63]。

未来煤炭资源实现精准化开采,将打破各领域限制,从可透视的地下煤炭资源探测、智能感知与信息传输、开采扰动与预防处理、大数据云支撑的精准化开采、多场耦合的灾害预警报警以及无人少人化的智能采掘六个方面出发,综合实现煤炭资源的精准化开采[64]。

（3）基于生态视角的开采

绿色开采理论提出之后,根据采矿后岩层内的"节理裂隙场"分布及离层规律、开采对岩层与地表移动的影响规律、水与瓦斯在裂隙岩体中的渗流规律、岩体应力场分布规律以及岩层控制技术等,提出绿色开采技术体系[65]。绿色开采技术体系主要包括保水开采技术、煤与瓦斯共采技术、煤层巷道支护技术、减少矸石排放技术、地下气化技术。绿色开采理论及技术体系在煤炭资源开采中的应用,提高了清洁生产效率,降低了矿区生态环境的破坏,节约了环境成本。

### 6.4.3 矿山全系统智慧管理

矿山全系统智慧管理主要是指以智慧矿山建设为目标,以数字矿山建设为核心,完成企业管理所需要的所有信息的精准实时采集、网络化传输、可视化展现、规范化集成、自动化操作和智能化服务的智慧系统[66],该系统包括煤矿生产、安全监控、人员管理以及煤炭加工利用各方面[67]。

在技术方面,智慧矿山建设主要以空间信息技术、数据挖掘技术、云融合技术、智能采矿和服务技术、安全保障体系、三维模拟、虚拟现实技术以及矿山技术规范和标准为支撑,通过测绘遥感、物联网传感、事故仿真等多项技术融合,实现矿山系统全方位、可视化、实时动态的智慧化管理[68],具体技术见表6-9。

**表 6-9 智慧矿山建设技术构成**

**Table 6-9 Construction technology composition of smart mine**

| | | |
|---|---|---|
| 智慧矿山建设技术构成 | 空间信息 | 测绘、遥感、地理信息系统、3S技术 |
| | 数据挖掘 | 图像处理、模式识别、并联规则、时空序列分析 |
| | 云融合 | 云计算、物联网、红外感应器、射频识别 |
| | 智能采矿和服务 | 自动化调度、无人采矿、智能通信 |
| | 安全保障 | 事故预测、灾害预警、事故仿真、安全检查 |
| | 三维模拟和虚拟现实 | 虚拟仿真、三维模拟、人工智能 |
| | 矿山技术规范和标准 | 统一安全生产标准,数据采集、数据校准、数据融合等 |

### 6.4.4 矿区弹性发展

制定合理的煤炭资源开采方案、结合科学的煤矿规划管理是实现煤炭资源精准高效开采的重要方面。有限的煤炭资源储量,长期不合理的开采利用,环境的破坏和资源的浪费,能源消费结构的改变以及新兴材料的出现,都是煤矿发展所面临的重要问题。而弹性发展理念的基本含义为提高系统化解外来冲击,并在危机时仍能维持其主要功能运转的能力[69]。

煤炭资源开发利用方面,随着技术进步和管理规划手段的增强,煤炭开采利用率大幅提高,能有效避免资源的浪费。同时在煤炭开采利用过程中,通过实现煤炭资源开发利用的弹性控制、弹性开采和弹性利用,能有效避免生态环境破坏、自然灾害等威胁矿区居民生命安全问题的发生。矿区要实现弹性发展,需从生态弹性、工程弹性、经济弹性和社会弹性四方面出发(图 6-22),提高煤矿系统自我恢复能力及维持其结构和功能完整性的能力;提高生产作业能力及其防止和应对煤矿事故灾害发生的能力;在能源消费结构变化中,应对外界变化,保持发展活力;人类干扰下,煤矿仍能维持自身系统正常运营,应对外界变化的能力。

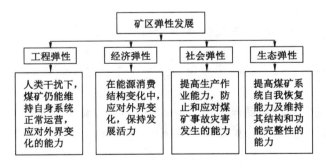

**图 6-22 煤矿区弹性发展理念**

**Fig. 6-22 Flexible development concept of coal mine area**

煤炭赋存多以陆地为主,因此,煤炭开采分为井工和露天开采两个方面。但煤炭赋存量的有限、各领域开采技术的不断进步使得未来海洋、星际等宽领域,无人化、无害化的采矿模式成为可能。2015 年,美国航空航天学会(National Aeronautics and Space Administration,NASA)就已提出小行星现场提供物资计划。该项计划以"光学采矿"为主线,利用机器人从太空岩石中提取水资源,通过收集太阳热量,在星球表面钻取隧道后,将矿物质提取出来。星际采矿在很大程度上节约了水资源,避免了水资源浪费及矿害的发生,成为未来采矿的新选择。

---

**本章要点**

- 安太堡露天矿的生产工艺与地貌重塑
- 神东井工矿绿色开采技术体系与"零排放"煤电基地建设
- 露井联采平朔矿生态重建技术与生态工业园区建设
- 后工业化时代煤炭资源采掘新理念及弹性发展

---

# 参考文献

[1] 王建国,缪海宾,王来贵.安太堡露天煤矿排土场基底黄土力学特性试验研究[J].煤炭学报,2013,38(S1):59-63.

[2] 杨建峰.邓小平、哈默与中美合资平朔安太堡露天煤矿[J].文史月刊,2016(8):4-8.

[3] 岳建英,郭春燕,李晋川,等.安太堡露天煤矿复垦区野生植物定居分析[J].干旱区研究,2016,33(2):399-409.

[4] 叶宝莹,白中科,孔登魁,等.安太堡露天煤矿土地破坏与土地复垦动态变化的遥感调查[J].北京科技大学学报,2008,30(9):972-976.

[5] 张召,白中科,贺振伟,等.基于RS与GIS的平朔露天矿区土地利用类型与碳汇量的动态变化[J].农业工程学报,2012,28(3):230-236.

[6] 张召.安太堡露天煤矿矿业用地改革实现途径研究[D].北京:中国地质大学(北京),2013.

[7] 赵红泽,张瑞新,刘宪权,等.露天煤矿双坑动态剥采调节新方法[J].煤炭学报,2014,39(5):855-860.

[8] 姜玉连.新型简约式破碎站在安太堡露天煤矿的应用[J].露天采矿技术,2011(6):23-24.

[9] 李昊,李正,张秦玥,等.平朔矿区原煤对安太堡商品煤质量的影响研究[J].煤质技术,2014(3):1-4.

[10] 刘宪权.安太堡露天矿商品煤生产计划优化技术[J].露天采矿技术,2010,25(1):4-7.

[11] 景明.黄土区超大型露天煤矿地貌重塑演变、水土响应与优化研究[D].北京:中国地质大学(北京),2014.

[12] 陈晓辉.黄土区大型露天煤矿地貌演变与重塑研究[D].北京:中国地质大学(北京),2015.

[13] 孙泰森,白中科.大型露天煤矿人工扰动地貌生态重建研究[J].太原理工大学学报,2001,32(3):219-221.

[14] 白中科,王文英,李晋川,等.矿区生态重建基础理论与方法研究[J].煤矿环境保护,1999(1):3-5.

[15] 魏忠义,胡振琪,白中科.露天煤矿排土场平台"堆状地面"土壤重构方法[J].煤炭学报,2001,26(1):18-21.

[16] 白中科,王文英,李晋川.试析平朔露天煤矿废弃地复垦的新技术[J].煤矿环境保护,1998,12(6):47-50.

[17] 张杰.矿业城市(矿区)土地复垦与生态重建研究[D].南京:南京农业大学,2003.

[18] 李思扬.安太堡露天矿土地利用变化和土地复垦技术分析[D].北京:北京林业大学,2012.

[19] 吕春娟,白中科,陈卫国,等.黄土区露天矿排土场水分调控技术研究[J].水土保持通报,2011,31(1):160-164.

[20] 李晋川,王翔,岳建英,等.安太堡露天矿植被恢复过程中土壤生态肥力评价[J].水土保持研究,2015,22(01):66-71.

[21] 伊茂森.神东矿区浅埋煤层关键层理论及其应用研究[D].徐州:中国矿业大学,2008.

[22] 马保东.矿区典型地表环境要素变化的遥感监测方法研究:以神东矿区为例[D].沈阳:东北大学,2014.

[23] 国家能源集团神东煤炭集团[EB/OL].http://sdmt.shenhuagroup.com.cn/.

[24] 张英.神华集团神东矿区环境建设与生态保护试验研究[D].呼和浩特:内蒙古大学,2006.

[25] 杨俊哲,陈苏社,王义,等.神东矿区绿色开采技术[J].煤炭科学技术,2013,41(9):34-39.

[26] 中国煤炭工业协会.煤炭开发与环境保护战略研究[C]//中国煤炭经济研究(2005—2008)(下册).2009:471,473-531.

[27] 王安.神东矿区生态环境综合防治体系构建及其效果[J].中国水土保持科学,2007,5(5):83-87.

[28] 薛文.中国神华能源股份有限公司财务报表分析[D].北京:北京工业大学,2015.

[29] 周润健.神华集团在京津冀实现"超低排放"[EB/OL].(2016-11-13).http://www.xinhuanet.com/mrdx/2016-11/14/c_135826853.htm.

[30] 李全生.东部草原区煤电基地开发生态修复技术研究[J].生态学报,2016,36(22):7049-7053.

[31] 白中科,郧文聚.矿区土地复垦与复垦土地的再利用:以平朔矿区为例[J].资源与产业,2008,10(5):32-37.

[32] 张笑然,白中科,曹银贵,等.特大型露天煤矿区生态系统演变及其生态储存估算[J].生态学报,2016,36(16):5038-5048.

[33] 顿耀龙,王军,白中科,等.基于灰色模型预测的矿区生态系统服务价值变化研究:以山西省平朔露天矿区为例[J].资源科学,2015,37(3):494-502.

[34] 余勤飞.煤矿工业场地土壤污染评价及再利用研究[D].北京:中国地质大学(北京),2014.

[35] 姬长生.我国露天煤矿开采工艺发展状况综述[J].采矿与安全工程学报,2008,25(3):297-300.

[36] 徐长佑.露天转地下开采[M].武汉:武汉工业大学出版社,1990.

[37] 王博文,才庆祥,周伟,等.基于边坡时效性的露天煤矿端帮靠帮开采[J].煤炭工程,2010,42(4):9-11.

[38] 张峰玮.平朔矿区露井联采下端帮治理措施研究[J].煤炭工程,2014,46(12):69-71.

[39] 徐志远.平朔矿区露井联采技术综述[J].煤炭工程,2015,47(7):11-14.

[40] 中煤能源集团平朔煤炭工业公司安家岭一号井工矿[C]∥2007中国煤炭工业安全高效矿井建设年度报告.2008:137-140.

[41] 白中科,贺振伟,李晋川,等.矿区土地复垦与生态产业链总体规划设计[J].山西农业科学,2010,38(1):51-55.

[42] 沈成斌.复垦种植改善生态环境:平朔煤业公司矿区生态重建模式探讨[J].中国林业,2010(2):49.

[43] 郭义强,罗明,王军.中德典型露天煤矿排土场土地复垦技术对比研究[J].中国矿业,2016,25(2):63-68.

[44] 白中科,赵景逵,李晋川,等.大型露天煤矿生态系统受损研究:以平朔露天煤矿为例[J].生态学报,1999(6):3-5.

[45] 李晋川,白中科,柴书杰,等.平朔露天煤矿土地复垦与生态重建技术研究[J].科技导报,2009,27(17):30-34.

[46] 吕春娟,白中科,陈卫国.黄土区采煤排土场生态复垦工程实施成效分析[J].水土保持通报,2011,31(6):232-236.

[47] 郝蓉,白中科,赵景逵,等.黄土区大型露天煤矿废弃地植被恢复过程中的植被动态[J].生态学报,2003,23(8):1470-1476.

[48] 苏尚军,张强,张建杰,等.平朔煤矿生态工业园区规划与建设研究[J].山西农业科学,2012,40(3):246-251.

[49] 贺振伟,白中科,张召,等.平朔矿区工业-生态产业链的结构设计与实证[J].资源与产业,2012,14(5):51-56.

[50] BELL D A. The coming of the post-industrial society[J]. The Educational Forum,1976,40(4):574-579.

[51] British Petroleum. BP世界能源统计年鉴2017[M].北京:BP中国,2017.

[52] BP outlook of world energy 2030[EB/OL]. https:∥www.bp.com/en_br/brazil/grupo-bp.html.

[53] 王海君,李克民,陈树召,等.析地下转露天开采适用的资源条件[J].金属矿山,2010(6):54-56.

[54] 煤炭部科技局情报资料处.美国煤炭工业介绍(一):煤炭工业现状和远景规划[J].煤炭科学技术,1977,5(7):43-45.

[55] 钱鸣高.绿色开采的概念与技术体系[J].煤炭科技,2003(4):1-3.

[56] 丹尼尔·贝尔.后工业社会的来临[M].高铦,等译.北京:新华出版社,1997.

[57] 谢和平,王金华,申宝宏,等.煤炭开采新理念:科学开采与科学产能[J].煤炭学报,2012,37(7):1069-1079.

[58] 牛克洪,张振岭,张龙,等.煤炭清洁生产模式研究[C]∥2009煤炭企业管理现代化创新成果集.2010:614-620.

[59] 裴卫华.基于物联网技术的"智慧矿山"建设刍议[J].山东煤炭科技,2012(5):259-260.

[60] 王浦,周进生,王春芳,等.矿业城市低碳发展与绿色矿山建设[J].中国人口·资源与环境,2014,24(S1):16-18.

[61] 徐志远.平朔矿区露井联采技术综述[J].煤炭工程,2015,47(7):11-14.

[62] 李彬彬.浅析短壁连续化开采技术[J].能源与节能,2017(1):134-135.

[63] 袁亮.开展基于人工智能的煤炭精准开采研究,为深地开发提供科技支撑[J].科技导报,2017,35(14):1.

[64] 袁亮.煤炭精准开采科学构想[J].煤炭学报,2017,42(1):1-7.

[65] 钱鸣高,许家林,缪协兴.煤矿绿色开采技术体系的构建与实践[C]//中国科协2004年学术年会第16分会论文集.琼海,2004:17-21.

[66] 雷高.智慧矿山建设的探讨[J].铜业工程,2013(4):43-46.

[67] 霍中刚,武先利.互联网+智慧矿山发展方向[J].煤炭科学技术,2016,44(7):28-33.

[68] 王莉.智慧矿山概念及关键技术探讨[J].工矿自动化,2014,40(6):37-41.

[69] 蔡建明,郭华,汪德根.国外弹性城市研究述评[J].地理科学进展,2012,31(10):1245-1255.

# 7　案例研究:矿业生态测评与累积效应

## 内容提要

　　基于煤炭全生命周期阶段划分与煤炭利用生态足迹,解析煤炭开采生态累积的来源、方式与类型,提出针对矿区水、土、气、植被关键生态要素的监测方法。以典型西部草原矿区生态足迹变化特征与赤字/盈余分析为基础,构建牧-矿生态协调系数与动态变化模型。

## 7.1　煤矿全生命周期阶段划分

### 7.1.1　煤炭生命周期与煤矿生命周期

　　（1）生命周期

　　生命周期是指一个生物体从出生到成长、衰老至死亡所经历的各个阶段和整个过程[1,2]。全生命周期也称"全寿命周期",其基本思想是任何事物都是有寿命或有生命周期的,都会经过"生→壮→老→死"的自然周期[3]。全生命周期与生命周期概念内涵并无太大区别。

　　（2）煤炭生命周期

　　煤炭资源的开发利用具有明显的生命周期性[4],煤炭全生命周期是指煤炭从原煤开采到最终废弃物处理所经历的各个阶段和整个过程[5]。

　　（3）煤矿生命周期

　　煤矿生命周期是指煤矿从建设到闭坑的整个过程,其研究对象是煤矿[6]。

### 7.1.2　煤炭全生命周期

　　（1）煤矿全生命周期阶段划分及特征

　　① 煤矿全生命周期阶段划分

　　煤炭资源的赋存情况是煤矿生存和发展的基础,煤炭资源的可采储量直接决定着矿区寿命的长短,因此,可采储量是影响矿区生命周期各阶段的重要因素。学者们基于生命周期理论,从煤炭资源的可开采利用角度对矿区进行全生命周期阶段的划分,划分结果如下:a. 矿区全生命周期可划分为 5 个阶段,即地质勘探阶段、矿山建设阶段、投产达产阶段、正常生产及鼎盛发展阶段、衰退到报废阶段;b. 煤矿的生存发展都要经过成长、壮年及衰老 3 个阶段;c. 矿区发展可划分为规划期、建井期、投产期、达产期、稳产期（扩建期）、衰老期及闭坑期 7 个时期,可将其划分为 4 个阶段,具体包括矿井规划建设阶段、矿井投产达产阶段、矿井稳定发展阶段和矿井衰老报废阶段[4,7,8]。

　　② 煤矿全生命周期各阶段特征

　　由于煤矿从勘探到建矿这一时期对于生态环境的干扰破坏程度较弱,投产达产以及稳定发展时期对生态环境破坏程度强烈,闭矿衰老阶段对生态环境影响降低。因此,从规划建设阶段、投产达产阶段、稳定发展阶段和衰老报废阶段对煤矿生命周期各阶段的资源环境变化规律进行描述[7,8],见表 7-1。

表 7-1 煤矿生命周期各阶段的资源环境变化规律

Table 7-1 Changes law of resources and environment in different stages of life cycle in coal mine area

| 煤矿生命阶段 | 周期年限 | 特点 | 资源环境影响 |
|---|---|---|---|
| 规划建设 | 2～10 年 | 矿区资源赋存符合建井条件,矿区基本建设开始展开 | 对资源环境的扰动逐渐增强,但并未造成显著影响 |
| 投产达产 | 2～5 年 | 煤炭产量迅速增加,开采成本趋于稳定,生产经营日益成为矿区发展核心,生产利润日益增加 | 对资源环境的扰动开始显现并不断增强,对矿区传统产业影响日益增强 |
| 稳定发展（鼎盛发展） | 10～50 年 | 煤炭产量达到最高并保持稳定,采掘关系进入协调阶段,企业利润实现最大化,矿区人力资源需求旺盛 | 长期开采影响下的资源环境累积效应使得资源环境安全受到较大威胁 |
| 衰老报废 | 5～20 年 | 可开采资源储量降低,剩余资源赋存条件不断恶化,产量减少,经济效益每况愈下 | 煤炭开采利用对资源环境影响的滞后性开始显现,矿区资源环境负效应逐渐增强,治理和恢复负担日益增加 |

（2）煤炭全生命周期阶段划分及特征

① 煤炭全生命周期阶段划分

与煤矿生命周期阶段划分不同,根据煤炭开采利用到最终消耗方式,学者们对煤炭生命周期的阶段划分不同。如 Steinmann 等人将煤炭生命周期划分为开采阶段、运输阶段和发电阶段[9];Babbitt 等人将煤炭生命周期划分为煤炭开采与准备、煤炭燃烧和煤炭燃烧产物处理 3 个阶段[10]。根据世界主要产煤国家煤炭开发利用过程的相关研究,结合中国煤矿和煤炭自身特征及全生命周期内涵,煤炭全生命周期阶段划分为开采、加工、运输、利用和废弃物处理 5 个阶段[6]。

② 煤炭全生命周期各阶段特征

煤炭全生命周期各阶段对资源环境的影响各有不同,开采阶段主要对水、土、气等关键生态要素造成影响破坏;加工阶段主要是固、液废弃物的排放对环境造成污染;运输阶段主要是运输途中产生的粉尘、煤尘、交通尾气等造成大气环境污染;利用阶段为煤炭资源利用过程中有毒有害废弃物的排放;废弃物处理阶段主要包括废弃物回收利用和填埋处理。煤炭全生命周期各阶段的资源环境影响特征见表 7-2。

表 7-2 煤炭全生命周期各阶段的资源环境影响特征

Table 7-2 Characteristics of resources and environment in different stages of coal life cycle

| 煤炭生命阶段 | 主要特征 | 具体表现 |
|---|---|---|
| 开采阶段 | 水、土、气等关键生态要素破坏 | ① 水资源污染、枯竭。② 土地资源损毁(压占、挖损和塌陷)。③ 大气污染(露天爆破和排土场扬尘、矸石山自燃废气、矿井煤层气等)。④ 生物多样性锐减 |
| 加工阶段 | 固、液废弃物排放 | ① 矸石、煤泥等固体废渣直接堆放压占土地,长期的风化和淋滤作用会造成土壤、地下水环境严重污染。② 含有 $SS$、$COD$、$BOD_5$ 等有毒有害物质的废水直接排放将导致水体污染,并危及周边生物健康。③ 原煤破碎筛分、输送环节产生的扬尘、煤尘等,导致大气可吸入颗粒物含量剧增,大气环境质量明显降低,威胁作业人员身体健康 |

表 7-2(续)

| 煤炭生命阶段 | 主要特征 | 具体表现 |
|---|---|---|
| 运输阶段 | 大气污染物散逸 | 煤炭运输过程中产生的粉尘、煤尘、交通尾气等造成大气环境污染。该阶段产生的大气污染物和交通噪声对沿线人类生境产生干扰,并对运输路线两边的农、渔、牧副业产生一定的负面影响 |
| 利用阶段 | 温室气体效应 | ① 煤炭燃烧排向大气的 $CO_2$、$SO_2$、$NO_x$、可吸入颗粒物等有害气体,加重了区域温室气体效应,严重污染大气环境,威胁作业人员及周边居民健康。② 发电过程中产生的废水不合理的排放造成水体严重污染,并通过灌溉、饮用、接触等途径危害周边农作物、动物及人类健康。③ 煤炭燃烧过程中产生的炉渣、粉煤灰等,直接堆放压占和污染土地,长期的风化和淋滤作用会导致周边大气、土壤及地下水体的严重污染 |
| 废弃物处理阶段 | 土地生态影响 | 主要包括废弃物回收利用和填埋处理。废弃物再利用主要是充当充填物料、生产建筑材料等。由于煤矸石、粉煤灰等废弃物中含有重金属等有毒有害元素,作为充填物料可能对土壤、地下水环境、种植作物造成污染 |

### 7.1.3 煤炭利用生态足迹分析

(1) 生态足迹概念

1992 年,Willian Rees 提出生态足迹(Ecological Footprint,EF)概念,之后,由其学生 Wackernagel 逐渐完善。任何已知人口(某个个人、一个城市或一个国家)的生态足迹是指生产这些人口所消费的所有资源和消纳这些人口所产生的所有废弃物所需要的生物生产总面积(包括陆地和水域)[11]。生态足迹分析是通过计算人类所需的生物生产性土地面积来衡量人对生态系统的需求,具体包括可再生资源消耗、基础设施建设和吸纳化石能源燃烧产生的二氧化碳排放(扣除海洋吸收部分)所需的生物生产性面积。生态足迹的计算公式如下:

$$EF = Nef = N\sum_{i=1}^{n} aa_i = N\sum_{i=1}^{n}(C_i/P_i) \tag{7-1}$$

式中,$i$ 为交易商品和投入的类型;$P_i$ 为 $i$ 种交易商品的平均生产能力;$C_i$ 为 $i$ 种交易商品的人均消费量;$aa_i$ 为人均 $i$ 种交易商品折算的生产土地面积;$N$ 为人口数;$ef$ 为人均生态足迹;$EF$ 为总的生态足迹。

(2) 中国煤炭利用生态足迹分析

据统计,2014 年中国煤炭消费总量为 41.16 亿 t,工业煤消费总量为 39.05 亿 t,约占煤炭消费总量的 94.87%。其中煤发电和煤制气是目前重要的工业用煤途径,其消费量约占工业煤消费总量的 47.91%,对生态环境影响较大。因此,可从发电、煤气两个方面运用生态足迹法分析煤炭开发利用对土地产生的影响。而煤炭作为重要的化石能源,其消费主要来源于化石能源地(化石能源地是指吸收化石能源燃烧排放的温室气体的森林和牧草地[12])。在其开发利用过程中排放的温室气体与全球碳循环密切相关,因此,可从碳循环的角度分析煤炭开发利用的生态足迹。

自然界的碳是大气圈、水圈、生物圈和岩石圈之间的循环。现有的研究大多数集中在陆地碳库上。煤炭开发利用,一方面通过煤炭消耗和工业生产,直接排放 $CO_2$ 等温室气体;另一方面通过改变土地利用结构影响各类用地的碳源和碳汇能力。联合国政府间气候变化专门委员会(Intergovernmental Panel on Climate Change,IPCC)2000 年分析全球植被和地表1 m 深土壤碳储存的分布得出,森林和草原碳蓄积量合计占陆地生态系统总碳蓄积量的93%,因此,可从森林和草原的碳蓄积量出发,研究煤炭开发利用的生态足迹。

① 数据来源

数据来源于国家统计局网站和国家能源局,重点统计发电标准煤耗量。化石能源平均热值、碳排放系数主要来源于 IPCC1996 年国家温室气体库存指南。

② 化石能源生态足迹

首先,计算化石燃料燃烧的排碳量。其次,根据净生态系统生产量估算森林和草原对$CO_2$的吸收能力及两者的 $CO_2$ 吸收比例。最后,依据吸收能力和吸收比例,估算吸收化石能源燃烧排放 $CO_2$ 所需的森林面积和草原面积。具体计算公式如下:

$$A_{ce} = \frac{C_{ce} \times H_{ce} \times Cd_{ce} \times Per_f}{\overline{EP_f}} + \frac{C_{ce} \times H_{ce} \times Cd_{ce} \times Per_g}{\overline{EP_g}} \tag{7-2}$$

式中,$A_{ce}$ 为某化石能源的生态足迹,$hm^2$;$C_{ce}$ 为某化石能源的消费量,t;$H_{ce}$ 为某化石能源的燃烧热值系数,TJ/kt;$Cd_{ce}$ 为某化石能源的碳排放系数,t/TJ;$Per_f$ 为森林吸收碳的比例;$Per_g$ 为草原吸收碳的比例,根据 IPCC 2000 年全球植被和地表 1 m 深土壤碳储存分析,森林与草原的比例分别为 82.72%、17.28%;$\overline{EP_f}$ 为世界森林年平均净生态系统生产量;$\overline{EP_g}$ 为世界草原年平均净生态系统生产量。本书引用谢鸿宇的研究,$\overline{EP_f}$、$\overline{EP_g}$ 的值分别为 3.810 t/$hm^2$、0.948 t/$hm^2$。

单位原煤和精炼厂煤气的生态足迹[12]见表 7-3。从表 7-3 可以看出,1 t 煤气生态足迹为 0.190 $hm^2$ 的森林和 0.160 $hm^2$ 的草地。1 t 原煤生态足迹为 0.123 $hm^2$ 的森林和 0.104 $hm^2$ 的草地。

表 7-3　单位原煤和精炼厂煤气的生态足迹

Table 7-3　Ecological footprint of 1 ton fossil energy

| 项目 | 平均热值/(TJ/kt) | 碳排放系数/(t/TJ) | C 排放量/t | $CO_2$排放量/t | 森林面积/$hm^2$ | 草地面积/$hm^2$ |
|---|---|---|---|---|---|---|
| 精炼厂煤气 | 48.15 | 18.20 | 0.876 | 3.213 | 0.190 | 0.160 |
| 原煤 | 20.91 | 27.17 | 0.568 | 2.083 | 0.123 | 0.104 |

③ 燃煤发电生态足迹

燃煤发电生态足迹可根据发电标准煤耗及标准煤与原煤的转化系数,得到燃煤对应的原煤消费量,进而得到森林和草地的面积。通过借鉴已有的火电生态足迹方法[12],更新统计 2011—2016 年的发电标准煤耗,见表 7-4。从表 7-4 中看出,2011 年、2012 年发电标准煤耗与 2013—2016 年相差较大,因此,选取 2013—2016 年发电标准煤耗,计算 1 kW·h 煤电平均标准煤耗约 314.5 g,折合原煤为 0.440 3 kg。通过式(7-2)计算得到,1 kW·h 煤电生态足迹为森林 $5.431 \times 10^{-2}$ $hm^2$ 和草地 $4.559 \times 10^{-2}$ $hm^2$。

表 7-4    2011—2016 年中国发电标准煤耗

Table 7-4    Standard coal consumption of China electricity generation in 2011—2016

| 年份 | 2011 | 2012 | 2013 | 2014 | 2015 | 2016 |
|---|---|---|---|---|---|---|
| 发电标准煤耗/[g/(kW·h)] | 330 | 326 | 312 | 319 | 315 | 312 |

④ 煤制气生态足迹

依据 1 t 煤气生态足迹,根据煤气的密度可折算 1 m³ 煤气生态足迹为 $2.379 \times 10^{-4}$ hm² 的森林和 $1.996 \times 10^{-4}$ hm² 的草地。同时根据焦炉煤气与标准煤的折标系数,即 0.571 4~0.614 3 kg/m³,本书假设焦炉煤气产生最高热量,折算系数取 0.614 3 kg/m³,同时结合标准煤与原煤的转化系数,得到 1 m³ 煤气约消耗原煤 0.86 kg。

⑤ 单位热量耗煤比较

根据能源与标准煤的折标系数,可知 1 kW·h 煤电产生热量约为 $3.6 \times 10^{6}$ J,1 m³ 煤气产生热量最多为 $1.798 \times 10^{7}$ J。根据原煤消耗量,可计算出单位煤电及煤气的生态足迹及热量耗煤情况,见表 7-5。燃煤发电单位热量耗煤约为 $1.223 \times 10^{-7}$ kg/J,焦炉煤气单位热量耗煤约为 $0.478 \times 10^{-7}$ kg/J。比较得出,若不考虑生产成本的情况下,煤制气耗煤量低于燃煤发电的单位热量耗煤量。

表 7-5    单位煤电及煤气的生态足迹及热量耗煤情况

Table 7-5    Ecological footprint and thermal coal consumption of unit coal power and gas

| | 消耗原煤/kg | 森林/hm² | 草地/hm² | 热量/J | 单位热量耗煤/(kg/J) |
|---|---|---|---|---|---|
| 1 kW·h 煤电 | 0.440 3 | $5.431 \times 10^{-2}$ | $4.559 \times 10^{-2}$ | $3.6 \times 10^{6}$ | $1.223 \times 10^{-7}$ |
| 1 m³ 煤气 | 0.860 0 | $2.379 \times 10^{-4}$ | $1.996 \times 10^{-4}$ | $1.798 \times 10^{7}$ | $0.478 \times 10^{-7}$ |

# 7.2  矿区生态累积效应测评

煤炭开采利用活动具有很强的时间持续性、空间扩展性等特征,对矿区环境系统的扰动具有形式多、来源广、机制复杂的特点。在可持续发展理念的倡导下,传统的煤炭开采环境影响评价具有诸多不足,例如,对煤炭开采的环境行为影响考虑不全,一个项目与其他项目之间对环境产生的综合影响或累积影响等考虑不够。因此,在煤炭开发的资源环境评价规划设计中,进行累积效应分析研究已势在必行[13]。

## 7.2.1  煤炭开采生态累积效应内涵与特征

(1)煤炭开采生态累积效应内涵

生态累积效应具有时间性、空间性和人类活动干扰的特点,即当环境中两个扰动的时间间隔小于环境系统恢复所需要的时间时,就会产生效应累积或时间拥挤现象。当两个扰动的空间距离小于消除每个扰动所需的空间时,就会发生空间累积效应现象。当人类活动在时间上具有重复性,在空间上具有聚集性或扩展性的特征时,累积效应的方式或结果会受到人类活动方式及特征的影响。累积效应是人们从另一个全新的视角来看待环境问题,当区域环境处于可持续发展临界水平时,一项自身环境影响较小的开发活动,在与其他开发活动的环境影响累积后,可能会造成严重后果[14]。

(2)煤炭开采生态累积特征

煤炭开采具有三个明显的生态累积效应特征:时间累积的特征、空间累积的特征和人类活动的影响特征。例如,由煤炭资源开采造成的地表沉降变形、输出的废水和固体废弃物等因素具有很强的时间持续性,并且每次扰动的时间间隔常常小于资源环境系统恢复所能消纳的时间距离,时间累积效应随即发生。在矿区内往往存在着多个生产矿井、选煤厂、发电厂等生产单位及居住区,这些设施及较高密集度的人类活动共同影响着矿区环境,从而产生空间累积效应。

### 7.2.2 煤炭开采生态累积效应的来源、方式与类型

(1)煤炭开采生态累积的来源

煤炭开采生态累积效应的来源主要包括矿区范围内的一切人类生产(开采、加工、利用)和生活活动,可将其划分为单一的和多个发展项目(活动)。

(2)煤炭开采生态累积效应的方式

矿区资源环境主要有如下几种累积途径:① 随着矿井生产活动的不断推进,采空区不断扩大,多个采空塌陷共同造成大面积地表塌陷区;② 多个矿井疏排矿井水,使得更大区域的地下水环境遭到破坏;③ 生产及生活排出大量污水,污水运移过程使地表水系遭受破坏或污染;④ 由于矸石堆积、瓦斯排放造成环境污染;等等。总之,煤炭开发活动在时空尺度上为资源环境效应提供了一个"源"的机制,矿井范围的活动及环境变化能够发生累积和扩展,从点或面扩展到一个更大的空间范围。累积效应产生的基本方式如图7-1所示。

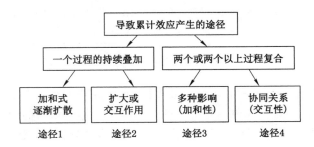

图 7-1 累积效应产生的基本方式

Fig. 7-1 Basic ways of causing cumulative effect

(3)煤炭开采生态累积效应的类型

煤炭开采生态累积效应可划分为9类,见表7-6,划分标准按照累积过程(如时间拥挤、空间拥挤、复合拥挤等)、结构变化(如碎片化效应、蚕食效应)、系统的性质变化(如触发点与阈值效应),各种类型相互不独立。从矿区大气环境、地面环境、水环境等,都可以提炼并获取因煤炭开采所造成的环境累积效应的时空特征、累积效应类型及特征,如表7-7所示。

### 7.2.3 煤炭开发利用生态累积效应评价

(1)生态累积效应评价的内容

煤炭资源开发对矿区生态环境的影响种类繁多,累积效应的表现形式复杂。根据矿区生态环境系统本身的特点,对矿区生态累积效应的评价主要包括以下几个方面:

表 7-6　累积效应的类型

Table 7-6　Types of cumulative effects

| 类型 | 主要特征 | 示例 |
|---|---|---|
| 时间拥挤 | 对环境频繁和重复地扰动 | 重复开采 |
| 空间拥挤 | 对环境系统的高密度扰动效应 | 大面积、大规模、高强度开采 |
| 复合拥挤 | 多个影响源的协同作用产生的效应 | $SO_2$ 和 $NO_x$ 化合产生烟雾 |
| 边界扩张效应 | 远离源产生的效应 | 大气污染及酸雨 |
| 时间延迟 | 发生与结果长时间的延滞 | 地表沉陷变形 |
| 破碎化效应 | 以景观结构的方式变化 | 林地破碎 |
| 间接效应 | 初始活动产生的次效应 | 土地塌陷导致农业生产水平下降 |
| 触发点与阈值 | 系统功能或结构的改变 | 土壤污染、农业绝收 |
| 蚕食效应 | 增加或减少的效应 | 耕地面积逐渐缩小 |

表 7-7　矿区地表水资源环境效应类型及特征

Table 7-7　Types and features of ground water environment cumulative effects in mining area

| 累积效应类型 | 主要表现特征 |
|---|---|
| 时间拥挤效应 | 矿井、地面生产及生活单位等污染源持续向河流排放废水,短于水环境自净所需要的时间间隔 |
| 空间拥挤效应 | 在河流水系空间范围内污染源呈密集态势,超过了水环境的容量 |
| 边界扩展效应 | 河流上游的污染物随着水系运动,造成远离污染源的下游地区产生污染 |
| 间接效应 | 由于地表水系统污染,造成居民饮用水、工农业用水、水生生物遭受影响 |
| 触发点与阈值 | 矿区地表水系的污染程度超过国家有关水质标准 |

① 水环境累积效应

对矿区水环境系统造成影响的影响源甚多:煤炭资源开采对地下水的疏排,工业废水和生活废水的排放,地表沉陷和各种井巷工程的空间占用对地表水系的影响,开采所造成的地下水化学环境的变化等。这些影响源叠加作用于矿区水环境系统,影响着水质、水量、水位和水流场等各方面。随着资源的开发,效应不断累积,矿区水环境系统于潜移默化之中发生着质或量的变化。

② 土地环境累积效应

煤炭资源的开采不仅改变着土壤的物理化学性状,影响了地表植被的生长,限制了农业的发展,而且地表沉陷结合固体废弃物、工业广场、生活区、相关配套企业和居民点等对土地空间的占用改变了土地利用的空间格局,影响地表径流条件,在风力、降水、运输等动力驱动下,造成矿区土壤流失加剧。

③ 大气污染累积效应

大气污染效应主要表现在:煤矸石自燃排放 $SO_2$ 造成大气污染;坑口电站、储煤场及煤的运输所产生的扬尘污染等;矿区锅炉等点源排放所造成的大气污染。大气污染最突出的环境效应表现形式是空间扩展效应,在各种因素的影响下,它可以实现超出矿区空间边界的远距离输送。

④ 生物生态累积效应

地表沉陷、潜水位下降和土壤性状的变化等会对生物生态带来一系列的影响,地表积水促使陆生生态系统转变为水生生态系统;土地利用类型的转变驱动着地表覆被发生变化。地形地貌、水土环境等的变化会引起植被类型和生物量的变化,带来第一性生产力的变化。

⑤ 地形地貌累积效应

煤矿区工业广场、生活区建设及井工开采诱发地表沉陷、矸石山堆积等活动,改变了矿区的地形地貌;建筑物增多、不透水面积增大带来矿区土地利用性质变化,从而对其他环境要素产生重要影响。

⑥ 景观演变累积效应

随着煤矿的开采,地表逐渐沉陷,平坦农田转为坡耕地,沉陷农田形状变得不规则[15]。景观演变累积效应包括耕地景观面积丧失、景观结构破碎化、景观多样性变化和生态系统退化等诸多方面。

(2) 评价原则

环境累积效应评价是系统分析和评价人类活动多种叠加所引起的局部环境变化过程。累积影响评价原则是累积效应评价实践的准则和指南,是衡量累积影响评价的质量和有效性的依据和标准。中国矿业大学王行风在分析和总结相关文献的基础上,结合煤矿区生态环境系统的特点,提出了进行矿区生态环境累积影响评价的几条原则[14,16-19]:

① 累积影响评价时间范围的完整性。累积影响是由过去的、现在的和可合理预见的将来活动的集合体所引起的环境影响总和。煤炭资源开发不仅是一个长期的过程,而且对生态环境的影响具有时间滞后效应。早期开发过程对生态环境的影响在逐渐累积,如矿区在闭坑以后,影响源活动虽已终止,但影响还要持续相当长的一段时间。因此,矿区累积效应研究应该考虑矿区周期的所有阶段,应关注时间范围的完整性。

② 累积影响评价应选择合适的空间范围。从企业管理、行政管辖的角度出发选择分析评价的空间边界,会造成项目评价缺乏整体性,且极容易造成相邻井田生态保护目标不一致,生态保护措施难以起到应有的效果,难以顾及生态环境敏感性保护目标。因此,为了实现对累积影响进行有效的监测和管理,累积影响评价空间范围应在保持与自然地理或生态系统边界相协调的基础上来确定。

③ 矿区影响活动的叠加性。影响活动应该包括矿区范围内可能对生态环境造成影响的各种活动之间的叠加。对于矿区来说,矿区生态环境状态的变化不仅受煤炭资源开采的直接影响,而且还受到与资源开发相关的其他活动的叠加影响。

④ 评价基线不是指矿区目前的生态环境状态,而应包括过去和当前活动所造成的影响。

⑤ 累积影响评价需要考虑煤炭资源开发带给具体矿区真正有意义的累积性影响。如我国东部、中部和西部地区,生态环境状况不同,生态累积影响实际情况也存在差异。因此在考虑煤炭资源开发对生态环境的累积影响时,须根据区域的实际情况选择不同的生态环境因子。

⑥ 累积影响评价应该注意生态环境容量(生态环境承载力)和可持续发展目标的一致性。

⑦ 累积影响源于性质相同影响的加和或性质不同影响的协同作用。

⑧ 特别需要注意煤炭资源开发活动所诱发的间接效应。煤炭资源开发是矿区发展的

主项目,其他人类活动是围绕煤炭资源开发而形成的,在进行累积效应分析时,一定要注意资源开发和其他活动之间的关系以及不同活动之间的累积性。

(3) 评价方法

① 地理信息系统

时空数据管理及时空规律分析是资源环境效应评价的特征及基础工作。地理信息系统一方面可对各种评价数据,如空间定位数据、图形数据、遥感图像数据、属性数据进行管理,另一方面又可根据该平台进行时空累计规律展示、演算及分析,与其他方法结合,如与地学统计分析、地学信息图谱分析、系统动力学分析、网络分析、生物地理分析、交互矩阵分析、生态模拟模型分析、多指标评价、模糊系统分析等定量分析方法结合,能够较好地确定和分析累积效应的因果关系,区分累积方式。地理信息系统是矿区资源环境效应研究不可或缺的平台,它使矿井、矿区或更大范围内进行该类研究成为可能。

② 对地观测和遥感遥测信息采集方法

应用空间对地观测和遥感遥测技术(如多光谱/高光谱遥感、激光雷达、Insar 、GPS、三维激光扫描、红外成像、数字摄影测量、无人机遥感遥测等),可以有效揭示和发现煤炭开发导致的环境损害与时空变化,从背景、状态、格局、过程、异常等不同角度揭示生态环境与地表灾害的形成演化过程,为煤炭开发的资源环境效应研究提供重要信息源。

③ 图表方法

图表方法是一种最简单、最基本的累积效应分析方法。如采用图表表示某一环境要素或综合环境要素取样化验值在时间、空间上的分布;采用树图形式,描述和分析环境要素受开采影响的原因、过程和结果之间的关联。

④ 数学模型方法

对相关特性研究较深入的环境要素,可用数学模型表示其受开采影响的时空变化过程、规律及累计效应。目前已有(或研究较多)的相关模型包括开采沉陷预测预报模型、水质污染预测模型、大气污染模型、土壤污染与侵蚀模型、水土流失模型、植被覆盖模型等。如在开采沉陷变形的剖面函数法(典型曲线法、负指数函数法)、影响函数法(概率积分法、积分格网法)预测预报模型中,都较细致地考虑了时间延迟、空间展布、重复采动、重叠变形等方面的影响。由于煤炭开发对地表、水、气、土等环境要素影响复杂,为取得预期效果,数学构模要涉及多种模型种类,如统计模型、解析模型、模糊数学模型、人工智能模型、非线性数学模型等,需针对具体要求进行合理选择。

⑤ 计算机模拟及实验室试验方法

利用计算机模拟及实验室试验方法模拟显示煤炭开发活动对矿区资源环境的影响,分析矿区环境系统的累积影响规律、特征、大小和范围。煤炭开发对环境时空影响的不确定性、动态性、非线性决定了计算机模拟及实验室试验方法的必要性及可行性。

# 7.3  矿区生态环境监测

矿产资源作为重要的自然资源,是社会生产发展的重要物质基础。然而,在矿山开采过程中,不可避免地造成了矿区生态环境污染破坏,诱发地表沉降、塌陷等多种地质灾害,因此,矿区生态环境安全成为我国国情监测的重要内容之一。而水、土、气作为矿区关键生态要素,对其进行动态监测，及时作出行为响应，避免矿区生态问题恶化，成为矿区监测的重中之重。

### 7.3.1 监测对象

由于矿山开发建设会对生态环境造成严重影响，因此，对矿区进行监测，构建矿区生态安全预警系统，降低或避免矿山生态安全事故的发生，成为矿山生产建设的重要方面。

（1）矿区监测内涵与类型

目前，矿区监测的概念并未有统一标准，各学者根据自身研究视角不同，对于矿区监测的理解各有不同，综合已有的研究成果，对矿区监测概念内涵的理解主要有以下几种说法：

① 从采矿造成的环境问题角度出发[20]，认为矿区监测是对矿区环境的监测，具体包括矿区污染源（矿区生产生活污水、噪声、振动等）和矿区状况（土壤、水、大气等）两方面。其目的是及时、准确、全面地反映矿区及其周边环境质量的现状和发展趋势，为保证矿区区域经济、环境建设目标的实现和环境保护工作的顺利进行，为矿区的环境管理决策提供科学依据。

② 从矿区生态系统的角度出发，认为矿区作为一个人工、半人工的生态系统，在采矿活动的影响下，矿区生态因子、生态系统结构、生态系统的结构功能受损。矿区监测是对矿区生态进行监测，利用生命系统及其相互关系的变化反应做"仪器"，对生态环境质量状况及变化进行监测[21]。

③ 从综合角度出发，将矿区监测理解为矿区生态环境监测。认为矿区生态监测就是采用一定的手段和方式，对在采矿工业企业活动地带周围环境状况进行评价与监测的一种专门信息与分析系统[22]。

矿区监测的类型十分丰富，具体包括矿区环境灾害监测、矿区生态恢复监测、矿区水资源监测、植被监测、大气监测、动物监测等。

（2）矿区监测内容

由于对矿区监测内涵的理解不同，矿区监测的内容也各有不同。矿区环境监测包括矿区污染源监测、矿区环境质量监测，如表 7-8 所示；矿区生态监测包括生态因子监测、生态系统结构监测、生态系统功能监测以及生态系统综合评价 4 个方面[20]，如表 7-9 所示。

**表 7-8 矿区环境监测内容**

**Table 7-8 Environmental monitoring content in mining area**

| 监测范围 | | 监测内容 | 监测方法 |
|---|---|---|---|
| 生态环境 | 规划矿区占用、扰动土地范围、自然保护区或其他特殊生态环境 | 矿区环境质量 | ① 在矿区范围内设置足够数量的水、大气、噪声、天然植被、水土流失等常规检测断面或监测点，以便掌握整个区域内的环境质量状况。② 在保护区或特殊生态环境内进行生物多样性（野生动物活动情况、栖息地、越冬场、迁徙通道的利用情况等）植被覆盖度等的监测 | 生物等样品的采集与分析按照国家环保部门颁布的分析方法执行；生态环境还可采用遥感监测、资料搜集及实地调查等方法 |
| 水环境 | 取水点及排水汇入点 | | | 《污水监测技术规范》（HJ 91.1—2019）、《地下水环境监测技术规范》（HJ/T 164—2004） |
| 空气 | 矿区及周边区域的空气环境 | 矿区污染源 | 矿井水处理达标及回用、煤矸石处置及利用、矿区生活污水、生活区绿化、污染物浓度、噪声、振动等的监测 | 《环境空气质量手工监测技术规范》（HJ 194—2017） |
| 声环境 | 各矿工业场地界外 1 m 范围及敏感目标分布范围 | | | 按照《声环境质量标准》（GB 3096—2008）执行 |

表 7-9　矿区生态监测内容

Table 7-9　Ecological monitoring content in mining area

| 内容 | 对象 | 作用 |
|---|---|---|
| 生态因子监测 | 大气污染、地表积水、土地损毁、土壤理化性质、土壤侵蚀、植被 | 用于生态因子变化监测、为其他监测提供数据 |
| 生态系统结构监测 | 土地覆盖、景观格局、第一生产力 | 反映生态系统结构受扰动状况 |
| 生态系统功能监测 | 物质循环（碳汇） | 反映生态系统功能受扰动情况 |
| 生态系统综合评价 | 荒漠化、生态资产、生态系统功能评价 | 反映矿区生态破坏水平 |

### 7.3.2　监测方法

随着科学技术的迅速发展，矿区监测的方法也趋于多样化。通过将传统的环境监测手段与高新科技相结合，综合应用环境、遥感、测绘、地理和空间信息技术等多学科技术手段，以实现矿区生态环境的科学、有效调控与治理[23]。现从单个矿山和区域环境两个尺度对矿区监测方法进行如下介绍：

（1）单个矿山监测

单个矿山的监测采用定期到现场调查并填表的方法，对一些重大矿区，应设立地下水位、滑坡和地面沉降等固定的专业监测点进行监测，针对单个矿山监测对象及监测方法如表7-10 所示。

表 7-10　单个矿山监测对象及监测方法

Table 7-10　Single mine monitoring object and monitoring method

| 监测方法 | 监测对象 | 监测指标 |
|---|---|---|
| ① 地面和建筑物的变形监测，通常设置一定的点位，用水准仪、百分表及地震仪等进行测量；地下岩土体特征的变化可采用伸缩性钻孔桩（分层桩）、钻孔深部应变仪等进行测量；水点变化的观测常用测量水量、水位的仪器进行；地下洞穴分布及发展状况可借助物探或钻探方法查明。② 塌陷前兆现象的监测内容包括：抽、排地下水引起泉水的干枯，地面积水，人工蓄水（渗漏）引起的地面冒气泡或水泡、植物变态、建筑物倾斜、地面环形开裂、地下土层垮落等。③ 地面、建筑物的变形和水点中水量、水态的变化，地下洞穴分布及发展状况等需长期、连续地监测，以便掌握地面塌陷的形成发展规律，提早预防、治理 | 采空区地面塌陷 | 塌陷区数量、塌陷面积、塌陷坑最大深度、积水深度，塌陷破坏程度等 |
| 大地测量法、GPS 全球定位系统、简易人工观测、应力计等技术 | 地裂缝 | 地裂缝数量，最大地裂缝长度、宽度、深度，地裂缝走向、破坏程度 |
| 采用现场埋设基岩标自动监测和高精度 GPS 监测 | 地面沉降 | 沉降面积、沉降最大深度、沉降区数量等 |

表 7-10(续)

| 监测方法 | 监测对象 | 监测指标 |
|---|---|---|
| 采用人工现场调查、量测。具体方法参考《崩塌、滑坡、泥石流监测技术要求》 | 山体开裂、滑坡、崩塌、泥石流地质灾害 | 本年度发生次数,造成的危害,地质灾害隐患点或隐患区的数量,已治理的隐患点或隐患区的数量 |
| 采用遥感技术监测和人工现场调查、量测相结合的方式 | 水土流失 | 水土流失区域面积及治理情况等 |
| 采用地下水水位动态监测和地面 GPS 监测以及遥感卫星监测等 | 土地沙化 | 土地沙化区域面积及治理情况等 |
| 人工现场调查、取样分析 | 地表水体污染 | 废水废液类型、年产出量、年排放量、年处理量、排放去向,地表水体污染源、主要污染物、污染程度及造成的危害、年循环利用量、年处理量 |
| 采用人工现场调查、量测,辅以遥感技术方法 | 侵占破坏土地与土地复垦 | 侵占和破坏土地类型、面积、破坏土地方式,破坏植被类型、面积,可复垦和已复垦土地面积 |
| 人工现场调查、取样分析,辅以土壤污染自动监测仪 | 土壤污染 | 土壤污染的污染源、主要污染物、污染程度及造成的危害等 |
| 人工现场调查、取样分析,辅以地下水位自动监测仪 | 地下水 | ① 地下水均衡破坏监测:矿区地下水水位、矿坑年排水量、含水层疏干面积、地下水降落漏斗面积等。② 地下水水质污染监测:pH、氨氮、硝酸盐、亚硝酸盐、挥发性酚类、氰化物、砷、汞、铬(六价)、总硬度、铅、氟、镉、铁、锰、溶解性总固体、高锰酸盐指数、硫酸盐、氯化物、大肠菌群以及反映本地区主要水质问题的其他项目 |
| 人工现场调查、取样分析 | 废水废液排放 | 年废水排放量及达标排放量,废水主要有害物质及排放去向,废水年处理量和综合利用量等 |

（2）区域环境监测

采用多波段、多时相和高分辨率遥感影像,对区域内的矿山地质环境问题进行解译和判读。建立基于遥感波谱的具有一定精度保证的主要矿山地物类型、土地与植被破坏、地面塌陷等自动识别模型与方法,实现地物面积变化自动监测。① 选取要监测的重点区域,充分了解研究区的地质环境背景,结合区内矿山分布,确定遥感监测方案。② 遥感影像可选取高分辨率卫星影像(QuickBird、IKON OS)数据,或者选取具有较高分辨率的各类航空遥感影像,遥感时段最好为每年 5～10 月。③ 利用遥感影像数据,对矿产开采区侵占土地、植被破坏、固体废物堆放、尾矿库分布、采空区地面沉陷(岩溶塌陷)、山体开裂、滑坡、泥石流、崩塌、煤田自燃等地质灾害、矿产开发引发的水土流失和土地沙化、矿区地表水体污染、土壤污染等矿山环境地质问题进行解译和判读。④ 收集研究区1∶25 000～1∶500 00 地形图数据,将遥感影像配准到 1∶250 00～1∶500 00 地形图上,采用目视解译、人机结合解译和计算机自动提取等方法将解译的内容按实际规模大小标在地形图上,并填写遥感解译记录表。

除以上方式对区域环境进行监测之外,2012 年由北京科技有限公司推出的首家全行业数据共享概念平台——地理国情监测云平台(Geographical Information Monitoring Cloud Platform,GIM-Cloud)(http://www.dsac.cn)成为环境监测数据获取的海量数据库。该数据库主要包含两部分——时空数据平台和数值模拟研究平台,特别是在现已建成的生态环境科学模型库的基础上,发展了数值模拟相关的工具库,并与时空数据平台进行集成,形成了具有国内领先水平的生态环境科学数值研究环境。

### 7.3.3 水、土、气关键生态要素监测

(1)矿区水害监测

造成矿区水害事故的主要原因为采掘作业遇采空区、导水断层或封闭不良的钻孔以及预计期间的淹井等。矿区水害监测预警系统的构建主要是为了探明矿区的采空区、导水断层分布,分析采空区及导水断层的状态,为之后制定有效的水害防治措施提供依据。

地下水监测主要是利用计算机技术,以实现矿区多元信息的网络集成、实时更新和预警。其目的是对降雨量、地表水和地下水等进行实时监测和查询,以便及时掌握降雨量、地表水和地下水的变化,指导矿区进行安全生产,避免开采作业过程中安全事故的发生[24]。矿区地下水监测预警系统主要包括信号探测、地下磁流体信息提取与转换、数据处理 3 部分,其中,探针用于探测地下磁流体的动、静信息,与探测装置之间采用探测电缆连接;探测装置用于提取探针接收的地下磁流体信息,既可通过 USB 电缆与数据分析处理计算机连接,也可通过现场总线电缆与其他的探测装置连接;数据分析处理与探测结果由计算机或专用分析仪显示[25]。在地表,也可进行水害监测预警,与地下监测相似。矿区水害地下监测系统如图 7-2 所示。

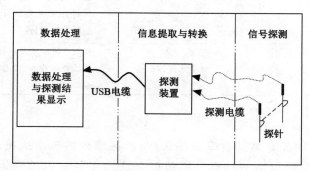

图 7-2　矿区水害地下监测系统

Fig. 7-2　Undergroundmonitoring system of water disaster in mining area

(2)土地资源监测

矿区土地资源监测具体包括地表沉降变形监测、土壤重金属污染监测、土地利用变化监测等方面。

① 地表沉降变形监测

由采矿引起的地表沉降变形也是矿区土地资源监测的重要方面。目前,针对地表变形监测的传统手段有:水准测量、GPS 测量和电子测距测量等。近年来,迅速发展的差分合成

孔径雷达干涉测量技术(differential interferometric synthetic aperture radar,D-InSAR)成为采空塌陷区实时动态监测的新手段,而且,随着小基线集(small baseline subset,SBAS)、永久散射体(permanent scatterers,PS)和人工角反射器(artificial corner reflector,CR)等高级 InSAR 技术的发展,矿区地表形变监测的水平得到了进一步的提高[26]。传统的监测技术较为成熟,且监测精度较高,但其监测成本较高,监测范围较小,受限制因素较多。与传统监测技术相比,D-InSAR 技术具备空间分辨率高、无接触式测量的优点,但其监测精度易受大气、时空等因素的影响[27]。以上两种监测手段的对比情况见表 7-11。

表 7-11 矿区地表变形监测的传统手段与 D-InSAR 技术的对比
Table 7-11 Comparison of traditional means and D-InSAR
technology of surface deformation monitoring in mining area

| 矿区地表变形监测 | 优点 | 缺点 |
| --- | --- | --- |
| 传统手段(水准测量、GPS 测量和电子测距测量等) | 技术成熟度高,监测精度高 | ① 需要大量人力、物力进入监测区域,加大工作难度,存在安全隐患。② 监测范围小、空间分辨率低。③ 观测成本较高,台站分布和观测周期受人力、物力、财力、气候、环境等的限制 |
| D-InSAR 技术 | 空间分辨率高,无接触式测量,技术不断改进,监测水平不断提升 | 监测精度和适用性易受时空失相和大气延迟的影响 |

② 土壤重金属污染监测

传统的土壤环境污染监测的技术手段主要包括地面布点、采样和实验室分析测定。其中,采样和布点成本较高、难度大,测量结果主要以点数据的形式进行表达,不能推广到区域尺度,无法全面反映区域尺度上的土壤环境污染状况[28]。随着地球科学信息技术的日益发展,基于矿区"天地空"一体化监测模式,运用遥感光谱分析方法估测矿区土壤及植被重金属含量成为矿区土壤重金属污染监测的重要手段。高光谱遥感技术能够实现大面积快速测样,并且因其在工作时具有非接触性的特点,避免了对土壤及植被原结构的破坏,从而达到动态、快速、大尺度和破坏小地检测土壤及作物重金属污染的目的[29]。

③ 土地利用变化监测

土地利用变化监测是进行土地信息统计的重要组成部分。传统的监测方法以人工调查法、野外测量法为主,这两种方法人力、物力、财力消耗成本较高,效率低下,同时难以实现数据的动态采样,难以实时、快速、准确地定位,监测结果与现实情况存在较大误差,因此,"3S"(包括全球定位系统 GPS、遥感 RS、地理信息技术 GIS)集成技术应运而生[30]。该技术不与探测目标直接接触,可以迅速、客观地监测土地利用变化信息,因此被广泛地应用于矿区土地利用变化监测方面,具体应用流程如图 7-3 所示。

(3) 大气监测

矿区环境中污染物的实时监测,是有效控制和改善矿区大气环境质量的前提。矿区监测的污染物主要有 TSP、$SO_2$、CO、$NO_x$。此外,有时还需监测大气降尘和 3,4 苯并芘。通过对大气环境中的主要污染物质进行定期或连续监测,判断大气质量是否符合国家制定的大气质量标准,可为编写大气污染环境质量状况评价报告提供数据,为开展大气污染的预测预报工作提供依据,为开展环境质量管理、环境科学研究提供基础资料和依据。常见的大气

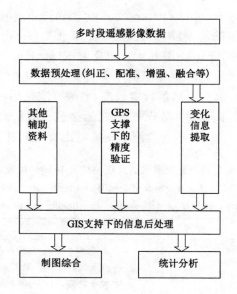

图 7-3 "3S"技术在矿区土地利用变化中的应用流程

Fig. 7-3 Application process of "3S" technology in land use change in mining area

污染布点方法包括网格布点法、同心圆布点法(又称放射式布点法)、扇形布点法以及功能分区布点法[31],各布点法的具体应用见表 7-12。

表 7-12 大气监测常用布点方法

Table 7-12 Common methods for atmospheric monitoring

| 方法 | 内容 | 对象 |
|------|------|------|
| 网格布点法 | 采样点设在两条直线的交点处或方格中心,监测区域地面划分为若干均匀的网状方格,可较好地反映污染物的空间分布 | 有多个污染源,且污染分布较均匀的广域大气污染监测 |
| 扇形布点法 | 采样点设在扇形平面内距点源不同距离的若干弧线上,每条弧线与顶尖连线的夹角一般为 10°～20°,每条弧线上至少有 3 个采样点 | 单个孤立污染源的监测 |
| 同心圆布点法(放射式布点法) | 以污染群中心为圆心,在地面上画若干同心圆,以圆心作若干条放射线,采样点为放射线与圆周的交点 | 有多个固定污染源构成的污染群,且大气污染较集中的地区 |
| 功能分区布点法 | 按工业区、居民区、交通频繁区等分别布设若干采样点,与上述方法结合采用 | 污染源排放对不同功能区的影响 |

除以上布点监测之外,采用无线监控系统对矿区大气环境进行监测成为矿区环境监测的新选择。具体程序为采用无线传感器网络将终端传感器收集的各种参数传至路由器节点,通过传输网络数据传至地面上的中央控制计算机,最后由计算机对数据进行比较分析,最终对矿区大气环境状况进行评估[32]。矿区大气环境监测系统结构如图 7-4 所示。

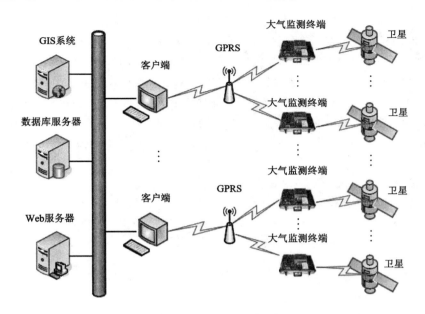

图 7-4　矿区大气环境监测系统结构

Fig. 7-4　The overall structure of atmospheric environment monitoring system in mining area

# 7.4　西部草原矿区生态赤字/盈余评析

呼伦贝尔市位于内蒙古东北部，E115°31′～126°04′，N47°05′～53°20′。区内草原面积9.93万 km²，占辖区总面积的37.76%。呼伦贝尔草原煤炭资源十分丰富，已开发利用的煤矿区用地主要集中于呼伦贝尔牧业四旗（鄂温克旗、陈巴尔虎旗、新巴尔虎左旗、新巴尔虎右旗），属于呼伦贝尔草原的核心地带，已探明储量297.85亿 t，是东三省煤炭资源储量总和的1.8倍[33]，主要煤种为褐煤，占全市煤炭资源总量的98%，辅助煤种为长焰煤。煤炭资源所具有的特点如下：① 储量丰富，保证程度高；② 煤炭资源质量较高，具有低硫、低磷、活性大的优点，是动力用煤和煤化工产品的优质原料；③ 单个煤田规模较大，煤层厚，埋藏浅，产状平缓，含煤系数高，具备建设大型露天煤矿和煤电、煤化工组合的优良条件。

2007年，呼伦贝尔市已开发利用矿区355处，各类矿山企业345个，其中能源矿山46个，金属矿山23个，非金属矿山266个，矿泉水10个。主要煤矿有7个，分别为宝日希勒矿区、伊敏矿区、红花儿基地、西图里湖矿区、巴彦矿区、五九矿区、巴彦矿区。其中，伊敏矿区、五九矿区和巴彦矿区煤炭资源开采总量占呼伦贝尔市总量的50%以上[34]。据统计，呼伦贝尔市每年因采矿造成地下水位下降约1.94 km²，集中分布于海拉尔盆地、拉布大林、免渡河等煤炭集中区。矿业累计固废产量3.7亿 t，且易引发滑坡、泥石流等地质灾害[35]。值得深思的是，矿业开发引发的生态环境问题，不仅仅存在于单独矿山或矿区，其对水、土、气等关键生态要素影响甚至延伸至整个呼伦贝尔市辖区，威胁整个城市的生态安全。

## 7.4.1　草原矿区生态足迹变化特征

分析呼伦贝尔市资源消费项目，将其划分为生物资源和能源资源两大类。生物资源主要包括：小麦、玉米、水稻、薯类、大豆、油料、甜菜、蔬菜、酒、糖、水果、木材、猪肉、牛肉、羊肉、禽肉、禽蛋、奶类、乳制品、绵羊毛、山羊毛、山羊绒、水产品共 23 项指标,按照各类生物资源的来源,将其划分到耕地、林地、草地、建设用地、水域、化石能源用地 6 类生态生产性土地中。根据 1993 年联合国粮农组织(Food and Agriculture Organization of the United Nations,FAO)公布的生物资源世界平均产量,对呼伦贝尔市的消费品进行生态生产性面积折算。能源资源主要包括：原煤、原油、焦炭、汽油、煤油、柴油、燃料油、电力、热力,共 9 项指标,各类能源消费按照世界单位化石燃料生产性土地面积的平均发热量为标准计算能源足迹[36]。

(1) 2006—2016 年人均生态足迹演变

生态足迹是指将因人类生产活动引起的各种直接或间接消费归纳为具体的资源消耗数量,根据不同地区生态生产能力,将资源消耗量分别折算为具有生态生产力的土地面积来判断生态系统是否处于可载状态[34],公式如下：

$$EF = N \times ef = N \times \sum_{i=1}^{n} (aa_i \times r_i) = N \times \sum_{i=1}^{n} \left( \frac{c_i}{p_i} \times r_i \right) \tag{7-3}$$

式中,$EF$ 表示区域内生态足迹总量,$hm^2$;$N$ 表示区域内总人口数量;$ef$ 为人均生态足迹,$hm^2/cap$;$i$ 为区域内消费品的种类数量;$aa_i$ 为第 $i$ 种消费品所折算的生态生产性土地面积;$c_i$ 为区域内第 $i$ 种消费品的人均消费量,t;$p_i$ 为第 $i$ 种消费品的全球平均生产能力,t/cap;$r_i$ 为均衡因子。

2006—2016 年呼伦贝尔市人均生态足迹变化情况见图 7-5,图中可以看出,人均生态足迹从 2006 年的 5.711 3 $hm^2/cap$ 增加到 2016 年的 11.093 7 $hm^2/cap$,增长了 1.94 倍。2006 至 2014 年,平均每年以 15.08% 幅度增加。耕地、草地、水域、建设用地和化石能源用地人均生态足迹均呈增长趋势,其中能源的贡献率最大(从 1.79 $hm^2$ 增长到 4.95 $hm^2$),尤其是 2011 年和 2014 年,能源足迹增幅比较大,分别增加了 35.75% 和 13.91%。但是在 2014 以后能源足迹出现明显下降,主要受全球煤炭市场和新兴能源的影响,以及呼伦贝尔市对非法、不规范作业矿山企业整治有关,人均生态足迹随之出现明显下降趋势。说明呼伦贝尔市人均生态赤字与化石能源用地足迹有直接相关性,即人均生态赤字主要由呼伦贝尔市工业生产所消耗的大量能源造成。

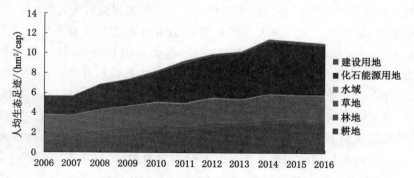

图 7-5 2006—2016 年呼伦贝尔市人均生态足迹变化情况

Fig. 7-5 Changes of per capita ecological footprint in Hulunbuir city from 2006 to 2016

耕地和草地人均生态足迹 11 a 年间分别增长了 1.75 $hm^2/cap$、0.65 $hm^2/cap$,说明奶类、肉类和农产品的需求加大,人民饮食结构逐步发生变化,生活水平逐渐提高;林地生态足迹近年来呈现下降趋势,主要由于呼伦贝尔市 2015 年实施了停止天然林商业性采伐措施,同时取消原有的天然林商品木材 32 万 $m^3$ 的生产指标,显著降低木材消费量,生态足迹结果减小;建设用地和水域 11 年间人均生态足迹分别增长了 0.03 $hm^2/cap$ 和 0.19 $hm^2/cap$,贡献率最小。

(2) 2006—2016 年人均生态承载力变化

生态承载力指在保证生态系统正常生产力和功能完整以及维持可持续发展的情况下,系统所能支持的最大负荷[37],即区域内所能提供的供人类利用的所有生态生产性土地面积。

$$EC = N \times ec = N \times \sum_{j=1}^{6} (a_j \times r_j \times y_j) \qquad (7\text{-}4)$$

式中,$EC$ 为区域内生态承载力总量,$hm^2$;$N$ 为区域内总人口数量;$ec$ 为区域内人均承载力,$hm^2/cap$;$j$ 为 6 种生态生产性土地;$a_j$ 为第 $j$ 类生态生产性土地面积的人均拥有量,$hm^2$;$r_j$ 为第 $j$ 类生态生产性土地的均衡因子;$y_j$ 为产量因子。

均衡因子指全球该类生物生产面积的平均生态生产力除以全球所有各类生态生产性面积的平均生态生产力。产量因子是将不同地区同类生态生产性土地转化为可比的土地面积,由地区某类生态生产性土地生产力除以全球同类生态生产性土地平均生态生产力。本书选择内蒙古地区产量因子和均衡因子[38],以此真实反映呼伦贝尔市内资源消费对本区域所产生的生态压力。需要说明的是由于实际中没有专门预留出来用于吸收化石能源消费所产生的 $CO_2$ 的土地,一般情况下,能源消费足迹通过吸收能源消费产生的 $CO_2$ 所需要的林地面积表示,因此,化石能源用地均衡因子与林地相同[39],不同土地利用类型均衡因子见表7-13。在计算 $EC$ 时,采用世界环境与发展委员会报告提出的扣除 12% 的生物多样性的修正系数。

表 7-13 不同土地利用类型均衡因子
Table 7-13 Equivalence factors for different land types

| 地类 | 耕地 | 林地 | 草地 | 建设用地 | 水域 | 化石能源用地 |
|------|------|------|------|----------|------|--------------|
| 均衡因子 | 2.8 | 1.1 | 0.5 | 2.8 | 0.2 | 1.1 |

2006—2016 年呼伦贝尔市人均生态承载力变化情况见图 7-6 所示。从图中可以看出,呼伦贝尔市人均生态承载力呈波动性增长,与耕地变化趋势基本一致,2006—2016 年间,林地生态承载力所占比重最大,平均占人均生态承载力的 58%,是呼伦贝尔市最重要的生态生产性土地。其次是耕地(33.55%)、建设用地(4.64%)、草地(3.39%)和为水域(0.42%)。各土地利用结构中,耕地变化幅度最为明显,林地、草地、水域和建筑用地人均生态承载力基本不变,说明在 2006—2016 年期间,呼伦贝尔市耕地垦殖力度加大,其他类型土地转为耕地增多,而呼伦贝尔市人均承载力的各种土地类型的结构和大小基本保持不变。

### 7.4.2 草原矿区生态赤字/盈余

生态足迹和生态承载力都是用生物生产性土地面积来衡量的,因此,它们可以直接比较。生态赤字/盈余表示区域生态系统的供需盈亏情况,当一个地区的生态承载力小于生态

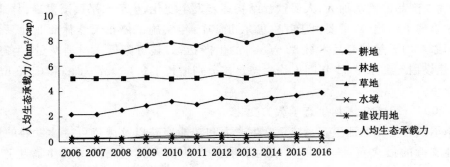

图 7-6　2006—2016 年呼伦贝尔市人均生态承载力变化情况

Fig. 7-6　Changes of per capita ecological capacity in Hulunbuir city from 2006 to 2016

足迹,要满足现有水平的消费需求,该地区或是从地区之外进口所欠缺的资源以平衡生态足迹,或是通过消耗自身的自然资本来弥补供给流量的不足,即出现"生态赤字"(ED);反之,则产生"生态盈余"(ES)。

$$ED/ES = EF - EC = N \times (ef - ec) \tag{7-5}$$

该比值若为正值,则表示区域生态资源出现供给不足,影响人类发展;若为负值,则表示区域生态资源供给充足,能够满足人类生产需求。

2006—2016 年呼伦贝尔市生态赤字/盈余变化情况见图 7-7。从图中可以看出,呼伦贝尔市 2006—2009 年处于生态盈余状态,2009 年到 2016 年处于生态赤字状态,并在 2014 年达到峰值(3.017 5 hm²/cap),之后再次出现下降趋势。其中耕地和林地一直处于盈余状态,且经过近年来各项保护政策的实施,林地承载力有小幅度上升趋势。而建设用地和水域用地一直处于赤字与盈余分界线附近,变化较小。此外,化石能源用地和草地呈现明显赤字状态,而且化石能源用地生态赤字随时间变化情况与呼伦贝尔市人均生态赤字变化趋势基本一致,由此可见,化石能源用地和草地是造成呼伦贝尔市生态赤字的两大主要因素,而能源用地是该市近年来人均生态赤字的最重要因素。

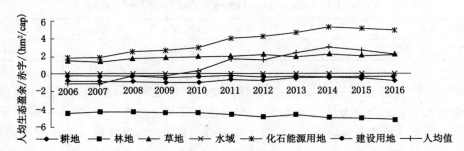

图 7-7　2006—2016 年呼伦贝尔市人均生态赤字/盈余变化

Fig. 7-7　Changes of per capita ecological deficit/ surplus in Hulunbuir city from 2006 to 2016

### 7.4.3　牧-矿生态协调系数与动态变化

（1）生态压力指数

在进行研究区生态足迹/生态承载力计算的基础上,采用生态压力和协调指数计算,对当地生态安全状况进行研究分析。生态压力指数也被称为生态足迹强度指数,指区域内可更新资源(不包括化石能源,首先因化石能源消耗所排放的气体具有扩散性,不只是由研究地承担,其次化石能源足迹没有与之对应的生态承载力[40])的人均生态足迹与生态承载力的比值,能够反映该区域范围内生态环境的承压强度[41]。

$$EPI = ef'/ec \qquad (7-6)$$

式中,$EPI$ 为生态压力指数;$ef'$ 为区域内可更新资源的人均生态足迹;$ec$ 为区域内人均生态承载力。当 $0<EPI<1$ 时,表明区域处于生态安全状态;当 $EPI>1$ 时,表明区域生态安全受到威胁,且 $EPI$ 值越大生态越不安全。2008 年,我国学者通过生态足迹模型,对包括中国在内的全球约 150 个国家生态环境状况进行分析,在计算生态压力指数的基础上,制定了生态安全等级划分标准[42],如表 7-14 所示。

**表 7-14 生态安全等级划分标准**
**Table 7-14 The grade of ecological security**

| 等级 | 生态压力指数 | 表征状态 |
| --- | --- | --- |
| 1 | <0.50 | 很安全 |
| 2 | 0.50~0.80 | 较安全 |
| 3 | 0.81~1.00 | 稍不安全 |
| 4 | 1.01~1.50 | 较不安全 |
| 5 | 1.51~2.00 | 很不安全 |
| 6 | >2.00 | 极不安全 |

(2)生态足迹多样性指数

生态足迹多样性指数是指生态经济系统中不同土地利用类型生态足迹分配的公平度。一般而言,随着国家或地区经济的发展,生态足迹多样性指数会升高。区域生态经济系统发展能力的提高往往依赖于生态足迹多样性的提高。

$$EFDI = -\sum (p_i \ln p_i) \qquad (7-7)$$

式中,$p_i$ 为第 $i$ 类生产性土地在区域生态足迹中所占的比例。$EFDI$ 越大,则区域生态足迹分配越公平,反之则区域生态足迹类型单一或比例失衡,生态系统处于不稳定状态。

(3)生态协调系数

生态赤字是一个绝对值,不能反映其与资源禀赋条件的关系。因此,有必要引入生态协调系数($ECC$)的概念来弥补生态赤字中的不足。生态协调系数表示区域生态环境与社会经济发展的协调程度。

$$ECC = (ef' + ec)\big/\sqrt{(ef')^2 + ec^2} = \left(\frac{ef'}{ec} + 1\right)\bigg/\sqrt{\left(\frac{ef'}{ec}\right)^2 + 1}$$
$$= (EPI + 1)\big/\sqrt{EPI^2 + 1} \qquad (7-8)$$

由于 $ef'$、$ec$ 均大于 0,故 $1<ECC\leq 1.141$,$ECC$ 越接近 1.141,表明区域经济环境协调性越好;$ECC$ 越接近 1,则区域协调性越差。

(4)牧-矿区生态压力指数、生态足迹多样性指数与生态协调系数动态变化

2006—2016 年呼伦贝尔市生态压力指数、生态足迹多样性指数和生态协调系数变化情

况如图 7-8 所示。从图中可以看出,生态压力指数从 2006 年到 2014 年间持续上升(从 0.83 增长到 1.36),但在 2014 年到 2016 年出现下降趋势;而生态足迹多样性指数总体上呈下降趋势(从 1.42 降到 1.25),虽然在 2010 年出现明显上升,但随后又呈现急剧下降趋势,直到 2014 年略有回升;生态协调系数呈轻微下降趋势,说明呼伦贝尔市生态压力持续增大,社会发展与区域环境不协调状况加重。但总体来说,$EPI$,$ECC$,$EFDI$ 均在 2014 年时达到最值($ECC$,$EFDI$ 达到最小值,$EPI$ 达到最大值),而且在 2010 年之前,生态足迹多样性指数高于生态压力指数,此时,生态协调系数呈稳定增长趋势。但是在 2010 年之后,生态压力指数迅速增加并远超生态足迹多样性指数,相对应的生态协调系数呈明显下降趋势。到 2014 年,生态压力指数下降,生态足迹多样性指数上升,对应的生态协调系数再次回升。说明当经济活动达到一定程度后,会造成生态多样性下降,生态系统不稳定增强。

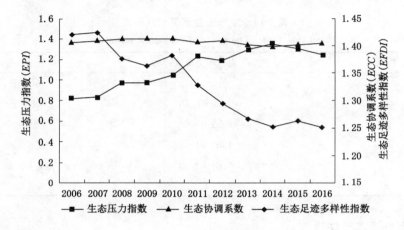

图 7-8　2006—2016 年呼伦贝尔市 $EPI$、$ECC$ 与 $EFDI$ 变化

Fig. 7-8　Evolution of $EPI$,$ECC$ and $EFDI$ of Hulunbuir city from 2006 to 2016

(5) 2006—2016 年生态安全等级变化

根据生态压力指数计算结果,结合生态安全等级划分标准(表 7-14),确定 2006—2016 年呼伦贝尔市生态安全等级状况,如表 7-15 所示。总体上呼伦贝尔市生态安全等级由稍不安全(3 级)降为较不安全(4 级),生态环境压力逐渐增大。但在 2014 年到 2016 年,虽然生态安全仍属于 4 级安全水平,但是生态压力指数明显降低,说明呼伦贝尔生态安全状况出现明显好转趋势。

### 7.4.4　能源足迹驱动力响应

(1) STIRPAT 模型介绍

资源-环境问题的产生离不开技术进步、人口增长及经济发展。20 世纪 70 年代,面对矛盾日益突出的资源-环境问题,美国生态学家 Ehrich 和 Comnoner 在总结已有研究的基础上,分析提出 IPAT(Environmental Impact,Population,Affluence,Technology)模型[43],其中 $I = PAT$,旨在分析人口、经济、技术与环境的关系。因该模型能够简便快捷地衡量人口、经济、技术与环境问题的关系,自其提出后被广泛地应用于环境问题分析。但随着时间推移,使用缺陷开始显现。由公式 $I = PAT$ 可知,人口、经济、技术与环境问题均成等比例变化关系,与实际有所不符,此外该模型也不能对每个驱动因素的重要性程度进行明确判断。

表 7-15　2006—2016 年呼伦贝尔市生态安全等级确定

Table 7-15　Ecological security grade in Hulunbuir city from 2006 to 2016

| 年份 | 生态压力指数 | 表征状态 | 等级 |
|------|------------|---------|------|
| 2006 | 0.82 | 稍不安全 | 3 |
| 2007 | 0.84 | 稍不安全 | |
| 2008 | 0.97 | 稍不安全 | |
| 2009 | 0.97 | 稍不安全 | |
| 2010 | 1.05 | 较不安全 | |
| 2011 | 1.22 | 较不安全 | |
| 2012 | 1.19 | 较不安全 | 4 |
| 2013 | 1.30 | 较不安全 | |
| 2014 | 1.36 | 较不安全 | |
| 2015 | 1.31 | 较不安全 | |
| 2016 | 1.25 | 较不安全 | |

基于此,1994 年,Dietz 等提出了能够更加灵活地对环境问题进行定量分析的 STIRPAT (Stochastic Impacts by Regression on Population, Affluence, and Technology)模型[44],其实质是 IPAT 模型的改进,如下:

$$I = a \times P^{a_1} \times U^{a_2} \times A^{a_3} \times T^{a_4} \times C^{a_5} \times \xi \tag{7-9}$$

为确定相关参数,需对表达式两边进行对数变换得到下式:

$$\ln I = \ln a + a_1 \ln P + a_2 \ln U + a_3 \ln A + a_4 \ln T + a_5 \ln C + \ln \xi \tag{7-10}$$

式中,$I$ 表示人均生态足迹(环境压力);$\ln P$ 为人口数量;$\ln U$ 为城镇化率;$\ln A$ 为人均 GDP;$\ln T$ 为第二产业产值比重;$\ln C$ 为万元 GDP 能耗;$\ln a$,$\xi$ 分别为常数与随机误差项;$a_1$,$a_2$,$a_3$,$a_4$,$a_5$ 分别为 $\ln P$,$\ln U$,$\ln A$,$\ln T$,$\ln C$ 的弹性系数,表示每个驱动力指标的变动对总环境影响的驱动程度。

(2)驱动力因子初步选择

能源足迹的影响因素众多,在已有的研究中,学者们多选择人口、城市发展水平、经济发展水平以及产业结构、技术水平等作为能源足迹驱动力分析的主要指标因子。根据 STIRPAT 模型,从社会、经济、技术 3 方面对呼伦贝尔市能源足迹驱动力指标进行筛选。

经济方面:经济发展带动当地人民生活富裕,但需消耗更多能源用以生产生活。作为我国重要的煤炭开采基地,在呼伦贝尔市产业结构中,相较于第一产业和第三产业,第二产业产值比重维持在 30%～50%(2006—2016 年),表明工业是该市国内生产总值的主要来源,也是能源消耗的主要部门,对能源足迹的贡献颇高。

社会方面:人口数量是影响当地能源足迹的重要因素,人口不断增长对化石能源消耗逐渐增多。而城市化建设需要更多的能源资源消耗,同时,城市水平的提高使得城市聚集效应增大,又会产生人口吸引,最后又产生能源消耗。

技术方面:一般情况下,科学技术水平的提高使得能源消耗降低,即单位能源消耗会产生更大价值,资源浪费率降低。

以上 3 方面是相互联系的统一整体,经济、社会和技术水平会相互促进,相互响应。综合以上分析,筛选出呼伦贝尔能源足迹驱动力指标,见表 7-16,并基于系统动力学绘制各因子关系,如图 7-9 所示。

**表 7-16  呼伦贝尔能源足迹驱动力指标**

**Table 7-16  Driving force indexes of the energy footprint in Hulunbuir city**

| 年份 | 经济 | | 社会 | | 技术 |
| --- | --- | --- | --- | --- | --- |
| | 富裕程度 | 第二产业 | 人口 | 城市化水平 | 技术水平 |
| | 人均 GDP /元 | 第二产业产值 比重/% | 总数量 /万人 | 城市化率 /% | 万元 GDP 能耗 /吨标准煤 |
| 2006 | 14 755 | 32.2 | 269.96 | 65.72 | 1.966 4 |
| 2007 | 18 687 | 33.4 | 270.56 | 65.97 | 1.870 0 |
| 2008 | 23 413 | 36.4 | 269.88 | 66.46 | 1.778 4 |
| 2009 | 28 882 | 41.1 | 271.76 | 66.57 | 1.648 4 |
| 2010 | 36 553 | 42.1 | 271.30 | 66.22 | 1.570 0 |
| 2011 | 45 038 | 44.5 | 270.44 | 66.18 | 1.148 0 |
| 2012 | 52 649 | 47.1 | 253.47 | 68.97 | 1.082 7 |
| 2013 | 56 470 | 47.7 | 266.46 | 66.64 | 1.050 3 |
| 2014 | 60 152 | 45.5 | 252.95 | 70.26 | 1.030 6 |
| 2015 | 63 131 | 44.6 | 252.65 | 70.84 | 0.817 0 |
| 2016 | 64 140 | 44.7 | 252.76 | 71.52 | 0.750 9 |

*表头左上角:驱动力指标 / 类别*

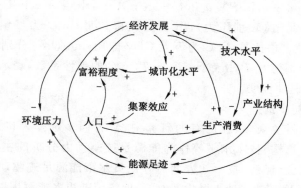

图 7-9  呼伦贝尔市能源足迹系统动力学分析

Fig. 7-9  Driving force analysis of the energy footprint by system dynamics in Hulunbuir city

(3) 相关性分析

为进一步确定所选能源足迹驱动力因子的准确性,采用 SPSS19.0 软件,对所选五个驱动力因子与能源足迹的时间序列数据分别进行 Person 相关性检验,见表 7-17。

由表 7-17 检验结果可知,五项驱动因子指标与能源足迹的相关性系数均在 0.8 以上,且呈显著相关关系。其中,人均 GDP 和万元 GDP 能耗与能源足迹相关性最强,分别为 0.988 和 0.974。以上结果表明,可以通过以上五项指标,利用 STIRPAT 模型对呼伦贝尔市能源足迹进行驱动力分析。

表 7-17　呼伦贝尔市能源足迹时间序列数据与驱动力因子相关性检验（双侧）

Table 7-17　Correlation test between time series data of energy footprint and driving force factors in Hulunbuir city（bilateral）

| 指标 | 能源足迹 | 人均 GDP | 第二产业产值比重 | 总人口 | 城市化率 | 万元 GDP 能耗 |
|---|---|---|---|---|---|---|
| 能源足迹 | 1 | 0.988＊＊ | 0.886＊＊ | −0.811＊＊ | 0.807＊＊ | −0.974＊＊ |
| 显著性 | | 0.000 | 0.000 | 0.002 | 0.003 | 0.000 |
| 人均 GDP | 0.988＊＊ | 1 | 0.905＊＊ | −0.811＊＊ | 0.816＊＊ | −0.988＊＊ |
| 显著性 | 0.000 | | 0.000 | 0.002 | 0.002 | 0.000 |
| 第二产业产值比重 | 0.886＊＊ | 0.905＊＊ | 1 | −0.587 | 0.561 | −0.882＊＊ |
| 显著性 | 0.000 | 0.000 | | 0.057 | 0.072 | 0.000 |
| 总人口 | −0.811＊＊ | −0.811＊＊ | 0.587 | 1 | −0.955＊＊ | 0.800＊＊ |
| 显著性 | 0.002 | 0.002 | 0.057 | | 0.000 | 0.003 |
| 城市化率 | 0.807＊＊ | 0.816＊＊ | 0.561 | −0.955＊＊ | 1 | −0.814＊＊ |
| 显著性 | 0.003 | 0.002 | 0.072 | 0.000 | | 0.002 |
| 万元 GDP 能耗 | −0.974＊＊ | −0.988＊＊ | 0.882＊＊ | 0.800＊＊ | −0.814＊＊ | 1 |
| 显著性 | 0.000 | 0.000 | 0.000 | 0.003 | 0.002 | |

＊＊在 0.01 水平上显著相关（双侧）

（4）呼伦贝尔能源足迹 STIRPAT 模型构建

一般情况下，STIRPAT 模型中，$I$ 为生态环境压力，$P$ 为总人口数量，$A$ 为人均 GDP 表示当地富裕程度，$T$ 为技术水平指标（未有统一规定）。本书基于传统 STIRPAT 模型，从社会、经济、技术三方面选择呼伦贝尔能源足迹驱动力指标，在对其进行筛选检验后，构建适合当地实际的 STIRPAT 模型框架，如图 7-10 所示。

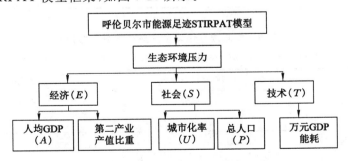

图 7-10　呼伦贝尔市能源足迹 STIRPAT 模型框架

Fig. 7-10　STIRPAT model frame of energy footprint in Hulunbuir city

（5）主成分回归拟合

一般情况下，在分析社会经济指标对生态环境压力的驱动力影响机制时，采用最小二乘法对自变量进行回归，但由于在社会经济指标的选择中，难以获取相互独立的指标因子，指标之间通常存在相互关系，因此会导致回归方程结果的准确性降低[45]。由表 7-16 可知，研究筛选的各驱动力指标不仅都与能源足迹有显著相关关系，各指标之间也显著相关。因此，为避免直接进行回归分析所引起的回归方程准确度降低情况的发生,根据已有研究,采用主成分回归分析方法解决多元回归模型中的共线性问题[46],以提高回归方程的准确度。在此基础上,利用 STIRAT 模型对各指标进行更进一步的定量分析。为避免变量之间量的影响,进行主成分分析之前,需进行样本数据的 KMO(Kaiser-Meyer-Olkin measure of sampling adequacy)检验,检验结果大于 0.5 才能进行进一步分析。此外,主成分分析累积方差达到 85% 以上为满意结果。通过 SPSS19.0 对 2006—2016 年呼伦贝尔市标准化后的 5 项能源足迹驱动力因子进行主成分分析,KMO 测定值为 0.695,大于 0.5,Bartlett 的球形度检验值为 71.849,sig<0.001,通过检验。说明可对各指标因子进行主成分分析。

利用 SPSS19.0 对 5 项能源足迹驱动力因子进行主成分提取,主成分提取结果、旋转成分矩阵及主成分得分系数矩阵分别见表 7-18 和表 7-19。由表 7-18 可知,当提取前两个主成分后,累积贡献率为 97.332%,大于 85%,说明其已包含原始变量信息的 97.332%,可替代原始变量,达到满意效果。通过表 7-19 中的旋转成分矩阵可知,主成分 $F_1$ 主要和总人口数量、城市化率、万元 GDP 能耗相关,方差百分比为 48.908%。主成分 $F_2$ 主要和人均 GDP、第二产业产值比重、万元 GDP 能耗相关,方差百分比为 48.425%。

表 7-18　主成分提取结果

Table 7-18　Extraction results of principle component

| 成分 | 初始特征值 | | | 提取平方和载入 | | | 旋转平方和载入 | | |
|---|---|---|---|---|---|---|---|---|---|
| | 合计 | 方差的% | 累积% | 合计 | 方差的% | 累积% | 合计 | 方差的% | 累积% |
| $F_1$ | 4.199 | 83.979 | 83.979 | 4.199 | 83.979 | 83.979 | 2.445 | 48.908 | 48.908 |
| $F_2$ | 0.668 | 13.354 | 97.332 | 0.668 | 13.354 | 97.332 | 2.421 | 48.425 | 97.332 |
| $F_3$ | 0.090 | 1.797 | 99.129 | | | | | | |
| $F_4$ | 0.036 | 0.718 | 99.847 | | | | | | |
| $F_5$ | 0.008 | 0.153 | 100.00 | | | | | | |

表 7-19　旋转成分矩阵及主成分得分系数矩阵

Table 7-19　Rotational component matrix and principal component score coefficient matrix

| 类别 | 旋转成分矩阵 | | 主成分得分系数矩阵 | |
|---|---|---|---|---|
| 指标 | 成分 | | 成分 | |
| | $F_1$ | $F_2$ | $F_1$ | $F_2$ |
| ln(人均 GDP)(ln $A$) | 0.481 | 0.874 | −0.135 | 0.459 |
| ln(第二产业产值比重)(ln $T$) | 0.253 | 0.957 | −0.384 | 0.675 |
| ln(总人口)(ln $P$) | −0.923 | −0.339 | 0.584 | −0.286 |
| ln(城市化率)(ln $U$) | 0.929 | 0.344 | 0.585 | −0.284 |
| ln(万元 GDP 能耗)(ln $C$) | −0.660 | −0.713 | −0.121 | −0.206 |

(6)驱动力因子计算结果

根据主成分分析结果,将 2006—2016 年呼伦贝尔市能源足迹驱动力因子的主要成分得分系数还原为 STIRPA 模型汇总的原始变量形式,得到综合变量 $F_1$ 和 $F_2$ 的计量表达式。

如下式:

$$F_1 = -0.135\ln A - 0.384\ln T + 0.584\ln P + 0.585\ln U - 0.121\ln C \qquad (7\text{-}11)$$

$$F_2 = 0.459\ln A + 0.675\ln T - 0.286\ln P - 0.284\ln U - 0.206\ln C \qquad (7\text{-}12)$$

对能源足迹原始时间序列数据进行自然对数转换,转换后数据用 $\ln I$ 表示。以因变量 $\ln I$ 为控制变量,综合变量 $F_1$、$F_2$ 作为解释变量,运用 SPSS19.0 软件,利用最小二乘回归 (OLS)对变量进行回归分析,主成分回归分析系数及综合变量回归方程检验见表 7-20、表 7-21 和表 7-22。

表 7-20　主成分回归分析系数

Table 7-20　Analysis coefficient of principal component regression

| 模型 | 非标准化系数 | | 标准系数 | $t$ | sig |
| --- | --- | --- | --- | --- | --- |
| | B | 标准误差 | 试用版 | | |
| 1(常量) | −4.794 | 1.293 | — | −3.709 | 0.006 |
| $F_1$ | 0.795 | 0.477 | 0.143 | 1.667 | 0.134 |
| $F_2$ | 1.160 | 0.091 | 1.093 | 12.725 | 0.000 |

* 因变量为 $\ln I$。

表 7-21　综合变量回归方程检验 1

Table 7-21　Test 1of comprehensive variable regression equation

| 模型 | $R$ | $R^2$ | 调整 $R^2$ | 标准估计误差 |
| --- | --- | --- | --- | --- |
| 1 | 0.988 * | 0.976 | 0.970 | 0.070 1 |

表 7-22　综合变量回归方程检验 2

Table 7-22　Test 2 of comprehensive variable regression equation

| 模型 | 平方和 | $Df$ | 均方 | $F$ | sig |
| --- | --- | --- | --- | --- | --- |
| 1　回归 | 1.600 | 2 | 0.800 | 160.668 | 0.000[a] |
| 残差 | 0.040 | 8 | 0.005 | | |
| 总计 | 1.640 | 10 | | | |

根据表中对 $\ln I$、$F_1$ 及 $F_2$ 进行回归结果可知,回归方程的 $R^2$、调整后 $R^2$ 均在 0.9 以上,说明模型拟合程度高,模型选取合理。根据表中的回归系数,得出因变量 $\ln I$ 与综合变量 $F_1$ 及 $F_2$ 的回归方程:

$$\ln I = 0.795F_1 + 1.160F_2 + \ln K \qquad (7\text{-}13)$$

式中,$K$ 为 STIRPAT 模型方程中的 $a$ 与 $\xi$ 的乘积,为常数。将式(7-11)和式(7-12)代入式(7-13)中,得到式(7-14):

$$\ln I = 0.425\ 1\ln A + 0.478\ln T + 0.135\ln P + 0.136\ln U - 0.335\ln C + \ln N$$

$$(7\text{-}14)$$

对式(7-14)进行还原后,得出基于 STIRPAT 模型的呼伦贝尔市能源足迹与 5 项驱动力因子的表达式:

$$I = NA^{0.425} T^{0.478} P^{0.135} U^{0.136} C^{-0.335} \tag{7-15}$$

从拟合结果可知,呼伦贝尔市人均 GDP、第二产业产值比重、总人口数量以及城市化率均与能源足迹呈正相关,其驱动力指数分别为 0.425、0.478、0.135 和 0.136。其中,第二产业比重对呼伦贝尔市能源足迹影响驱动力最大,第二产业产值比重每增加 1%,将会引起当地能源足迹总量增加 0.478%,其次为人均 GDP,其与第二产业产值比重构成了呼伦贝尔市能源足迹最主要的正向驱动力。

此外,人口与城市化率对能源足迹亦呈正相关关系,且二者对能源足迹的驱动能力相当。在五个能源足迹驱动力指标中,技术水平(万元 GDP 能耗)对能源足迹呈负向驱动力,且技术水平每提高 1%,能源足迹下降 0.335%。这是呼伦贝尔市主要的能源足迹负向驱动力。

(7) 驱动力影响分析

通过主成分回归拟合分析可知,呼伦贝尔市能源足迹驱动因子中除技术水平与其负相关之外,其余人均 GDP、第二产业产值比重、总人口数量以及城市化率均与能源足迹呈正相关关系。为对其驱动力影响进行时间序列分析,本节利用 2006—2016 年呼伦贝尔市能源足迹与五项驱动力因子变化率绘制时间变化图,如图 7-11 所示。

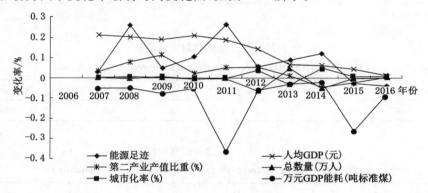

图 7-11  2006—2016 年呼伦贝尔市能源足迹及其驱动力变化率

Fig. 7-11  Change rate of EC and its driving force of Hulunbuir city from 2006 to 2016

由图 7-11 可知,总体上,2006—2016 年呼伦贝尔市能源足迹呈持续波动性增长趋势,年均增长率为 9.07%。2015 年、2016 来,煤炭经济的影响使得能源足迹增长率略有下降,2015 年、2016 年年均增长率分别为 -0.02%、-0.04%。从社会、经济、技术三方面对各驱动因子与能源足迹的驱动关系进行分析如下:

① 经济水平对能源足迹的强劲驱动性

从主成分拟合回归分析可知,人均 GDP 和第二产业产值比重指标对呼伦贝尔市能源驱动力最大。一方面,人均 GDP 年增长率为 13.36%,经济长足发展会产生更多的能源需求,因此,能源足迹明显增多。另一方面,该地区第二产业比重较大,2006—2016 年内占 GDP总值的 30%～50%,年平均增长率为 3.12%,主要由于呼伦贝尔市作为煤炭资源开采重要基地,煤炭使用方便,价格合理,因此,煤炭的大量消费在很大程度上占据了能源消费的主体。

② 社会发展对能源足迹的弱增长驱动性

呼伦贝尔市具有人少地多的特征,因此,虽然人口对于能源驱动的影响呈正相关关系,但 2006—2016 年内,当地人口数量变化不明显,成小幅度的增长,因此,对能源足迹的驱动力较弱。在此期间,呼伦贝尔市城市化率有增长趋势,城市化水平的提高需要大量建设和投入,因此需要能源的支持,同时,城市化水平的加快会产生吸引力,促进人口的增长,进而产生更多的能源生产和消费。对呼伦贝尔市而言,人口及城市化水平的小幅度提高对当地能源足迹产生较弱的正向驱动力。

③ 技术水平对能源足迹的双向驱动性

2006—2016 年呼伦贝尔市万元 GDP 能耗呈现明显的下降趋势,年平均降低率为10.59％,在一定程度削弱了能源足迹的增长,说明万元 GDP 能耗指标表示的技术水平对呼伦贝尔市能源足迹有负向驱动力,但万元 GDP 能耗波动幅度将造成该地区能源足迹的大幅度波动,并未从根本上改善能源足迹的增长趋势。一方面与其他正向驱动力指标的强劲拉动作用相关,技术水平略显单薄;另一方面与能源利用的反弹效应相关,因为技术水平的提高会促进经济发展,进而产生更大的能源需求,由此形成反弹效应。虽然 2006—2016 年技术水平持续提高,但同期内人均 GDP 也呈现出不断增高趋势,平均增长率为 13.36％,表明在技术水平增强的过程中存在一定的能源反弹效应,中和了技术水平对能源足迹的负向驱动能力。

---

**本章要点**

- 煤炭全生命周期阶段划分、各阶段特征及煤炭利用生态足迹分析
- 煤矿区生态累积效应与评价
- 矿区水、土、气关键生态要素监测技术方法
- 典型西部草原矿区生态赤字/盈余评析与能源足迹驱动力响应模型

---

# 参考文献

[1] 马费成,望俊成,张于涛. 国内生命周期理论研究知识图谱绘制[J]. 情报科学,2010,28(3):334-340.

[2] 朱晓峰. 生命周期方法论[J]. 科学学研究,2004,22(6):566-571.

[3] 周妍. 矿山土地复垦全生命周期监管体系及信息化研究[D]. 北京:中国地质大学(北京),2014.

[4] 王兰甫. 把握煤矿生命周期外向拓展相关多元[J]. 中国煤炭工业,2007(12):47-48.

[5] 安英莉,戴文婷,卞正富,等. 煤炭全生命周期阶段划分及其环境行为评价:以徐州地区为例[J]. 中国矿业大学学报,2016,45(2):293-300.

[6] DAI W T, DONG J H, YAN W L, et al. Study on each phase characteristics of the whole coal life cycle and their ecological risk assessment:a case of coal in China[J]. Environmental Science and Pollution Research, 2017,24(2):1296-1305.

[7] 朱琳,卞正富,曹海涛. 资源型城市矿山关闭对社会、经济和环境的影响:以徐州市贾汪区为例[J]. 城市问题,2013(3):16-19.

[8] 李永峰. 煤炭资源开发对矿区资源环境影响的测度研究[M]. 徐州:中国矿业大学出版

社,2008.

[9] STEINMANN Z J N, HAUCK M, KARUPPIAH R, et al. A methodology for separating uncertainty and variability in the life cycle greenhouse gas emissions of coal-fueled power generation in the USA[J]. The International Journal of Life Cycle Assessment,2014,19(5):1146-1155.

[10] BABBITT C W,LINDNER A S. A life cycle comparison of disposal and beneficial use of coal combustion products in Florida[J]. The International Journal of Life Cycle Assessment, 2008,13(7):555-563.

[11] 徐中民,程国栋,张志强. 生态足迹方法:可持续性定量研究的新方法:以张掖地区 1995 年的生态足迹计算为例[J]. 生态学报,2001,21(9):1484-1493.

[12] 谢鸿宇,陈贤生,林凯荣,等. 基于碳循环的化石能源及电力生态足迹[J]. 生态学报, 2008,28(4):1729-1735.

[13] 汪云甲,张大超,连达军,等. 煤炭开发的资源环境累积效应[J]. 科技导报,2010,28 (10):61-67.

[14] 王行风. 煤矿区生态环境累积效应研究[D]. 徐州:中国矿业大学,2010.

[15] 付梅臣,胡振琪. 煤矿区复垦农田景观演变及其控制研究[M]. 北京:地质出版社,2005.

[16] FOLEY M M,MEASE L A,MARTONE R G,et al. The challenges and opportunities in cumulative effects assessment[J]. Environmental Impact Assessment Review, 2017,62:122-134.

[17] BURRIS R K,CANTER L W. Facilitating cumulative impact assessment in the EIA process[J]. International Journal of Environmental Studies,1997,53:11-29.

[18] MCCOLD L N,SAULSBURY J W. Including past and present impacts in cumulative impact assessments[J]. Environmental Management,1996,20(5):767-776.

[19] 杨凯,林健枝. 累积影响评价:中国内地与香港的问题与实践探讨[J]. 环境科学,2001, 22(1):120-125.

[20] 李富才. 试论矿区环境监测[J]. 煤矿环境保护,1991,5(2):66-69.

[21] 简煊祥,杨永均. 基于空间信息技术的矿区生态监测系统[J]. 中国矿业,2013,22(5): 53-56.

[22] M E 佩夫兹纳,陆国荣. 矿区生态环境监测[J]. 国外金属矿山,1995(8):47-52.

[23] 郭志达. 矿区环境灾害动态监测与分析评价[M]. 徐州:中国矿业大学出版社,1998.

[24] 房佩贤,卫中鼎,廖资生,等. 专门水文地质学[M]. 北京:地质出版社,1987.

[25] 黄采伦,黄晓煌. 矿区水害监测预警方法与应用研究[J]. 华北科技学院学报,2009,6 (4):11-18.

[26] 陈国浒,刘云华,单新建. PS-InSAR 技术在北京采空塌陷区地表形变测量中的应用探析[J]. 中国地质灾害与防治学报,2010,21(2):59-63.

[27] 朱建军,邢学敏,胡俊,等. 利用 InSAR 技术监测矿区地表形变[J]. 中国有色金属学报,2011,21(10):2564-2576.

[28] 付卓,肖如林,申文明,等. 典型矿区土壤重金属污染对植被影响遥感监测分析:以江西

省德兴铜矿为例[J].环境与可持续发展,2016,41(6):66-68.

[29] 许吉仁,董霁红,杨源譞,等.基于支持向量机的矿区复垦农田土壤-小麦镉含量高光谱估算[J].光子学报,2014,43(5):108-115.

[30] 陈民,于学政,王宁,等.3S技术在土地利用变化监测中的应用[J].测绘与空间地理信息,2014,37(2):80-83.

[31] 王秀梅,张淑红.大气环境监测的应用及布点方法[J].北方环境,2011,23(7):218.

[32] 董倩.基于GPS的矿区大气环境监测系统研究[D].青岛:青岛理工大学,2013.

[33] 呼伦贝尔年鉴编纂委员会.呼伦贝尔年鉴—2017[M].呼伦贝尔:内蒙古文化出版社,2017.

[34] 葛佐,高速.呼伦贝尔市煤矿矿区地质环境保护与综合治理[J].中国地质灾害与防治学报,2008,19(4):50-54.

[35] 马永茂,鞠兴军.呼伦贝尔市矿山地质环境问题及防治措施[J].露天采矿技术,2012,27(1):85-88.

[36] WACKERNAGEL M, ONISTO L, BELLO P, et al. National natural capital accounting with the ecological footprint concept[J]. Ecological Economics,1999,29(3):375-390.

[37] 余翠,李文龙,赵新来,等.能值-生态足迹模型支持的甘肃藏族高寒牧区可持续研究[J].兰州大学学报(自然科学版),2017,53(3):368-375.

[38] 任佳静.基于生态足迹模型的内蒙古自治区可持续发展定量分析[D].呼和浩特:内蒙古大学,2012.

[39] 王红旗,张亚夫,田雅楠,等.基于NPP的生态足迹法在内蒙古的应用[J].干旱区研究,2015,32(4):784-790.

[40] 高超.基于生态足迹动态演变与驱动力分析的广西生态文明建设评价研究[D].南宁:广西师范学院,2017.

[41] 肖玲,董林林,兰叶霞,等.基于生态压力指数的江西省生态安全评价[J].地域研究与开发,2008,27(1):117-120.

[42] 赵先贵,肖玲,马彩虹,等.基于生态足迹的可持续评价指标体系的构建[J].中国农业科学,2006,39(6):1202-1207.

[43] EHRLICH P R, HOLDREN J P. Impact of population growth[J]. Science, 1971,171(3977):1212-1217.

[44] DIETZ T, ROSA E A. Effects of population and affluence on $CO_2$ emissions[J]. Proceedings of the National Academy of Sciences of the United States of America,1997,94(1):175-179.

[45] 任毅,李宇,郑吉.基于改进STIRPAT模型的定西市生态足迹影响因素研究[J].生态经济,2016,32(1):89-93.

[46] 刘罗曼.用主成分回归分析解决回归模型中复共线性问题[J].沈阳师范大学学报(自然科学版),2008,26(1):42-44.

# 8 案例研究:矿业生态恢复与关闭矿山

## 内容提要

本章详细归纳总结了高潜水位煤矿区次生湿地景观构建的"潘安湖方案",提出了矿区次生湿地构建的关键技术;系统评析了干旱半干旱草原矿区伊敏矿的工业场地重建区、连接道路重建区、地表沉陷治理区、露天矿排土场重建区以及露天矿最终采坑治理区的五分区范例;说明了澳大利亚奥林匹克坝矿清洁生产技术与德国鲁尔矿区关闭矿山系统规划。

## 8.1 高潜水位煤矿区次生湿地景观构建:"潘安湖方案"

潘安湖煤矿塌陷地位于徐州东北部、苏鲁两省交界处,是徐州市现存最大的采煤塌陷区——百年煤城贾汪区权台煤矿和旗山煤矿所在地,长期以来高强度的煤矿开采导致地表沉陷积水,形成大面积的采煤塌陷湿地[1],造成采煤塌陷区农田荒废、基础设施破坏、生态恢复难度大、矿区周边水土流失严重等问题,严重影响周边地区生态环境。为解决采煤所带来的地面塌陷及环境污染问题,改变潘安湖区域生态环境,2010 年,徐州贾汪区政府联合国土资源部土地整治中心、中国矿业大学等单位开辟出了一条污染塌陷区治理的新方案:利用废弃的煤矿塌陷区形成的湿地资源,首创了集"基本农田整理、采煤塌陷地复垦、生态环境修复、湿地景观开发、村庄异地搬迁"五位一体的创新治理模式[2]。通过整体规划设计、景观设计和一系列的生态修复工程建设,在城市废弃地上构建了面积达 7.5 km² 的潘安湖湿地公园,潘安湖煤矿塌陷区的湿地生态治理模式形成的"潘安湖方案"在全国作为成功模式和典型范例被相似地域借鉴并广泛推广应用。

潘安湖简介

潘安是中国古代第一美男子。潘安,原名潘岳(247—300 年),字安仁,是西晋文学家。公元 291 年,45 岁的潘安至徐州游历、访友。一日,潘安漫步乡间,见一群村民抬着龙王塑像在烈日下暴晒祈雨。本性善良的潘安,当即资助村民打了三口义井,乡亲的饮水之困得以解除。后来,当地的百姓为纪念潘安的善举,便将其居住过的村庄改名为"潘安村",并一直延续下来。

网址:https://www.huanbao-world.com/a/quanguo/jiangsu/77286.html

### 8.1.1 潘安湖区域煤炭开采历史

贾汪采煤始于 19 世纪中后期,是徐州重要的产煤基地,经过近现代的开发,到 20 世纪中后期煤矿已成为全区的四大支柱产业之一,鼎盛时期有大大小小煤矿近 300 个。2000 年,全区国有煤矿年产量仍保持在 500 万 t,地方国有煤矿年产量保持在 60 万 t,乡镇煤矿年产量一直保持在 200 万 t 以上。潘安湖采煤塌陷湿地为权台煤矿和旗山煤矿采煤塌陷区域,旗山煤矿始建于 1957 年,权台煤矿始建于 1958 年,两座煤矿都曾是徐州矿务集团主力矿井之一。目前,由于煤炭资源枯竭及国家去产能政策等影响,权台煤矿和旗山煤矿已关井封坑,其中,旗山煤矿于 2016 年 10 月关闭,徐州东部地区再无生产煤矿。长期高强度的煤炭开采,使地表下沉,农田毁坏严重,留下了大片沉降的土地和被严重破坏的环境。

### 8.1.2 潘安湖水域形成

矿区塌陷地大面积的积水,客观上已经改变了当地的生态环境,使矿区原本单一的陆生生态系统演替为水-陆复合型生态系统。这对水资源相对短缺的徐州而言,无疑具有十分重要的意义。为发展生态立体农业创造了变害为利的良好条件,也必将促进徐州推行农业产业结构调整。所以,因地制宜,将塌陷地改造成沟河湖泊,收集储留降雨;并在这些沟河湖泊内建立各种类型的构造湿地,对区域内的工业废水、生活废水及农田退水等进行深度处理,既解决地区水资源短缺之矛盾,又可以资源化利用尾水,极大地减少解决"徐州尾水"的投资。潘安湖水域形成过程如图 8-1 所示。

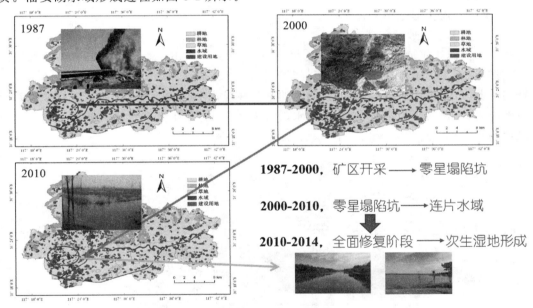

图 8-1 潘安湖水域形成过程

Fig. 8-1 The formation process of Panan Lake

（1）原生水域

潘安湖位于贾汪煤田中部平原高潜水位地区,周边分布有屯头河、不老河、京杭大运河等,水资源丰富,在 20 世纪 30 年代,徐州煤矿开始出现塌陷,地表逐年下沉,常年积水,形成坑塘连片、大小不一、深浅不等、形状各异的封闭式或半封闭式塌陷洼地和水域。

（2）破损水域

从 20 世纪 70 年代开始,国家需要大力发展生产力,对煤矿开采的需求日益加大,采煤量迅猛增加,历经 100 多年的大力开采,地表已经逐渐形成多个塌陷区,规模巨大,空间上呈东北向分布,塌陷形状为不规则漏斗状,区内积水面积 2.41 km²,平均深度 4 m 以上。这一时期权台煤矿塌陷地面积 15 km²，旗山井塌陷地面积 0.13 km²，地表下沉 3.2 m 左右，积水现象严重，耕地面积减少，导致部分塌陷区村庄无地可种，农水设施遭到破坏，群众住房因采煤塌陷造成开裂，雨季积水成灾。

（3）次生湿地

潘安湖属于高潜水位矿区，长期开采导致地表破坏，地面塌陷，矿区地下水入侵，并在低洼区积聚，形成次生湿地。其恢复过程主要包括水体净化处理、水体功能划分、植物选择与确定、景观规划与生态重建、湿地建设与湿地公园 5 个部分。

（4）大面积水域形成

对煤矿污染塌陷区区域治理，贾汪区提出集"基本农田再造、采煤塌陷地复垦、生态环境修复、湿地景观开发"四位一体综合治理模式，2008 年以来，塌陷区湿地进入全面生态恢复阶段，至工程期末，湿地面积明显增加，类型得以优化，生态完整性加强，大面积的湖泊为越冬雁鸭类提供了好的栖息地。湿地总面积 3.3 km²，湿地率达 71.5%，其中，恢复湖泊湿地 2.04 km²，河流湿地 0.3 km²，沼泽湿地 0.997 km²。

### 8.1.3 潘安湖次生湿地构建过程

（1）矿区次生湿地的形成

贾汪矿区属于平原多煤层开采类型，采深多在 300 m 以下，地下矿床采出后，顶部岩层失去支撑，在自重作用下地表逐年下沉，使地下水冒出或收集、截留、储存了雨季的降水以及区域内工业废水、生活废水等，形成大面积的季节性或常年积水的塌陷积水区。开采沉陷导致耕地破坏、农田转变为水域、坡地导致水土流失加剧，生态环境遭到严重破坏。高潜水位矿区塌陷积水形成过程如图 8-2 所示。

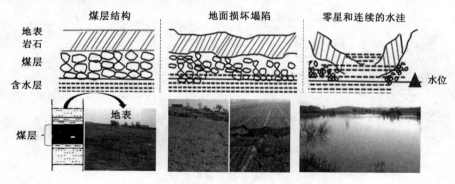

图 8-2　高潜水位矿区塌陷积水形成过程

Fig. 8-2　Formation process of collapse water in mining area with high diving level

（2）矿区次生湿地的修复过程

矿区次生湿地的修复过程一般包括 5 步（图 8-3）：水体净化处理、水体功能分区、景观规划与生态重建、植物筛选与配置、湿地公园建设工程。

① 水体净化处理

潘安湖湿地水源及水质是影响潘安湖湿地发展方向和前景的重要因素。根据现有资料分析，潘安湖湿地的主要水源来自地下水，是由煤矿开采造成的地下水资源渗漏，同时还有部分的地表水汇流[3]。目前，影响潘安湖湿地水体的主要问题包括煤矿疏干水、工业废水、

图 8-3　矿区次生湿地恢复过程

Fig. 8-3　Restoration process of secondary wetland in mining area

煤矸石和粉煤灰淋溶污染、垃圾填埋场渗滤液的污染以及季节性和常年性积水造成的塌陷外围不同程度的沼泽化、盐碱化。因此,水环境整治应以采煤塌陷形成的现状水面为基础,在设置雨水收集系统的同时,引入不老河、屯头河等水系。此外,公园依托大面积湖面,设置了大量湿地景观,通过湿地的调节功能,对再生水进行深度处理,净化水质,使之适合本土动植物的生长,同时也为水禽和其他动物的栖息营造良好的生存环境[4]。

② 水体功能分区

根据潘安湖的自然环境、水系特点等,经过沉陷区内部疏浚、外部沟通后形成蓄水湖泊,并在沉陷区内构建不同类型的水体功能区。根据沉陷区特点可分别规划成养殖型、景观型和净化型湿地(图 8-4),在一定程度净化水体的基础上,充分发挥天然水域的生态景观作用。

(a) 养殖型　　　　　　　　(b) 景观型　　　　　　　　(c) 净化型

图 8-4　水体功能分区

Fig. 8-4　Water functional zone

a. 养殖型。对于一些孤立型深度塌陷地,周边无过渡地带,恢复挺水植被、浮叶植被和沉水植被有一定难度,可修复为养殖型构造湿地,引种一些沉水植物,维持生态系统稳定性。这类湿地不宜接受污水尾水,只能利用天然降水补充水源,开发渔业养殖。

b. 景观型。将塌陷形成的狼藉地貌改造为景观优美的小型河流湖泊,并在周边引种栽培观赏植物,如鸢尾、菖蒲、香蒲、水竹等。景观型湿地主要考虑在岸边带引种栽培既具有观赏价值又具有净化功能的湿地植物。

c. 净化型。矿山废水中的悬浮物、有机污染物等可通过基质的过滤作用、湿地植物的拦截作用、植物根系生物膜的吸附作用、湿地生物的摄食作用和微生物的降解作用等得以去除，矿山废水中的重金属离子可通过填料、植物的吸附作用和化学反应得以去除。

③ 植被筛选与配置

构建以湿生、水生植物为核心的湿地生态系统是潘安湖湿地景观构建的核心任务之一。只有构建科学合理的植物群落，系统才能有条件进行自组织和自我维持，从而建立起合理的生态结构及丰富的生物多样性。因此，在植物选择和配置方面应按照以下三个基本原则：一是植物的适生性，以本土植物为主；二是植物的净化能力，选择对 N、P 等污染物质吸收能力强的植物；三是植物间的互生、共生关系，并依此构建滨岸植物、挺水植物、浮水植物、沉水植物、生物浮岛相结合、协调、共生的植物群落，达到保护湿地生物多样性、维护湿地生态过程、完善湿地生态系统功能的目的。

根据以上原则，潘安湖湿地景观绿化植物栽植包括耐水乔木、本地乡土树种、灌木、水生植被四大类，约 195 个品种。其中，乔木 26 个品种，约 8.8 万株；本地乡土树种 52 个品种，约 2.0 万株；灌木配置为 128 hm²，82 个品种；水生植被配置为 175 hm²，35 个品种；常绿及落叶乔木配置约 10.8 万株，78 个品种。耐水乔木主要以水杉、池杉、水垂柳、水松为骨干树种，以乌桕、白蜡、合欢、大叶女贞、白榆和朴树等 52 个乡土树种为点缀。栽植数量约为 2 万株。水生植物主要以芦苇、香蒲、菱角、红蓼、水葱和灯芯草为核心骨干植被，这 6 种植被占水生植物栽植量的 80% 以上，并按照湿生-挺水-浮叶-沉水植物的水生规律进行分层次配置[5]。

a. 滨岸植物的选择与配置。滨岸是重要的生态交错带，是连接水生生态系统和陆地生态系统的枢纽。合理的滨岸植被带应能捕获流失的土壤和营养物质，减少岸坡上的营养物质流入河流，净化水质，此外，健康的滨岸植被带还能为一些小型湿地动物提供必要的食物源和栖息地。据吕晶等研究，在相同降雨强度、坡岸坡度近似的条件下，人工草皮护坡的侵蚀量最小，防治土壤侵蚀的作用最明显，单一层次乔木护坡形式的土壤侵蚀量多于天然草本植物护坡坡面 548 g/m²[5]。因此，草本类植物对防治水土流失的作用具有不可替代的作用。为此，在滨岸地带，采用乔、灌、草结合的模式，尤其在下层，应选择根系发达、护土能力强的地被植物，做到黄土不露天，以捕获流失的土壤和营养物质，减少岸坡上的营养物质流入湖泊。潘安湖湿地植被配置示意如图 8-5 所示。

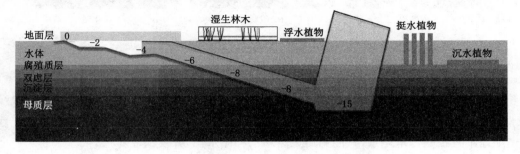

图 8-5　潘安湖湿地植被配置示意（单位：m）

Fig. 8-5　Panan Lake wetland vegetation configuration

上层乔木：垂柳、水杉、池杉、墨西哥落羽杉、枫杨、乌桕等。

中层灌木：红瑞木、碧桃、夹竹桃、金钟、黄馨、木槿、紫荆、迎春、紫薇、石楠、海桐、木芙蓉等。

地被:鸢尾、麦冬、白三叶、狗牙根、黑麦草、天堂草等。

b. 浅水区植物的配置。水深不超过 1 m 的浅水区域,主要选择吸污能力强、观赏效果好的挺水植物如芦苇、荻、菖蒲、美人蕉、千屈菜、芦竹、香蒲、慈姑、水葱等;通过这些植物的应用,既可使水体与绿地之间自然衔接,又可增添水体岸边风景。

c. 深水区植物配置。在水深超过 1 m 的深水区域,可恢复浮水植物和沉水植物群落。浮水植物可选择芡实、菱、荇菜、浮萍等,在水污染较严重的区域,可选择吸污能力强的凤眼莲,但要注意控制其种植区域,防止其蔓延入侵其他植物。沉水植物可选择苦草、金鱼藻、狐尾藻、眼子菜等。

d. 生态浮岛植物选择。生态浮岛技术是人工把水生植物或改良驯化的陆生植物移栽到水面浮岛上,植物在浮岛上生长,通过根系吸收水体中的氮磷等营养物质,从而达到净化水质的目的[5]。潘安湖湿地人工浮岛植物主要选取美人蕉、旱伞草、香根草、鸢尾、香蒲、黑麦草等。

④ 湿地公园建设工程

贾汪区政府于 2010 年 3 月启动潘安采煤塌陷区全面综合整治工程。规划总面积为 52.87 km²,投资 25 亿元。其中,一期工程于 2010 年开工建设,投资额 14 亿元,占地约 11 km²,于 2012 年开园运营,强调自然生态特性,其中,水域面积为 9.219 km²(含湿地面积 3.34 km²),陆地面积为 1.781 km²。共种植乔木 78 个品种,16 万株,灌木、地被 56 个品种,水生植物 78 个品种。除观赏树种外,还有大量的生产植物,如山楂、菱角、枇杷、柿子等。二期工程于 2013 年开工建设,投资额 2.8 亿元,占地约 2.59 km²,于 2014 年开园运营。其中,水域面积 1.21 km²(含湿地面积 0.202 km²),陆地面积 1.38 km²。共种植乔木 3.5 万株,灌木 3.1 万株,地被 0.81 km²,水生植物 0.21 km²。二期工程重点建设人文文化产业体系,强化生活配套和生活体验设施建设。

### 8.1.4  潘安湖湿地公园建设

2010 年,贾汪区以煤炭塌陷地复垦为平台,按照"宜水则水、宜农则农、宜游则游、宜生态则生态"的规划原则,对采煤塌陷区进行改造。湿地公园建设主要包括扩湖工程与驳岸设计、功能分区、景观规划、植被群落分区、景观生态建设五个步骤。总规划面积为 52.87 km²,分核心区、控制区两个层次,其中核心区面积约为 15.98 km²,外围控制区面积约为 36.89 km²。一期工程投资 14 亿元,开园总面积达 11 km²,水域面积 9.219 km²[6]。二期工程总投资 2.8 亿元,于 2013 年秋季施工,2014 年 5 月 1 日试运营,"十一"正式运营。二期工程以南湖为核心,占地约 2.591 km²,其中水域面积约 1.21 km²、湿地面积约 0.202 km²。改造后的潘安湖拥有大小 9 个湿地岛屿,分为东部生态保育区、西部民俗文化区、南部互动娱乐区、北部休闲健身区、中部功能配套区五个部分[7],成功打造了集游览观光、生态宜居、旅游度假、乡村民俗体验等为一体的最美乡村湿地景观。

(1)扩湖工程与驳岸设计

在实施扩湖工程前需要对扩湖区进行地质条件勘探、积水范围估测、扩湖面积及深度的确定以及扩湖建设适宜性分析等一系列步骤。通过对场地水环境的分析,依托生态理念,对原有场地内水塘及沉降形成的积水坑进行有效整合。除保留部分滩荡作为鸟类栖息地外,对湖区淤积严重区域以及小面积零星水域进行开挖和扩湖工程建设,淤泥可作建造渗滤坝的材料,或运至企业进行生产利用;截断各个围圩,将原有水域全部连通,使之成为开放水体,形成了面积为 5 km² 的湖面。为保证湖水水量,在设置雨水收集系统的同时,引入不老河、屯头河,使之成为开放水体,形成广阔的湖面,结合东部自然湿地,形成开放式的潘安湖湿地生态系统。

滨岸带是湿地生态系统功能特征的重要保证,驳岸作为滨岸景观的重要组成部分,应兼具生态、美化等综合功能。生态驳岸兼有自然岸线的生态功能与美化、稳定化效果,宜作为主要驳岸模式[8]。根据潘安湖湿地特征,在实施扩湖工程后,需要因地制宜进行驳岸设计,驳岸设计主要是以自然式、软质驳岸为主,局部地方结合场空间的设计,另有少量的硬质驳岸,包括植物栽植护岸、植栽和木桩护岸、植栽和石材护岸、石材水泥护岸、流槽护岸 5 种驳岸形式[9]。

① 利用植物栽植进行护岸:发挥自然状态,利用水稻类的草本植物和芦苇进行护岸。诸如,利用水边芦苇或柳条扎成捆,制成 1 梱或多梱编柴横放在岸边,用木桩固定后覆盖沙土。柳条经过一段时间后开始固土生根,从而起到加固河岸的作用[图 8-6(a)]。

② 利用植栽和木桩护岸:除了利用草本植物和芦苇进行护岸之外,在河岸坡脚处钉入成排木桩,木桩间采用柳条编制成栅栏一样的围墙,最后在栅栏后填放沙土,以起到护岸效果[图 8-6(b)]。

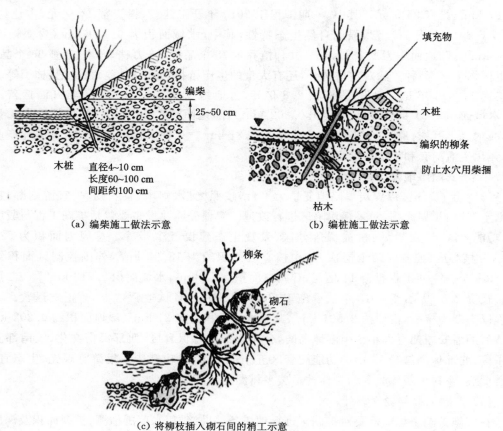

（a）编柴施工做法示意          （b）编桩施工做法示意

（c）将柳枝插入砌石间的梢工示意

图 8-6　边坡护岸示意

Fig. 8-6　Sketch of slope revetment

③ 利用植栽和石材护岸：在岸坡较陡的地方，采用植物和石头组合的方法，例如，将柳枝插入石缝中直至石块的背面，随着柳枝生长会固定住石块背后的沙土，并紧紧裹住石块，从而使得石块之间牢固地结合在一起，起到护岸的作用[图 8-6(c)]。

④ 利用石材水泥护岸：对于具有浸水型的护岸，可利用石材水泥构建石墙，以达到对水岸的保护作用。

⑤ 利用流槽护岸：在流槽中装入鹅卵石，控制雨水的流入及垃圾的流出。

（2）功能分区

潘安湖总体规划布局为"四区三轴"，即南游、北养、西俗、东净的旅游空间格局。四区主要包括：湿地游览观光区（南游）、乡村民俗体验区（西俗）、湿地休闲度假区（北养）、湿地保护封育区（东净），如表 8-1 所示；三轴主要包括：水体景观轴、度假景观轴、和谐乡村景观轴。根据潘安湖总体规划"四区三轴"的结构布局，潘安湖湿地二期景观建设以"南游"为核心旅游主题定位。利用潘安湖地形、地貌和生态环境资源，完善水系规划，明确功能分区，形成功能互补、结构统一的整体。设计以人为本、绿色生活为原则，打造集游览观光、生态宜居、旅游度假、乡村民俗体验等为主的生态公园。

**表 8-1  潘安湖湿地公园功能分区**
**Table 8-1  Panan Lake wetland park functional zoning**

| 分区 | 功能 | 特征 | 亮点 |
|---|---|---|---|
| 乡村民俗体验区（西俗） | 潘安古祠、四大美男展示馆、才子码头、桃花坞 | 开敞、大气、标识性、主体性、便捷性 | 标志性建筑体现潘安湖文化特色 |
| 湿地游览观光区（南游） | 娱乐活动、儿童活动、青少年活动 | 安全、多彩、趣味性 | 采矿塌陷区科普展示和儿童活动功能相结合 |
| 湿地休闲度假区（北养） | 湿地花卉培植、湿地蔬菜采摘、参与渔作活动 | 亲和力、规整、尺度宜人 | 游人参与湿地农耕劳作，体验渔作活动 |
| 湿地保护封育区（东净） | 具有明显湿地生态特征的外围防护和提供湿地生物栖息场所 | 生态、观鸟、观鱼及湿地动植物科普 | 了解不同类型的湿地环境所孕育的不同生命状态，参与湿地生物科普知识 |

① 乡村民俗体验区（西俗）

潘安湖的名字因西晋时期的文学家、美男子"潘安"得名，潘安曾在此临湖而居，取名潘安古村。为了更好地弘扬潘安文化，本规划设计了潘安文化展示区，将潘安的故事和文化介绍给游客。在这里有潘安古祠、四大美男展示馆、才子码头和桃花坞等有文化典故和美好寓意的景点，结合中国古典园林优雅的表现形式，给人以静谧宜人、宁静淡泊、远离喧嚣的感受。在植物设计上更多地使用了梅、兰、竹、菊等中国传统象征文人墨客气节的植物品种，来映衬潘安的文人气质。

② 湿地游览观光区（南游）

在湿地娱乐景观区是小朋友和大朋友的乐园，这里设计了适合游泳的金色沙滩、亲子乐园、戏水捉鱼池以及童趣十足的十二生肖雕塑小品，是亲子活动、家庭活动的好去处。

③ 湿地休闲度假区（北养）

潘安湖的乡居度假景观区规模较小，设计建筑形式以徐州当地古民居群落建筑形式为主,满足远游休憩度假的需求。在这里,游客在游览潘安湖之余还可以一边享受佳肴,一边品茗赏景,此时此刻,真正轻松悠闲,忘了尘世的烦扰。此区域配套有独立的停车场和完善的服务设施。

④ 湿地保护封育区(东净)

湿地科普展示区分为湿地科普教育和湿地保育两个功能,一方面通过湿地植物的展示和体验性活动如观鸟、观鱼虫,让游客在游憩的同时体验大自然的神奇魅力;另一方面大面积的水生植物则起着净化潘安湖水体的积极作用。

(3)景观规划

根据《徐州市贾汪区城市总规划(2008—2020)》总体目标:以科学发展观为引领,建设成徐州市重要的工业基地、徐州市城乡统筹创新发展试验区和徐州市重要的特色山水城区,打造活力、生态、宜居的新贾汪。潘安湖湿地总体结构:总体形成"四区三轴"的布局,及南游、北养、西俗、东净的旅游空间格局。

(4)植被群落分区

潘安湖湿地公园在进行植被群落分区时既强调了对生态环境的保护,也突出了旅游休闲和科普活动的教育功能。因此,其植物的选择主要根据人的不同需求,以服从功能为出发点,以整体和谐为宗旨,营造空间有开有合、有疏有密,层次有高有低、有错有落的植物景观效果。同时,结合了不同生物、不同生境,选择野生生物喜欢的植物类型,满足动物的生长需求[10]。潘安湖植被群落分区见表 8-2。

表 8-2　潘安湖植被群落分区

Table 8-2　Vegetation community division of Panan Lake

| 植被群落分区 | 功能 | 主要植被类型 | 图示 |
|---|---|---|---|
| 防护林隔离区 | 防风隔离 | 大叶女贞、杨树 | |
| 湿生森林群落 | 增加湿地土壤的稳定性,完善生态结构 | 中山杉、垂柳 | |
| 水生草本群落 | 为各种动物提供栖息的场所和食物 | 荷花、睡莲、花菖蒲、香蒲、鸢尾、芦苇 | |
| 混交林群落 | 增加优势树种的数量,稳定植物群落系统结构 | 木槿、枣树、刺槐 | |
| 常绿乔木群落 | 适于半干旱气候,适应于碱性土壤,侧根发达 | 雪松、侧柏、华山松、水杉 | |

表 8-2(续)

| 植被群落分区 | 功能 | 主要植被类型 | 图示 |
|---|---|---|---|
| 落叶乔木群落 | 形成特色鲜明的秋景观赏区 | 朴树、黄连木、榆树、乌桕、山楂 | |
| 落叶灌木群落 | 丰富季相景观,提供游人赏花赏果的区域 | 樱桃、紫丁香、石榴、柿子树 | |
| 常绿灌木群落 | 丰富湿地植物群落的层次,为动物提供私密的栖息场所及食物 | 枇杷、石楠、杨梅 | |
| 大地地被景观 | 为湿地营造开阔空间,丰富植物景观层次,形成视觉冲击 | 三叶草、马蹄金、麦冬、常春藤、爬山虎 | |

① 防护林隔离区

本区域主要分布于景区外围,起到防风隔离的作用。将高大的杨树林及密实的大叶女贞作为主要树种,可作为景区的背景林,并为湿地公园提供一个与外届分隔的缓冲区,使得内部的植物群落能够更加稳定地生长。

② 湿生森林群落

以中山杉和垂柳为主要树种,沿水岸建立若干处湿生森林,丰富湿地植物群落的林冠线,完善生态结构,运用湿生乔木根系更好地增加湿地土壤的稳定性。

③ 水生草本群落

水生草本植物为该项目湿地的主要组成群落与特色景观,成片品种丰富的水生植物构成良好的生境,为各种动物提供栖息的场所和食物。主要由荷花、睡莲、花菖蒲、香蒲、鸢尾和芦苇等组成特色的景观区域。

④ 混交林群落

以原有已栽植的混交林带为基础,继续增加优势树种的数量,使得其在复杂中有一定的规律,展现生态自然的群落交替形式,形成生态结构稳定的植物群落。

⑤ 常绿乔木群落

主推柏类、竹类及香樟,使针叶、阔叶都在湿地中有所体现,能作为四季景观的背景植物,与落叶树形成很好的搭配效果。

⑥ 落叶乔木群落

以秋色叶树种朴树、黄连木、榆树、乌桕、山楂为基础,形成特色鲜明的秋景观赏区。

⑦ 落叶灌木群落

落叶灌木群落主要以观花观果植物为主,展现优美的季相景观,提供游人赏花赏果的区域,使得游览路线生动有趣。

⑧ 常绿灌木群落

以石楠、杨梅、枇杷为主要品种的灌木群落,丰富了湿地植物群落的层次,通过对空间的阻隔有效地引导游人视线,并为一些动物提供私密的栖息场所及食物。

⑨ 大地地被景观

以宿根草花及草坪为主的大地景观,为湿地营造了开阔的空间,丰富了植物景观层次,与乔灌木林形成对比,产生强烈的视觉冲击,同时也可展现季相变化,创造季节分明的景色。

(5) 景观生态建设

对区域景观进行系统规划、精心设计,力求处理好水体与陆地的空间和景物的虚实关系。通过对水系、湿地和岛屿景观空间的层次梳理,在湖内大量种植错落有序的浮游植物、沉水植物和挺水植物,在湖岸带种植大量的草本和灌木,在陆地上种植高低错落有序、丰富的陆生植物(包括乔木、灌木、草本和藤本),在草甸上种植许多灌木丛,建设滨水道路,等等,将湖泊景观与外围景观联系起来,打造由湖泊、河道、沼泽、岛屿等构成的空间景观和植被物种丰富的、独特的湿地自然生态景观[11]。

利用塌陷引起的湿地资源建设湿地公园,不仅减少了对正常农耕土地的征用,也节约了开发成本,充分利用了塌陷之后形成的土地特征,减少了对正常土地的翻土、挖坑等大型工程。湿地是水生态系统和陆地生态系统的结合,其生物种类极其丰富,起到了调节区域大气质量、净化空气、防洪防旱的作用。湿地中的水资源还有运输各种营养物质、灌溉周围草本树木、提供水生生物栖息地的作用。潘安湖生态治理充分利用了湿地的生态作用,促进了塌陷区生态的修复,净化了区域环境,提高了生态农业及旅游观光业的收益,推进了新农村建设,为城市可持续发展注入了动力。

---

徐州潘安湖美誉

2013 年 11 月,潘安湖水利风景区被水利部评为第 13 批国家级水利风景区;2014 年 6 月,潘安湖湿地公园被全国旅游景区质量等级评定委员会评定为国家 4A 级旅游景区;2016 年 1 月,国家旅游局和环保部认定潘安湖湿地为国家生态旅游示范区;2017 年 8 月,潘安湖湿地公园被确定为首批 10 家国家级湿地旅游示范基地。2017 年 11 月,潘安湖设立科教创新区。按照规划,潘安湖科教创新区面积达 20 km²。2017 年 12 月,习近平总书记考察潘安湖湿地。2018 年 10 月,徐州市依托潘安湖采煤塌陷湿地公园荣获"联合国人居奖"。

联合国人居奖

"联合国人居奖"是联合国人居署于 1989 年创立的全球人居领域的最高奖项,主要表彰为人类居住条件改善作出杰出贡献的政府、组织、个人和项目,受到各国政府的重视,每年颁发奖项 5 个左右。2018 年 10 月,徐州市借助潘安湖采煤塌陷次生湿地建设项目以国内第一名的评审成绩,被中华人民共和国住建部向联合国人居署推荐参评"联合国人居奖"。经专家组评审筛选,以"近年来持续加强生态修复……改善民众生活环境方面做出的突出成就"成为唯一一个获得"联合国人居奖"的城市。

网址:https://baijiahao.baidu.com/s?id=16137432482676633610&wfr=spider&for=pc

## 8.2 干旱半干旱草原矿区生态恢复:伊敏矿区

伊敏露天煤矿是华能伊敏煤电有限责任公司所属的二级生产单位,是典型的煤、水、灰与坑口电厂紧密相连的煤电联营配套项目。作为呼伦贝尔草原的典型露天煤矿,伊敏露天煤矿 1982 年成立,1983 年开始建设,1984 年正式投产,矿区总面积 526.95 km²。目前年生产能力 2 200 万 t,煤炭储量 10.47 亿 t。2012 年,伊敏露天煤矿取得了能源管理体系认证书,成为全国露天行业首家通过能源体系管理认证的露天矿,并入选第二批国家级绿色矿山试点单位[12]。

### 8.2.1 矿区概况

(1) 地理位置

伊敏矿区位于大兴安岭西坡,呼伦贝尔草原伊敏河中下游的西侧,行政区划上隶属于内蒙古自治区呼伦贝尔市鄂温克族自治旗伊敏镇,北距呼伦贝尔市海拉尔区 85 km,距滨洲铁路及 301 国道 78 km。地理坐标为 E119°30′～119°50′,N48°30′～48°50′。

(2) 自然环境

伊敏矿区属寒温带大陆性季风气候,冬季寒冷漫长,夏季温凉短促,春秋两季气温变化急促,年平均气温－0.1 ℃,年降水量 358.8 mm,年蒸发量 1 166.0 mm。全年无霜期 119 天,积雪日数 141.6 天,平均积雪厚度 110.24 cm。

区内土壤受地形、地貌、母质以及植被等因素的影响,处于黑钙土向暗栗钙土过渡带,地带性土壤主要有黑钙土、栗钙土、暗栗钙土、草甸栗钙土,非地带性土壤主要有草甸土、沼泽土和风沙土。黑钙土发育于温带半湿润半干旱地区草甸草原和草原植被下的土壤,主要特征为土壤中有机质的积累量大于分解量,土层上部有黑色或灰黑色的腐殖质层,在腐殖质层下部或土壤中下部有一层石灰富集的钙积层。伊敏区内腐殖质层厚度约 20～50 mm,有机质含量 2.9%～4.0%,pH 值 8.0～9.1,钙积层埋深 40～60 cm,厚度 20～30 cm,土壤养分状况为缺磷、富钾、氮中等[14]。

区内分布着由典型旱生性多年生草本植物组成的草原植物群落,植被覆盖度高达 70%以上,其中 80% 以上为优良牧草,而且很多种植物具有药用价值。主要植被有大针茅(*Stipagrandis*)、羊草(*Leymuschinensis*)、克氏针茅(*Stipakrylovii*)、贝加尔针茅(*Stipabaicalensis*)、糙隐子草(*Cleistogenessquarrosa*)、米氏冰草(*Agropyronmichnoi*)、溚草(*Koeleriacristata*)、寸草苔(*Carexduriuscula*)、草木樨状黄芪(*Astragalusmelilotoides*)、扁蓿豆(*Melissitusruthenica*)、达乌里胡枝子(*Lespedezadavurica*)、紫花苜蓿(*Medicagosativa*)、黄花苜蓿(*Medicagofalcata*)、小叶锦鸡儿(*Caraganamicrophylla*)、冷蒿(*Artemisiafrigida*)、大籽蒿(*Artemisiasieversiana*)、白莲蒿(*Artemisiasacrorum*)等[15]。

### 8.2.2 采矿造成的生态环境变化

(1) 土地利用格局的影响

伊敏矿区开发利用规划实施后,因矿区项目占地、采煤沉陷、露天矿开采挖损、排土场占压、矿区开发后形成的积水区等众多因素的影响,矿区内土地利用格局产生变化。2015 年,受煤矿区开发建设影响,伊敏矿区内天然牧草地面积由原来的 462.07 km² 降低至 356.47 km²,覆盖率由 85.46% 下降至 65.93%,而水域及水利设施用地和工矿仓储用地面积分别增加了 151.60 km² 和 54.78 km²,增长率分别为 9.52% 和 10.13%。此外,因煤矿运输需要,矿区开发后交通运输用地的占地面积明显增加,矿区内由于沉陷破坏以及村庄搬迁,旱地和住宅用地面积有所减少[16]。

（2）土壤沙化及土壤侵蚀的影响

因露天开采过程中需对表层土进行剥离,因此,开发后的采矿用地没有植被覆盖,矿区沙漠化程度由轻度敏感级向高度敏感级转化。相关研究表明,伊敏矿区土壤侵蚀强度明显增加,其中,中度侵蚀增加 8.14 km²,增长率为 4.36%,强烈侵蚀面积增加 49.78 km²,增长率为 11.04%[16]。

（3）景观格局的影响

矿产资源开发等活动彻底改变了区域土地利用/覆盖,同时也改变着伊敏矿区的景观格局。研究表明,由于受到矿产资源开发等人为活动的影响,伊敏矿区天然草地变为以小斑块为主导的破碎化生境,矿区内天然草地优势斑块丢失,逐渐形成了包括耕地、工矿用地、住宅用地等多种类型镶嵌的复杂景观[15]。

（4）水资源污染破坏影响

2010 年 11 月 3—4 日相关研究人员在伊敏矿区采场下游的环境保护敏感点进行了连续两天的地下水环境质量监测,结果表明,由于矿区所在地工业废水和生活污水的排放以及农牧业大面积使用化肥农药和污水灌溉等造成矿区高锰酸盐指数、氨氮指数超标,矿区地下水受到有机物质污染。同时,露天开采造成地下水漏斗,地下水附近的岩层距离地面较远,使得大量铁元素以二价离子状态存在于水中,地下水的快速流动加速溶解地层中的铁元素,使得铁元素不断富集,而铁锰元素为伴生矿物,最终使得矿区地下水铁锰离子超标。

（5）环境空气影响

以伊敏露天矿采取为中心,采用网格布点法在常年主导风向的下风向区域进行布点监测,结果表明矿区内 $SO_2$、$NO_2$、$H_2S$ 浓度均超标,采区附近以及储煤场、排土场和沿帮公路 PM10、TSP 超标,最大超标倍数分别为 2.4 和 1.82 倍,且超标的点位为露天矿容易产生扬尘的点位。

（6）矿区动植物种类影响

通过对 1985 年、1999 年、2003 年以及 2005 年伊敏露天煤矿周边的动物进行调查对比分析,发现矿区开采初期动物种类分布、数量较多,类型多为典型的草原成分,如爬行类的沙蜥,鸟类的百灵,草原田鼠等。迁徙期又有两栖类的黑龙江林蛙、雪兔、候鸟和林鸟等。经过长时间的煤矿开采,2000 年以后,矿区内麻雀等伴人种类和数量增加,家畜数量增加,而其他动物种类相对减少[17]。

伊敏露天矿作为呼伦贝尔草原的典型露天煤矿,区内植被原来为以大针茅为主要建群的典型草原植被,由于矿产开采的干扰,现今的植被由大针茅群系退化为一二年生杂草类较多的大针茅草原,羊草草原退化为盐碱的羊草＋马蔺群丛类型[17]。

## 8.2.3 矿区生态恢复治理

根据矿区土地利用格局及生态影响特点,伊敏矿区生态综合整治共划分为 5 个分区:工业场地恢复重建区、连接道路恢复重建区、地表沉陷治理区、露天矿排土场恢复重建区以及露天矿最终采坑治理区。五个分区的治理措施如下[16]:

（1）工业场地恢复重建区

工业场地恢复重建区范围包括井工矿和露天矿的工业场地和相关附属企业等以及工业场地外扩 100 m 的影响范围。工业场地恢复重建的生态整治措施如下:① 在工业场地内布设截水沟、急流槽、挡土墙等工程防护措施,防止水土流失,保障生产安全;② 工业场地内采用乔灌草立体植被配置模式,并因地制宜选用当地适生植物种进行园区绿化,保证园区绿化系数达到 20% 以上;③ 工业场地建设期间施工区域采用编织袋挡墙、临时排水沟、防尘网等临时防护措施,周边开挖的边坡上布设草方格边坡防护措施,防止水土流失产生;④ 对与工业场地周围区域内破坏的植被进行人工补植、撒播草籽等措施进行自然恢复,维持草地生产力。

(2) 连接道路恢复重建区

连接道路恢复重建区主要包括矿区公路和铁路以及外扩 50 m 的影响区域。其恢复治理的措施主要包括:① 道路建设期间在施工区域布设临时排水沟、编织袋挡土墙和防尘网进行临时防护;② 严格控制道路建设影响范围,以减少道路建设期对周围草地生态系统的干扰,对受破坏植被进行人工补植、撒播草籽等自然恢复;③ 在道路两侧分别营造防护林,防护林带可采用乔灌混交林,乔木布设 3 行,灌木在林下分散种植,禁止引入外来树种。

(3) 地表沉陷治理区

地表沉陷治理区可能出现积水、塌陷、裂缝等现象,造成植被覆盖率降低,土地生产力下降。地表沉陷区治理主要包括开采造成的沉陷区和沉陷积水区的治理两方面。

① 开采造成的沉陷区治理

伊敏矿区针对地表沉陷区的生态整治措施主要划分为草地治理和耕地治理两类。

a. 沉陷区的草地治理

首先对地裂缝进行充填,对局部土地进行平整。之后利用人工撒播草籽的方式进行草地改良,对矿区内破坏的植被进行自然恢复。此外,对沉陷区的草场进行封育,特别是在复垦恢复的过渡阶段,尽快恢复植被覆盖度,防止草地退化和沙化。

b. 沉陷区的耕地治理

与草地治理的第一步相同,首先对裂缝进行充填,并对局部土地进行平整处理。土地整理后先利用豆科绿肥改良土壤,采用人工撒播草籽的方式进行草地改良,经过 2~3 年的自然恢复后,再进行农作物的种植。在进行土壤改良的过程中要进行封育,尽快恢复植被覆盖度,保证土壤改良的效果。

② 沉陷积水区治理

沉陷积水区根据积水时间长短可划分为永久性积水区和季节性积水区两类。不同积水区类型治理措施如下:

a. 永久性积水区的治理

永久性积水区的治理可增加一定的排灌设施,维护和管理水资源即可。

b. 季节性积水区的治理

永久性积水区周边 100 m 的范围内易形成季节性积水区。该区域的植被类型将发生演替,由原来的针茅、羊草草原植被演变为较耐盐碱或喜湿的植被,如碱蓬、芦苇、拂子茅等。对于盐碱化严重的区域可采用翻土或施加土壤改良剂等方法改良土壤。

(4) 露天矿排土场恢复重建区

露天矿排土场恢复重建主要包括矿区表土剥离、保存与管护,土层覆盖,植被绿化等。

① 表土剥离、保存与管护

伊敏露天矿区的土壤主要为黑钙土,是优质的牧场所在地和畜牧产品的重要基地,因此表土的剥离与存放对于矿区土壤恢复和植被重建十分重要。露天矿表土层非常脆弱,规模有限,是干旱区脆弱生态系统的珍稀资源。土层与草原植被及其根系结合在一起才能发挥显著的抗风蚀防沙化作用,因此,排土场促进土层以及植被的形成与恢复是进行排土场土地复垦的根本途径[18]。

伊敏矿区表土剥离采用单独剥离的方式。表土剥离的厚度根据表土层的厚度而定。伊敏矿区土壤类型主要为黑钙土,土地构成中具有单独存放意义的土层为腐殖质层,一般厚度为 20～40 cm,因土层厚度不均,剥离层可以较原有腐殖质层稍厚,可采用平均值 30 cm[19]。

剥离后的表土一部分可直接覆盖于附近存在一定程度退化的草地上作为临时排土场。当排土标高达到设计标高后,需要进行及时覆土,在覆土之前,使用整平机或推土机平整平台面,然后将剥离的表土覆盖在上面,以便于后期的土地复垦。当采取剥离的表土达到一定厚度之后,可进行"边采边覆",将剥离的草皮分别覆盖于前面结束整地的排土场,一方面可减少表层土壤的二次搬运,另一方面可缩短排土场的地面裸露时间,缓解风蚀沙化。

表土堆放时间越长,土壤结构越松散,越容易沙化,因此,为更好地进行表土保存,可在堆放的表土周边采用密目网覆盖堆体,纤维土袋垒砌土墙作为临时挡护,其他裸露面采用撒播草籽防护。由于排土场最终复垦为灌草地混交地,因此,可选择羊草和披碱草 1∶1 混播。

② 土层覆盖

早期伊敏露天矿仅对放坡平整后的排土场进行覆盖 0.3 m 厚的表土,经绿植后发现,由于排土场复垦前是泥岩的区域,泥岩透水保水性较差,盐碱度较高,植被栽种后生长缓慢或逐渐枯死。为改善植被生长环境,矿区开始在排土场表面排气泥岩位置覆盖 0.5～1.0 m 厚的沙子,之后再覆盖 0.3 m 厚的表土[20]。沙层为植被的后期生长提供透水、透气环境,有利于植被对水分的吸收。排土场覆土技术标准如图 8-7 所示。

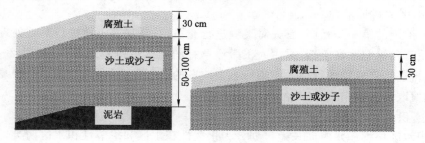

图 8-7　排土场土层覆盖标准

Fig. 8-7　Standard for soil cover of dump

在保持土壤肥力方面,也有一套肥力保持标准,利用农家肥对表土进行改良后再进行植被种植。覆土前首先进行农家肥发酵,选择矿区境内较干燥、地势平坦、运输方便的地块作为农家肥堆放位置。发酵过程为:首先铺垫一层 0.2 m 厚的"腐殖土"(或沙土);其次,铺垫 1 m 厚的农家肥;以此类推,"腐殖土"(或沙土)与农家肥交叉铺垫;发酵堆顶部修成凹槽,凹槽可以留存降雨,有助于农家肥发酵。发酵堆共堆置 2 m 农家肥和 0.6 m"腐殖土"(或沙土);在发酵堆周围用"腐殖土"修筑 1.5 m 高的挡土埂,防止发酵堆被降水冲刷或遭受牲畜践踏。发酵堆立面结构如图 8-8 所示。覆土时将堆放在排土场顶部的"腐殖土"和农家肥用推土机翻倒,充分混合,再将混合后的土壤均匀覆盖于边坡[20](覆盖带农家肥的土壤厚度为0.3 m)。

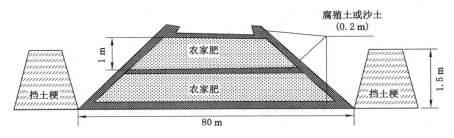

图 8-8　发酵堆立面结构

Fig. 8-8　Profile structure of fermentation mound

③ 植被绿化

伊敏露天矿包括内排土场、沿帮排土场和西排土场 3 个排土场。根据各排土场的立地条件,不同排土场有不同的植被恢复方式。2014 年,伊敏露天矿建成边坡治理示范区5 万 m²,西排土场碱草、苜蓿种植示范区 232.47 万 m²,内排土场植被恢复示范区 81.64 万 m²,沿帮排土场沙棘种植示范区 19.24 万 m²,全矿沙棘种植面积 135 万 m²[21]。

a. 内排土场自然恢复与人工恢复

内排土场北部因仍在进行排土作业,只进行简单整理,未进行人工植被恢复。排土场经过生产机械反复碾压,地表硬且不规整,非均匀沉降,风化程度低,边缘土体疏松,自然恢复的植物有猪毛菜、藜藜和虫实等。

内排土场其他部分以草本植被恢复为目标,在植物物种选择上,以豆科、禾本科牧草为主,主要选择针茅冰草进行人工恢复。内排土场人工恢复步骤及方式见表 8-3。

表 8-3　内排土场人工恢复步骤及方式

Table 8-3　The steps and methods of manual recovery in the inner dump

| 步骤 | 方式 |
| --- | --- |
| 播前整地 | 排土场复垦前进行整修,平整时随排土场周边地形平整,达到与周围原始地貌起伏的一致性。种草全面覆土,覆土厚度 0.2～0.3 m,覆土来源于预先收集的采掘场表土 |
| 播种方式 | 矿区为典型草原区,排土场复垦采用全面覆土种草。在雨季来临之前或雨季抢墒播种;行距20～30 cm,采用等高条播方式 |
| 管理利用 | 及时消灭田间杂草,在苗期可采用人工除草和化学除莠的方法。播种第 2 年后,每年收割1～2 次,留茬在 4～5 cm |

b. 沿帮排土场人工恢复

在植被选择上,若以乔灌草混交林为恢复目标,则进行樟子松＋沙棘的植被种植方式,在林间种植多年生牧草。若以灌草植被为恢复目标,则选择沙棘＋豆科、禾本科牧草为搭配方式。沿帮排土场人工恢复步骤及方式见表 8-4。

**表 8-4　沿帮排土场人工恢复步骤及方式**

Table 8-4　The steps and methods of manual recovery in side dump

| 步骤 | 方式 |
|---|---|
| 整地 | 造林前一年人工挖植树穴,直径 0.4 m,深 0.3 m,回填表土 0.2 m,用底土在穴下沿筑埂,高 0.15 m,根据品字形配置 |
| 栽植 | 春季人工植苗造林。苗木直立穴中,保持根系舒展,分层填土,踏实,埋土。草在乔木和灌木行间条播,行距为 0.25~0.30 m,覆土后镇压 |
| 抚育管理 | 对乔木和灌木四年四次进行人工穴内松土、除草,深 5~10 m。灌木造林后第二年冬季进行第一次平茬,以后每四年一次。方法:分年隔行交替进行。对草本植物要及时中耕除草,种植 2 年后,可收割利用,留茬高度为 4~5 cm |

### c. 西排土场人工恢复

西排土场的人工恢复目标以灌草植被恢复为主,主要选择小叶锦鸡儿、沙棘＋豆科、禾本科牧草。西排土场人工恢复步骤及方式见表 8-5。

**表 8-5　西排土场人工恢复步骤及方式**

Table 8-5　The steps and methods of manual recovery in west dump

| 步骤 | 方式 |
|---|---|
| 整地 | 造林前一年人工挖植树穴,直径 0.4 m,深 0.3 m,回填表土 0.2 m,用底土在穴下沿筑埂,高 0.15 m,品字形配置 |
| 栽植 | 春季人工植苗造林。苗木直立穴中,保持根系舒展,分层填土,踏实,埋土。草在灌木行间条播,行距 0.2~0.3 m,覆土播后镇压 |
| 抚育管理 | 对灌木四年四次,人工穴内松土、除草,深 5~10 m。造林后第二年冬季进行第一次平茬,以后每四年一次。方法:分年隔行交替进行。对草本植物,要及时中耕除草,种植 2 年后,可收割利用,留茬高度 4~5 cm |

### (5) 露天矿最终采坑治理区

露天矿闭矿后最终会形成采坑,由于区域地表水丰富,加上大气降水,预计最终会形成湖泊。伊敏矿区未来露天采坑治理方向主要有露天矿遗迹公园、鱼塘和湿地公园等。

## 8.3　矿害防治与清洁生产:澳大利亚奥林匹克坝矿

### 8.3.1　矿山简介

奥林匹克坝矿(Olympic Dam)是一座地下金属矿,位于南澳大利亚阿德莱德市(Adelaide)西北部偏北 550 km 处,为纪念 1956 年墨尔本奥林匹克运动会,按照附近牧场主修建的牲畜饮水坝而命名。全矿以铜、铀、金、银等矿产资源开发利用为主,其中 70% 的矿区收入来自铜矿资源的开发,25% 来自铀矿资源的开发,其余 5% 来自金、银等矿产资源的开采。该矿是世界上第四大铜矿,也是世界上已知的最大的铀单一矿[22],其中铜资源储量约 7 500 万 t,氧化铀约 240 万 t,黄金储量约 9 700 万 t[23]。2005 年以前,该矿由澳大利亚西方矿业资源公司经营。2005 年至今,由拓和必拓矿业公司经营[24]。

1975 年西方矿业资源公司发现奥林匹克矿床。1979 年,西方矿业资源公司与英国公共股份集团组成合资公司对奥林矿床进行开发。之后,经过矿山选址、选厂、湿冶厂、冶炼厂、精炼厂、尾矿库等一系列基础设施的开发建设,1988 年,奥林匹克坝矿正式投产。经过长期发展投资建设,矿区生产能力不断增强,特别是铜矿和铀矿资源,其生产能力分别高达 20 万 t/a、4 300 t/a。1993 年,西方矿业资源公司通过收购英国公共股份集团合资份额,正式享有合资公司 100% 的所有权。2005 年,拓和必拓矿业公司以 1 亿美元的价格从西方矿业资源公司取得奥林匹克坝开采经营权,经营时间至 2036 年[25]。

2007 年,拓和必拓矿业公司发起了奥林匹克坝矿扩矿计划,并表示该计划的顺利实施将替代那些低资本密集型的露天铜矿的扩张。2009 年,拓和必拓矿业公司向澳大利亚相关政府部门提交环境影响报告书。2011 年,奥林匹克坝矿产能扩张计划获得澳大利亚政府环境许可。根据这一产能计划,将在现有的地下矿井的附近区域建设露天矿坑,2012 年拓和必拓矿业公司宣布暂停这一计划,以寻找投资更少的替代发展方案。

**8.3.2 清洁生产技术**

(1)矿石开采运输

矿石运输分为运输通道的设计及矿石选择两方面。

① 溜井与轨道运输系统设计

溜井系统包括 12 个矿石溜井和 50 个指状天井。在进行溜井设计时,装车输送距离、通过每个溜井的输矿量以及采矿布置是 3 个主要因素。井下开采后矿石运输步骤如下:

第一,井下开采后的矿石由柴油装载机经由 4 块 1.2 m×1.2 m 规格的栅栏组成的格卸入直径 3 m 的矿石溜井。利用移动式岩石破碎机破碎超过尺寸的矿石,每一矿石溜井均与下面具有 1 000 t 左右储矿能力的直径 4.5 m 的缓冲仓相连。

第二,从缓冲仓到破碎站的矿石运输过程中,安装有自动化轨道运输系统,该运输系统完全由计算机控制,进行无人化管理。若缓冲仓内矿石量达到设定的水平,列车则直接驶向相应的放矿溜口。

第三,矿石从位于卸载站底座的旋回破碎机通过板式给矿机和输送机系统输入各具有 3 000 t 容积的两个破碎矿石储仓(旋回式破碎机的设计能力为 2 000 t/h,可最大破碎 200 mm 的粒径)。

第四,矿仓出来的破碎矿石至振动式给矿机卸于两台输送机上,然后通过新建成的、装备有戈培式双格 4 提斗绳摩擦提升系统的富兰克林·克拉克竖井提升至地表。箕斗按底卸式设计,有效负载 36.5 t,之后将矿石卸入 120 t 容积的原矿仓。

第五,矿石由振动式给矿机从原矿仓排出到给矿机,之后转移至装备有杂铁磁力分离器的 1 800 mm 宽的带式输送机,再由 1 500 m 宽的地面长距离带式输送机送到 1 000 t 容积的缓冲矿仓。由两台振动式给矿机将缓冲仓取出的矿石输送到 1 500 mm 宽的输送机上,然后送至能上下摆动和回转的堆矿机。最后,矿石被堆放到两个纵向的、具有 12 万 t 混合的总的综合容积的矿堆上。

② 矿石混合

由于奥林匹克坝矿矿物运输系统的复杂性,矿石的混合在系统内 5 个部位完成:从多个采场由铲运机选择性地向共同的矿石溜井供矿;轨道车辆选择性地从多个矿石溜井装矿;两个列车将矿石卸入破碎机;从两个竖井处提升矿石,然后向一公共地面长距离带式输送机处汇集;最后给回收运输机装矿。

（2）废石堆处理

井下开采产生的废石通常直接导入适当的二次或三次采空场。当井下附近不具备采空场时,可通过运输将废石输送至地表,最后输入邻近 1 000 t 级的矿仓的 500 t 储量的地表废石仓。之后,将废石用作胶结充填的原材料。

（3）井下充填

采场充填在奥林匹克坝矿的开采中起着十分重要的作用。一般情况下,奥林匹克坝矿采场的充填类型可划分为 3 类:胶结集料、废石充填或两者混合充填[26]。典型的胶结集料混合充填介绍如下:

① 原材料

胶结集料充填混合料中有 57% 的碎石、26.5% 的脱泥沙尾砂和河砂、2.5% 的水泥、5% 的粉煤灰以及 9% 的中和尾矿液,这些原材料经胶结后可产生 3 MPa 的标称充填强度。其中,胶结集料充填用的碎石由刻意开挖石灰岩的采石场供应,采石场目前的年产量约 200 万 t。

② 充填工艺

胶结集料充填设备的最大生产能力为 350 $m^3/h$,且以 300 $m^3/h$ 进行运作。通过拌和站连续搅拌后将料卸入胶结集料充填缓冲仓以便装入 15 $m^3$ 的胶结集料运输车。胶结集料充填料被输入到岩石投载孔,然后从地表输送到采场顶,以便进行采场充填。

③ 其他

为保证采场充填体保持最小充填强度的同时降低充填费用,一些胶结集料充填的配比、黏结剂的选择、采场的几何形状、胶结集料充填强度以及胶结集料充填的连续运输系统等都成为目前奥林匹克坝矿考察研究的对象。在胶结集料运输方面,井下管道工程网目前正在进行试验,通过建立胶结集料充填站,实现长期的连续输送。

### 8.3.3　矿害防治措施

地下水安全预测模型的建立是较为有效的矿害防治措施之一。

拓和必拓矿业公司以露天矿坑水资源检测数据为基础,在此基础上对其进行修改,替换露天采场以及矿坑充填,构建地下水安全预测模型,利用此模型在矿山运行过程中进行地下水状态的检测[27]。

此模型检测矿山全生命周期水质,具体包括:① 距离矿区 4～10 km 的安达姆卡（Andamooka）地区石灰岩层、基岩覆盖下地下水位下降情况;② 地下水足迹可遍布安达姆卡地区含水层,可延长至几公里以外的地区。

采矿结束后,该预测模型的预测内容主要包括:① 地下水库贮存水资源的时间周期;② 采矿结束后,地下矿会经过几百年后再次发生洪流。洪流过后,水流会首先通过采矿场、隧道和竖井。由于渗透系数较高,地下水经过基岩流入地下巷道。

## 8.4　关闭矿山资源再利用:德国鲁尔矿区

### 8.4.1　矿区发展简史

鲁尔工业区位于德国西部北莱茵-威斯特法伦州境内,是德国最大的煤炭、钢铁工业区,也是欧洲最大的经济区，是德国乃至世界上工业区可持续发展的典范[28]。现在的鲁尔工业区指"鲁尔区城市联盟"，东起多特蒙德，西到莱茵河，南抵苏维尔山区，北接明斯特平原，东西长约 116 km，南北宽约 67 km，总面积约 4 430 km²，占北威州总面积的 1/10。全区主要城市有多特蒙德、波鸿、埃森和杜伊斯堡等。莱茵河 3 条支流——鲁尔河、埃姆舍尔河、利珀河自西向东依次横穿鲁尔区。

早在 13 世纪，鲁尔矿区已进行早期的煤炭开采事业。在鲁尔区附近的南部地区，煤层覆盖于地表并堆积形成小煤矿山，底层浅部少量的煤炭资源主要以露天挖掘的方式进行开采。直到 19 世纪，煤炭资源形成小矿山，深度可达几米并开始横向漂移，开采主要在高达 400 m 的山坡上进行。这一时期的煤炭开采仅限于鲁尔河流附近西北向的石炭纪地层及更深部的北部地区白垩纪地层。工业革命的到来使得煤炭资源需求量不断攀升，而蒸汽机的出现使得矿井中抽水成为可能，直至 19 世纪上半叶，矿井煤炭开采深度达到 1 400 m 以上，煤炭产量大幅度增加。1957 年，廉价石油的涌现、煤炭挖掘成本过高等导致矿山关闭以及大量的矿业公司合并，至 2006 年，鲁尔矿区仅剩 6 个矿山继续进行开采工作，煤炭年产量约 1 500 万 t[29]。根据德国政府的决定，2018 年 12 月 21 日，德国鲁尔工业区最后一座黑煤煤矿宣告关闭。

20 世纪 50 年代发生煤炭危机、钢铁危机之后，鲁尔区内原有的以煤炭开采、钢铁煤化工等重型机械为主的单一的重型工业经济结构显露出弊端，阻碍了鲁尔区经济的可持续发展，为摆脱危机，重新复兴，鲁尔区制定了多项转型措施。通过制定规划，设定转型具体目标，开展全面的调整与改造工作，鲁尔矿区重新走向复兴[30]。

### 8.4.2　矿区转型总体规划

（1）组织机构

鲁尔矿区经济转型的成功，离不开科学合理的规划及严格的执行团队。为促进矿区经济的发展，解决煤炭开发利用造成的一系列生态环境问题，1920 年德国颁布《普鲁士法》，根据该项法律，政府成立鲁尔矿区住区联盟（SVR）作为鲁尔区最高规划机构，也是德国独有的规划机构，主要负责协调鲁尔区与采煤相关的问题[31]。随着 SVR 机构职能的不断扩大，1979 年，正式更名为鲁尔区城市委员会（KVR），作为区域规划的联合机构、州联邦的权利部门。之后，随着 KVR 区域自治权的扩大，2004 年正式更名为鲁尔区域协会（RVR），自 20 世纪 60 年代开始，SVR 正式负责鲁尔区的区域总体规划[32]。

SVR 由鲁尔区内 15 个独立行政主体（包含 11 个独立的城市与 4 个独立的都市区）推举出的 70 名议员组成，总部设于埃森市，其核心工作是：制定鲁尔区发展总体规划，提高鲁尔区居民的生活质量。具体包括：森林绿地的保护、地区垃圾清除、各项公共服务设施建设、绿色开放空间的构建和维护、全区的测绘工作等。此外，SVR 还担负着统筹全区所辖市（县）的城市发展规划并为其提供咨询及宏观上的指导与示范。

（2）总体发展规划

1960 年，SVR 提出将鲁尔区划分为三个产业功能区的构想，即：南部已转型地区（鲁尔河谷地带经济结构比较协调）、中部待转型地区（重要城镇及埃姆舍尔河沿岸城镇，人口及城市密集分布，急需合理布局）及西部待发展地区（鲁尔西部、东部及北部正在发展的新区）。在此基础上，SVR 依据北威州总体发展规划，正式编制了鲁尔区区域总体发展规划[33]。规划具体内容包括：

① 生态环境修复规划

为美化环境,提高居民生活质量,区域规划提出了"绿色空间"计划,在全区进行大规模的植树造林,绿化废弃矿山山体,修复水体。同时,鲁尔河上建立了完整的供水系统,包括蓄水库、澄清池、污水净化系统等净化水质。此外,通过建立全区烟囱自动报警系统及回收有害气体装置,控制大气污染。

② 产业转型规划

伴随着鲁尔区煤矿的开采,逐步形成了以中部为核心并向东西延伸的工矿产业分布特征。城市和产业的高密度分布带来了地区生态环境恶化、生活品质低下等问题,为了改变这一状况,区域总体规划提出通过划分北、中、南三个不同产业分期来平衡全区产业布局的设想,并限定新布置产业尽量往城市边缘地带安排。对于现存的传统产业,通过关、停、并、转等策略,实行平稳转型。另一方面,以钢铁产业为首的大企业强强联合策略,使钢铁产业竞争力大大增强,由于大公司科技力量强,现代化水平高,生产成本低,产品精良,煤、钢、化工、机械等"鲁尔制造"的特色产品在国内外具有很强的竞争力,为鲁尔区赢得了极高的声誉。

③ 交通规划

为缓解鲁尔区中心城市交通压力,实现全区交通全覆盖,SVR 在 1968—1973 年的交通规划中提出对原有的交通线路进行改造,发展快速交通线路,具体措施包括:建设高阶铁路,解决铁路、公路交叉带来的矛盾;建设高速公路,或沿鲁尔河边,穿越埃森市区中心,或沿埃姆舍尔河通过;扩大高速公路覆盖率,降低任何地点通向最近的高速公路的有效距离;强化水运能力,开辟鲁尔矿区内河运通道,构建良好的水陆联运;加强南北交通联系,增设南北交通线路,将相互隔离的工业区与居民区相连接,促进彼此有效连接。

(3) 未来规划

在区域规划的指导下,SVR 构建了鲁尔区土地利用框架。自 2009 年以来,SVR 一直负责鲁尔地区的发展决策,鲁尔区发展规划划分为 3 部分。

① 规划目标

SVR 制定了鲁尔区未来 10～15 年的发展规划,规划以"促进鲁尔区未来发展"为目标,将鲁尔地区土地利用划分为住宅、工业、休闲以及自然保护区等。同时,考虑鲁尔区地下水保护及洪水的防治。该项规划与各参与城市及地区进行协商确定,最终由"鲁尔议会"决定。

② 共同发展

鲁尔区内各城市的发展规划受鲁尔区总体规划的约束,而鲁尔矿区规划目标反映在所含城市的发展中。为了不妨碍各城市和社区的发展,可采取不同程序,适当更改鲁尔区规划,但必须征得 SVR 的同意。例如,若对鲁尔区的整体规划不产生影响,可对较小空间的土地利用进行改变。在总体规划下,可通过排除或减少其他土地利用的消极影响降低对区域规划目标偏离程度进行规划程序的调整。

③ 启动鲁尔空间信息系统区域监控

SVR 所制定的部分区域规划以考察、分析区域发展为目标,为促进这一目标的实现,鲁尔通过空间信息系统的数据收集,包括区域内所包含的 53 个直辖市(县)区,为当地规划提供决策依据。由于鲁尔空间信息系统对于鲁尔区的监控,规划的程序能够以一个更具目标性,更快的速度实现。

### 8.4.3 矿区生态修复

（1）矸石山改造

鲁尔区大量的煤炭开采产生了体积巨大的矸石山,其中,除一部分用于井下采空区的充填、出售或再利用外,余留的矸石山主要用于改造。

首先,矸石山的堆积场地需要企业与地方矿山管理局进行协商,获批准后方可实施。煤矸石的堆积方案需要依据矿山监察部门对矸石山的堆积、绿化、地表地下水的保护、堆积物的理化特性、安全性以及对周围环境的影响等方面的规定来制定。施工前,矿山企业需要制定出矸石山的外形、结构、工艺和安全技术措施,使得矸石山的改造设计与周围环境相协调,为最后的绿化工作打好基础。

一般情况下,对矸石山进行层状堆积,地表层的矸石需要压路机进行碾压,以减少矸石山的氧气含量,防止矸石自燃及雨水渗漏。在矸石山堆积后,选用泥土与细矸石进行混合,形成人工地表层,对其进行施肥,保证山体表面养分充足,为之后的植被种植提供基础条件。地表层形成之后,为防止表面风蚀,可在表层进行植被种植,形成腐殖质层、养护土层。待土层稳定后,可进行植草种树,还可进一步将矸石山改造为含有绿地、溪流、树林供游人游玩的自然风景保护区[34]。

（2）水污染治理及利用

波特罗普污水处理厂是德国目前最大的、最现代化的污水处理厂。主要负责附近居民的生活污水、煤矿及企业的生产废水。污水处理过程主要分为 5 步:第一步通过机(格栅)对污水进行处理;第二步进行沉砂处理;第三步进行初沉处理;第四步进行生物处理;第五步进行二沉处理。处理后水中主要污染物指标需达到规定要求,污水处理过程中产生的气体(以甲烷为主)用于发电和供热,而剩余淤泥经过脱水后用于燃料发电[35]。

（3）空气污染治理

矿区大烟囱每年排放大量的 $SO_2$ 等污染气体,这些气体滞留在鲁尔区上空,使得空气严重污染,影响居民身体健康。20 世纪 70 年代,德国颁布《清洁空气法案》,80 年代后,鲁尔矿区向“生态城市”目标迈进。

首先,鲁尔区以分片的组团式的城市规划,从根源上改变了大气环境。各城区之间被几千米、几十千米的山水、森林、田园所分隔,按功能建立了科学园区、发展园区、服务园区、生活园区等小区,使生活区和各类工厂彻底隔离。其次,矿区通过关闭重污染工厂,研发新技术、新材料、医药技术、环保技术等多个健康环保型产业作为矿区发展重要方面,成立大学企业合作的“技术转化中心”,改进能耗高、物耗高、污染重的落后生产工艺和设备。企业必须遵守“欧洲环境管理系统”,限制污染气体排放、回收有害气体及灰尘装置,以降低大气污染物的排放量。最后,鲁尔区推行了严格的汽车尾气排放,要求对汽车进行排气检查,淘汰不合格车辆。同时,要求汽车安装更清洁的发动机,降低燃油中的硫含量等。另外,采用“税收鼓励”的方式要求居民使用环保要求较高的汽车。

（4）构建自然保护区,恢复植被及群落环境

通过在工业密集区建立自然保护区,为植被和群落提供良好的恢复环境。鲁尔自然保护区内的植物种类以本地植物为主,因生境的破坏处于濒危或近灭绝状态。因此,在构建保护区时,人们尝试将“绿岛”相互连接起来构成生态网络。例如,保护公路两旁、渠道及铁路两边坡面的自然状态,在沟渠、排水沟及小溪流旁保留流水带,尽可能避免人为干扰。为生

物群落的保护提供良好的生境关联系统。

至 2000 年,鲁尔共建立自然保护区近 300 个,面积约 190 km²,自然保护区已由点状分布逐渐连接成片。现在,鲁尔工业区所在的北威州拥有 1 600 多家环保企业,成为欧洲领先的环保技术中心。

### 8.4.4 矿区资源再利用

随着鲁尔矿区煤炭钢铁企业的陆续关闭,如何处理废弃厂房、安置失业工人、改善生态环境、再次利用矿区资源等成为鲁尔区面临的新问题。1989 年,在借鉴英国、瑞典等一些国家经验的基础上,KVR 组织实施了长达 10 年之久的区域性综合整治与复兴计划——国际建筑展(International Building Exhibition,IBA)计划。该计划旨在解决鲁尔区工业结构转型、旧工业建筑和废弃地改造及重新利用以及恢复其自然和生态环境、解决就业和住房等经济问题[36]。IBA 计划对鲁尔工业区的改造主要包括以下四种模式[37,38]:

(1)博物馆模式

博物馆模式主要是对原有的工厂、矿山以及铁路等工业遗址进行改造,通过建设博物馆,对工业遗产进行保护、展示和宣传。

位于埃森市的"关税同盟"十二号矿及其邻近的焦化厂是德国有名的工业遗产,其中,"关税同盟"十二号矿曾是埃森市历史上重要的煤炭焦化厂,1847 年煤井开始运行,是当时欧洲最大的矿井和世界第二大钢铁公司[39],于 1986 年 12 月停产。停产后于 1989 年由组建的管理公司(Bauhütte Zeche Zollverein Schacht XII Gmbh)永久性地负责对该处厂房的规划与发展。1998 年,政府成立专门的发展基金用于"关税同盟"煤矿区的改造。改造后的"关税同盟"被联合国教科文组织评定为世界上第一个以工业为主题的世界文化遗产[37]。

经改造的"关税同盟"博物馆包括了"关税同盟"的铁路,北莱茵河设计中心(前身为锅炉房),关税同盟第 1、2、8 号矿井等。附近的"关税同盟"炼焦厂被改建为现代艺术展览场地。矿区内部废弃的铁路、旧火车皮作为儿童表演的临时场地,焦炭厂部分被改造为餐厅、儿童游泳池、办公楼等。

(2)休闲、景观公园模式

公园类型主要以室外展览为主,工业建筑为辅。

北杜伊斯堡景观公园(Duisburg Nord Landscape Park)位于鲁尔区杜伊斯堡(Duisburg)和欧伯豪森(Oberhausen)城市群内,前身为著名的蒂森(Thyssen)钢铁公司所在地,是集采煤、炼焦、炼钢于一身的大型工业基地,于 1985 年停产。现被改造为以煤-铁工业景观为背景的大型景观公园。通过对场地上各种工业设施的综合利用,使景观公园能容纳参观游览、信息咨询、餐饮、体育运动、集会、表演、休闲、娱乐等多种活动,充分彰显了该设计在具体实施上的技术现实性和经济可行性。

(3)购物旅游结合模式

该模式的典型代表是位于奥伯豪森(Oberhausen)的储气罐和中心购物区。奥伯豪森是富含锌和金属矿的工业城市,1758 年,该市建成鲁尔区第一家铁器铸造厂,工厂关闭后,在其废弃地上修建了大型购物中心,同时,在购物中心附近建造了工业博物馆,并就地保留了高 117 m、直径约 67 m 的巨型储气罐,成功地将购物旅游与工业遗产旅游结合起来,吸引了周边地区的游客前来购物。

除购物外,购物中心还配套有咖啡馆、酒吧、废弃矿坑改造的人工湖等。储气罐原来被作为炼钢厂的鼓风储气设备而设计,之后被改造为展示大厅,在气罐首层是主题为"风的希望"的展览,这些展览使得奥伯豪森储气罐成为欧洲乃至世界著名的工业设施展示厅,并成为鲁尔区的著名标志。鲁尔矿区改造模式及典型改造案例见表 8-6。

**表 8-6　鲁尔矿区改造模式及典型改造案例**

Table 8-6　Reconstruction mode and typical reconstruction case of Ruhr mining area

| 改造模式 | 改造目的 | 典型改造案例 | 改造后图例 |
|---|---|---|---|
| 博物馆模式 | 把原有工厂、矿山、铁路等工业遗址改造为博物馆,对工业遗产进行保护、展示和宣传 | "关税同盟"十二号矿及其邻近的焦化厂、Gröbtes Bergbau 博物馆、Zollern 采煤场等 | <br>Zollern 采煤场<br>改造为采煤博物馆 |
| 休闲、景观公园模式 | 以室外展览为主,工业建筑为辅的展出场所 | 北杜伊斯堡公园、北极星公园 | <br>北极星公园中<br>的景观设计 |
| 购物旅游结合模式 | 将工业遗产的旅游景观与商业改造相结合,工矿废弃地建设成大型购物中心和多样化休闲娱乐场所,吸引游客,发展当地经济 | 奥伯豪森的储气罐、中心购物区 | <br>奥伯豪森的储气罐<br>改造为内部剧场 |

(4) 区域性一体化发展模式

1998 年 KVR 规划了一条区域性的工业遗产旅游路线,将鲁尔区内主要的工业旅游景点整合为"工业遗产旅游之路",该线路包含了 30 个环绕该地区的游览线路、19 个工业遗产旅游景点、6 个国家级的工业技术和社会史博物馆、12 个典型的工业聚落以及废弃利用的工业设施改造成的瞭望塔。同时,规划了 25 条旅游线路,设立了专门为游客提供整个区域工业遗产旅游信息的游客中心。此外,还规划了覆盖整个鲁尔区、包含 500 个地点的 25 条专题旅游线路,通过统一的视觉识别符号,建立工业遗产旅游所独特的符号标志。总之,鲁尔工业遗产旅游一体化的开发模式使得鲁尔区在工业遗产旅游发展方面树立了一个统一的区域形象,这对于各城市间的相互协作以及对外宣传具有重要的推动作用。

---

**本章要点**

- 潘安湖水域形成、采煤塌陷次生湿地构建过程、潘安湖湿地公园建设
- 伊敏矿区生态环境变化及恢复治理
- 澳大利亚清洁生产技术与矿害防治措施
- 德国鲁尔矿区转型总体规划、关闭矿山资源再利用、闭矿规范与标准

# 参考文献

[1] 王书英.水污染治理景观工程:徐州潘安湖湿地公园二期景观工程[J].住宅与房地产,2016(24):81.

[2] 王子强,祁鹿年,周力凡."城市双修"理念下近郊采煤塌陷区治理研究:以徐州市潘安湖片区为例[J].江苏城市规划,2019(3):25-29.

[3] 李勇,潘立勇,杨靖.浅谈潘安湖湿地公园水质保护对策研究[J].环境科学与管理,2013,38(8):98-100.

[4] 刘秋月,王嵘,刘涛,等.徐州市潘安湖煤炭塌陷区湿地生态治理[J].江苏科技信息,2016(27):52-54.

[5] 丁岚,陆立权.江苏省徐州市湿地植物景观绿化设计研究:以潘安湖建设为例[J].江西农业,2018(4):88-89.

[6] 刘冰馨.江苏徐州市贾汪潘安湖湿地公园营建对策[J].中国园艺文摘,2015,31(7):145-146.

[7] 沈海燕.徐州潘安湖二期湿地公园景观工程[J].园林,2014(9):28-31.

[8] 申晨.徐州市潘安湖、九里湖水系、驳岸的生物修复技术分析[J].绿色科技,2018(22):99-101.

[9] 谢振华.露天矿山边坡和排土场灾害预警及控制技术[M].北京:冶金工业出版社,2015.

[10] 杨瑞卿,王千千,徐德兰.徐州潘安湖湿地公园植物多样性调查与分析[J].西北林学院学报,2018,33(3):285-289.

[11] 郭伟民.试谈煤矿塌陷区的景观生态恢复与设计:徐州贾汪潘安湖景观生态恢复设计研究[J].科技创业家,2012(19):219.

[12] 唐懿.伊敏露天矿呼伦贝尔草原的"明珠"[J].矿业装备,2013(5):54-55.

[13] 郭美楠.矿区景观格局分析、生态系统服务价值评估与景观生态风险研究[D].呼和浩特:内蒙古大学,2014.

[14] 刘小翠,白中科,包妮沙.草原矿区土地复垦中表土资源管理研究:以内蒙古呼伦贝尔市鄂温克族自治旗伊敏露天矿为例[C]//纪念中国农业工程学会成立三十周年暨中国农业工程学会2009年学术年会(CSAE 2009)论文集.太谷,2009:1659-1662.

[15] 牛星.伊敏露天煤矿废弃地植被恢复及其效果研究[D].呼和浩特:内蒙古农业大学,2013.

[16] 李思扬.伊敏矿区生态环境综合治理措施体系[J].绿色科技,2015(5):217-219.

[17] 张树礼.煤田开发环境影响后评价理论与实践[M].北京:中国环境科学出版社,2013.

[18] 魏金发.露天矿开采后土地复垦方式探讨[J].煤炭科学技术,2013,41(S2):384-385.

[19] 刘小翠,白中科,包妮沙,等.草原露天煤矿土地复垦中表土资源管理研究:以内蒙古呼伦贝尔市伊敏露天矿为例[J].山西农业大学学报(自然科学版),2010,30(3):253-257.

[20] 李文超,李继,李希耀,等.伊敏露天矿复垦绿化技术研究[J].露天采矿技术,2016,31

(6):94-96.

[21] 贾祝广.伊敏露天矿生态恢复治理技术[J].露天采矿技术,2015,30(8):77-79.

[22] Olympic Dam Mine[EB/OL]. https://en. jinzhao. wiki/wiki/Olympic_Dam_mine.

[23] BADENHORST C,ROSSI M. Measuring the impact of the change of support and information effect at Olympic Dam[M]. Springer Netherlands,2012:345-357.

[24] KONTONIKAS-CHAROS A,CIOBANU C L,COOK N J,et al. Feldspar evolution in the Roxby Downs Granite, host to Fe-oxide Cu-Au-(U) mineralisation at Olympic Dam,South Australia[J]. Ore Geology Reviews,2017,80:838-859.

[25] Olympic Dam Copper-Uranium Mine, Adelaide, Australia. Mining Technology[EB/OL]. http://www. mining-technology. com/.

[26] BOWMAN P. 旨在黄金的奥林匹克坝矿的矿物运输[C].//中国有色金属学会. 2012 中国高效采矿技术与装备论坛论文集. 2012:210-214.

[27] LINKLATERA C M, OGIER-HALIMA S, CHAPMANA J, et al. Post-closure groundwater impact assessment for the underground mining operation at Olympic Dam[C]. Australasian Mine Rehabilitation(AMR) Conference,2015.

[28] WANG L P. The inspiration of the economic restructuring in Ruhr of Germany to the sustainable development of mining cities in Henan province of China[M]. Berlin: Springer,2011:633-638.

[29] BISCHOFF M,CETE A,FRITSCHEN R,et al. Coal mining induced seismicity in the Ruhr area,Germany[J]. Pure and Applied Geophysics,2010,167(1):63-75.

[30] 陈涛.德国鲁尔工业区衰退与转型研究[D].长春:吉林大学,2009.

[31] 厄休拉·凡·匹茨.鲁尔:一部区域规划的简史[J].张晓军,译. 国际城市规划,2007 (3):16-22.

[32] Ruhr Regional Association [EB/OL]. http://www. metropoleruhr. de/en/home. html.

[33] 李玲.鲁尔区工业废弃地再利用规划研究[D].徐州:中国矿业大学,2014.

[34] 刘伯英,陈挥.走在生态复兴的前沿:德国鲁尔工业区的生态措施[J].城市环境设计, 2007(5):24-27.

[35] 许祥左.德国鲁尔矿区产业转型的具体实践及其启示[J].煤炭经济研究,2013,33(5): 74-77.

[36] 白福臣.德国鲁尔区经济持续发展及老工业基地改造的经验[J].经济师,2006(8): 91-92.

[37] 武红艳.浅析德国鲁尔区工业遗产旅游的模式及启示[J].太原大学学报,2010,11(3): 77-79.

[38] 田野.德国鲁尔区工业遗产旅游线路规划[C]//2007 中国城市规划年会论文集.哈尔滨,2007:2443-2458.

[39] 韩巍.独特的工业景观:析德国埃森矿业关税同盟工业遗迹的景观形态[J].南京艺术学院学报(美术与设计版),2009(4):124-130.

# 9  矿业生态法律、法规、规章制度及标准

## 内容提要

矿业生态法律对矿业国家的生态环境保护及修复起着至关重要的作用,各国都需要关注并在此方面做出努力。本章主要从全球主要矿业国家的矿业生态立法进程入手,通过阐述美国、澳大利亚、德国、加拿大、日本、俄罗斯、中国、南非以及巴西的矿业生态相关法律的侧重点并进行比较,分析了现有矿业生态的立法层次与特征,阐明了全球矿业生态法律、法规及制度与标准的现状和尚需完善的部分。

## 9.1  主要矿业国家矿业生态立法概况

矿业作为经济发展的基础性产业,要实现其良性发展,不仅需要理论、技术的支持,也需要对之进行科学化管理。多数国家通过颁布法律法规、出台相关标准等手段对矿业活动过程中所发生的各种社会、经济及环境问题进行有效管制。从全球主要矿业国家矿业立法历程来看,矿业法律的发展都经历了从简单到复杂、从分散到集中、从单一到完整的历史演变,最终形成各具特色的矿业生态法律、标准体系。

### 9.1.1  矿业生态法律发展历程

矿业生态立法最先产生于工业发达国家,由于工业化迅速发展对矿产资源需求日益增加,矿区土地破坏严重。为促进矿区环境恢复,近 100 年以前,有关矿山环境恢复方面的法律及其相关制度开始构建[1]。

20 世纪初至 30 年代,美国和德国是最早开展土地复垦与生态重建的国家[2]。如美国在 1920 年的《矿山租赁法》(*Mineral Leasing Act*)中明确要求保护土地和自然环境,德国自 20 年代,矿业主开始自发地在煤矿废弃地上进行植被种植。

20 世纪 30～60 年代,因二战后经济恢复的需要,矿产资源需求增加,矿区大面积开采对土地和环境造成严重破坏,公众开始有所异议并引起矿业国家州立法机构的注意,一些欧美等发达国家开始利用相关法律手段对矿区土地环境进行保护[1]。如 1939 年,美国西弗吉尼亚州首先颁布第一部采矿法律——《复垦法》(*Land Reclaim Law*),之后美国各州陆续开始运用法律手段管理矿区复垦工作。1950 年,德国北莱茵州颁布针对褐煤矿区的《莱茵褐煤矿区整体规划法》(*Law over the Whole Planning in the Rhenish Lignite Area*)。

进入 70 年代后,发达国家受土地准入、环境和社会许可等问题的影响,部分国家注重在矿业法律法规中增加矿山环境保护方面的内容。如美国、德国、英国等矿业发展起步较早的国家通过制定一系列环境保护法律、法规及相关标准,对矿产资源勘查和开发进行严格限制,不允许有以牺牲环境为代价的矿业开发活动[3]。70 年代后期,专门的矿区管理法律法规相继出现,如美国《露天采矿管理与复垦法》(1977)(*Surface Mining Control and Reclamation Act of* 1977)及苏联《关于有用矿物和泥煤开采、地质勘探、建筑和其他工程的

土地复垦、肥沃土壤保存及其合理利用规定》(1976)。

20世纪80～90年代,矿业发展进入繁荣时期,90年代开始,在可持续发展理念及科学技术长足进步的影响下,全球矿业逐渐向可持续发展方向调整和转变。这一时期,多数矿业国家为保证矿业可持续发展和矿产资源的有效供应,开始对矿产资源法律政策等进行调整和修改,以适应新的发展趋势。以美国、澳大利亚、德国、加拿大及日本为代表的发达国家,其矿业法律政策着眼于本国资源环境的保护、全球资源的控制和开发、矿产资源的战略储备以及资源的循环使用。以俄罗斯、中国为代表的矿产资源大国,在利用矿产资源出口带动本国经济发展同时,普遍意识到矿业开发对人类及生态造成的影响,各国通过出台有关矿山环境管理的法律法规以协调好矿业开发与环境保护之间的关系。以巴西、南非为代表的具有良好发展前景的矿业经济转轨型国家,开始注重调整和修改矿业法律条文内容,创造良好的投资环境,吸引外商,促进本国矿业发展。

21世纪,矿业发展呈现多元化趋势,全球主要矿业国家在矿业立法及制度标准制定等方面均有不同程度的发展。矿业发达国家已具备成熟完整的矿业生态法律规范及标准体系,矿业发展水平较低的国家逐渐注重矿业的可持续发展,相关法律条文和标准的制定及调整则更注重理性,以促进矿业的生态化发展。

### 9.1.2 主要矿业国家矿业生态立法现状

因政治体制、矿业法律历程及发展水平的差异,全球各主要矿业国家矿业生态立法可划分为3个层次[4-7]:

(1)已具备成熟完整的矿业生态法律、法规、制度及标准体系,并具备专门的法律执行机构。以美国、澳大利亚、德国、加拿大及日本等为代表,这些国家矿业发展水平较高,生态理念超前,基本上已形成了一套从国家到州(省)的矿业立法体系,具备了从金属矿产、油气、煤矿、铀矿到石料等不同的矿产资源种类,从矿山开采、环境保护、矿区复垦、闭矿到景观生态重建等不同环节的环境管理法律、制度、规范及标准,立法较为详尽、明确,可操作性强。此外,为促进法律法规的有效实施,落实矿山生态保护及治理工作,还成立了专门的执法办公室,以加强对矿业生态的管理工作。

(2)具有专门的矿业生态条例或规定,缺乏专门的矿业生态法律,尚未形成完整的矿业生态立法体系。以俄罗斯、中国为例,这两个国家在矿业发展方面,具备专门的矿山生态环境保护与修复的法律规定或条例、标准。如,苏联时期关于矿区土地复垦及矿山环境保护的各项规定就已出现。苏联解体后,俄罗斯也已具有独具特色的矿产资源三级三类管理体制及生态鉴定制度。中国在矿业生态立法方面也颁布了多项矿山土地复垦、环境保护的各项规定、标准等。但因发展水平的限制,俄罗斯和中国尚未有专门的矿业生态法律,立法体系仍不健全,不能完全适用于当前矿业发展所引起的各项社会、经济及环境问题,与矿业发达国家相比,仍具有一定的完善空间。

(3)缺乏专门的矿业生态法律、法规及相关标准,主要通过修改矿业法、环境保护法、资源法等相关法律条文,进一步明确矿山环境管理的内容。例如,作为矿产资源丰富的经济转轨型国家,南非和巴西的矿业发展先后经历了"先污染,再保护"两个阶段,在矿业生态立法方面,仍缺乏专门的法律约束及管理标准,在矿业生态化发展方面,其矿业生态立法仍具有一定的改进空间。

纵观目前世界各主要矿业国家在矿产资源法律制度方面的立法,无论是矿业发达国家还是发展中国家,各国均通过不断完善法律、制度并制定相应标准等手段促进矿产资源的开采规范化、管理合理化以及社会-经济-生态效益的协同化,最终实现矿业可持续发展。

## 9.2　美国矿业法律演进及露天矿复垦法律、制度与标准

美国地广人稀,矿产资源品种齐全,储量丰富,矿业开发历史悠久。作为全球矿业发达国家之一,美国矿业立法及相关标准相对比较完善。矿业法律的内容主要包括联邦政府的行政法规、国会制定法、联邦上诉法院的裁决所形成的全国应当普遍遵守的判例法以及联邦地区法院的裁决所形成的该地区应当遵守的判例法[8,9],立法特点则侧重于生态环境保护。

### 9.2.1　矿业法律演进

18 世纪末 19 世纪初,美国进入工业化发展阶段,矿产资源的大量需求促进了矿业的快速发展。19 世纪中叶,为鼓励人们开发西部矿产资源,美国国会(Congress United States)于 1872 年颁布全国第一部针对矿业的联邦法律——《通用采矿法》(General Mining Law),法律中规定任何 18 岁以上的美国公民,或在美国注册的外国公司及其附属公司都可以自由地进入公共领地探索矿物,只要在联邦共有土地上发现矿产资源,不需要勘探许可就可以自由标界,获取所发现矿产的勘查权、开采权及采出矿物的所有权。该部法律的制定,使得公共土地上取得矿业权的各种制度得以法制化。经过半个多世纪的施用,《通用采矿法》在促进西部矿产资源大开发的同时,显现出一定弊端,如《通用采矿法》允许采矿者对公共区域内的矿产资源进行自由开采,使得美国西部石油储量区因大量不规范开采而造成矿区土地质量迅速下降,有些矿区土地甚至在开采一个月后不能被继续使用[10]。

随后,美国民众及民间团体开始关注露天采矿所引起的土地及生态问题,并强烈呼吁制止露天开采,恢复已破坏的土地和生态环境。1920 年,美国颁布《矿产租赁法》(Mineral Leasing Act),法律中明确规定对采矿后的土地及自然环境进行保护。1939 年,美国西弗吉尼亚州率先颁布美国历史上第一个管理采煤业的法律——《复垦法》(Land Reclaim Law)[11],该法对矿区环境修复起到较大的推动作用,如因开采造成的土地损毁受到控制,废弃的矿区土地开始进行复垦利用,矿区水污染也得到了有效遏制。此后,美国的印第安纳州、伊利诺伊州、宾夕法尼亚州、俄亥俄州以及肯塔基州相继颁布有关采矿区土地复垦的相关法律。

第二次世界大战期间,受战争影响,美国矿业发展过程中环境保护观念淡薄,矿区土地污染、水土流失、塌方等生态问题显著。

20 世纪 50~60 年代,美国煤炭业发展迅速,煤炭产量持续增加,多数煤炭生产州纷纷制定相关法律法规对矿区环境进行保护和修复。

60~70 年代,受石油短缺造成的能源危机影响,国际煤炭价格大幅度上升,加之采煤技术的不断发展使得美国露天采煤成本降低,采煤业发展迅速。煤炭资源大规模开采的同时,造成了严峻的煤矿区生态问题,因此,这一时期,美国开始进行矿区土地复垦工作,土地复垦的相关法律法规开始产生。美国北达科他州、怀俄明州、科罗拉多州及蒙大拿州分别颁布了管理采矿和矿区复垦的相关法律。据统计,至 1975 年,美国已经有 34 个州在 40 年内陆续出台了适用于本州的矿区土地复垦法规,运用法律手段管理矿区生态环境修复工作[12,13]。

至 1977 年,美国国会颁布《露天采矿管理与复垦法》,该部法律构建了美国统一的露天

采矿管理与复垦标准,使美国露天采矿管理和土地复垦走上了法制轨道。美国矿山环境保护相关法律见表 9-1。

表 9-1　美国矿山环境保护相关法律
Table 9-1　Related laws of mine environmental protection in America

| 颁布时间 | 法案名称 | 英文名称 | 实施目的 | 备　注 |
|---|---|---|---|---|
| 1920 年 | 《矿山租赁法》 | Mineral Leasing Act | 授权和管理美国公共土地范围内煤炭、石油、天然气和其他碳氢化合物的开采 | 明确规定对采矿后土地及自然环境进行保护 |
| 1939 年 | 《复垦法》 | Land Reclaim Law | 从法律角度要求矿业主对因开采造成破坏的土地必须恢复到原来状态,同时改善矿区已被破坏的生态环境 | 由西弗吉尼亚州颁布,是美国史上第一部管理采矿的法律 |
| 1965 年 | 《固体废弃物处理法》 | Solid Waste Treatment Law | 对固体废弃物的处置方式进行了具体规定;对固体废弃物填埋场制定了技术规范 | 分别于 1970 年、1976 年、1980 年、1984 年、1988 年及 1996 年修订 |
| 1969 年 | 《国家环境政策法》 | National Environment Policy Act | 综合地、全面地对美国环境问题进行管理 | 首次规定了环境影响评价制度,被称为美国的环境大宪章 |
| 1977 年 | 《清洁水法》 | Clean Water Act | 恢复并维持水质的物理、化学及生态特性,防治点源或非点源水质的污染。对污染水质的处理及湿地完整性的保护提供援助 | 是美国第一个、也是最有影响力的现代环境法之一。分别于 1972 年、1977 年、1987 年进行修订 |
| 1977 年 | 《露天采矿管理与复垦法》 | Surface Mining Control and Reclamation Act | 处理环境保护和煤炭开采之间的关系,达到不因煤炭的开采而使环境受到破坏,并为其他矿物的露天开采建立有效、合理的法律依据 | 是美国史上第一部全国性土地复垦法律。分别于 1990 年、1992 年、1996 年、2012 年进行修订 |
| 1980 年 | 《环境扰动、赔偿与责任综合法》（又称《超级基金法》） | Comprehensive Environmental Response Compensation and Liability Act | 建立有效的反应机制,用来快速地清除由于有害废弃物的堆放造成的场地环境污染问题 | 主要用于治理 1977 年《露天采矿管理与复垦法》颁布之前的废弃矿山 |
| 1990 年 | 《清洁空气法》 | Clean Air Act | 控制国家一级空气污染 | 是美国最具影响的现代环境法之一,世界上最全面地综合治理空气质量的法律之一 |

### 9.2.2　《露天采矿管理与复垦法》

《露天采矿管理与复垦法》是美国主要的矿区复垦法案,全美的露天矿复垦工作主要在其指导下运行。该项法律的颁布规范了美国露天矿开采行为,加强了美国对露天矿土地复垦及环境保护治理力度,将环保与生态的理念很好地应用到了本国采矿业的发展之中。该项法律不仅被美国国内评价为"一部最好的环保法",更是对世界范围内矿业立法产生了重要影响。

(1) 立法背景

美国煤炭资源十分丰富,煤炭储量占世界煤炭储量的 1/4。其采煤业起始于 18 世纪 40 年代,开采方式以露天开采为主。到了 19 世纪初,采煤业已成为联邦政府的支柱产业之一,在促进美国工业迅速发展的同时,也造成了一定程度的土地破坏和环境污染。

这一时期,各州矿区管理及土地复垦的相关法律法规只适用于本州,由于有些州的法规要求不严格,新的矿区不断形成,矿区环境污染及土地复垦问题依旧严峻,因此,美国需要制定适合全美矿业开采管理与复垦的法律法规,统一规范全国矿业发展造成的生态问题。

基于此,美国国会于 1977 年 8 月 3 日通过并颁布了全国性第一部关于矿区土地复垦方面的法规——《露天采矿管理与复垦法》[10,14],该部法律建立了全美统一的露天矿管理与复垦标准[15],其实施的主要目的是协调好煤炭开采与环境保护之间的关系,使得不因煤炭开采而造成环境破坏,并为其他矿物的露天开采建立有效合理的法律依据。为促进该部法律的有效实施,美国政府成立专门机构——内政部露天采矿复垦与执法办公室,主要负责美国露天矿复垦工作。通过不断发展与修改完善,至今《露天采矿管理与复垦法》不仅成为美国土地复垦的重要指南,同时也为世界各国矿区复垦工作树立了的典范。

《露天采矿管理与复垦法》颁布、修改信息及管理机构

图片来源:https://en.wikipedia.org/wiki/Office_of_Surface_Mining

（2）法律条款与内容

① 法律条款

《露天采矿管理与复垦法》共分为 9 部分 93 条。法律以"有效管控露天采矿的环境影响"为主题，对相关法律标准、技术标准和计划的制定与实施，有关责任与保障，特别是对履约保证金等事项做出了具体规定。同时，还包括各项工作的相关程序性规定，如整治许可证的审批、勘探项目的管控、公众参与的程序、管理机关职责的履行以及义务人的监督与处罚等。《露天采矿管理与复垦法》简介见表 9-2。

表 9-2 《露天采矿管理与复垦法》简介

Table 9-2 Introduction of *Surface Mining Control and Reclamation Act*

| 序列 | 条款项 | 主要内容 |
|---|---|---|
| 第 1 部分 | 2 | 立法原因及国会声明 |
| 第 2 部分 | 1 | 法律执行机构权利、人员组成及责任等 |
| 第 3 部分 | 10 | 矿业及矿产资源研究机构权利及职责 |
| 第 4 部分 | 15 | 废弃矿区复垦基金来源及用途、复垦工作的具体实施及要求等 |
| 第 5 部分 | 29 | 露天煤矿开采的矿山环境保护标准、联邦及各州规划、具体的操作要求、相关惩罚措施等 |
| 第 6 部分 | 1 | 非采煤矿区土地的用途设计 |
| 第 7 部分 | 21 | 露天煤矿租赁要求、复垦标准的研究、采矿认证等 |
| 第 8 部分 | 6 | 大学成立煤炭研究实验室的各项要求及限制条件 |
| 第 9 部分 | 8 | 煤炭研究方面研究生奖学金的办法细则 |

② 内容

《露天采矿管理与复垦法》着重于对露天采矿的环境影响采取有效管控，对相关法律、技术标准和计划的制定与实施，有关责任与保障，特别是履行保证金等事项都进行了详细规定。其内容主要包括 7 个方面：

第一，设立监督实施法律的机关，即露天采矿复垦与执法办公室，同时，在以露天开采为主的各州设立了派出机构，并对其实行垂直领导。

第二，设立废弃老矿区的土地复垦基金，专门用于《露天采矿管理与复垦法》实施前的矿区复垦。在国库账册中设立"废弃矿复垦基金"，由内政部长负责管理。每个州设立各自的"废弃矿复垦基金"，州修复基金由内政部长根据经过批准的修复治理计划从国家废弃矿修复治理基金中拨付。

第三，规定了对露天矿开采和复垦的管理办法及详细的验收标准，同时具体规定了哪些土地不合适采矿，以及对不适合采矿土地的复查和判定程序。

第四，具体规定了复垦技术与复垦目标。如：法律中规定将使用土地恢复到原用途要求的环境，稳定矿渣堆、恢复表层土壤、尽可能降低矿山排水危险、因地制宜种草植树等。

第五，详细规定了包括原有矿和新开矿作业的标准和程序。复垦要求融入审批程序，复垦必须与采矿同时进行，投资者在申请开采许可证时提交一份作业计划，详细说明开采方式方法，同时矿主必须提交一份复垦计划，之后才能获得采矿许可证。

## 《露天采矿管理与复垦法》目录

# TABLE OF CONTENTS

第六,明确划定了矿区生态环境修复界限。对于法律颁布后出现的矿区生态环境破坏,一律实行"谁破坏,谁修复",并要求修复率达到100%。对于法律颁布实施前已破坏的废弃矿区则由国家通过筹集修复基金的方式组织进行修复治理,建立开采许可证制度,要求矿山企业对矿区生态环境予以修复。

第七,对其他联邦法律之间的关系、劳工保护、妨碍执行该法案的罚款、提供各州的补助、年度报告、矿区复垦实验规定、管理与检查活动的协调、地表所有者的保护、联邦土地承租人、矿区沉陷、调查研究等多方面的内容作了具体规定。

《露天采矿管理与复垦法》颁布后,美国国内主要产煤州(如阿拉斯加州,宾夕法尼亚州、怀俄明州等)均建立了《露天采矿管理与复垦法》的监管与执行机构。同时,该法案的实施也使得采煤业结构发生了一定变化。特别是法案的实施使得采矿对环境的破坏作用大为减少,并且"废弃矿区复垦基金"的建立,使得许多在法案颁布实施前易遭受破坏的土地得到修复。

③ 矿山环境保护执行标准

《露天采矿管理与复垦法》第5部分第15条提出了矿山环境保护执行标准,共分为3部分,具体包括矿山环境一般标准、陡峭坡面露天煤矿开采标准和煤矿废弃堆处理标准。

《露天采矿管理与复垦法》中规定,矿山环境保护执行标准制定的目的是实现对固体能源资源的有效保护、矿产资源有效利用的最大化以及矿产资源开采对地面扰动的最小化。美国各州或联邦政府依据本法所批准的任何露天煤矿的开采许可都应符合该项法律中规定的绩效标准。

法律中所规定的一般执行标准适用于一切露天煤矿的开采与复垦工作,同时,法律中对煤矿开采及矿区复垦操作提出了明确要求,具体的执行标准共25条,主要包括采矿申请条件、表层土壤的恢复、植被修复以及矿山废弃物的处理等方面的内容。如在废弃物处理方面,第14条规定,确保对采矿废弃物、酸性材料、毒性材料或构成火灾材料采取填埋、压实或其他方式处理,以防止地面或地表水的污染,同时制定应急计划以防止废弃物的持续燃烧。

陡峭坡面露天煤矿开采标准共4条,主要对陡峭露天开采前准备条件、开采后固体废弃物的回填、矿山主开采要求以及陡峭露天开采中"陡峭"一词的含义进行了明确说明:

第一,在陡峭坡地进行露天开采时,确保地表无杂物、废弃或停用设备及废弃材料,采矿废弃物应堆放于边坡底部。

第二,利用废弃材料对矿区进行回填时,必须对边坡进行完全覆盖,力求恢复其原貌。回填材料的选用须能够维持采矿及复垦工作后地表的稳定性。

第三,除经监管机构认定的对矿区边坡顶部进行采矿应符合环境保护标准外,未经授权,经营者不得擅自破坏边坡顶部。

第四,本条款中"陡峭坡地"指在考虑土壤、气候以及区域的其他特征因素后,任何大于25°或略小于25°的坡地。

煤矿废弃堆处理标准主要就采矿后对废弃物处理所进行的设计、选址、施工、运营、维护、扩建、改造、拆除等各阶段所应符合的要求进行了说明。除工程及其他技术规范外,煤矿废弃堆处理的要求还需包括:植被的修复和审批,建设、扩建、改造、拆除或废弃处理之前应制定详细的计划书,施工期间须对各项操作进行检查,对符合要求的操作单位授予建成后的批准证书,对仍存在问题的单位则下发维修或补救通知。

（3）适用特点

美国《露天采矿管理与复垦法》不仅适用于美国露天煤矿的开采管理，也为其他矿山的开发利用提供了经验借鉴。对全球范围内的矿业国家而言，《露天采矿管理与复垦法》不仅将生态环保的开采理念引入到矿业发展中，同时，在开采标准、制约机制、监督检查等各方面的严格实施也为其树立了典范。《露天采矿管理与复垦法》适用特点见表 9-3。

表 9-3　《露天采矿管理与复垦法》适用特点

Table 9-3　Applicable features of *Surface Mining Control and Reclamation Act*

| 特点 | 主要内容 |
|---|---|
| 理念突破 | 将"生态平衡"理念引入到法律中 |
| | 制定整治保证金制度 |
| | 成立废弃矿区专项基金 |
| 操作方便 | 露天采矿各环节均制定有严格而详细的操作标准 |
| | 考虑企业经营压力，应用灵活 |
| | 对地下采矿也进行了相关规定，促进采矿全面管控 |
| 制约有效 | 采矿各环节启动公众参与机制 |
| | 有效的公众参与执行机制 |
| | 执法人员监督管理机制 |
| 修订及时 | 于 1990 年、1992 年、1996 年、2012 年分别修订，适应采矿发展及行政管理要求 |

### 9.2.3　土地复垦基金制度

（1）制度建立的社会原因及目的

在美国，矿区土地复垦具有明显的时间界限，一般将矿区分为《露天采矿管理与复垦法》颁布实施前和实施后两类。为使恢复治理工作的责任更加明确，美国对《露天采矿管理与复垦法》颁布后的矿区土地，一律按照"谁破坏、谁复垦"的原则进行复垦，复垦率须达到 100%。对于法律实施前已破坏的废弃矿区，则由国家通过筹集复垦基金的方式组织进行恢复治理工作。

美国通过建立"废弃老矿区的土地复垦基金"对 1977 年《露天采矿管理与复垦法》颁布前的老矿区土地进行复垦，其主要目的：① 保障废弃矿山的矿工健康安全支出；② 恢复废弃矿山中已遭受煤炭开采不良影响的土地、水资源和自然环境，以保护和提高矿区土壤、水域、林地、野生动物、娱乐资源和农业的生产能力；③ 注重露天采矿复垦技术的发展、水质控制计划的制定以及与控制技术有关的各种研究和示范工程；④ 保护、修复、重建或增设废弃矿山遭受开采影响的各种公用设施，如煤气、电、水等供应设施，道路、休养地维护等；⑤ 开发受到采煤业不良影响的、向公众开放的公有土地，包括那些以休养、保护历史古迹、恢复环境为目的而购得的土地及其他为了向公众提供空地、空间而购得的土地。

（2）制度内容

土地复垦基金制度保证了美国矿区复垦工作的资金来源。在美国，废弃矿区环境保护的资金获取渠道主要包括州政府财政支付和联邦政府的超级基金。美国大部分废弃矿山的环境治理是在联邦政府的超级基金资助下得以"重披绿装"，其余小部分废弃矿山依赖于州政府废弃矿山修复项目资金。州政府的修复基金主要来源为开采税,70% 的开采税被用于州内废弃矿山的修复治理、废弃矿区居民健康的改善以及支付废弃矿山离退休和失业矿工的基本生活保障。土地复垦资金渠道见图 9-1。

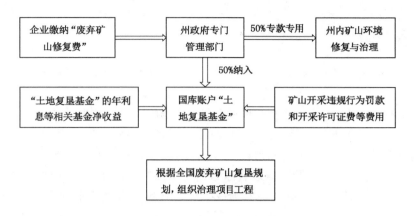

图 9-1　土地复垦资金渠道

Fig. 9-1　Fund channel of land reclamation

美国土地复垦基金的设立具有法律年限限制。根据 1977 年的《露天采矿管理与复垦法》,该基金向企业征收土地复垦费的法律效应到 1992 年截止,之后企业缴纳土地复垦费成为自愿行为。但由于仍有大量废弃矿山环境未能得到有效治理,目前美国已经通过国会申请延长了废弃矿山修复费的征收并保持其标准不变,但到 2020 年,美国将消减废弃矿山修复费征收标准的 20%,即露天开采征收 0.28 美元,井工开采征收 0.12 美元。褐煤征收 0.08 美元。

《露天采矿管理与复垦法》中,对土地复垦资金管理、收取及款项构成、收费标准进行了详细规定:

① 美国国库账户中设立"废弃矿区复垦基金",由内政部长管理。各州应设本州的废弃矿复垦基金,州复垦基金主要来源于内政部长根据经过批准的州复垦计划,从国家废弃矿复垦基金向各州下拨的补助金。

② 国家废弃矿复垦基金的收取及款项构成:根据《露天采矿管理与复垦法》规定征收的复垦费;复垦后征收的土地使用费(可从中减去养护该土地的开支);任何个人、公司、协会、团体、基金会为本法所述目的而提供的捐款;根据《露天矿管理及复垦法》规定的其他补偿费;基金的信贷利息。

③ 征收复垦费的规定:根据《露天采矿管理与复垦法》,由内务部负责对所有煤矿收取土地复垦与费用,以作为"废弃老矿区的土地复垦基金"来源。收费标准应不低于露天矿每吨煤 35 美分,地下矿每吨煤 15 美分或产值的 10%。此外,对褐煤,可收取产值的 2% 或每吨煤 10 美分。

## 9.2.4　土地复垦标准

(1) 标准提出

1977 年,美国《露天采矿管理与复垦法》颁布实施之前,美国已有 34 个州制定了露天矿土地复垦标准。由于各州煤矿业发展规模与影响不同,所以,复垦标准的具体要求各有不同,过于严格的土地复垦标准使得有些州露天采煤成本过高,要求宽松的州存在采煤成本低的情况,复垦标准松紧不同的规则使得各煤矿企业不具备公平的竞争环境,不利于煤矿业协调发展。因此,因复垦标准严格而造成采煤成本较高的企业对于制定联邦层次的露天矿土地复垦法律的呼声越来越高,最终在 1977 年《露天采矿管理与复垦法》中建立了全美统一的露天矿土地复垦标准。

(2) 具体实施

美国土地复垦标准的主要目的是保证矿区生态环境在采矿后等于或优于采矿前的状态。

土地复垦标准主要有:① 使该土地的特性在采矿作业后发生的变化减到最小限度;② 在不违反联邦、州或地方法律的情况下,恢复受影响土地的特征,使其生产力达到采矿前所能达到的程度或比原来更大、更好;③ 所有的酸性物质、有害物质或可能引起火灾的物质应按照"焚毁或掩埋,防止污染地表水或地下水"的原则处理;④ 在规定的地区或其他受影响的土地上种草植树,植被应符合多样化、有效性和永久性的要求。该地的植被覆盖率不低于该地区天然的植被覆盖率;⑤ 采矿区植被应在 5 年内达到④的要求,在第 5 年应在矿区进行播种、施肥、灌溉或其他确保④规定的工作,在降雨量小于或等于 26 英寸(约 660.4 mm)地区应在 10 年内达到要求,在第 10 年通过播种、施肥、灌溉等确保符合复垦要求;⑥ 尽可能采用最好的修复技术,最大限度地减小采矿区复垦对鱼类、野生生物及有关环境价值造成的损害和不良影响,增强资源存在的完整性;⑦ 在矿区复垦期间及复垦工作完成后最大限度地减少对地表水、地下水两个水系的水质、水量的影响;⑧ 保护受采煤影响的地表(包括矿渣堆),回填复垦应防止土壤侵蚀及防治空气、水污染;⑨ 恢复表土层,为植被有效恢复提供空间;⑩ 除有特别规定之外,所有露天采煤用地应进行回填、夯实、平整,以达到该土地原来的轮廓,并与周围土地的利用相一致,同时,复垦好的土地应重新恢复植被。

在矿区土地复垦工作合理完成之后,要对其进行工作验收。在土地复垦验收阶段,美国也有严格的土地复垦验收标准。

验收工作分为三个阶段:

① 当复垦后的土地经过岩土回填、土地平整、表土复原、建立排灌设施和侵蚀控制后,能够达到利用状态的,可进行第一阶段的验收工作。第一个阶段如果符合复垦法规和规划的,可以退回 60% 的复垦保证金。

② 第二阶段的复垦要求主要有 6 点:一是根据复垦规划建立植被;二是符合种植植被的标准;三是复垦土地无泥沙进入河流;四是径流被控制在限定的范围,无泥沙进入限定范围外的河流;五是基本农田复垦的土地生产力已与相似非破坏的基本农田土地生产力一致;六是蓄水池的使用与管理符合土地复垦规划。符合以上要求的矿山主可申请第二阶段验收,如果验收合格,可以退回复垦保证金的三分之一。

③ 当所有的复垦工作按照复垦规划完成后,矿区土地实现了所批准的采后土地的用途,地表植被也达到了约定期限要求(一般地区 5 年,干旱区 10 年),矿山主可申请第三阶段的验收工作,经验收合格后,矿山主可获得剩余的复垦保证金。

美国土地复垦机构

美国土地复垦机构主要有：联邦政府内政部土地管理局（Bureau of Land Management 简称 BLM）、露天采矿复垦与执法办公室（Office of Surface Mining Reclamation and Enforcement 简称 OSMRE）、美国环境保护署（U. S. Environmental Protection Agency 简称 EPA）。

土地管理局（http：//www. blm. gov/wo/st/en. html）

土地管理局下设的能源资源部门负责土地复垦工作。能源资源部门下设 8 个处分管矿产资源开发中的土地复垦工作。联邦政府土地局派出机构设 13 个区域土地办公室，58 个地区土地办公室，143 个资源区办公室，这些派出机构覆盖了全部联邦政府土地。这些办公室也都设有专门机构，配备专门官员和专家负责联邦土地的复垦工作。

Bureau of Land Management

主要职能为：（1）贯彻执行有关土地管理、土地复垦、环境保护等法律，保证联邦政府有计划地开发利用矿产资源；（2）调查、监督检查矿产资源开发对土地的破坏情况；（3）制定并向采矿者提供宏观的土地复垦规划、计划和目标；（4）审查采矿者的采矿申请书及复垦设计、计划，监督复垦资金落实；（5）审批办理采矿许可证，收取矿产资源费。登记、统计废弃矿的数量和面积，确定复垦后的用途；（6）搜集有关土地破坏、复垦情况，研究土地复垦方法；（7）监督检查土地复垦计划执行和落实情况；（8）制定不宜采矿的土地规定，划定不宜采矿土地范围；（9）负责其他有关土地复垦事项。

露天采矿复垦与执法办公室（http：// www. osmre. gov/index. shtm）

组建于 1979 年，是内政部长领导下的联邦机构，主要任务是执行《露天采矿管理与复垦法》，专管全国露天煤矿的土地复垦工作。

主要职责是：（1）贯彻执行《露天采矿管理与复垦法》，监督检查实施情况；（2）负责制定颁布《露天采矿管理与复垦法》的实施细则及有关规定；（3）审批露天煤矿开采与复垦计划；（4）审查批准（或否决）各州制定的对露天采煤作业和废矿区的回填复垦计划；（5）组织废弃矿区复垦；（6）负责向各州发放复垦补助资金；（7）终止、吊销或撤回不遵守《露天采矿管理与复垦法》及根据本法规定颁布的各种条例、规则的许可证；（8）管理授权成立的露天采矿和复垦研究机构及各示

Seal

范工程；（9）会同有关部门及地方政府做好复垦计划的协调；（10）协助各州制定反映地方实际及其环境、农业特征和条件控制的要求以及露天采煤和回填复垦的各种计划；（11）与其他联邦机构和州的各管理机构加强合作，管理、检查《露天采矿管理与复垦法》的实施；（12）行使《露天采矿管理与复垦法》所规定的及与《露天采矿管理与复垦法》有关的其他职责。

美国环境保护署（https：// www3. epa. gov/）

美国环境保护署是美国主管环保的最高行政管理机构,在土地复垦工作中的主要职责是:(1)贯彻执行有关环境保护方面的法律,监督检查针对开矿对水、空气、景观的影响程度的控制和评价;(2)负责调查、登记、统计废弃危险物场所分布、数量;(3)预测固体废弃物对环境的影响;(4)负责使用"超基金",组织寻找和清理历史遗留的固体废弃物和有害危险物的污染源;(5)负责研究矿物开采对环境的影响;(6)负责制定矿物开采固体废弃物占地处理的有关规定和管理办法;(7)负责向议会及有关部门反映矿物开采固体废弃物对土地环境影响的情况。

EPA
Seal of the Environmental Protection Agency

## 9.3 澳大利亚矿业法律框架、《矿产工业环境管理准则》及《清洁能源法案》

作为矿产资源生产和出口大国,澳大利亚被称为"坐在矿车轮子上的国家"。在矿业立法方面,澳大利亚有着150多年的矿业立法历史,矿业法律体系比较完善[16,17]。在矿业生态保护及恢复方面,澳大利亚政府通过颁布法律、准则、各项制度,保护矿山环境,促进矿业的可持续发展[18,19]。

### 9.3.1 矿业法发展与立法体系

澳大利亚矿业立法由法律、法规、规章制度、标准及行业标准或指南组成,形成了金字塔形的法律法规体系,各州的立法体系也遵循这种框架结构。

(1)矿业法发展

1931年澳大利亚独立以前,在英国殖民统治的影响下,澳大利亚自然资源的控制权掌握在英国政府手中。在此期间,殖民统治者批准土地所有权时,对矿产和石油的所有权也随之转移给土地所有权人,但金、银资源的所有权仍掌控在英国皇室手中。1852年,维多利亚州颁布《矿业法案》,法案中引入简易程序解决采矿者之间的争端,但对于相关利益权力者收效甚微。法案中昂贵的许可证制度引起金矿区采矿主强烈不满,至1854年,尤里卡起义爆发,殖民政府废除许可证制度。1855年《金矿区法》的颁布,标志着澳大利亚矿业立法的转变。1865年,在维多利亚州通过《矿业法》,矿业者采矿权力获得法律保护。该法律为其他英属澳大利亚殖民地的矿业立法提供了范本。其后,澳大利亚《矿业法》进行一部分实质性的完善和修改。

澳大利亚矿业发展过程中,为确保矿山环境的保护与有效恢复,澳大利亚联邦及各州政府通过制定严格的法律法规,将有关生态系统保护问题列入矿业发展的日常活动中,此外,通过设立不同的矿业机构(如澳大利亚矿业政策研究所、矿业联合会)共同促进矿业的可持续发展。1996年,澳大利亚制定《澳大利亚矿山环境管理规范》,在管理制度上,推行抵押金制度、年度环境执行报告书、矿山监察员巡回检查制度等。规范中要求各矿山企业在环境管理方面必须遵守以下原则:对于所有开展的活动承担环境责任;密切与社区的关系;将环境管理综合到工作方式中;最大限度地减少各种活动的环境影响;鼓励对产品开展有责任的生产和使用;继续改善环境工作;就环境工作进行交流。此外,《澳大利亚矿山环境管理规范》中强调矿山企业必须在两年的登记时间内编写出年度公共环境报告。1999 年,澳大利亚《环境和生物多样性保护法》颁布,法律中明确矿山生态恢复所要面临的开采前规划、过程监控、检查验收等程序,实施矿山生态恢复全过程管理,促进矿业公司落实恢复措施。

（2）矿业立法

澳大利亚采用联邦制,各州享有较高的立法权限。根据澳大利亚宪法,澳大利亚自然资源管理权基本上掌握在各州政府手中,因此,澳大利亚没有全国统一应用的矿业法。各州政府有权根据自身情况制定单独的矿业法规。其中,除 1946 年《核能（材料控制）法》规定的铀矿归联邦政府所有,由联邦政府立法外,澳大利亚矿产资源实行联邦和州分权管理。

联邦主要负责海上石油立法、环境立法以及对外投资等采矿业政策协调与发展相关的立法、限制矿产出口等。其职责主要包括:① 制定财政、金融和税收政策,促进国内矿产工业的发展;② 制定关税政策,吸引国外投资,开展国际贸易,增强矿产工业的国际竞争力;③ 制定政策,保护土著居民的合法权利;④ 拥有海岸线三海里以外的海上矿产和石油资源,负责勘察、开发和管理;⑤ 对铀和钍等特殊矿产的管理。

各州及领地管理各自辖区内矿业活动,根据自身情况具有各自独立的矿业立法和海上矿产立法。立法范围包括土地产权,监管矿山运营情况,矿山安全、环境、健康,征缴权利金和税费等。根据其立法应用范围,矿业法律可划分为两个层次:一是由各州议会制定的普适性法律;二是由各州政府根据某些具体需求制定的法律,一般由相关职能部门颁布。其职责主要包括:① 拥有陆上矿产资源以及离岸三海里以内海上矿产资源;② 负责相关矿产资源法律和管理规章制度制定与执行监督;③ 对矿产资源的勘探、开发和环境保护进行日常管理,对勘探、开发有关的基础设施建设,环境影响评价等进行审批和监督;④ 加强和联邦政府、地方政府的沟通与协调,推动各项政策的落实。澳大利亚各州及领地主要矿业管理机构各有不同,具体见表 9-4。

表 9-4 澳大利亚各州及领地主要矿业管理机构

Table 9-4 Main mining management agency of state and territory in Australian

| 州/领地 | 网址 | 矿权管理机构 | 主要职责 |
|---|---|---|---|
| 新南威尔士州<br>New South Wale<br>(NSE) | http://www.<br>nsw.gov.au | 矿产能源局<br>Bureau of<br>Mineral Resources | 促进新南威尔士州可盈利的和可持续的矿产开发、有效的矿山环境管理和安全与负责任的采矿活动;促进新南威尔士州安全的、可承担的、洁净的能源供给,同时建立有竞争力的能源市场等 |
| 南澳大利亚州<br>South Australia<br>(SA) | http://www.pir.<br>sa.gov.au | 初级产业与资源部<br>Department of Primary<br>Industries and Resources | 出台与矿业相关法律、政策及规范,收取权利金,审批、开发、监督采矿项目,制定本州的矿业规划等 |
| 西澳大利亚州<br>Western Australia<br>(WA) | https://www.<br>wa.gov.au | 矿山石油部<br>Department of<br>Mines and Petroleum | 制定与执行监督矿业法律、政策及管理规章,管理矿业投资,发放矿权许可证,保护矿山环境,收取各种矿业税费和权利金,统计矿业生产数据统计等 |

表 9-4(续)

| 州/领地 | 网址 | 矿权管理机构 | 主要职责 |
|---|---|---|---|
| 昆士兰州<br>Queensland<br>(QLD) | http://www.thepremier.<br>qld.gov.au | 矿山能源部<br>Department of Mine<br>and Energy | 出台采矿和能源行业相关政策,支持和推进矿产和能源业的投资,促进包括油气在内的矿产勘查和开发,监督采矿和石油工业的劳动健康和安全,促进能源利用效率的提高,支持创新技术的研发和示范等 |
| 塔斯马尼亚州<br>Tasmania<br>(TAS) | http://www.<br>tas.gov.au | 基础设施、能源与资源局<br>Department of<br>Infrastructure Energy<br>and Resources | 实施与政府政策有关的矿产和石油资源政策,为塔斯马尼亚州土地管理部门提供必要的信息。生产与推广本州最新的地学信息,促进可持续土地利用规划和环境管理 |
| 维多利亚州<br>Victoria<br>(VIC) | http://www.<br>vic.gov.au | 初级产业部<br>Department of<br>Primary Industries | 促进维多利亚州地球资源行业的发展,为降低勘探风险提供科学信息。通过许可、风险管理和社区参与等手段规范地球资源行业,在确保其符合法律和环境标准的同时,促进低排放资源的发展 |
| 北领地<br>Northern Territory<br>(NT) | | 矿产能源部<br>Department of<br>Mines and Energy | 规范、监察并审计矿业及石油业开采活动,负责北领地地质调查,为采矿及石油业发展提供高质量地质信息,并负责相关招商引资项目 |

（3）各州矿业生态立法

澳大利亚共辖 6 个州,2 个地区。除联邦政府制定一系列法律规范管理矿产资源之外,各州因地制宜,根据自身矿业发展的具体情况制定了相应的矿业发展法律法规。

① 西澳大利亚州矿山环境保护与矿业监督

西澳大利亚州作为澳大利亚最大的矿业州,其矿业立法具有 20 多年的矿业立法史,矿业法律体系比较完善[20,21]。

在西澳大利亚州开展矿业活动前,矿业公司需提交矿业活动计划书,书中需说明所有与计划项目环境管理方面相关的问题,如概述计划开发的性质、采矿方法、环境影响、复垦方案以及所有工程建筑计划等。同时,西澳大利亚州《1978 矿业法》对矿业开采环境保护进行了明确规定,如法律中第 63AA 条预防并降低土地受损害的条件第 1 款规定,在矿山企业申请获取勘探许可证之后,对地表及地表以下的其他地方产生破坏的,部长可以在其取得勘探许可证之后的任何时间出于防止、降低对土地的损害的目的而增加许可证的获取条件。

在矿业监督与监察方面,西澳大利亚州政府部门认为政策和法律以及规章的执行与监督检查是管理矿业活动的必要环节,也是政府执法效率的评价标准。执行与监督检查的目的是通过发现违法违纪现象和行为,使违反者引起注意并加以改进,使相关法律规定和行政规章制度得到切实履行和遵守。

② 昆士兰州矿山环境保护与安全

目前,昆士兰州涉及矿产资源与矿业管理的法律主要有 15 部,由矿山能源部统一管理。其中 1989 年《矿产资源法》作为昆士兰州矿业发展与管理方面一部重要的基础性、主导性法律,不仅建立了矿业管理的基本框架,同时,也首次确立了矿产工业的综合环境管理与规划体系。其立法宗旨:一是鼓励和促进矿产资源的普查、勘探和开采;二是加深对州矿产知识的了解;三是降低因矿产资源普查、勘探、开采造成的土地利用冲突;四是在矿产资源普查、勘探和开采过程中,鼓励负责任的环境行为;五是确保州政府从采矿中得到适当的财政回报;六是提供矿业管理框架,以加快和规范矿资源的普查、勘探和开采;七是在普查、勘探和开采方面鼓励负责任的土地管理行为。

在环境保护方面,昆士兰州颁布的《环境保护法》《环境保护(废弃物管理)政策》及其他法律共同奠定了矿业管理中环境保护的政策基础。在矿山环境管理方面的措施主要包括:a. 加大处罚力度,对违反规定者严加处罚;b. 加强环境遵守评估稽查力度;c. 确立定金制度,采矿公司应预先存放一定数目的定金,以支付相关的复垦费用;d. 建立矿业活动环境授权书,要求在进行矿业活动前,须向昆士兰州环境保护局申请矿业活动环境授权书,未经授权的公司不得进行矿业开发活动;e. 鉴别环境敏感区,并对其采取特别保护措施等。

在矿山安全方面,昆士兰州已构建维护工作场所健康与安全的政策体系。该体系主要以昆士兰州制定的相关标准、指南及与采矿有关的操作手册等方式来保障矿工及相关矿业工作人员的健康与安全。例如,在已颁布的《采矿与采石安全与健康法》《煤炭采矿安全与健康法》以及《石油天然气(生产与安全)条例》等法律、条例中,不仅明确规定了矿山所有者、矿山运营者以及矿山工人在劳动安全与健康方面的各自义务,还明确规定了矿山工人或其代表可就矿山安全与健康问题向检察官提出控告,相关部门不得对控告者姓名进行披露,检查部门必须要对控告内容进行调查等,这些规定内容充分体现了政府对矿山劳动安全与健康十分重视。

③ 新南威尔士州矿山环境保护

新南威尔士州矿山环境保护方面的相关法律有《1979 环境规划和评价法》《1997 环境运营保护法》和《1998 年环境信托法》等。

《1979 环境规划和评价法》共分为 8 部分 159 条,是新南威尔士州具有代表性的规划法。该法旨在通过控制开发、土地预留、控制拆毁以及保护本地物种等多种方式实现环境规划的目的,同时,对新南威尔士州采矿、石油开采以及采掘业等方面的矿山环境规划及评价进行了详细规定。《1997 环境运营保护法》是一部以环境保护为主要内容的法律,共分为 9章 327 条,对全州或部分地区范围内,包括矿山开采在内的因任何形式造成的环境污染的物质进行技术处理,旨在确立环境保护目标、保护标准、指南和环境保护协议。除以上两部法律外,《1998 年环境信托法》主要对环境恢复、复原、科研及教育提供资金保障,建立环境信托机构管理资金等进行规定。

④ 南澳大利亚州矿业管理

南澳大利亚州矿业管理主要由初级产业与资源部负责,其下属机构——矿产与能源局主要负责矿产、石油和地热资源管理。矿产方面主要由矿产与能源局下属小组矿产资源组负责。矿产资源组由地质调查处、土地准入处、采矿管理与复垦处以及矿产信息与促进处组成,主要负责管理所有与勘探和采矿有关的立法工作。其中,采矿管理复垦处主要负责矿产资源勘查与采矿业。

南澳大利亚州在矿业管理方面的法律主要是《1971 矿业法》和《2000 海洋矿产法》。其中,《1971 矿业法》主要规范陆地矿业活动,《2000 海洋矿产法》主要规范三英里内海上矿业活动。两部法律作为陆地与海上矿产活动指南,具有重要的指导作用。如在矿山环境管理方面,《1971 矿业法》中规定了"采矿与复垦计划",确立了从"摇篮到坟墓"管理整个矿山生命周期各阶段的一体化方法,是南澳大利亚州矿业环境管理法方面的一项重要措施。法律中第 42(b)(1)条规定,在开展矿业活动前,须提交"采矿与复垦计划",由部长批准。该计划须涵盖内容包括:项目或矿山概述,计划项目背景,土地和自然环境概况,地质环境概况,现有的运作概括,计划运作的概括,矿产储量与资源,矿山生产率,产品和市场,采矿方式,采矿顺序,地下通风装置,地下充填,设备类型,破碎装置,加工装置,水资源来源,动力来源,运作时间,尾矿和表土,加工废料,工业废料,淤泥控制与排水,膳宿和办公室,公共道路与设施,场地安全,潜在的环境影响事件,环境影响控制与管理措施,事件发生的可能性与严重程度,可接受的风险,结果监督标准,社区沟通计划,公司遵守规章制度计划,矿山关闭,关键的环境影响与管理战略,矿山关闭和复垦战略,矿山关闭控制措施,风险评估,矿山关闭安排,计划后矿山土地利用等。

⑤ 其他州矿业生态法律

除西澳大利亚州、昆士兰州、新南威尔士州以及南澳大利亚州外,澳大利亚其他地区也因地制宜,制定了适合当地矿业发展的政策法规。例如,塔斯马尼亚州在《1994 环境管理与污染防治法》的指导下,构建了本州矿业环境保护标准。针对环境影响较小的矿业项目,在符合环境标准的情况下,由地方议会批准进行开发活动,针对环境影响程度较大的项目,则须提交环境影响的调查及恢复计划书。维多利亚州根据 1990 年颁布《矿产资源(可持续发展)开发法》,鼓励在采矿活动对环境影响程度降到最低时进行矿产开发。

### 9.3.2 《矿产工业环境管理准则》

大规模矿山开采活动不可避免地对生态环境造成一定程度破坏。为保证采矿破坏的矿山环境得到有效恢复,澳大利亚矿产理事会(Minerals Council of Australia)通过实施《矿产工业环境管理准则》对矿山环境保护进行了详细规定。

(1)实施背景

1992 年,为寻求新的经济增长与生态相协调的发展模式,澳大利亚政府颁布并实施了《生态可持续发展国家战略》。该战略中涉及农业、渔业、林业、制造业、采矿业、能源生产、能源利用、旅游和运输等九大行业。在矿业方面,实施矿业生态可持续发展战略的目标为:确保矿山项目经复垦后能够达到环境及健康标准,或至少满足周边土地条件;提供适当的社区信息反馈以促进矿产资源的有效利用;完善社区信息咨询,加强矿业人员职业健康与安全培训,促进社会公平。

为促进矿业可持续发展战略的有效实施,澳大利亚矿产理事会于 1996 年 12 月制定《矿产工业环境管理准则》,在 1997—1999 年实践评估的基础上,矿产理事会对《矿产工业环境管理准则》进行修改,之后于 2000 年 2 月正式出台《矿产工业环境管理准则》。

(2)主要内容

《矿产工业环境管理准则》是指以加强矿业环境管理为目的,由一系列指标准则、要求所组成的框架[22]。该准则的实施,促进了矿业发展持续性的改进及阶段性绩效评价,实现了矿业管理部门及各矿业公司对于矿业发展不断变化的要求及以环境保护为重要底线的基本目标。

① 环境管理原则及机构职责

《矿产工业环境管理准则》中,提出了环境管理的 9 项原则,即可持续发展,环境负责的文化,社区合作,风险管理,一体化的环境管理,业绩目标,不断完善,复垦和关闭,报告系统。此外,《矿产工业环境管理准则》中明确了矿产工业的具体义务,同时公布了各签约公司为遵守《矿产工业环境管理准则》所做出的承诺,具体见表9-5。

表 9-5 澳大利亚矿产工业职责及签约公司承诺

Table 9-5 Australian mineral industry responsibility and contracting company commitment

| 对象 | 职责 | 机构 | 承诺 |
| --- | --- | --- | --- |
| 矿产工业 | 不断贯彻落实《矿产工业环境管理准则》中规定的要求;在注册两年内编制每年的公共环境报告;对照 9 项原则的实施条款,评估工作进展;至少每 3 年一次,由授权的稽查员对评估结果进行核查 | 各签约公司 | 在决策和管理中综合考虑环境、社会和经济因素,与可持续发展的目标一致;通过公共环境报告和与社区的接触,实现矿山环境保护工作的公开、透明;以遵守相关法律法规作为公司最低限度;不断提高环境业绩标准,在澳大利亚矿产工业领域追求环境卓越 |

② 年度环境执行报告书

依据《矿产工业环境管理准则》,矿业公司必须在每年规定时间向矿业主管部门提交"年度环境执行报告书",对本年工作进行回顾。矿业公司所做的复垦工作必须以文件的形式记载,运用计算机进行管理,到规定时间由计算机系统通知提交报告,如未能按期提交,在矿业主管部门再次通知后再不提交,矿业主管部门将有权告知矿业权授权部门收回矿业公司采矿权。

③ 矿山检察人员巡回检查

政府矿业主管部门对"年度环境执行报告书"进行审查后,由监察人员去矿业公司进行现场勘查,若发现因矿山环境未治理好而引起当地居民不满的,影响较小的以口头或信件形式通知矿业公司进行整改。若造成环境影响严重且拒绝接受整改的矿业公司,监察员无须请示上级,可直接在勘查现场进行书面通知。若环境问题十分严重,监察员可向上级反映,勒令矿业公司停止工作,进行罚款并收回矿权。

④ 技术要求

a. 植被恢复

为了恢复开采范围内植物的原始面貌,在开采前,公司必须专门组织植被研究中心或社会中介机构对矿区的草本、灌木、藤本、乔木等植物的品种、分布、数量进行调查、分析,并收集本地的植物种植,包括把大的乔木进行有计划性的迁移。在植物种植计划中,通过播撒种子能够帮助建立本地物种。矿业部门为此做了大量的工作,通过利用种植处理和储藏技术、选择播撒种植的时间、开发休眠终止技术以及各种工程措施,形成了低成本、高效率的种植播撒技术,使生态系统得到最大程度的恢复。

b. 表土还原

表土是否富有生命力对于矿山土地的恢复非常重要,表土还原是澳大利亚正在利用的一项技术,虽然并不都能直接将表土还原,但大多数矿山还是采用了这项技术,并最大限度地减少了堆放表土的时间。矿山在剥离表土时,考虑到下一步的复垦,须把适合植物生长的腐殖土壤单独堆放,并把树木砍伐后无用的树枝、树叶破碎成小块,以备在复垦时覆盖在表土上面,减少水分蒸发,确保复垦植物的生长。

⑤ 工作验收

矿业主对矿山环境进行复垦后,需上报政府进行复垦工作验收。验收可由政府主管部门以矿业公司制定经审批的"开采计划与开采环境影响评价报告"中确定的生态环境治理协议书为依据,组织有关部门和专家分阶段进行验收。矿山生态环境治理验收的基本标准有3条,即复绿后地形地貌整理的科学性;生物的数量和生物的多样性;废石堆场形态和自然景观坡度应有弯曲,接近自然。如果矿业公司对矿山生态环境治理得好,可以通过降低抵押金来奖励,政府为了鼓励取得较大成绩的矿业公司还会颁发金壁虎奖章。

（3）积极影响

《矿产工业环境管理准则》的实施,在促进自然环境持续改善的同时,对于相关责任机构、组织团体及矿业公司也产生了积极作用,即① 为整个矿产工业提供了证实其在经济发展中,在环境管理方面所做的一系列有效工作的机会;② 在相对较短的时间内,年度环境执行报告书有助于矿业公司建立卓越的环境管理基准,促进相关技术的推广;③ 签约公司和矿业也能够利用年度环境执行报告书中的有用信息促进矿业发展及社区咨询,既有利于各公司环境管理工作绩效信息的传播,也有利于矿业相关利益者的积极参与竞争,促进了矿产工业环境管理工作的良性发展;④ 对各矿产工业环境管理工作的追踪记录,能够增加政府部门及相关利益者对于环境管理的信心,降低监管机构监察、许可费用,缩减环保审批期限,提高工作效率;⑤ 在《矿产工业环境管理准则》的要求下,能够提高各矿业公司自我工作的监察能力,有效促进环境管理工作的开展。

澳大利亚矿业公司矿山环境保护

澳大利亚矿山环境保护的严格标准[48],使得各矿业公司进行矿产资源大规模开采利用时必须注重矿山环境的保护。按照规定,矿业公司进行采矿时,为保证矿山开采破坏地区生态环境的恢复,必须缴纳一定数量的矿区复垦抵押金。此外,矿业公司必须上缴"年度环境执行报告书",矿区复垦完成后,政府组织相关人员以报告书生态恢复内容为依据,进行工作验收。验收合格,政府进行

矿山平整后车辅复垦的表土

奖励,对生态环境治理工作出色的,政府会将抵押金由 10 000 元/hm² 降至 5 000 元/hm²;若矿山表层工作也完成较好的,则抵押金可降到 3 000 元/hm²;若植被种植结束,复垦用地已退回给农场主,则抵押金可降至 2 000 元/hm²。几年后,矿山恢复正常,政府将把抵押金全部退还给矿业公司。

曼都郎区金矿苗圃培育的植物

矿山复绿—复垦后又变成了牧场

### 9.3.3　土地复垦制度

20 世纪 70 年代,澳大利亚政府开始加强对矿区土地复垦工作的监督与管理,被视为世界上最先进且能成功处理扰动土地的国家。在土地复垦机构设置方面,澳大利亚土地复垦工作一般由环境局负责,联邦政府将土地复垦放在工作中的重要位置,宏观上对其进行立法,明确规定国家和州不同的复垦目标和技术指标,各州再根据自身实际情况制定适合本州的法律法规[23]。在土地复垦立法方面,澳大利亚颁布实施有一系列相关法律法规。如《采矿法》《环境和生物多样性保护法》等。这些法律对复垦土地的管理贯穿于矿业项目规划、实施以及闭矿的全过程,主要表现在以下几个方面:

(1)矿山环境影响评价,实时动态监控

采矿前,矿山企业须根据开采方案及复垦方案制定合理的年度开采计划与复垦计划,使其具有科学性和可行性;在开采过程中,矿业主应严格按照复垦年度计划进行复垦工作,并对矿区土地复垦进行严格监控与跟踪,及时向环境局提交年度复垦工作进度报告,提供明确的监控数据及结论,并及时修正复垦方案中的具体目标、指数、标准与相关技术参数。

(2)建立矿区土地复垦保证金制度

矿业主在采矿结束后完成复垦并验收合格的,政府将全额退回所收取的保证金。针对矿区土地复垦工作完成较好的企业,收取的保证金比例可适当降低,对完成较差的企业则需要缴纳 100% 的保证金。缴纳费用的面积以每年扩大开采面积为参照。将已经复垦的面积按比例抵销损毁的土地面积作为奖励。对既不缴纳保证金,也不进行复垦工作的企业,政府有权取消其开采权利[24]。

(3)成立专门矿山土地复垦管理机构

澳大利亚土地复垦工作由环境局负责,而联邦政府、州政府以及地方政府也将矿区复垦工作列到政府的议事日程当中。日常的土地管理工作由资源开采主管部门负责。复垦工作自上而下的专门组织管理机构与土地复垦共同贯穿于整个采矿过程,使得煤矿开采对土地及环境的影响降到最低。

(4)重视复垦技术开发

澳大利亚政府及矿山企业都非常重视矿山土地复垦技术的开发工作,同时,国内有许多专门从事土地复垦工作的研究机构,如:澳大利亚科工联邦土地复垦工程中心、科廷技术大学玛格研究中心及昆士兰大学矿山土地复垦中心等[25]。这些科研机构不仅能够帮助矿山企业解决土地复垦过程中所遇到的问题,帮助矿山企业开展土地复垦监控工作,而且也使得矿山土地复垦更具针对性,解决效率更高,研究成果能够更好地在复垦工作中得到应用。

(5)实行公众参与制度

在澳大利亚,土地权益人及矿山企业的公众参与是获取采矿许可的必备条件,矿山企业与土地权益的相关方共同决定复垦后的土地使用方式,土地权益人或者政府对复垦后的土地用途具有优先决定权;在开采及复垦的过程中,政府须根据公众的意见对矿山企业所缴纳的保证金进行相应调整;政府收回环境许可时,应从公正的角度出发,考虑公众意见。土地复垦的全程工作都在公众的监督下进行,矿山企业随时都有可能因为环境保护及土地复垦等方面的问题遭到公众的起诉或政府的惩罚,因此,土地复垦工作的质量能够得到有效保障。

### 9.3.4 《清洁能源法案》

1992 年,联合国环境规划署(United Nations Environment Program 简称 UNEP)正式提出清洁生产概念。清洁生产指一种新的创造性的思想,该思想将整体防御的环境战略持续应用于生产过程、产品和服务中,以提高生态效率,降低人类及环境风险。其主要目的可划分为 3 个方面:① 对于生产过程,要求借助清洁的原材料和能源,淘汰有毒原材料,减少所有废弃物的数量和降低毒性;② 对于产品,要求减少从原材料提炼到产品最终处理的全生命周期的不利影响;③ 对于服务,要求将环境因素纳入设计和所提供的服务中。

2011 年,澳大利亚议会通过了《清洁能源法案》,该法案确立了澳大利亚将通过实施碳税来减少碳排放污染,是迈向清洁能源未来的发展方向,为澳大利亚的环境与经济改革铺平了道路,被认为是澳大利亚应对气候变化的一个重要的里程碑[26,27]。

(1)立法背景

全球气候变化不可避免地对人类生存和发展产生影响,成为 21 世纪人类社会共同面临的重大挑战之一。减缓温室气体排放,做好相关适应工作成为应对气候变化的重要政策响应。近年来,围绕温室气体减排责任和减排目标的问题成为世界各国关注的焦点,在国际层面上,世界各国通过制定《联合国气候变化框架公约的京都议定书》(简称《京都议定书》)将大气中的温室气体含量稳定在一个适当的水平,进而防止剧烈的气候改变对人类造成伤害。在国家层面上,各国相继提出各自温室气体减排目标,制定国内气候政策工作,以促进低碳经济的发展。

作为以采矿业、农业和能源产业为经济发展支柱的发达国家,澳大利亚应对气候变化的计划主要包括:引入碳税,对碳排放征税;提高再生能源的创新水平,增加其投资;鼓励提高能源的使用效率;创造土地行业降低污染的各种机会。在新能源立法方面,澳大利亚走在世界前列,形成了以能源安全、清洁能源、核能开发利用和能源市场为内容的成熟体系。2011年,澳大利亚政府发布《确保清洁能源未来——澳大利亚政府气候变化计划》,先后颁布了以《清洁能源法案》为核心的,包括《清洁能源监管局法》《气候变化管理机构法》以及《清洁能源金融公司法》等在内的"清洁能源未来"一揽子立法。

(2)立法目的及内容

① 立法目的

《清洁能源法案》实施的目的主要有四点,第一是赋予澳大利亚在《京都议定书》之下的具体责任义务;第二是支持应对全球气候变化的有效责任的发展,以确保全球平均气温不超过前工业阶段平均气温的 2 ℃,维护国家利益;第三是针对澳大利亚长期目标采取直接行动或一种灵活的、成本有效的方式,使得 2050 年澳大利亚温室气体排放总量降低至 2000 年的80%;第四是通过鼓励清洁能源投资、支持就业和经济竞争力、在降低污染的同时支持澳大利亚经济增长等方式降低澳大利亚温室气体的排放价格。

②《清洁能源法案》内容及相关支持机制

《清洁能源法案》共 23 部分 312 条,主要包括碳价格机制,在降低污染的同时保护就业与竞争力和促进经济增长的各项支持机制,以及政府将通过税制改革和增加收入对家庭进行援助的机制等。

a. 碳价格机制

根据本法案,碳价格的形成分两个步骤:第一步为固定价格阶段。自 2012 年 7 月 1 日起实施,最初三年的碳价格是固定的。其中,第一年(2012—2013 财年)为每吨 23 澳元,之后的两年每年提高 2.5%。第二步为碳排放交易系统(ETS)。自 2015 年 7 月 1 日起,固定碳价格将过渡为碳排放交易系统下的弹性价格,碳价格将依据市场情况确定。在实施弹性价格的头三年,将采用最高价与最低价的限制。最高价应高于国际预期价格,为 20 澳元,每年实际增长 5%;最低价应为 15 澳元,每年实际增长 4%。在碳价格机制下,只有 $CO_2$ 年直接排放量达到及超过 25 000 t 的企业才被征收碳税。

　　b. 与清洁能源计划有关的支持机制

　　《清洁能源法案》规定,实施碳价格所得的全部收入将由政府用于资助家庭、支持就业和保护竞争力以及进行清洁能源和气候变化项目的投资。

　　产业扶持:政府承诺把碳价格收入的约 40% 用于资助商业和保障就业。"就业与竞争力项目"在 2012—2015 年提供了 92 亿澳元的援助,为那些排放密集型行业的就业及竞争力的保护提供了帮助,确保这些行业有动力降低自身的碳排放污染,同时确保这些面临国际竞争并释放大量碳污染的行业及就业的稳定,以平稳过渡到清洁能源时代。

　　能源安全:建立"能源安全基金",确保能源市场向未来清洁能源的平稳转换,确保过渡期内的能源安全。能源安全基金包括两部分:一是给予受影响最大的煤炭发电厂免费碳配额与现金支付。二是到 2020 年,澳大利亚政府将关停约 2 000 MW 发电能力的高污染发电厂,为低污染发电厂创造投资空间,并对澳大利亚大多数高碳排放、烧煤发电装置提供过渡性援助。

　　家庭资助:政府将确保对最急需帮助的澳大利亚人给予生活费用方面的援助。通过减税和增加收入向家庭提供资助,以帮助他们应对由碳税的引入而带来的生活成本的上升。近 800 万家庭将很快通过税收减免、支付增加或两者兼备的方式获得援助。援助将特别关注养老金领取者和中低收入家庭。

　　③《清洁能源法案》影响

　　首先,该部法案的颁布实施,有利于减少污染。《清洁能源法案》通过之前,澳大利亚各企业碳排放是免费的,根据《清洁能源法案》,每吨碳税在 23 澳元左右,征收对象为全国 500家最大的污染企业。碳排放价格的公布,使得各商业组织不得不通过各种方法减少碳排放,降低生产成本,最终减少污染。

　　其次,根据《清洁能源法案》,澳大利亚政府在稳定就业、产业转型、能源安全以及家庭自助等方面明确了各种支持机制,有利于清洁能源政策的平稳实施。

　　再次,《清洁能源法案》中对矿产资源生产环节的碳排放征税将提高采矿业成本,如煤矿在挖掘生产煤炭过程中,根据 $CO_2$ 的排放量征税,将会增加煤矿企业的生产成本,降低企业利润。

　　除《清洁能源法案》外,《气候变化管理机构法》《清洁能源金融公司法》等其他相关法律也为降低环境污染及解决气候问题进行了相关规定。如《清洁能源公司法案》对清洁能源公司成立的主要职责、任务、权利、人员组成、投资范围等各方面进行了详细规定。之后,澳大利亚政府在《清洁能源公司法案》实施后,成立清洁能源金融公司,旨在通过增加对低排放技术、能源效率和可再生能源的投资,实现清洁能源领域内资金流动。

## 9.4 德国矿区复垦法律沿革、采矿条例、闭矿规范及景观恢复法律条文

德国位于欧洲中部,煤炭资源开采历史悠久,是世界上开采褐煤量最多的国家。作为欧洲煤炭资源比较丰富的国家之一,德国煤矿多数为大型企业,矿山开采的设备技术比较先进,矿产资源开采利用率比较高,同时,在矿区复垦以及景观重建方面已经形成比较完善的法律体系[2]。

### 9.4.1 矿区复垦立法沿革

德国采矿历史悠久,关于采矿的法律在距今四百多年前就已有记载,有关矿区土地复垦问题的相关立法在 200 多年前也已出现,如最早的关于土地复垦的记录出现在 1766 年,当时土地租赁合同中明确规定采矿者有义务对采矿迹地进行治理并植树造林[28]。经过多年的发展,在矿业立法方面,德国已具有完善的复垦法律体系。

20 世纪 20 年代至 1945 年,德国开始进行以林地复垦为主的土地复垦工作。通过结合不同区域特征进行不同树种的混合种植,尽可能满足混交成林过程中的需求[29]。之后,受第二次世界大战影响,复垦工作停滞。

第二次世界大战后,因恢复经济的需要,德国矿产资源开发利用量急剧增加,矿区大面积受损,生态环境遭到严重破坏,矿区土地复垦开始受到重视,土地复垦研究工作随之开展。同时,相关复垦法律开始出现。1950 年,德国通过《莱茵褐煤矿区整体规划法》(*Law over the Whole Planning in the Rhenish Lignite Area*),首次以法律的形式要求对矿区土地进行规划[30]。同年,德国颁布第一部复垦法规《普鲁士采矿法》(*Mining Act of Prussia*),法律中明确规定对采矿区的土地景观进行复垦,尤其是在露天开采的形式下,对排土场必须覆盖土壤。同时,德国北莱茵-威斯特法伦州也对《普鲁士采矿法》进行补充,补充中规定在开采时和开采后应保护和保持矿区表土及原有景观,这是德国首次对土地复垦进行明确定义[31]。

1980 年,德国通过《联邦矿业法》(*Federal Mining Act*),法律中规定矿业主必须对矿区复垦提出具体措施并将其作为采矿许可证审批的先决条件,必须出具矿山关闭报告,主要内容包括关停期限以及停止采矿生产作业的详细技术可行性说明。

1989 年《矿产资源法》(*Mineral Resources Act*)颁布,法律中要求注重露天重建矿区的景观生态保护及恢复工作。德国《联邦自然保护法》(*Federal Nature Protection Act*)也对土地复垦工作进行了法律规定。该法以自然保护和景观维护为出发点,将土地复垦理解为恢复自然。法律中规定,在采矿实施前,做好矿区调查工作,由于采矿会对自然和环境造成不可避免的影响,应通过土地复垦来进行恢复和治理,构造接近自然的景观。因此,德国在进行土地复垦、对矿区景观进行生态重建时,需要考虑自然环境的保护以及景观的维护,矿区景观生态重建规划编制要与根据该法编制的区域环境规划协调、统一[32]。德国矿区土地复垦法律结构如图 9-2 所示。

### 9.4.2 《联邦通用采矿条例》

为促进《联邦矿业法》的有效实施,1955 年,德国出台《联邦通用采矿条例》。

(1)适用范围及主要内容

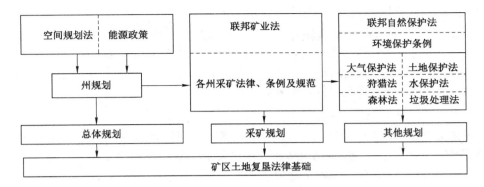

图 9-2　德国矿区土地复垦法律结构

Fig. 9-2　The legal structure of land reclamation in German mining area

《联邦通用采矿条例》中明确规定,本条例主要应用于矿山安全、健康及环境保护。具体包括:① 矿产资源勘探、开采和加工以及相关的地表修复;② 废旧尾矿矿产资源再开采;③ 矿产资源地下储存;④ 危险区开采及开采技术研究中心;⑤ 除以上所述区域外,亦包括大陆、大陆架以及沿海水域的采矿活动。

《联邦通用采矿条例》共分为 26 章,具体包括矿山企业一般义务,保证采矿人员健康与安全的预防及具体保护要求、措施,矿产资源勘探、开采及加工利用,井下作业通风、瓦斯监测、设备等要求,废弃矿区处置要求及具体操作。

（2）工矿废弃地一般要求

《联邦通用采矿条例》中第 22a 部分——工矿废弃的地的一般要求中第 2 条规定,采矿废弃物管理者必须按照《联邦通用采矿条例》中的附件 5 建立废弃物管理计划,并在开始处理之前两星期将处理计划提交给主管机构审查,并每 5 年进行调整。此外,若废弃物处理设施或操作已发生改变的,管理者须及时通知主管部门进行审核。

附件 5 第 2 条规定,废弃物管理计划的目标是最大限度地减少废物的产生及产生污染物的可能性,促进采矿废弃物的循环利用,并确保废弃物得到妥善处置。

在尾矿池的处理中,矿区应采用先进的技术手段降低尾矿库中氰化物的浓度,在 2008 年 5 月 1 日该附件实施之前,处理后尾矿库中排放进入池塘的氰化物浓度不得超过 $50 \times 10^{-6}$,2008 年 5 月 1 日—2013 年 5 月 1 日期间,矿区尾矿库氰化物浓度不得超过 $25 \times 10^{-6}$,2013 年 5 月 1 日—2018 年 5 月 1 日,矿区尾矿库氰化物浓度需小于 $10 \times 10^{-6}$。

### 9.4.3　矿区生态环境保护及土地复垦基金制度

德国在矿产资源开采过程中十分注重矿区生态环境保护。尤其在矿山环境治理方面,德国具有相对成熟、完善的矿区生态环境保护及土地复垦基金制度。

（1）矿区生态环境保护制度

德国矿区生态环境恢复治理方面的成功,一方面依赖于一套完整的关于矿区生态环境恢复方面的法律,确定了系统的矿区生态环境恢复资金制度;另一方面,建立了统一有效的矿区生态环境执法机构。

在矿山环境治理工作管理方面,德国政府采取相对严格的环境治理政策,制定了相对完善的法律体系[33]。其主要做法是:① 由政府组织制定矿山废弃地长远的环境整治计划,并逐步落实;② 设立从国家到州、市直至镇政府的矿山环境治理管理机构,并组建专项组织对矿区环境治理执行情况进行监督检查;③ 建立矿山环境治理专项基金与管理体系,对于矿山出现的生态环境破坏问题,由开发者对开发造成的环境破坏或生态损害进行补偿与治理;④ 严格的矿山开采项目审批制度。除了这些制度外,采矿权申请者还必须提供详细的矿山开采过程中及开采后的矿区环境治理方案。

(2) 土地复垦基金制度

矿区生态环境恢复治理的资金支持方面,德国已经具有系统的矿区生态环境恢复制度。由于德国是一个矿业历史悠久的工业国家,存在大量在复垦法立法前因开采矿区而破坏的废弃矿区,这些矿区的复垦工作都由政府承担。与美国复垦基金的筹集方式不同,德国矿区土地复垦资金的筹集方式主要是通过州与州之间的横向上的支付转移。该横向转移支付基金由两部分构成:一是在扣除了划归各州销售税的基础上,将余下的按照各州居民人数直接分配给州政府;二是在经济较为宽裕的州,按照全国统一的计算标准向财政紧缩的州政府拨付废弃矿区复垦补助金。德国成立了专门的矿区复垦公司,专门致力于历史遗留矿区的环境治理,其最主要的职责便是恢复被废弃矿区的土地复垦。《联邦矿业法》比较合理地解决了新老矿区生态环境恢复治理的资金来源。针对历史遗留的矿区,由政府成立的矿山复垦公司专门从事这些矿区的生态恢复和补偿,所需资金由政府全额拨款,其中联邦政府承担75%,州政府承担25%,此外,还会通过社会捐赠取得土地复垦的资金;立法后出现的生态破坏问题,由开发者对矿区开发造成的生态损害进行补偿及治理[34]。

(3) 矿区生态执法机构

在矿区生态环境执法机构的构建中,德国已设立从中央到州、市直至乡镇的矿区生态环境恢复执法机构,对于采矿企业提出的矿区恢复治理计划,需要有采矿所在地的地方长官会同环保专家、财务专家、采矿企业相关负责人及其他政府部门的技术人员进行审核,并根据群众意见进行适当修改,最后由政府批准。在具体执法中,政府每年派出专项组到矿区对《联邦矿业法》的实际执行情况进行监督检查。对采矿企业的恢复治理工作,政府都会组织相关部门、采矿公司、矿区公众对恢复工作根据具体标准进行严格验收。

埃姆舍尔河治理案例

自 20 世纪 60 年代末到 70 年代初,德国经济的发展对土壤、空气、水的污染日益严重,70 年代初环境问题最为突出。矿山过量开采,地面植被严重破坏,废渣、尾矿堆积成山,垃圾堆放场的垃圾滤液等对周围土壤、地下水造成了严重污染。

位于德国北莱茵-威斯特法伦州鲁尔矿区的埃姆舍尔河,全长 84 km,流域面积 775 $m^2$,全流域人口约 230 万人,是欧洲人口最密集的地区之一。19 世纪下半叶,过度的煤炭开采导致鲁尔矿区地面下沉,地下土层被矿道碎裂成蜂窝状,河床遭到严重破坏,以至出现河流改道、堵塞甚至河水倒流。同时,矿区内的大量工业及生活污水直排入河,将其当作露天排污道,河水遭受严重污染,使得埃姆舍尔河成为当时欧洲最脏的河流之一。

20 世纪,政府开始进行河流整治。主要治理措施有:① 雨污分流及污水处理设施建设。一方面将城市污水及重度污染河水送至污水处理厂进行净化处理,减少污染直排现象;另一方面单独建设雨水处理设施处理初期雨水。此外,通过建设大量分散式污水处理设施、人工湿地以及雨水净化厂,全面削减排入河流的污染物总量。② 采取"污水电梯、绿色堤岸、河道治理"等措施修复河道。污水电梯指在地下45 m处建设提升泵站,将河床内历史积存的大量垃圾及浓稠污水送至地表,分别对其进行处理。绿色堤岸指在河道边栽种绿植并设置防护带,既改善河流水质又改善河流景观。河道治理指配合景观与污水处理效果,拓宽、加固清理好的河床,并在两岸设置雨水、洪水蓄水池。③ 统筹管理水资源。当地政府及煤矿、工业界代表,于1899年成立德国第一个流域管理机构——埃姆舍尔河治理协会,独立调配水资源,统筹管理排水、污水处理及相关水质,专职负责干流及支流的污染治理。治理资金60%来源于各级政府收取的污水处理费,40%由煤矿及其他企业承担。

经过以上治理方式及措施,埃姆舍尔河上游15 km已恢复清澈,但其治理工程完全结束仍需较长时间。

埃姆舍尔河成为露天排污场

净化水渠　　　　　　净化池　　　　　水池及水生植被　　　水渠堤岸及其植被

埃姆舍尔河治理设施

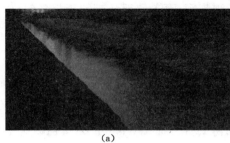 

（a）　　　　　　　　　　　　　　　　　　（b）

治理后的埃姆舍尔河

文件来源:上海欧保环境科技有限公司.德国鲁尔区埃姆舍尔河生态治理[EB/OL].[2016-01-11]http://www.hehuzhili.com/Article/dgleqamshs_1.html.

### 9.4.4 Wismut 铀矿公司矿山关闭规范

在矿业发展过程中,德国除了通过国家和各级政府层面制定法律、法规、制度等规范矿产资源开采活动外,各矿业公司在日常运作过程中也具有严格的执行标准和措施。如主要负责德国铀矿冶炼工作的 Wismut 公司,在矿区土地复垦及景观设计方面,具有十分详细周全的操作标准。

德国 Wismut 公司成立于 1947 年,早期称为"SAG Wismut",由苏联组建,主要进行铀矿资源的开采。1945 年,公司改名为"SDAG Wismut"。1945—1990 年,Wismut 公司共生产铀矿 230 400 t。截至 1990 年底,Wismut 公司开采铀矿区共产生废石堆 48 个,废渣 3.12 亿 $m^3$,破坏矿区总面积 15.20 $km^2$,尾矿库 14 个,受尾矿污水污染地表面积 14.50 $km^2$[35]。1991 年后,受经济政策的影响,Wismut 公司停止铀矿开采,在政府的资助下,主要负责德国 Saxony 州和 Thuringia 州的铀矿区治理及环境恢复工作,具体包括铀矿区地下空洞的充填、堆放场的覆盖、尾矿库的处理、矿井水的净化以及建筑的去除等内容,其治理工作预计 2022 年完成,治理的主要目标是恢复完整的生态环境和建立有利于生态恢复的环境。

(1)闭矿计划

1991 年,Wismut 公司成立公司总部,主要负责人事、财政及行政工作。下设 3 个施工队伍:Ronneburge 施工队、Aue 施工队和 Konigstein 施工队。其中,Ronneburge 施工队主要负责 Ronneburge 矿区、Seelingstadt 厂区和 Crossen 厂区的治理;Aue 施工队主要负责 Schema 矿区和 Pohla 矿区的治理;Konigstein 施工队则主要负责 Konigestein 矿区及 Gittersee 矿区的治理。1995 年,为了推进矿区恢复治理工作的有效进行,公司成立 Wismut 咨询机构,主要负责学习国内外矿区恢复与治理技术并借鉴其恢复经验,同时,向外推广 Wismut 公司在矿区修复治理中所积累的工作经验及专业技能。

该公司针对铀矿区的恢复治理方案是有严格科学依据的,同时,其治理方案的选择必须进行多方讨论研究后确定。

① 方案制定的依据

Wismut 公司负责铀矿区退役治理的主要依据为相关法律、法规及标准。具体包括:联邦法规,如《联邦采矿法》《联邦排放物防治法》《环境债务法》《原子能法》等法律;《前德意志民主共和国辐射防护条例》、水排放及保护的各项规定;有关辐射防护的委员会建议,如委员会推荐用于铀矿开采中污染区的排放、废石堆、设施结构及其他物质治理的许多放射性防护标准须在治理工作中加以考虑。

② 方案的选定

基于复垦工程复杂性及对当地居民意愿尊重的需要,Wismut 公司铀矿区治理方案的设计及治理目的均需要经过详细的论证,主要包括技术可行性、所需时间与费用、自然环境保护、辐射防护、工程接受度以及与区域计划相协调等方面。Wismut 公司铀矿区治理方案确定途径如图 9-3 所示。

(2)治理措施

Wismut 公司在进行铀矿区恢复治理的过程中,针对不同的问题制定具体的治理措施[36],见表 9-6。

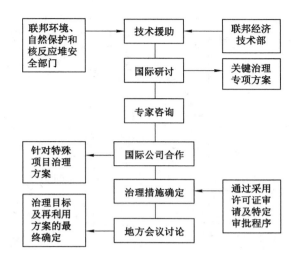

图 9-3  Wismut 公司铀矿区治理方案确定途径

Fig. 9-3  Determination pathway of governance scheme in uranium mining area of Wismut

表 9-6  Wismut 公司采矿废弃物的环境影响及其主要治理措施

Table 9-6  Environmental impact of mining waste and its main control measures in Wismut company

| 采矿废弃物 | 环境影响或破坏方式 | 治理措施 |
|---|---|---|
| 地下采矿废弃物 | 矿井水引起地下水污染 | 包括矿井地表水处理在内的废水处理 |
| | 矿区居住区损毁 | 近地表矿山巷道稳定（回填） |
| 采矿废弃堆 | 氡元素辐射，污染物渗入，水体污染 | 矿山排土场搬迁（地下、异地），原地修复包括覆盖、植被种植等 |
| 露天矿开采及超负荷排放废弃物 | 地表景观破坏，地下水系污染及破坏 | 采矿废弃堆充填露天矿坑，地表植被修复 |
| 尾矿池 | 氡元素析出及辐射，污染物渗入造成水体污染 | 排干池水（去除上层清水，使用深层排水法进行淤泥沉淀，矿坑覆盖，处理上层清水，治理空隙及渗流水部位） |
| 污染结构 | 利用限制 | 污染材料的拆迁及安全储存 |
| 受污染的植被区 | 地下水的使用限制 | 整治区（开挖/安全存储受污染材料，原位土壤修复） |
| 相关低排放废弃物的治理（如残留水的处理） | 氡元素析出及外部辐射 | 固定处理，构建地下储存池，建设海滩区尾矿库 |

（3）矿井关闭

矿井关闭的过程中，Wismut 公司采用矿山淹井措施。在淹井之前，公司规定必须采取以下措施：① 清除矿井中的炸药、油及化学危险物；② 对各个井田进行筑坝拦水或封闭以控制水和空气的环流量；③ 回填有可能造成地表塌陷的矿坑；④ 永久充填竖井、平硐及大口径钻孔并对其进行封口[37]。矿山淹井水处理流程如图 9-4 所示。

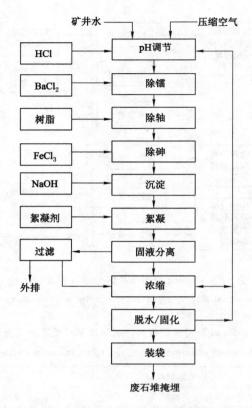

图 9-4  矿山淹井水处理流程

Fig. 9-4  Process flow of mine water treatment

（4）堆场处理

废石堆长期裸露于地表，无任何保护措施，导致大量粉尘等有害物质侵入自然环境中，或与空气、水等发生化学反应，形成有害物质，最终污染环境，影响人类健康。因此，Wismut公司将处理采矿废石堆作为矿区治理的重要方面。根据废石堆搬迁过程中在技术经济上的可行性，该公司将废石堆治理分为原地处理和搬迁两种方法。

针对近地表废石堆，采取充填处理方式。Wistum 公司将露天矿坑分为 3 个区，对不同化学性质的废石堆进行充填覆盖。具体为 A 区（位于地表水位以下的缺氧区）充填强产酸废石，以防止酸性矿石氧化；B 区（位于地表以上耗氧区）充填弱产酸废石；C 区（近地表的产氧区）充填耗酸废石[38]。Ronneburg 矿区露天矿坑区域划分如图 9-5 所示。

针对居民区附近、沿山坡堆积、坡陡且无绿色植被覆盖（斜坡倾角接近 40°）、发展不稳定的采矿废石堆，主要采用原地治理方式。治理措施标准主要有：① 将废石堆坡度修整到1∶2.5 的稳定坡率后，覆盖 1 m 厚土层，其中黏亚土 0.8 m 厚，富含腐殖质的表土层 0.2 m厚，之后通过种植植被、铺设小路、修筑排水沟、修整覆盖废石堆等完成治理，如图 9-6 所示。② 位于谷底的废石堆，将其与附近沉淀池进行综合治理，充分发挥其景观美化功能，之后将废石堆按照一定的安全角度放置。表层覆盖的主要目的：为地表植被恢复提供良好环境；防止雨水侵蚀；隔离污染物，防止表层污染，特别是防止氡元素的辐射污染；降低渗透的可能性。

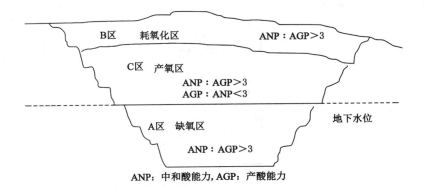

图 9-5　Ronneburg 矿区露天矿坑区域划分

Fig. 9-5　The open pit mining area division in Ronneburge mining area

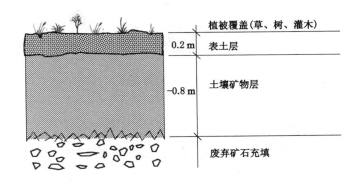

图 9-6　沿山坡废石堆(倾角约 40°)治理

Fig. 9-6　The hillside waste rock (angle of about 40 degrees) governance

坡度为 1∶2～1∶2.5 的废石堆,可通过效仿土壤剖面的构成防止覆盖层的滑动。

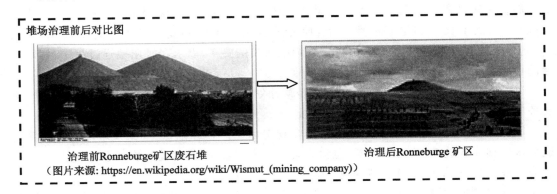

（5）尾矿库治理

尾矿库治理主要目的是将尾矿库与大气圈、水圈及生物圈隔离,使得尾矿库得以安全贮存,提高尾矿库稳定性,降低环境污染[39]。通过学习环境综合治理技术,在调查尾矿库长期稳定的各种治理措施的基础上,Wismut 公司提出尾矿库治理流程见图 9-7。

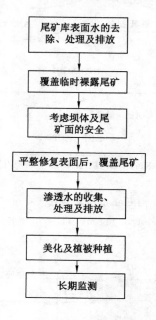

图 9-7　尾矿库治理流程

Fig. 9-7　Tailings pond treatment process

### 9.4.5　矿区景观恢复、重建法律条文

在德国,从矿山企业到各级政府均十分注重矿区景观恢复与重建工作的开展,各矿业相关立法中也对矿山景观保护与恢复重建有明确的条文规定。

《矿产资源法》(1934)第 4 章第 4 节中对矿区生态重建进行了以下定义:在考虑公众利益的前提下,对因采矿占用、损害的土地进行有规则的治理。其强调的是重建并非将土地恢复到开采前的状态,而是根据建设规划的具体要求,对开采后的矿区进行重新规划。其景观生态重建的目标可归纳为:① 根据规划,进行有序治理;② 通过恢复,重建富于变化和多用途的新景观来消除采矿造成的不良后果;③ 通过复垦,重建一个稳定的有容量的自然生态系统;④ 在满足社会和生态的要求下,使开采占用的土地和复垦的土地达到动态平衡;⑤ 对不可避免的村庄搬迁,充分注意受到影响人员的要求,以求在村庄搬迁过程中,实现社会的可接受性[29]。

《联邦采矿法》(1980)第 51 条矿业主经营计划的任务中规定,从事采矿活动的企业,有义务编制企业规划,并交上级主管部门审批。

《联邦自然保护法》(2002)第 2 章第 7 条规定因矿产资源勘探、开采及堆填对生态系统造成永久损坏或破坏的,为避免对自然、景观产生不利影响,须对受影响区进行复垦,促进自然演替或恢复,保护原有自然与景观。

此外,德国针对褐煤开采区景观、水、土、气等方面,也采取相应的治理措施[40]。具体见表 9-7。

表 9-7  褐煤开采中避免或降低环境影响的措施

Table 9-7  Measures to avoid or reduce environmental impact in lignite mining

| 对象 | 措施 |
| --- | --- |
| 景观、排放控制 | 在矿区进行最大可能的植被种植 |
| | 开采时逐步挖掘矿产资源 |
| | 在受采矿影响的人口密集区周围筑墙或其他障碍物以降低开采时的噪音干扰 |
| | 对采矿前已妥善安置处理的地区进行绿化 |
| 土壤 | 挑选并妥善存放性质良好的表层土壤 |
| | 防止表层土壤与砾石、沙土等混合 |
| | 妥善存放土壤,避免临时储存 |
| 水 | 确保煤矿开采时附近水排干 |
| | 保护未受污染水的清洁 |
| | 避免采矿设备对水资源造成的污染 |
| | 防止矿区附近径流遭受污染破坏 |
| 生态类型(自然保护措施) | 在露天采矿废弃地上创建适用于多种动物生存的栖息地 |
| | 在露天采矿前,尽可能地保护有价值的景观 |
| | 建造并保障矿区周边的生态网络 |
| | 因地制宜地进行矿区发展创新 |

## 9.5  俄罗斯矿产资源管理概况、土地复垦规范(苏联)及生态鉴定制度

俄罗斯位于欧洲东部和亚洲大陆北部,幅员辽阔,矿产资源种类多样且储量丰富,矿业发展起步较早,其矿业立法史可追溯到 15 世纪。伴随着政治改革、经济体制改革及矿业发展水平的提高,俄罗斯在矿业立法方面也日益完善。

### 9.5.1  矿业法律发展概述

苏联的矿业政策法规十分注重矿产资源的保护,《苏联和各加盟共和国地下资源立法纲要》(1979 年)中明确指出:苏联地下资源法的任务是积极地促进最合理地利用地下资源和保护地下资源。纲要中第六章"地下资源保护"规定了地下资源保护的基本要求及保护地下资源和合理利用地下资源的措施[41,42]。《1985—1990 年苏联经济和社会发展的基本方针》中,再次要求保护和合理利用矿产,广泛采用少尾矿和无尾矿的工艺流程,积极利用废料。

苏联解体后,俄罗斯制定并实施了与矿产资源管理利用相关、共计 60 多部法律法规以及 2 000 多个规范和方法[43]。经过多年发展,俄罗斯在矿产资源立法方面已经形成了以《俄罗斯联邦宪法》(1993)为根本大法,以《俄罗斯联邦矿产法》为主体,以《俄罗斯联邦产品分成协议法》为专门法,以《俄罗斯联邦环境保护法》为相关法律所构成的较为完整的法律体系。

《俄罗斯联邦宪法》确立了矿产资源法律体系的根本制度,一方面,《俄罗斯联邦宪法》规定了俄罗斯的基本经济制度,明确了私人、国家、市政等多种所有制形式,为俄罗斯矿产资源的所有形式奠定了基础;另一方面,《俄罗斯联邦宪法》所确立的行政体制和区划决定了俄罗

斯矿产资源管理体制的雏形,同时,俄罗斯联邦和俄罗斯联邦主体管辖权的划分是矿产资源立法、执法、司法的依据。因此,《俄罗斯联邦宪法》是俄罗斯矿产资源法律体系的基础,在矿业法律体系中处于根本地位。1992年,俄罗斯制定了《俄罗斯联邦地下资源法》,作为矿业发展中的主体法,该法律主要是对地下资源领域中各种关系的相互作用进行有效调节。经过1995年、2000年以及2007年多次修改,目前《俄罗斯联邦地下资源法》突出了国家对地下勘察开发的监管力度,加强了矿产开发主体的环境责任以及通过增加地质研究规划工作的条款来规范国家地质调查工作等3方面的内容。1995年,《俄罗斯联邦产品分成协议法》颁布,之后于1999年、2001年、2003年和2004年进行修订。该项法律主要用来调节在签订、执行和终止产品分成协议过程中产生的各种关系,规定产品分成协议的基本条款。法律中主要规定了列入产品成分协议矿区的条件和申请使用这些矿区的条件,简化了投资者与矿产资源所有者的关系,尤其是在税费征收方面,大部分税费被按照产品分成协议支付的产品协议所取代。目前世界上约有40个国家实行产品分成协议,只有少数国家(包括俄罗斯)对此专门立法,因此,该项法律是俄罗斯矿产资源法律体系中具有特色的法律之一[44,45]。

### 9.5.2 矿产资源三级三类划分

俄罗斯对矿产资源的管理实行三级三类的矿产资源管理体制。其中,三级管理是指从中央与地方的权利划分角度将矿产管理机构划分为俄罗斯联邦级、联邦主体级和地方级;三类矿区指按照矿产资源种类及储量将矿区划分为联邦级矿区、区级矿区和地方级矿区。

（1）三级管理

俄罗斯作为联邦国家,其联邦一级管理矿产资源管理机构为俄罗斯联邦自然资源部。联邦主体级主要指各地方主体国家权力机关,地方级矿产资源管理机构指地方自治政府。俄罗斯矿产资源三级管理结构如图9-8所示。

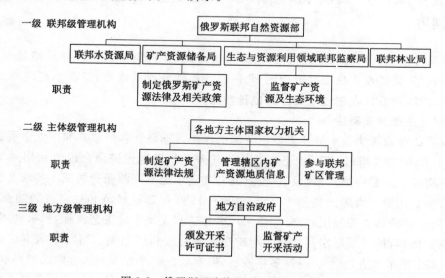

图9-8 俄罗斯矿产资源三级管理结构

Fig. 9-8 Three level management structure of mineral resources in Russia

（2）三类矿区

为了对重要矿区及储藏量较大的矿区进行有效控制,保护国防和国家安全,俄罗斯将辖区内的矿区划分为三类,即联邦级矿区、区级矿区和地方级矿区。三类矿区通常按照矿产资源种类及储藏量的大小作为划分标准进行划分。

一般情况下,划入联邦级的矿产资源开采区主要有[46]:① 一些重要的矿产资源开采区,如铀、金刚石、特纯石英矿原料、钇族稀土、镍、钴、钽、铌等铂族金属矿床和裸露的矿产资源地段;② 位于一个或几个俄罗斯联邦主体领域内,并含有自 2006 年 1 月 1 日起国家矿产资源储量平衡信息基础上的以下矿产:a. 可开采储量超过 700 万 t 的石油矿产区;b. 储藏量超过 500 亿 m³ 的天然气矿产区;c. 储藏量超过 50 t 的原生黄金矿区;d. 储藏量超过 50 t 的铜矿区;③ 俄联邦内水、领海、大陆架矿产资源地段;④ 必须以使用国防和安全土地为条件才可使用的矿产资源地段。最终,联邦级矿区划定目录由国家矿产资源储备联邦管理局按照联邦政府的规定程序,在官方出版物上予以正式公布。同时,被列入联邦级矿产资源目录的矿区其联邦地位具有永久性。

区级矿区一般指位于多个联邦主体区域内的矿区。除联邦级矿区及区级矿区外的矿区为地方级矿区,包括含有普通矿产的矿产资源地段以及与矿石开采无关的、用于地方级和区域级地下设施建设和运营的矿区。地方级矿区的制定、审议和协商等程序由联邦矿产资源国家资产管理机关制定。

### 9.5.3　苏联《关于有用矿物和泥炭开采、地质勘探、建筑和其他工程的土地复垦、肥沃土壤的保存及其合理利用的规定》

（1）实施背景

现代化生产水平的提高使得苏联矿物开采量显著增加,由此产生的排弃物、占用的巷道、塌陷地以及沉淀池等不仅造成了矿区土壤的严重破坏,也对周围环境造成了不良影响。特别是位于苏联大型工业区空气、水及大气污染十分严重,因此,采取措施进行矿区治理迫在眉睫。

1954 年,苏联部长委员会决议中明确表示:利用后的土地必须恢复到适宜农业利用或其他建设需要状态[47]。1960 年各加盟共和国的《自然保护法》和 1962 年部长委员会的决议中提出了更为明确的复垦要求。1968 年,苏联宪法及 1976 年部长会议决议中土地复垦法得以进一步发展和具体化。1976 年,苏联颁布《关于有用矿物和泥炭开采、地质勘探、建筑和其他工程的土地复垦、肥沃土壤的保存及其合理利用的规定》(以下简称《规定》),《规定》中明确表示破坏土地的工矿企业有责任对被其破坏的土地进行复垦。采矿或进行其他土工作业时应将其破坏土地上的表土收集保存,以便日后复垦之用。《规定》中指出,土地复垦费、恢复土地肥力的费用纳入企业的生产成本。经复垦并达到要求的土地须交还原来的土地使用者经营,接受土地的农业组织将土地征购费用的全部或部分(视复垦土地质量而定)归还矿山、企业,以作再次征地之用。

（2）主要内容

该项法规主要包括矿山企业责任、复垦经费以及复垦措施三方面的内容[48]。

责任方面:《规定》中指出矿山企业或工程机构有责任将那些被破坏的土地复垦为农业、林业和渔业使用;并采集、保护和堆存肥沃的表土层用于土地复垦,或改良附近的低产农田;土地使用者应该负责恢复复垦地肥力的工作;对于老矿区复垦土地未经整治和没有移交给土地使用者时,采矿企业无权征用新地。

复垦经费方面:土地复垦费、恢复肥力费均划入企业的生产成本内。关于剥离、保护和搬运土壤的费用规定为:在有用矿物和泥煤开采中列入企业产品成本,在厂房、构筑物和企业建设中列入该设施费用,在地质勘探、地质测量、找矿、测量和其他工作实施中列入该项工作费用。

复垦措施方面:有关部门不应只编制有用矿物开采设计,还应编制复垦设计;对破坏的土地进行复垦后,由临时用地企业负责移交。

苏联土地复垦过程分为工程技术复垦和生物土地复垦两个基本阶段。工程技术复垦主要针对被破坏土地开发种类而进行整地,主要包括场地平整、坡地改造、用于农田的沃土覆盖、土壤改良、道路建设等。生物土地复垦包括一系列恢复被破坏土地肥力、造林绿化,并将其返回农业、林业,创建适宜于人类生存活动的景观的综合措施[49]。苏联土地复垦方向见表 9-8。

表 9-8  苏联土地复垦方向

Table 9-8  The direction of land reclamation in the former Soviet Union

| 复垦方向 | 具体方法 |
| --- | --- |
| 农业 | 创立农田、牧场、刈草地、花园和果园等 |
| 林业 | 营造不同类型的人工林 |
| 渔业 | 建立鱼塘 |
| 水力 | 建设不同类型的水库 |
| 娱乐 | 建造各种功能的休息、娱乐场地 |
| 卫生保健 | 废弃场的封存、绿化,工业场地的绿化等 |
| 建筑 | 建造工业和居民建筑场地 |

（3）土地复垦其他法律法规

解体之前,苏联已形成了一套可供多种行业遵守的完整的土地复垦法规和实施条例,用以指导和管理各种企业的土地复垦工作,具体内容见表 9-9。

表 9-9  苏联土地复垦相关法律法规

Table 9-9  Relevant laws and regulations of land reclamation in the former Soviet Union

| 时间 | 名称 | 涉及内容 |
| --- | --- | --- |
| 1960 年 | 《苏联乌克兰自然保护法》 | 第 8 条:在临时占用的农业用地和林业用地上进行露天开采或地下开采矿藏的企业、组织和机关,必须以自己的资金,在现行主法规定的期限内,妥善地将这些土地恢复到能使用的状态。施工中不得不破坏土壤时,肥沃土层应当剥下并保存起来,用以复原土地和提高低产田的肥力 |
| 1960 年 | 《苏俄自然保护法》 | 第 2 条:进行建筑、勘探和开采矿藏的企业和组织,必须采取措施,禁止使用加重土壤风化侵蚀、盐碱化、沼泽化及其他使土壤丧失肥力的手段和方法 |
|  |  | 第 4 条:在其活动的区域范围内,实施改善水的状况,采取排除可能发生水的有害作用的水文土壤改良措施、森林土壤改良措施、农业技术措施和卫生措施 |

表 9-9(续)

| 时间 | 名称 | 涉及内容 |
|------|------|---------|
| 1968 年 | 《苏联和各加盟共和国土地法》 | 第 11 条:露天开采或地下开采矿藏、勘探、建筑或其他工程使用的农业或林业用地,须由以上企业以自己的资金实行复垦,该工作应在施工过程中进行,如果不可能做到,则应该在工程完工后一年内进行 |
| 1972 年 | 《苏共中央和苏联部长会议关于加强自然保护和改善自然资源利用的决议》 | 第 32 条:在鉴定和批准企业设施建设工程技术方案时,应确保满足水、工业和生活污水的净化标准要求、防护大气遭受有害工业废气污染的标准要求、矿藏合理开采和土地复垦的标准要求 |
| | | 第 45 条:建立进行土地复垦工作实施情况的国家报告制度 |
| 1975 年 | 《苏联最高苏维埃关于进一步加强地下资源保护和改进矿产利用措施的决议》 | 裁减常见矿产的小露天采场。这些小露天矿一般占用大片耕地和其他农业用地,采场结束作业后,往往没有得到恢复(复垦),熟田大多受到破坏 |
| 1977 年 | 《移交复垦土地程序条例》 | 规定由有关部门组成土地复垦验收移交委员会,明确了委员会的职责及工作程序 |
| 1977 年 | 《有用矿物和泥煤开采、地质勘探、建筑和其他工程的破坏土地复垦条例》 | 凡经开采矿床、建筑工作等破坏的土地,其复垦工作必须在这些工程完成后一年内展开。进行工程设计时,可将土地复垦费用列入采矿、地质勘探、建筑等总预算内。土地复垦设计与矿山等工程设计应同主要用地单位(国营农场、集体农庄、林场和其他组织)与实施国家监督的土地管理系统协商,并按规定程序报批 |

### 9.5.4　生态鉴定制度

俄罗斯生态鉴定制度是在《俄罗斯苏维埃联邦社会主义共和国自然环境保护法》(1991)(简称《自然环境保护法》,于 2002 年修改为《环境保护法》)和《俄罗斯联邦生态鉴定法》(1995)基础上建立起来的,它不仅是俄罗斯环境管理制度的重要内容,也是俄罗斯进行环境保护、维护生态平衡的重要措施之一,在整个环境管理法律体系中具有非常重要的地位[50]。其目的主要是预防经济活动或其他活动对自然环境可能产生的不良影响,以及预防可能导致的与此相关的不良的社会、经济及其他后果。由于矿产资源的开发常常伴随环境污染问题,因此也受其严格约束。

(1)生态鉴定内涵与类型

① 生态鉴定内涵

生态鉴定制度是俄罗斯进行生态鉴定活动有关的所有法律的总称。生态鉴定指由一定的机关或组织,对计划进行的经济活动或其他与利用自然资源和保护环境有关的活动,按一定的标准进行审查和评价,以判定其是否符合俄联邦规定的生态要求,是否可以允许其生态鉴定对象实施的一种特定的监督检查程序或监督检查活动[51]。

《俄罗斯联邦生态鉴定法》第 1 条明确规定:生态鉴定指查明拟议进行的经济活动和其他活动是否符合生态要求,并确定是否准许生态鉴定对象予以实施。其目的在于预防经济活动或其他活动对自然环境可能产生的不良影响,以及预防可能导致的与此相关的不良的社会、经济及其他后果。

② 生态鉴定类型

俄罗斯的生态鉴定制度分为国家生态鉴定和社会生态鉴定两类。

a. 国家生态鉴定

国家生态鉴定指俄罗斯国家生态鉴定机关在政府的授权范围内,对符合法律规定情形的、必须进行国家生态鉴定的经济活动和针对其他活动进行的生态鉴定,是一种法定的、官方的生态鉴定。

国家生态鉴定对象分为联邦国家生态鉴定对象和联邦主体级国家生态鉴定对象两类。其中,联邦国家生态鉴定对象主要包括 3 个方面:一是涉及俄罗斯联邦全局性问题的活动,如联邦的法律文件草案、编制联邦生产力发展和布局预报前的有关材料,具体包括联邦社会和经济发展纲要、社会技术发展纲要以及联邦国民经济各部门发展纲要的草案,联邦自然保护综合计划方案,联邦投资计划方案等。二是属于联邦专门管辖权范围内的活动,如俄罗斯联邦国家间投资计划草案,与联邦所有的自然资源有关的项目方案,属于联邦管辖的企业、组织、自由经济区、特别保护的自然区域以及实行特别制度区域的各种规划、计划草案等。三是涉及两个或两个以上联邦主体利益的经济活动项目,如可能对两个或两个以上联邦主体的自然环境产生影响的活动、大区域的自然环境利用和生产力组织方面的规划以及其他各种可能对两个以上的联邦主体的自然环境产生直接或间接影响的经济活动。

联邦主体级国家生态鉴定的鉴定对象与联邦国家生态鉴定对象的种类一致,但其鉴定内容更加微观具体。如具体的各种城市建设的文件,因地质勘探、地下开采、爆破等工作遭受破坏的土地的重新利用方案,联邦境内组织企业及其他经济活动项目的新建、改建、扩建、技术改造以及歇业和关闭等的经济技术论证和方案等都属于联邦主体级国家生态鉴定的鉴定范围。

b. 社会生态鉴定

社会生态鉴定指在其组织章程中明确地将保护自然环境,其中包括组织和实施生态鉴定规定为自己的主要活动方向,并且按照法定程序进行社团登记的社会团体(联合会、联盟、协会等),根据公民、社会团体(联合会、联盟、协会等)和地方自治机关的倡议而组织和进行的生态鉴定。

《俄罗斯联邦生态鉴定法》中第 21 条规定,对属于俄罗斯联邦国家生态鉴定范围的鉴定对象,除涉及国家秘密、商业秘密和(或)法律保护的其他秘密的鉴定对象外,可以进行社会生态鉴定。

(2)生态鉴定原则与步骤

① 生态鉴定原则

生态鉴定原则是生态鉴定制度的实质及社会意义的集中反映,其本质也是组织和实施生态鉴定活动的规则或指导方针。生态鉴定的原则具体可划分为:强制鉴定原则、综合鉴定原则、鉴定材料全面真实鉴定原则、独立鉴定原则、科学客观合法鉴定原则、公开参与及公开鉴定原则[51]。

a. 强制鉴定原则

强制鉴定原则指凡属于《俄罗斯联邦宪法》《俄罗斯联邦生态鉴定法》《自然环境保护法》以及《俄罗斯联邦危险生产项目工业安全法》等法律法规规定的涉及俄联邦全局性问题,属于联邦专门管辖范围内的活动,涉及两个或两个以上联邦主体利益的经济活动项目等,在项目实施前必须经过国家生态鉴定,鉴定合格后方可实施。

b. 综合鉴定原则

综合鉴定原则指生态鉴定机关在生态鉴定活动中对生态鉴定对象进行全面综合分析与

评价。由于生态鉴定是一项科学性、技术性很强的工作,因此,进行生态鉴定时不仅需要养成有过假定或有错假定的思维习惯,而且要充分利用经济学、生态学、环境保护学等多学科知识、技术手段及方法,对生态鉴定对象的潜在生态危险、影响程度以及防控措施的有效性与可行性问题进行全面分析与评价。

c. 鉴定材料全面真实鉴定原则

鉴定材料的全面真实性是保证生态鉴定结论正确的必要前提。因此,生态鉴定要求鉴定对象的定作人向鉴定机关提供关于生态鉴定的资料必须是全面且真实可信的。国家级社会生态鉴定机构在鉴定过程中,若发现定作人未提供全部且真实的鉴定材料,根据其主观恶意的有无及程度要求其补充鉴定材料或追究其相应的法律责任。

d. 独立鉴定原则

独立鉴定原则要求鉴定人在进行生态鉴定过程中,应排除各种外来干扰,独立客观地进行生态鉴定工作。鉴定人可以在鉴定工作中通过充分运用自己的专业知识技能自由地发表意见,独立客观地完成鉴定工作,充分体现了鉴定人在鉴定活动中的独立地位。

e. 科学客观合法鉴定原则

科学性鉴定原则要求任何鉴定意见都必须经过严格的科学论证,遵循法定的技术标准,运用科学的方法和手段,最终得出科学的鉴定结论;客观性鉴定原则要求鉴定意见必须有客观性证据支撑,必须是鉴定对象本质特征的客观反映;合法性鉴定原则指鉴定人在进行鉴定活动时,必须遵循相关法律规定,依法进行鉴定活动。

f. 公开参与及公开鉴定原则

公开参与及公开鉴定原则指除了法律另有规定之外,其余生态鉴定活动必须向社会及媒体公开。联邦公民和社会团体主要通过媒体提出建议或以观察员的身份参与生态鉴定活动,在行使其"知情权"的同时,也对生态鉴定人的生态鉴定活动实施强有力的监督。

② 生态鉴定步骤

在生态鉴定制度下进行环境鉴定的步骤为[51]:a. 收集必要的信息;b. 区分环境影响的来源、种类和对象;c. 预测自然环境的状况变化;d. 评估项目建成后可能发生的状况及其后果;e. 评估环境、社会及经济后果;f. 提供减少环境和人类健康消极影响的方法;g. 预测残余影响并提供对其加以控制的方法;h. 对项目的环境-经济进行评估;i. 分析、选择和制定建设该项目的其他更佳方案。

## 9.6 中国矿业法发展、土地复垦条例、矿山生态环境保护治理规范及生产安全标准

目前,我国正处于工业化高速发展阶段,矿产资源需求的日益增加以及矿业科学、合理化管理的缺乏使得我国矿山生态问题频发,矿山安全压力日益增加。矿业在促进我国经济发展的同时,也制约了其长远发展。因此,完善我国矿业法律法规体系,制定详细、严格的执行标准,实施切实有效的矿产资源管理制度成为我国矿业可持续发展的必然选择。

### 9.6.1 矿业法律产生与发展

我国矿产资源总量丰富,矿业开发历史悠久。作为世界上较早开发利用矿产资源的国

家之一,早在《周礼·地官司徒》中记载有"丱人①掌金玉锡石之地,而为之厉禁以守之。若以时取之,则物其地图而授之,巡其禁令。"说明在西周奴隶制时期我国就已出现专司矿业职能的机构。春秋战国时期,《管子》中所记载的齐国所实施的"官山海",即对矿冶、制盐实行官营政策,并设有"铁官"。秦代的矿业政策,也是实行官营民采、收取利税的政策。作为古代矿业发展比较发达的宋代,矿业律法比较先进和完备。那一时期的矿业立法已经产生环境保护思想,如在积极推进采矿的同时,也将一些场地保护起来,列为不可告发、开采的禁地[1]。

近代以后,光绪二十四年(1898年)十月清政府制定的《矿物铁路公共章程二十二条》,次年修正为二十四条,此项立法的出现,成为中国近代矿业立法的开端[1]。1907年,清政府颁布我国近代第一部矿业法——《大清矿务章程》,这一时期的矿业法律着重于对矿区的地面、地下、矿界、矿税等的限制,特别是注重中国主权、国民生计及地方治理[52]。

民国时期,1914年北洋政府农商部制定《中华民国矿业条例》,该条例奠定了我国现代矿业法律制度的基础[52]。1930年,国民政府继承并发展了北洋政府时期《中华民国矿业条例》,颁布了我国历史上第一部比较系统完善的现代矿业法典——《中华民国矿业法》[52]。此外,国民党政府在其统治时期制定并颁布的比较重要的矿业法律法规有:《矿业法施行细则》《矿业登记规则》《矿场实习规则》《土石采取规则》《矿场法》《矿业监察员规程》《矿业警察规程》《整理全国地质调查办法》等。

中华人民共和国成立后,我国逐渐形成以《宪法》为基础,以《矿产资源法》和相关法律法规为基本内容的矿产资源法律体系。1986年我国第一部《矿产资源法》颁布,成为矿产资源法律体系的开端。该部法律共分为7章53条,主要从法律制定总则、矿产资源勘查的登记和开采的审批、勘查、开采、集体矿山企业和个体采矿、法律责任、附则等7个方面对矿产资源进行法律规定。1988年,我国颁布《土地复垦规定》(已废止)。该项法规的颁布意味着包括煤矿废弃地在内的矿山废弃地将矿山环境保护纳入了法制轨道,改变了实践中矿山环境保护零星、分散、小规模、低水平的状态。1992年,《矿山安全法》的颁布,成为我国首部包括煤矿在内的各类矿山从事活动所必须遵守的一部安全基本法律[53]。此外,在《水土保持法》(1991)《固体废物污染环境防治法》(1995)《土地管理法》(1986)《清洁生产法》(2002)等法律中均有与矿山环境相关的法律条文。除法律规定以外,我国逐步制定了各项技术规范及标准对矿山清洁生产、安全及环境保护进行科学管理。

目前,我国矿山环境保护各项法律法规及制度已取得长足发展,但仍落后于矿业发达国家,有关矿山环境保护内容散见于不同的法律文件中,缺乏系统的矿山环境管理法律法规,在法律规制中缺乏切实有效的环境保护法律制度,强制力度不够,执行效力较低。法律制度上,矿山环境规划制度过于原则化,缺乏可行性,环境影响评价制度效能低下,矿山环境治理保证金制度不规范[54]。有些规定虽然在一定程度上促进了矿山环境保护工作的开展和矿区的可持续发展,但作为部门规章,其法律效力等级较低,对于现实中越演越烈的矿山环境问题仍不具备有效的解决能力。

### 9.6.2 《土地复垦条例》

1978年,在改革开放的影响下,我国工业、建筑业、采矿业等行业迅速发展,用地量急剧

---

① 丱人(kuàng rén):古代掌管矿产的官吏。

增加,能源需求空前上涨,由此带来的土地破坏及生态环境问题愈来愈显著,因此,各级政府开始注重土地复垦工作。

(1)实施背景

《土地复垦条例》的颁布,是在《土地复垦规定》的基础上对我国土地复垦工作的有效管理所进行的进一步补充及完善。1988年,国务院颁布《土地复垦规定》,该规定中首次以法律条款的形式明确了土地复垦的定义(本规定所称土地复垦,是指对在生产建设过程中,因挖损、塌陷、压占等造成破坏的土地,采取整治措施,使其恢复到可供利用状态的活动),确定了土地复垦的责任主体范围(适用于因从事开采矿产资源、烧制砖瓦、燃煤发电等生产建设活动,造成土地破坏的企业和个人),提出了"谁破坏,谁复垦"的复垦原则,规定了复垦后土地国家征用条件、权属、用途、建设验收流程、复垦费用、补偿金、罚则等。该项法规的颁布意味着包括煤矿废弃地在内的矿山废弃地将矿山环境保护纳入法制轨道,改变了实践中矿山环境保护零星、分散、小规模、低水平的状态[2]。

随着我国经济的快速发展,生产建设活动不断增强,破坏土地的分布越来越广,使得现实中出现了损毁土地"旧账未还清,新账又增加"的情况,而《土地复垦规定》中未对大量历史遗留和自然灾害损毁土地的责任主体进行明确规定,在复垦资金保障、政府监管措施、复垦激励机制等方面的规定也不能适应市场经济的要求,需要对其进行重新修订以适应当前土地复垦工作的实际需要。基于此,国务院于2011年颁布《土地复垦条例》,该项条例的实施,完善了我国土地复垦法律制度体系,对加强与规范土地复垦事业产生了积极影响,成为继《土地复垦规定》之后,我国土地复垦事业的又一个里程碑[55]。

(2)主要内容

《土地复垦条例》共7章44条,主要对复垦土地范围及责任主体、复垦责任人的主要义务、复垦方案编制及工作验收、激励措施及法律责任进行了明确规定。

① 复垦土地范围及责任主体

《土地复垦条例》中将复垦土地范围划分为两类。第一类是生产建设活动损毁土地的复垦,主要包括:a. 露天采矿、烧制砖瓦、挖沙取土等地标挖掘所损毁的土地;b. 地下采矿等造成地表塌陷的土地;c. 堆放采矿剥离物、废石、矿渣、粉煤灰等固体废弃物压占的土地;d. 交通、水利等基础设施建设和其他生产建设活动临时占用所损毁的土地。这类土地的复垦责任人按照"谁破坏,谁复垦"的原则进行确定。

第二类复垦土地为历史遗留损毁土地和自然灾害损毁土地的复垦。这类土地的复垦主要由县级以上人民政府国土资源主管部门组织进行。

② 复垦方案编制

针对生产建设活动损毁的土地,复垦义务人应当制定土地复垦方案,《土地复垦条例》中第十二条规定:复垦方案制定的主要内容应包括复垦项目概况和项目区土地利用状况、损毁土地的分析预测和土地复垦的可行性评价、土地复垦的目标任务、土地复垦应当达到的质量要求和采取的措施、土地复垦工程和投资估(概)算、土地复垦费用的安排、土地复垦工作计划与进度安排、国务院国土资源主管部门规定的其他内容。

③ 复垦工作验收

《土地复垦条例》中第二十八至三十一条分别从对土地复垦的验收工作进行明确规定。第二十八条和第二十九规定复垦后验收工作由国土资源主管部门会同同级农业、林业、环境保护等有关部门进行验收。进行土地复垦验收时,应邀请相关专家进行现场踏勘,查验复垦后的土地是否符合土地复垦标准以及土地复垦方案要求,核实复垦后的土地类型、面积和质量等情况,并将初步验收结果公告,听取相关权利人意见。验收的时间应在国土资源主管部门接到土地复垦验收申请之日起 60 个工作日内完成验收。此外,第三十一条规定,复垦为农用地的,负责组织验收的国土资源部门应当会同有关部门在验收合格后 5 年内对土地复垦效果进行跟踪评价,并提出改善土地质量的建议和措施。

④ 激励措施及法律责任

为促进土地复垦工作的有效实施,《土地复垦条例》中明确规定对土地复垦工作完成较好的相关义务人进行一定奖励。如:第三十二条规定土地复垦义务人在规定的期限内将生产建设损毁的耕地、林地、牧草地等农用地复垦恢复原状的,依照国家有关税收法律法规的规定退还已经缴纳的耕地占用税。针对未履行土地复垦工作的复垦义务人,《土地复垦条例》中第 6 章第三十六至四十三条也明确规定了相应的惩罚措施,如第三十九条规定,土地复垦义务人未按照规定对拟损毁的耕地、林地、牧草地进行表土剥离,由县级以上地方人民政府国土资源主管部门责令限期改正;逾期不改正的,按照应当进行表土剥离的土地面积处每公顷 1 万元的罚款。

(3) 执行特点

《土地复垦条例》的颁布实施,促进了我国土地复垦工作的进一步规范化和法制化,在其执行过程中,具有权威性、规范性、强制性及协调性的特点,具体见表 9-10。

表 9-10 《土地复垦条例》执行特点
Table 9-10 Executive characteristics of *Land Reclamation Ordinance*

| 执行特点 | 主要内容 |
|---|---|
| 权威性 | 《土地复垦条例》是我国土地复垦方面的权威文件,任何机关、团体、企事业单位及个人都应遵照执行,违反者须承担法律责任 |
| 规范性 | 《土地复垦条例》明确了土地复垦工作的准则及约束条件 |
| 强制性 | 《土地复垦条例》具有强制性,任何单位和个人对土地造成破坏的,均须按照《土地复垦条例》认真履行复垦义务 |
| 协调性 | 土地复垦工作涉及矿业、农业、林业等多行业部门,因此,需要《土地复垦条例》对各部门进行多方协调,保证土地复垦工作的有效进行 |

(4) 优势与不足

与《土地复垦规定》(1988)相比,《土地复垦条例》对我国土地复垦工作进行了更加完善的规定,但在实际落实方面,仍有不足之处,具体表现在[56]:

① 优势

首先,与《土地复垦规定》(1988)相比,《土地复垦条例》对复垦对象的界定更为全面,除生产建设活动损毁的土地外,自然灾害损毁的土地也被纳入复垦范围,更有利于促进生态环境建设与保护。其次,《土地复垦条例》中进一步明确了土地复垦的责任主体,弥补了复垦责任主体的缺失;对于生产建设损毁土地,按照"谁损毁,谁复垦"的原则,由生产建设单位或个人负责复垦;对于历史遗留损毁土地无法确定土地复垦义务人的生产建设活动损毁的土地,以及自然灾害损毁的土地,要求由县级以上人民政府负责组织复垦。再次,《土地复垦条例》完善了土地复垦义务履行的约束机制,强化了土地复垦的奖励机制;对于生产建设中损毁的土地,通过退还已缴纳的耕地占用税的政策,促进土地复垦义务人积极主动履行复垦义务;对于历史遗留或自然灾害损毁土地,遵循"谁投资,谁受益"原则对复垦义务人进行政策奖励。最后,进一步明确了主管部门的相关责任,规定了土地复垦实施具体法规及相应的奖惩措施,提高了土地法制管理的有效性。

② 不足

一方面,《土地复垦条例》中,对土地复垦方案的编制及审查方面具有明确规定,但在复垦实施阶段的监督、土地复垦的资金保障、复垦工作的验收等方面仍缺乏实际的可操作性。如《土地复垦条例》中规定土地复垦义务人完成复垦任务后,要申请主管部门组织验收,但验收程序、内容及验收标准等方面并未有相关的办法或实施细则。另一方面,土地复垦涉及土地、矿产、环境、农林业等多方面,而我国土地复垦工作主要由国土资源机关的耕地保护部门(司、处、科)负责,缺乏专门的土地复垦管理机构对《土地复垦条例》的执行进行贯彻落实。

### 9.6.3 矿山生态环境保护、恢复治理方案与技术规范

从资源勘探到矿井关闭,环境保护工作伴随着矿业开采的全过程。为明确矿山企业主体责任、提高矿山生态环境保护与管理水平,2013 年,我国出台《矿山生态环境保护与恢复治理技术规范(试行)》(HJ 651—2013)(以下简称《技术规范》)[57]及《矿山生态环境保护与恢复治理方案(规划)编制规范(试行)》(HJ 652—2013)(以下简称《编制规范》)[58],为矿山生态环境保护与恢复治理工作提供了科学依据及技术标准。

(1)《矿山生态环境保护与恢复治理方案(规划)编制规范(试行)》

此《规范》适用于新建、改(扩)建矿山及生产和闭坑矿山生态环境保护与恢复治理方案的制定,内容方面主要规定了方案制定的原则、程序、内容以及工程措施 4 个方面。

① 方案制定原则

首先,矿山企业在矿山开采中应秉承"边开采,边治理"的原则,从源头上控制生态环境的破坏,减少生态环境影响。其次,根据矿山所处地区自然环境、生态恢复与环境治理的技术经济条件,应按照"景观相似,功能恢复"原则,因地制宜采取切实可行的恢复措施,恢复矿区整体生态功能。再次,方案制定应遵循"突出重点,分步实施"原则,优先做好生态破坏与环境污染严重的重点恢复治理工程。最后,坚持"科学引领,注重实效"原则,应用新技术,新方法,选择适宜的保护与治理方案,提高矿山生态环境保护与恢复治理的成效和水平。

② 方案编制程序

《编制规范》中给出了矿山生态环境保护与恢复治理方案制定的具体程序,如图 9-9 所示。

③ 方案制定内容

方案制定的内容主要包括矿山现状调查、矿山生态环境分析评价与生态环境预测三个方面。

矿山现状调查——调查范围包括:矿山企业采矿登记范围和各种采矿活动可能影响到的区域,以生产矿山导致的各类生态环境问题为调查重点。调查内容主要包括:矿山企业基本情况和矿产资源开发利用方案,包括大气环境、水环境、土壤环境、生物多样性保护以及环境敏感目标等在内的矿山生态环境状况,矿山企业污染物排放情况及环境污染、地质灾害状

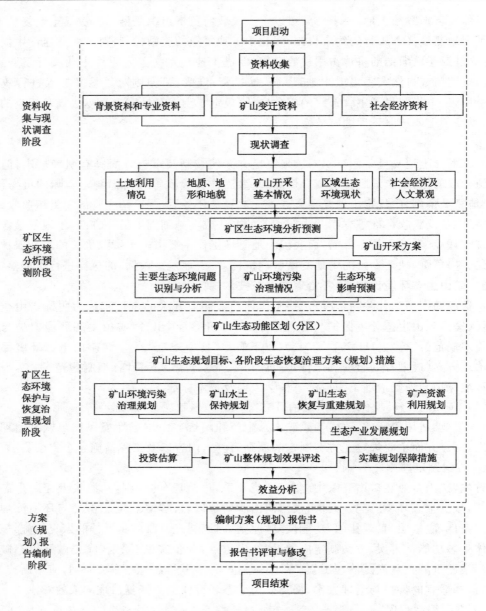

图 9-9　矿山生态环境保护与恢复治理方案制定程序

Fig. 9-9　Program of mine ecological environment protection and restoration management

况,生态环境恢复治理的技术条件及管理水平等。

　　矿山生态环境分析评价——矿山生态环境分析评价主要包括对矿山主要生态环境问题识别与分析、矿山环境污染治理情况分析两方面。

　　生态环境预测——生态环境预测指结合矿床开拓布局和采掘规划或计划,对采矿活动在方案期内不同年份造成的生态破坏和环境污染进行预测(包括生态破坏和环境污染的范围和强度),明确矿山生态恢复与治理的重点,确定重点治理区、次重点治理区和一般治理区。

④ 工程措施

《编制规范》中规定,方案应对各类生态环境保护与恢复治理工程所采取的技术措施、技术指标、实施时间等进行说明,同时,应符合《编制规范》中的要求。方案制定所包含的工程措施主要包括污染防治工程、生态恢复与重建工程、水土保持建设工程、地质环境保护与治理恢复工程以及生态产业工程,具体内容见表9-11。

表 9-11　生态环境保护与恢复治理工程措施及内容

Table 9-11　Engineering measures and its contents of ecological environment protection and restoration

| 工程措施 | 主要内容 |
| --- | --- |
| 大气污染防治工程 | 采选矿生产过程粉尘污染控制及有害气体防治 |
| 水污染防治与水资源保护工程 | 采选过程中产生的矿坑水、排土场淋溶水、选矿废水等生活污水等治理 |
| 固体废弃物处理与处置利用工程 | 排土场、尾矿库有价值元素选别、建筑及其他材料应用;固体废弃物处理与处置包括植被恢复等 |
| 噪声与震动控制工程 | 矿山生产爆破冲击与爆破震动;采选矿设备及道路运输噪声等控制工程 |
| 生态恢复与重建工程 | 采矿表土资源管理,采矿过程、排土场、选矿厂、尾矿库、工业场地生态恢复与重建,以及必要的土壤污染治理工程等 |
| 水土保持建设工程 | 土地整治、拦渣、防洪排导、植被复垦等 |
| 地质环境保护与治理恢复工程 | 矿山开采过程中和服务期满后矿山地质灾害防治措施、地下含水层保护措施以及矿区地形地貌景观保护与恢复工程措施等 |
| 生态产业工程 | 建材业、花卉苗圃园等具有经济效益的生态产业 |

(2)《矿山生态环境保护与恢复治理技术规范(试行)》

该项技术规范适用于煤矿、金属矿、非金属矿、油气矿、煤层气、砂石矿等陆地矿产资源勘察、采选过程和闭矿后生态环境保护与恢复治理。其规定了矿产资源勘查与采选过程中排土场、露天采场、尾矿库、矿区专用道路、矿山工业场地、沉陷区、矸石场以及矿山污染场地等的矿区生态环境保护的技术要求。同时也为铀、钍等放射性矿产资源开发的生态环境保护提供了技术参照。

① 排土场

排土场生态恢复具体包括岩土排弃、排土场水土保持与稳定性、植被恢复以及恢复再利用4个方面。

该项技术规范对岩土排弃次序、排弃前的物质鉴别所应符合的执行标准、排土场边坡比、不同位置排土场的处理均有明确规定,对进行植被种植的坡度条件、覆盖土层厚度、覆盖材料以及植被类型都进行了详细规定。

② 露天采场

露天采场的生态修复主要包括场地整治与覆土、露天采场植被恢复以及采场恢复与利用3个方面。

场地整治与覆土方法的选择视场地坡度而定。水平地和15°以下缓坡地可采用物料充填、底板耕松、挖高垫低等方法;15°以上陡坡地可采用挖穴填土、砌筑植生盆(槽)填土、喷混、阶梯整形覆土、安放植物袋、石壁挂笼填土等方法。

露天采场植被恢复主要适用于非干旱区露天采场,边坡恢复应符合相应的水土保持技术规范。位于交通干线两侧、城镇居民周边以及景区景点等可视范围内的采石宕口及裸露岩石应采取挂网喷播、种植藤本植物等工程与生物措施进行恢复,并使恢复后的宕口与周围景观相协调。

采场恢复与利用中,若采场为内排土场时,场地水土保持与稳定性、植被恢复按照排土场的要求执行;若采场为其他用途时,应满足的要求有:采矿剥离物含有毒有害或放射性物质时,按照《技术规范》中 7.1.2 要求执行。平原地区露天采场应平整、回填后进行生态恢复,并与周边地表景观相协调,位于山区的露天采场可保持平台和边坡。露天采场回填时应做到地面平整,充分利用工程前收集的表土和露天采场风化物覆盖于表层(覆土要求按照《技术规范》中 7.3.2 执行),并做好水土保持与防风固沙措施。恢复后的露天采场进行土地资源再利用时,在坡度、土层厚度、稳定性、土壤环境安全性等方面应满足相关用地要求。

③ 尾矿库

尾矿库覆土及植被恢复应该符合以下 3 点要求:第一,尾矿库闭库后,坝体和坝内应视尾矿库所处地区气象条件、尾矿污染物毒性、植被恢复方式、土源情况进行不同厚度覆土,因地制宜进行植被恢复和综合利用。恢复植被的覆土厚度不低于 10 cm。第二,位于干旱风沙区不具备恢复条件的尾矿库,应覆盖砂石等材料。第三,尾矿库恢复后用于农业生产的,应对尾矿库覆盖土壤(包括植被根系延伸区的尾砂)进行污染物检测与农产品安全评估,根据评估结果确定农业利用方式。

《技术规范》除对排土场、露天采场以及尾矿库进行明确规定外,还对矿区专用道路、矿山工业场地生态恢复的具体操作程序,矿山大气、水等污染的防治措施,沉陷区恢复治理措施以及煤矸石综合利用及堆放处理方法,矸石场地生态恢复、污染场地恢复等治理措施均有详细的规定。

### 9.6.4 矿山生产安全标准

(1)矿山安全生产法律框架

1990—1996 年,正值我国煤炭事故高峰期,仅 1993 年因矿山事故导致 10 883 人死亡,其中,有 8 620 名煤矿工人死亡[59],因此,制定矿山安全相关法律法规刻不容缓。1992 年,为了保障矿山生产安全,防止矿山事故,保护矿山职工人身安全,促进采矿业的发展,我国颁布并实施《矿山安全法》,该部法律成为中华人民共和国成立以来我国第一部包括煤矿在内的各类矿山从事活动所必须遵守的一部安全基本法律。之后,各项矿山安全规定、标准的陆续出台,为我国矿山安全发展提供了法律保障。

目前,我国矿山安全法律法规体系可以划分为矿山安全生产法律、矿山安全生产法规(条例、规定、办法)、矿山安全生产行政规章(规定、办法、规程、标准、细则)以及其他矿山安全规范性文件等[60]。矿山安全法律体系如图 9-10 所示。

(2)矿山安全生产标准

我国矿山安全生产标准体系可划分为煤矿安全生产标准及非煤矿山安全生产标准两部分。

① 煤矿安全生产标准

煤矿安全生产标准体系主要包括综合管理安全标准系统、井工开采安全标准系统、露天开采安全标准系统以及职业危害安全标准系统 4 部分。

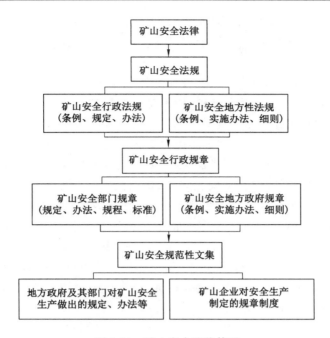

图 9-10　矿山安全法律体系

Fig. 9-10　Mine safety law system

综合管理安全标准包括综合管理通用要求、地质勘探规范、矿井设计、生产矿井安全管理 4 部分,囊括了煤矿勘探、设计、建矿、生产、环保、闭矿全过程的安全要求。

井工开采安全标准主要包括建井安全、开采安全、瓦斯及粉尘防治、矿井通风、火灾防治、水害防治、机械安全、电气安全、爆破安全及矿山救援等多方面的安全标准。

露天开采安全标准根据露天开采过程中易产生的采掘场边坡与排土场边坡的滑坡、塌陷、泥石流等问题又可划分为露天开采安全标准、边坡稳定安全标准以及露天机电安全标准 3 类。

职业危害安全标准包括作业环境安全、个体防护、职业病鉴定标准 3 类。

② 非煤矿山安全生产标准

非煤矿山安全生产标准按照实施对象又可划分为 3 类,具体包括与非煤矿山规划、勘察、设计、开采、施工、验收等生产活动相关的方法和技术规范,与生产活动中使用的设备、仪器、配件等相关的产品安全技术标准;与非煤矿山安全设计的概念、作业环境、卫生条件、管理要求等相关的基础标准。

## 9.7　加拿大、日本、南非、巴西矿业法律条文及政策标准

世界上许多矿产资源储量丰富或矿业发展比较先进的国家,如加拿大、日本、南非以及巴西等也都通过制定严格的法律法规对矿山进行合理的开发及生态保护。

### 9.7.1　加拿大矿区复垦与生态重建法律及矿山环境规范

加拿大采矿业有着百年多的历史,一直是本国发展的经济支柱。20 世纪 50 年代后,随

着煤矿业大规模开发,环境问题日益严重,为确保矿区的可持续发展,加拿大政府规定凡是与矿区环境相关的事宜都必须在法律的规定下进行[61]。

(1) 矿区复垦与生态重建

在矿区土地复垦方面,加拿大有着比较充分的法律法规。正如加拿大"绿色工程"中所流传的"我们的土地是从子孙那里借来的,而不是从祖辈那里继承来的",从个人到企业、政府都十分注重环境保护工作。基于此背景,20 世纪 70 年代,加拿大政府颁布并实施《露天矿和采石场控制与复垦法》,这部法律的实施为矿区土地复垦提供法律保障的同时,使得复垦资金的来源更加透明,政府的职责更加清晰,复垦土地的恢复标准更加具体。因此,每个省都制定了针对本省的法律法规,如安大略省《矿业法案》[62]也对矿山恢复有相应的规定,要求申请进行矿山开采的企业或个人必须提交矿山恢复及治理计划。

在矿山生态重建方面,加拿大具有较全面的法律法规及政策。早期因矿业迅速发展所引起的矿山生态环境问题,制约了矿业的可持续发展。因此,加拿大政府对环境问题给予了极大的关注,制定了一系列较为全面、具体、翔实且易于执行的法律、法规和政策。如 1977 年,加拿大政府颁布并实施金属矿液体排放标准,现有矿山液体排放控制导则。同时,为确保矿山公司严格执行环境标准,政府采用了 ISO14001 指导方针下的环境管理体系,要求各矿业公司首先要解决环境问题,其中包括环境政策综述、管理准则及人员培训。为了降低最终清理过程成本,复垦与重建同时并举。从开采到矿山生态重建,加拿大具有相应的法规、条例及导则。矿山开采前,矿业公司要进行环境评估。在环境评估后,矿业公司将依据评估结果提取一定比例的基金以便今后的土地复垦与重建工作。

(2) 矿山环境规范

为促进《渔业法》框架下《金属矿山废水条例》及该条例未涉及的因采矿活动对环境破坏的有效管理,加拿大政府于 2002 年颁布《金属矿山环境规范》。

《金属矿山环境规范》实施的总体目标是寻求和推广最佳的矿业开发活动,以促进和鼓励加拿大及其他地区矿山设备在整个矿山生命周期中环境性能的持续改进。它包括矿产资源勘探及可行性研究、矿山规划及建设、矿山运行及关闭在内的矿山生命周期的各阶段的环境保护工作,同时,也广泛地涵盖了从空气、水和废弃物管理乃至生物多样性等在内的环境问题。

《金属矿山环境规范》分为矿山简介、矿山全生命周期活动、矿山生命周期各阶段的环境问题及各阶段矿山环境管理实践 4 部分。《金属矿山环境规范》主要内容见表 9-12。

**表 9-12 《金属矿山环境规范》主要内容**
**Table 9-12 Content of *Environment Code of Practice for Metal Mines***

| 章节 | 主要内容 |
| --- | --- |
| 矿山简介 | 《金属矿山环境规范》实施背景、目的及应用范围 |
| 矿山全生命周期活动 | 矿山资源勘探、开采可行性研究、矿山规划建设以及井工、露天采矿矿石提取、加工及处理、矿山关闭 |
| 矿山生命周期各阶段的环境问题 | 对开采各阶段可能发生的生物多样性损失、土壤侵蚀、地下水矿化、地面塌陷等多种问题进行归类说明 |
| 矿山环境管理实践 | 矿山开发利用前环境监测、评价,生产中废水、废石处理以及闭矿计划、闭矿后矿坑处理及矿区复垦 |

### 9.7.2　日本清洁生产与矿害防治法律政策

日本国土面积狭小,矿产资源匮乏,然而经济发展需要大量矿产资源,因此,日本政府在矿产资源管理方面,具有十分详细的法律政策[63]。

（1）清洁生产

在清洁生产方面,日本走在世界前列。1992年起,日本将洁净煤技术作为本国煤炭科研重点,同年,日本制定并实施《煤炭政策》,《煤炭政策》中规定对能够减轻环境污染的设备,将根据设备的差异,减免相当于原税收40％～70％的税收。在对烟尘的治理中,规定治理费开支的50％～80％可通过银行低息贷款获得,分10～15年偿还,而且治理烟尘的固定资产值可以免税。1993年,日本新能源产业技术综合开发机构负责全日本的新能源和洁净煤技术的规划、管理、协调以及实施。1995年,该机构组建"洁净煤技术中心",专门负责开发煤炭利用技术。2000年,日本通产省实施"21世纪煤炭计划"。2004年,日本在"煤炭清洁能源循环体系"中提出以煤炭气化为核心的煤基能源系统,并在"面向2030年的新日本煤炭政策"明确提出将煤炭气化技术作为未来煤炭近零排放的战略技术,并实现循环型社会和氢能经济的产业技术[64]。

（2）矿害防治

以《矿业法》为基础,在矿害防治方面,日本制定了安全生产方面的《矿山安全法》（1949）和矿山环境恢复方面的《金属矿业等矿害对策特别措施法》（1973）。

《矿山安全法》规定了矿山监督机构对全国范围内的各类矿山的矿害防治具有监察职权。日本矿山监督机构实行垂直管理,并根据各地矿山情况确定矿山监察部数量。监察执法机构的所有经费由中央财政拨款。

《金属矿业等矿害对策特别措施法》是针对铜、铅、锌、硫黄、萤石、汞、砷、金、银、铋、锡、锑、铁、硫化铁、铬铁、锰、钨、钼、镍、钴等20种金属矿产制定的矿害防治的基本方针、矿害防治公积金、矿害防治进度检查及惩罚制度等。该法的实施,确立了日本矿害防治的公积金制度、矿害防治工程费用补助金制度和金属矿业事业团融资金制度。根据《金属矿业等矿害对策特别措施法》,日本矿害防治公积金、矿害防治工程费用补助金以及金属矿业实业团融资金分别适用于[65]:矿害防治公积金适用于矿害防治责任人负责的矿山闭坑、土地复垦及矿坑废水处理等工作所产生的费用。按照矿害防治责任人的存在与否,矿害防治工程费用补助金、金属矿业事业团融资金分别适用于两种情况:存在矿害防治负责人,其环境破坏和污染为负责人本人造成的,治理恢复工作由矿害防治责任人负责,发生的费用适用金属矿业事业团融资金;不存在矿害防治责任人,或者矿害防治责任人灭失的,治理恢复工作由当地的地方团体负责,发生的费用适用矿害防治工程费用补助金。日本金属矿害防治对策简介见表9-13。

### 9.7.3　南非矿山环境保护与矿山健康安全立法

南非矿产资源十分丰富,作为世界五大矿产资源国之一,其矿产以种类多、储量大、产量高闻名于世[66]。在南非,矿产资源管理及开发主要由矿产资源及能源部负责。目前,针对南非矿产资源开采和石油资源勘查的两部主要管辖法律为《矿山健康与安全法》和《矿产和石油资源开采法》。《矿山健康与安全法》旨在通过规范矿山企业采矿活动、培训相关工作人员、提高采矿技术水平、构建完善的矿山监督检查系统等措施以达到保障矿工的生命健康安全的目标。《矿产和石油资源开采法》是管理南非矿产勘探和合理开采活动的基本法律。法

**表 9-13 日本金属矿害防治对策简介**

Table 9-13 Brief of strategy of mining harm protection

| 处理对象 | 主要对策 | 矿山分类 | 矿业权人 | 矿业实施者 | 对策现状 |
|---|---|---|---|---|---|
| 矿害发生源 | 闭矿、尾矿坝复垦和植被种植 | 废弃矿山 | 不存在 | 地方公共团体 | 废弃矿山矿害防治工程费用补助金制度,国家补助 3/4,地方公共团体补助 1/4 |
| | | | 存在 | 矿业权人等 | 金属矿业事业团融资制度,矿害防治资金融资 |
| | | 现营业 | 存在 | 矿业权人 | 矿害防治公积金制度主要是对使用中的矿坑及尾矿坝终止使用后的矿害防治工程费用的筹集 |
| 矿坑废水处理 | 中和处理 | 废弃矿山 | 不存在 | 地方公共团体 | 废弃矿山矿害防治工程费用补助金制度,国家补助 3/4,地方公共团体补助 1/4 |
| | | | 存在 | 矿业权人等 | 自己污染的部分,金属矿业事业团融资制度,矿害防治资金融资对于自然、他人污染部分,废弃矿山矿害防治工程补助金制度,国家补助 3/4,地方公共团体补助 1/4 |
| | | 现营业 | 存在 | 矿业权人 | 矿害防治公积金制度主要是对使用中的坑口及尾矿坝终止使用后的矿害防治工程费用的筹集 |

律中将"确保国内矿产资源的有序和可持续开发"作为其立法目标之一。同时,该部法律对勘探及开采活动过程中期及后期的露天矿区恢复,对包括矿产销售权、选矿及市场在内的整个矿业管理环境都进行了规定。

(1) 矿区环境保护

作为南非矿产勘探和合理开采活动的基本法,《矿产和石油资源开采法》的颁布实施旨在解决采矿业全面转型过程中的环境管理问题,是一部具有里程碑意义的法案。该法提供了从矿产勘探到闭矿整个过程的一整套管理措施,确保了勘探权、开采许可证或开采权的所有人能够全面地履行责任。法律要求任何勘探和开采活动必须在环境管理计划或环境管理项目获批之后展开。批准程序包括向依据环境保护相关法律实施管理的其他部门进行咨询。环境管理计划或环境管理项目获得批准后,在矿区作业过程中需要实施环境管理措施,以便于监督和绩效评估。矿区环境应达到以下几点要求:① 正在全面编制环境管理计划或环境管理项目;② 环境管理计划或环境管理项目是适合且有效的,并能够解决因采矿项目产生的所有环境问题;③ 勘探权或开采权所有人的财政拨款已足额到位,并通过了年审;④ 闭矿目标能够实现或变更内容已修订;⑤ 向南非矿产资源及能源部定期提交绩效评估报告以供核准。为确保对矿区环境的保护和复原,减轻因矿产资源开发产生的环境影响,勘探权或开采权所有人必须提供保证金、银行保函或信托基金,以证明该所有人经济上有能力减轻环境影响以实现闭矿。《矿产和石油资源开采法》中,环境管理计划或环境管理项目要求的闭矿目标包括:① 确定闭矿的主要目标,以指导项目设计、开发和环境影响的管理;② 扩大矿区土地未来的使用范围;③ 规定闭矿建议成本。

(2) 矿山健康安全

1996 年以前,南非没有专门的矿山健康与安全立法。20 世纪 90 年代初期,南非发生了一系列重大矿难,包括一起罐笼坠落 100 多人死亡的重大安全事故。1994 年,南非成立"里昂委员会",专门对南非的矿山健康安全问题进行调研,之后政府颁布《矿山健康与安全法》(1996)。该法案的颁布,主要目的是使矿山工作人员的健康与安全得到有效的保障;矿主与矿工都有义务去辨识、消除、控制并使矿山健康与安全风险最小化;通过安全健康代表与安全健康委员会让矿工参与到矿山安全健康事务中去;为矿山健康与安全行政执法提供依据;通过调查与检查提高矿山安全健康水平;建立矿山安全文化,开展矿山安全培训,在政府、矿主和矿工及其代表之间建立一种合作协商机制,促进矿山安全。除相关立法之外,南非出台了一系列矿山安全健康标准,主要有国家标准局发布的标准、强制性规范和技术法规以及标志规范。南非与中国矿山安全主要法规及相关标准对比见表 9-14。

表 9-14  南非与中国矿山安全主要法规及相关标准对比

Table 9-14  The comparison analysis figure of mine safety and healthy critical regulations and standards of Africa and China

| 内容 | 南非 | 中国 |
|---|---|---|
| 岩体稳定性 | 《克服大规模采矿岩体破坏事故实施规范编制指南》<br>《克服井工煤矿冒顶事故实施规范编制指南》<br>《克服露天矿滚石及边坡事故实施规范编制指南》<br>《克服层状金属矿冒顶与岩爆事故实施规范编制指南》<br>《克服金属矿及其他矿山冒顶与岩爆事故实施规范编制指南》 | 《金属非金属矿山安全规程》 |
| 防火防爆 | 《预防煤矿可燃气体与煤尘爆炸实施规范编制指南》<br>《预防非煤矿山可燃气体爆炸实施规范编制指南》<br>《预防井工煤尘爆炸实施规范编制指南》 | 《金属非金属矿山安全规程》 |
| 尾矿 | 《尾矿处理实施规范编制指南》 | 《尾矿库安全技术规程》 |
| 矿山设备 | 《单轨设备安全操作实施规范编制指南》<br>《无轨自行设备实施规范编制指南》<br>《井下轨道设备实施规范编制指南》 | 《金属非金属矿山安全规程》 |
| 职业健康及医疗 | 《关于空气污染物暴露的职业健康计划实施规范编制指南》 | 《劳动防护用品选用规则》 |
| | 《关于噪声的职业健康计划实施规范编制指南》 | 《金属非金属矿山安全规程》 |
| | 《关于热应力的职业健康计划实施规范编制指南》 | 暂无 |
| | 《编制氰化物管理强制性实施规范指南》 | 《工业废渣中氰化物卫生标准》 |

### 9.7.4  巴西矿产资源综合开采与废弃物无害化处理法律

巴西地广人稀,矿产资源种类繁多、储量丰富。随着全球经济发展的需要,矿产资源的经济价值越来越高。为发展经济,巴西政府鼓励本国及外国个人及单位进行矿产资源的勘查和开采,但盲目无计划的矿业开发对环境造成了严重的破坏,影响了公众的正常生活和国家经济的健康发展,因此,政府开始注重矿产资源综合利用以及采矿废弃物无害化处理。

(1)矿产资源综合开采

在矿产资源综合开采、合理开采方面的法律规定中,巴西矿业基本法——《矿业法典》对其进行了明确规定。如第 47 条第 3 款至第 16 款中规定了在开采过程中关于矿产资源综合利用的注意事项,其中明确规定:应当注重对当地的环境、安全以及未来的发展加以保护和促进,努力避免环境污染和资源的浪费;禁止野蛮开采,应当主动保护矿山条件,以免日后难于或无法对矿床进行开发。以上条文表明在矿产资源开采过程中,巴西注重对矿山环境的保护,要求以科学适当的措施保护矿产资源,以免造成矿山环境的损害和矿产资源的浪费。

（2）采矿废弃物无害化处理法律

在废弃物无害化处理方面,矿产资源开采过程中产生的废气、废液和废渣的合理利用和无害化处理是矿产资源综合利用的重要内容之一。1981年,巴西政府颁布《国家环境政策法》,该部法律对工业企业的排放问题进行了具体规定。之后,受粗放的矿产资源开采模式的影响,巴西矿山环境污染问题愈演愈烈,为解决矿产资源开采造成的环境问题,巴西政府于2000年在《国家环境政策法》修订案中规定了工业企业排放废水及固体废弃物的收集、处理基准和循环使用规定。通过制定严格的污染物排放标准,力求从根源上遏制相关企业污染行为,促进企业进行废弃物的无害化处理。

# 9.8 不同地区矿业法律特征与比较

矿业是在资本主义机器生产发展的支持下,所形成的对国民经济具有重要支撑作用的基础性产业。世界上多数矿业国家都通过颁布矿业法律、条例、规范、标准等形式对矿业活动所发生的各种社会、经济关系进行调节,因此,比较不同地区矿业法律特征,总结各区矿业立法优势与不足,通过彼此借鉴,有利于进一步完善矿产资源管理,最终实现全球矿业的可持续发展。

## 9.8.1 不同地区矿业法律特点

世界是由各部分组成的相互关联、相互影响的统一整体。所以,在矿业发展过程中,世界各主要矿业国家矿业相关法律法规、条例及标准的发展在一定程度上代表并彰显了该地区矿业立法特点。

（1）以美国为代表的北美洲地区,其矿业发展具有相对完善的矿业生态法律、法规、规章制度及标准体系。通过对美国矿业法律中处于宪法地位的《露天矿管理与复垦法案》以及美国矿区土地复垦制度进行梳理,可知在矿业立法及相关标准制定方面,以美国为代表的美洲地区已具备较为完整的矿山管理法律体系,并十分重视矿业生产过程中所产生的各种生态环境问题的解决。同时,对于矿区环境保护有十分严格的技术操作及规定标准。特别是在矿区复垦工作方面,将矿区废弃地复垦法律制度的具体内容及复垦程序、操作步骤、标准、激励与惩处措施都详细地规定在专门的复垦法中,与此相关的复垦配套设施齐全,便于矿区复垦制度在实践中的展开。

（2）以德国为代表的欧洲国家,矿业发展历史悠久,相关立法及制度比较完善,其生态保护早已成为矿产资源开采的一部分,特别是在矿山关闭及矿区景观设计与生态重建方面,以德国为代表的欧洲国家有完善的法律法规体系,同时具有严格的立法制度。

（3）以俄罗斯为代表的矿产资源大国,其矿业立法历史悠久,早在苏联时期就十分注重矿区土地复垦及矿山环境保护。受经济体制及政策影响,与欧美等矿业发达国家相比,其矿业生态立法仍不健全,有待进一步完善。

（4）以中国为代表的亚洲多数矿业发展中国家在矿业生态的法律法规及相关标准制定

方面起步较晚。与欧美等发达地区相比,在矿山安全、矿区土地复垦、矿山环境保护等方面虽有相关立法,但至今仍未形成完整规范的立法体系。目前,中国更加注重矿山开采工程方面的立法及规范、标准等的制定。

(5)近年来,以南非为代表的非洲、以巴西为代表的南美洲矿业发展迅速,投资环境紧俏,由此带来的环境问题已引起政府重视。因此,注重矿山环境保护,调整矿业法律政策是这两个地区未来矿业立法的重要方向。

### 9.8.2　矿业生态法律归纳分析

通过对各主要矿业国家在矿业生态方面法律、法规、制度及标准的了解可知,矿业发达国家矿业发展历史悠久,矿业各项技术水平较高,矿区生态保护与景观重建意识超前,已形成各自完备的矿业生态法律法规及标准体系。与矿业发达国家相比,由于科学技术水平、经济条件的限制,矿业发展中国家矿业生态立法起步较晚,但随着全球环境保护与可持续发展观念的普及,矿业发展中国家在注重经济利益的同时,也逐渐通过颁布法律、法规及各项制度标准保护矿区生态环境,促进矿业生态化发展。全球主要矿业国家矿业生态法律层次划分及特征见表 9-15。

表 9-15　全球主要矿业国家矿业生态法律层次划分及特征

Table 9-15　The classification and characteristics of mining ecological law in the world's major mining countries

| 国家 | | 矿业生态立法层次 | 矿业生态立法特征 |
|---|---|---|---|
| 矿业发达国家 | 美国 | 已具备成熟完善的矿业生态立法体系及专门的法律执行机构 | ① 矿业立法历史悠久,生态保护观念超前。② 具有专门的矿山环境保护执法机构。③ 从勘察、采矿、选矿、冶炼到闭坑复垦,均有环境保护方面的详细规定及执行标准。④ 已具备包括环境影响评价、保证金和财政担保、矿地生态恢复和土地复垦、环境许可证以及环境监督和检查等在内的各项矿山环境保护及管理制度。⑤ 公众对于矿业立法具有非常高的参与度 |
| | 澳大利亚 | | |
| | 德国 | | |
| | 加拿大 | | |
| | 日本 | | |
| 矿业发展中国家 | 俄罗斯(包括苏联) | 具有专门的矿业生态法规或条例,缺乏专门的矿业生态法律 | ① 矿业生态立法工作已取得一定进展,生态环保观念已经形成。② 矿业生态保护的相关法规、条例等内容制定相对笼统,并缺乏专门立法。③ 公众对于矿业生态立法参与度不够 |
| | 中国 | | |
| | 南非 | 未具备专门的矿业生态法律政策,主要通过修改矿业相关法律条文以促进矿业生态化发展 | ① 随着各种矿区破坏、污染问题的出现,逐渐形成矿业可持续发展观念。② 正加快在矿业生态方面立法的步伐,但仍缺乏专门的矿山生态立法。③ 鼓励采矿企业对矿山环境进行生态恢复 |
| | 巴西 | | |

### 9.8.3　矿业法律发展趋势

21 世纪的矿业正处于多元化发展阶段,随着生态环境保护、可持续发展、清洁生产等越来越多的科学的、生态的发展理念被人们所接受,各国政府也会越加注重运用更理性的手段管理矿产资源。特别是对矿业发展中国家而言,只有实时地调整、实施各项矿业法律、规章制度及相关标准,加强管理手段,才能真正促进矿业稳步、合理发展。

现阶段,很多矿业国家和地区开始进入新一轮的矿业法律法规修改调整期,这一阶段的调整目标主要是调整利益分配与促进矿业可持续发展。如:巴西、南非等矿业发展中国家将不单只注重矿产资源开采所带来的经济利益,也开始重新审视矿业收益与分配问题,特别是对国外公司的矿业投资项目进行重新审视,加强矿产资源管理,使其矿业立法更趋理性。

总而言之,纵观全球矿业发展,矿产资源开发利用从只注重经济利益,到有意识进行采矿后生态环境修复,各国矿产资源管理手段与整个社会的经济及科技水平密切相关,因此矿业法律、法规、规章制度及标准的变革也日趋反映矿业活动的内在机理、客观规律和特性。

---

**本章要点**

- 全球矿业生态立法历史及层次划分
- 美国《露天采矿管理与复垦法》主要内容、立法特点,土地复垦基金制度及复垦标准
- 澳大利亚矿业管理机构及其行政职能、《矿产工业环境管理准则》、土地复垦制度及《清洁能源法案》
- 德国《联邦通用采矿条例》、矿区生态环境保护及土地复垦基金制度、矿山闭矿规范及景观恢复法律条文
- 俄罗斯矿产资源三级三类划分,《关于有用矿物和泥炭开采、地质勘探、建筑和其他工程的土地复垦、肥沃土壤的保存及其合理利用的规定》(苏联)及生态鉴定制度
- 中国《土地复垦条例》、保护与恢复治理技术规范与治理方案编制及矿山安全标准
- 加拿大矿区复垦、矿山生态重建立法;日本清洁生产及矿害防治政策;非洲矿区环境保护与矿山健康安全法律;巴西矿产资源综合开采与废弃物无害化处理法律

---

# 参考文献

[1] 李显冬.中国矿业立法研究[M].北京:中国人民公安大学出版社,2006.

[2] 胡振琪,卞正富,成枢.土地复垦与生态重建[M].徐州:中国矿业大学出版社,2008.

[3] 王淑玲,马建明.世界主要发达国家及发展中国家矿业开发现状及政策概况[J].国土资源情报,2004(9):6-10.

[4] TINA HUNTER. The mining law review [M]. 2nd ed. London:Law Business Research,2013.

[5] 徐曙光.国外矿山环境立法综述[J].国土资源情报,2009(8):20-24.

[6] GAVIN J. The legal and regulatory environment of mining [M]. Australasian:Monograph Series Australasian Institute of Mining and Metallurgy,2006.

[7] 曹献珍.国外绿色矿业建设对我国的借鉴意义[J].矿产保护与利用,2011(Z1):19-23.

[8] 王泽鉴.英美法导论[M].北京:北京大学出版社,2012.

[9] ANNE M P. Americanjurisprudence:mines and minerals[M]. New York:Lawyers Cooperative Publishing,1996.

[10] SAMUEL H. Conservation and the gospel of efficiency:the progressive conservationmovement, 1890-1920 [M]. Pittsburgh:University of Pittsburgh Press,1999.

[11] 白中科.美国土地复垦的法制化之路[J].资源导刊,2010(8):44-45.

[12] 吴燕.矿区废弃地复垦法律制度研究[D].赣州:江西理工大学,2012.

[13] 于左.美国矿地复垦法律的经验及对中国的启示[J].煤炭经济研究,2005,25(5):
10-13.

[14] VESTAL T M. The surface mining control and reclamation act of 1977 in oklahoma:
state and federal cohabitation[J]. Review of Policy Research,1989,9(1),143-151.

[15] 金丹,卞正富.国内外土地复垦政策法规比较与借鉴[J].中国土地科学,2009,23(10):
66-73.

[16] 曾小波,曹钊.澳大利亚石油和矿产资源法律体系分析[J].现代矿业,2018,34(6):
43-45.

[17] 王清华.中国矿业权流转法律制度研究[D].上海:上海交通大学,2012.

[18] 郑娟尔,余振国,冯春涛.澳大利亚矿产资源开发的环境代价及矿山环境管理制度研究
[J].中国矿业,2010,19(11):66-69.

[19] 王斌.我国绿色矿山评价研究[D].北京:中国地质大学(北京),2014.

[20] 何金祥.澳大利亚西澳州的矿业管理与矿业投资环境[J].中国矿业,2010,19(9):
12-16.

[21] SARAH N, MARIT K, BANNING N. Evaluating regulatory approaches to mine
closure in Kenya,Western Australia and Queensland[D]. Crawley:The University of
Western Australia,2015.

[22] SATCHWELL I. Australian minerals industry code for environmentalmanagement
[J]. Australasian Journal of Environmental Management,1997,4(1):6-7.

[23] 姚瑞瑞.土地复垦监管制度探索[D].北京:中国地质大学(北京),2012

[24] 罗明,王军.双轮驱动有力量:澳大利亚土地复垦制度建设与科技研究对我国的启示
[J].中国土地,2012(4):51-53.

[25] PERRINGS C. Environmental bonds and environmental research in
innovativeactivities[J]. Ecological Economics,1989,1(1):95-110.

[26] 陆燕,付丽,张久琴.澳大利亚《2011清洁能源法案》及其影响[J].国际经济合作,2011
(12):27-30.

[27] 陈洁民,李慧东,王雪圣.澳大利亚碳排放交易体系的特色分析及启示[J].生态经济,
2013,29(4):70-74.

[28] SIEGFRIED L. STÜRMER A. Der betriebsplan: instrumentarium für die
wiedernutzbanmachung[M]. Berlin:Springer,1998.

[29] 梁留科,常江,吴次芳,等.德国煤矿区景观生态重建/土地复垦及对中国的启示[J].经
济地理,2002,22(6):711-715.

[30] WEISE H. Reclamation after strip mining a vital means in long-term development
planing in the Rhenish lignite district, Germany[J]. Ecology and Coal Resource
Development,1979,23(3):476-479.

[31] GERHARDS N,BORCHARD K.德国土地复垦的进展[C]//北京国际土地复垦学术
研讨会.北京,2000:72-82.

[32] 梁留科. 中德土地生态利用比较研究及其案例分析[D]. 杭州:浙江大学,2002.

[33] 严家平,徐良骥,阮淑娴,等. 中德矿山环境修复条件比较研究:以德国奥斯那不吕克 Piesberg 和中国淮南大通矿为例[J]. 中国煤炭地质,2015,27(11):22-26.

[34] 王克帮. 矿区生态环境恢复法律问题研究[D]. 开封:河南大学,2013.

[35] 徐乐昌. WISMUT 2000 年矿山恢复国际大会综述[J]. 铀矿冶,2001,20(2):125-130.

[36] SCHMIDT P, WISMUT G, DSGDAENKENSTR J. Rehabilitation of former uranium mining and milling sites in Germany (WISMUT Sites):a health physicists perspectives[C]// WM2010 Conference,2010.

[37] 徐乐昌. 德国铀矿山和水冶厂退役治理状况[J]. 铀矿冶,2001,20(3):161-171.

[38] HAGEN M,JAKUBICK A T. Returning the WISMUT legacy to productive use[M]. Berlin:Springer,2006.

[39] WISMUT G H. The scientific basis[C]// Proceedings of International Workshop on Stabilization of Fine Tailings,Syncrude Canada Ltd,1999.

[40] 胡振琪. 我国土地复垦与生态修复 30 年:回顾、反思与展望[J]. 煤炭科学技术,2019,47(1):25-35.

[41] KURSKY A,KONOPLYANIK A. State regulation and mining law development in Russia from the 15th century to 1991[J]. Journal of Energy and Natural Resources Law,2006,24(2):221-254.

[42] 葛振华. 国外矿产资源保护政策研究及对我国的启示[J]. 国土资源情报,2003(1):17-24.

[43] 姜哲. 俄罗斯联邦矿产资源法律法规汇编[M]. 北京:地质出版社,2010.

[44] 尹玉婷. 俄罗斯矿产资源法律制度研究[D]. 乌鲁木齐:新疆大学,2012.

[45] 姜哲,宋魁. 俄罗斯联邦矿产资源政策研究[M]. 北京:地质出版社,2010.

[46] 王志华,张振利. 俄罗斯中亚国家矿产资源法[M]. 北京:中国政法大学出版社,2013.

[47] 李树志,周锦华,张怀新. 矿区生态破坏防治技术[M]. 北京:煤炭工业出版社,1998.

[48] 张文敏. 国外土地复垦法规与复垦技术[J]. 有色金属(矿山部分),1991,43(4):41-46.

[49] 周树理. 矿山废地复垦与绿化[M]. 北京:中国林业出版社,1995.

[50] 陈文. 俄罗斯生态鉴定原则体系及我国生态法的选择性借鉴[J]. 中国社会科学院研究生院学报,2016(1):100-104.

[51] 王树义. 俄罗斯生态法[M]. 武汉:武汉大学出版社,2001.

[52] 傅英. 中国矿业法制史[M]. 北京:中国大地出版社,2001.

[53] 曹明德,赵爽. 略论我国矿山安全法律制度的完善[J]. 中国人口·资源与环境,2008,18(2):193-199.

[54] 安娜. 我国矿山环境治理法律对策研究[D]. 太原:山西财经大学,2013.

[55] 罗明,胡振琪,李晶. 土地复垦法制建设任重道远:从中美土地复垦制度对比视角分析[J]. 中国土地,2011(7):44-46.

[56] 李贤波. 我国土地复垦法律法规新变化与存在不足[J]. 山西农经,2015(1):40-42.

[57] 环境保护部自然生态保护司. 矿山生态环境保护与恢复治理技术规范:HJ 651-2013 [S]. 北京:中国环境科学出版社,2013.

[58] 环境保护部科技标准司.矿山生态环境保护与恢复治理方案(规划)编制规范:HJ 652-2013[S].北京:中国环境科学出版社,2013.

[59] 袁显平,严永胜,张金锁.我国煤矿矿难研究综述[J].中国安全科学学报,2014,24(8):132-138.

[60] 唐敏康,赵玲,张黎莉.矿山安全生产法规读本[M].北京:化学工业出版社,2013.

[61] 王文亮.加拿大煤矿资源环境保护制度及启示[C]//2013中国环境科学学会学术年会论文集.昆明,2013:552-558.

[62] 李树枝.加拿大安大略省矿产资源管理及对我国的启示[J].国土资源情报,2006(3):29-34.

[63] NAGATOMO T. Managing competition in Japanese coal mining industry,1920-1929[J]. Annals of the Economic Society Wakayama University,2010(14):187-199.

[64] 曹庆翥.日本煤炭政策的新领域和煤炭政策构想[J].煤炭经济研究,1991(12):59-60.

[65] 狩野一宪.日本矿害防止概论及有关政策与技术简介[J].有色金属,2003(S1):10-16.

[66] 董晓方.南非主要矿产资源开发利用现状[J].中国矿业,2012,21(9):29-34.